全国高职高专院校“十二五”规划教材（加工制造类）

CAD/CAM 技能训练教程（Pro/E 版）

主　编　刘有芳　邱卉颖

副主编　胡　静　李志刚　魏立新　王淑霞　王英博

参　编　支保军　李梦君　高志凯　刘秀霞　周爱霞

侯云霞　王泉国　马长辉　刘汉勇　魏殿昌

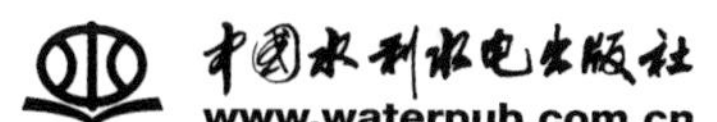

内 容 提 要

本书以 Pro/ENGINEER 软件为基础，以综合职业能力为核心，与企业合作进行课程开发和设计，采用项目任务式的编写模式，从适应 CAD/CAM 技术的发展和创新人才培养的要求出发，突出对学生职业技能的培养，形成“工学结合”特色鲜明的“基于工作过程”的课程新体系。

本书分为产品草图设计、产品实体设计、曲面造型设计、产品装配设计、产品工程图设计、产品的数控加工共 6 个项目、19 个学习任务，每个任务都是从生产生活中提炼的真实案例，涵盖 Pro/E 的各种基本功能和知识点，及产品从造型、装配、出工程图、模具设计到仿真加工的整个设计过程，遵循 “由简单到复杂、由单一到综合”的认知规律，由浅入深、层层递进，重点突出“以能力培养为主”的教学理念，融知识、技能、趣味于一体。

本书不仅适合作为机械、机电类高职学生的教材，也适合作为对外培训、CAD 考级考证、数控大赛、模具大赛、三维建模大赛集训的参考书。

本书是与山东省省级精品课程配套的学习教材，与本书配套的教学资源包，如案例操作素材、课后习题操作结果、电子教案等，可从中国水利水电出版社网站以及万水书苑免费下载，网址为：http://www.waterpub.com.cn/softdown/或 http://www.wsbookshow.com，供大家学习借鉴。

图书在版编目（CIP）数据

CAD/CAM技能训练教程 : Pro/E版 / 刘有芳，邱卉颖主编. -- 北京 : 中国水利水电出版社，2013.7

全国高职高专院校“十二五”规划教材. 加工制造类

ISBN 978-7-5170-1017-3

Ⅰ. ①C… Ⅱ. ①刘… ②邱… Ⅲ. ①计算机辅助设计－高等职业教育－教材②计算机辅助制造－高等职业教育－教材 Ⅳ. ①TP391.7

中国版本图书馆CIP数据核字(2013)第146024号

策划编辑：宋俊娥　　责任编辑：宋俊娥　　封面设计：李　佳

书　　名	全国高职高专院校“十二五”规划教材（加工制造类） CAD/CAM 技能训练教程（Pro/E 版）
作　　者	主　编　刘有芳　邱卉颖
出版发行	中国水利水电出版社 （北京市海淀区玉渊潭南路 1 号 D 座　100038） 网址：www.waterpub.com.cn E-mail：mchannel@263.net（万水） sales@waterpub.com.cn 电话：（010）68367658（发行部）、82562819（万水）
经　　售	北京科水图书销售中心（零售） 电话：（010）88383994、63202643、68545874 全国各地新华书店和相关出版物销售网点
排　　版	北京万水电子信息有限公司
印　　刷	北京蓝空印刷厂
规　　格	184mm×260mm　16 开本　21 印张　520 千字
版　　次	2013 年 7 月第 1 版　2013 年 7 月第 1 次印刷
印　　数	0001—3000 册
定　　价	38.00 元

前　言

Pro/ENGINEER 是目前最先进的计算机辅助设计（CAD）、制造（CAM）和分析（CAE）软件之一，广泛应用于机械、电子、建筑、航空等工业领域，利用 Pro/E 的强大功能可以很轻松地完成绝大多数机械类设计、制造和分析任务。

编者根据多年教学经验，从适应 CAD/CAM 技术的发展和创新人才培养的需求出发，吸收行业专家、企业技术人员共同设计，突出基础性，强调实用性，注重先进性。采用项目任务的编写模式，所选案例均来自生产生活实际，并加入考级、考证、技能大赛的训练内容和典型工程案例，使教材内容更先进、实用、贴近工作实际。同时教学内容符合岗位技能要求和学生的认知规律，注重培养学生的实践能力、创新思维能力和综合应用知识的能力。

本书分为产品草图设计、产品实体设计、曲面造型设计、产品装配设计、产品工程图设计、产品的数控加工共 6 个项目、19 个学习任务，每个任务都是从生产生活中提炼的真实案例，涵盖了 Pro/E 的各种基本功能和知识点，及产品从造型、装配、出工程图、模具设计到仿真加工的整个设计过程，遵循“由简单到复杂、由单一到综合”的认知规律，由浅入深、层层递进，重点突出了“以能力培养为主”的教学理念，融知识、技能、趣味于一体。

本书立足于实际问题的应用设计，采用实例驱动的写作风格。书中每一个案例都从最基本的操作讲解，使读者可以轻松地跟随操作。即使以前从未接触过 Pro/E 的新手，只要按照书上介绍的操作步骤学习，就可以很轻松地学会。在详细讲解各种操作实例的基础上，每个学习任务后面配有相应的拓展训练，通过循序渐进的练习使读者真正掌握利用 Pro/E 进行计算机辅助设计的应用技巧。

本书是与山东省省级精品课程配套的学习教材，与本书配套的教学资源包，如案例操作素材、课后习题操作结果、电子教案等，可从中国水利水电出版社网站以及万水书苑免费下载，网址为：http://www.waterpub.com.cn/softdown/或 http://www.wsbookshow.com，供大家学习借鉴。

本书不仅适合作为机械、机电类高职学生的学习教材，对外培训、CAD 考级考证、数控大赛、模具大赛、三维建模大赛集训的参考书。

全书由德州职业技术学院的刘有芳（项目 1、3、4）、邱卉颖（项目 5）担任主编；胡静（项目 2 任务 1、2）、李志刚（项目 1 任务 1）、魏立新（项目 2 任务 3）、王淑霞（项目 6 任务 1）、王英博（项目 6 任务 3）担任副主编。参加本书编写工作的还有：德州职业技术学院支保军（项目 6 任务 2）、李梦君（项目 4 任务 1）、高志凯（项目 2 任务 4）、刘秀霞（项目 2 任务 5）、周爱霞（项目 2 任务 6）、侯云霞（项目 5 任务 1）、王泉国（项目 3 任务 1）、马长辉（项目 4 任务 2）。山东华鲁恒升集团的高级工程师刘汉勇、皇明太阳能集团的工程师魏殿昌将自己从事计算机辅助设计及制造多年的经验和本工作领域中的案例提供给本教材，在此表示感谢。

感谢您选择本书，希望我们的努力对您的工作和学习有所帮助。由于时间仓促，能力有限，有不当之处敬请批评指正。E-mail 地址：liuyoufang6666@126.com。

编　者

2013 年 4 月

目　　录

项目一　产品草图设计

Pro/ENGINEER 是由美国 PTC 公司开发的一款功能强大的计算机三维辅助设计软件，广泛应用于机械制造、模具、汽车、航天航空、消费电子产品、通信产品、家电和玩具等行业，是当今主流的 CAD/CAM/CAE 软件之一，具有非常强大的实体造型功能。

本项目通过几个简单的实例，为初学者讲解 Pro/ENGINEER Wildfire 4.0 的操作界面、基本设计功能、使用特征及草绘平面基础，为后面学习各种零件的造型奠定基础，让读者初步领略 Pro/ENGINEER Wildfire 4.0 版的风采。

任务 1.1　Pro/E 软件界面及基本操作
任务 1.2　草绘平面图形

任务 1.1　Pro/E 软件界面及基本操作

一、任务描述

本任务主要讲解 Pro/E 系统的操作基础，主要内容包括用户操作界面的组成、文件操作与管理等特点和用途。

二、任务训练内容

（1）用户界面的基本组成。
（2）文件的操作与管理。
（3）绘图操作技巧。

三、任务训练目标

知识目标

（1）了解 Pro/ENGINEER Wildfire 4.0 的操作界面；
（2）掌握 Pro/E 4.0 用户操作界面的组成、文件操作与管理。

（1）独立操作软件，了解简单零件的建模过程；
（2）能够对已有素材零件进行文件的操作和管理。

四、任务实施

1．Pro/E 软件界面及基本操作

双击桌面上 Pro/E 软件的快捷图标或单击"开始"→"程序"→PTC 下的 Pro/ENGINEER 均可启动已正确安装成功的该软件。启动中文版 Pro/ENGINEER Wildfire 4.0 后，其操作界面如图 1.1.1 所示。

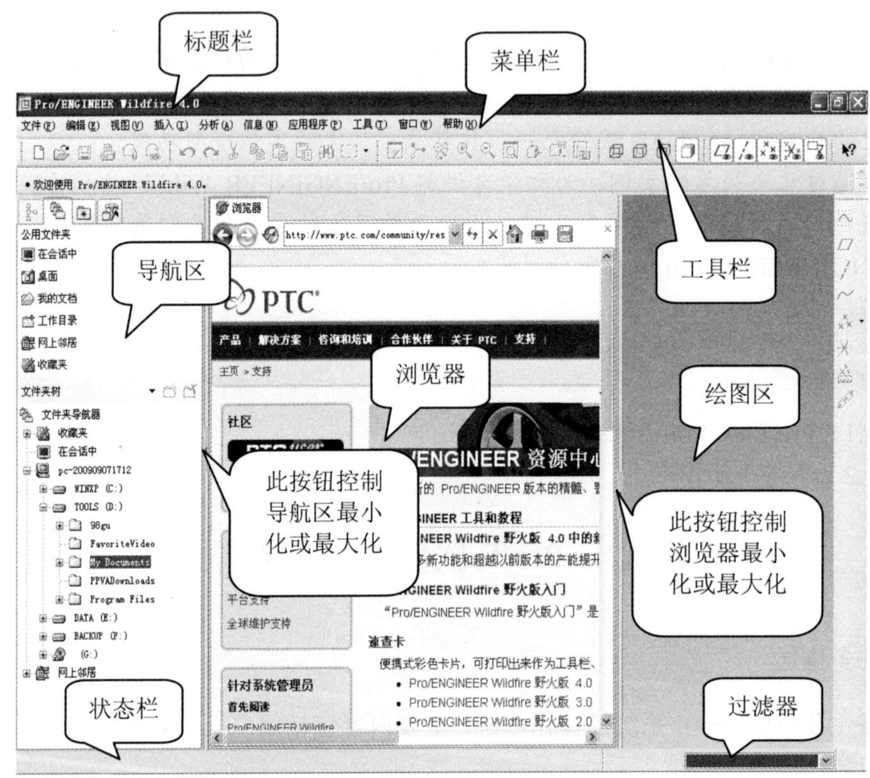

图 1.1.1　Pro/ENGINEER Wildfire 4.0 操作界面

中文版 Pro/ENGINEER Wildfire 4.0 的操作界面主要由标题栏、菜单栏、工具栏、导航区、绘图区、状态栏、帮助栏、浏览器及过滤器等部分组成，这些区域的位置在各模块中不变。

主界面共由 8 个区域组成。

（1）窗口标题栏。

标题栏位于界面的最上方，功能与常用软件的标题栏基本相同，显示打开的文件名，如图 1.1.2 所示。窗口标题栏位于用户主界面的最上方，用于显示系统打开的文件，标题中"活动"表示该窗口为当前窗口，当打开多个绘图窗口时，可以用后面讲到的方法来激活指定窗口，使之成为当前活动窗口。

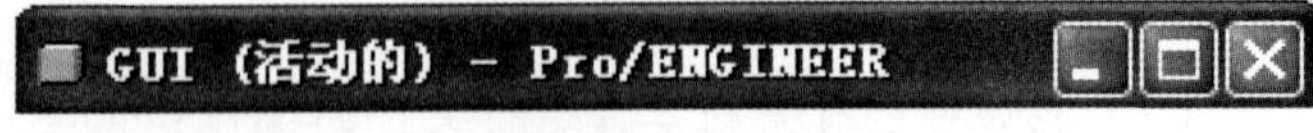

图 1.1.2　窗口标题栏

（2）菜单栏。

菜单栏位于标题栏的下方，按功能不同进行分类。菜单的内容随着系统调用各种不同的功能模块而有所变化。菜单栏以下拉式形态呈现，例如图 1.1.3 的“文件”下拉菜单。各菜单功能主要如表 1.1.1 所示。

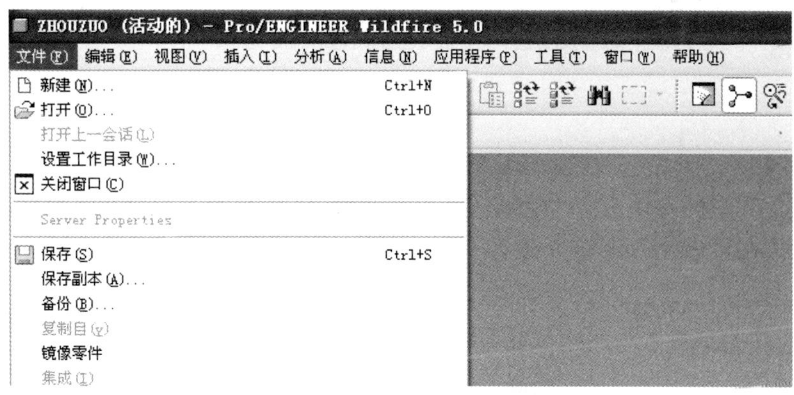

图 1.1.3　“文件”下拉菜单

表 1.1.1　菜单栏的命令选项说明

类型	说明
文件	提供了 Pro/E 的各种文件管理功能
编辑	用于各种文件的编辑
视图	用于管理绘图区的显示属性
插入	用于设计人员进行特征建造
分析	用于对绘图区的几何元件进行分析
信息	为设计者提供模型、特征、参照等诸多方面的信息
应用程序	允许用户进行 Pro/E 工作模式的切换
功能	用于定制系统工作环境及其他各种工具
窗口	用于管理 Pro/E 的窗口
帮助	用于访问联机帮助

（3）系统工具栏。

系统工具栏位于菜单栏的下方，如图 1.1.4 所示，其中的按钮图标包含下拉式菜单中的常用命令，单击这些按钮图标，就可执行相应的命令。将鼠标指针悬停在每一个按钮上，系统将会显示该按钮的名称。Pro/E 系统允许自行添加或删除工具栏上的按钮，并可以调整按钮位置。

图 1.1.4　系统工具栏

（4）状态栏。

状态栏位于界面底部，如图 1.1.5 所示，是系统与用户交互对话的一个窗口，显示了一些有关系统当前操作状态的信息。建议初学者在操作过程中随时注意状态栏中给出的提示内容，以明确命令执行的结果与系统响应的各种信息。

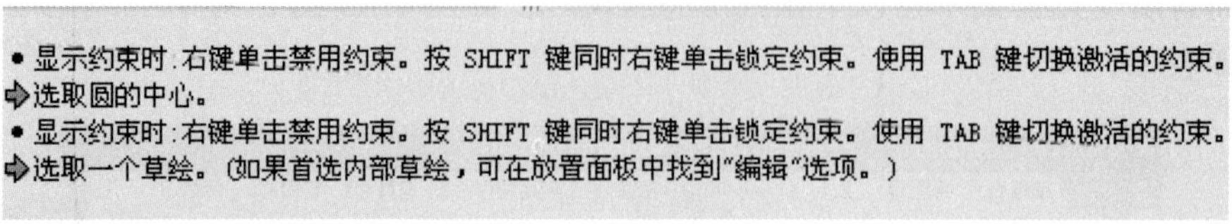

• 显示约束时：右键单击禁用约束。按 SHIFT 键同时右键单击锁定约束。使用 TAB 键切换激活的约束。
➡选取圆的中心。
• 显示约束时：右键单击禁用约束。按 SHIFT 键同时右键单击锁定约束。使用 TAB 键切换激活的约束。
➡选取一个草绘。(如果首选内部草绘，可在放置面板中找到"编辑"选项。)

图 1.1.5　状态栏

（5）帮助栏。

帮助栏位于界面的左下方，动态显示一条简短的与上下文相关的帮助消息，如图 1.1.6 所示，当光标悬停在“着色”按钮上面时，帮助栏处也会显示相关的帮助消息——着色。

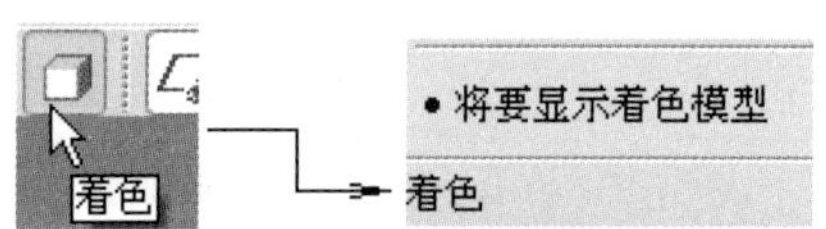

图 1.1.6　“着色”的帮助消息

（6）绘图区。

绘图区为用户界面中央面积最大的区域，如图 1.1.7 所示，用于绘图，默认情况下背景颜色为渐变灰色，可以单击“视图”→“显示设置”→“系统颜色”命令，在弹出的“系统颜色”对话框中单击“布局”按钮，再在弹出的菜单中选择相应的选项，自行变更系统颜色，当进行绘图操作时浏览器自动关闭。

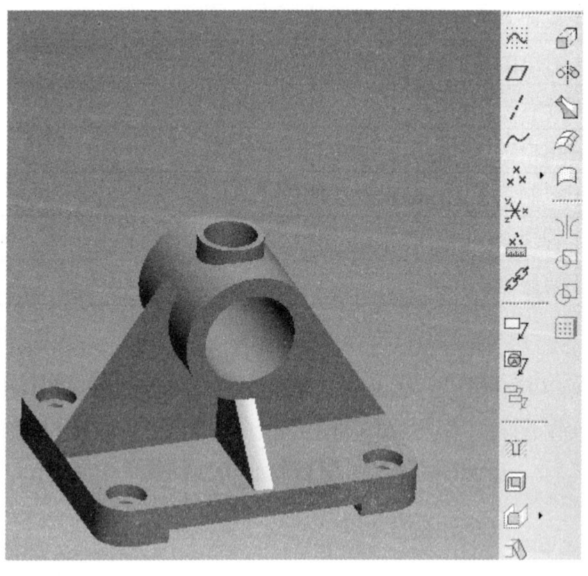

图 1.1.7　绘图区

（7）导航区。

导航区位于主窗口左侧，如图 1.1.8 所示，有多个选项卡，可以分别显示模型树、文件夹浏览器、收藏夹、链接等 4 个选项卡。具体功能及作用如表 1.1.2 所示。

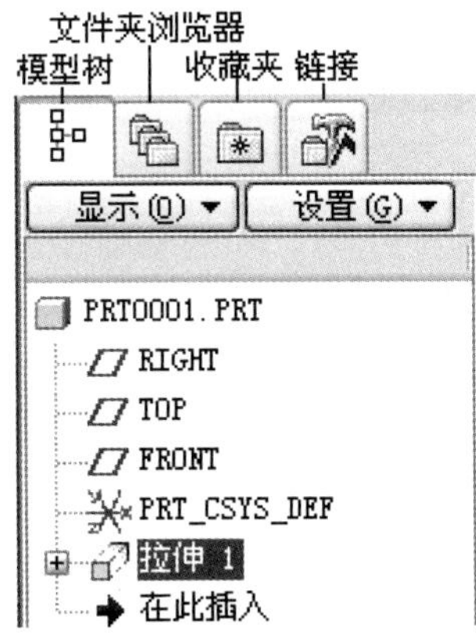

图 1.1.8　导航区

表 1.1.2　导航区选项卡说明

类型	说明
模型树	显示当前进程中的零件特征，功能包括右键单击选中某特征后可进行特征的修改，图层的显示、创建、修改
文件夹浏览器	功能包括浏览本地计算机、局域网上存储的文件，新建文件夹，工作目录的快速指向等
收藏夹	添加、组织收藏夹内的内容，以便于用户方便地收藏自己喜好的网页
链接	用于链接 PTC 公司的官方网站

（8）过滤器。

过滤器位于界面右下角，如图 1.1.9 所示，通过在这个过滤器中选择适当的选项，就可以对模型中的各个特征进行过滤，从而简化选择过程。如图 1.1.9 中选取了“基准”过滤选项，表示接下去从图形上只能选取基准类特征。

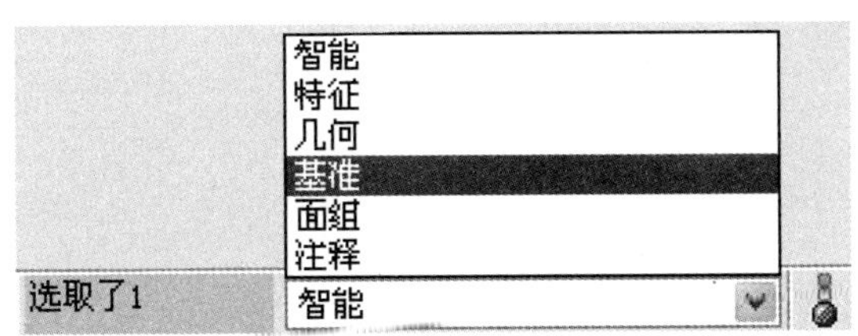

图 1.1.9　过滤器

2. 常用文件操作与管理

（1）设置工作目录。

在 D 盘新建三个文件夹，分别输入名称“Pro-E”、“备份”和“资料”，单击“文件”菜单中“设置工作目录”选项，打开图 1.1.10 的“选取工作目录”对话框，选择需要的目录，如 D:\Pro-E，单击“确定”按钮即可完成当前工作目录的设定，文件将默认存储在该目录下。

图 1.1.10　创建工作目录

用 Pro/E 做设计工作，要养成一个良好的习惯，就是利用工作目录来帮助用户管理文件。这样所做的设计都会被保存在该目录下，便于查找及进一步修改。

（2）新建文件。

新建文件的操作方法：

Step 1　选择“文件”→“新建”命令，或单击工具栏上的按钮，打开如图 1.1.11（a）所示的对话框。

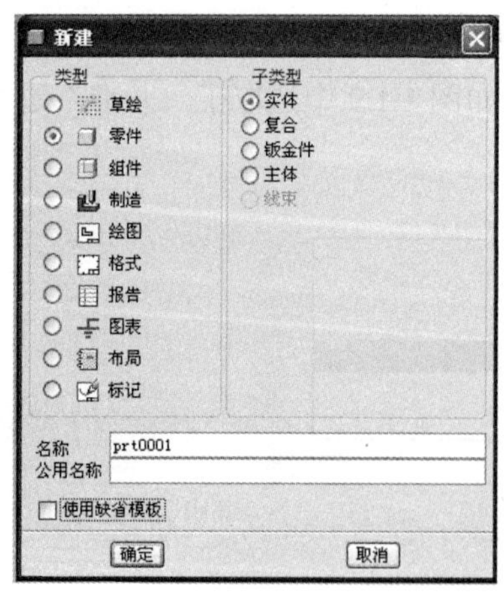

（a）

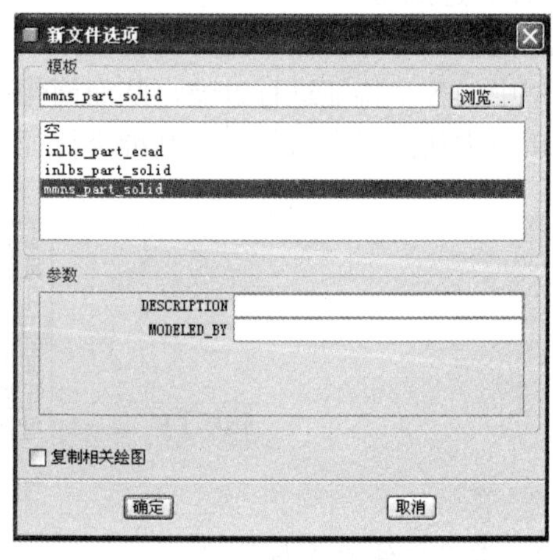

（b）

图 1.1.11　新建文件对话框

Step 2　指定文件“类型”以及“子类型”。如创建实体零件模型，则选择“零件”以及“实体”。

Step 3　输入新建文件的文件名称，如 prt0001，公共名称是指该新建文件的公共描述，一般不用指定。

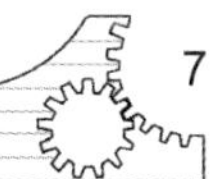

Step 4 选择“使用缺省模板”表示，所创建零件的有关制图标准，如长度的单位、重量的单位、体积的单位等均采用系统默认的标准（英制），如不选择“使用缺省模板”则表示可以在开始工作前自行选择合适的制图标准。例如，取消选中“使用缺省模板”，单击“确定”按钮，系统则会转到制图标准的选择对话框，如图 1.1.11（b）所示。

Step 5 单击“确定”按钮完成创建。

（3）打开文件。

单击工具栏上的按钮，便可弹出“文件打开”对话框，如图 1.1.12 所示。查找 D:\Pro-E，双击打开该文件夹，找到 zhouzuo.part 并选中，单击“打开”按钮即可，如图 1.1.13 所示。

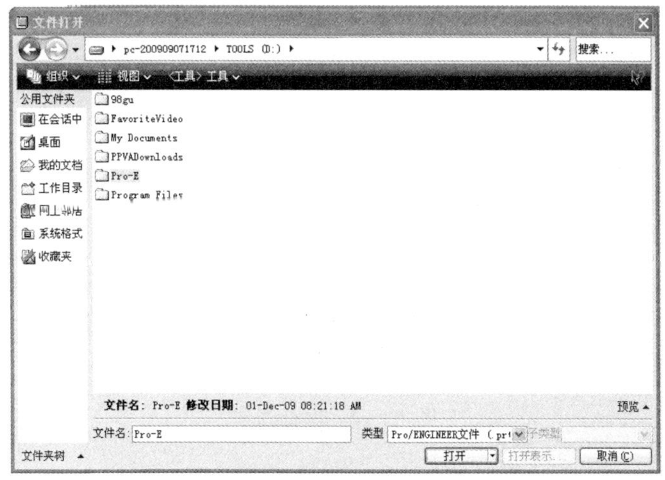

图 1.1.12　“文件打开”对话框

图 1.1.13　“文件打开”对话框

也可在导航栏的资源管理器中选择所需文件，便可在右侧的 IE 浏览器中快捷清晰地看到文件及其信息，双击所选文件即可打开。也可以直接在 IE 地址栏里输入文件夹路径来查看文件及其信息。

（4）保存副本。

“保存副本”选项用于将文件更名存储，即以其他的文件名称或文件类型保存该文件，操作方法如下：

选择“文件”→“保存副本”命令，弹出“保存副本”对话框，选择保存文件的路径 D:\“资料”；输入文件副本的名称“fuben”；选择文件类型“part”，单击“确定”按钮完成，如图 1.1.14 所示。

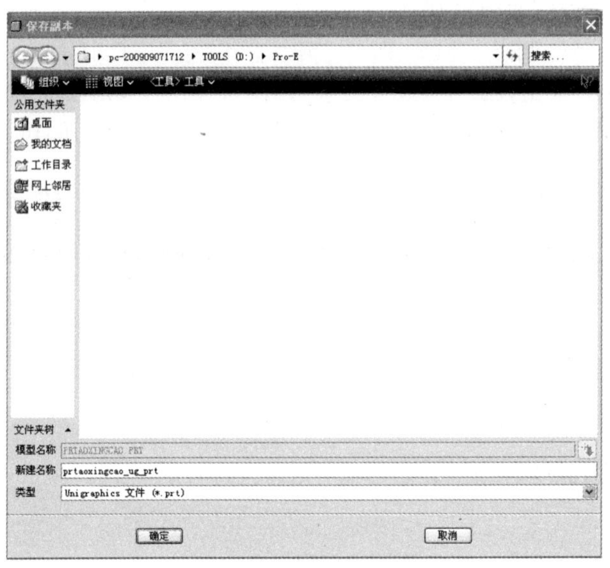

图 1.1.14　保存副本

（5）备份文件。

再单击“文件”菜单中的“备份”选项，打开 “备份”对话框，在“备份到”一栏中输入要备份的路径名称 D:\“资料”，单击“确定”按钮即可完成备份。既可在当前目录下对当前模型文件同名备份，亦可在其他目录中同名备份。

（6）修改零件（删除凹槽）。

在模型中单击特征图标“拉伸 5”，(此时选中的图形特征加亮以红线显示)，单击右键弹出快捷菜单，如图 1.1.15 所示，选择“删除”命令，如图 1.1.16 所示，单击“确定”按钮。将新零件命名为“new-part1”，保存到 D:\“资料”中。

图 1.1.15　模型树

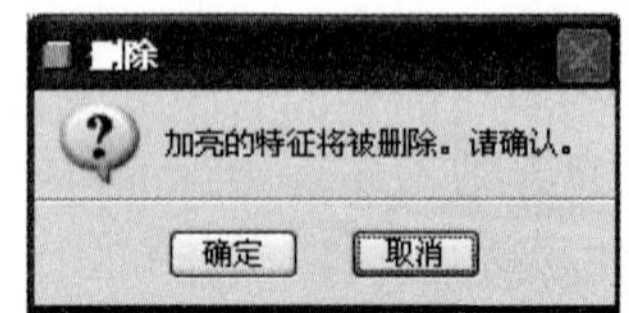

图 1.1.16　删除对话框

（7）拭除与删除。

使用“拭除”命令可将内存中的模型文件删除，但并不删除硬盘中的原文件。单击“文件”菜单中该选项，弹出如图 1.1.17 所示的下拉菜单。

- 当前：将当前工作窗口中的模型文件从内存中删除。
- 不显示：将没有显示在工作窗口中但存在于内存中的所有模型文件从内存中删除。

使用“删除”命令可删除当前模型的所有版本信息，或者删除当前模型的所有旧版本，只保留最新版本。单击“文件”菜单中该选项，弹出如图 1.1.18 所示的下拉菜单。

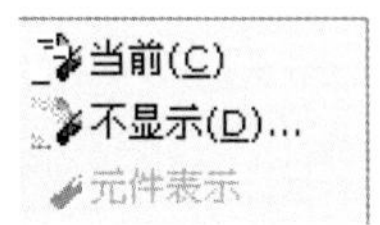

图 1.1.17　拭除菜单

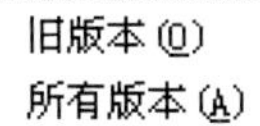

图 1.1.18　删除菜单

（8）镜像零件。

单击“文件”菜单中的“镜像零件”选项，为零件命名为“new-part2”，单击“确定”按钮完成。并将新零件“new-part2”保存到 D:\“资料”中，如图 1.1.19 所示。

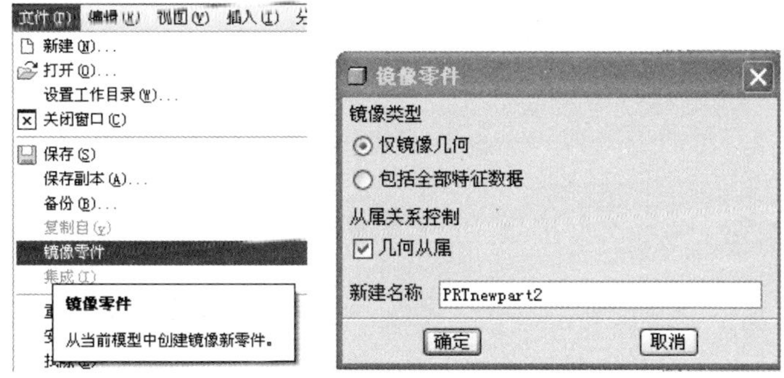

图 1.1.19　用“镜像零件”命令创建新零件

（9）创建图片。

将“new-part1”保存为图片类型文件，以“new-part1.jpg”命名，保存到 D:\“资料”中。

在“new-part1”零件窗口中，将零件摆放到合适的角度，如图 1.1.20 所示。

图 1.1.20　零件位置

选择“文件”→“保存副本”命令，弹出“保存副本”对话框，如图 1.1.21 所示，在打开的“保存副本”对话框中查找 D 盘，双击“资料”，选择文件类型“JPEG”，单击“确定”按钮完成。

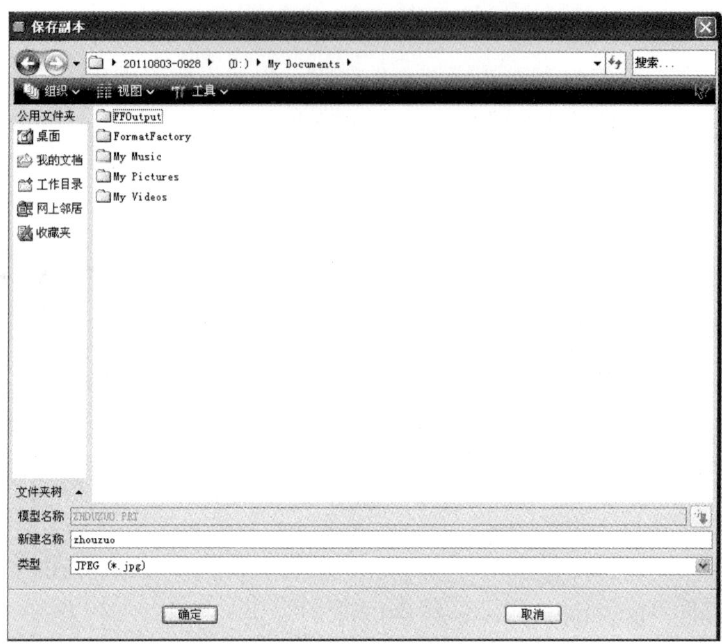

图 1.1.21　保存副本

（10）重命名。

选择“文件”→“重命名”命令，打开“重命名”对话框，在“新名称”中输入新文件名，如“zhizuo”。

单击“确定”按钮，完成文件重命名。操作完成后，关闭所有窗口，此任务结束。

（11）选取对象。

Pro/E 野火版中的对象选择有两种方式：一种是在绘图区中用鼠标左键点选对象进行选取，如图 1.1.22（a）所示；另一种是利用导航器中的“模型树”，单击特征名称进行选取，如图 1.1.22（b）所示；通过位于屏幕右下方位置的“选择过滤器”，可快速地选取目标对象，“选择过滤器”中各项的作用如图 1.1.23 所示。

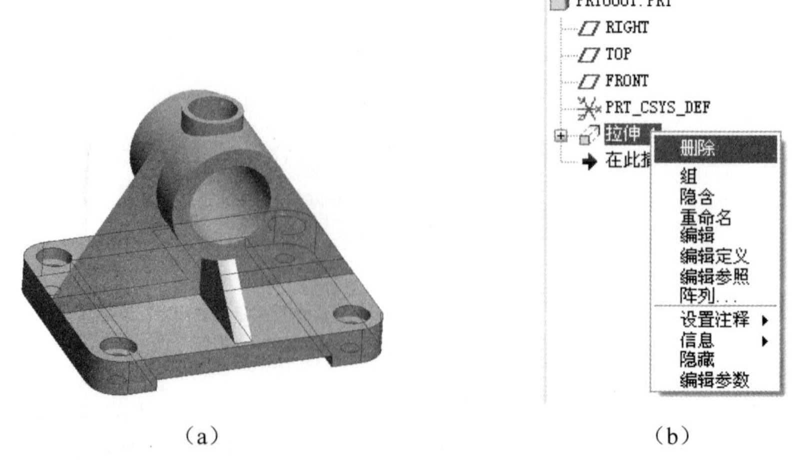

（a）　　（b）

图 1.1.22　选取对象的方法

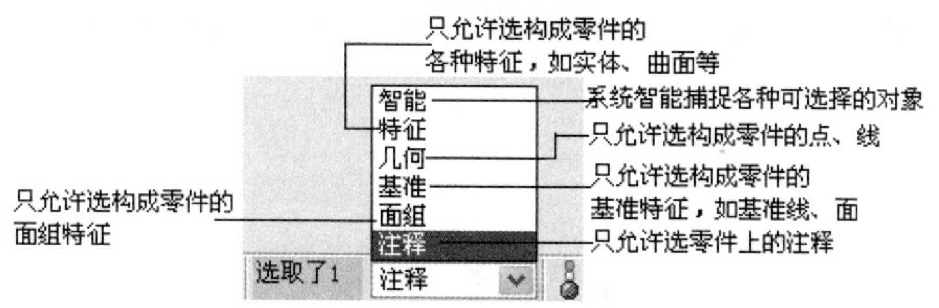

图 1.1.23 “选择过滤器”相关选项说明

在 Pro/E 系统中，鼠标采用三键鼠标，即左键、中键和右键。三键鼠标可方便地变换视图，对模型进行旋转、缩放以及平移，常用的鼠标操作方式有以下几种：

- 缩放：上下滚动鼠标中键（滚轮式），向下滚动滚轮为放大视图；向上滚动滚轮为缩小视图。
- 平移：按住 Shift 键与鼠标右键，模型随鼠标的移动而平移。
- 旋转：按住鼠标中键，模型随鼠标的移动而旋转。

3. 绘制平垫圈造型，领略 Pro/E 软件的风采

（1）启动 Pro/E 软件。

用鼠标左键双击桌面上 Pro/E 软件的快捷图标或单击“开始”→“程序”→PTC 下的 Pro/ENGINEER 均可启动已正确安装成功的 Pro/E 软件。

（2）新建零件文件。

单击“新建”按钮，弹出“新建”对话框。在“类型”选项区域选中“零件”单选按钮，选中“子类型”选项组中的“实体”。在“名称”文本框中输入文件名 prt_pingdianquan，取消选中“使用缺省模板”复选框，单击“确定”按钮。弹出“新文件选项”对话框，在“模板”选项区域中选择 mmns_part_solid 选项，单击“确定”按钮，进入零件模式。

（3）创建平垫圈的基体。

Step 1 单击“基础特征”工具栏上的工具按钮，或单击菜单“插入”→“拉伸”命令。

提示：在选择命令后，屏幕下方会出现如图 1.1.24 所示的操控面板。在操控面板中，有多种选项，按下实体特征类型按钮（默认情况下，此按钮为按下状态）。

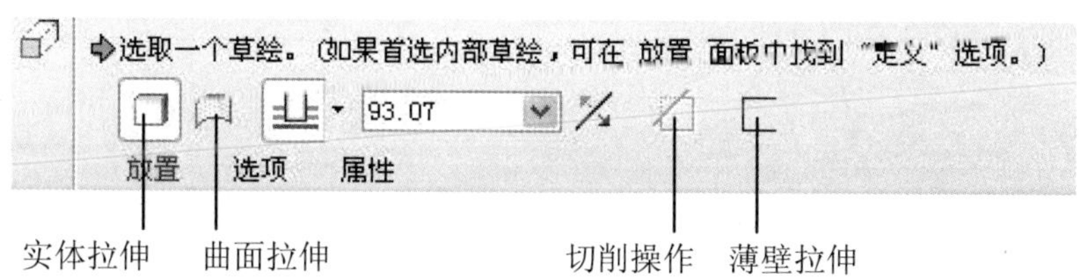

图 1.1.24 拉伸操控面板

Step 2 在操控面板中单击“放置”按钮，然后在弹出的界面中单击“定义...”按钮，进入“草绘”对话框，选取 TOP 基准平面作为草绘平面，定位方向面默认为 RIGHT 面，尺寸参照默认为 RIGHT 和 FRONT，如图 1.1.25 所示。

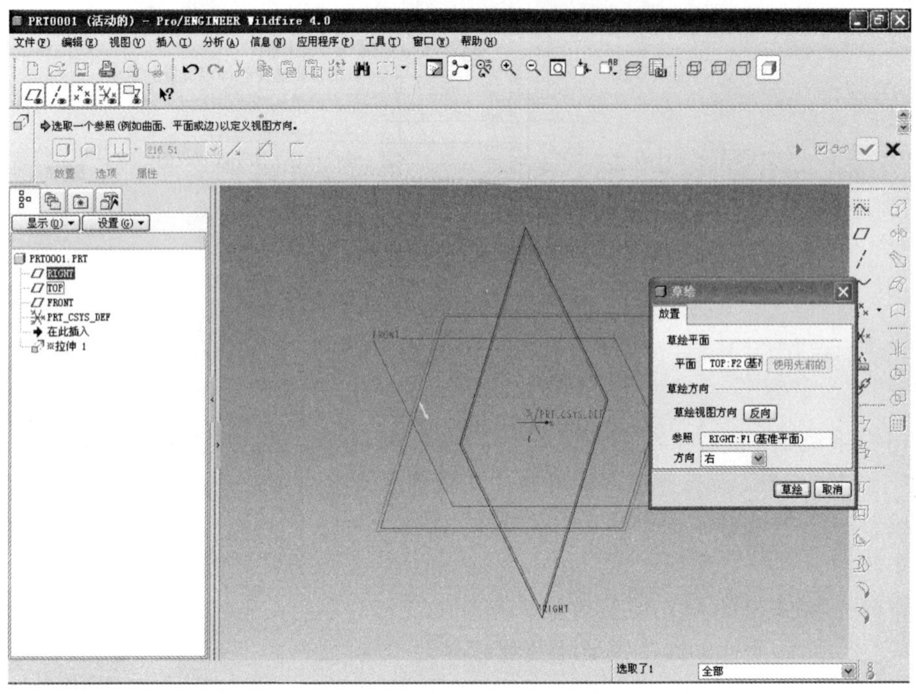

图 1.1.25　选择草绘平面

在进入 Pro/E 零件环境后，屏幕的绘图区中应该显示如图 1.1.26 所示的 3 个相互垂直的默认基准平面 TOP、FRONT 和 RIGHT，如果没有显示，可单击工具栏中的按钮，将其显示出来。

Step 3　单击“草绘”按钮，进入草绘模式。单击草绘工具栏中的按钮创建中心线，如图 1.1.27 所示。

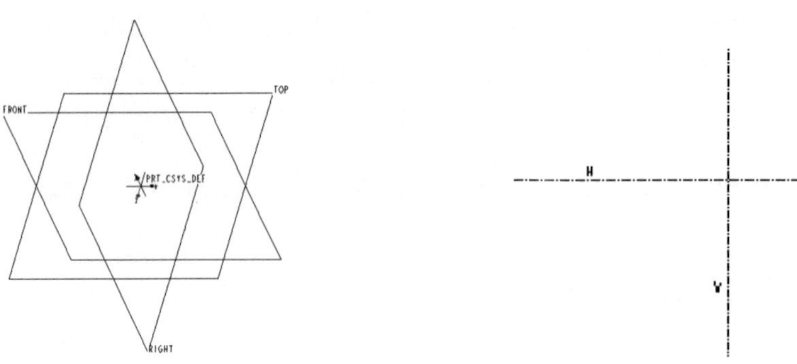

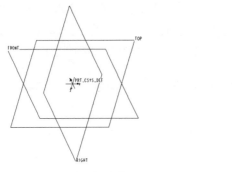

图 1.1.26　3 个默认的基准平面　　　　图 1.1.27　创建中心线

选中工具栏中的按钮，单击右侧的，把鼠标移到中心线的交点，单击鼠标左键，绘制圆如图 1.1.28 所示，单击右键结束命令。双击尺寸数字，将直径修改为 16。单击按钮右侧的，弹出绘制圆的所有工具，选择“同心圆”工具，选择刚绘制的圆，并在圆的内部单击鼠标左键确定一个圆，然后单击鼠标中键，将直径修改为 8.4，单击✔按钮，退出二维草绘模式。

Step 4 在操控面板的文本框中输入特征拉伸深度“1.6”。单击👓按钮并按住鼠标中键拖动鼠标恰当旋转模型进行预览，确定无误后，单击操控面板上的✔按钮，生成的模型如图 1.1.29 所示。

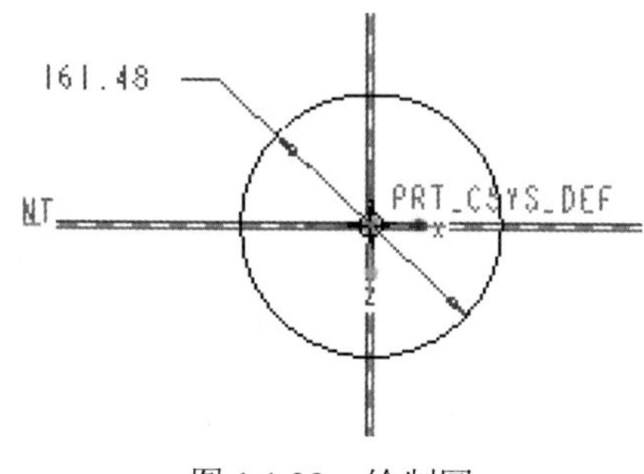

图 1.1.28　绘制圆

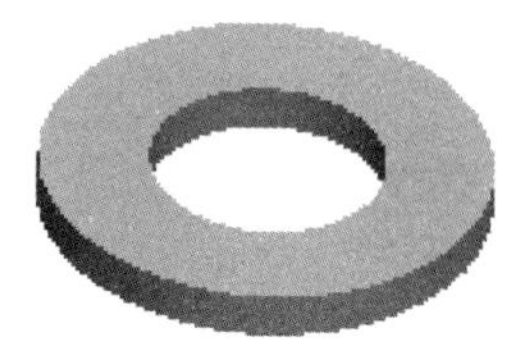

图 1.1.29　拉伸实体

Step 5 单击特征工具栏中的按钮，选择“角度×D”，在角度框中输入 30，D 框中输入 0.5，如图 1.1.30 所示。

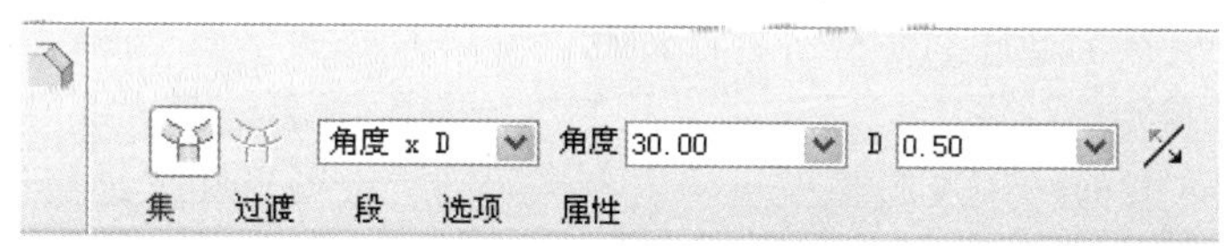

图 1.1.30　倒直角操控面板

选择要倒角的边线，如图 1.1.31 所示，单击工具栏的按钮☑或单击鼠标中键，完成倒直角操作，最后生成的模型如图 1.1.32 所示。

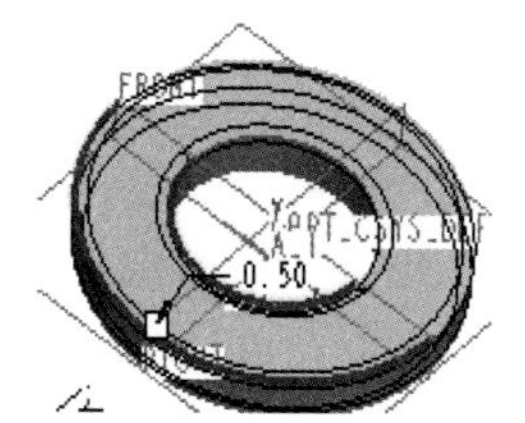

图 1.1.31　选择倒角边线

图 1.1.32　倒角结果

Step 6 保存文件。

五、任务总结

本任务主要目的是熟悉中文版 Pro/ENGINEER Wildfire 4.0 的基础知识。在实际操作中应留意命令提示栏的提示信息，它既可以显示出命令的执行情况，又可以提示读者应进行的下一步操作，对初学者是十分有意义的，而对于熟练的用户来说，可以从提示栏中返回的错误信息来判断问题的所在。

六、拓展训练

1. 打开 Pro/E 软件，进入零件工作界面，把鼠标放在各个工具图标上，熟悉各工具的名称。生成的文件类型主要有哪些？

2．打开课题一的素材/xiti2，快速实现对图形进行缩放、平移、旋转。

3．打开课题一的素材/xiti3，进行设置工作目录、保存副本、备份、拭除与删除、镜像、重命名、保存图片等操作。

4．执行“文件”→“新建”命令或者在工具栏中单击□按钮，弹出新建对话框，根据需要，可以单击不同的按钮，建立相应的文件，观察生成的文件类型主要有哪些？

5．通过对 xiti3 的操作，理解拭除文件与删除文件有何不同，保存文件与备份文件有何不同？

任务 1.2　草绘平面图形

一、任务描述

在 Pro/E 中，二维图形是纯平面图形。在 Pro/E 中，单纯绘制并使用二维图形的情形并不多见，更多的是使用二维绘图方法来创建三维图形的截面图，草绘平面图形是创建各种零件特征的基础，贯穿于整个零件的建模过程，因此，非常有必要掌握草图绘制的一些基本知识。本任务主要使用点图元、线图元以及文本来绘制二维平面图形，着重练习草绘环境的设置、草图的绘制、标注、几何约束及图形编辑等内容，明确二维图形和三维实体模型之间的关系，掌握 Pro/ENGINEER 二维草图的绘制技巧。

二、任务训练内容

（1）二维绘图环境及其设置。
（2）常用二维绘图工具的用法。
（3）草图的绘制及标注方法。
（4）设置几何约束的方法。
（5）草图的编辑方法。
（6）熟悉绘制复杂二维图形的一般流程和技巧。

三、任务训练目标

（1）理解组成平面图形的图元、尺寸和约束的含义。

（2）掌握 Pro/ENGINEER Wildfire 4.0 软件中图形调用工具“草绘器调色板”的使用。

（3）掌握各种草绘工具和图形编辑工具、尺寸标注、修改工具的使用。

（4）掌握二维草绘的一般方法和操作步骤。

（1）使用“草绘器调色板”调用或添加常用的图形。

（2）通过标注尺寸和编辑图形获得精确形状和准确定位的图形。

（3）能够草绘较复杂的平面图形，为后面学习三维建模打下基础。

四、任务相关知识

1. 草绘界面

首先来讲解一下绘制截面的界面。绘制 2D 草图时，首先要进入草绘设计的界面，具体方法是：选择“文件”→“新建”菜单命令，在打开的“新建”对话框中选择“草绘”类型，输入新建文件名，如图 1.2.1 所示。

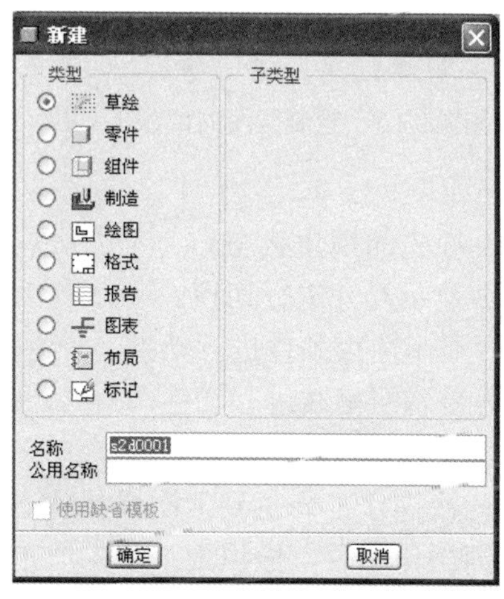

图 1.2.1　进入草绘模式

单击确定按钮即可进入绘制截面的用户界面，如图 1.2.2 所示。在此模式下只能进行剖面的绘制，并保存为.sec 的文件形式，以供其后的实体模型设计使用。

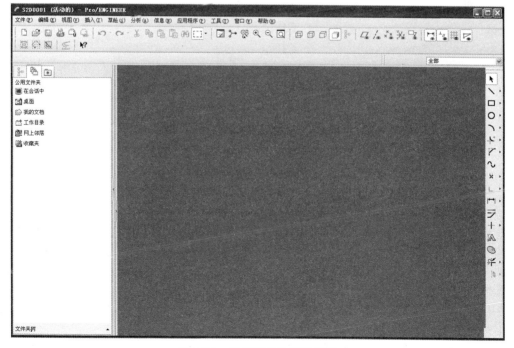

图 1.2.2　绘制截面的用户界面

2. 草绘工具介绍

绘制截面的用户界面共包括菜单栏、工具栏、特征工具栏和绘图区 4 个部分，下面详细介绍工具栏、特征工具栏及菜单栏这 3 个组成部分。

（1）工具栏。

主要介绍工具栏中的控制截面的视图、尺寸、网格、约束条件等功能按钮，如图 1.2.3 所示。

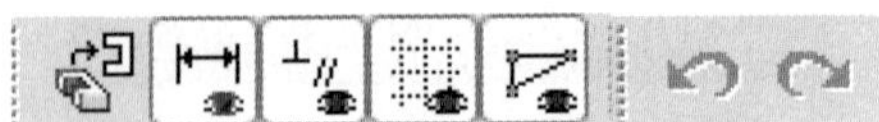

图 1.2.3　绘制截面的部分工具栏

这部分工具栏的各按钮功能如下。

：视角状态转换，恢复到原先的视角状态。

：尺寸显示切换，对是否显示尺寸进行切换。

：约束条件切换，对是否显示约束条件进行切换。

：网格显示切换，对是否显示网格线进行切换。

：端点显示切换，对是否显示曲线端点进行切换。

：取消操作，取消最近一次操作，恢复到上次操作状态。

：恢复操作，与上面取消操作相反，撤消上一步的取消操作。

（2）特征工具栏。

绘制截面的特征工具栏如图 1.2.4 所示，它是绘制截面图元的快捷工具按钮的集合。

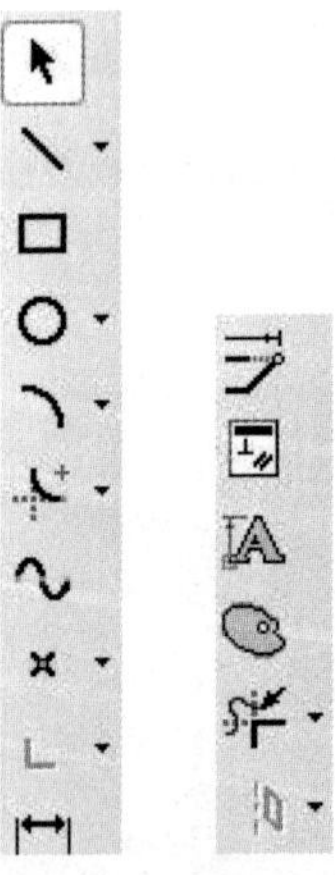

图 1.2.4　绘制截面的特征工具栏

绘制截面的特征工具栏中的按钮按照各自的功能可以分为选取模式切换、绘制直线工具、绘制矩形工具、绘制圆工具、绘制圆弧工具、曲线工具、修剪工具、镜像旋转复制工具和其他 9 种功能类型。

基本图元按钮及操作如表 1.2.1 所示。

使用上面介绍的基本设计工具创建的二维图形并不一定正好满足设计要求，这时可以使用编辑工具对其进行编辑和修改，直到满足设计要求为止。

编辑工具共有 6 个，单击“编辑”菜单或者单击右侧工具条的相应按钮即可编辑和修改

图元。工具条上的编辑工具按钮见表 1.2.2 说明。

表 1.2.1　基本图元按钮及操作说明

图元按钮	名称	操作说明
	直线	系统提供 3 种绘制直线的方法。选中画线工具，单击鼠标右键选择直线经过的点；单击鼠标中键结束本次直线的绘制，可以继续绘制下一条直线
	矩形	在绘图区任意选取一点，按下鼠标左键，按住鼠标并拖动到另一点后释放
	圆	系统提供 5 种画圆方法
	圆弧	系统提供 5 种绘制圆弧的方法
	样条曲线	选择该工具后，在绘图区依次选取曲线经过的点，即可创建通过这些选定点的一条光滑曲线，按鼠标中键结束曲线的绘制
	圆角	系统提供了 2 种类型的圆角。依次选取放置圆角的两条边线即可
	点	绘制点，还可创建坐标系
	文字	选取该工具后，首先根据系统提示在绘图区选取一点来确定文本行的起始点，再选取一点来决定文本的高度以及布置方向。然后系统弹出一个对话框，用来设置文本内容、字体等参数

表 1.2.2　编辑工具按钮

编辑工具	名称	说明
	选取	在编辑图元之前，必须首先选中要编辑的对象。系统提供 4 种选取方法。单击该按钮，然后直接使用鼠标单击要选取的图元，被选中的图元将显示为红色
	复制	先选取图元对象，然后才能选取该工具。另外在复制的同时，还可以根据需要对图元进行缩放、平移和旋转等操作
	镜像	先选取图元对象，然后才能选取该工具。根据系统提示选取一条中心线即可创建镜像对象
	缩放和旋转	先选取图元对象，然后才能选取该工具。该操作与复制中的缩放和旋转工具类似
	修剪 删除段 延长至参照 分割	包括 3 种操作： 删除图元上选定的线段； 延长图元到指定参照； 将单一图元分割为多个图元
	修改	主要用来修改图元的尺寸。在选取状态和尺寸显示开关为开时，双击尺寸标注，然后输入新的尺寸数值

3. 尺寸标注

在菜单栏单击“草绘”→“尺寸”或者在右侧工具条中单击按钮，都可以打开尺寸标注工具。现介绍各种尺寸标注的操作方法，如表 1.2.3 所示。

表 1.2.3　尺寸标注类型及其操作

标注类型		操作说明
长度尺寸的标注	单一线段标注	选中该线段，然后在线段任意一侧单击鼠标中键，即可完成该线段的尺寸标注
	两平行线间距离标注	首先单击第一条直线，然后单击第二条直线，最后在两条直线之间的恰当位置单击鼠标中键即可完成尺寸标注
	两图元中心距离标注	首先单击第一中心，然后单击第二中心，最后在两中心之间的恰当位置单击鼠标中键即可完成尺寸标注
角度尺寸的标注		首先单击组成角度的一条边线，然后单击组成角度的第二条边线，可以在角度区域内或区域外单击中键，以标注锐角或钝角
半径、直径的标注		半径标注：单击圆弧，在圆弧外恰当位置单击中键即可。一般对于小于 180° 的圆弧通常标注半径尺寸； 直径标注：双击圆弧，在圆弧外恰当位置单击中键即可。一般对于大于 180° 的圆弧通常标注直径尺寸

在创建二维草绘图形时，如果选择了显示弱尺寸和打开尺寸显示开关，则在绘图的过程中系统会自动标注图元的尺寸，但是这些尺寸常常并不理想，这时可以采用尺寸标注工具添加需要的尺寸标注。在这里，用户添加的尺寸称为强尺寸，强尺寸的颜色为黑色。绘图过程中系统自动为草绘图元标注的尺寸称为弱尺寸，弱尺寸的颜色为灰色。修改弱尺寸的数值后，该尺寸将转化为强尺寸。当系统的尺寸存在冲突时，将删除部分弱尺寸，当强尺寸之间发生冲突时，则向用户报告并等候用户处理。

4. 约束

约束是参数化设计中的一种重要设计工具，通过在相关图元之间引入特定的关系来制约设计结果。在菜单栏单击“草绘”→“约束”命令或在右侧工具条中单击按钮，都可以打开“约束”工具箱，如图 1.2.5 所示。

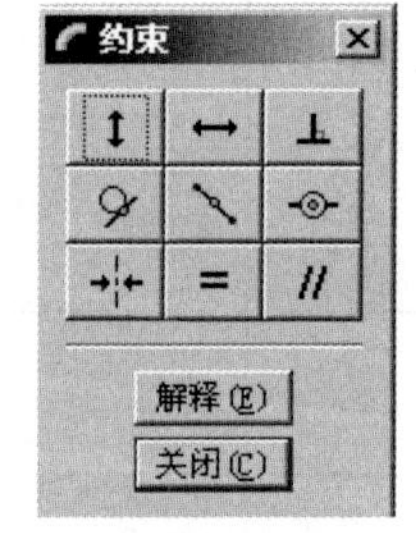

图 1.2.5　“约束”工具箱

约束工具箱中各按钮的含义说明如表 1.2.4 所示。

表 1.2.4　约束按钮及其操作

按钮图标	按钮名称	按钮含义与操作说明
↕	竖直约束	使一条直线处于竖直状态。选取该工具后，单击直线或两个顶点即可。处于竖直约束状态的图元旁边将显示竖直约束标记“V”
↔	水平约束	使一条直线处于水平状态。选取该工具后，单击直线或两个顶点即可。水平约束标记为“H”
⊥	垂直约束	使两个选定图元（两直线或直线和曲线）处于垂直（正交）状态。选取该工具后，单击两直线或直线和曲线即可。垂直约束标记为“⊥”

续表

按钮图标	按钮名称	按钮含义与操作说明
	相切约束	使两个选定图元处于相切状态。选取该工具后，单击直线和圆弧即可。相切约束标记为“T”
	居中约束	使选定点放置在选定直线的中央。选取该工具后，单击点（或圆心）和直线即可。居中约束标记为“%”
	共线约束	将两选定图元共线对齐。选取该工具后，选取两条直线即可。共线约束标记为“-”
	对称约束	使两个选定顶点关于指定中心线对称布置。选取该工具后，选取中心线，再选取两个顶点即可。对称约束标记为“^”
=	相等约束	使两直线等长或两圆弧半径相等，还可以使两曲线具有相同的曲率半径。选取该工具后，单击两直线或两圆弧或两曲线即可。相等约束标记为“L”
//	平行约束	使两直线平行。选取该工具后，单击两直线即可。平行约束标记为“//”

5. 常用绘图命令

（1）点的绘制。

点的绘制步骤如下：

Step 1 单击草绘命令工具栏中的绘制点按钮，也可单击菜单“草绘”→“点”选项。

Step 2 在绘图区域单击鼠标左键即可创建第一个草绘点。

Step 3 移动鼠标并再次单击鼠标左键即可创建第二个草绘点，此时屏幕上除了显示两个草绘点外，还显示两个草绘点间的尺寸位置关系。

（2）绘制直线。

在所有图形元素中，直线是最基本的图形元素。在草绘命令工具栏中有 3 种形式的直线创建方式：绘制实体直线、绘制中心线、绘制与两实体相切的直线。

单击右侧工具栏中的直线图标，开始绘制直线，如图 1.2.6 所示。

图 1.2.6　直线的绘制

① 绘制普通直线。

Step 1 单击直线工具栏中的直线图标，开始绘制直线。首先在直线的开始位置（第 1 点）单击左键，再在第 2 点单击，Pro/ENGINEER 会在两点之间创建一条直线。

Step 2 依次在所需直线折点处单击鼠标左键。

Step 3 当绘制完成时，单击鼠标中键。

② 绘制相切直线。

Step 1 单击直线工具栏中的相切直线图标，单击直线与直线相切的第 1 个圆或弧。

Step 2 在第 2 个圆或弧上单击与直线相切的切点，即相切直线的终止位置点。

Step 3 单击中键，完成相切直线的创建。

③ 绘制中心线。

Step 1 中心线可以用来定义一个旋转特征的中心轴，也可以用来定义截面内的某一对称中心线，或用来创建构造直线。

Step 2 单击直线工具栏的中心线图标。

Step 3 在绘图区内所需中心线上的任意一点处单击，一条中心线附着在指针上。

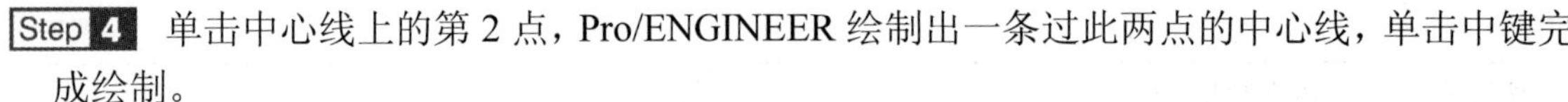

Step 4 单击中心线上的第 2 点，Pro/ENGINEER 绘制出一条过此两点的中心线，单击中键完成绘制。

（3）矩形的绘制。

使用绘制直线命令，通过绘制 4 条直线并给予适当的尺寸标注和几何约束即可绘制一矩形。此外，草绘命令工具栏中提供了更为方便的绘制矩形工具，使用该工具可快速创建矩形。绘制矩形的步骤如下：

Step 1 在草绘工具栏中，单击绘制矩形按钮。

Step 2 在绘图区域任意一点，单击鼠标左键，作为矩形的一个角端点。

Step 3 移动鼠标产生一动态矩形，将矩形拖动到适当大小单击鼠标左键，完成矩形的绘制，系统自动标注与矩形相关的尺寸和约束条件。

（4）圆的绘制。

在草绘工具栏中 Pro/ENGINEER Wildfire 提供了 4 种绘制圆的方式。圆的绘制工具如图 1.2.7 所示。

图 1.2.7 圆的绘制工具

① 中心点方式绘制圆。

Step 1 单击草绘工具栏中的按钮，开始绘制圆形。

Step 2 在绘图区某一位置单击，放置圆的圆心，松开左键并拖至合适大小。

Step 3 单击左键，再单击中键，完成绘制。

② 同心圆方式绘制圆。

Step 1 单击圆的绘制工具栏中的同心圆图标，进行同心圆的绘制。

Step 2 在绘图区单击一个已存在的圆或圆弧边线，移动鼠标，然后单击鼠标左键定义圆的大小。

Step 3 单击中键，完成圆的绘制。

③ 三点圆方式绘制圆。

Step 1 单击绘图工具栏中的按钮。

Step 2 在绘图区依次单击 3 个点，系统自动生成经过这 3 个点的圆。

④ 实体相切方式绘制圆

Step 1 单击绘图工具栏中的按钮。

Step 2 在绘图区依次单击 3 个图素的边线，系统自动生成与该三边相切的圆。

（5）绘制样条曲线。

所谓样条曲线，即光顺圆滑的弯曲线，是高级图形绘制中用得最多的一种曲线。只要给出点，系统就会根据点的位置拟合出不规则的曲线。

Step 1 单击工具栏中的样条线绘制图标，进行样条曲线的绘制。

Step 2 选取一系列的点，Pro/ENGINEER 根据点的位置拟合出不规则曲线。

Step 3 单击鼠标中键完成样条曲线的绘制。

（6）绘制文本。

Step 1 单击文本命令图标，系统提示单击设置文本的高度和方向的开始点（通常从左到右书写的文本的开始点位于整个文本的左下角），如图 1.2.8 所示。

Step 2 在绘图区某一位置单击，放置文本开始点。

Step 3 拖动鼠标至合适大小后单击左键，确定终止点。

Step 4　在“文本行”中输入文本，一般应少于 79 个字符。

Step 5　在文本命令中按需要调整“字体”、“长宽比”和“斜角”。

Step 6　如果希望文本呈弧状，可单击“沿曲线放置”，然后选择欲将文本放于其上的弧或圆。

Step 7　单击鼠标中键完成文本创建，生成的文本如图 1.2.9 所示。

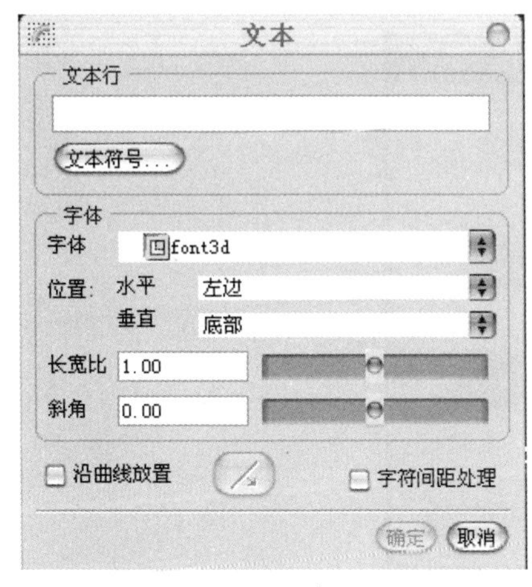

图 1.2.8　“文本”对话框

图 1.2.9　生成文本

其他绘图命令和编辑命令将在下面的训练中得到应用。

五、任务实施

案例 1　工字形平面图

案例出示：绘制如图 1.2.10 所示的工字钢平面图。

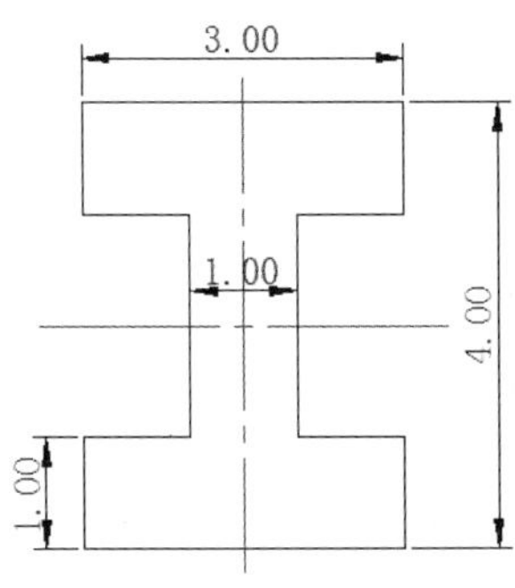

图 1.2.10　工字型平面图

知识目标：掌握 Pro/ENGINEER Wildfire 4.0 软件中图形调用工具“草绘器调色板”的使用。

能力目标：

（1）使用“草绘器调色板”调用或添加常用的图形。

（2）通过标注尺寸获得精确形状和准确定位的图形。

案例操作：

Step 1　创建新草绘文件。单击标准工具栏的新建按钮，弹出“新建”对话框，在“类型”

选项栏中选择“草绘”模式，并输入零件名称“工字钢”，选用缺省模板，然后单击“确定”按钮，系统进入“草绘器”模式。

Step 2 单击工具栏中的“调色板”按钮，弹出“草绘器调色板”对话框，如图 1.2.11 所示。

图 1.2.11 “草绘器调色板”对话框

Step 3 选择“轮廓”选项卡，鼠标左键双击“I 形轮廓”，鼠标挪到绘图区内变为箭头。单击绘图区域内某一位置，弹出“旋转缩放”对话框，同时系统用虚线框显示一个“I 形轮廓”副本，用户可以对这个副本进行缩放、平移和旋转操作，如图 1.2.12 和图 1.2.13 所示。

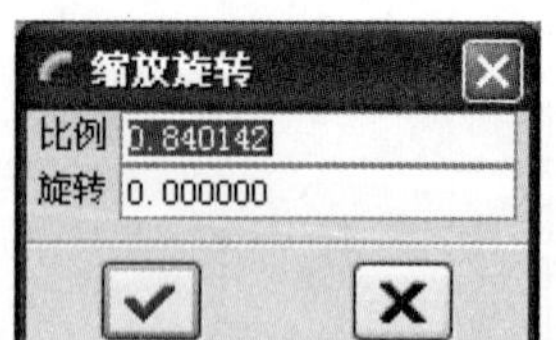

图 1.2.12 “草绘器调色板”对话框

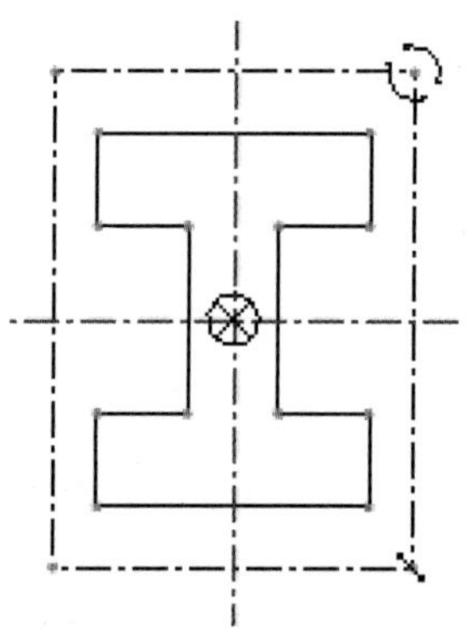

图 1.2.13 “I 形轮廓”副本

Step 4 确定“工字形”的缩放比例、位置及旋转方向后，单击按钮，保存操作，关闭“草绘器调色板”对话框，得到一个“工字钢”图形，并可对图中尺寸进行修改。

从调色板输入图形时，不一定一步到位，因为直接拖拉图形的操作会导致系统运行速度过慢。可以先将图形随意放到图样上，只要有水平和垂直的中心线，系统就会自动标注出相对水平和垂直中心线的尺寸，只要直接调整该尺寸值，就可移到所希望的位置了。

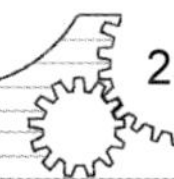

案例 2　压盖平面图

案例出示：绘制如图 1.2.14 所示的压盖平面图。

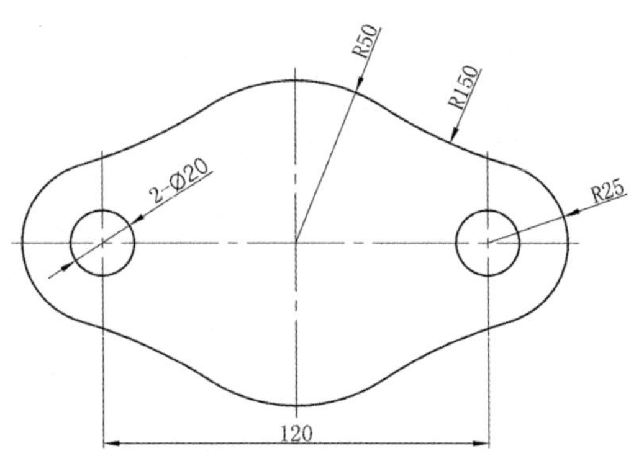

图 1.2.14　压盖平面图

知识目标：

（1）掌握定位用的中心线、直线、圆命令的使用以及剪切、镜像等按钮的操作。

（2）理解组成平面图形的图元、尺寸和约束的含义。

（3）掌握二维草绘的一般方法和操作步骤。

能力目标：通过本任务的操作，能够草绘简单的平面图形，为后面学习三维建模打下基础。

案例分析：本任务的图形比较简单，主要由直线和圆弧组成。先建基准线，用直线和画圆命令画图，修剪多余线条，注意修改尺寸符合要求。

案例操作：

1. 创建新草绘文件

单击标准工具栏的新建按钮，弹出如图 1.2.15 所示的“新建”对话框，在“类型”选项栏中选择“草绘”模式，并输入图形名称“S2d0001”，选用缺省模板，然后单击“确定”按钮，系统进入“草绘器”模式，如图 1.2.16 所示。

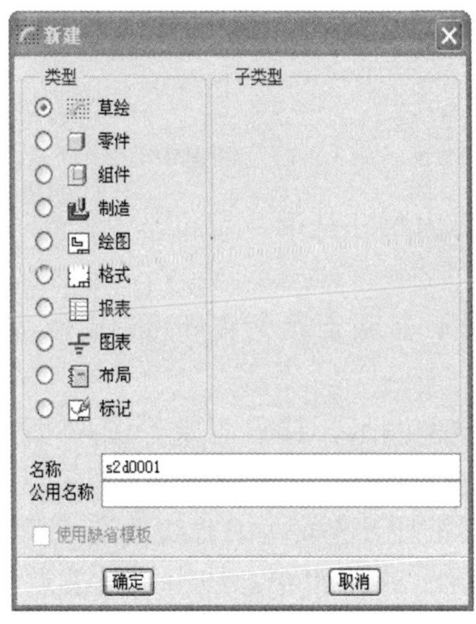

图 1.2.15　进入草绘模式

图 1.2.16　草绘平面的用户界面

2. 建立基准线

单击草绘工具栏中的 ¦ 按钮，创建一条水平基准中心线和一条铅垂中心线，如图 1.2.17 所示。

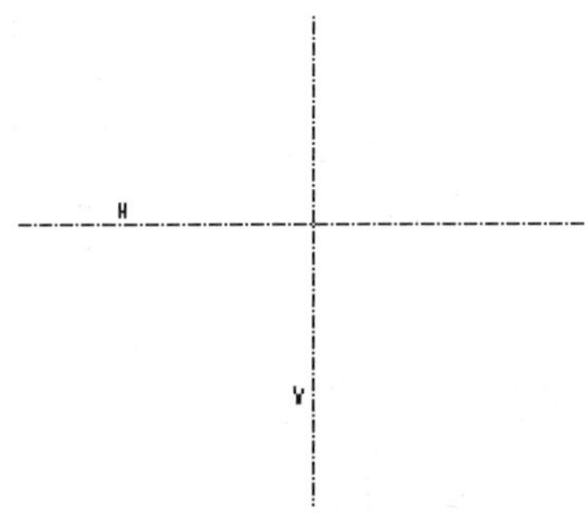

图 1.2.17　创建中心线

基准中心线的作用主要是作为尺寸基准、定位基准、约束基准等参照，相当于万丈高楼平地起的地基作用。

注意：这是一个规范性操作，有利于养成良好的看图做图习惯。

3. 草绘基本图形

注意绘图顺序，首先绘制定位图形，接着画定形图形，然后连接，最后绘制其他特征，这与机械制图中的方法一致。这一步中的图形只需相似即可。

Step 1 单击草绘工具栏中的 ○ 按钮，选取两中心线的交点为圆心画一个圆，双击尺寸修改为直径 100mm，如图 1.2.18 所示，在水平中心线上选取某点为圆心画两个圆，修改直径分别为 20mm 和 50mm，两圆心距离为 60mm，如图 1.2.19 所示。

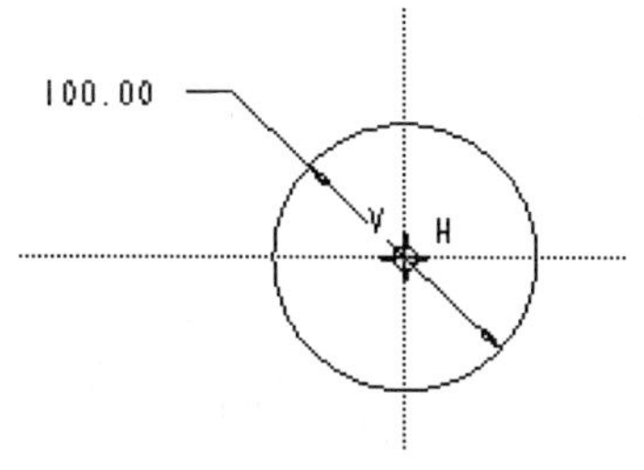

图 1.2.18 绘制圆

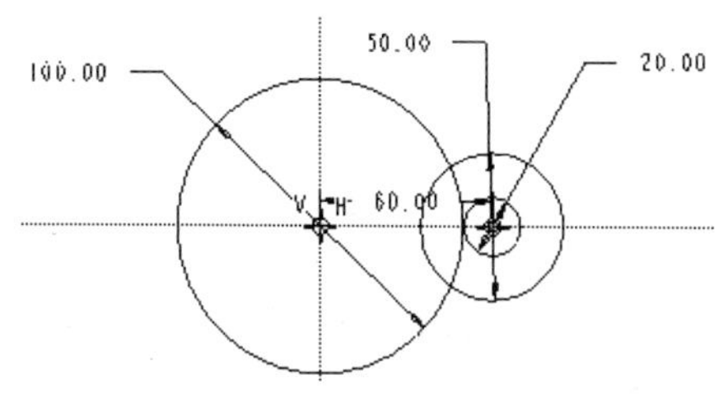

图 1.2.19 绘制两圆

Step 2 画一个圆，单击草绘工具栏中的按钮，打开“约束”对话框，如图 1.2.20 所示。单击“约束”对话框中的按钮，在绘图区中选择如图 1.2.21 所示的圆弧，给其添加相切约束，修改直径为 300mm。

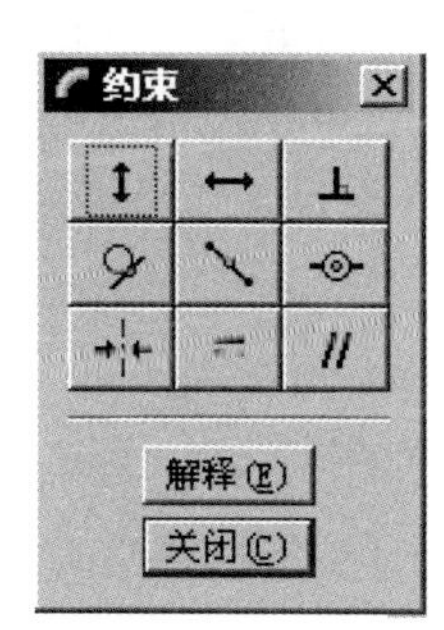

图 1.2.20 “约束”对话框

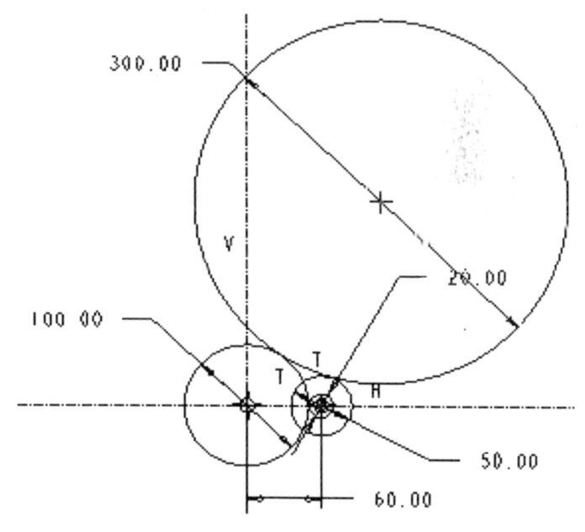

图 1.2.21 添加约束

4. 修剪多余线条

Step 1 单击草绘工具栏中的按钮，将直径为 300 的圆的多余线条剪掉，如图 1.2.22 所示。

Step 2 选择直径为 300mm 的弧，单击草绘工具栏中的按钮，单击水平中心线，镜像切弧，如图 1.2.23 所示。

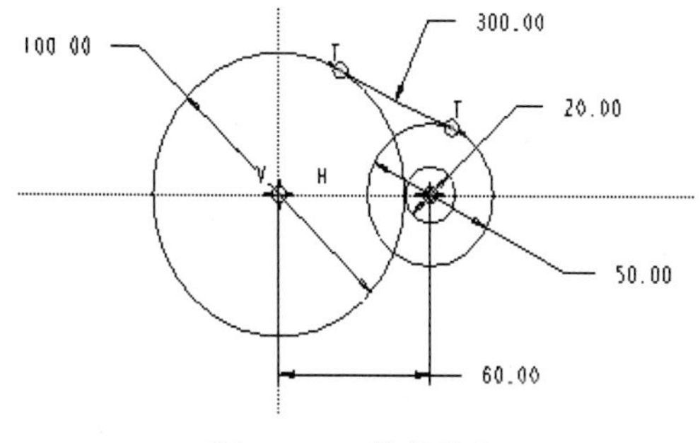

图 1.2.22 修剪线条

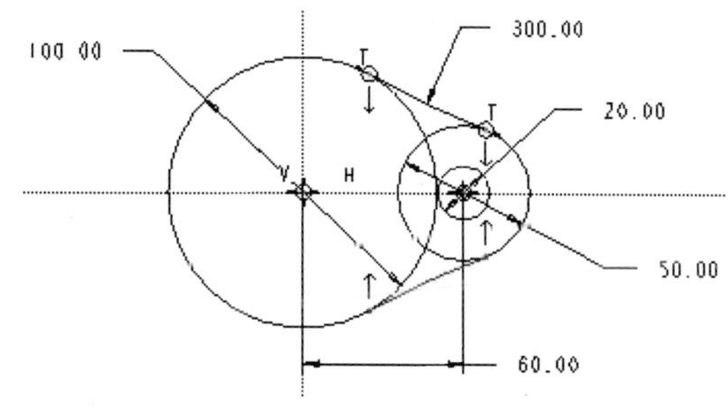

图 1.2.23 镜像切弧

Step 3 按 Ctrl 键的同时选中两切弧和直径为 50mm、20mm 的两圆，单击草绘工具栏中的按钮，单击竖直中心线，镜像后如图 1.2.24 所示。

注意：“镜像”命令只能针对图元进行镜像操作，它并不能将中心线和尺寸镜像至对侧。

5. 裁样

单击草绘工具栏中的按钮，动态修剪图 1.2.24 中多余的线条，如图 1.2.25 所示。

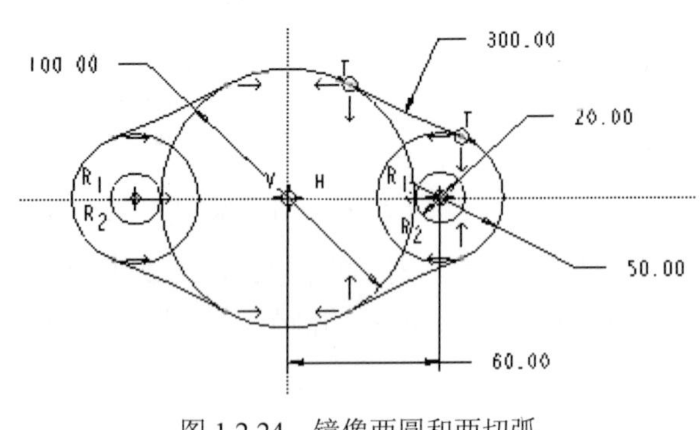

图 1.2.24 镜像两圆和两切弧

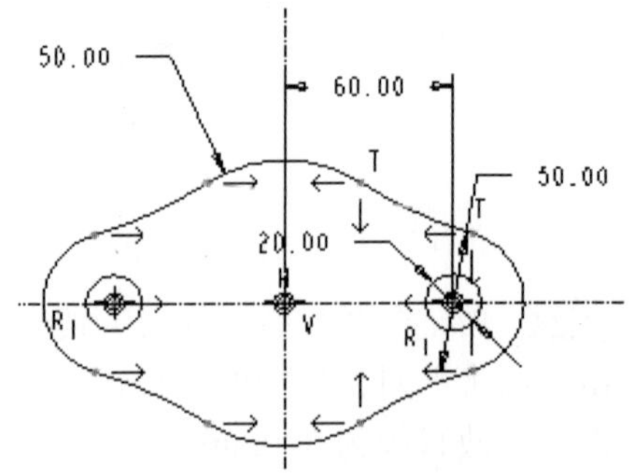

图 1.2.25 修剪多余线条

6. 标注定样

为了明了标注，先单击关闭约束显示按钮，关闭约束显示，再单击“尺寸显示”按钮，然后在绘图区中单击圆弧，进行尺寸标注的修改，更改到所需的尺寸即可，如图 1.2.26 所示。

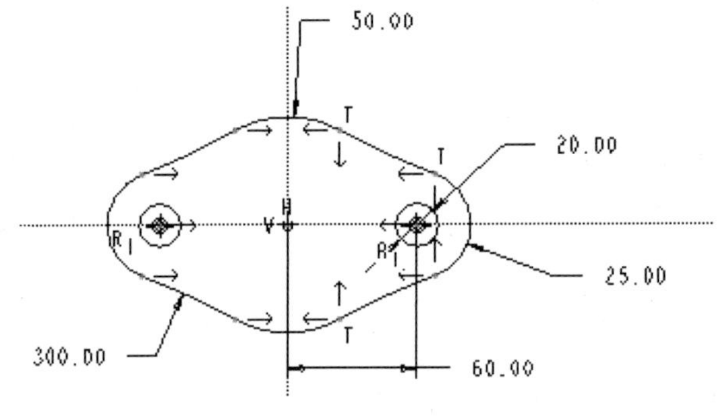

图 11.2.26 标注尺寸

弱尺寸是指在绘制图形后，系统自动标注的尺寸。当用户创建的尺寸与弱尺寸发生冲突时，系统将自动删除冲突的弱尺寸，弱尺寸显示为灰色。与之对应的强尺寸是指用户使用尺寸标注工具标注的尺寸。系统对强尺寸具有保护措施，不会擅自删除，当遇到尺寸冲突时总是提醒设计者自行解决。如果对弱尺寸进行数值修改，该尺寸将变为强尺寸。此外，选中需要加强的弱尺寸后，选取菜单命令“编辑”→“转换为”→“加强”，就可以将其转化为强尺寸。

提示：通过本案例的演练，可以体会到 Pro/E 草绘模式与传统二维制图的最大不同之处在于，它能加设各种约束，这样大大降低了图形绘制的难度。

案例 3 绘制如图 1.2.27 所示的法兰盘平面图

案例分析：图中 3 个直径为 20 的小圆均匀分布于直径为 104 的大圆上。3 个小圆的 120°均布由 3 条中心线的均匀间隔控制；直径为 104 的大圆不是图形上的实线图元，需转换为构造圆。

图形绘制过程：①绘制 3 条中心线和直径 104 的圆，找到小圆的圆心；②绘制各圆和圆角；③修剪多余线条；④添加其他尺寸约束。

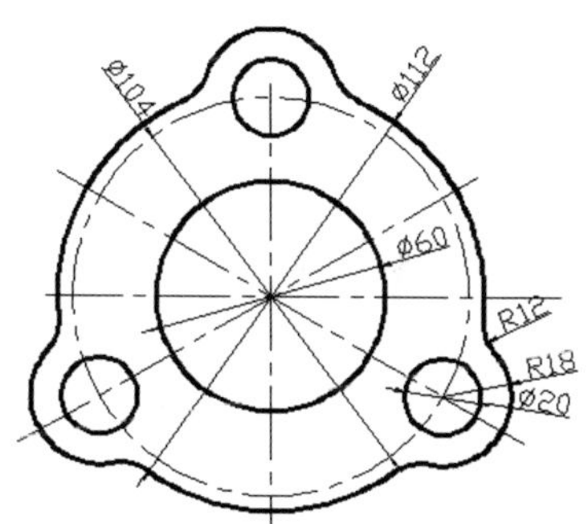

图 1.2.27　法兰盘平面图

案例操作：

1. 创建新草绘文件

单击标准工具栏的新建按钮，弹出 “新建”对话框，在“类型”选项栏中选择“草绘”模式，并输入零件名称“falanpan”，选用缺省模板，然后单击“确定”按钮，系统进入“草绘器”模式。

2. 建立中心线

Step 1 草绘中心线。单击草绘工具栏中绘制中心线按钮，绘制 3 条相交的中心线，其中 1 条竖直，如图 1.2.28 所示。

Step 2 添加尺寸约束。单击尺寸标注按钮，标注角度尺寸，使 3 条中心线互成 120° 夹角，如图 1.2.29 所示。

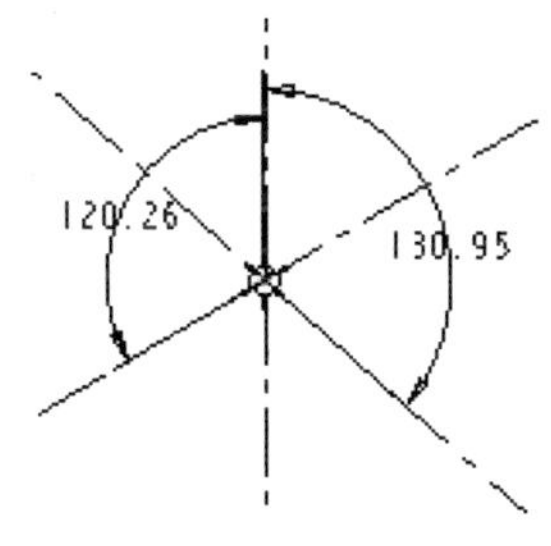

图 1.2.28　绘制中心线

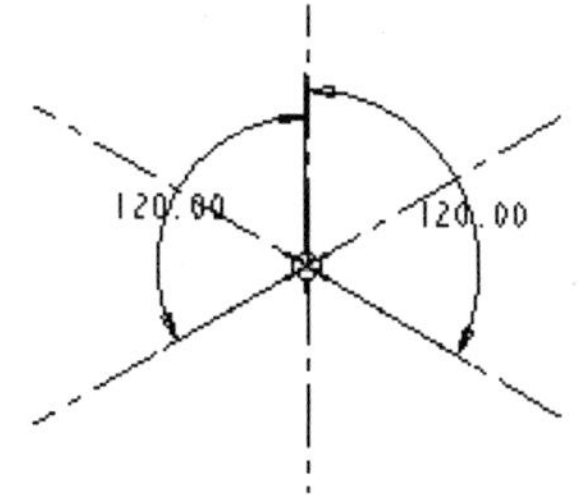

图 1.2.29　修改中心线角度

3. 创建构造圆

Step 1 创建直径为 104 的实心圆。单击草绘工具栏的按钮，选取中心线交点作为圆心，在屏幕任一点单击绘制一个圆，并修改圆直径为 104。

Step 2 选中圆，单击“编辑”→“切换构造”或单击右键选择“构建”，将实心圆转换为构造圆，如图 1.2.30 所示。

4. 创建同心圆

创建直径为 60 和 112 的圆。单击工具栏中的同心圆命令按钮，选择构造圆作为参照圆，建立圆，并修改直径分别为 60、100，如图 1.2.31 所示。

5. 创建直径为 20 和 36 的圆

Step 1 创建直径为 20 的圆。单击草绘工具栏的按钮，以图中竖直中心线与构造圆交点为圆心创建圆并修改直径为 20。

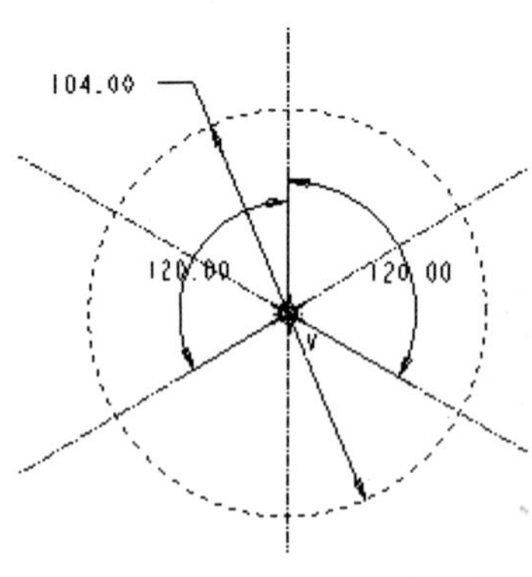

图 1.2.30　实心圆转换为构造圆

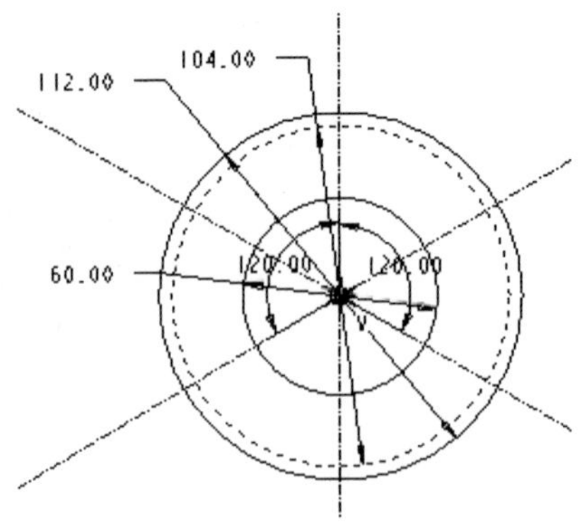

图 1.2.31　创建同心圆

Step 2 创建其他两个同半径的圆。分别选择构造圆与其他中心线的交点为圆心创建圆，如图 1.2.32 所示。

Step 3 创建同心圆。单击工具栏中的同心圆命令按钮◎，以直径为 20 的圆为参照，创建直径为 36 的 3 个同心圆，如图 1.2.33 所示。

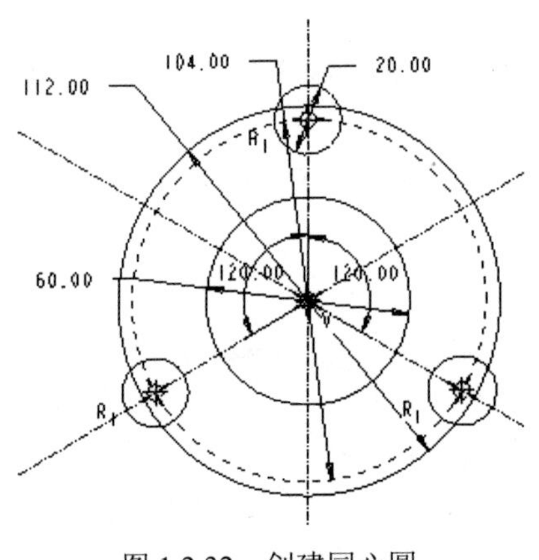

图 1.2.32　创建同心圆

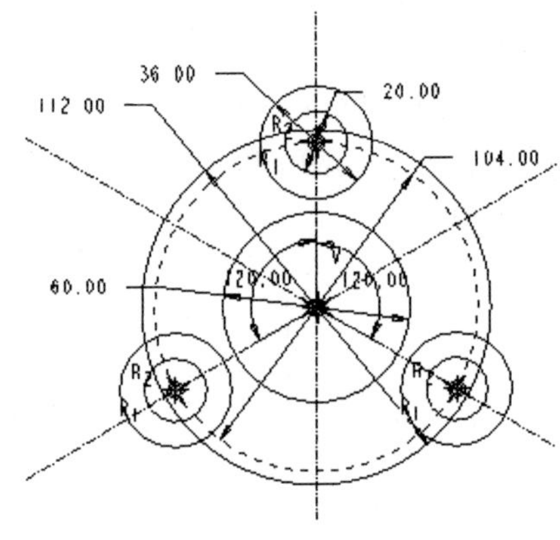

图 1.2.33　创建同心圆

6. 创建圆角

单击工具栏中的按钮，分别选取两个圆弧，在两段圆弧之间生成圆角，形成 T-T 之间的圆角，圆角半径为 12，如图 1.2.34 所示。使用相同的方法创建其他 5 个圆角。

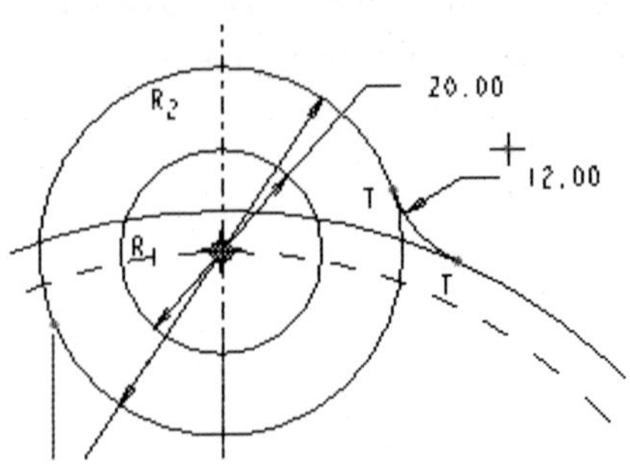

图 1.2.34　创建相切圆弧

7. 修剪图形

单击工具栏中中的动态修剪按钮，修剪多余的图元，完成后的图形如图 1.2.35 所示。

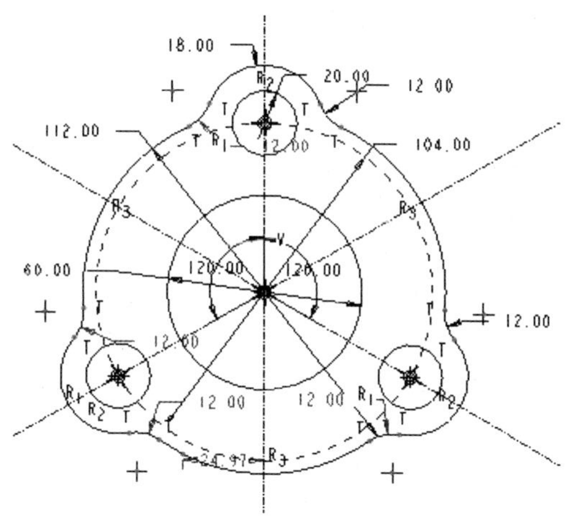

图 1.2.35　修剪多余图元

截面绘制的技巧：

（1）将设计意图中有具体要求并且系统自动标注出来的弱尺寸及时修改或者转化成强尺寸，这样做不仅可以将弱尺寸加强，防止其在后面的截面编辑过程中消失，也可以使截面的绘制过程思路清晰，避免错误的出现。

（2）绘图过程中容易自动捕捉的约束，可以直接进行捕捉，以减少截面编辑所用的时间。对截面绘制过程中难以捕捉到的约束，可先画出大致的形状，再添加约束。

（3）绘制截面可按草绘、修改尺寸和修改约束条件三个步骤依次进行。

（4）对于过小的线段或者角度，绘制时可将它放大数倍，标注完尺寸后利用快捷菜单的“修改”命令还原到适当的大小。

案例 4　绘制如图 1.2.36 所示的圆盘平面图

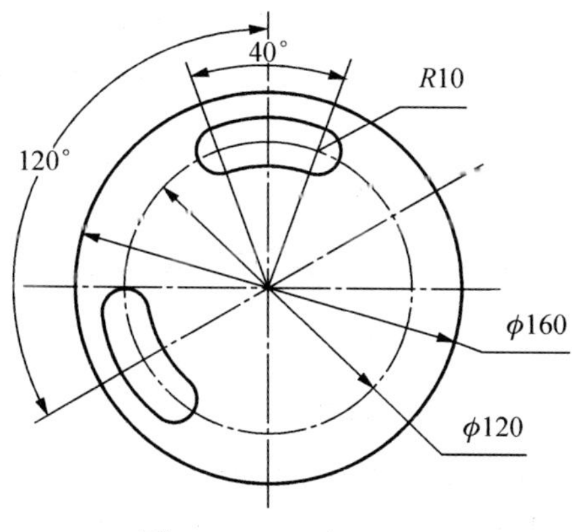

图 1.2.36　圆盘平面图

案例分析：该图形中的槽截面的定位，需要绘制辅助线；两个槽截面虽然形状一样，但却处在不同的位置（旋转）。通过本案例的学习掌握定位用的中心线和构架线的操作，以及“复制”→“粘贴”按钮的使用操作。

案例操作：

1．创建新草绘文件

单击标准工具栏的新建按钮，弹出“新建”对话框，在“类型”选项栏中选择“草绘”模式，并输入零件名称“yuanpan”，选用缺省模板，然后单击“确定”按钮，系统进入“草绘器”模式。

2．建立中心线，绘制两圆形状和槽的定位辅助线并修改尺寸

单击按钮绘制 4 条中心线，修改角度尺寸分别为 20°，单击按钮绘制两圆，修改直径尺寸分别为 160 和 120，单击按钮选取小圆，右击弹出快捷菜单，选择“构建”命令（小圆变虚线），如图 1.2.37 所示。

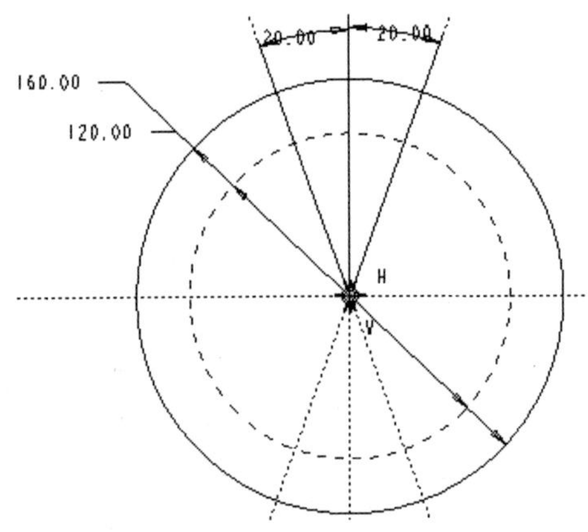

图 1.2.37　绘制圆建构造线并修改尺寸

3．绘制槽形截面

Step 1 单击按钮画两个小圆弧，单击按钮画两个大圆弧，单击中键结束，如图 1.2.38 所示。

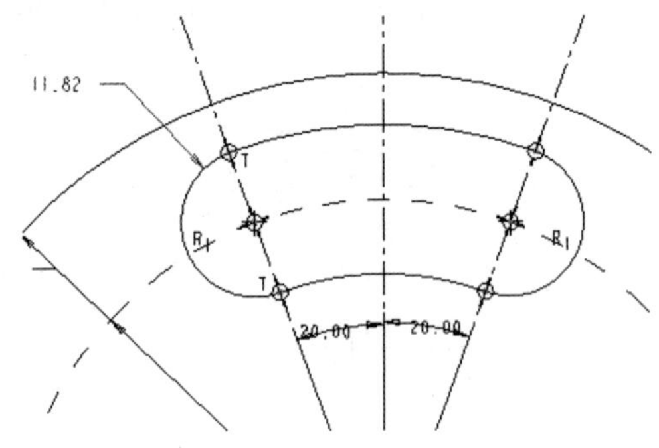

图 1.2.38　绘制圆弧

Step 2 双击小圆弧，将尺寸修改为 10，操作如图 1.2.39 所示。

Step 3 单击按钮绘制 1 条中心线，与水平方向夹角为 30°，如图 1.2.40 所示。

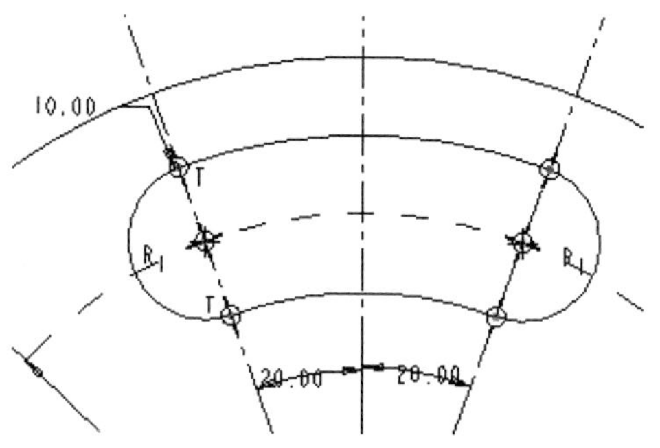

图 1.2.39　修改尺寸

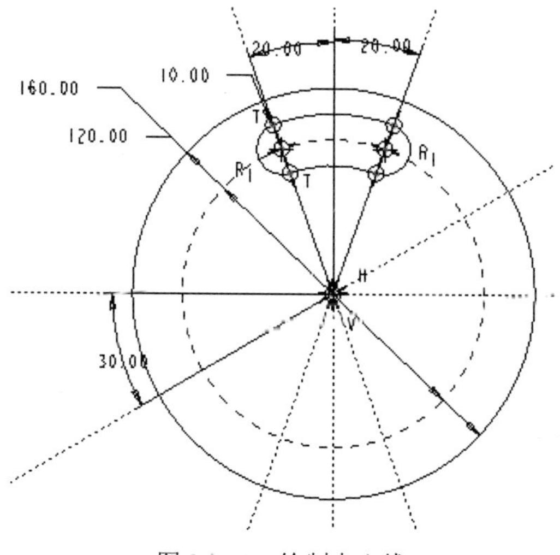

图 1.2.40　绘制中心线

4. 用“复制”→“粘贴”按钮创建另一槽截面

单击 按钮选取槽形截面(1～3)，单击按钮，单击按钮(4)，复制并旋转对象(5～7)，移动定位对象(8～9)，修改旋转角度为 120°，操作步骤分解如图 1.2.41 和图 1.2.42 所示。

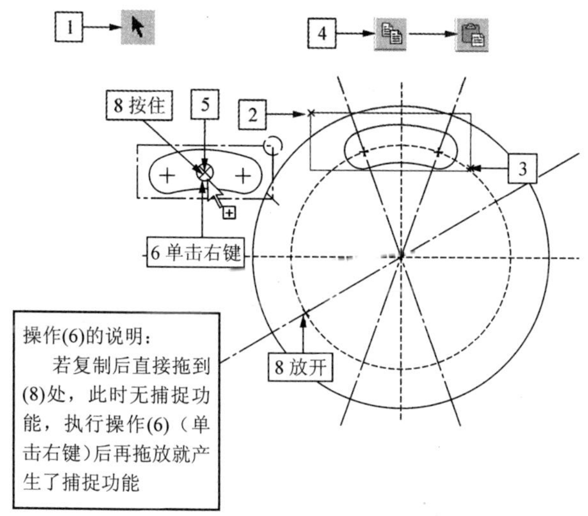

图 1.2.41　复制槽形截面

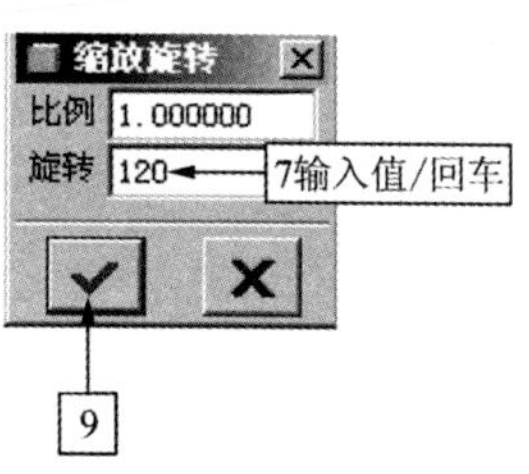

图 1.2.42　修改旋转角度

六、任务总结

二维草绘的步骤如下：

（1）进入草绘模式；

（2）绘制二维图形的相似图形。使用基本图元工具，不必考虑尺寸进行非精确绘图，只要绘制出的几何图形大致相似即可；

（3）编辑相似图形；

（4）添加尺寸和约束；

（5）修改尺寸；

（6）保存图形。

实际上，绘制步骤中的（3）～（5）步的顺序没有严格的区分，绘制二维截面图有一定的流程，但也可灵活应变。草绘平面包括图元的绘制、截面编辑、图元几何的约束和尺寸标注等内容，在实际的产品设计中需要综合各个命令，灵活使用。通过本任务中几个案例的综合训练，使学生达到对各个命令熟练掌握的目的。

七、拓展训练

绘制如图 1.2.43～图 1.2.48 所示平面图形。

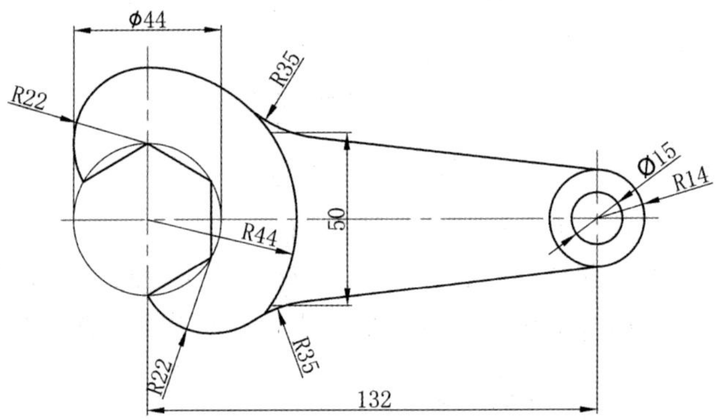

图 1.2.43　扳手平面图

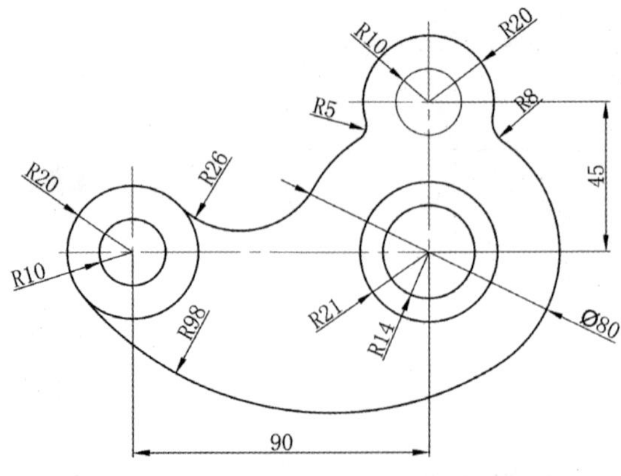

图 1.2.44　托架平面图

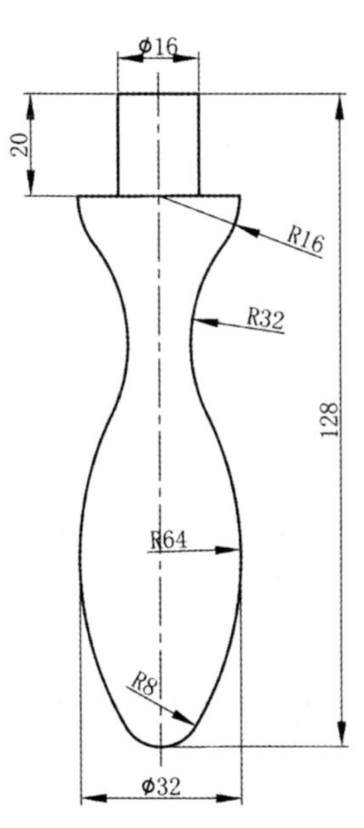

图 1.2.45　手柄平面图

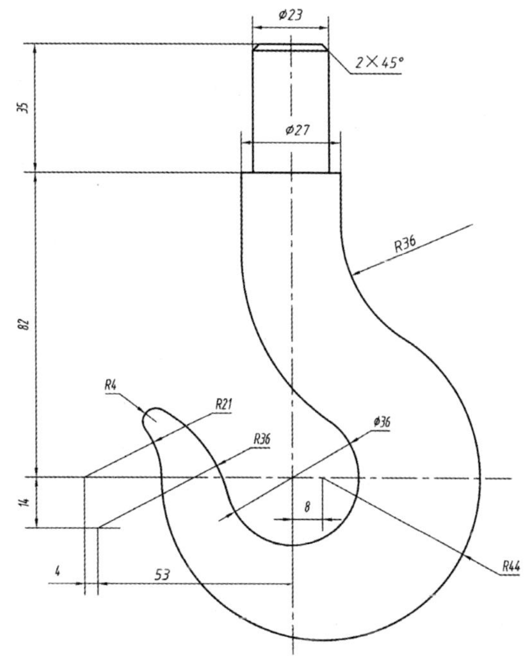

图 1.2.46　吊钩平面图

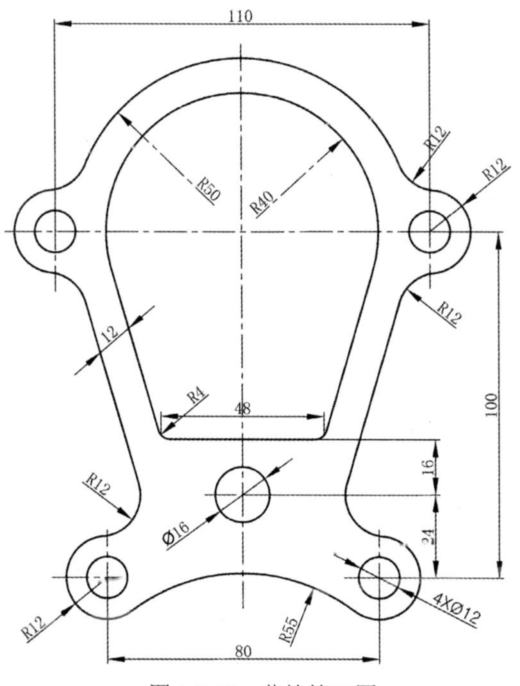

图 1.2.47　草绘练习图

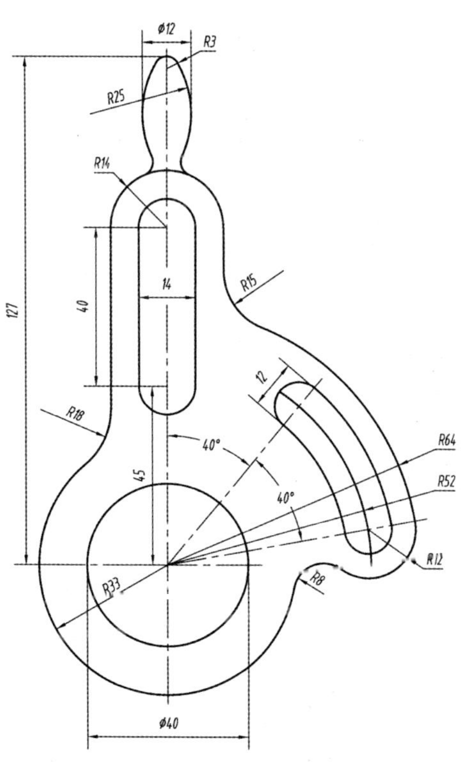

图 1.2.48　挂轮平面图

项目二　产品实体设计

Pro/E 最重要的特点就是其强大的三维造型设计功能。从现在开始将逐步深入地学习 Pro/E 中三维造型的基本方法。在 Pro/E 中，一个三维实体模型的创建过程就是从无到有依次生成各种类型特征并进行合理组合的过程。因此，特征是 Pro/E 的基本操作单元。尽管各种特征从外观到其设计方法都有很大差异，但从三维造型角度来看，在 Pro/E 中通常分为以下几种类型，各种类型又可细分为若干种，如下所示：

特征	特征类型	基本特征
实体特征	基础实体特征	拉伸、旋转、扫描、混合、高级
	放置实体特征	圆孔、倒圆角、扭曲、管道、壳、倒角、筋
曲面特征	基本曲面特征	拉伸、旋转、扫描、混合、高级
	操作曲面特征	合并、使用面组等
基准特征	包括基准点、基准轴、基准曲线、基准曲面、坐标系等	

任务 2.1　拉伸造型
任务 2.2　旋转造型
任务 2.3　扫描造型
任务 2.4　混合造型
任务 2.5　放置特征
任务 2.6　特征操作

任务 2.1　拉伸造型

一、任务描述

从本任务开始将逐步深入地学习 Pro/E 中三维造型的基本方法。拉伸实体特征在 Pro/E 中应用最广泛，同时也是三维建模原理最为简单的一类特征。

拉伸特征是指将草绘截面沿垂直草绘平面的方向，以指定深度平直拉伸截面而得到的特征，是最常用的实体创建类型，适合创建规则实体，应当熟练掌握。

二、任务训练内容

（1）零件操作界面的构成。

（2）拉伸特征的建立。

（3）拉伸建模的原理、基本过程、方法、步骤。

三、任务训练目标

知识目标

（1）熟悉 Pro/ENGINEER Wildfire 4.0 零件建模的操作界面；
（2）掌握倒直角工具的使用；
（3）了解实体创建的基本过程。

技能目标

（1）独立操作软件，了解简单零件的建模过程；
（2）用拉伸特征对简单零件进行实体造型。

四、任务相关知识

1. 新建零件文件

单击“新建”按钮，弹出“新建”对话框。在“类型”选项区域选中“零件”单选按钮，选中“子类型”选项组中的“实体”。在“名称”文本框中输入文件名 prt_pingdianquan，取消选中“使用缺省模板”复选框，单击“确定”按钮。弹出“新文件选项”对话框，在“模板”选项区域中选择 mmns_part_solid 选项，单击“确定”按钮，进入零件模式，如图 2.1.1 和图 2.1.2 所示。

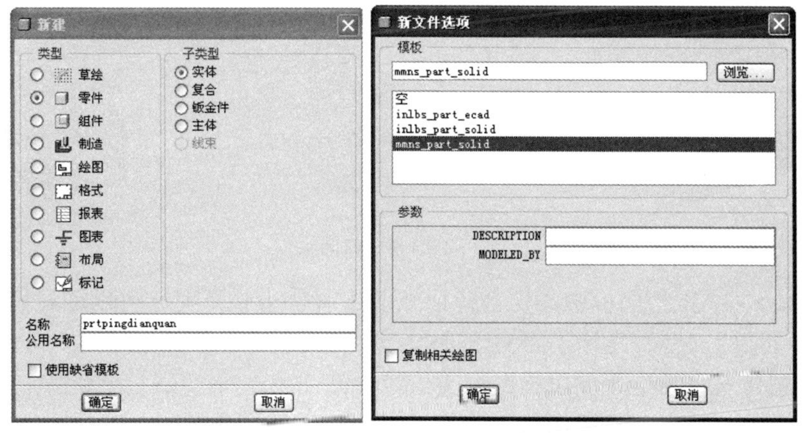

图 2.1.1　在零件模块标题栏的显示设置

打开三维建模用户界面后，确保工具栏中的基准平面显示按钮被按下。

2. 拉伸工具

利用拉伸工具，可以创建如下几种类型的特征。

（1）实体特征：按下操控面板中的实体特征类型按钮，可以创建实体类型特征，实体特征的草图截面完全由材料填充，如图 2.1.3 所示。

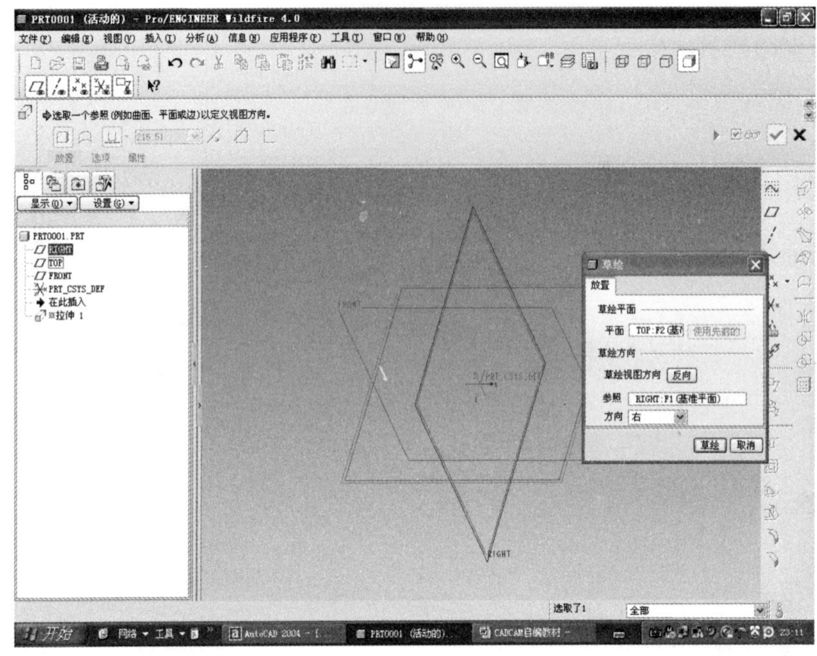

图 2.1.2　Pro/ENGINEER Wildfire 4.0 零件操作界面

（2）曲面特征：按下操控面板中的曲面特征类型按钮，可以创建一个拉伸曲面，如图 2.1.4 所示。在 Pro/E 中，面是没有厚度和重量的，但通过相关命令操作可变成带厚度的实体。

（3）薄壁特征：按下操控面板中的薄壁特征类型按钮，可以创建薄壁类型特征，在由草图截面生成实体时，薄壁特征的草图截面则由材料填充成均厚的环，环的内侧或外侧或中心轮廓边是草绘截面，如图 2.1.5 所示。

图 2.1.3　实体类型

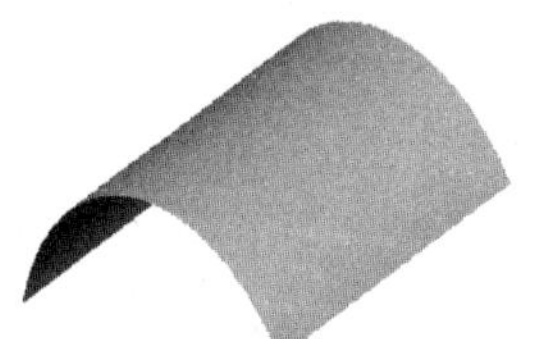

图 2.1.4　曲面类型

图 2.1.5　薄壁类型

（4）切削特征：操控面板中的切削特征类型按钮被按下时，可以创建切削特征。

指定拉伸特征的深度有几种不同的选项。

（1）盲——自草绘平面以指定深度值拉伸截面。

（2）对称——在草绘平面每一侧上以指定深度值的一半拉伸截面。

（3）到下一个——拉伸截面至下一曲面。使用此选项，在特征到达第一个曲面时将其终止。注意：基准平面不能被用作终止曲面。

（4）穿透——拉伸截面，使之与所有曲面相交。使用此选项，在特征到达最后一个曲面时将其终止。

（5）穿至——将截面拉伸，使其与选定曲面或平面相交。

（6）到选定项——将截面拉伸至一个选定点、曲线、平面或曲面。

如果选择第一个拉伸特征作为草绘平面，新的切减材料特征就会成为这个拉伸特征的子特征，父特征的任何改动都会影响子特征。

五、任务实施

案例 1 压块

案例出示：绘制如图 2.1.6 所示的压块模型。

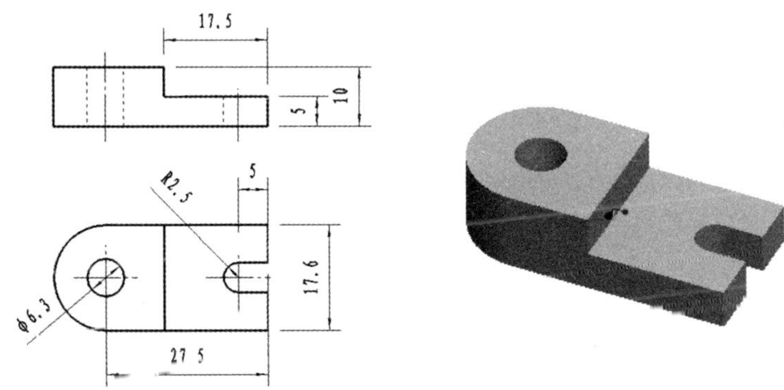

图 2.1.6 压块

案例说明：该零件有两种创建思路：一种是两个特征叠加，这种方法称为加材料法；一种是从一个特征上减去另一个特征，这种方法称为减材料法，现将两种方法分别介绍。首先用加材料法。

案例操作：

1\. 加材料法

（1）设置工作目录。

将目录 E:\proe 设置为工作目录。工作目录是所创建文件存放在硬盘上的具体文件夹，便于用户管理和查找文件。

（2）新建零件文件。

单击“文件”按钮，在打开的“新建”对话框中选中“零件”单选按钮，并在“名称”文本框中输入新建文件名称（或用默认的 prt0001），取消选中“使用缺省模板”复选框，然后单击“确定”按钮，即进入“新文件选项”对话框。在“模板”选项组的列表框中选择 mmns part_solid 选项，单击“确定”按钮，进入“零件”界面。

（3）创建厚为 5 的底板。

Step 1 单击拉伸图标，单击操控面板的“放置”选项，在打开的“草绘”面板中单击“定义”按钮，打开“草绘”对话框。选取标准基准平面 TOP 作为草绘平面，接受系统缺省的放置，如图 2.1.7 所示，单击“草绘”按钮，弹出“参照”对话框，进入二维草绘模式。

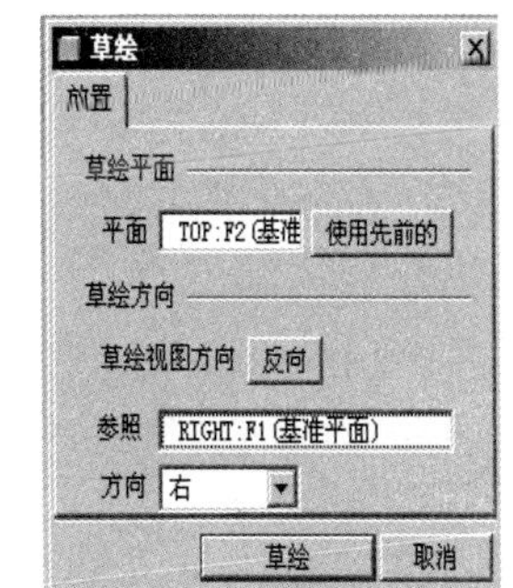

图 2.1.7 “草绘”对话框

Step 2 接受“参照”对话框中的缺省参照设置，如图 2.1.8 所示，单击“关闭”按钮，开始绘制如图 2.1.9 所示的截面图，然后标注尺寸，完成后单击✔按钮，退出二维草绘模式；

图 2.1.8 “参照”对话框

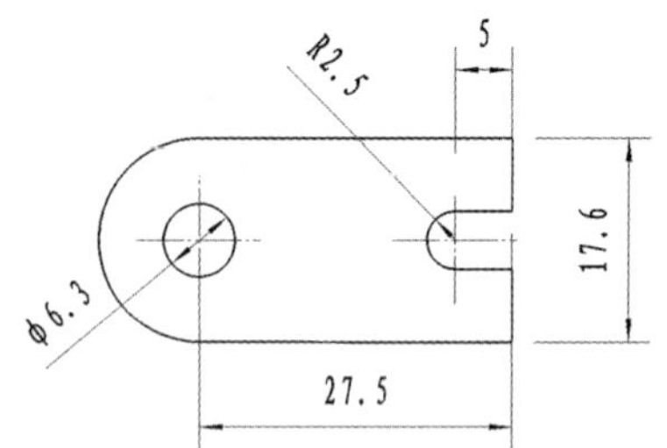

图 2.1.9 草绘截面图

Step 3 在操控面板的文本框中输入特征拉伸深度 5。单击按钮并按住鼠标中键拖动鼠标，恰当旋转模型进行预览，确定无误后，单击操控面板上的✔按钮，最后生成的模型如图 2.1.10 所示。

（4）创建厚为 5 的凸板。

Step 1 调用图标，打开“草绘”对话框，选取如图 2.1.10 所示的实体表面 A 作为草绘平面，接受系统缺省的放置方式。单击“草绘”按钮，进入二维草绘模式。图 2.1.11 是完成参数设置的“草绘”对话框。

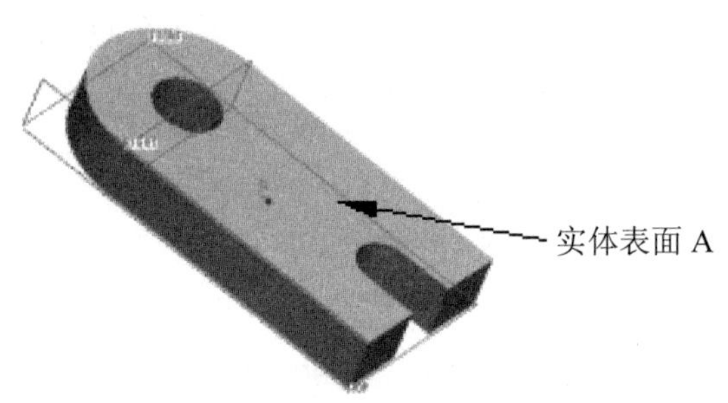

图 2.1.10 模型底板

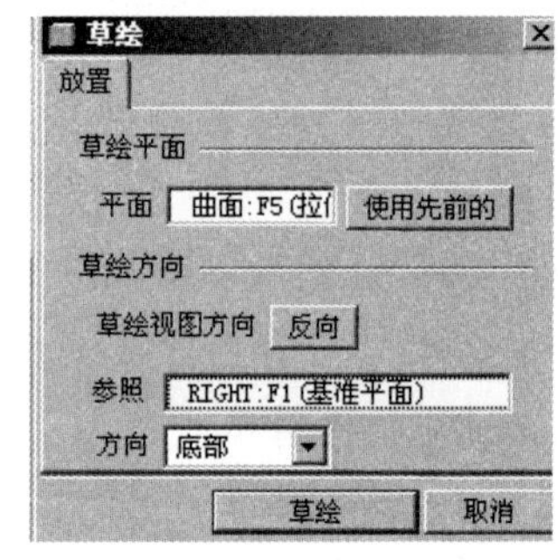

图 2.1.11 “草绘”对话框

Step 2 接受“参照”对话框中的缺省参照设置，单击“关闭”按钮，开始绘制如图 2.1.12 所示的截面图，然后标注尺寸，单击工具箱中的✔按钮，退出二维草绘模式；

注意：*在绘制该截面时，可使用图标来创建图元，或者对齐约束，使凸板截面与底板截面重合。*

Step 3 在操控面板的文本框中输入特征拉伸深度值 5。单击按钮，按住鼠标中键拖动鼠标，恰当旋转模型，确定无误后，单击操控面板上的✔按钮，生成模型结果如图 2.1.13 所示。

2. *减材料法*

下面再用切剪材料法进行造型。

（1）新建零件文件。

（2）创建厚为 1 的主体。

同方法 1 的（3），只是将特征的深度值“5”改为“10”，结果如图 2.1.14 所示。

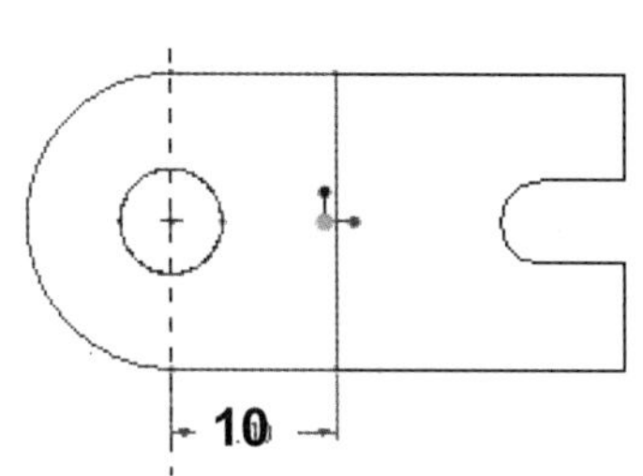

图 2.1.12　草绘的截面图

图 2.1.13　最后创建的模型

（3）创建切剪材料特征。

Step 1　调用，打开“草绘”对话框，选取如图 2.1.14 所示的实体表面 A 作为草绘平面，接受系统缺省的放置方式，进入二维草绘模式，绘制好如图 2.1.15 所示的草绘截面图后，退出草绘。

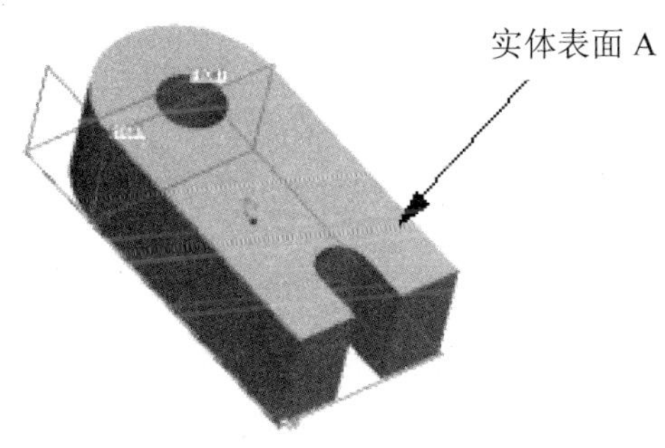

图 2.1.14　创建的模型主体

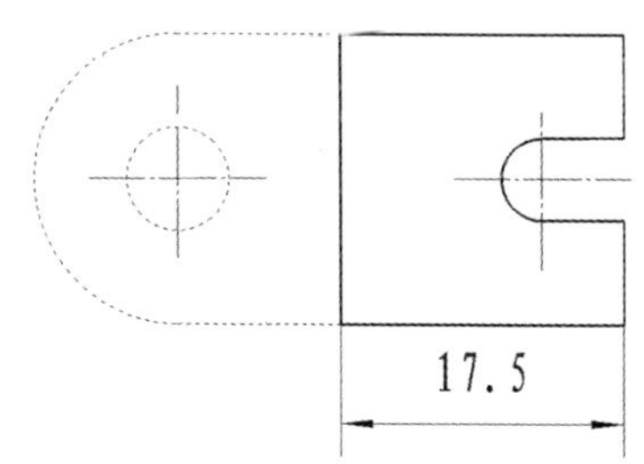

图 2.1.15　切剪特征的草绘截面

Step 2　单击操控面板上的减材料拉伸特征按钮，并通过左侧按钮调整特征的生成方向，在深度文本框中输入特征的拉伸深度值“5”，这些参数设置好后模型如图 2.1.16 所示。

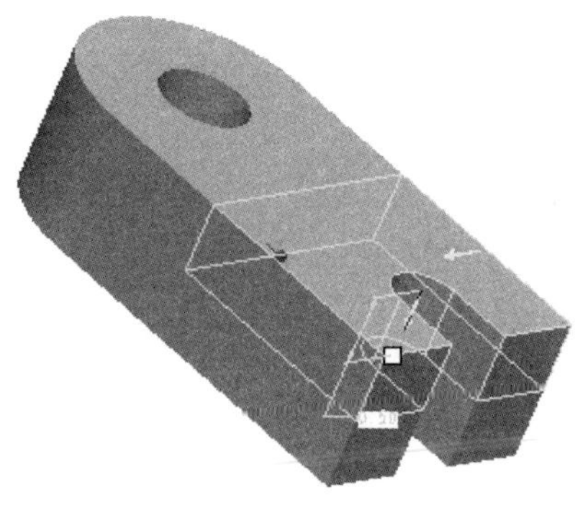

图 2.1.16　切剪材料特征

Step 3　单击按钮，确定无误后，单击操控面板上的✔按钮，生成模型如图 2.1.13 所示。

（4）保存文件。

案例 2　连杆

案例出示：绘制如图 2.1.17 所示的连杆。

案例操作：

（1）新建文件。

（2）建立拉伸 1。

Step 1 单击右工具栏中的“拉伸”按钮，或单击菜单“插入”→“拉伸”命令，弹出拉伸操控面板，在操控面板中单击“放置”按钮，然后在弹出的界面中单击“定义...”按钮，进入“草绘”对话框。选取 TOP 基准平面作为草绘平面，绘制图形如图 2.1.18 所示。

图 2.1.17　连杆

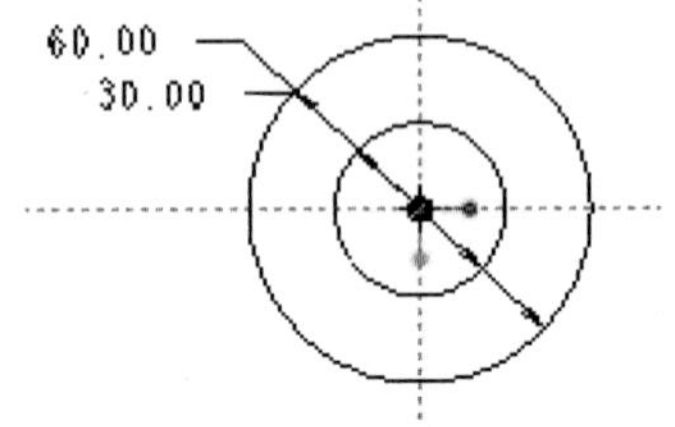

图 2.1.18　拉伸 1 的截面草绘图形

Step 2 回到拉伸的操作界面，选择拉伸深度类型为“对称”拉伸，在深度文本框中输入深度值 30，如图 2.1.19 所示。

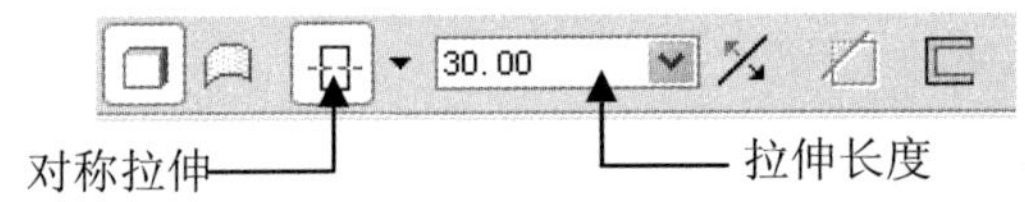

图 2.1.19　拉伸操控面板

Step 3 单击操控面板中的预览按钮，预览完成后，单击操控面板中的完成按钮或单击鼠标中键，最终完成基础特征的创建，如图 2.1.20 所示。

（3）建立拉伸 2。

Step 1 单击“基础特征”工具栏上的工具按钮，或单击菜单“插入”→“拉伸”命令，进入拉伸操作。按下实体特征类型按钮，选择使用先前的按钮，则把前一个特征的草绘平面 TOP 及其方向作为本特征的草绘平面和方向，创建拉伸 2 的截面草绘图形，如图 2.1.21 所示。

图 2.1.20　完成拉伸特征 1

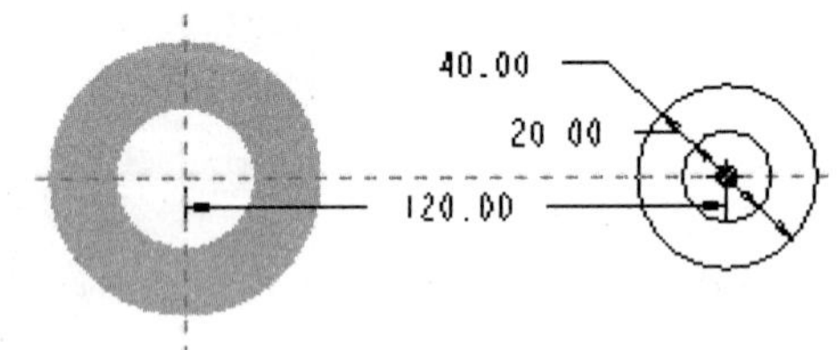

图 2.1.21　拉伸 2 的截面草绘图形

Step 2 回到拉伸的操控界面，选择拉伸深度类型为“对称”拉伸，输入深度值 26，如图 2.1.22 所示。

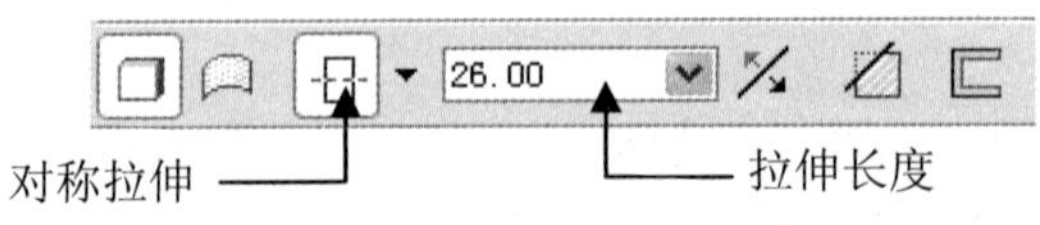

图 2.1.22　拉伸操控面板

Step 3 单击操控面板中的预览按钮，预览完成后，单击操控面板中的完成按钮或单击鼠标中键，最终完成基础特征的创建，如图 2.1.23 所示。

图 2.1.23　完成拉伸特征 2

通常情况下，在草绘平面的两个方向拉伸能够更好地表达出设计意图。另外，在零件的中间放置一个基准面，会对后面的建模过程有帮助。

（4）建立拉伸 3。

Step 1 单击“基础特征”工具栏上的工具按钮，或单击菜单“插入”→“拉伸”命令，进入拉伸操作。选择 使用先前的 按钮，创建拉伸 3 的截面草绘图形，如图 2.1.24 所示，回到拉伸的操控界面，选择拉伸深度类型为“对称”拉伸，输入深度值 20，如图 2.1.25 所示。

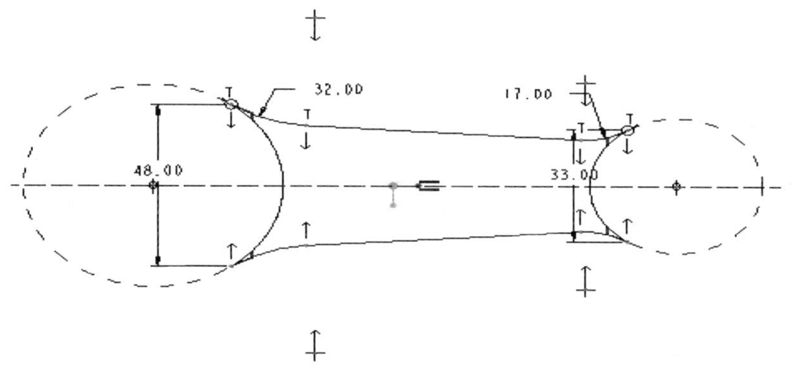

图 2.1.24　拉伸 3 的截面草绘图形

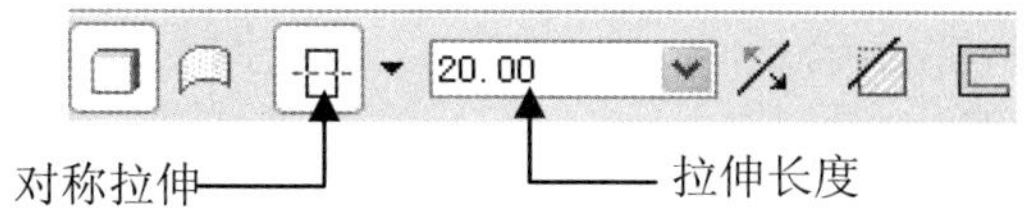

图 2.1.25　拉伸操控面板

Step 2 单击操控面板中的完成按钮或单击鼠标中键，最终完成基础特征的创建，如图 2.1.26 所示。

（5）建立倒圆角特征。

Step 1 单击特征工具栏中的按钮，或选择“插入”菜单中的“倒圆角”命令，打开如图 2.1.27 所示的倒圆角特征操控面板。

Step 2 用鼠标左键选取要倒圆角的边，如图 2.1.28 所示。输入 2 作为倒圆角半径，单击按钮或单击鼠标中键，最终完成倒圆角的创建，如图 2.1.29 所示。继续倒圆角，操作步骤如上，结果如图 2.1.30 和图 2.1.31 所示。

图 2.1.26　完成第 3 个特征的实体

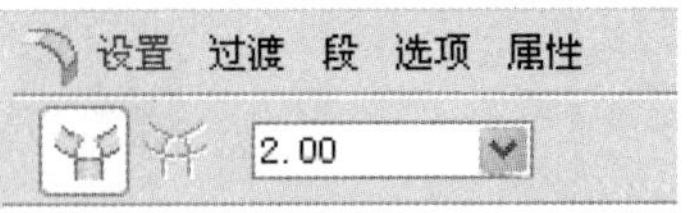

图 2.1.27　倒圆角特征面板

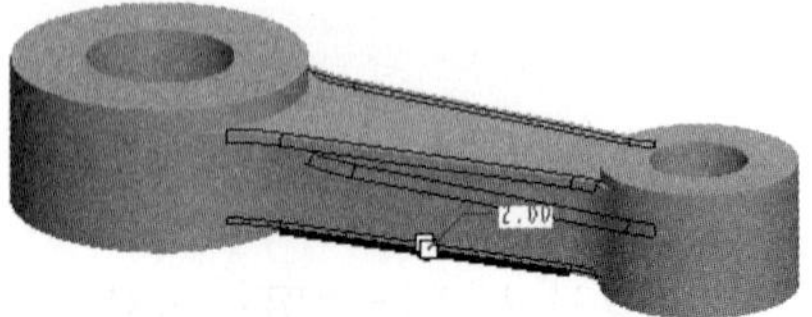
图 2.1.28　选取要倒圆角的边

图 2.1.29　倒圆角结果

图 2.1.30　选择倒圆角的边

图 2.1.31　倒圆角特征的结果

（6）建立倒直角特征。

Step 1　单击特征工具栏中的按钮，或选择“插入”菜单中的“倒直角”命令，打开如图 2.1.32 所示的倒直角特征操控面板。

Step 2　用鼠标左键选取要倒直角的边，如图 2.1.33 所示。

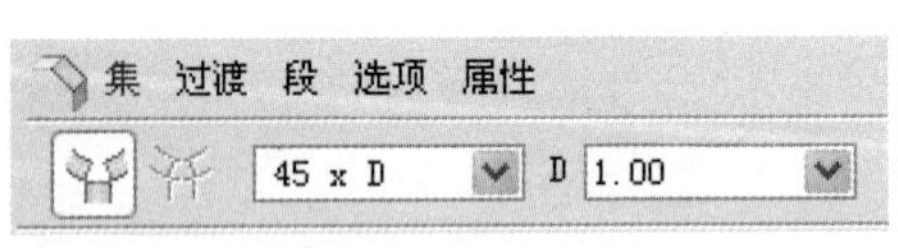

图 2.1.32　倒直角特征操控面板

图 2.1.33　选择倒直角的边

Step 3　在操控面板中选择“45×D”，D 输入 1，单击工具栏的按钮或单击鼠标中键，完成倒直角操作。

如果在建模工程中产生错误，有人可能会取消整个建模过程并重新开始。其实，如果建模错误或者跳过一个建模步骤时，可以继续建模，然后在合适的操控面板选项下再进行修改。如“拉伸方向”、“深度选项”或“材料去除侧”。没有正确设计时，不需要取消或删除特征，只要在后面重新定义好了。

案例3　支架

案例出示：绘制如图 2.1.34 所示的支架。

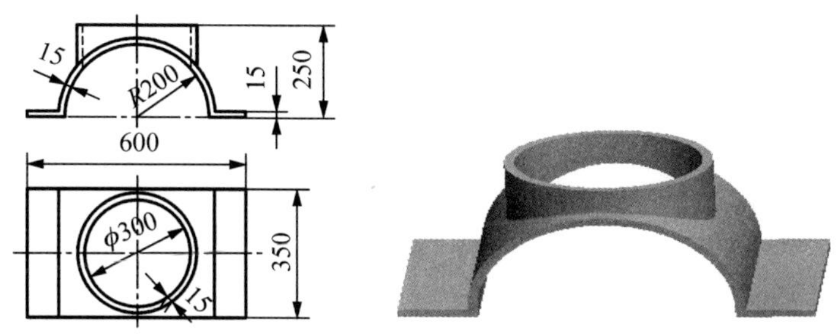

图 2.1.34　支架设计图

案例说明：将支架分解成 3 个特征：一个薄板半圆柱特征，一个薄板圆柱特征，一个圆孔特征。使用“加厚草绘”命令创建薄板特征可以减少草绘工作量；薄板圆柱特征创建时需事前创建一个基准平面作为草绘平面，并使用“拉伸到”命令使两个特征正确相交；最后用“拉伸”命令创建一个孔特征。

案例操作：

（1）新建文件。

（2）创建拉伸特征 1。

Step 1　单击右工具栏中的“拉伸”按钮，或单击菜单“插入”→“拉伸”命令，选定 TOP 面为草绘平面，视向及方位接受默认设置，进入草绘界面。

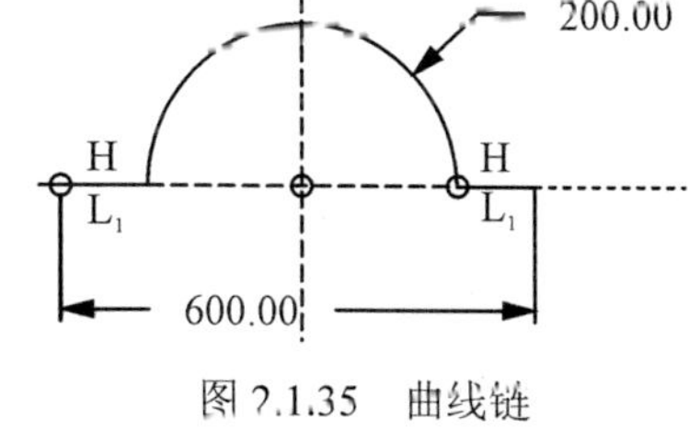

图 2.1.35　曲线链

Step 2　绘制曲线链如图 2.1.35 所示，单击✓按钮完成并退出草绘界面。

Step 3　设置对称拉伸，拉伸深度为 350。单击“加厚草绘”按钮，设置加厚厚度为 15，加厚方向为向外，如图 2.1.36 所示。

Step 4　在操控面板上单击☑按钮，完成拉伸 1 的创建，如图 2.1.37 所示。

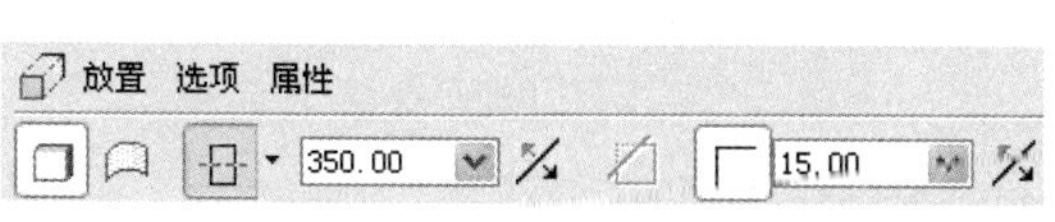

图 2.1.36　拉伸面板

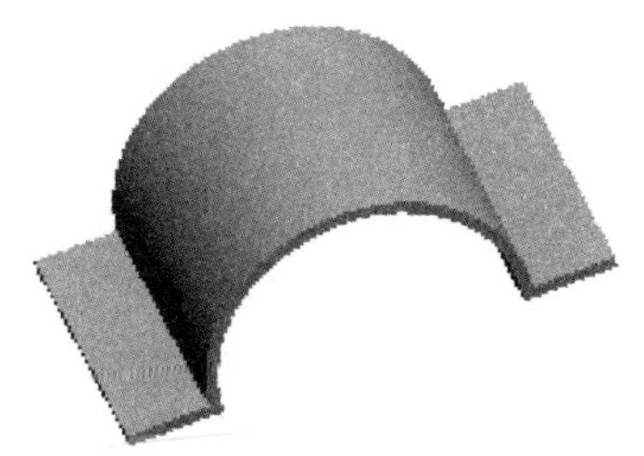

图 2.1.37　拉伸 1

（3）创建拉伸特征 2。

Step 1　创建基准平面 DTM1。单击按钮，单击 FRONT 面，在弹出的“基准平面”对话框中输入 250，平移方向向上。

Step 2　单击右工具栏中的“拉伸”按钮。选定 DTM1 为草绘平面，视向及方位接受默认设置。

Step 3 草绘截面如图 2.1.38 所示，单击✔按钮完成并退出。

Step 4 设置拉伸深度，拉伸到指定曲面。单击“加厚草绘”按钮。加厚方向为向外，加厚厚度为 15，如图 2.1.39 所示。

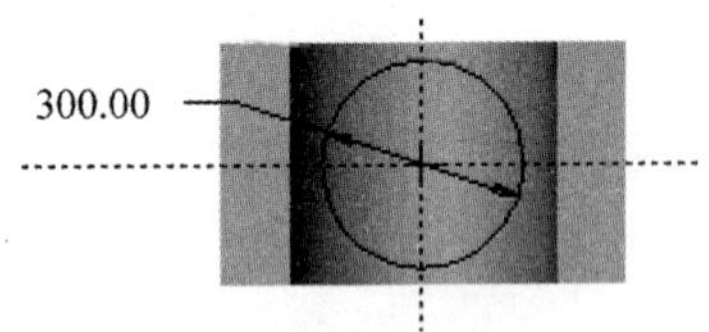

图 2.1.38 草绘截面

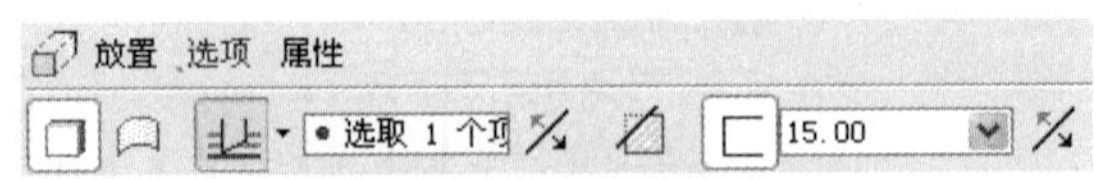

图 2.1.39 拉伸操控面板

Step 5 在操控面板上单击☑按钮完成拉伸 2 的创建，如图 2.1.40 所示。

（4）创建拉伸特征 3。

Step 1 单击右工具栏中的“拉伸”按钮。选定特征 2 的顶面为草绘平面，视向及方位接受默认设置。

Step 2 绘制截面，启用“捕捉边”工具，单击圆柱体的内圈（两次）即可捕捉到所需截面（一个圆），如图 2.1.41 所示。

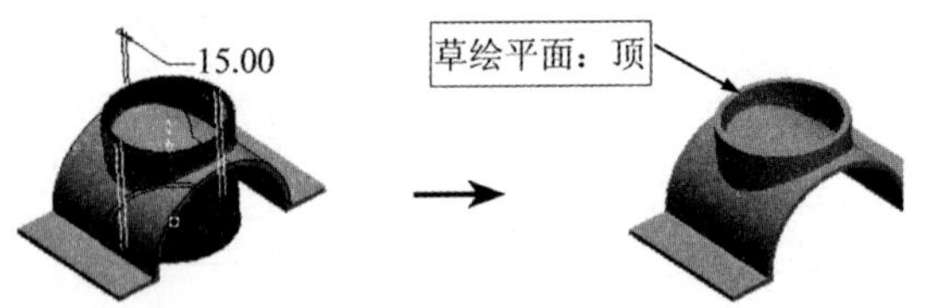

图 2.1.40 拉伸 2

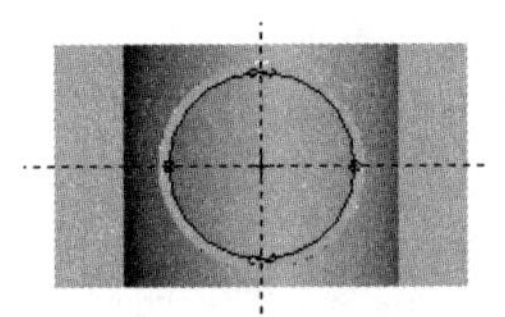
图 2.1.41 草绘截面

Step 3 设置拉伸深度为拉穿，去除材料。选定拉伸方向，如图 2.1.42 所示。

Step 4 在操控面板上单击☑按钮完成拉伸 3 的创建，如图 2.1.43 所示。

图 2.1.42 拉伸操控面板

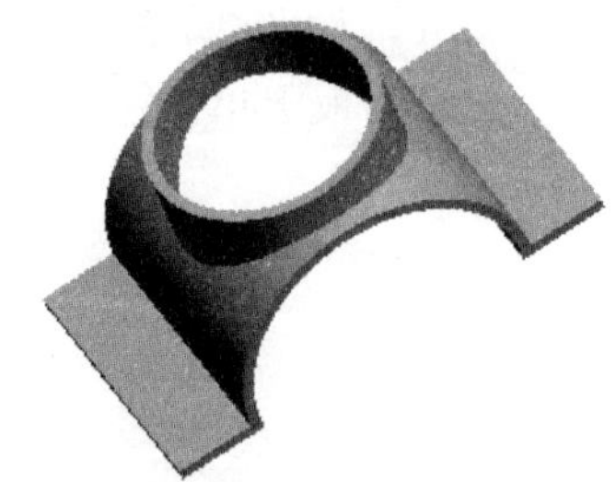
图 2.1.43 拉伸 3

（5）单击“保存”按钮完成存盘。

六、任务总结

创建拉伸特征的基本流程如下：

（1）进入零件设计模式，单击菜单“插入”→“拉伸”选项，或直接单击按钮，打开拉伸特征操控面板。

（2）单击“放置”面板中的“定义”按钮，系统显示“草绘”对话框。该对话框中显示指定的草绘平面、参照平面、视图方向等内容。

（3）在绘图区中选择相应的草绘平面或参照平面，在“草绘”对话框中设定视图方向和特征生成方向。单击“草绘”对话框中的“草绘”按钮，系统进入草绘状态。

（4）在草绘环境中绘制拉伸截面，绘制完毕单击草绘工具栏中的按钮，系统回到拉伸特征操控面板。

（5）选择拉伸方式和距离。

（6）单击工具栏的按钮，完成拉伸特征的创建。

（7）如果生成薄体特征，选择薄体特征按钮。

（8）如果在已有的特征中去除材料，单击去除材料按钮。

（9）单击按钮可改变去除材料的方向。

（10）单击特征预览按钮可以观察生成的特征。

前面介绍的几个案例中拉伸命令所使用的截面都是在草绘模块中绘制的，这是最常见的一种方式。也可以先用草绘曲线的方法把截面画好，再用拉伸命令通过选取草绘曲线得到，可以试着做一下。

七、拓展训练

1．利用拉伸工具，绘制如图 2.1.44 所示的零件。

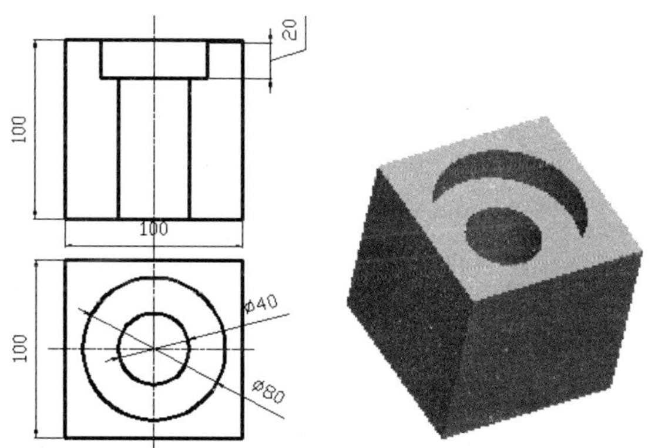

图 2.1.44　阶梯孔练习零件

2．创建如图 2.1.45 所示的零件模型。

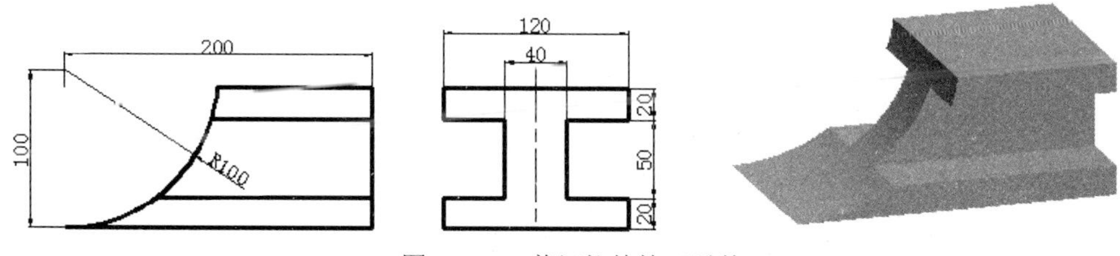

图 2.1.45　剪切拉伸练习零件

3．利用“草图”工具和“拉伸”工具绘制如图 2.1.46 所示的图形。

4．利用“草图”工具和“拉伸”工具绘制如图 2.1.47 所示的图形。

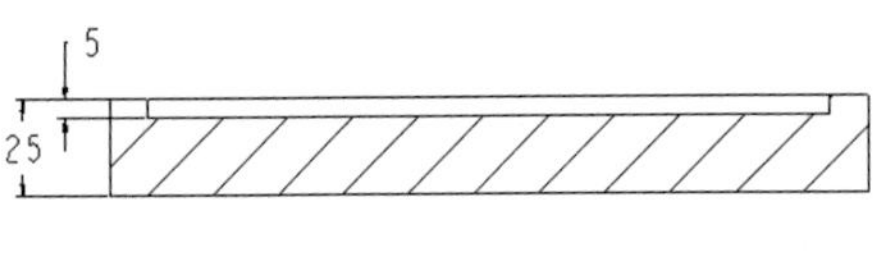

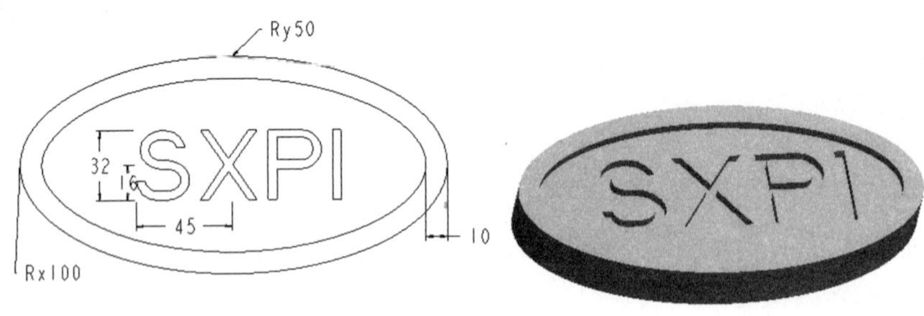

图 2.1.46　文字拉伸练习零件

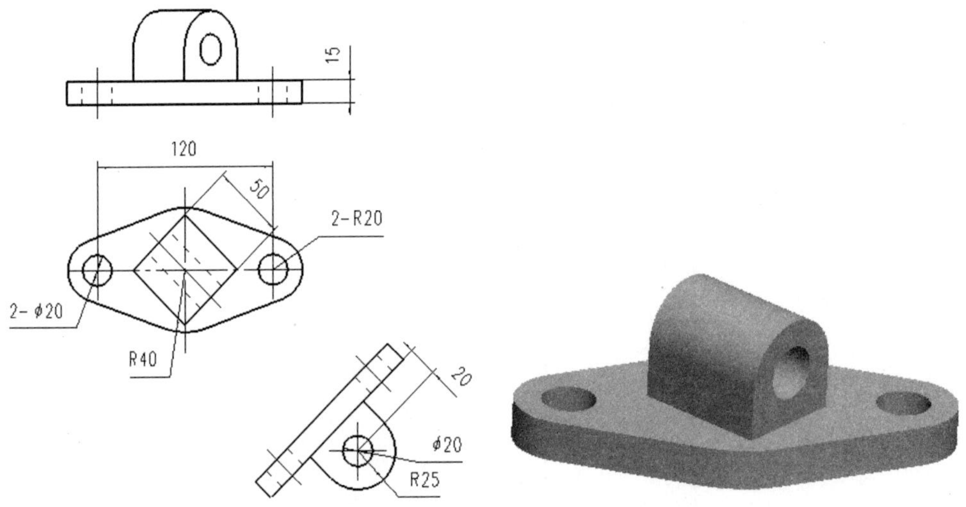

图 2.1.47　拉伸综合练习零件

5．利用“草图”工具和“拉伸”工具绘制如图 2.1.48 所示的图形。

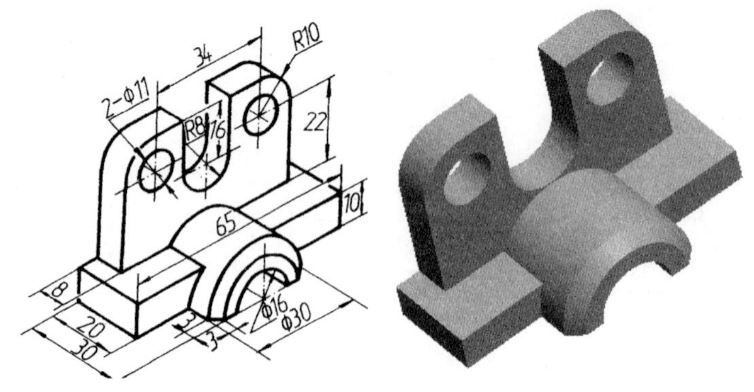

图 2.1.48　拉伸综合练习零件

6．利用“草图”工具和“拉伸”工具绘制如图 2.1.49 所示的图形。

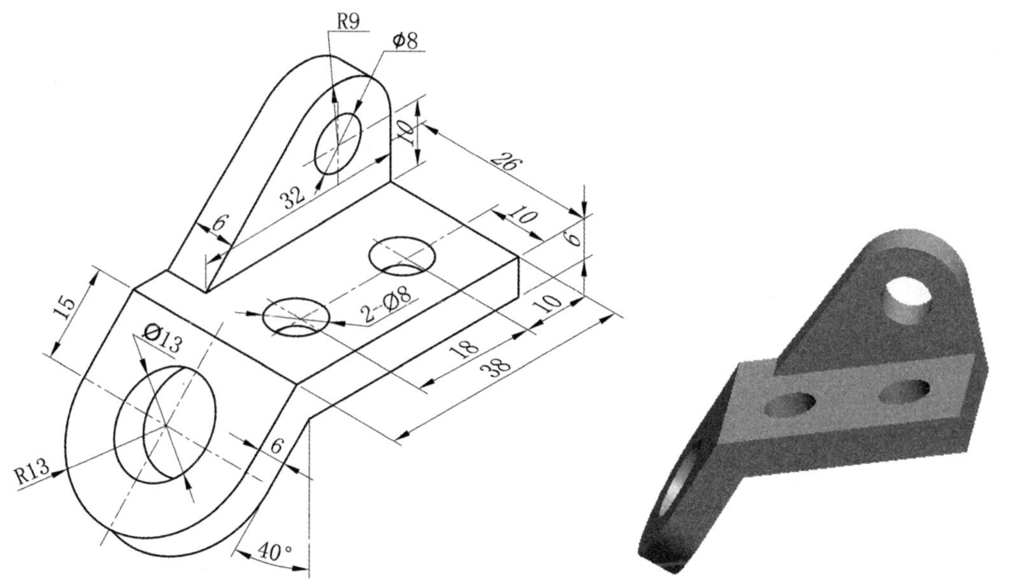

图 2.1.49　拉伸综合练习斜板零件

任务 2.2　旋转造型

一、任务描述

旋转特征也是三维造型中常用的特征命令，用于构造回转体零件。这些零件都具有回转中心轴线，而且过中心轴线的截剖面形状关于轴线严格对称。通过旋转特征可以创建实体、切割实体、产生薄壁实体等。

本任务着重练习旋转特征的运用。

二、任务训练内容

（1）旋转特征的建立过程。
（2）旋转面板中选项参数的设置。
（3）旋转角度选项设置。

三、任务训练目标

知识目标

（1）理解旋转特征的含义。
（2）掌握旋转造型的基本方法。
（3）掌握“倒角”工具的使用。

技能目标

（1）使用旋转方法进行套类零件三维造型。
（2）灵活运用旋转方法进行零件三维造型。

四、任务相关知识

1. 旋转实体特征的定义

旋转特征是通过将草绘截面中心线旋转一定角度来创建实体的一类特征，可将“旋转”工具作为创建特征的基本方法之一。这类似于机械制造中的车削工艺，主轴带动工件旋转，刀具相对于主轴按一定的轨迹做进给运动就可以加工出回转类的零件，如图 2.2.1 所示。其中，绘制的旋转截面必须有一条中心线作为旋转轴，并且截面必须是封闭的曲线。

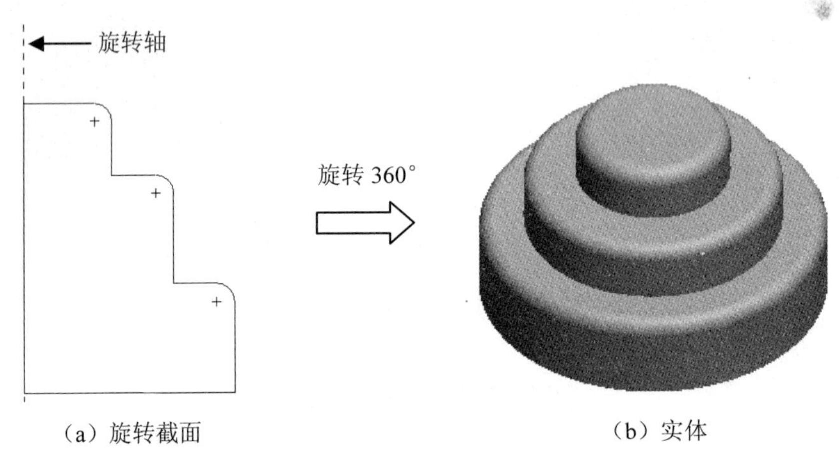

（a）旋转截面　　（b）实体

图 2.2.1　旋转特征

要创建旋转特征，首先激活旋转工具，并指定特征类型为实体；然后创建包含旋转轴和要绕该旋转截面的草绘图形；创建有效截面后，旋转工具将构建缺省旋转特征，并显示几何预览效果；最后，可改变旋转角度，在实体或曲面、伸出项或切口间进行切换，或指定草绘厚度以创建薄壁特征。

2. 旋转实体特征的操作步骤

（1）调用旋转工具。

选择“插入”→“旋转”命令或单击按钮，出现旋转命令的操控面板，如图 2.2.2 所示；选取合适的平面作为草绘平面，设置合适的草绘视图方向，选取合适的平面作为参考平面，准确放置草绘平面，进入草绘界面。

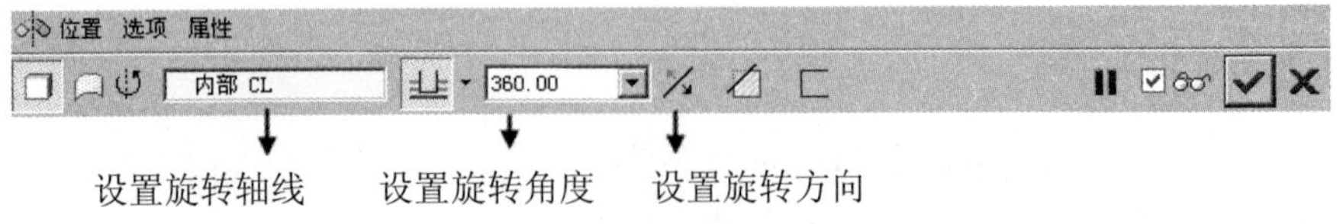

图 2.2.2　旋转操控面板

（2）草绘截面和旋转轴线。

这一步与创建拉伸特征大致相同，所不同的：一是单击操控面板上的“位置”→“定义”命令进入草绘；二是在旋转截面中一定要加入旋转中心轴线。此外，截面轮廓图元必须全部位于中心轴线一侧，不能和轴线交叉（但可以重叠）。

（3）指定特征参数。

即指定草绘截面绕中心轴线旋转的角度。指定角度的方法有两种：一是直接输入角度数值，二是使用参照来确定旋转角度的大小。系统默认的特征旋转方向为绕旋转轴线逆时针旋转。要调整旋转方向，可以在旋转操控面板中单击按钮，将旋转方向调整为顺时针，如图 2.2.3 和图 2.2.4 所示。

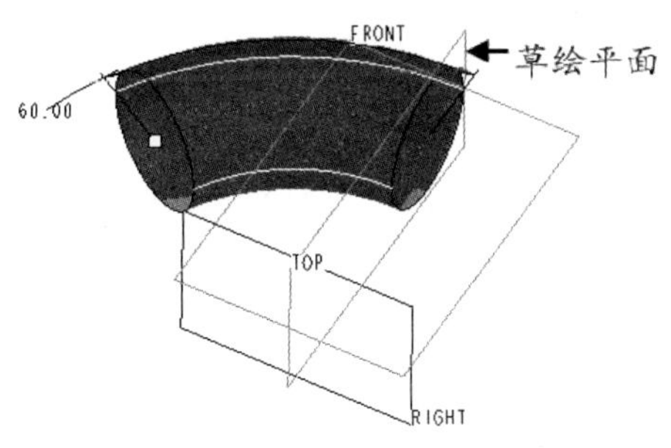

图 2.2.3　逆时针旋转方向

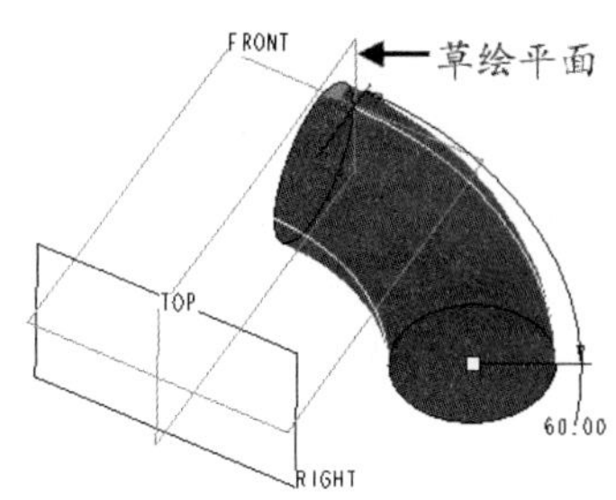

图 2.2.4　顺时针旋转方向

（4）单击操控面板上的按钮，完成旋转体的创建。

五、任务实施

案例 1　酒杯

案例出示：绘制如图 2.2.5 所示的酒杯。

图 2.2.5　酒杯

知识目标：

（1）理解旋转特征的含义。

（2）掌握薄壁实体旋转造型的基本方法及“倒圆角”工具的使用。

能力目标：使用旋转方法进行零件三维造型。

案例分析：酒杯的创建有两种方法：一般旋转后抽壳；薄壁实体旋转。这里主要练习薄壁实体旋转。

案例操作：

（1）新建零件文件。

（2）创建酒杯。

Step 1 单击“基础特征”工具栏上的工具按钮，或单击菜单“插入”→“旋转”命令，弹出旋转操控面板，选择薄壁类型，如图 2.2.6 所示。

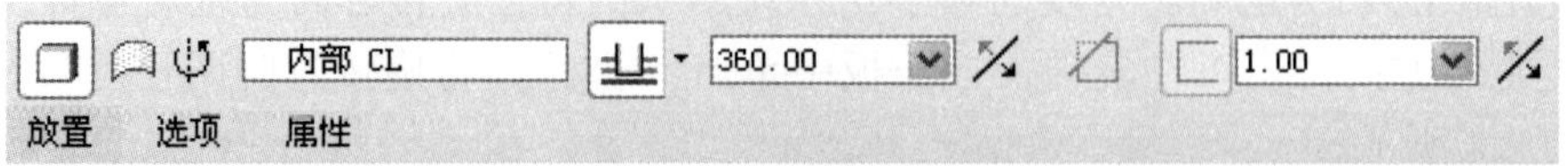

图 2.2.6　旋转操控面板

单击“位置”按钮，然后在弹出的界面中单击“定义...”按钮，进入“草绘”对话框，选取 TOP 基准平面作为草绘平面，单击“草绘”按钮，进入草绘模式。

Step 2 绘制旋转轴和旋转截面。选择绘制旋转轴，选择“直线”工具和“曲线”工具绘制酒杯的截面，选择“标注”工具对截面进行标注，选择“修改尺寸”工具修改各个尺寸值，绘制截面如图 2.2.7 所示。

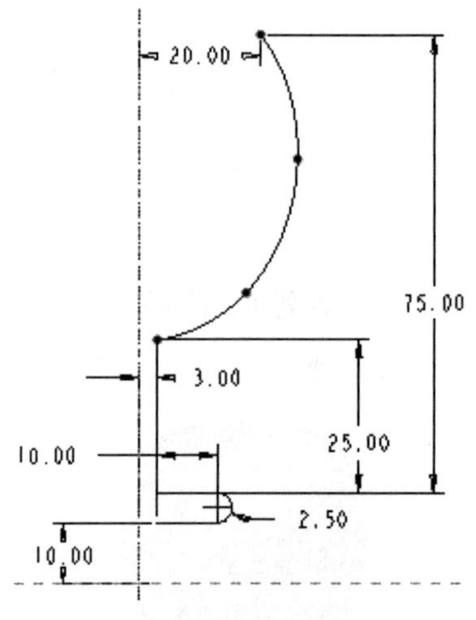

图 2.2.7　绘制截面

Step 3 单击“草绘”工具栏中的按钮，退出草绘模式，修改薄壁厚度为 1，如图 2.2.8 所示，单击按钮，完成建立酒杯。

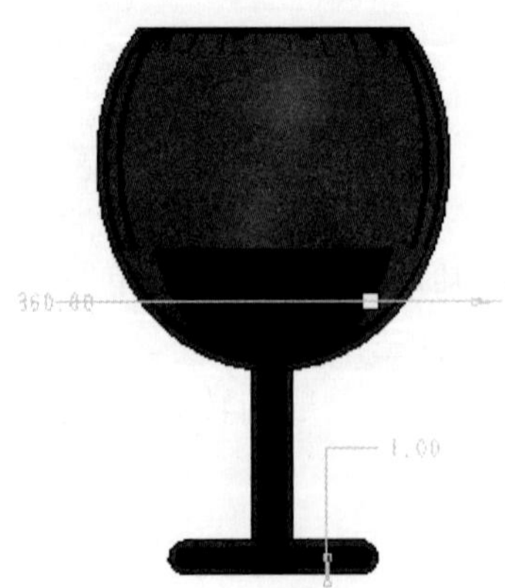

图 2.2.8　旋转实体

可以在圆柱体内切割出一个酒杯造型，如图 2.2.9 所示，尺寸自定。

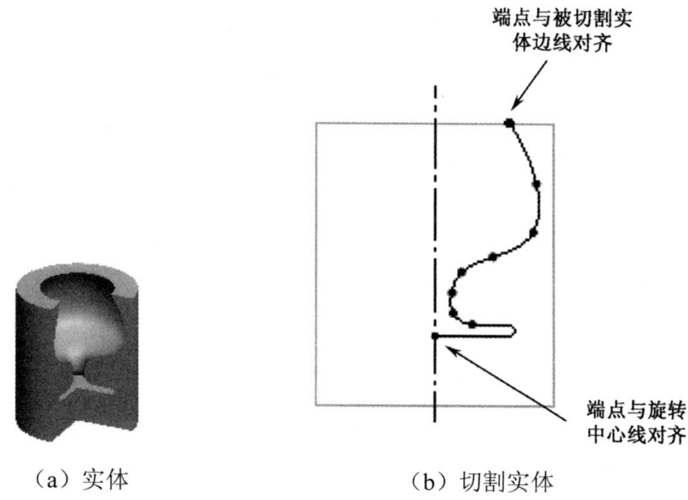

（a）实体　　（b）切割实体

图 2.2.9　圆柱内切割酒杯

提示：

（1）生成薄壁实体酒杯时，截面线可以不封闭，如图 2.2.7 所示，但应在进入截面绘制前，按下薄壁按钮。

（2）切割酒杯时，截面线也可以不封闭，但应注意截面线的端点必须与旋转中心线对齐，或与被切割实体的边线对齐，如图 2.2.10 所示。可以试一试：若截面线的端点不对齐时会出现什么样的情况。

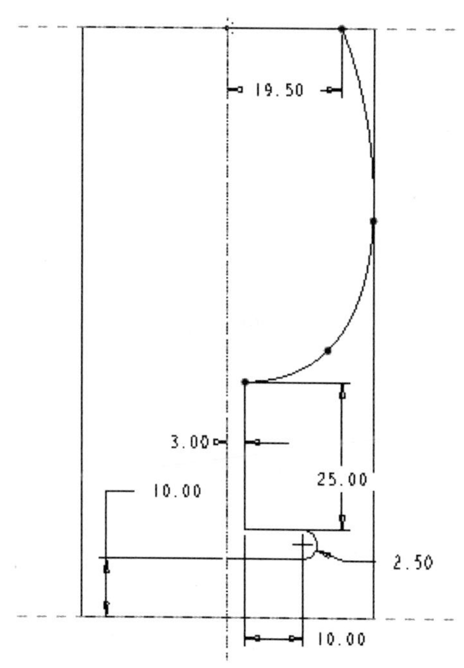

图 2.2.10　圆柱内切割酒杯参考截面

案例 2　普通阶梯轴

案例出示：绘制如图 2.2.11 所示的普通阶梯轴。

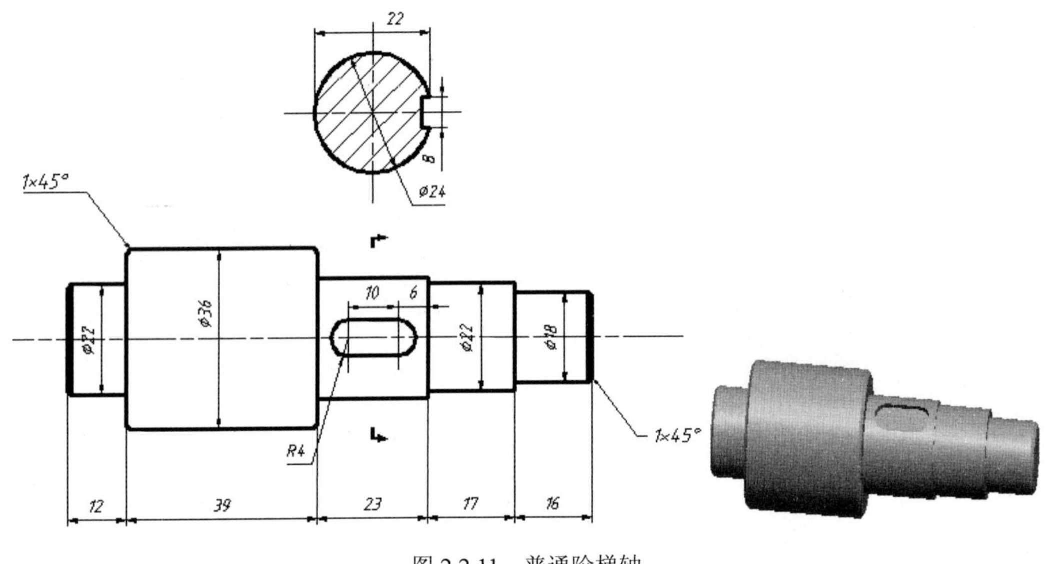

图 2.2.11　普通阶梯轴

知识目标：

（1）理解旋转特征的含义。

（2）掌握旋转实体的基本方法及创建基准面的操作。

能力目标：使用旋转方法进行较复杂零件的三维造型。

案例分析：画阶梯轴截面时，按要求定义好尺寸，一次修改。

案例操作：

（1）新建零件文件。

操作同案例 1，进入零件模式。

（2）创建轴的基体。

Step 1　单击“基础特征”工具栏上的工具按钮，或单击菜单“插入”→“旋转”命令，弹出旋转操控面板，单击“位置”按钮，单击“定义...”按钮，进入“草绘”对话框，选取 FRONT 基准平面作为草绘平面，接受默认参照，单击“草绘”按钮，进入草绘模式。

Step 2　选择“直线”工具，在竖直参照线上绘一条线段，修改长度为 11，效果如图 2.2.12 所示。

Step 3　选择“直线”工具，绘制截面的其他线段，使其成为封闭图形，效果如图 2.2.13 所示。

Step 4　单击草绘工具栏中的按钮，在水平参照上画一条中心线，作为旋转的轴线，如图 2.2.14 所示。

Step 5　选择“标注”工具对截面进行标注，然后选择“修改尺寸”工具修改各个尺寸值，绘制图形如图 2.2.15 所示。

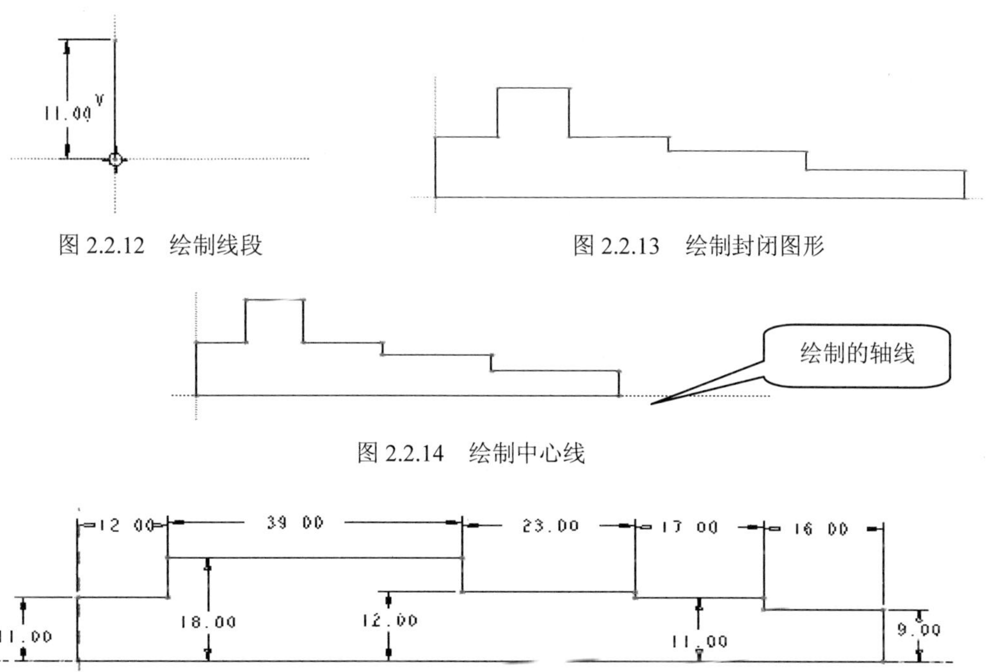

图 2.2.12　绘制线段

图 2.2.13　绘制封闭图形

图 2.2.14　绘制中心线

图 2.2.15　旋转截面

Step 6 单击“草绘”工具栏中的✔按钮，退出草绘模式，单击☑按钮，创建零件效果，如图 2.2.16 所示。

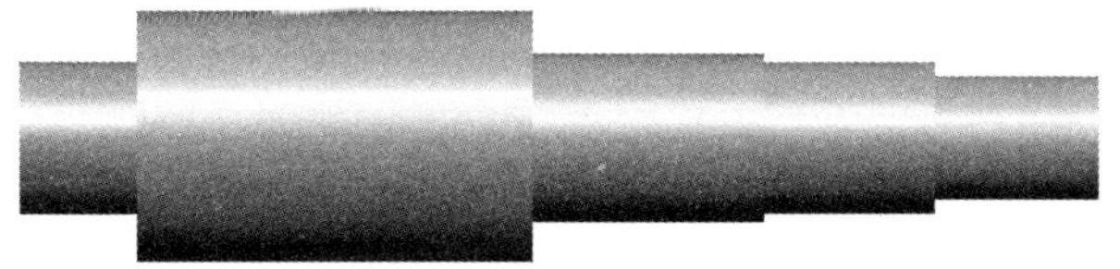

图 2.2.16　旋转效果

工程师建议

如果可能，最应遵循的一条规则是，在确定符合设计意图的尺寸标注方案以前，不要修改截面图的尺寸值。

（3）倒直角。

Step 1 单击特征工具栏中的按钮，弹出倒角操控面板。在“倒角方式”下拉列表中选择“角度×D”，将角度设为 45 度，在“D”中输入 1，如图 2.2.17 所示，按回车键。

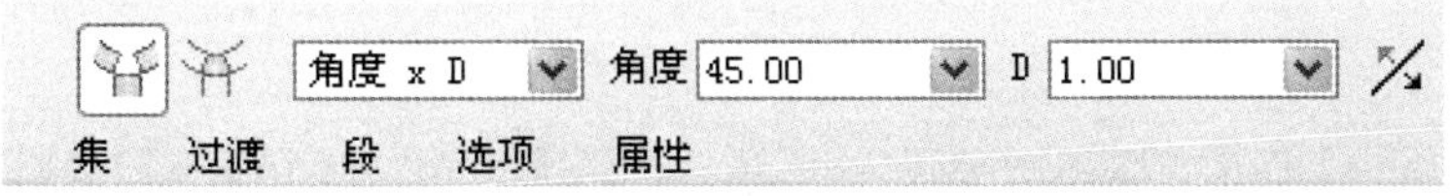

图 2.2.17　倒角操控面板

Step 2 依次选择需要倒角的边，如图 2.2.18 所示，单击按钮，模型效果如图 2.2.19 所示。

图 2.2.18　选择倒角边数

图 2.2.19　模型效果图

（4）创建键槽。

Step 1 选择“基准平面”工具，弹出“基准平面”对话框，如图 2.2.20 所示，然后选择基准面 FRONT，在对话框的“平移”文本框中输入偏移值 12，按回车键，单击“确定”按钮，完成创建基准面 DTM1 的操作，效果如图 2.2.21 所示。

图 2.2.20　基准平面对话框

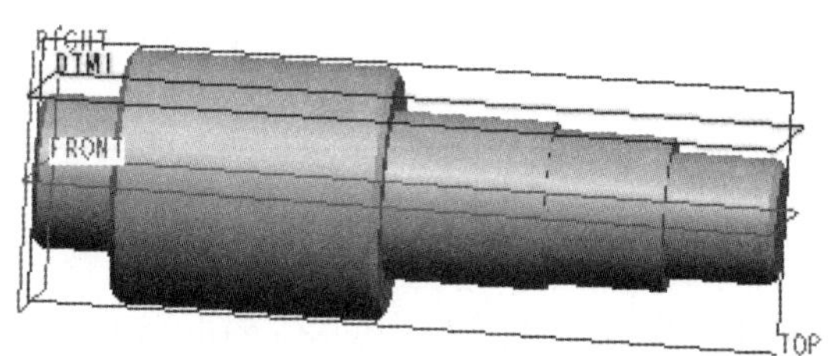

图 2.2.21　创建基准平面

在建模过程中基准面是使用最频繁的基准特征。可以在基准面上进行草绘、放置特征，也可将基准平面作为参照。

菜单路径：“插入”→“模型基准”→基准平面。

基准平面的功能：

① 作为截面的绘制参照。基准平面可以作为建立特征的草绘平面，在没有合适的平面作为草绘截面时，选取默认的基准平面是很好的方法。

② 尺寸标注时的参照。基准平面作为特征定位或草绘尺寸的参照，能避免不必要的父子关系产生。

③ 视角方向的确定。在实体没有相互垂直的平面时，使用基准平面可以起到辅助定向视角的作用。

④ 装配时的参考。在装配零件时可以使用基准平面作为装配的参考，减少各零件之间不必要的参照。

⑤ 创建剖面的参照。

Step 2 单击右工具栏中的“拉伸”按钮，单击“放置”，再单击“定义”，进入拉伸特征的“草绘”环境设置，选择基准面 DTM1 作为草绘平面，单击“草绘”按钮，进入草绘模式。

Step 3 绘制键槽外形，如图 2.2.22 所示。

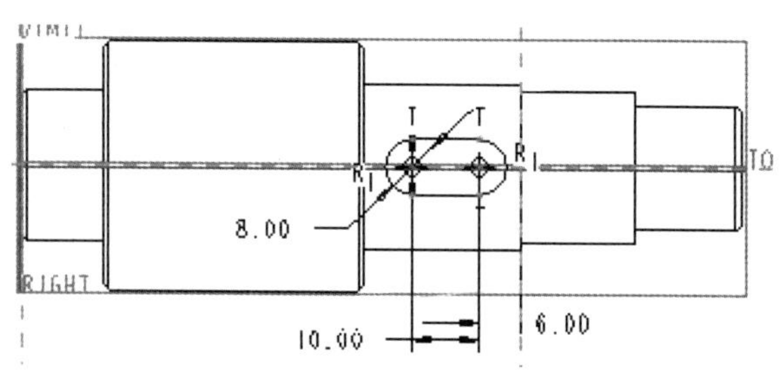

图 2.2.22 键槽外形图

Step 4 单击✔按钮回到拉伸的操控界面，选择剪切拉伸，拉伸深度类型和深度值如图 2.2.23 所示。

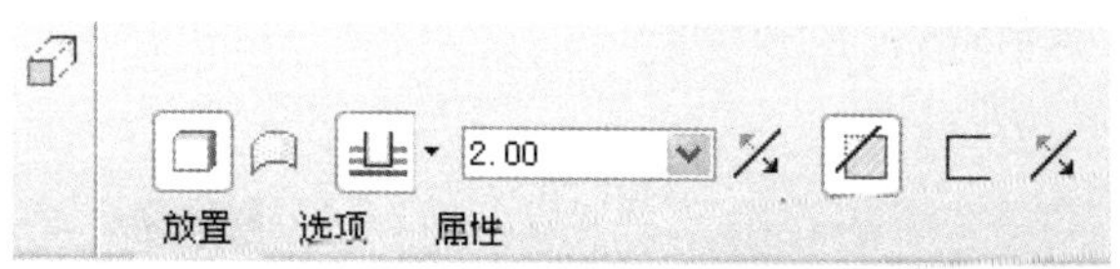

图 2.2.23 拉伸操控面板

单击操控面板中的完成按钮或单击鼠标中键，最终完成基础特征的创建，如图 2.2.11 所示。

注意：在零件模块中使用相关命令进入草绘器，如果旋转模型而改变了草绘截面的视角，可以单击按钮，使草绘截面返回到平行于屏幕的视角。

案例 3 四环箱

案例出示：绘制如图 2.2.24 所示的四环箱。

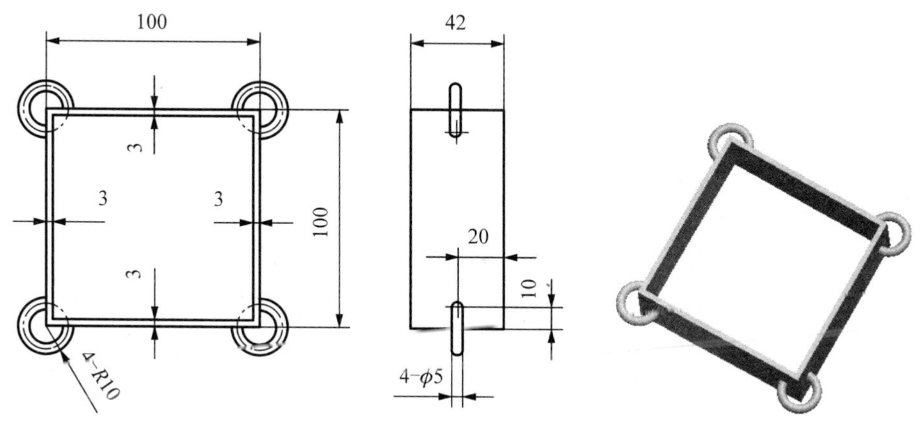

图 2.2.24 四环箱零件图

知识目标：掌握以方箱的棱线作旋转中心线，设置旋转角度，旋转到指定面的方法以及特征的镜像操作。

能力目标：掌握基本旋转特征的操作。

案例分析：本例可分为两类，共 5 个实体特征，其中一类是拉伸实体特征，先以“拉伸”

→“加厚草绘”命令来创建一个方箱实体特征；另一类是旋转实体特征，它们是用旋转创建的 4 个吊环实体特征，创建吊环时，选方箱的一个平面作为草绘平面，草绘时不绘旋转中心线，而是以方箱的 4 条棱线作为中心线，旋转角度选择“旋转到指定面”选项，使吊环与方箱的两个面相吻合。4 个吊环特征分别用二次镜像操作完成。

案例操作：

（1）新建零件文件。

操作同案例 1，进入零件模式。

（2）创建拉伸特征 1。

Step 1 单击“基础特征”工具栏的工具按钮，或单击菜单“插入”→“拉伸”命令，弹出拉伸操控面板，单击“加厚草绘”按钮，单击“位置”按钮，单击“定义...”按钮，进入“草绘”对话框，选取 TOP 基准平面作为草绘平面，接受默认参照，单击“草绘”按钮，进入草绘模式。

Step 2 使用矩形工具绘制边长为 100 的正方形，如图 2.2.25 所示，单击✔按钮完成并退出草绘界面。

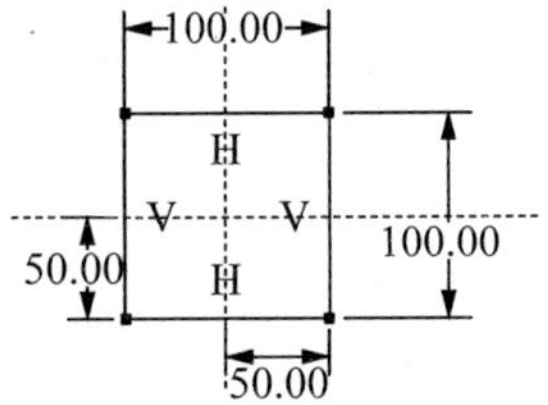

图 2.2.25　拉伸 1 的截面图

Step 3 设置拉伸深度为 42，设置加厚厚度为 3，加厚方向为向里，操控面板如图 2.2.26 所示，在操控面板上单击☑按钮完成拉伸 1 的创建，效果如图 2.2.27 所示。

图 2.2.26　拉伸 1 的操控面板

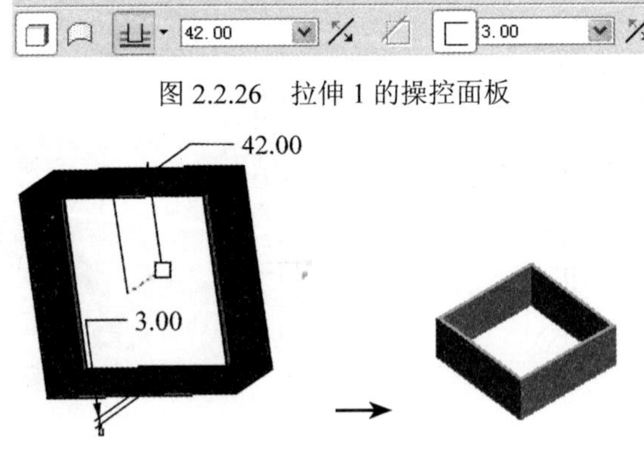

图 2.2.27　拉伸 1 的效果图

（3）创建旋转特征 1。

Step 1 单击“基础特征”工具栏上的工具按钮，单击“位置”按钮，单击“定义...”按钮，选定箱体侧面为草绘平面，视向及方位接受默认设置，绘制如图 2.2.28 所示的截面（绘制截面前要选择参照）。

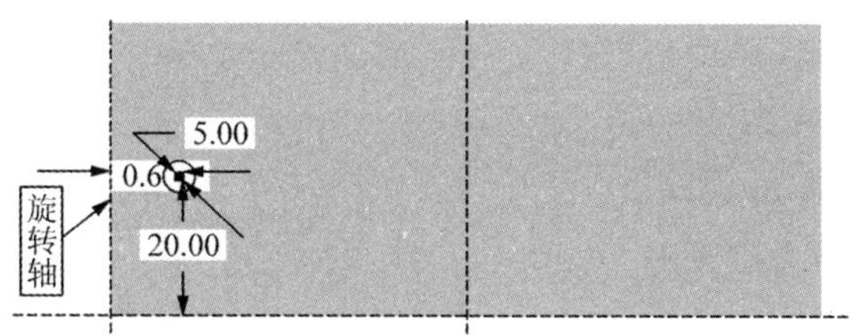

图 2.2.28　旋转 2 的截面

Step 2 设置旋转角度为 270 度或选择“旋转到指定面”选项。打开“选项”上滑板，选择棱线相邻的两个侧面为指定面。在操控面板上单击☑按钮完成旋转 2 的创建，如图 2.2.29 所示。

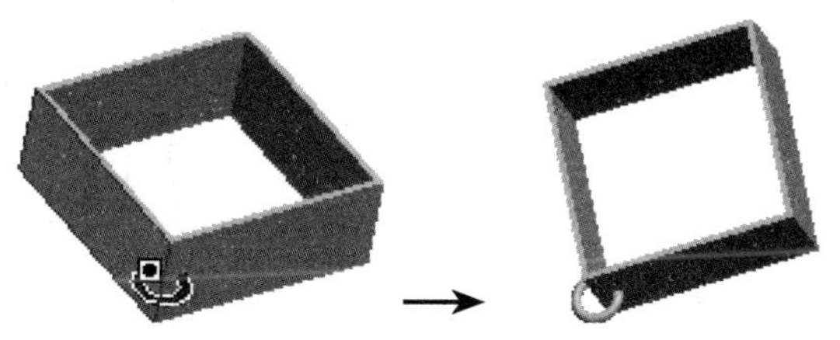

图 2.2.29　旋转 2 的效果图

（4）单击“保存”工具按钮💾完成存盘。

案例 4　带轮

案例出示：绘制如图 2.2.30 所示的带轮。

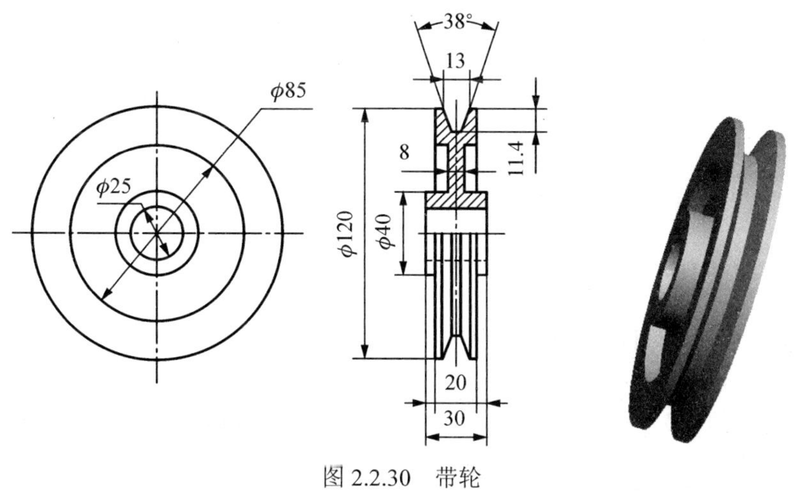

图 2.2.30　带轮

知识目标：

（1）理解旋转特征的含义。

（2）掌握旋转实体的基本方法。

能力目标：掌握基本旋转特征的操作及旋转特征的材料加/减练习。

案例分析：皮带轮可用一个旋转特征完成零件的创建，从增加训练量考虑，将该零件分成两个旋转特征来创建：第一个旋转特征创建皮带轮的坯料；第二个旋转（减材料）特征在毛坯上挖出皮带槽，这样可使每次的草绘截面得以简化。

案例操作：

（1）新建零件文件。

操作同案例 1，进入零件模式。

（2）创建旋转特征 1。

Step 1 单击“基础特征”工具栏上的工具按钮，或单击菜单“插入”→“旋转”命令，弹出旋转操控面板，单击“位置”按钮，单击“定义...”按钮，进入“草绘”对话框，选取 FRONT 基准平面作为草绘平面，接受默认参照，单击“草绘”按钮，进入草绘模式。

Step 2 绘制旋转轴及如图 2.2.31 所示的截面，单击✔按钮完成并退出草绘界面。

学习指导

符号 L 表示等长，符号 // 平行，符号 V 表示竖直，符号 H 表示水平。例如，带有符号 L1 的两条线段是等长的，带有符号 // 的两条线段是平行的。

Step 3 在操控面板上单击☑按钮完成旋转 1 的创建，效果如图 2.2.32 所示。

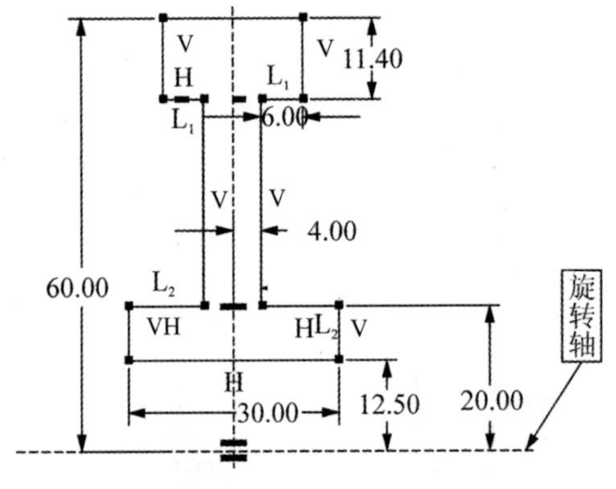

图 2.2.31 旋转 1 的截面图

图 2.2.32 旋转 1 的效果图

（3）创建旋转特征 2。

Step 1 单击“基础特征”工具栏上的工具按钮，单击“位置”按钮，单击“定义...”按钮，选取 FRONT 基准平面作为草绘平面，旋转轴同上，绘制如图 2.2.33 所示的截面(绘制截面前要选择参照)。

Step 2 设置旋转角度为 360 度，选定旋转方向，选择去除材料。在操控面板上单击☑按钮完成旋转 2 的创建，如图 2.2.34 所示。

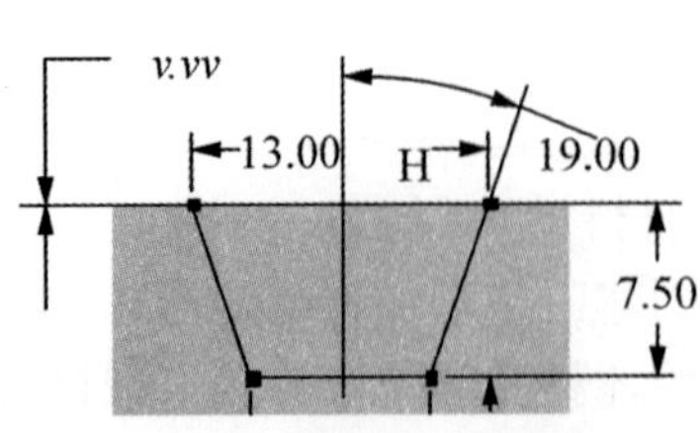

图 2.2.33 旋转 2 的截面图

图 2.2.34 旋转 2 的效果图

（4）单击“保存”按钮完成存盘。

六、任务总结

创建旋转特征的基本流程如下：

（1）进入“零件设计”模式，单击菜单“插入”→“旋转”选项，或直接单击按钮，打开旋转特征操控面板。

（2）单击“位置”面板中的“定义”按钮，系统显示“草绘”对话框，该对话框中显示指定的草绘平面、参照平面、视图方向等内容。

（3）在绘图区中选择相应的草绘平面或参照平面，在“草绘”对话框中设定视图方向和特征生成方向，单击“草绘”对话框中的“草绘”按钮，系统进入草绘工作环境。

（4）绘制一条中心线作为截面的旋转中心线，在中心线的一侧绘制旋转特征截面。若在草绘环境中没有绘制中心线，应在三维模型中指定作为旋转中心线的几何元素。

（5）在选项面板中选择旋转方式和旋转角度。

（6）单击按钮完成旋转特征的创建。

（7）如果需要可重新选择实体的边、轴作为旋转轴。

（8）如果生成薄体特征，选择薄体特征按钮。

（9）如果在已有的特征中去除材料，单击去除材料按钮。

（10）单击按钮可改变去除材料的方向。

（11）单击特征预览按钮观察生成的特征。

七、拓展训练

1．创建如图 2.2.35 所示的花瓶。

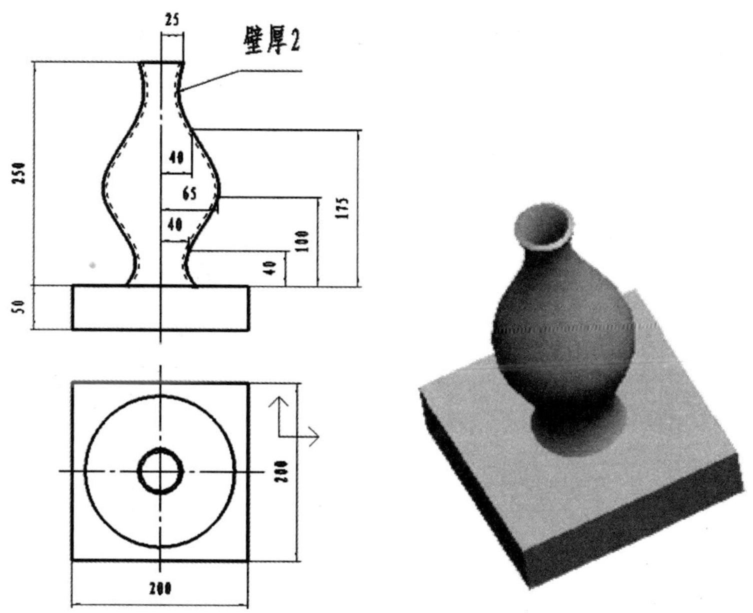

图 2.2.35　花瓶平面图及三维造型图

2．创建如图 2.2.36 所示的手柄。

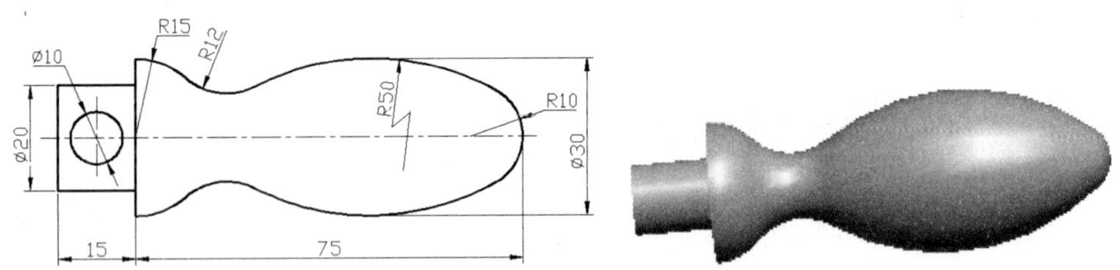

图 2.2.36　手柄零件图及造型图

3．创建如图 2.2.37 所示的连杆头。

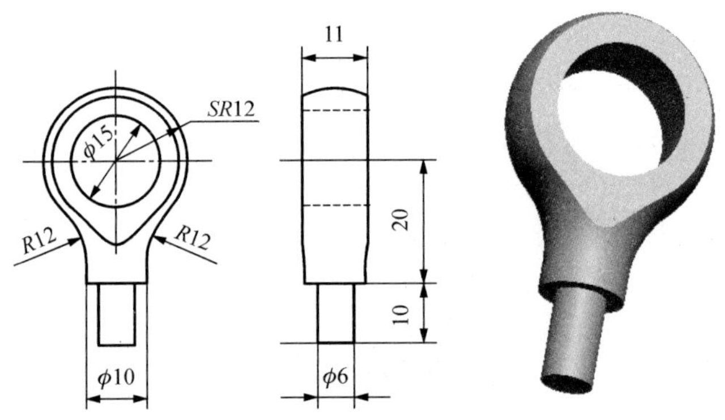

图 2.2.37　连杆头零件图及造型图

操作提示：该零件可分为 3 个实体特征进行创建，先用旋转创建一个球头杆特征，然后用拉伸去除材料切出两个平面特征，最后用拉伸去除材料做一个孔特征。

① 以 TOP 面为草绘平面，草绘平面如图 2.2.38 所示，创建旋转特征 1 如图 2.2.39 所示。

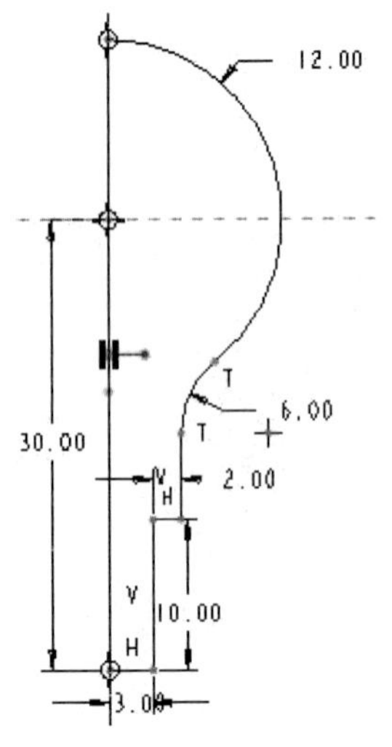

图 2.2.38　旋转 1 平面图

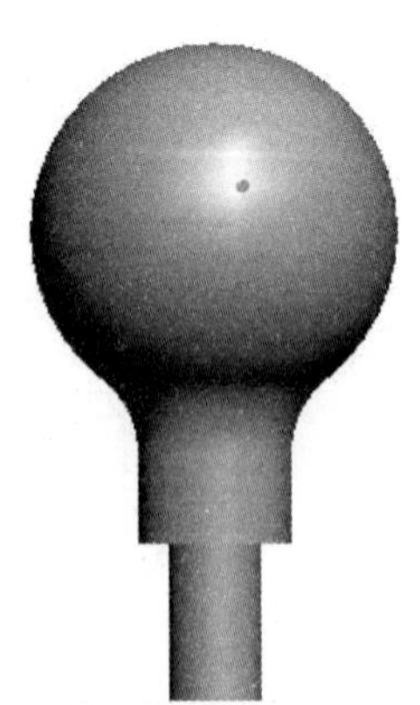

图 2.2.39　旋转 1 基本体

② 单击按钮，单击 TOP 面，在弹出的“基准平面”对话框中输入 5.50，如图 2.2.40 所

示，平移方向向上，建立基准平面 DTM1。以 RIGHT 面为草绘平面，以 DTM1 为参照绘制如图 2.2.41 所示的图形，去除材料，对称拉伸距离超过球体直径 24，拉伸结果如图 2.2.42 所示。

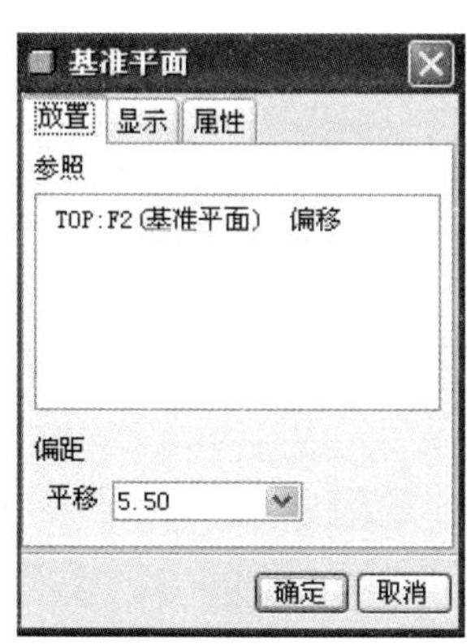

图 2.2.40 创建基准面

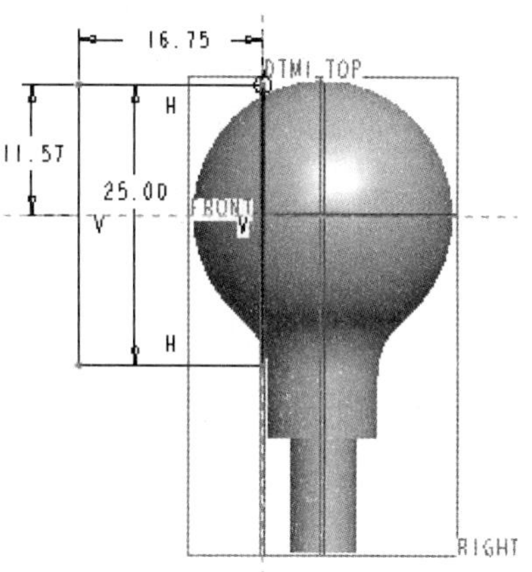

图 2.2.41 草绘平面

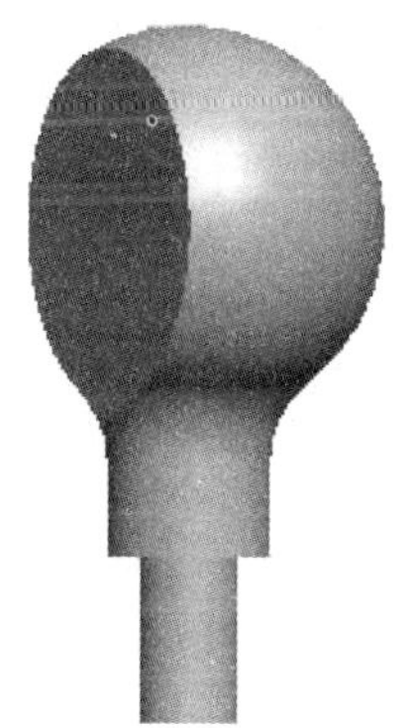

图 2.2.42 拉伸结果

③ 用同样的方法创建拉伸 2，结果如图 2.2.43 所示，创建拉伸 3，草绘平面如图 2.2.44 所示，结果如图 2.2.37 所示。

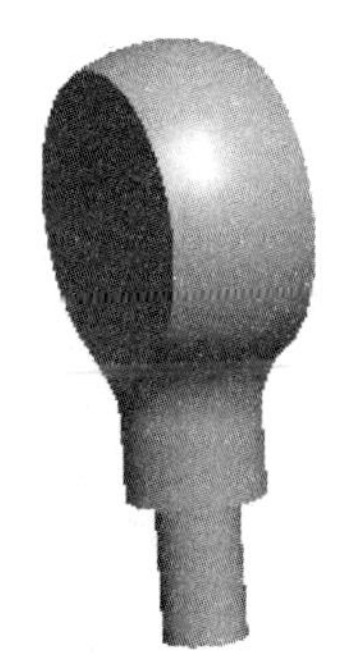

图 2.2.43 创建拉伸 2

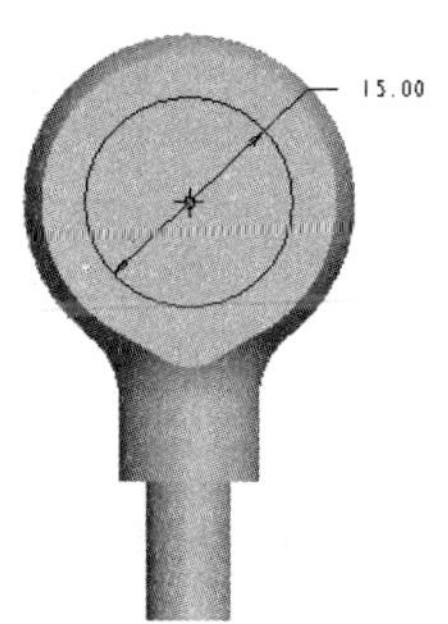

图 2.2.44 草绘平面

4. 制作如图 2.2.45 所示的阶梯轴，图中未注倒角 1×45°。

5. 用拉伸和旋转的方法创建如图 2.2.46 所示的模型。

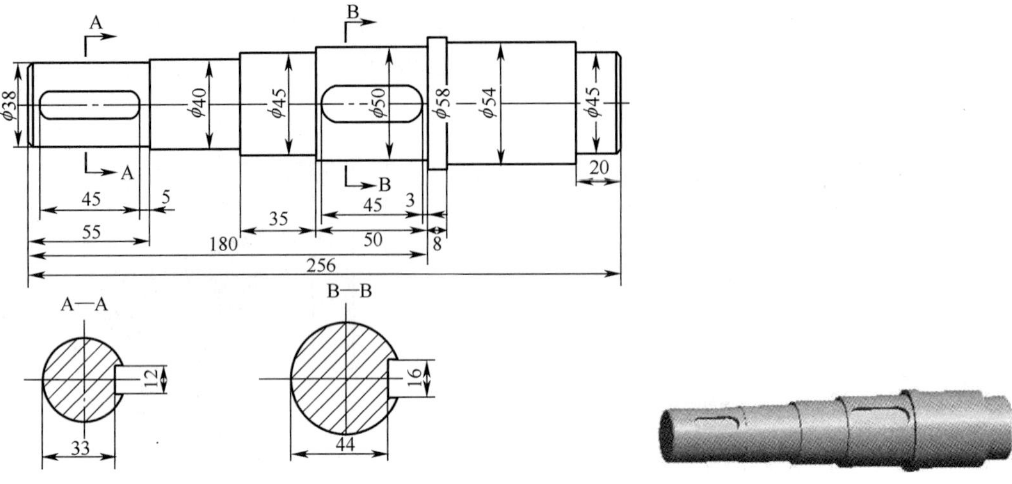

图 2.2.45　阶梯轴的零件图和效果图

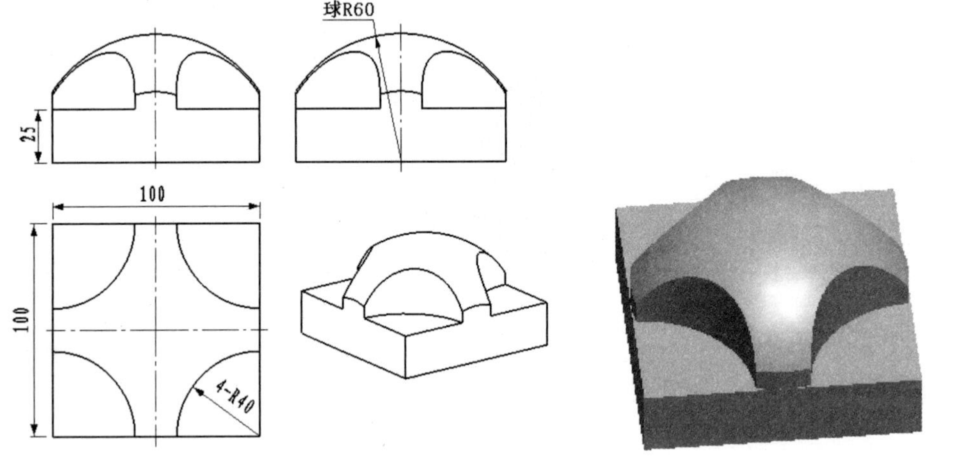

图 2.2.46　零件的零件图和效果图

6．用拉伸和旋转的方法创建如图 2.2.47 所示的模型。

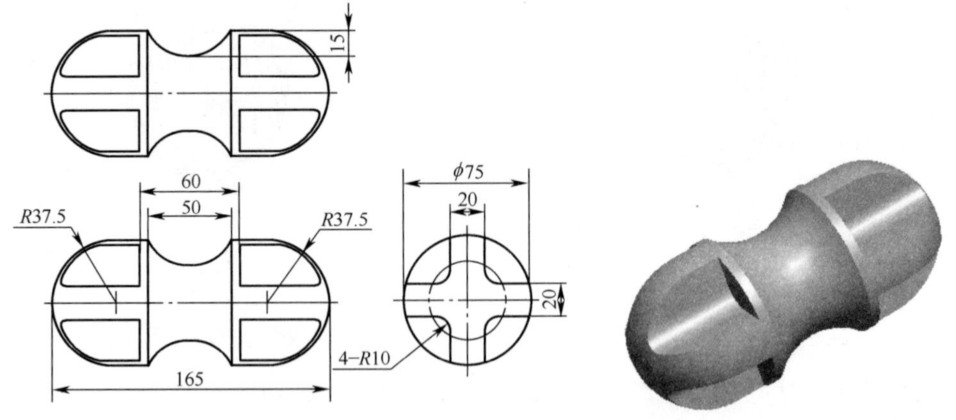

图 2.2.47　零件的零件图和效果图

任务 2.3　扫描造型

一、任务描述

扫描特征是指将草绘截面沿着某一路径移动而生成的特征，通常把扫描过程中的这一移动路径称为扫描轨迹线。与拉伸特征相比，扫描特征具有更大的设计自由度，也可以说拉伸特征是扫描特征的特例。在创建扫描特征时，除了要创建草绘截面外，另一个重要的工作就是创建扫描轨迹线。

扫描具体可分为一般扫描、螺旋扫描和可变截面扫描。“扫描”与“螺旋扫描”的相同之处是都需要一个轨迹和一个截面；不同之处是“扫描”的轨迹一般需要用户来创建，而“螺旋扫描”的轨迹线是一条 3D 螺旋线，它由软件生成，用户只需给出参数即可。从某种意义上说，“螺旋扫描”是“扫描”的一种特例，专门用于创建弹簧、螺纹类零件。

“扫描”实际上也是“可变截面扫描”的一种特殊情况，“扫描”可看作是仅有一条原轨迹且截面保持不变的一种“可变截面扫描”。

二、任务训练内容

（1）扫描特征的建立过程。

（2）定截面扫描、变截面扫描、螺旋扫描的操作方法。

三、任务训练目标

知识目标

（1）扫描的基本概念。

（2）各种扫描命令的使用方法。

（3）可变截面扫描和螺旋扫描的操作技巧。

技能目标

（1）使用扫描方法进行零件三维造型。

（2）灵活运用各种扫描方法进行零件的三维造型。

四、任务相关知识

扫描特征是指将一个截面沿着定义的约束轨迹进行移动扫描从而生成实体，如图 2.3.1 所示，扫描特征建模的截面沿着定义的轨迹曲线进行移动，截面的法向始终随着轨迹曲线的切线方向的变化而变化。

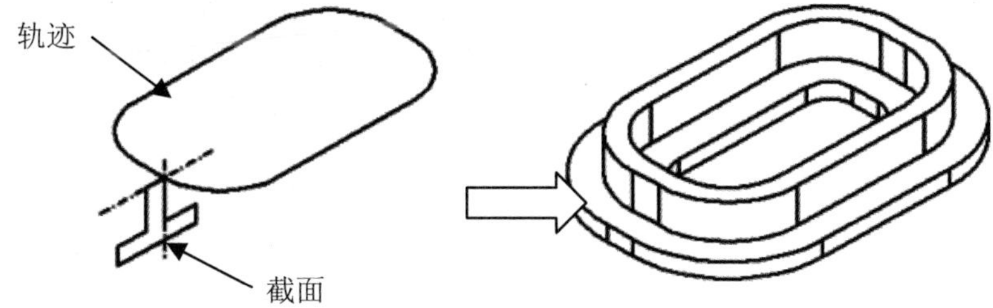

图 2.3.1　扫描建模

由图 2.3.1 可以看出扫描建模与拉伸建模不同，拉伸建模的截面是沿着截面的法向方向移动拉伸生成实体，而扫描建模的截面是沿着定义的轨迹曲线进行移动扫描生成实体，截面的法向将沿着轨迹曲线的切线方向发生变化。同时，拉伸建摸的截面恒定不变，而扫描建摸的截面可以发生变化。

扫描特征按照扫描截面是否发生变化分为恒定截面扫描和可变截面扫描两种类型。

1. 恒定截面扫描特征

恒定截面扫描是指在扫描生成实体的过程中截面的大小和形状始终保持恒定不变。恒定截面扫描按照截面和轨迹曲线是否封闭又分为截面封闭轨迹开放扫描、截面开放轨迹封闭扫描和截面轨迹都封闭扫描 3 种类型。所谓截面开放是指构成截面的图元不封闭，同理轨迹开放是指轨迹曲线不封闭。

（1）截面开放轨迹封闭扫描特征应用实例。

截面开放轨迹封闭扫描是指使用开放的截面沿着封闭的轨迹曲线进行扫描生成实体，如图 2.3.2 所示。

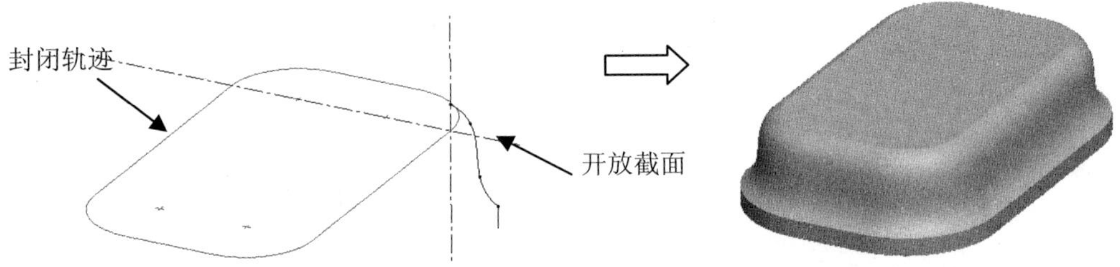

图 2.3.2　截面开放轨迹封闭的扫描特征

本实例需要绘制一条封闭的轨迹曲线，然后绘制一个开放的截面图元，创建过程中还需要使用“增加内部因素”命令为特征添加表面以生成一个封闭的完整的特征实体。

（2）截面封闭轨迹开放的扫描特征实例。

截面封闭轨迹开放扫描是指使用封闭的截面图元沿着开放的轨迹曲线进行扫描生成实体，如图 2.3.3 所示的水杯。

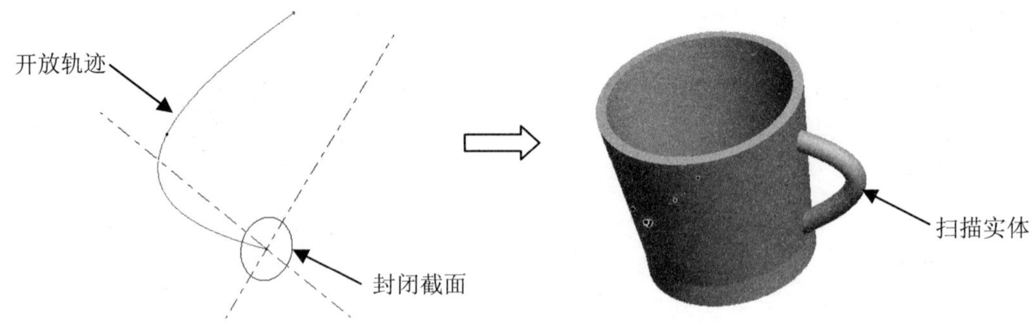

图 2.3.3　截面封闭轨迹开放的扫描特征

本实例首先需要绘制一条开放的轨迹曲线，然后绘制一个封闭的截面图元即可生成要求的特征实体。

（3）截面和轨迹曲线都封闭扫描特征实例。

截面和轨迹都封闭扫描是指使用封闭的截面图元沿着封闭的轨迹曲线进行扫描生成实体，如图 2.3.4 所示。

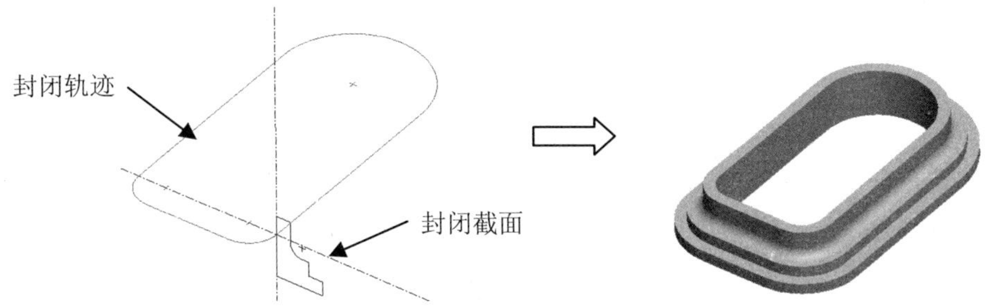

图 2.3.4　截面和轨迹都封闭的扫描特征

本实例需要绘制一条封闭的轨迹曲线，然后绘制一个封闭的截面图元。

（4）扫描切口特征实例。

如图 2.3.5 所示的皮带轮，为了能够成功地实现剪切功能，绘制的截面不能超过实体的截面范围。

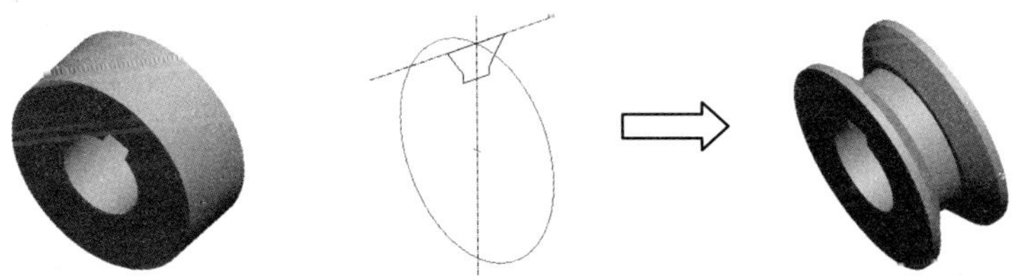

图 2.3.5　扫描切口特征实例

2. 可变截面扫描特征应用实例

可变截面扫描是指截面的大小或形状在沿着轨迹曲线进行扫描生成实体过程中发生变化，如图 2.3.6 所示。图中截面沿着原点轨迹进行扫描，同时截面的大小由附加的轨迹曲线控制，还需要定义轮廓曲线来控制截面的变化，截面的大小或形状在沿着轨迹曲线进行扫描的过程中随着轮廓曲线的变化而变化。

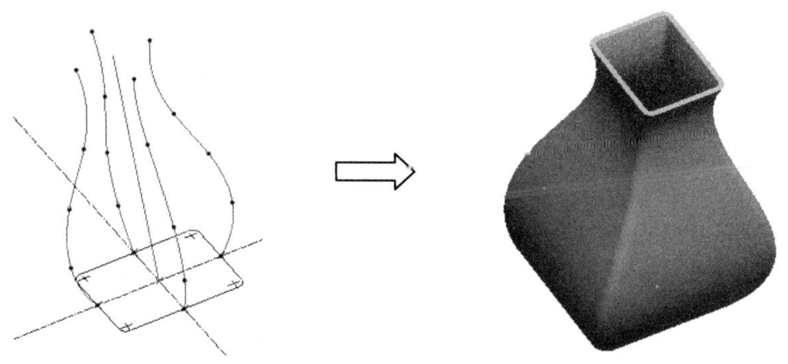

图 2.3.6　可变截面扫描实例

扫描特征能够通过一条扫描轨迹配合一个剖面扫掠出一定形状的实体，作扫描特征时，剖面必须与扫描轨迹线正交，而且在扫描轨迹的任何位置处，剖面形状都相同。而变截面扫面功能更强，它能将单一剖面与多条外形控制轨迹线结合起来，并且使剖面外形随扫掠轨迹的变化而变化，剖面也不一定与轨迹线正交，因此有更大的弹性空间。

另外，变截面扫描除能利用多条轨迹线来控制截面外形的变化，更能利用图形（Graph）特征（基准特征之一，操作方式为“插入”→“模型基准”→“图形（G）…”），配合关系式（Relation）来生成更复杂实体。

3. 创建螺旋扫描实体特征

螺旋扫描特征就是让截面沿着螺旋线移动而产生的特征，主要用来创建有螺旋特征的零件，如弹簧、螺纹等。螺旋扫描特征的属性有 3 种：一是螺距，螺距可以恒定，也可以发生变化；二是截面所在平面，可以穿过旋转轴，也可以指向扫描轨迹的法线方向；三是旋向，可以生成左螺旋，也可以生成右螺旋。

（1）调用方法。

菜单栏：“插入”→“螺旋扫描”→“伸出项”命令。

（2）操作步骤。

①调用螺旋扫描工具；

②定义属性；

③绘制扫描轨迹；

④定义螺距；

⑤绘制截面；

⑥生成特征。

五、任务实施

案例 1　开口销

案例出示：绘制如图 2.3.7 所示的开口销。

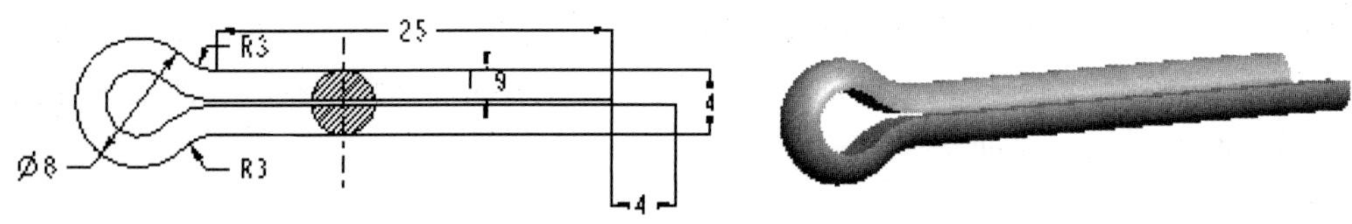

图 2.3.7　开口销

知识目标：

（1）理解扫描特征的含义。

（2）掌握扫描实体的基本方法。

能力目标：使用扫描方法进行三维造型。

案例分析：本案例主要使用扫描特征创建开口销，注意扫描轨迹和扫描截面的绘制。

案例操作：

Step 1 新建零件文件。选择“零件”类型和“实体”子类型，在“名称”文本框中输入文件名 prt_kaikouxiao，取消选中“使用缺省模板”复选框，在“模板”选项区域中选择 mmns_part_solid 选项，单击“确定”按钮。

Step 2 选择菜单“插入”→“扫描”→“伸出项”命令，弹出“设置平面”菜单，如图 2.3.8 所示。

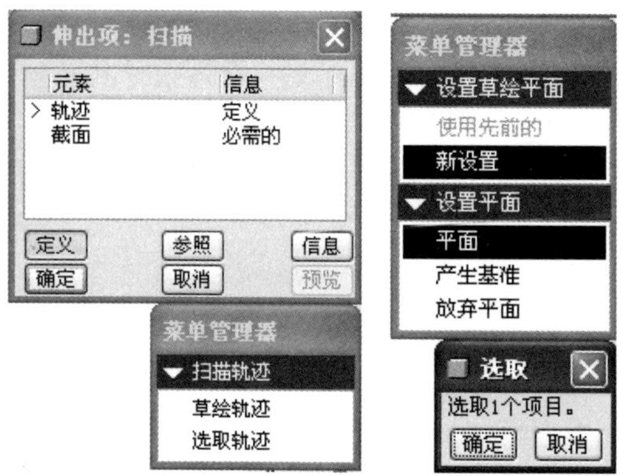

图 2.3.8 设置平面菜单

Step 3 选取 FRONT 基准平面作为草绘平面，进入草绘环境界面，利用＼和○工具绘制扫描的轨迹线，然后标注各个尺寸，并修改各个尺寸值，如图 2.3.9 所示。

Step 4 选择倒角工具绘制两个倒角，选择修改尺寸工具，将倒角半径修改为 3，如图 2.3.10 所示。

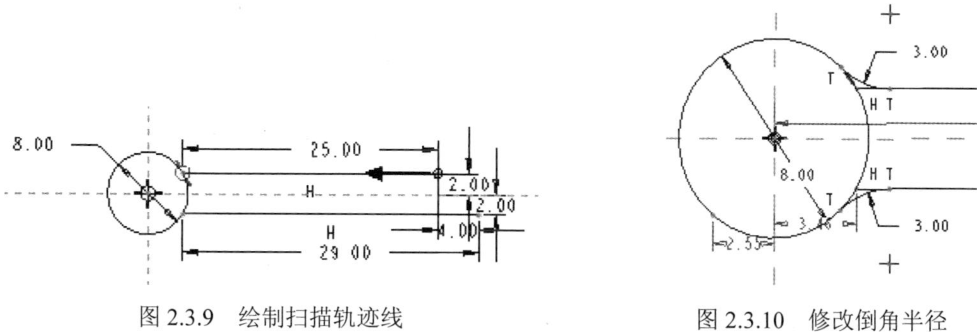

图 2.3.9 绘制扫描轨迹线　　图 2.3.10 修改倒角半径

Step 5 选择修剪工具，删除多余的线段，效果如图 2.3.11 所示。

Step 6 选择修改尺寸工具，将尺寸值修改为如图 2.3.12 所示。

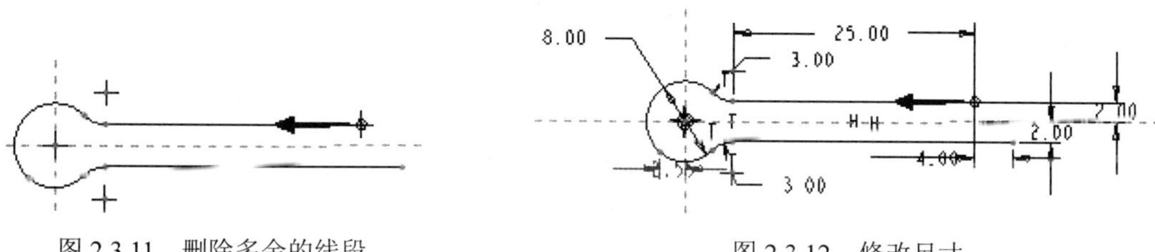

图 2.3.11 删除多余的线段　　图 2.3.12 修改尺寸

学习指导

由于绘制的是轨迹线而不是截面，所以在轨迹线的起点处有一个箭头“→”标识，表示扫描的起始方向，如图 2.3.11 所示，同时也是绘制扫描截面的起点。该起点的位置和方向可以

改变，操作步骤如下：

①切换起点方向。用鼠标左键单击箭头的起点，高亮显示，然后单击右键，弹出快捷菜单，单击“起始点”命令，箭头在原始点位置上改变方向。

②改变起点位置。首先在新的位置点上单击，重新选择起点，高亮显示，然后单击右键，弹出快捷菜单，单击“起始点”命令，箭头在新的位置上产生。

Step 7 单击☑按钮进入扫描截面的界面，绘制如图 2.3.13 所示的截面，单击✔按钮，然后单击窗口中的“确定”按钮，效果如图 2.3.14 所示。

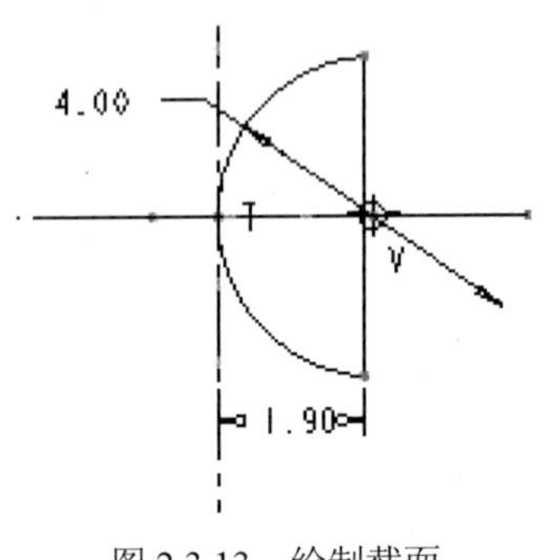

图 2.3.13　绘制截面

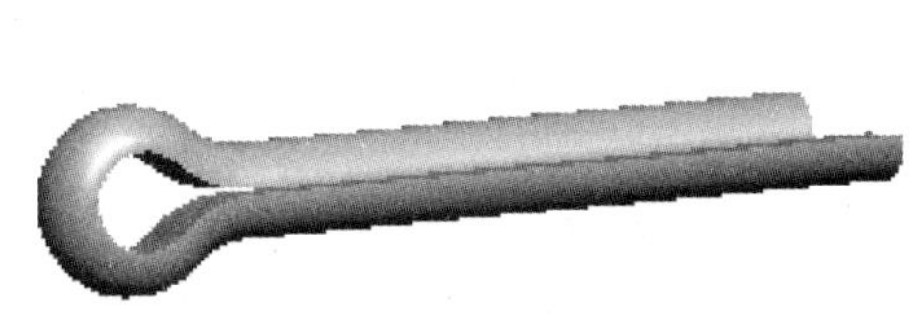

图 2.3.14　扫描结果

注意：扫描中使用了“添加内部因素”和“无内部因素”的特点，对此如图 2.3.15 所示。在使用添加内部因素进行扫描时，轨迹线必须封闭，截面为不封闭，方可完成扫描特征。

（a）增加内部因素的扫描特征

（b）无内部因素的扫描特征

图 2.3.15　有无内部因素的对比效果

案例 2　索具套环零件

案例出示：绘制如图 2.3.16 所示的索具套环零件。

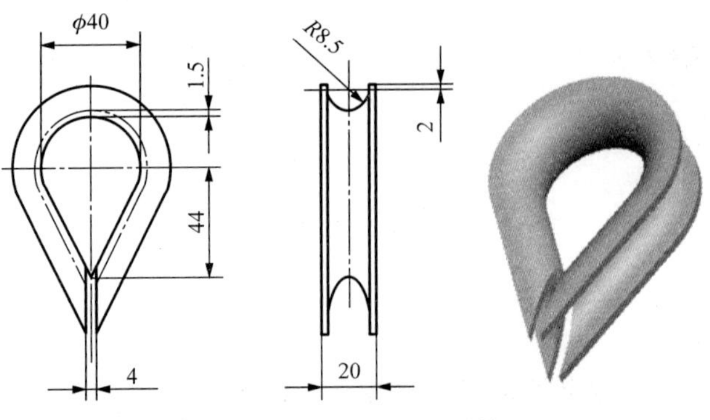

图 2.3.16　索具套环零件

知识目标：

（1）理解扫描特征的含义。

（2）掌握扫描基本命令“操作”→“薄板伸出项”（即操控面板上的草绘加厚）的使用方法。

能力目标：使用扫描方法进行三维造型。

案例分析：该案例可分成两个特征来创建，一个是扫描特征；另一个是拉伸切槽（去材料形成一个开口）特征。为减少草绘的绘制量，草绘截面使用“薄板伸出项”较为便捷。

案例操作：

（1）新建零件文件（同案例 1）。

（2）创建扫描特征。

Step 1　选择“插入”→“扫描”命令，单击“薄板伸出项”、“草绘轨迹”选项，选择 TOP 面为草绘平面，单击“正向”、“缺省”选项，进入草绘工作界面。

Step 2　绘制如图 2.3.17 所示的扫描轨迹，然后单击草绘特征工具栏中的✔按钮，进入扫描截面的绘制。

Step 3　绘制一半圆弧与两条水平线相切，注意圆弧在轨迹线起点处应与 Y 轴线相切，如图 2.3.18 所示，单击✔按钮。

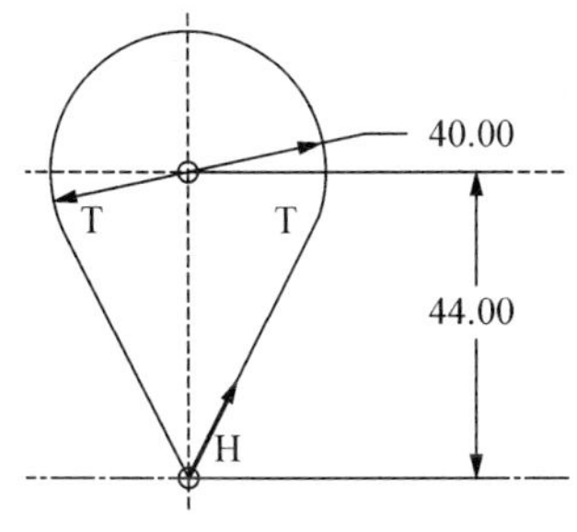

图 2.3.17　扫描轨迹

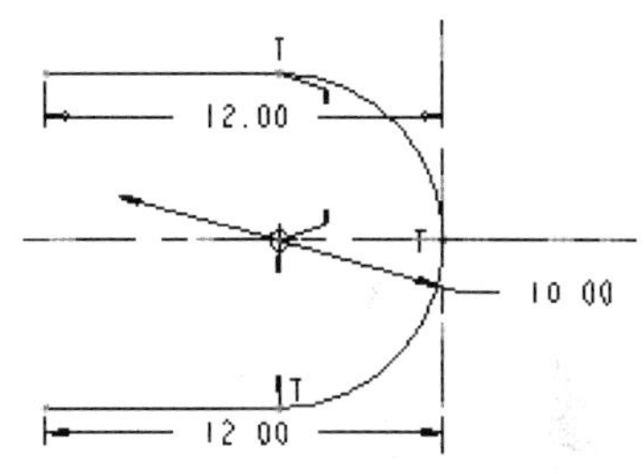

图 2.3.18　扫描截面

Step 4　单击“反向”和“正向”选项，如图 2.3.19 所示。截面曲线链向内加厚。在状态栏的“输入薄特征的宽度”文本框中输入值 1.5（薄板厚度为 1.5），如图 2.3.20 所示，单击✔按钮，单击“确定”按钮完成扫描实体特征的创建，如图 2.3.21 所示。

图 2.3.19　菜单管理器

图 2.3.20　输入薄特征的宽度

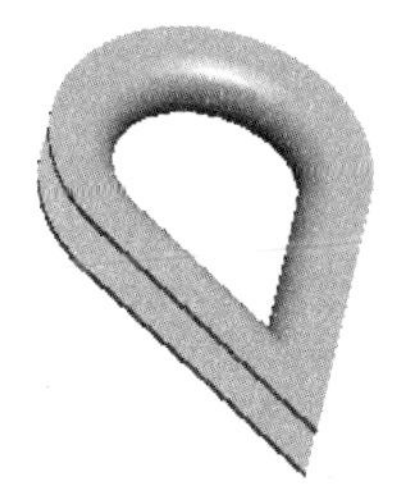

图 2.3.21　扫描实体

（3）创建切槽特征。

Step 1　单击“拉伸”工具按钮，或单击菜单“插入”→“拉伸”命令弹出拉伸操控面板，在操控面板中单击“放置”按钮，然后在弹出的界面中单击“定义...”按钮，进入“草绘”

对话框。选取 TOP 基准平面作为草绘平面，用矩形工具绘制一长方形 4×40。绘制图形如图 2.3.22 所示。

Step 2 单击✔按钮回到拉伸的操作界面，选择拉伸深度类型为“对称”拉伸，输入深度值 25，如图 2.3.23 所示。

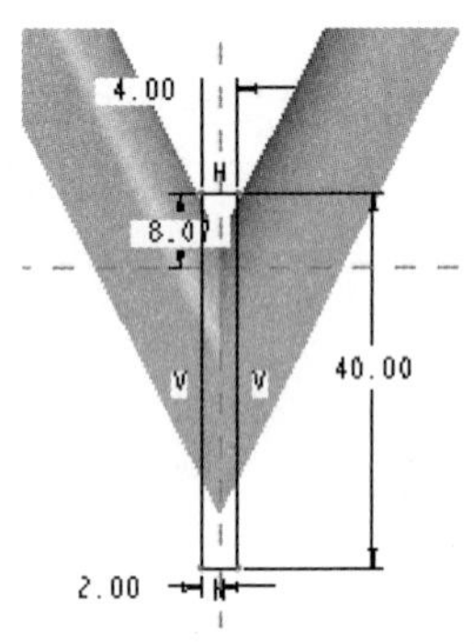

图 2.3.22 绘制矩形

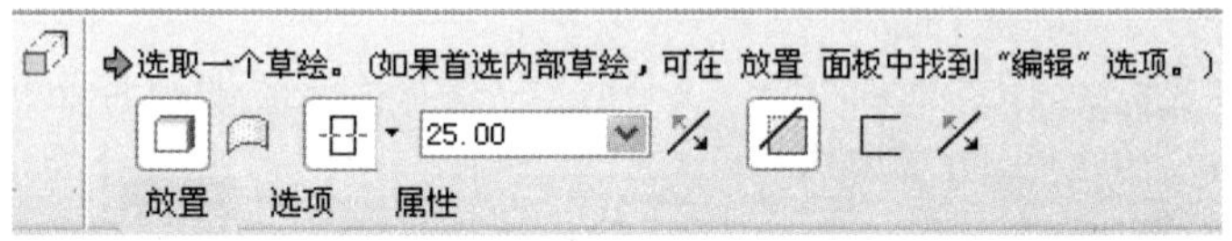

图 2.3.23 拉伸操控面板

（4）单击操控面板中的预览按钮，预览完成后，单击操控面板中的完成按钮或单击鼠标中键，最终完成基础特征的创建，如图 2.3.16 所示。

提示：扫描特征与前面的拉伸特征、旋转特征一样，均有去除材料模式，单击“插入”→“扫描”→“切口”菜单项，生成的扫描特征为去除材料模式，可自己试着做一下。

案例 3 变截面花瓶

案例出示：绘制如图 2.3.24 所示的变截面花瓶。

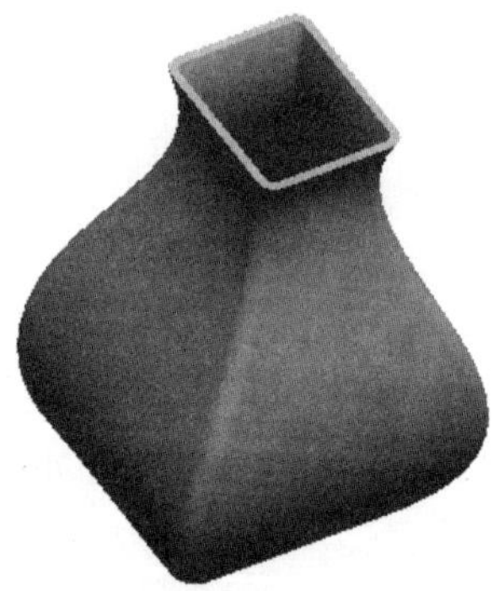

图 2.3.24 变截面花瓶

知识目标：

（1）理解扫描特征的含义。

（2）掌握可变截面扫描造型的基本方法。

能力目标：使用可变截面扫描方法进行三维造型。

案例分析：可变截面扫描是指截面的大小或形状在沿着轨迹曲线进行扫描生成实体过程中发生变化，如图 2.3.25 所示。图中截面沿着原点轨迹进行扫描，同时截面的大小由附加的轨迹曲线控制，还需要定义轮廓曲线来控制截面的变化，截面的大小或形状在沿着轨迹曲线进行扫描的过程中随着轮廓曲线的变化而变化。

案例操作：

（1）新建零件文件。

（2）建立外形轨迹线。

Step 1 单击工具条上的草绘按钮，出现“草绘”对话框。在绘图区选择 FRONT 基准面作为草绘平面，单击“草绘”按钮，进入草绘模式。单击绘图工具栏中的按钮，绘制一条样条曲线。然后利用镜像工具绘制如图 2.3.25 所示的扫描轨迹线，并标注尺寸，单击按钮完成 FRONT 平面上的曲线绘制。

Step 2 再次单击工具条上的草绘按钮，出现“草绘”对话框。在绘图区选择 RIGHT 基准面作为草绘平面，单击“草绘”按钮，进入草绘模式。单击绘图工具栏中的按钮，绘制一条样条曲线。然后利用镜像工具绘制图 2.3.26 所示的扫描轨迹线，最后绘制一条直线，并标注尺寸，注意要使以上 5 条轨迹曲线下面的端点位于同一平面上。单击按钮完成 RIGHT 平面上的曲线绘制。

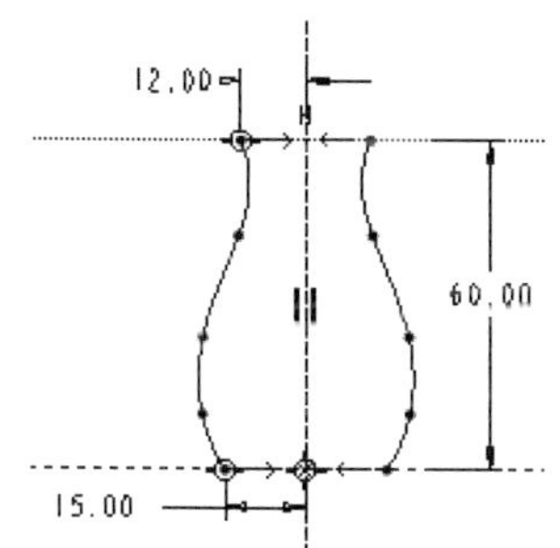

图 2.3.25　FRONT 截面上的扫描轨迹线

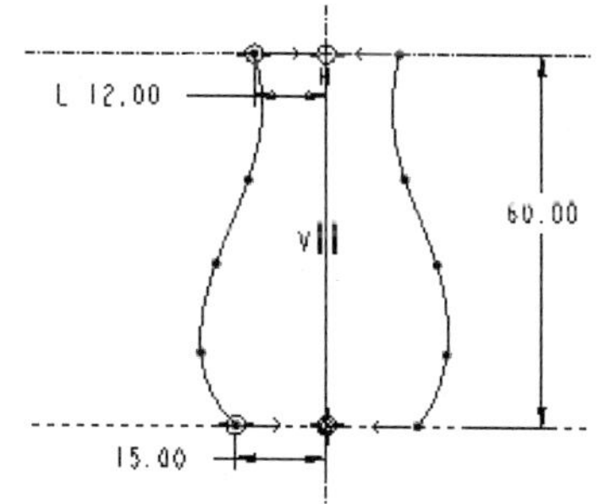

图 2.3.26　RIGHT 截面上的扫描轨迹线

（3）建立可变截面扫描特征。

Step 1 单击特征工具栏中的按钮，将弹出“可变截面扫描特征”操控面板，如图 2.3.27 所示。先单击前面绘制的直线作为原点轨迹曲线，然后按住 Ctrl 键使用鼠标左键依次选择其他 4 条曲线作为附加轨迹曲线，如图 2.3.28 所示。

图 2.3.27　“可变截面扫描特征”操控面板

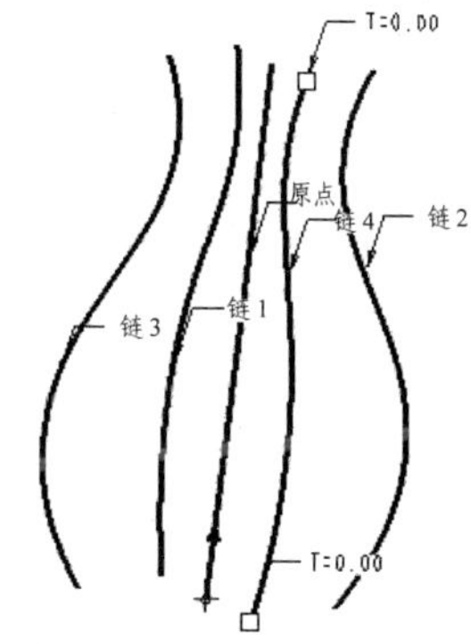

图 2.3.28　选择扫描轨迹曲线

Step 2 单击操控面板中的按钮，系统会自动转入定义一个草绘基准平面，在草绘基准平面中绘制如图 2.3.29 所示的截面。

绘制的截面必须通过 4 条附加轨迹曲线的端点，否则将生成不同于本实例的实体。

Step 3 单击草绘特征工具栏中的✔按钮，完成截面绘制。单击👓按钮预览特征，确认正确后，单击☑按钮或单击鼠标中键，完成此扫描特征的建立，如图 2.3.30 所示。

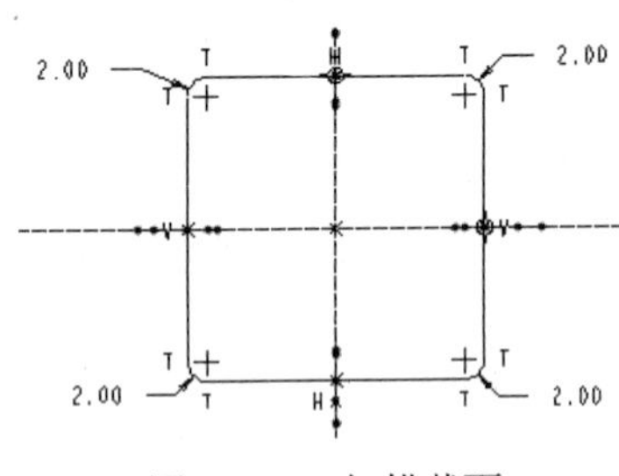

图 2.3.29 扫描截面

图 2.3.30 可变截面扫描实体

（4）建立抽壳特征。

单击“抽壳”命令按钮，进入该特征操控面板，在绘图区将光标移动到瓶子的顶部表面，并用鼠标左键单击该表面，使它亮显，如图 2.3.31 所示，说明要删除该表面。之后在下边的操控面板的“厚度”中输入 1，如图 2.3.32 所示。

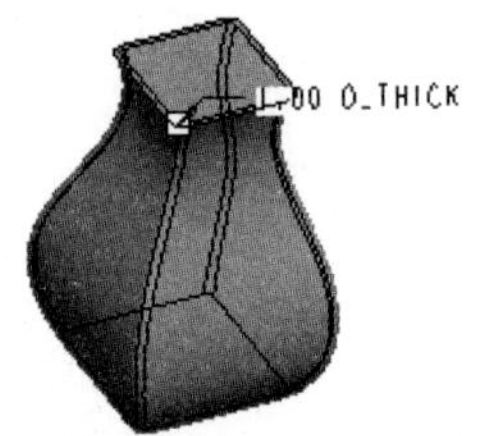

图 2.3.31 选择抽壳要删除的表面

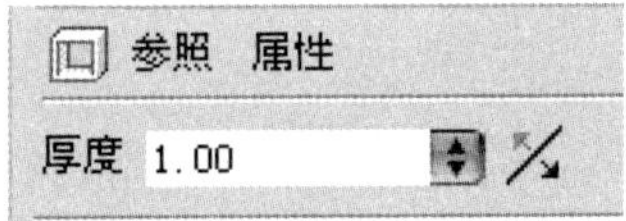

图 2.3.32 抽壳操控面板

单击👓按钮预览特征，确认正确后，单击☑按钮或单击鼠标中键，完成抽壳特征的建立，如图 2.3.24 所示。

可变截面扫描的一般步骤总结如下：

（1）创建并选取原始轨迹。

（2）打开可变截面扫描工具。

（3）根据需要添加其他轨迹。

（4）指定截面控制以及水平/垂直方向控制参照。

（5）草绘截面。

（6）预览几何并完成特征。

案例 4 圆柱螺旋拉伸弹簧

案例出示：本案例要创建的圆柱螺旋拉伸弹簧结果如图 2.3.33 所示。

图 2.3.33 圆柱螺旋拉伸弹簧

知识目标：

（1）进一步掌握拉伸、倒直角等操作。

（2）掌握螺旋扫描特征的操作。

能力目标：灵活运用螺旋扫描特征建模。

案例分析：本案例将创建圆柱螺旋拉伸弹簧。主要运用螺旋扫描特征创建弹簧的基本体，用旋转特征创建两头的拉环。

案例操作：

（1）新建零件文件。

（2）建立弹簧的基本体。

Step 1 选择“插入”→“螺旋扫描”→“伸出项”菜单命令，如图 2.3.34 所示，系统弹出“伸出项：螺旋扫描”对话框，同时打开“菜单管理器”，如图 2.3.35 所示。

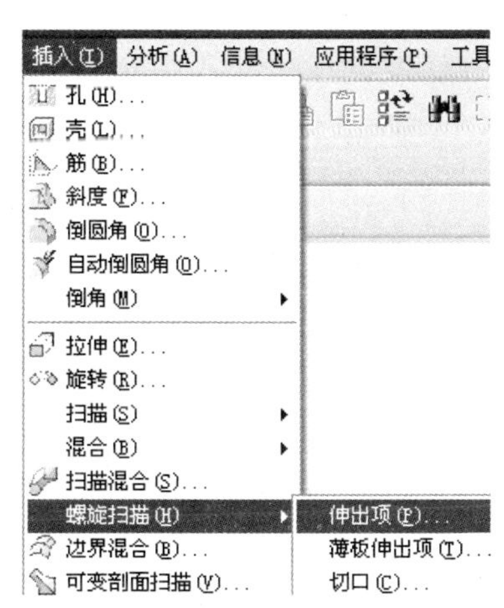

图 2.3.34　插入菜单命令

图 2.3.35　螺旋扫描对话框

Step 2 依次选择菜单管理器中的“常数”、“穿过轴”、“右手定则”、“完成”菜单命令，系统提示设置草绘平面，选取 TOP 基准平面作为草绘平面，选择“正向”、“缺省”，进入草绘模式，绘制水平旋转轴和螺旋扫描的扫描轨迹线，如图 2.3.36 所示，注意绘制扫描轨迹线时要从左向右绘制。单击“草绘”工具栏中的✔按钮，退出草绘模式，系统提示定义节距值，输入 10，单击☑按钮，系统进入截面的草绘环境。

Step 3 绘制截面如图 2.3.37 所示，单击“草绘”工具栏中的✔按钮，退出草绘模式，单击“确定”按钮，建立弹簧的基本体如图 2.3.38 所示。

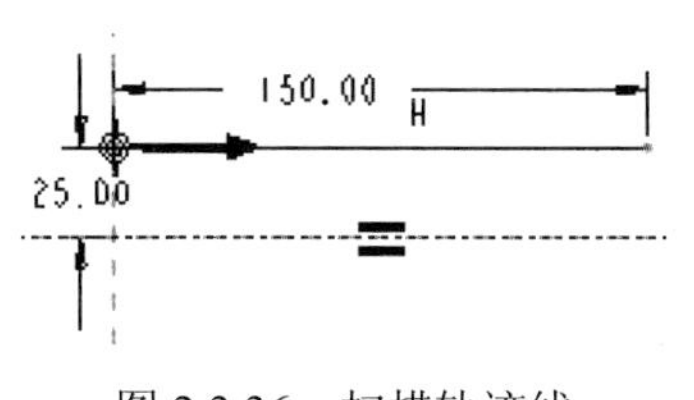

图 2.3.36　扫描轨迹线

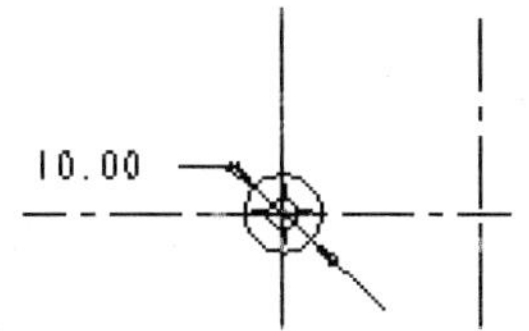

图 2.3.37　扫描截面

图 2.3.38　扫描基本体

（3）绘制右端的拉手。

Step 1 单击旋转工具按钮，弹出旋转操控面板，单击“位置”按钮，然后在弹出的界面中单击“定义...”按钮，进入“草绘”对话框，选取 TOP 基准平面作为草绘平面，单击“草绘”按钮，进入草绘模式。

Step 2 选择绘制旋转轴，选择“通过边创建图元”工具，选取螺旋扫描的圆截面作为旋转特征的旋转截面，如图 2.3.39 所示，绘制完成后，单击“草绘”工具栏中的按钮，返回旋转特征操控面板，定义旋转角度为 180°，单击按钮完成旋转特征，如图 2.3.40 所示。

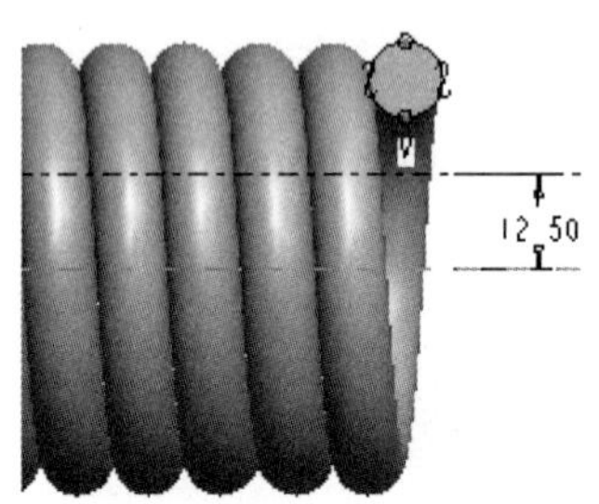

图 2.3.39　绘制旋转截面

图 2.3.40　旋转特征

Step 3 再次选择旋转工具按钮，单击“位置”按钮，单击“定义...”按钮，选取 TOP 基准平面作为草绘平面，单击“草绘”按钮进入草绘模式。

Step 4 选择“草绘”→“参照”菜单命令，弹出“参照”对话框，选择上一步创建的旋转特征的旋转截面的边作为绘图参照，选择绘制一条竖直中心线并定义位置尺寸，作为旋转轴，选择“通过边创建图元”工具，选取螺旋扫描的圆截面作为旋转特征的旋转截面，如图 2.3.41 所示，绘制完成后，单击按钮，定义旋转角度为 285°，单击按钮调整旋转方向，单击按钮，完成的旋转特征如图 2.3.42 所示。

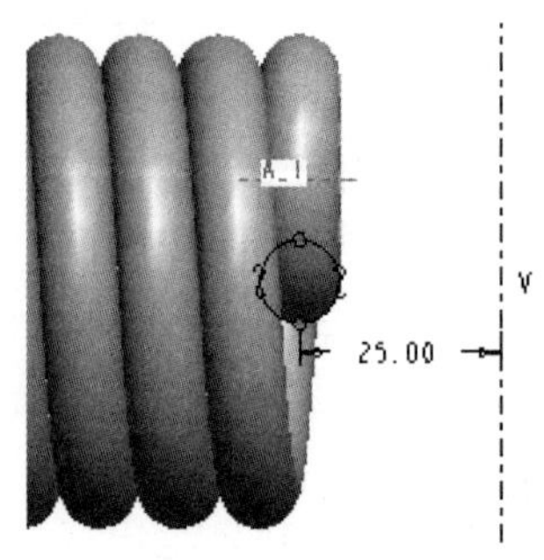

图 2.3.41　绘制旋转截面

图 2.3.42　旋转特征

（4）绘制左端的拉手。

按照与前面相同的方法，在左端也创建两个旋转特征，完成整个圆柱螺旋拉伸弹簧的绘制，如图 2.3.33 所示。

案例 5　六角螺栓

案例出示：本案例要创建的螺栓规格为“螺栓 GB5782-811-M12x25”的 A 级六角头螺栓，如图 2.3.43 所示。

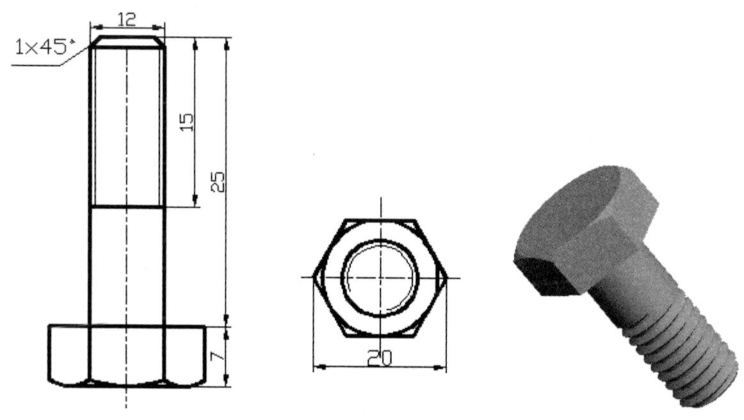

图 2.3.43　六角头螺栓

知识目标：

（1）进一步掌握拉伸、倒直角等操作。

（2）掌握螺旋扫描特征创建外螺纹的操作。

能力目标：灵活运用螺旋扫描特征创建螺纹。

案例分析：本案例将创建六角头螺栓。主要运用拉伸、倒直角创建螺栓的基本体，用剪切拉伸创建六角头，并通过螺旋扫描特征创建外螺纹。

案例操作：

（1）新建零件文件。

（2）拉伸创建六角螺栓的基本体。

Step 1 单击“基础特征”工具栏上的工具按钮，或单击菜单“插入”→“拉伸”命令，选取 TOP 基准平面作为草绘平面，如图 2.3.44 所示。

Step 2 单击“草绘”按钮，进入草绘模式，绘制拉伸截面，如图 2.3.45 所示。

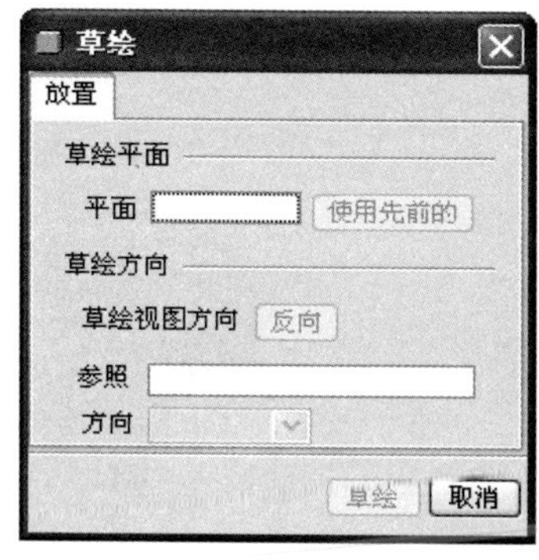

图 2.3.44　“草绘”对话框

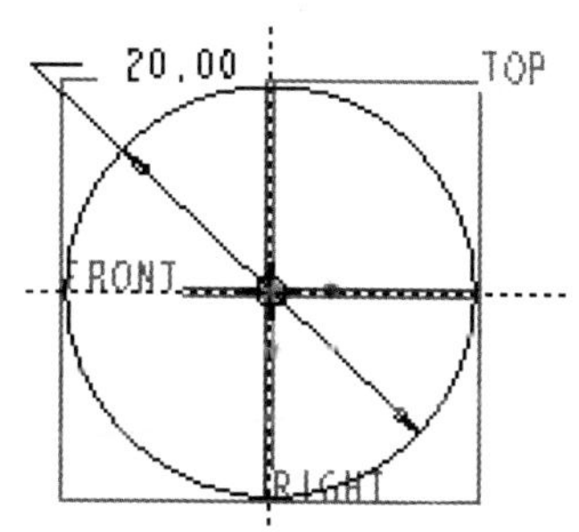

图 2.3.45　绘制截面

Step 3 单击“草绘”工具栏中的按钮，在拉伸操控面板中输入 7，单击“确定”按钮，建立螺栓的基本体，如图 2.3.46 所示。

Step 4 单击“基础特征”工具栏上的工具按钮，选择“曲面：F5（拉伸 1）”为草绘平面，如图 2.3.47 所示。

图 2.3.46　拉伸实体

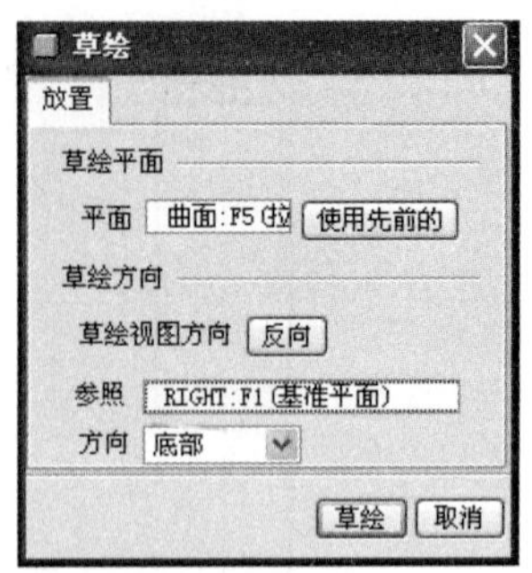

图 2.3.47　绘制去除材料截面

Step 5　绘制截面，单击“继续当前部分”按钮☑，退出草绘模式，单击方向按钮，使箭头指向如图 2.3.48 所示，单击☑按钮，完成螺栓的基本体如图 2.3.49 所示。

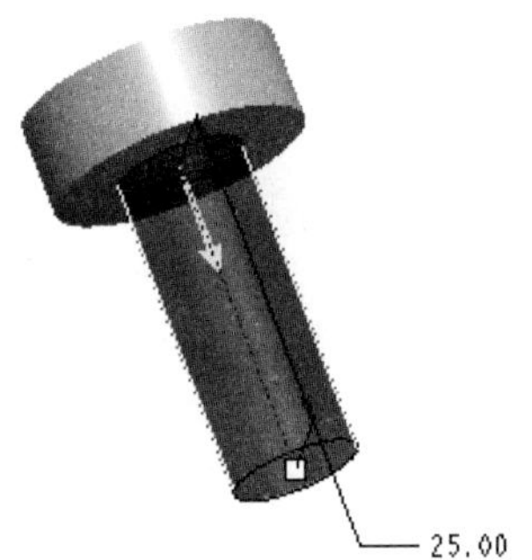

图 2.3.48　指向拉伸的方向

图 2.3.49　完成拉伸的模型

（3）修剪螺栓。

Step 1　单击特征工具栏中的按钮，或选择“插入”菜单中的“边倒角”命令，打开倒角特征操控面板。选择长方体的倒角边进行倒角，采用角度×D 的倒角方式，在“角度”下拉列表中选择 30，设置边方向上倒角尺寸为 1.34，如图 2.3.50 所示。

选择要倒角的边，选中的边变为红色，如图 2.3.51 所示。

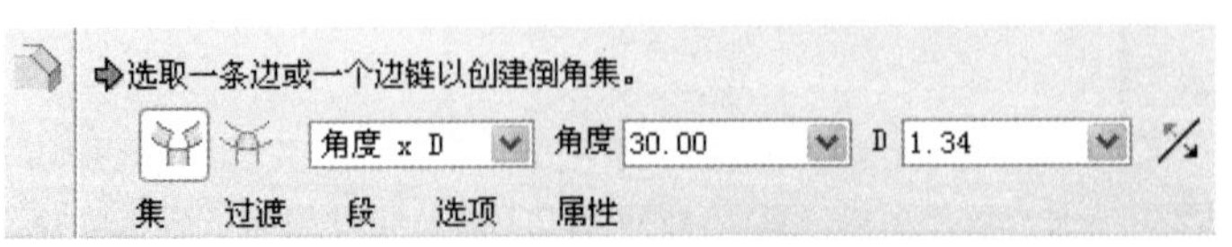

图 2.3.50　角度×D 特征操控面板

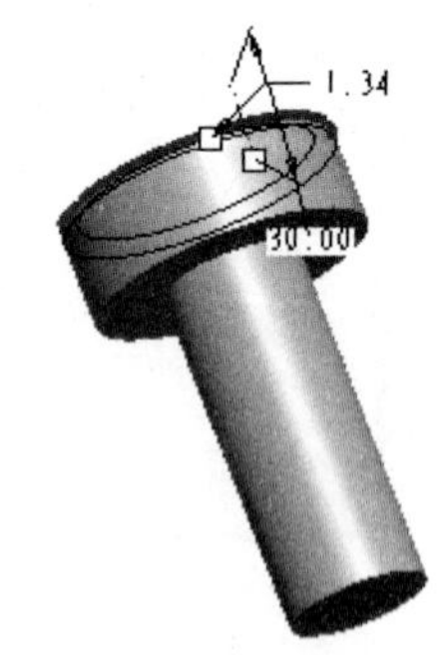

图 2.3.51　选择倒角边

单击☑按钮，完成倒角的创建，效果如图 2.3.52 所示。

Step 2　单击特征工具栏中的按钮，采用 D×D 的倒角方式，每边方向上倒角尺寸为 1，如图 2.3.53 所示。

选择要倒角的边，如图 2.3.54 所示，单击☑按钮，完成倒角的创建，效果如图 2.3.55 所示。

图 2.3.52　倒角结果

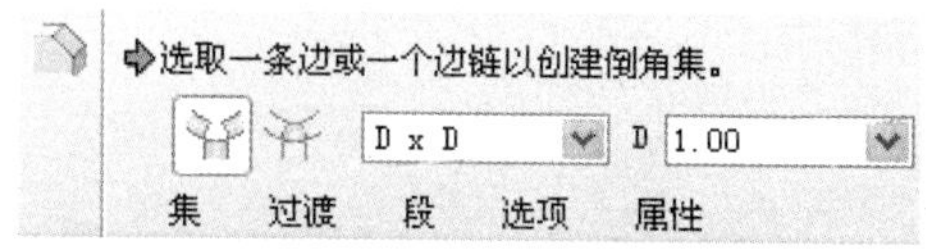

图 2.3.53　角度×D 特征操控面板

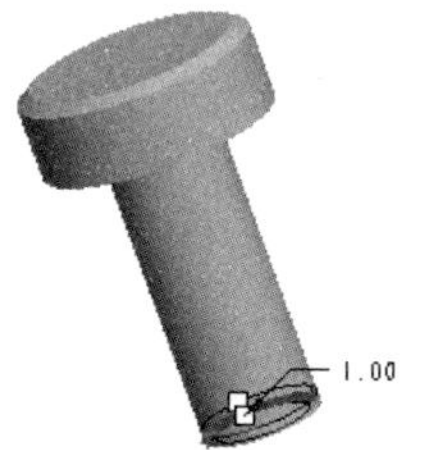

图 2.3.54　选择倒角边

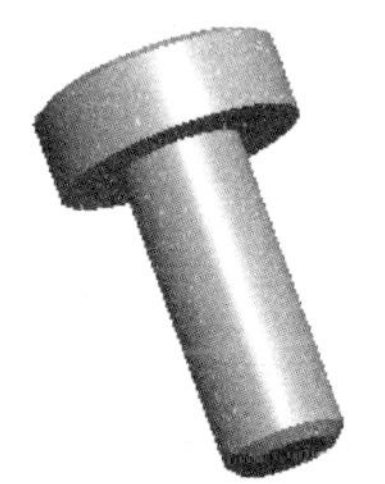
图 2.3.55　创建柱体的倒角

（4）创建螺栓六角切头。

Step 1　单击草绘按钮，选取 TOP 基准平面作为草绘平面，单击“草绘”按钮，进入草绘模式，绘制正六边形截面如图 2.3.56 所示。

Step 2　单击“继续当前部分”按钮☑，退出草绘模式。

Step 3　单击“基础特征”工具栏上的工具按钮，弹出拉伸操控面板，然后在操控面板上单击“去除材料”按钮，系统用黄色标出去除材料的方向，单击加厚草绘的按钮，使箭头指向如图 2.3.57 所示。

Step 4　单击☑按钮，去除材料的螺栓实体如图 2.3.58 所示。

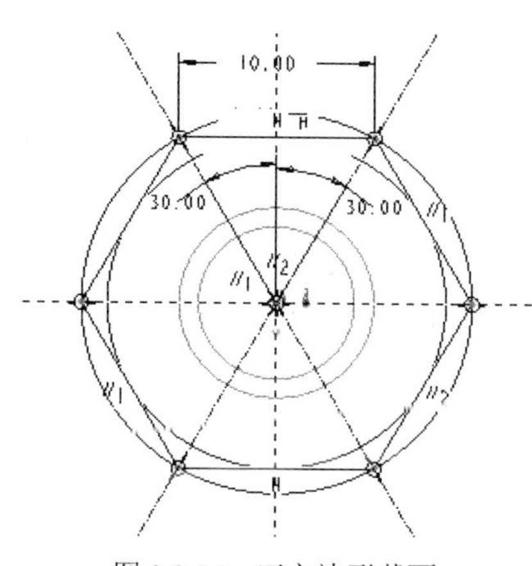

图 2.3.56　正六边形截面

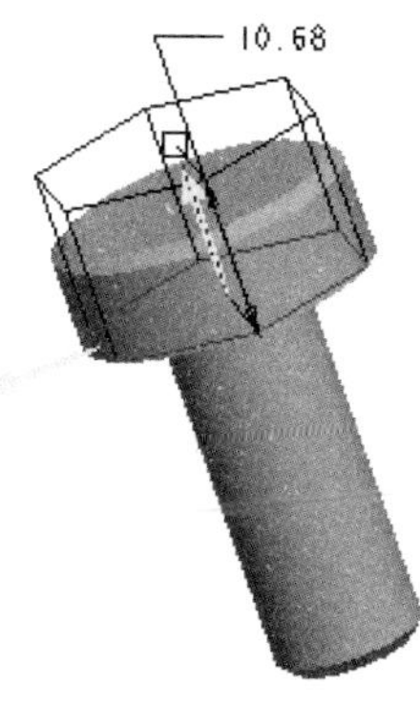

图 2.3.57　拉伸方向

图 2.3.58　拉伸结果

（5）创建螺栓外螺纹。

Step 1　选择“插入”→“螺旋扫描”→“切口”命令，弹出“切剪：螺旋扫描”对话框，如图 2.3.59 所示，在“属性”菜单管理器中保持系统默认设置，如图 2.3.60 所示。

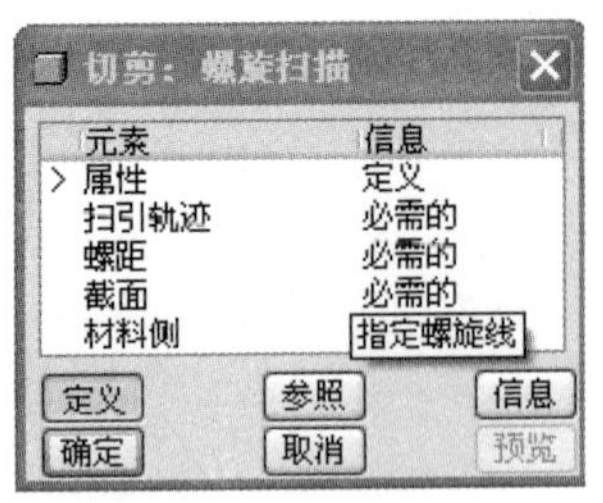

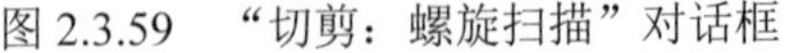
图 2.3.59　“切剪：螺旋扫描”对话框

图 2.3.60　“属性”菜单

Step 2 单击“完成”按钮，弹出“设置草绘平面”菜单，如图 2.3.61 所示，在视图区，选择 FRONT 基准平面作为草绘平面，FRONT 面会出现一个表示法向方向的箭头，系统提示要求设置草绘方向，如图 2.3.62 所示。

图 2.3.61　设置草绘平面

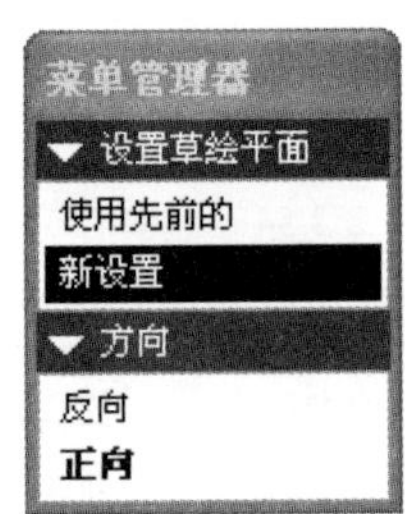

图 2.3.62　设置草绘方向

Step 3 选择“正向”选项，弹出“草绘视图”菜单，如图 2.3.63 所示，单击“缺省”选项，进入草绘模式。在草绘状态下，绘制扫描轨迹线，如图 2.3.64 所示。

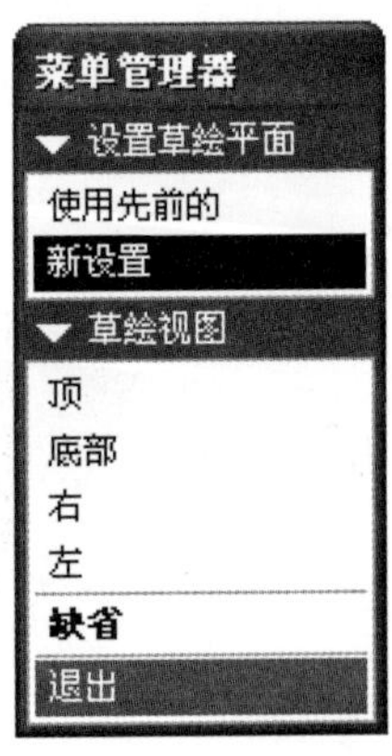

图 2.3.63　设置草绘视图

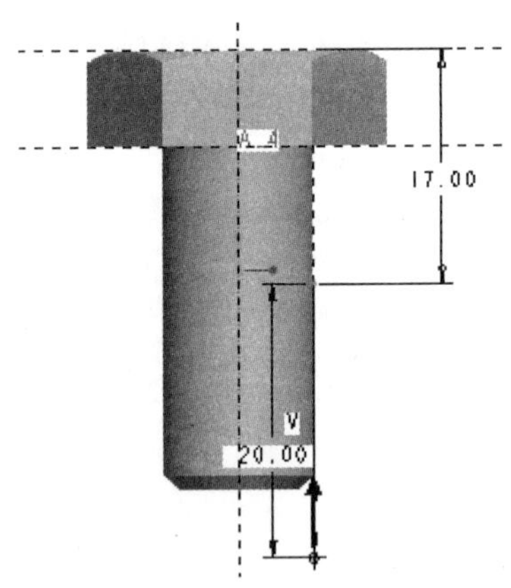

图 2.3.64　草绘螺旋扫描轨迹线

Step 4 单击“继续当前部分”按钮☑，进入弹簧“节距”设置状态，在“输入节距值”文本框中输入 1.5，单击☑按钮，进入草绘模式，绘制牙型截面，如图 2.3.65 所示。

Step 5 单击“继续当前部分”按钮☑，绘图区变为白色，完成“伸出项：螺旋扫描”的创建，单击“确定”按钮，完成螺旋扫描特征的建立，如图 2.3.66 所示。

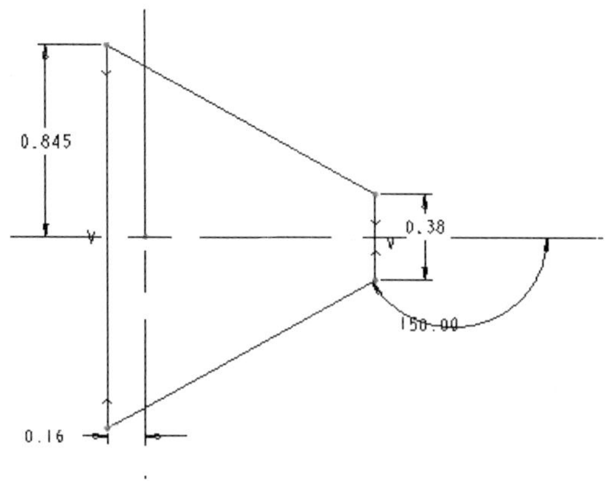

图 2.3.65 牙型截面

图 2.3.66 螺旋扫描的螺纹

下面进行螺母的创建。

（1）新建零件文件（同前面任务）。

（2）创建六角螺母的基体。

Step 1 单击“基础特征”工具栏上的工具按钮，或单击菜单“插入”→“拉伸”命令，在操控面板中单击“放置”按钮，然后在弹出的界面中单击“定义...”按钮，进入“草绘”对话框，选取 TOP 基准平面作为草绘平面。

Step 2 单击“草绘”按钮，进入草绘模式，绘制拉伸截面，如图 2.3.67 所示。

Step 3 单击“草绘”工具栏中的按钮，在拉伸操控面板中输入 11，如图 2.3.68 所示，单击“确定”按钮，建立螺母的基本体，如图 2.3.69 所示。

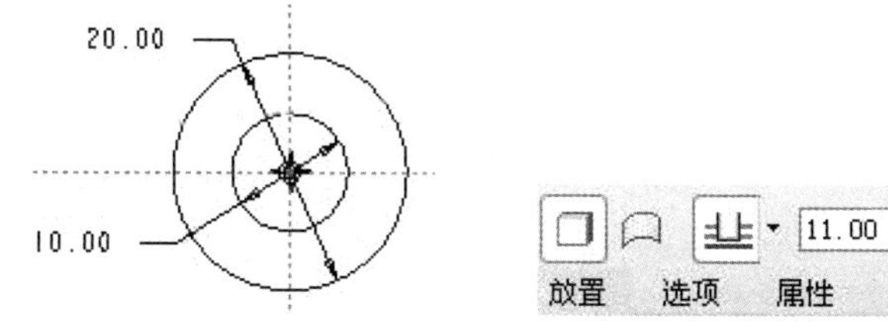

图 2.3.67 绘制截面

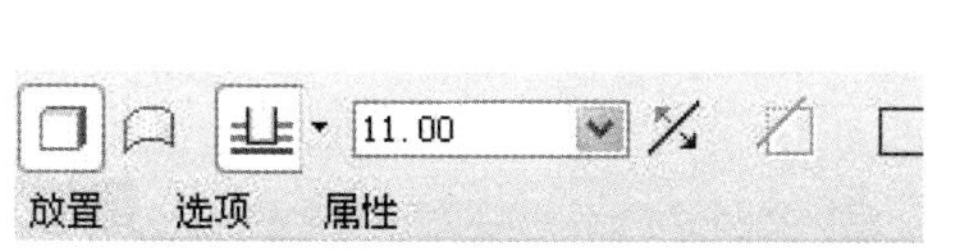

图 2.3.68 拉伸操控面板

图 2.3.69 拉伸结果

Step 4 单击特征工具栏中的按钮，或选择“插入”菜单中的“边倒角”命令，打开倒角特征操控面板。倒角采用角度×D 的倒角方式，在角度文本框中输入 30，在 D 文本框中输入 1，如图 2.3.70 所示，选择边参照，如图 2.3.71 所示，单击按钮，完成倒角，如图 2.3.72 所示。

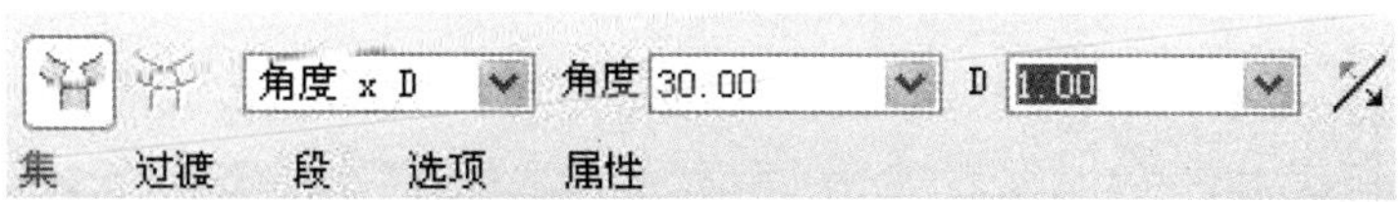

图 2.3.70 倒角操控面板

（3）切剪螺母实体

Step 1 单击拉伸按钮，选择上端面为草绘基准面，进入草绘模式，绘制如图 2.3.73 所示的正六边形截面。单击按钮，退出草绘模式。系统用黄颜色的箭头标出将要去除材料的方向，调整“方向”按钮，单击“确定”按钮，得到去除材料的螺母的实体，如图 2.3.74 所示。

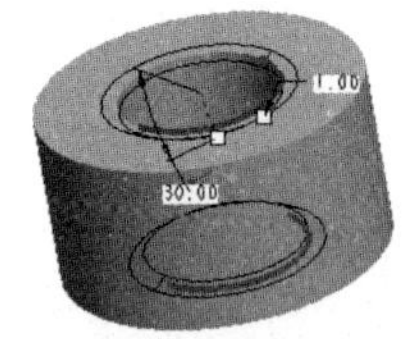

图 2.3.71　选择倒角的边

图 2.3.72　完成倒角

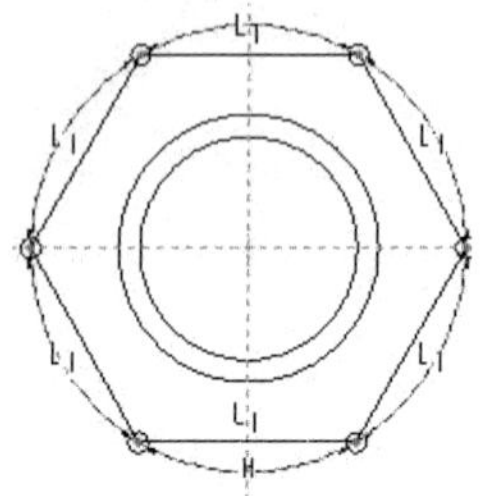

图 2.3.73　绘制正六边形

图 2.3.74　剪切拉伸结果

Step 2　执行“插入”→“旋转”命令或者在特征工具栏中单击按钮，在主视区下侧出现旋转特征的操控面板，单击“放置”按钮，进入草绘模式，设置 FRONT 基准面为草绘平面，绘制如图 2.3.75 所示的图形。

Step 3　单击按钮，系统用黄颜色的箭头标出将要去除材料的方向，调整“方向”按钮，单击“确定”按钮，得到去除材料的螺母的实体，如图 2.3.76 所示。

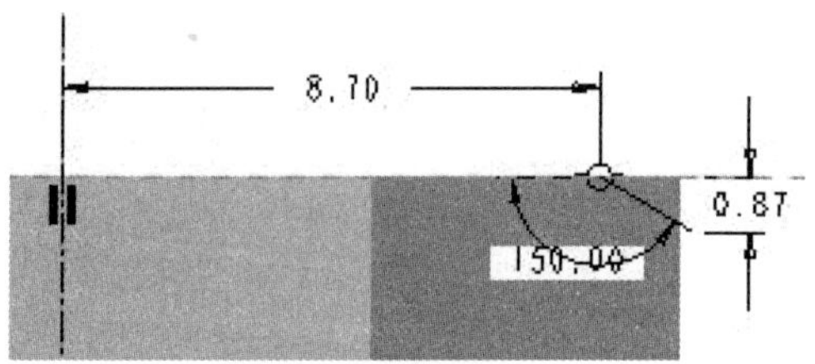

图 2.3.75　草绘截面

图 2.3.76　旋转去除材料

Step 4　执行“插入”→“旋转”命令或者在特征工具栏中单击按钮，在主视区下侧出现旋转特征的操控面板，单击“放置”按钮，进入草绘模式，设置 FRONT 基准面为草绘平面，绘制如图 2.3.77 所示的图形。单击按钮，退出草绘模式。调整“方向”按钮，单击“确定”按钮，得到去除材料的螺母的实体，如图 2.3.78 所示。

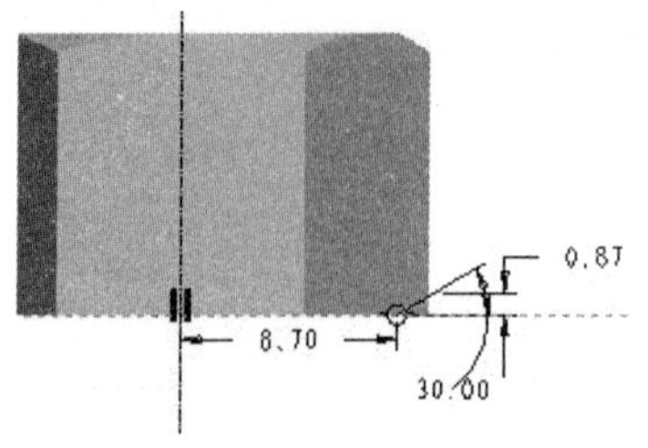

图 2.3.77　绘制旋转截面

图 2.3.78　完成螺母外形设置

（4）创建内螺纹。

Step 1 选择“插入”→“螺旋扫描”→“切口”命令，弹出“切剪：螺旋扫描”对话框，如图 2.3.79 所示，在“属性”菜单管理器中选择系统默认设置，如图 2.3.80 所示。

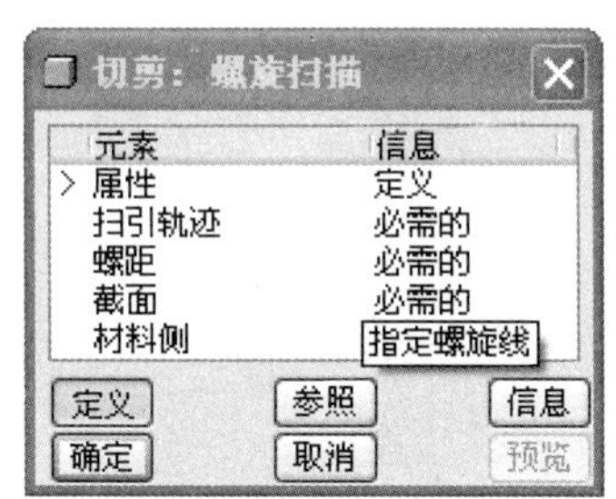

图 2.3.79　“切剪：螺旋扫描”对话框

图 2.3.80　“属性”菜单

Step 2 单击“完成”按钮，系统弹出“设置草绘平面”菜单，如图 2.3.81 所示，在视图区，选择 RIGHT 基准平面作为草绘平面，FRONT 面会出现一个法向方向的箭头，系统提示要求设置草绘方向，如图 2.3.82 所示。

图 2.3.81　设置草绘平面

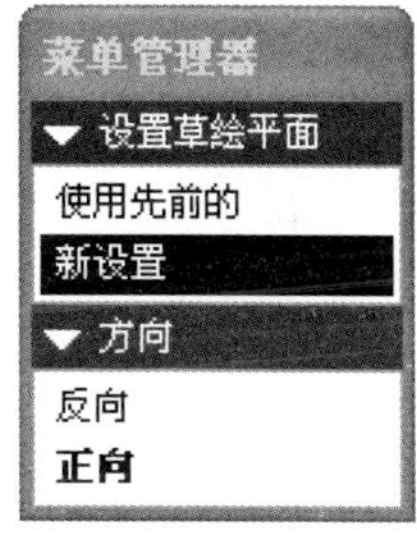

图 2.3.82　设置草绘方向

Step 3 选择“正向”选项，弹出“草绘视图”菜单，如图 2.3.83 所示，单击“缺省”选项，进入草绘模式。在草绘状态，绘制扫描轨迹线，如图 2.3.84 所示。

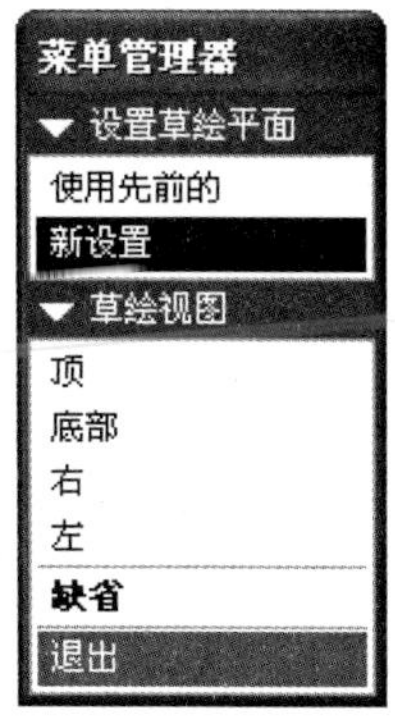

图 2.3.83　设置草绘视图

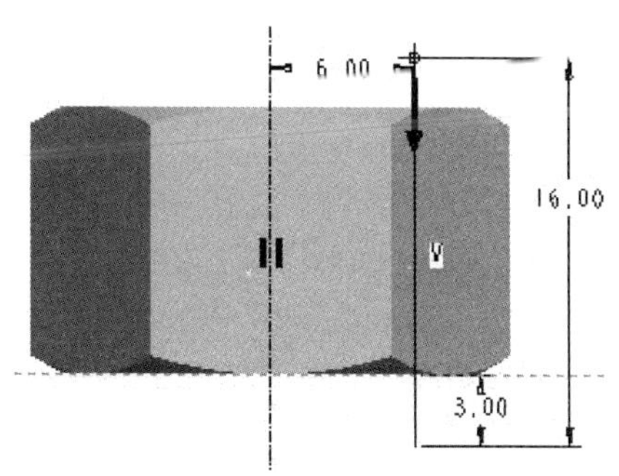

图 2.3.84　草绘螺旋扫描轨迹线

Step 4 单击“继续当前部分”按钮☑，进入弹簧“节距”设置状态，在“输入节距值”文本框中输入 1.5，单击☑按钮，进入草绘模式，绘制牙型截面，如图 2.3.85 所示。

Step 5 单击“继续当前部分”按钮☑，绘图区变为白色，完成“伸出项：螺旋扫描”的创建，单击“确定”按钮，完成螺旋扫描特征的建立，如图 2.3.86 所示。

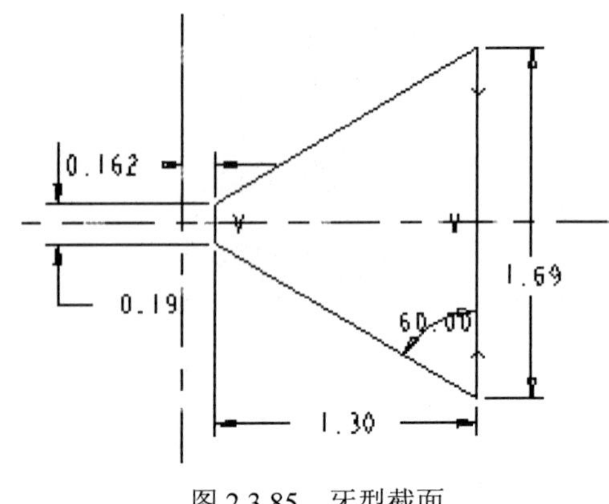

图 2.3.85　牙型截面

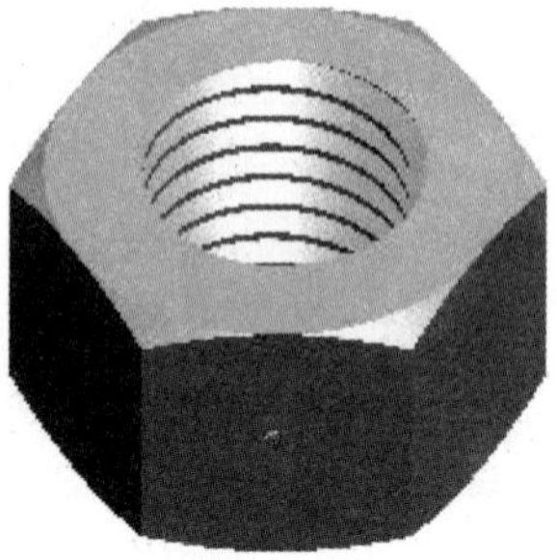

图 2.3.86　螺旋扫描的螺纹

六、任务总结

建立扫描特征的操作步骤如下：

（1）单击菜单“插入”→“扫描”→“伸出项”（如果建立减料特征选择“切口”选项）。

（2）在“扫描轨迹”菜单中选择创建轨迹线的方式。

（3）设置轨迹线时，如果选择的是“草绘轨迹”，则需定义绘图面与参考面，然后绘制轨迹线；如果选择“选取轨迹”，则需在绘制区中选择一条曲线作为轨迹线。

（4）如果轨迹线为开放轨迹并与实体相接合，则应确定轨迹的首尾端为“自由端点”还是“合并终点”。如果轨迹为封闭的，则需配合截面的形状选择“增加内部因素”或“无内部因素”选项。

（5）在自动进入的草绘工作区中绘制扫描截面并标注尺寸（注：位置尺寸的标注必须以轨迹起点的十字线的中心为基准）。

（6）完成后，单击模型对话框中的“预览”按钮，观察扫描结果，单击鼠标中键完成扫描特征。

七、拓展训练

1．创建如图 2.3.87 所示的内六角扳手。

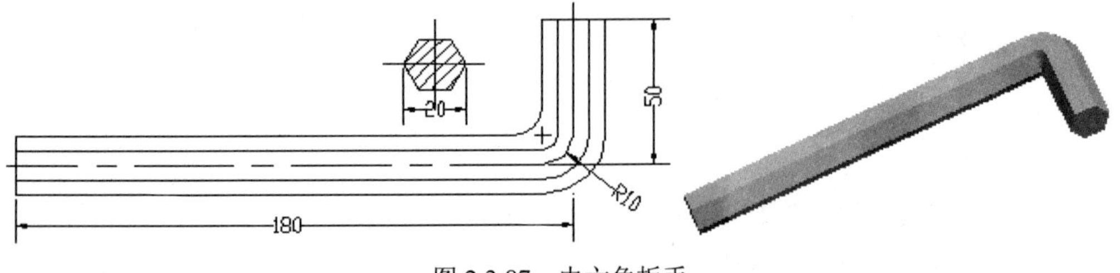

图 2.3.87　内六角扳手

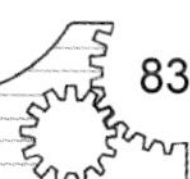

2．创建如图 2.3.88 所示的杯子。

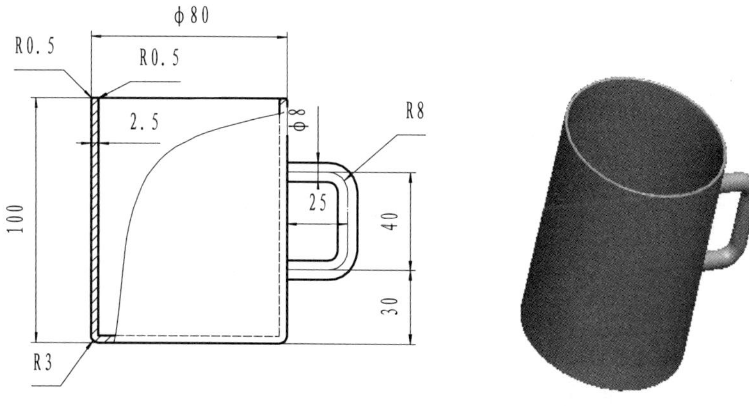

图 2.3.88　杯子

3．制作如图 2.3.89 所示的双头螺栓，螺距为 2，螺纹切削深度为 1.8。

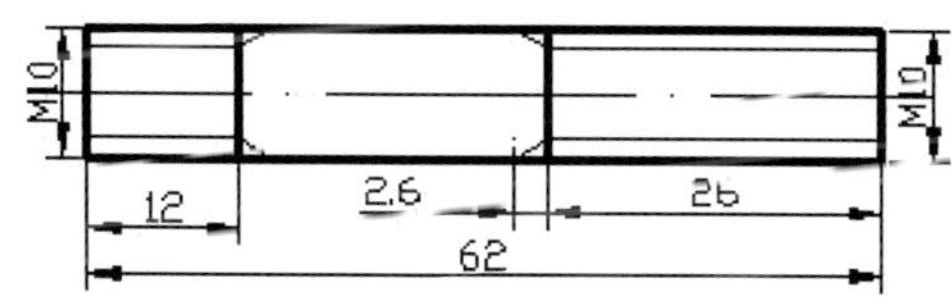

图 2.3.89　双头螺柱零件图及效果图

操作提示：

① 选择“旋转”按钮，以 TOP 面为草绘平面，绘制旋转截面如图 2.3.90 所示，操控面板如图 2.3.91 所示，结果如图 2.3.92 所示。

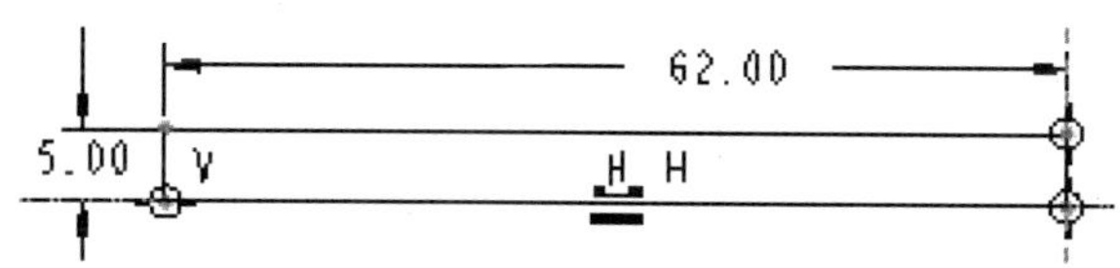

图 2.3.90　草绘旋转平面

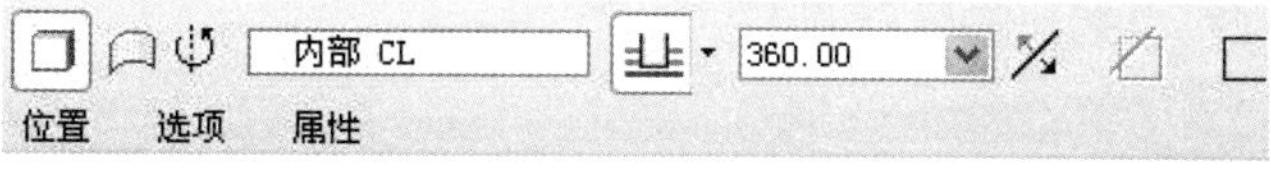

图 2.3.91　旋转操控面板

图 2.3.92　旋转结果

② 创建螺旋扫描特征 选择“插入”→“螺旋扫描”命令。单击“切口”、“常数”、“穿过轴”、“右手定则”选项，再单击“草绘轨迹”、“完成”选项。选择 TOP 面为草绘平面，单击“正向”、“缺省”选项进入草绘界面。绘制扫描轨迹如图 2.3.93 所示，单击✔按钮完成。在“输入节距值”文本框中输入 2，单击✔按钮完成。

③ 草绘截面如图 2.3.94 所示，选择正向，单击确定，结果如图 2.3.95 所示。

④ 用同样方法作另一端螺纹，结果如图 2.3.89 所示。

4．创建如图 2.3.96 所示的螺栓。

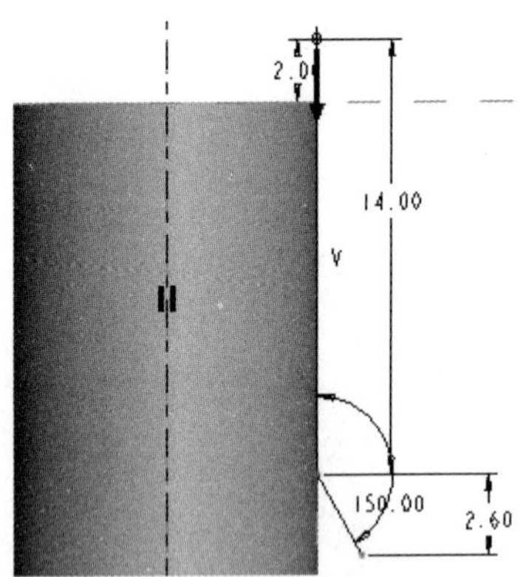

图 2.3.93　草绘扫描轨迹

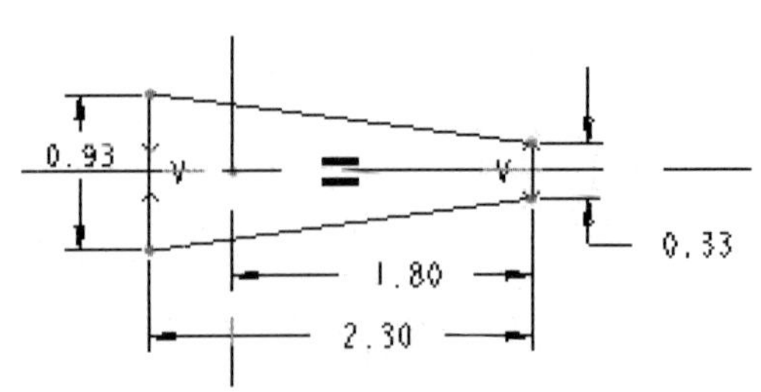

图 2.3.94　草绘扫描截面

图 2.3.95　扫描结果

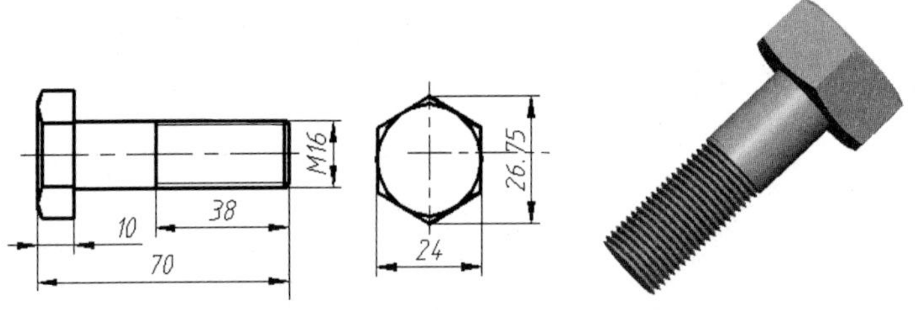

螺栓 GB/T5780-2000 螺距为 1.5

图 2.3.96　螺栓平面图及立体图

任务 2.4　混合造型

一、任务描述

混合特征是指使用过渡曲面把不同的截面按照定义的约束连接成一个整体。混合特征根据截面的相互关系可以分为平行、旋转和一般三种，这三种混合方式从简单到复杂，其基本绘制原则是每个截面的点数或段数必须相等，并且两剖面间有不同的连接顺序。

二、任务训练内容

（1）混合的基本概念。

（2）各种混合命令的使用方法。

（3）扫描混合的操作技巧。

（4）边界混合的操作技巧。

三、任务训练目标

知识目标

（1）混合的基本概念。

（2）各种混合命令的使用方法。

（3）边界混合和扫描混合的操作技巧。

技能目标

（1）使用混合方法进行零件三维造型。

（2）灵活运用各种造型方法进行零件三维造型。

四、任务相关知识

混合实体特征是将多个截面连接起来而构成的特征。与前面介绍的三类实体特征相比，混合实体特征至少有两个或两个以上的截面，而前三类都只有一个截面。

根据各截面之间相互位置关系的不同，混合实体特征分为以下三类：

（1）平行混合特征：连接成混合特征的多个截面相互平行。

（2）旋转混合特征：连接成混合特征的多个截面相互不平行，后一截面的位置由前一截面绕 Y 轴转过指定角度来确定。

（3）一般混合特征：连接成混合特征的各个截面具有更大的自由度。后一截面的位置由前一截面分别绕 X 轴、Y 轴和 Z 轴转过指定角度来确定。

混合特征时，应注意搞清楚以下几种操作和概念：

1. 对截面的要求

混合特征时要求参与混合的各个截面必须闭合且有相同的顶点数，即各截面边数相同。

2. 切换截面操作

混合特征时每绘制完一个截面必须经过切换截面操作过渡到下一截面的绘制。执行切换截面操作的方法有两种：一是在目的管理器中操作，即执行菜单“草绘”→“特征工具”→“切换截面”命令；二是在草绘器中操作，即执行菜单“草绘”→“目的管理器”→“草绘器”→“截面工具”→“切换”命令。

3. 混合顶点的使用

如果参与混合的各截面不能满足顶点数相同的条件，可以使用混合顶点的方法对其进行改进，使之满足顶点数相同的条件。所谓混合顶点，就是在顶点数少的截面内取某个顶点执行混合顶点操作，使该顶点当两个顶点来使用。在如图 2.4.1 所示菜单中可以执行混合顶点操作。

具体操作过程为：

（1）在二维草绘模式界面，切换到顶点数少的截面。

（2）依次选取菜单“草绘”→“目的管理器”→“草绘器”→“草绘”→“高级几何”→“混合顶点”命令。

（3）选取截面中的某个顶点（起始点除外）。

（4）单击“菜单管理器”→“自动标注尺寸”和“选取”→“确定”命令。

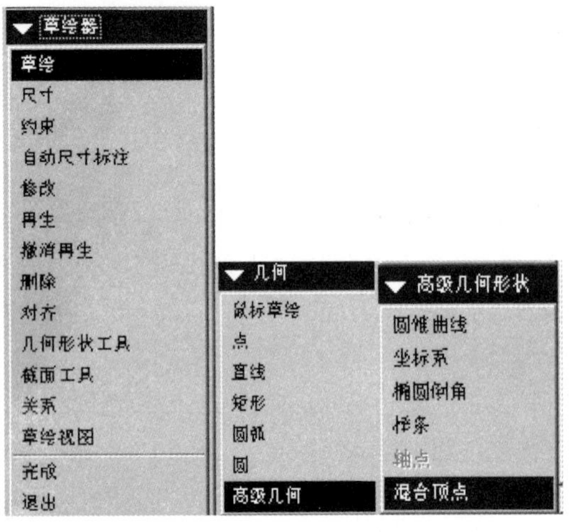

图 2.4.1　执行混合顶点操作的菜单

（5）单击“菜单管理器”→“再生”，至信息栏出现“截面成功再生”。

注意：起始点处不允许执行混合顶点。

4. 分割图元以增加截面顶点数

对于圆形这样的截面，其上没有明显的顶点，当需要与其他截面混合生成混合特征时，必须在其上加入截断点，使该圆截面与其他截面顶点数相同，即将其分割成与其他截面边数相同的段。同样，它也可以用来分割圆弧图元。

分割图元的操作是在二维草绘模式界面中进行，其调用方法有三种，如图 2.4.2 所示。

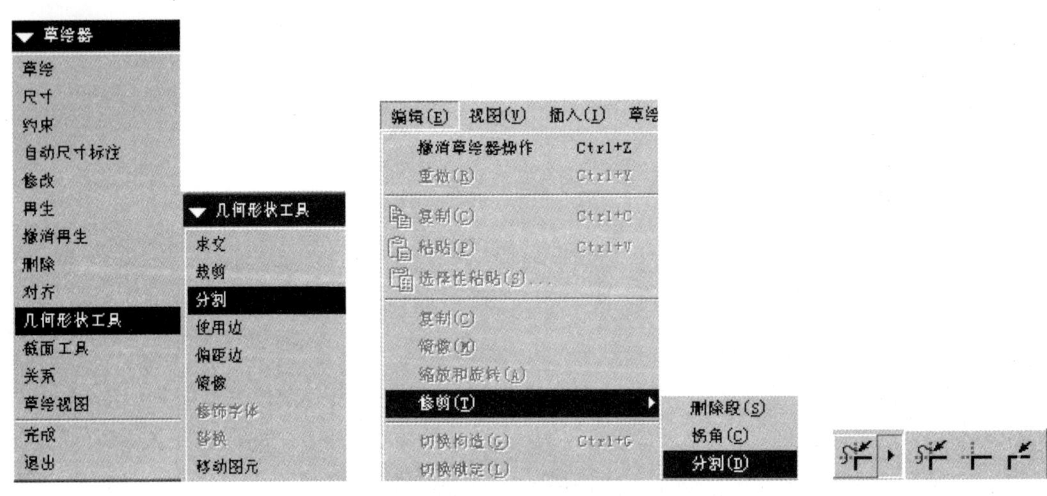

图 2.4.2　分割工具

（1）草绘器中：“草绘器”→“几何形状工具”→“分割”命令；

（2）菜单栏中：“编辑”→“修剪”→“分割”命令；

（3）工具栏中：单击按钮旁边的，在弹出的中选择按钮。

分割图元的具体操作过程与混合顶点操作相似，最后在信息栏也要出现“截面成功再生”。

5. 点截面的使用

在创建混合特征时，点也可以作为一种特殊截面与各种截面进行混合。

6. 改变起始点

起始点是平行混合时，相邻两截面连接时的对齐参照点，即两个截面的起始点相连，其他各点沿起始点处箭头指向顺次相连。通常，系统将绘制截面图的第一点作为起始点，若想将截面图中的其他点作为起始点，可执行改变起始点的操作。具体操作方法为：切换至该截面，在“草绘器”菜单中单击“截面工具”→“起始点”命令，选取新的起始点后，单击“草绘器”菜单中的“自动标注尺寸”和“选取”对话框的“确定”按钮，直至信息栏出现“截面成功再生”。

7. 混合特征的属性

改变属性可以获得不同的设计结果。混合特征的属性有两种，分别适用于不同的混合类型：

（1）适合于所有混合特征的属性，有“直的”和“光滑”两种选项。

（2）仅适合于旋转混合特征的属性，有“开放”和“闭合”两种选项。

五、任务实施

案例1　正方形—三角形棱台

案例出示：绘制如图2.4.3所示的正方形—三角形棱台。

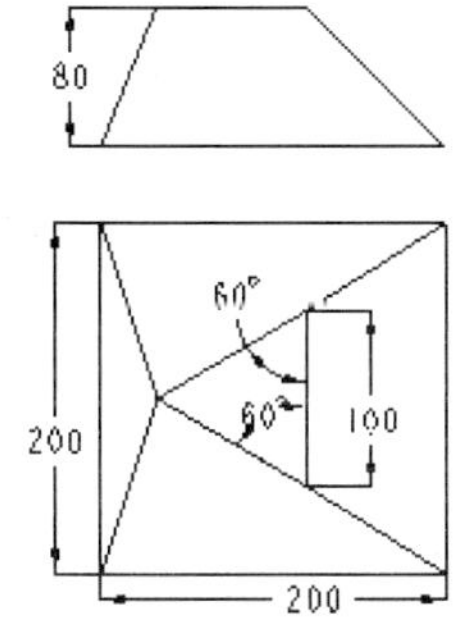

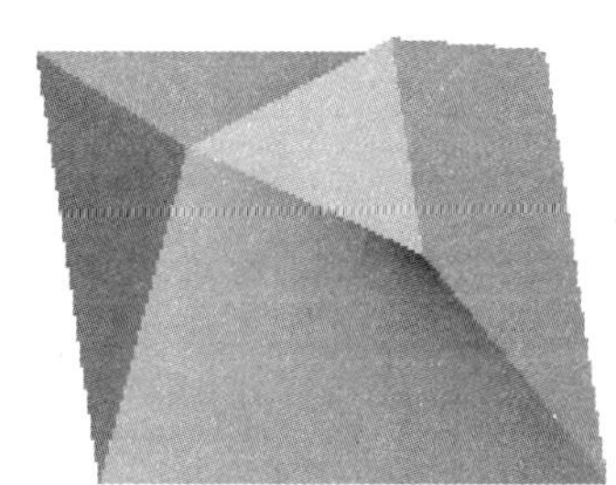

图2.4.3　正方形—三角形棱台

知识目标：

（1）理解混合特征的含义。

（2）掌握平行混合命令的一般使用方法及混合顶点的使用技巧。

（3）熟悉利用平行混合命令创建实体的步骤。

能力目标：使用混合特征进行三维造型。

案例分析：该模型只有一个特征，用平行混合创建。特征中有两个截面，一个是正方形，有4个点；另一个是正三角形，只有3个点。操作时，三角形截面中的一个点要指定为“混合顶点”（“混合顶点”相当于两个点（重合）），这样两个截面上的点就相等了。

案例操作：

（1）新建零件文件。

（2）选择菜单“插入”→“混合”→“伸出项”命令，弹出设置平面菜单，如图2.4.4所示。

选择“平行”、“规则截面”、“完成”选项，弹出属性菜单，如图2.4.5所示，单击“直的”、

“完成”，弹出菜单管理器，如图 2.4.6 所示。

图 2.4.4　设置平面菜单

图 2.4.5　属性菜单

混合特征的分类：根据截面的相互关系可以分为平行、旋转和一般三种混合特征，这三种混合方式从简单到复杂，其基本绘制原则是每个截面的点数或段数必须相等，并且两剖面间有不同的连接顺序。

（3）选取 TOP 面为草绘平面，单击“正向”、“缺省”、“完成”选项，进入草绘环境界面，绘制 200×200 的正方形为第一截面，然后单击右键，在弹出的快捷菜单中选择“切换剖面”命令，绘制第二截面，即边长为 100 的正三角形。单击三角形的一个顶点(与方形起始点对应点)，单击右键，在弹出的快捷菜单中选择“起始点”命令。再单击三角形的一个顶点(非起始点)，单击右键，在弹出的快捷菜单中选择“混合顶点”命令。混合截面如图 2.4.7 所示。

图 2.4.6　菜单管理器

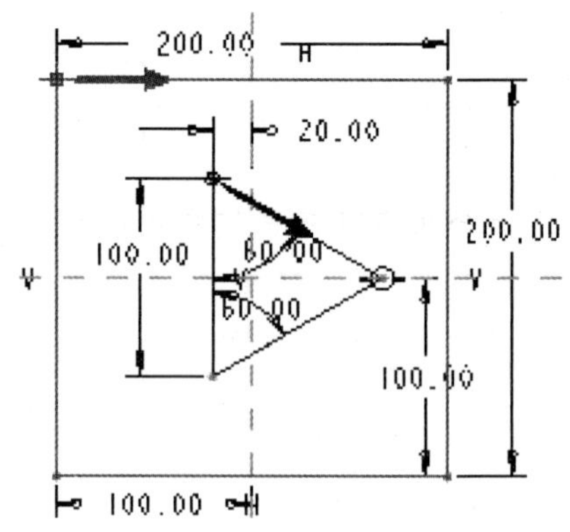

图 2.4.7　绘制混合截面

单击✔按钮完成截面绘制。然后输入两截面间距离为 80，单击窗口中的“确定”按钮，效果如图 2.4.3 所示。

（4）单击“文件”→“保存”命令，完成此任务的操作。

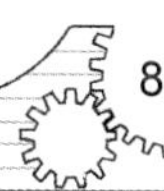

混合包括以下四个基本要素：

（1）混合截面。除对混合截面封顶外，在每个截面中，混合所具有的图元数必须相同。使用“混合顶点”可以使非平行混合曲面和平行光滑混合曲面消失。

（2）截面的起始点。要创建过渡曲面，Pro/E 连接截面的起始点并继续沿顺时针方向连接该截面的顶点。通过改变混合子截面的起始点，可以在截面之间创建扭曲的混合曲面。

缺省起始点是在子截面中草绘的第一个点。通过从“截面工具”菜单中选择“起始点”选项并选择点，可以将起始点放置在另一段的端点。

（3）光滑属性和直属性。该属性用于创建混合的过渡曲面类型。

① 直的：通过用直线段连接不同子截面的顶点来创建直的混合，截面的边用直纹曲面连接。

② 光滑：通过用光滑曲线连接不同于子截面的顶点来创建光滑混合，截面的边用样条曲面连接。

（4）“从到”深度选项。“从到”深度选项只适用于混合。“从到”选项将一特征从选定的曲面拉伸到另一个曲面。该选项为在装饰曲面之间创建特征而设，可以用于任何曲面类型，但具有以下限制条件：

① 相交曲面必须是实际曲面，所以基准平面不能作为“从”或“到”曲面。

② 特征截面必须完全和“从到”曲面相交。

学习指导

（1）如果在设计中平行混合特征具有两个以上的截面，然后继续单击鼠标右键，在弹出的快捷菜单中选择“切换剖面”命令后，就可以绘制下一个截面。同时，如果要修改原来的截面，可继续右击快捷菜单选择“切换剖面”命令，直至要修改的截面变亮为止。

（2）平行混合所具有的图元数必须相同，如果不同，则会提示图元不相等，如三角形截面与四边形截面，需要添加混合顶点。即一点当成两点用，相邻剖面的两点会连接到所指定的混合点。

（3）混合顶点可充当相应混合曲面的终止端，但被计算在截面图元的总数中，而且只能用于第一个或最后一个截面。

（4）单一点与任意多边形混合，不需要定义混合顶点，圆与多边形混合时，必须使用分割工具将圆进行分割点处理，使分割点与多边形的顶点相同即可。

案例 2　工件模型

案例出示：绘制如图 2.4.8 所示的工件模型。

知识目标：

（1）理解混合特征的含义。

（2）掌握旋转混合命令的一般使用方法。

（3）熟悉利用旋转混合命令创建实体的步骤。

能力目标：使用混合特征进行三维造型。

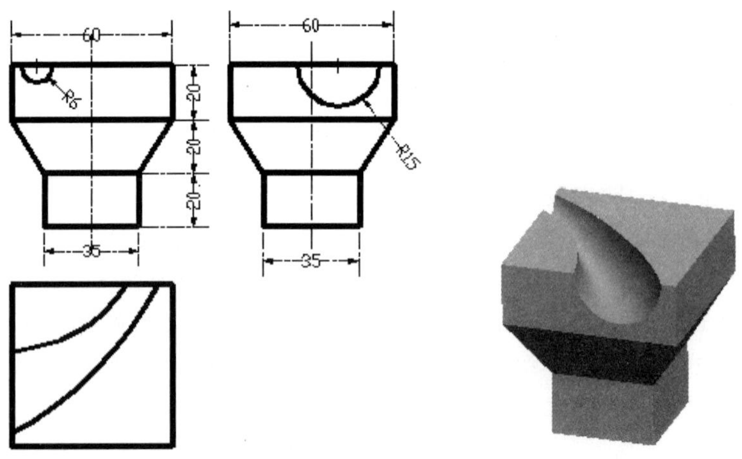

图 2.4.8　工件模型

案例分析：该案例可分成两个混合特征来创建，一个是平行混合特征；另一个是旋转混合特征。

案例操作：

（1）新建零件文件。

（2）创建平行混合特征。

Step 1 选择菜单“插入”→“混合”→“伸出项”命令，弹出混合选项菜单，选择“平行”、“规则截面”、“草绘截面”、“完成”选项后，弹出“伸出项：混合，平行，规则截面”对话框和“属性”菜单，选择“直的”、“完成”选项，单击 FRONT 面，然后单击“正向”、“缺省”选项，完成属性定义，进入草绘界面。

Step 2 单击草绘工具栏中的 ¦ 按钮，绘制如图 2.4.9 所示的中心线，修改角度尺寸为 45 度。

Step 3 绘制第一个截面，如图 2.4.10 所示。

Step 4 绘制第二个截面。单击右键，在弹出的快捷菜单中选择“切换剖面”命令，绘制第二个截面，形状同第一个截面，如图 2.4.11 所示。

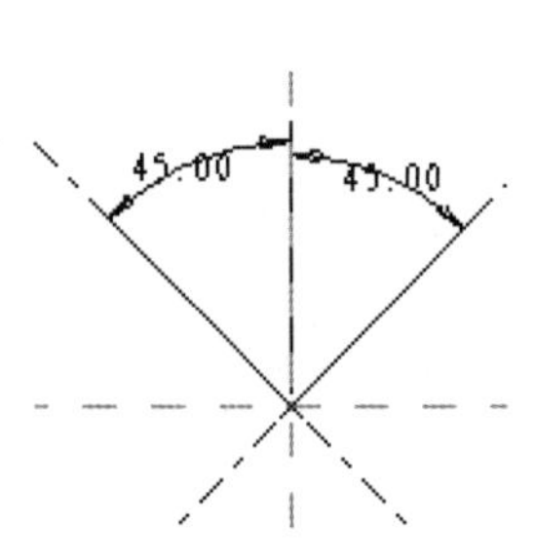

图 2.4.9　绘制中心线

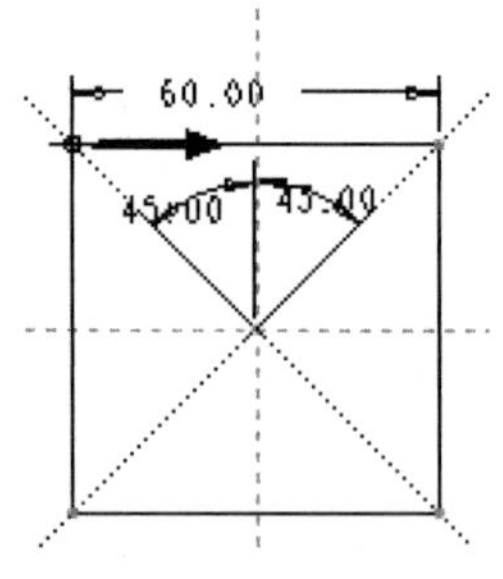

图 2.4.10　绘制第一个截面

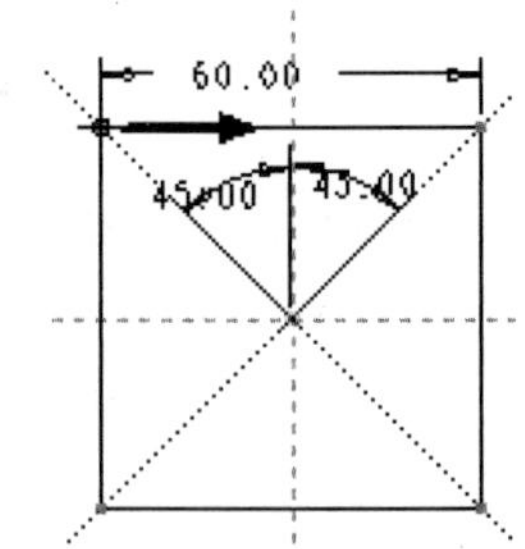

图 2.4.11　绘制第二个截面

Step 5 绘制第三个截面。继续单击右键，在弹出的快捷菜单中选择“切换剖面”命令，绘制第三个截面，形状如图 2.4.12 所示。

Step 6 绘制第四个截面。继续单击右键，在弹出的快捷菜单中选择“切换剖面”命令，绘制第四个截面，形状同第三个截面。注意四个截面起始点的位置要一致。

Step 7 单击✔按钮，输入截面 1 和截面 2 之间的距离为 20，单击✔按钮，输入截面 2 与截面

3 之间的距离为 20，单击✔按钮，输入截面 3 与截面 4 之间的距离为 20，单击✔按钮，单击窗口中的“确定”按钮，效果如图 2.4.13 所示。

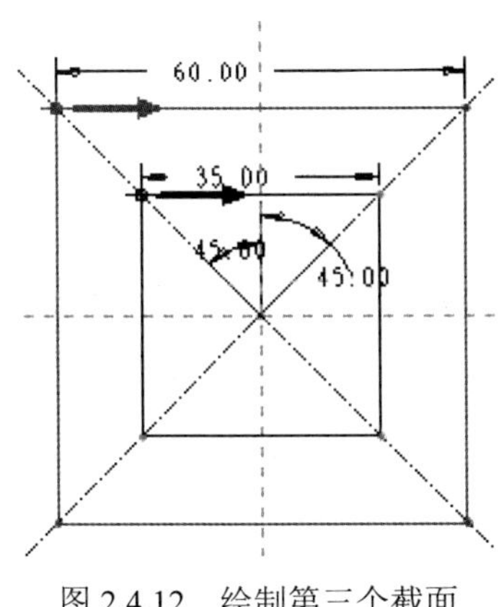

图 2.4.12　绘制第三个截面

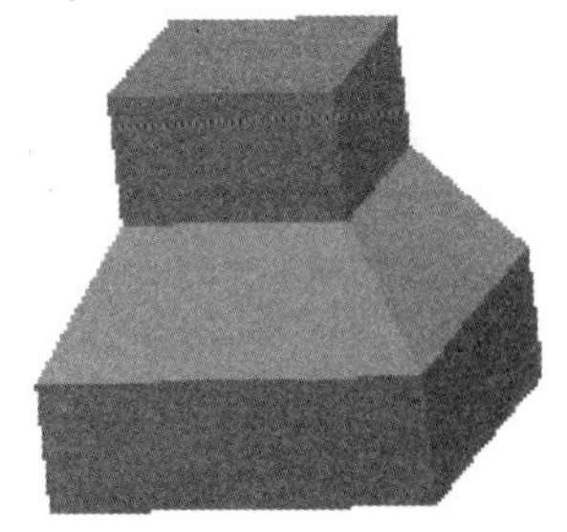

图 2.4.13　模型效果

（3）创建旋转混合特征。

说明：创建过程的基本思路是，首先为各个截面定义一个相对坐标系，系统自动将各截面的相对坐标系对齐在同一水平面上，再将相对坐标系的 Y 轴作为旋转轴进行旋转混合即可。

Step 1 选择“插入”→“混合”→“切口”菜单命令。

Step 2 弹出混合选项菜单，选择“旋转”、“规则截面”、“草绘截面”、“完成”选项后，弹出“伸出项：混合，平行，规则截面”对话框和“属性”菜单，选择“光滑，完成”选项，选择模型侧面为草绘平面，如图 2.4.14 所示，然后单击“正向”、“缺省”选项，完成属性定义，进入草绘界面。选择 RIGHT 基准面和 FRONT 基准面为参照，单击“关闭”，效果如图 2.4.15 所示。

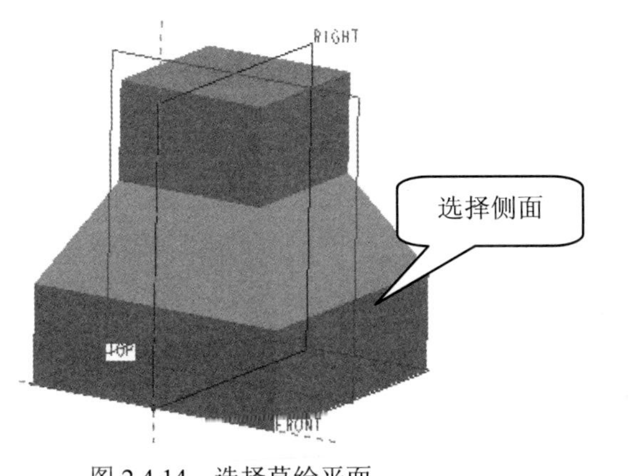

图 2.4.14　选择草绘平面

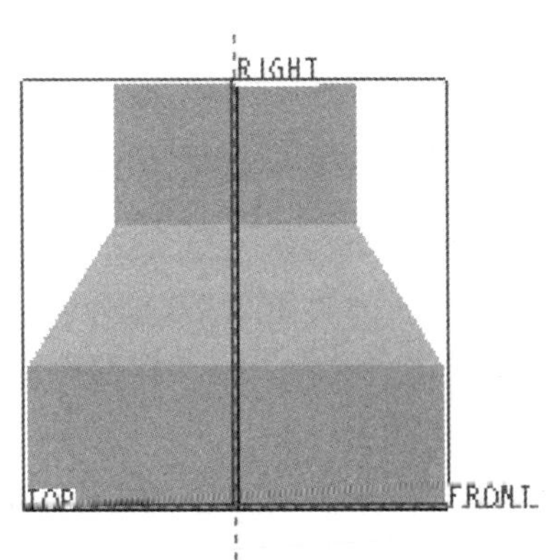

图 2.4.15　选择参照

Step 3 绘制第一个截面。单击“点”工具右侧的▾按钮，选择“坐标系”工具，在水平中心线上单击确定坐标系的位置，画半径为 6 的圆弧，圆心位于水平中心线上，图形效果如图 2.4.16 所示。

Step 4 单击✔按钮，输入截面 2 和截面 1 之间的角度数值为 60，如图 2.4.17 所示，单击“确定”按钮✔。

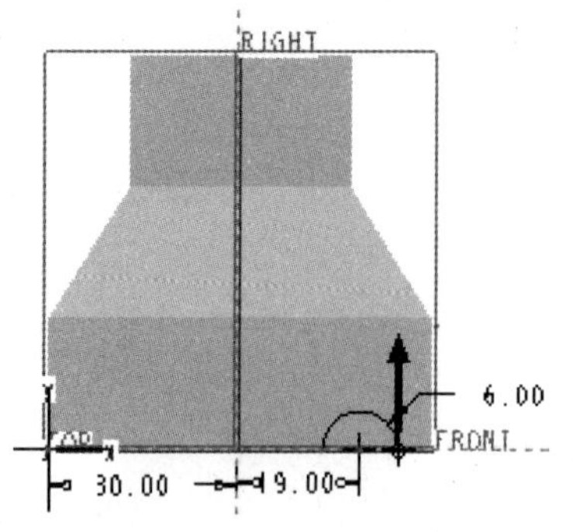

图 2.4.16　绘制第一个截面

为截面2 输入y_axis 旋转角 (范围: 0 - 120) 60

图 2.4.17　输入距离

Step 5　绘制第二个截面。选择“坐标系”工具，在绘图窗口单击确定坐标系的位置，单击“圆”工具右侧的按钮，选择“椭圆”工具，绘制半个椭圆，注意约束坐标系和椭圆中心位于同一水平线上，效果如图 2.4.18 所示。

Step 6　单击按钮，单击“是”，输入截面 3 和截面 2 之间的角度数值为 30，单击“确定”按钮。

Step 7　绘制第三个截面。选择“坐标系”工具，在绘图窗口单击确定坐标系的位置，单击“圆”工具按钮，绘制半径为 15 的半个圆，注意约束坐标系和椭圆中心位于同一水平线上，效果如图 2.4.19 所示。

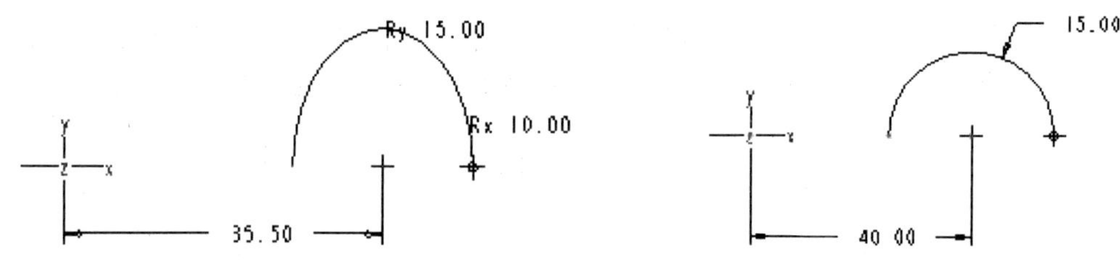

图 2.4.18　绘制第二个截面　　　图 2.4.19　绘制第三个截面

单击按钮，单击“否”，在弹出的方向菜单中选择“正向”，单击窗口中的“确定”按钮，旋转视图，效果如图 2.4.8 所示。

（4）单击“文件”→“保存”命令，完成此案例的操作。

案例 3　螺旋轴

案例出示：绘制如图 2.4.20 所示的螺旋轴。

知识目标：

（1）理解一般混合特征的含义。

（2）掌握一般混合命令的使用方法。

（3）熟悉利用一般混合命令创建实体的步骤。

能力目标：使用一般混合特征进行三维造型。

案例分析：该案例主要练习一般混合特征的建立。滚刀由 6 个形状相同的截面组成，各截面相对 y 轴转动角度为 36°，截面间距离为 20。

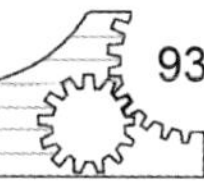

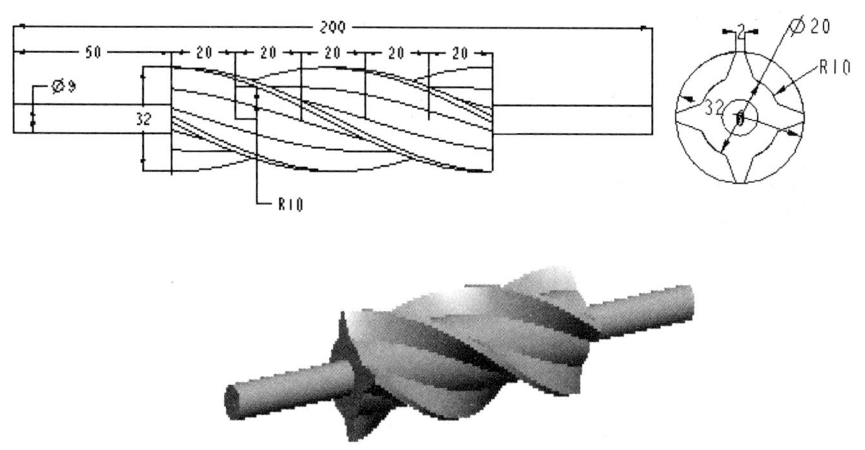

图 2.4.20　螺旋轴

案例操作：

（1）新建零件文件。

（2）创建拉伸 1。

Step 1　单击右工具栏中的“拉伸”按钮，单击“放置”，单击“定义”，进入拉伸特征的“草绘”环境设置，选择 FRONT 基准平面作为草绘平面，单击“草绘”按钮，进入草绘模式。

Step 2　绘制如图 2.4.21 所示的二维截面图形。截面完成后单击✔按钮，回到拉伸的操作界面，选择拉伸深度类型如图 2.4.22 所示。

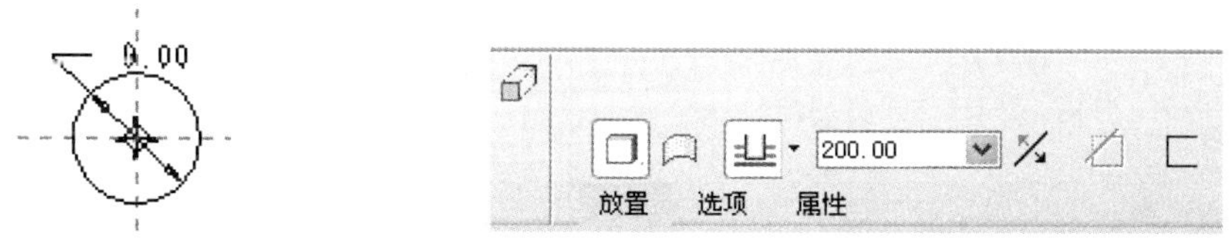

图 2.4.21　拉伸截面　　　　图 2.4.22　拉伸操控面板

单击操控面板中的完成按钮或单击鼠标中键，完成此拉伸特征的建立，如图 2.4.23 所示。

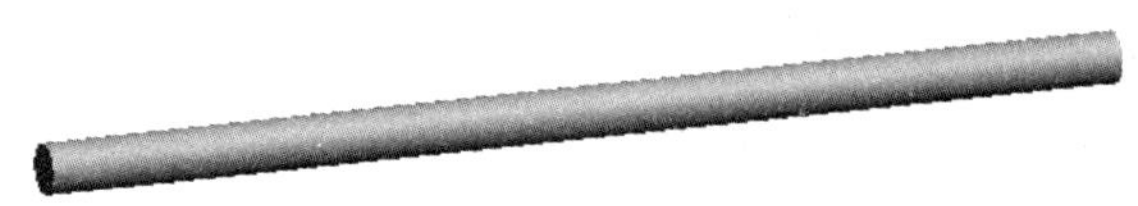

图 2.4.23　拉伸结果

（3）创建基准面。

单击特征工具栏中的基准按钮，弹出“基准平面”对话框，如图 2.4.24 所示。选择 FRONT 平面，输入偏移距离 50，以 FRONT 平面为基准创建一个基准平面 DIM1。

（4）创建混合特征截面。

Step 1　选择“插入”→“混合”→“一般”命令。单击“伸出项”、“规则截面”、“草绘截面”、“平面”选项，单击 FRONT 面，然后单击“光滑”、“正向”、“缺省”选项，完成属性定义。

Step 2 选择刚创建的基准平面 DIM1 作为草绘平面，采用左视图，选择 RIGHT 平面作为参考基准平面，系统进入草绘界面。选择菜单“草绘”→“坐标系”，用鼠标左键在绘图区创建一个相对坐标系，其原点与原来坐标系的原点重合，如图 2.4.25 所示。

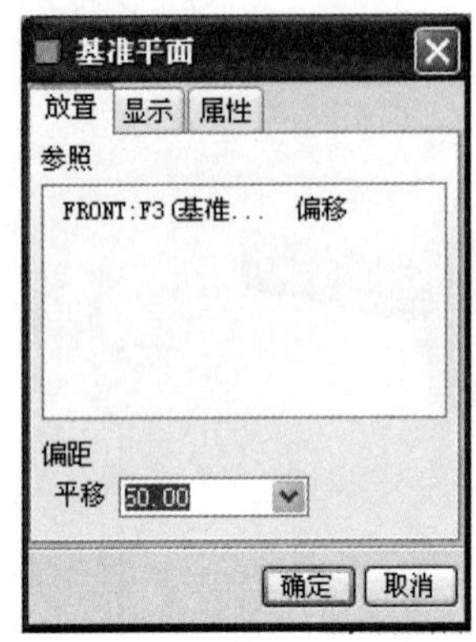

图 2.4.24 “基准平面”对话框

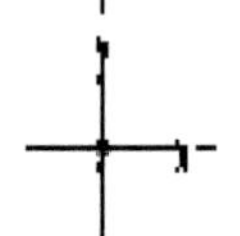

图 2.4.25 相对坐标系

Step 3 绘制截面，如图 2.4.26 所示。由于后面 5 个截面都要使用这个截面，所以把这个截面保存下来，以便下次调用。选择“文件”→“保存”命令，文件名为“2.4.26.sec”。

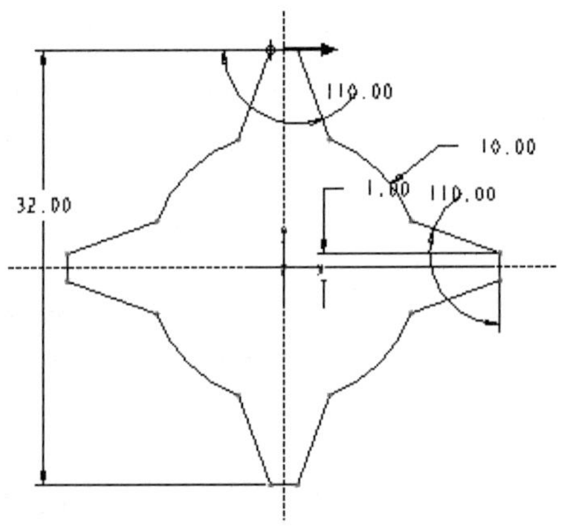

图 2.4.26 截面图形

Step 4 单击特征工具栏中的✔按钮，完成截面 1 的绘制。然后在打开的消息输入窗口的文本框中依次输入截面 2 绕定义的相对坐标系的 X 轴、Y 轴、Z 轴的旋转角度，分别为 0、0、36，如图 2.4.27 所示。

⇨给截面2 输入 x_axis旋转角度 (范围:+-120) 0.00
⇨给截面2 输入 y_axis旋转角度 (范围:+-120) 0.00
⇨给截面2 输入 z_axis旋转角度 (范围:+-120) 36

图 2.4.27 定义截面 2 的 3 个轴的旋转角度

Step 5 进入截面 2 的草绘平面中，首先选择菜单“草绘”→“坐标系”命令，用鼠标左键在绘图区创建一个相对坐标系，其截面可用刚才保存的截面。选择菜单“草绘”→“数据来自文件”命令，弹出“文件”对话框，调入外部截面文件，如图 2.4.28 所示，首先确定截面的中心点与相对坐标系的原点重合，然后输入截面的比例为 1，旋转角度为 0，如图 2.4.29

所示。选择前面保存的“2.4.26.sec”截面。

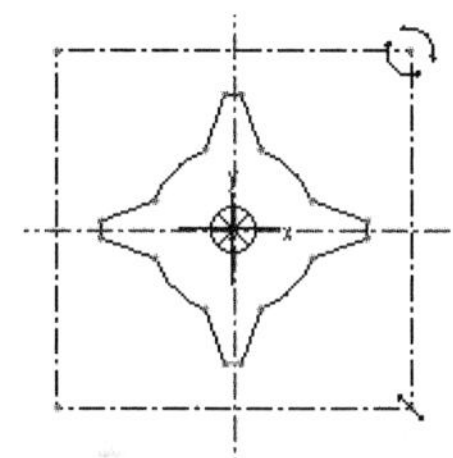

图 2.4.28 调入外部截面文件

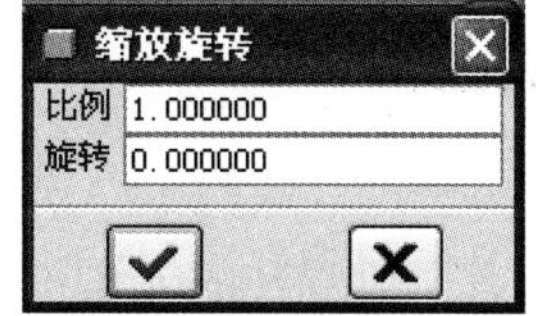

图 2.4.29 “缩放旋转”对话框

Step 6 单击☑按钮，把外部数据转化为本草图截面，如图 2.4.30 所示。

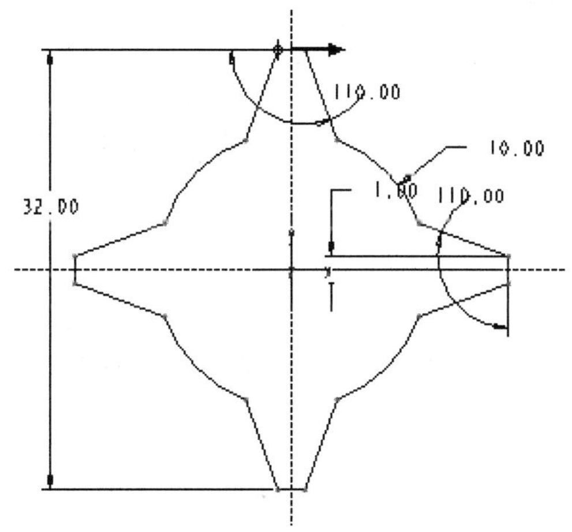

图 2.4.30 一般混合截面 2

Step 7 单击特征工具栏中的✔按钮，完成截面 2 的绘制。然后在打开的消息输入窗口的文本框中依次输入截面 3 绕定义的相对坐标系的 X 轴、Y 轴、Z 轴的旋转角度，分别为 0、0、36，如图 2.4.31 所示。

◆给截面3 输入 x_axis旋转角度 (范围:+-120) 0.00
◆给截面3 输入 y_axis旋转角度 (范围:+-120) 0.00
◆给截面3 输入 z_axis旋转角度 (范围:+-120) 36

图 2.4.31 定义截面 3 的 3 个轴的旋转角度

Step 8 重复 Step 1～6，直到建立 6 个混合截面为止，当询问是否继续下一截面时，点击“否”，结束混合截面的定义，如图 2.4.32 所示。

◆继续下一截面吗? (Y/N): 是
◆给截面6 输入 x_axis旋转角度 (范围:+-120) 0.00
◆给截面6 输入 y_axis旋转角度 (范围:+-120) 0.00
◆给截面6 输入 z_axis旋转角度 (范围:+-120) 36
◆继续下一截面吗? (Y/N): n 是 否

图 2.4.32 结束混合截面的定义

Step 9 当结束混合截面的定义后，下面的消息输入窗口中要求输入各截面之间的距离，分别输入 20，如图 2.4.33 所示。

输入截面2的深度 20.00
输入截面3的深度 20.0000
输入截面4的深度 20.0000
输入截面5的深度 20.0000
输入截面6的深度 20.0000

图 2.4.33　定义各截面之间的距离

至此，所有一般混合的元素都已定义完成，如图 2.4.34 所示，单击“确定”按钮，完成混合实体的创建，如图 2.4.35 所示。

图 2.4.34　一般混合对话框

图 2.4.35　一般混合效果图

说明：右击模型树中的特征名称，在快捷菜单中选择“编辑定义”命令，打开“伸出项：混合，一般”对话框，即可重新定义各元素，完成对混合特征的修改编辑。

（1）截面要求。混合特征要求参与混合的各截面必须闭合且有相等的点数（切点、顶点、断点），即截面的边数相等。

（2）切换截面操作。混合特征时每绘制完一个截面必须切换截面操作，换到下一截面进行草绘。

（3）混合顶点的使用。如果参与混合的各截面不能满足点数相等的条件，可以使用混合顶点的方法对其进行改进，使之满足顶点数相同的条件。

（4）分割图元以增加截面顶点数。对于截面图形上没有足够的点数与其他截面生成混合特征时，必须加入截断点以增加点数。圆截面与多边形截面混合时需用此法。

（5）点截面的使用。在创建混合特征时，点也可以作为一种特殊截面与各种截面进行混合。

（6）起始点对齐。起始点是混合时，相邻两截面点连接时的对齐参照点，即两个截面的起始点相连，其他各点沿起始点处箭头指向顺次相连。

（7）混合特征的属性。改变属性可获得不同的设计结果，它有两种：“直的”与“光滑”两个选项，适合于所有混合；“开放”和“闭合”两个选项，仅适合于旋转混合。

案例 4　起重挂钩

案例出示：绘制如图 2.4.36 所示的起重挂钩。

图 2.4.36　起重挂钩

知识目标：

（1）掌握扫描混合命令的使用方法。

（2）熟悉利用扫描混合命令创建实体的步骤。

（3）理解扫描混合造型的原理。

能力目标：使用扫描混合特征进行零件三维造型。

案例分析：该案例主要练习扫描混合特征的建立。该实体模型有可分两个特征创建。

（1）用旋转创建圆环。

（2）用扫描混合创建吊钩。

案例操作：

（1）新建零件文件。

（2）制作圆环。

Step 1 调用旋转工具，选取 TOP 面作为草绘平面，接受默认设置，进入草绘环境。

Step 2 绘制截面如图 2.4.37 所示，完成后退出草绘。

Step 3 输入旋转角度为 360。单击确认按钮，生成圆环，如图 2.4.38 所示。

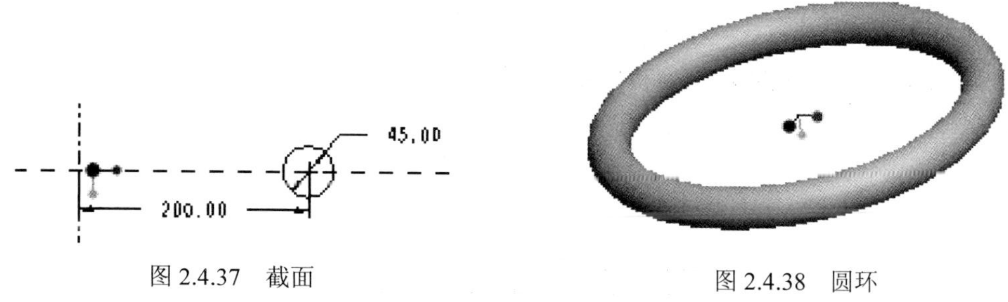

图 2.4.37　截面　　　图 2.4.38　圆环

（3）制作圆钩。

Step 1 调用扫描混合工具，在弹出的“混合选项”菜单中选取“草绘截面”、“垂直于原始轨迹”选项后，单击“完成”按钮，系统进入下一级菜单。

Step 2 选取“草绘轨迹”选项后，接受菜单默认选项，在绘图区选取 FRONT 面作为草绘平面，选取菜单中的“正向”、“缺省”选项，系统进入草绘模式。关闭“参照”对话框。

Step 3 绘制轨迹线，如图 2.4.39 所示，完成后退出草绘。

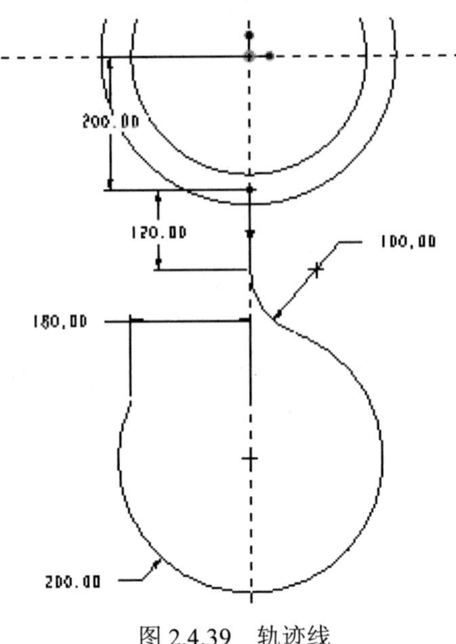

图 2.4.39　轨迹线

注意：在 R200 的圆弧与铅直中心线的交点处进行分割，以便在这里定义截面。

Step 4 在弹出的菜单中单击 3 次“接受”，表示将在轨迹中间的 3 个交点处绘制截面，加上轨迹的 2 个端点，一共绘制 5 个截面。

Step 5 系统询问 Z 轴旋转角度，接受默认值，绘制第 1 个截面，如图 2.4.40 所示。完成后退出草绘。

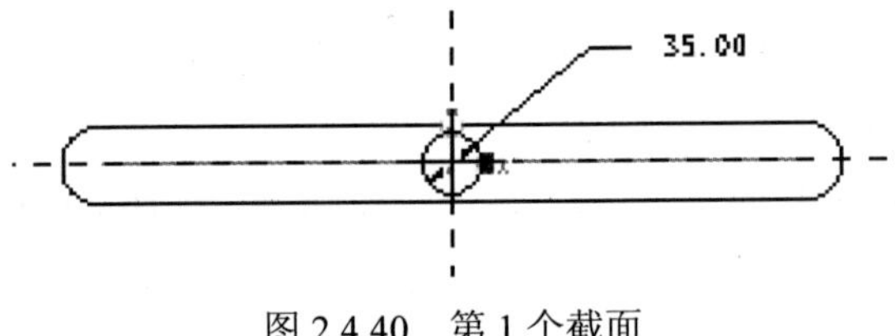

图 2.4.40　第 1 个截面

Step 6 接受第 2 个截面的 Z 轴旋转角度默认值，绘制第 2 个截面，如图 2.4.41 所示。完成后退出草绘。

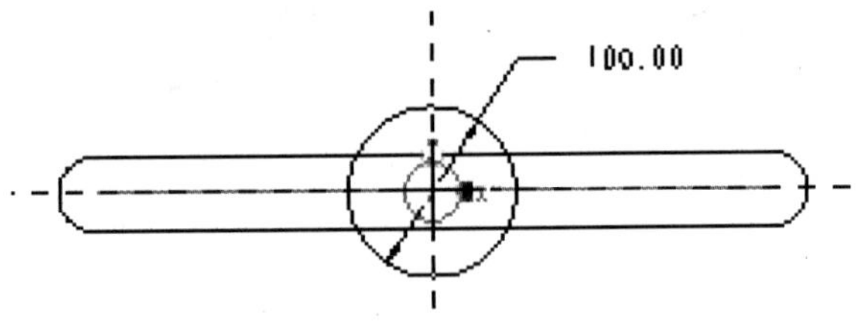

图 2.4.41　第 2 个截面

Step 7 接受第 3 个截面的 Z 轴旋转角度默认值，绘制第 3 个截面，如图 2.4.42 所示。完成后退出草绘。

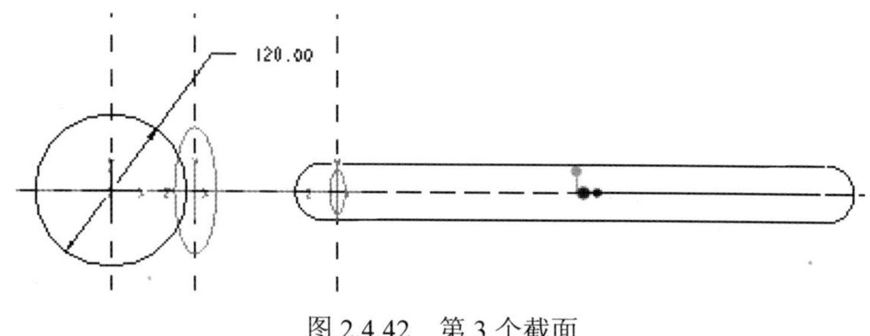

图 2.4.42　第 3 个截面

Step 8 接受第 4 个截面的 Z 轴旋转角度默认值，绘制第 4 个截面，如图 2.4.43 所示。完成后退出草绘。

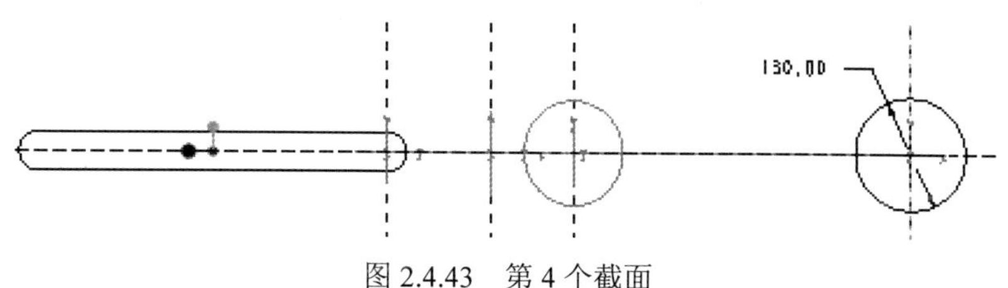

图 2.4.43　第 4 个截面

Step 9 接受第 5 个截面的 Z 轴旋转角度默认值，绘制第 5 个截面，第 5 个截面就是位于原点上的一个点。完成后退出草绘。

Step 10 选取菜单中的“光滑”→“伸出项”命令，在相应对话框中单击“确定”按钮，生成的圆钩如图 2.4.36 所示。

扫描、混合、变截面扫描、扫描混合的特处参数对比：

实体特征	控制轨迹线数	剖面数
扫描	1	1
混合	0	多个
变截面扫描	多条	1
扫描混合	1	多个

六、任务总结

建立混合特征的操作步骤如下：

（1）单击菜单“插入”→“混合”→“伸出项”（如果是建立厚度均匀的实体则选择“薄板伸出项”）。

（2）在弹出的“混合选项”菜单中选择混合的类型，并相应地选择截面的绘制形式及方法。

（3）在弹出的“属性”菜单中确定截面混合的方式是“直的”还是“光滑”，若建立混合曲面还应选择端面为“开放终点”还是“封闭端”。

（4）若是平行混合，①选择草绘平面与参照面，绘制第 1 个截面，标注尺寸，并观察或调整起始点的位置。②在绘图窗口单击右键，在弹出的快捷菜单中单击“切换剖面”选项，绘制的第 1 个截面颜色变淡，此时绘制第 2 个截面，标注尺寸，并观察或调整起始点的位置。③若要绘制第 3 个截面，操作步骤同步骤②，若不绘制新的截面，单击草绘工具栏中的☑按钮即可完成混合截面的绘制。若要重新回到第 1 个截面，再次在右键快捷菜单中单击“切换剖面”选项。④系统弹出“深度”菜单，选择一种定义深度的选项，然后确定相邻截面间的距离。

（5）若是旋转混合，①选择草绘面与参照面，在草绘环境中使用“创建参照坐标系”按钮，建立一个相对坐标系并标注此坐标系的位置尺寸。②绘制混合特征的第 1 个截面并标注尺寸。③单击草绘命令工具栏中的旋转按钮，按系统提示依次输入第 2 个截面沿相对坐标系 X、Y、Z 三个方向的旋转角度。④同绘制第 1 个截面的操作，绘制第 2 个截面。⑤若绘制第 3 个截面，操作同步骤④，直到完成截面的绘制。否则按系统提示，单击“否”按钮结束截面绘制。完成混合截面的绘制后，依次输入截面相对坐标系间的距离。

（6）单击模型对话框中的“预览”按钮，观察混合后的结果；单击模型对话框中的“确定”按钮，完成混合特征的建立。

一般混合是三种混合特征中使用最灵活、功能最强的混合特征。参与混合的截面可沿相对坐标系的 X、Y、Z 轴旋转或者平移，其绘制的基本操作步骤同旋转混合的操作步骤。

七、拓展训练

1．创建如图 2.4.44 所示的零件，深度：两个都为 120，属性：光滑。

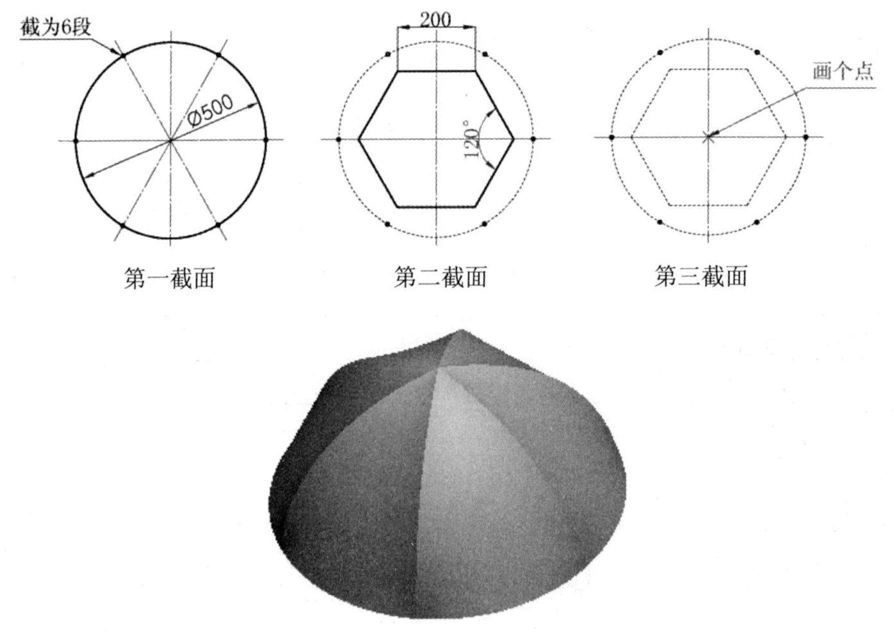

图 2.4.44　平行混合练习

2．创建如图 2.4.45 所示的五角星。（用点－五角星和点－五角星－点分别去做，比较结果）

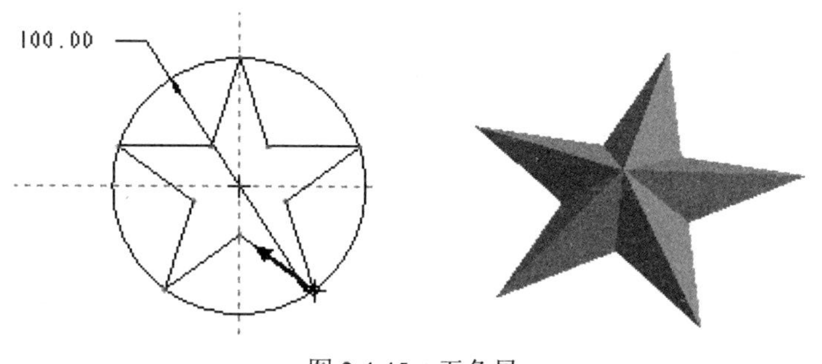

图 2.4.45　五角星

3．采用旋转混合完成零件，截面尺寸如图 2.4.46 所示，旋转角度 90°。

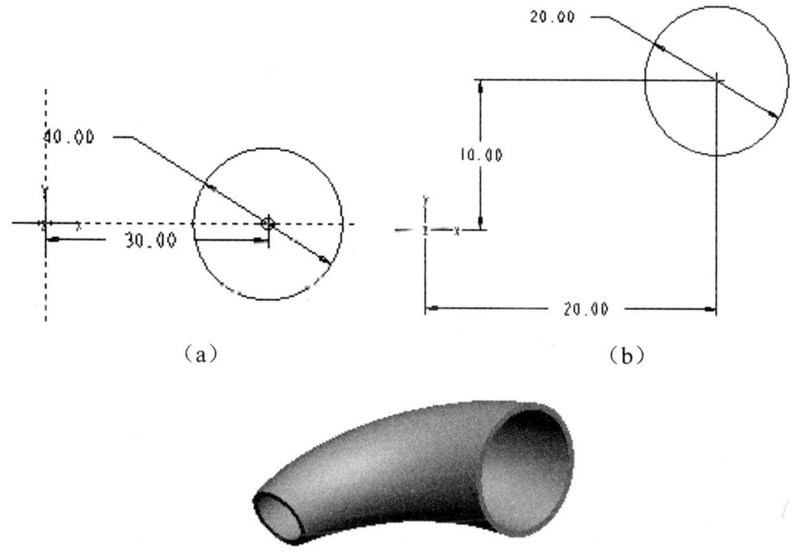

图 2.4.46　旋转混合练习

4．采用扫描混合完成如图 2.4.47 所示的吊钩零件。

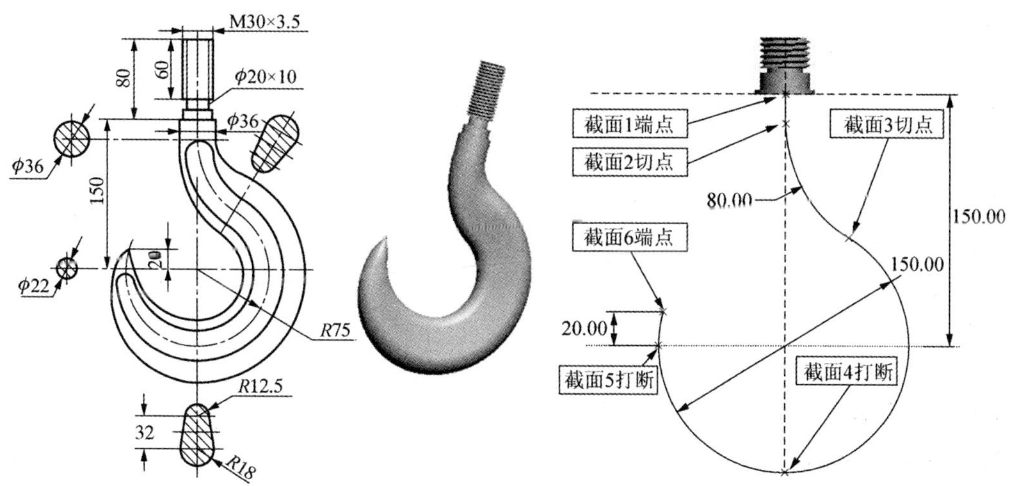

图 2.4.47　吊钩零件图及效果图

操作提示：

Step 1 创建旋转特征。选择 FRONT 面为草绘平面，绘制如图 2.4.48 所示的截面，旋转角度为 360°。

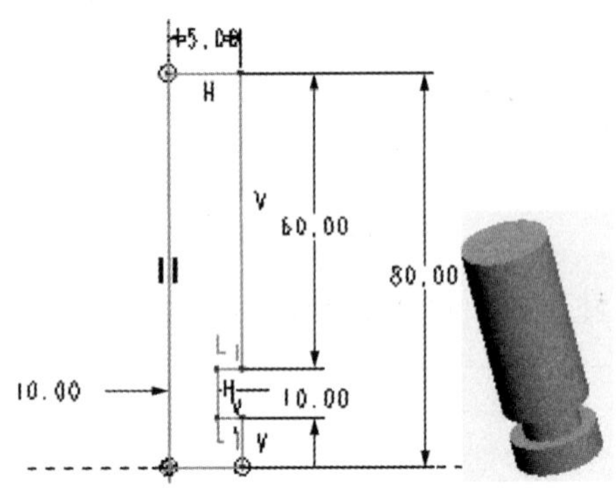

图 2.4.48　旋转特征截面图和效果图

Step 2 创建螺旋扫描特征

选择“插入”→“螺旋扫描”→“切口”命令，在菜单管理器中单击“常数”、“穿过轴”、“右手定则”、“完成”选项，单击 FRONT 面为草绘轨迹平面，单击“正向”、“缺省”、“完成”选项。绘制旋转轴及轨迹线，单击✔按钮，输入节距值 3.5，进入草绘模式。草绘截面如图 2.4.49 所示，单击✔按钮完成。单击“确定”按钮完成螺旋扫描特征。

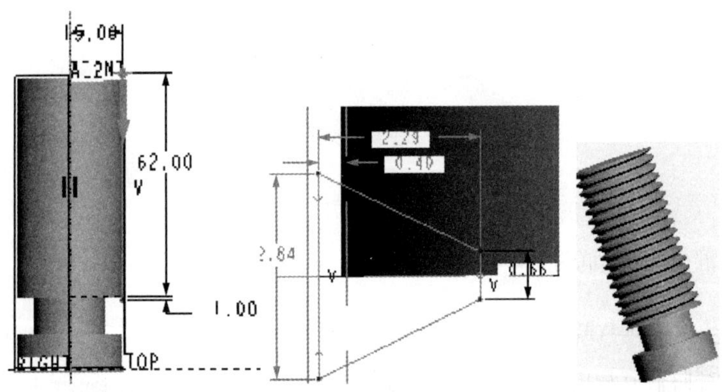

图 2.4.49　螺旋扫描特征截面图和效果图

Step 3 创建扫描混合特征。

① 绘制轨迹线。绘制如图 2.4.50 所示的轨迹线，单击✔按钮，确认接受要草绘多个剖面的 6 个点（轨迹线两个端点、两个切点、用工具打断两个点）。

② 调用命令。选择“插入”→“扫描混合”命令，选取轨迹线，注意扫描起始点在上方，若不在可单击黄色箭头改变。

③ 绘制第一截面。选取链首第一点，单击“插入”→“草绘”命令，在中心线交点处绘制ϕ36 的圆，如图 2.4.51 所示，注意将圆在象限点打断成 4 份。

④ 绘制第二截面。选取第二点，单击“插入”→“草绘”命令，同样在中心线交点处绘制ϕ36 的圆，如图 2.4.52 所示，同样打断成 4 份，注意各截面扫描起始点方向一致。

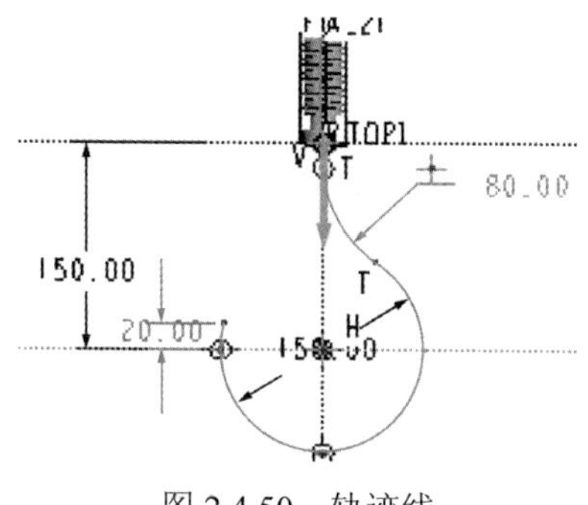

图 2.4.50　轨迹线

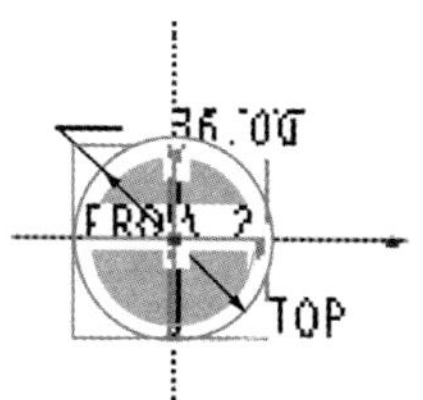

图 2.4.51　第一截面

⑤ 绘制第三截面。绘制如图 2.4.53 所示的截面，单击✔按钮完成。

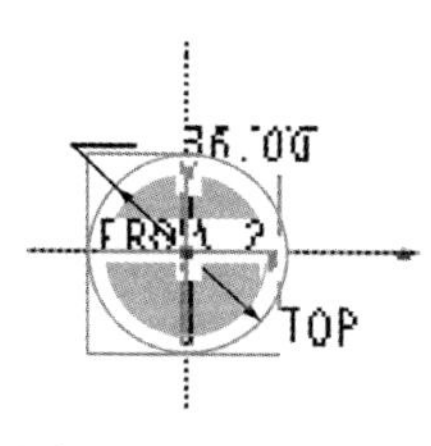

图 2.4.52　第二截面

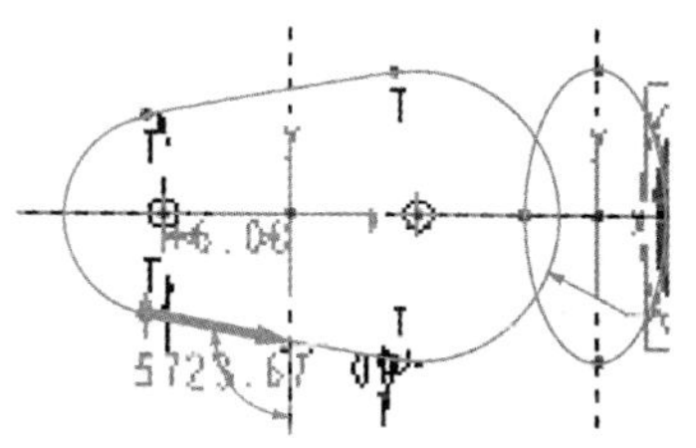

图 2.4.53　第三截面

⑥ 绘制第四截面。绘制如图 2.4.54 所示的截面，单击✔按钮完成。

⑦ 绘制第五截面。绘制 $\phi 22$ 的圆，将圆在象限点打断成 4 份，单击✔按钮完成，如图 2.4.55 所示。

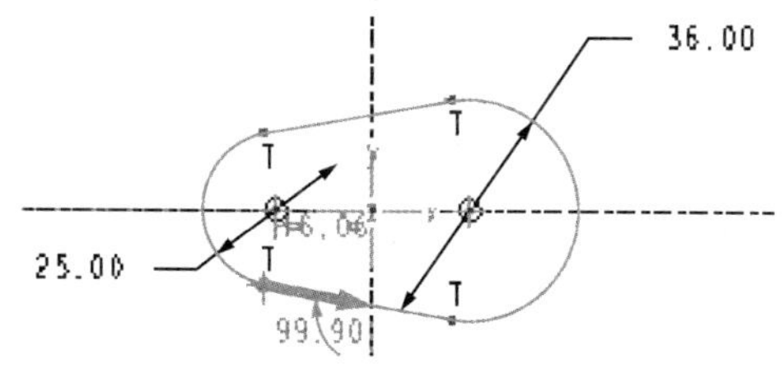

图 2.4.54　第四截面

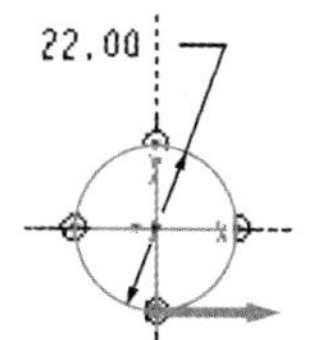

图 2.4.55　第五截面

⑧ 选取链尾，在中心线交点处绘制一个点，单击✔按钮并选择端点类型为“光滑”，如图 2.4.56 所示，单击“确定”按钮，完成扫描混合特征。

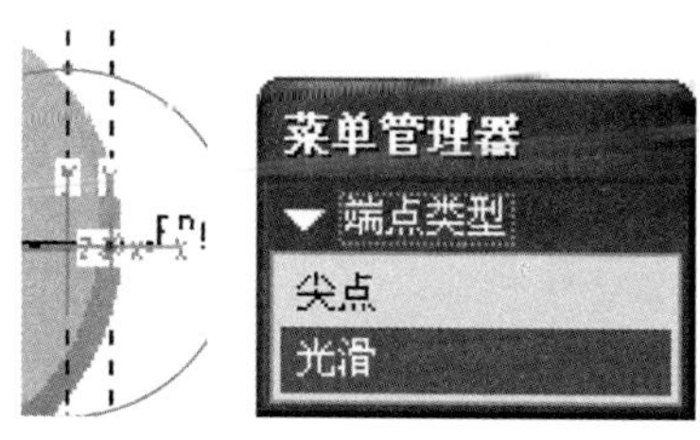

图 2.4.56　第六截面

5．创建如图 2.4.57 所示的零件。

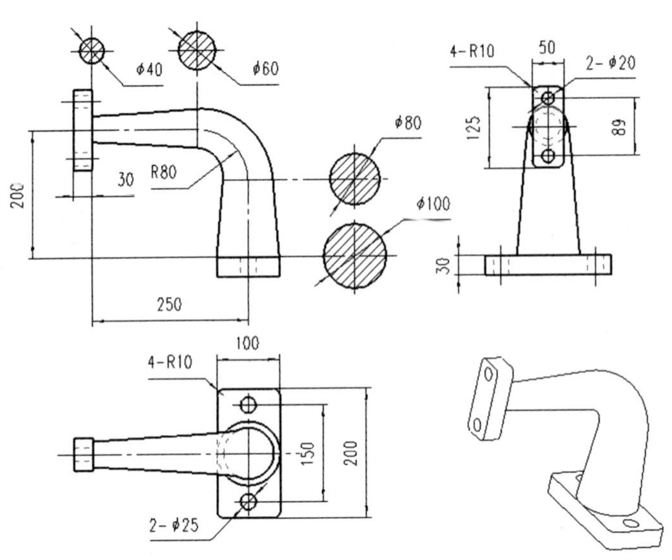

图 2.4.57　零件平面图

任务 2.5　放置特征

一、任务描述

在三维 CAD 中，有些特征如孔、筋、倒角、倒圆角、拔模、抽壳等，经常会在模型中出现，这类特征必须依附于已有的实体，放置在实体上，常被称为放置实体特征，也称为工程特征。本任务主要介绍了在基础实体特征上添加放置实体特征的基本方法和步骤。在创建放置实体特征时，通常要考虑两个参数：一个是描述自身的定形参数，另一个是放置参数，用来确定放置实体特征在基础实体特征上的准确位置。其中，放置参数是通过一系列的参照来定位。

二、任务训练内容

（1）常见圆孔特征的创建方法。
（2）常见圆角特征的创建方法。
（3）常见倒角特征的创建方法。
（4）常见抽壳特征的创建方法。
（5）常见筋板特征的创建方法。
（6）常见拔模特征的创建方法。

三、任务训练目标

（1）了解孔特征、拔模特征、筋特征、壳特征的基本概念。
（2）掌握各种放置特征命令的操作方法。
（3）掌握孔特征、拔模特征、筋特征、壳特征的操作技巧。

技能目标

（1）使用各种放置特征进行零件三维造型。

（2）灵活运用各种造型方法进行零件三维造型。

四、任务相关知识

1. 孔特征

在三维建模的过程中，常常遇到需要在模型上钻孔的情况，利用孔特征可在设计中快速地创建简单孔、定制孔和工业标准孔。孔的创建过程和步骤如下：

（1）选择孔工具。在菜单中选择“插入”→“孔”命令，或者在工具条中单击图标，系统弹出孔特征操控面板，如图 2.5.1 所示。

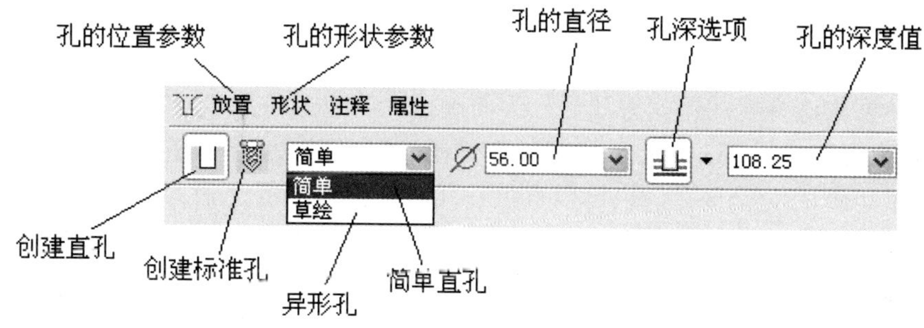

图 2.5.1 孔特征操控面板

孔的定位方式有四种，分别为线性、径向、直径、同轴。

（2）选取孔放置的表面（主参照特征）。点击孔特征操控面板左上角的“放置”按钮，打开“放置”选项卡，单击“主参照”下的方框，方框中出现“选取 1 个项目”（缺省状态下已是如此），这时用鼠标点选孔要放置的表面，该表面将以红色高亮显示，且其名称出现在刚才的方框中，如图 2.5.2 所示。

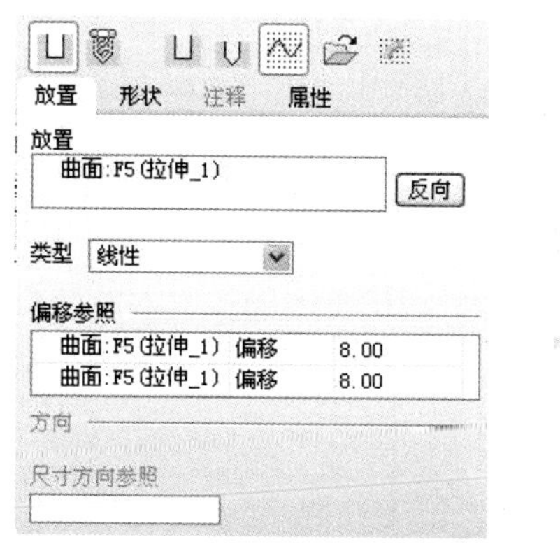

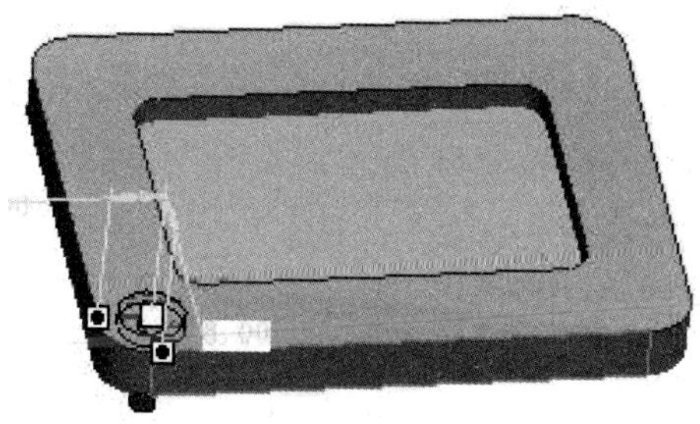

图 2.5.2 选孔要放置的表面

（3）设置确定孔位置的方式。在孔特征操控面板右上角的下拉列表框中选择孔位置的确定方式（包括线性、径向、直径）。

（4）选取确定孔位置的辅助参照和输入偏移值。

（5）定义孔的类型。Pro/E 野火版 4.0 提供了两种孔类型：直孔和标准孔（螺纹孔）。直孔又分为简单孔和草绘孔。孔的类型如图 2.5.3 所示。

图 2.5.3　孔的类型

- 简单直孔：单一直径的孔，具有圆截面的拉深切剪。需要指定孔的直径和深度。
- 草绘直孔：非单一直径的孔，由草绘定义的旋转特征。使用草绘器绘制孔的不同直径，多用于阶梯孔、锥形孔的创建。
- 标准孔：按照圆孔的标准尺寸建立螺纹孔等标准圆孔特征。

根据设计要求选择孔的创建方法后，下面确定孔的定形参数和放置参数。

（6）点击孔特征操控面板上的“形状”按钮，打开形状参数设置面板，输入孔的形状参数，当然对于单侧的简单直孔，也可以直接在孔特征操控面板上输入直径和深度，而对于标准孔（螺纹孔）则有更多的形状参数需要设置，如螺纹标准、螺纹尺寸、有无沉孔、有无埋头孔及相关的尺寸等。

孔的定形参数包括孔的直径和孔的深度。孔的直径可以在操控面板的∅直径框输入数值；孔的深度与设置基础实体的深度类似，常用的设置方法见表 2.5.1。

表 2.5.1　孔特征的深度设置

	在第一方向上从放置参照开始钻孔到指定深度		在第一方向钻孔直到与所有曲面相交
	在放置参照两侧的每一方向上，以指定深度值的一半进行钻孔		在第一方向上钻孔，一直钻到与选定曲面相交
	在第一方向上钻孔直至下一曲面		在第一方向上钻孔至选定点、曲线、平面或曲面

2. 拔模特征

注塑件和铸造件等利用模具来制造的产品往往需要一个拔模斜面才能顺利脱模，Pro/E 中可以为零件增加拔模特征来生成斜面。拔模特征是一种在模型表面上引入的结构斜度，用于将实体模型上的圆柱面或平面转换为斜面。

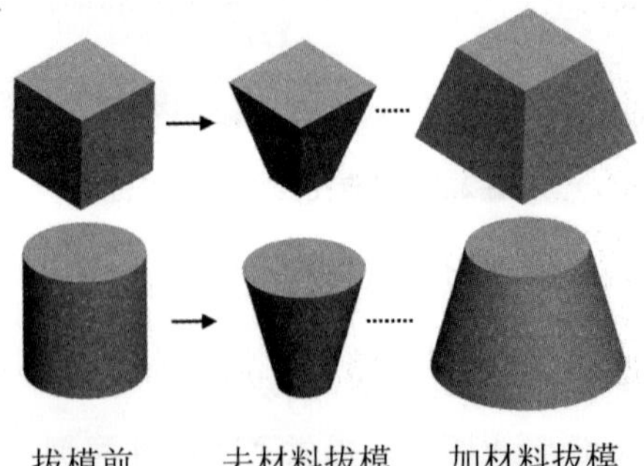

拔模特征的创建原理比较简单，它是在单独的曲面或一系列曲面中添加-30°～+30°间的拔模角度，使这些曲面或面组绕某一旋转轴转动一定角度而形成扭曲。

对于拔模特征，系统使用以下术语，如图 2.5.4 所示。

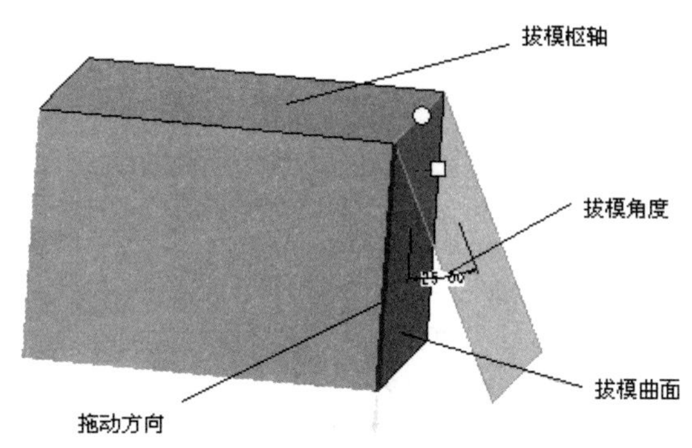

图 2.5.4　拔模特征参照

（1）拔模曲面：模型要拔模的曲面，即要改变的面。

（2）拔模枢轴：拔模曲面围绕其旋转的旋转轴。该旋转轴是拔模曲面上的线或曲线。可通过选取平面（在此情况下拔模曲面与此平面的交线即为旋转轴）或选取拔模曲面上的单个曲线链来定义拔模枢轴。

（3）拖动方向：也称作拔模方向，用于测量拔模角度的方向。通常为模具开模的方向。可通过选取平面（在这种情况下拖动方向垂直于此平面）、直边、基准轴或坐标轴来定义它。

（4）拔模角度：拔模方向与生成的拔模曲面之间的角度。如果拔模曲面被分割，则可以为拔模曲面的每侧定义两个独立的角度。拔模角度必须在-30°～+30°范围内。

创建拔模特征的操控面板如图 2.5.5 所示。在如图 2.5.6 所示的参照上滑面板中可以设定“拔模曲面”、“拔模枢轴”和“拖动方向”。在选取各个项目时，首先要单击该项目下的文本框，当相应文本框底色变成黄色时，该项目就被激活，这时才能选取相应的目标。

图 2.5.5　拔模特征的操控面板

在如图 2.5.7 所示的分割上滑面板上，可以设定分割方式。

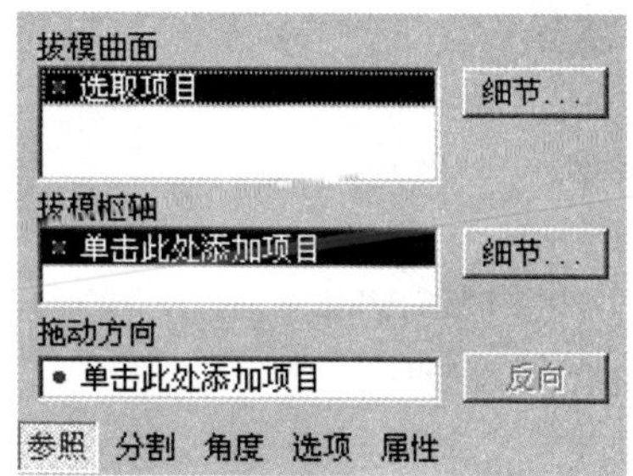

图 2.5.6　参照上滑面板

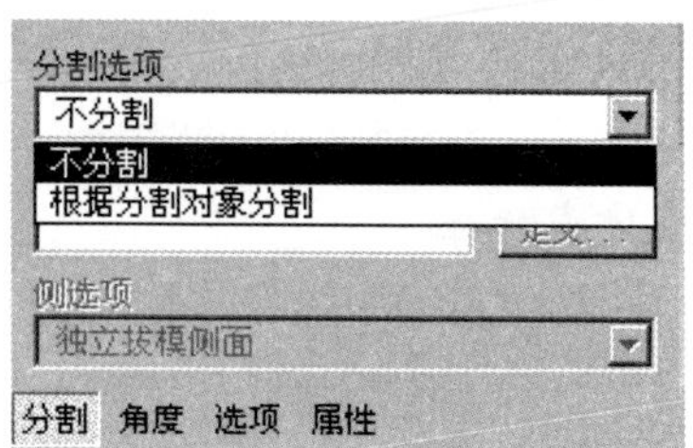

图 2.5.7　分割上滑面板

在模型上创建拔模特征时，通过定义分割方式，可以在同一拔模曲面上创建多种不同形式的拔模特征。在分割上滑面板上，有不可分割拔模特征、根据拔模枢轴分割拔模特征、根据分割对象分割拔模特征三种拔模类型可供选择。它们区别如下：

（1）不分割拔模特征：在单一平面上拔模，如图 2.5.8（a）所示。

（2）根据拔模枢轴分割：沿拔模枢轴分割拔模曲面，分割开的拔模曲面可以有不同的拔模角度，如图 2.5.8（b）所示。

（3）根据分割对象分割：沿不同的线或曲线分割拔模曲面，分割开的拔模曲面可以有不同的拔模角度，如图 2.5.8（c）所示。

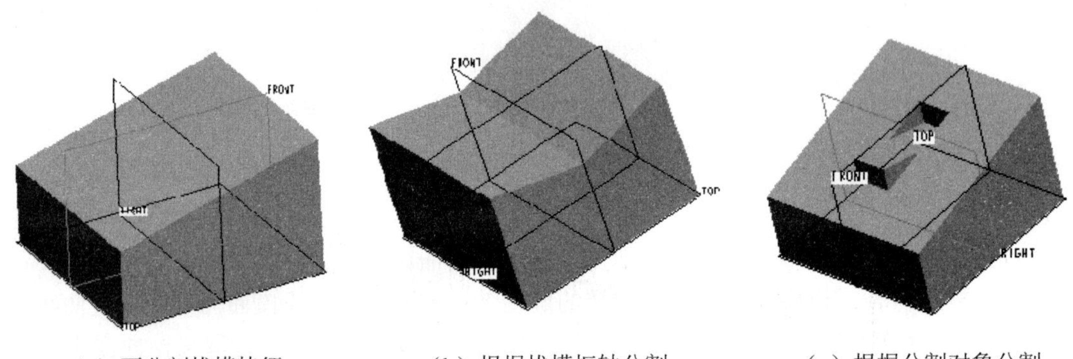

（a）不分割拔模特征　　（b）根据拔模枢轴分割　　（c）根据分割对象分割

图 2.5.8　不同分割方式的拔模特征比较

在分割上滑面板上，可以通过设定侧选项来设置拔模特征的属性。在“侧选项”下拉菜单中可选取的选项有 4 个，它们区别如下：

（1）独立拔模侧面：为拔模曲面的每一侧指定独立的拔模角度。如果使用此选项，系统将会向对话栏中添加一个组合框，其中显示第二侧的拔模角度值和用于反向第二侧的拔模角度方向的图标。

（2）从属拔模侧面：指定一个拔模角度，第二侧以相反方向拔模。此选项仅在拔模曲面以拔模枢轴分割或使用两个枢轴分割拔模时可用。

（3）仅拔模第一侧面：仅拔模曲面的第一侧面（由拔模枢轴的正拖动方向确定），第二侧面保持中性位置。

（4）仅拔模第二侧面：仅拔模曲面的第二侧面，第一侧面保持中性位置。

在如图 2.5.9 所示的角度上滑面板上，可以设定拔模角度。拔模角度可以是恒定数值，也可以是变化的。另外在操控面板的拔模角度文本框 1.00 中也可以直接输入拔模角度。要注意的是拔模角度应该在-30°～+30°范围内。

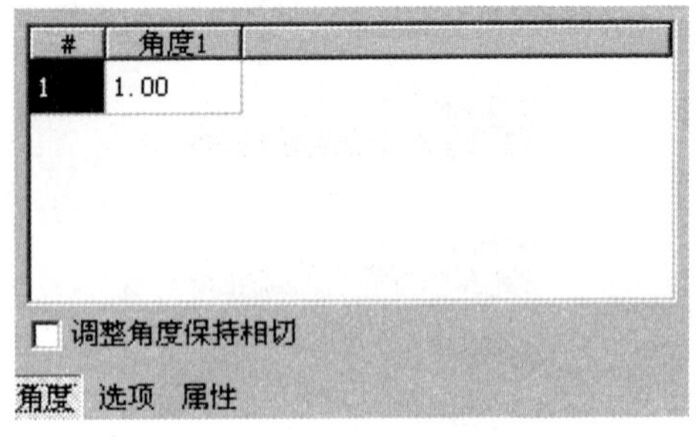

图 2.5.9　角度上滑面板

3. 创建壳特征

壳特征是一种应用广泛的实体特征，通过挖去实体内部材料，获得均匀的薄壁结构。壳特征常用于创建各种薄壳结构和各种壳体容器。下面介绍创建壳特征的一般过程。

壳特征的创建过程比较简单。在生成基础实体后，选取一个或多个准备删除的实体表面，系统将以此面作为产生壳体的切入面，然后按指定的壁厚去除多余的材料，从而得到需要的壳体。但是也可以不删除表面，创建中空的壳体。

图 2.5.10 为创建壳体特征的操控面板。

图 2.5.10　壳体特征的操控面板

在图 2.5.10 的操控面板中，可以通过“参照”上滑面板来选择准备删除的面，通过“厚度”文本框输入壳体的壁厚。如果不需要删除任何表面，则不需要设置“参照”，这样可以形成内部中空的封闭壳体。

在创建壳特征时，要注意创建壳体的顺序。在同一个模型上，放置同一组放置实体特征，比如既有孔特征，又有壳特征，但是添加孔特征和壳体特征的先后顺序不同，最后的生成结果也不尽相同。在图 2.5.11 中，（a）是先创建孔特征，后创建壳体特征的结果；（b）是先创建壳体特征，后创建孔特征的结果；（c）是先创建圆角特征，后创建壳体特征的结果；（d）是先创建壳体特征，后创建圆角特征的结果。

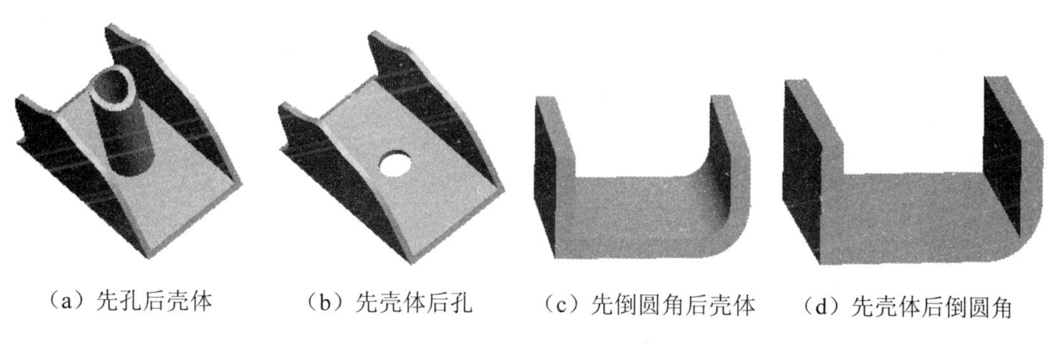

（a）先孔后壳体　（b）先壳体后孔　（c）先倒圆角后壳体　（d）先壳体后倒圆角

图 2.5.11　创建先后顺序不同的结果对比

4. 筋特征

筋特征是设计中连接到实体曲面的薄翼或腹板伸出项。筋通常用来加固设计中的零件，也常用来防止出现不需要的折弯。利用“筋”工具可快速开发简单的或复杂的筋特征。筋特征在机械设计中的应用比较广泛，是零件上的一种重要结构。

筋特征的创建界面主要是如图 2.5.12 所示的操控面板。

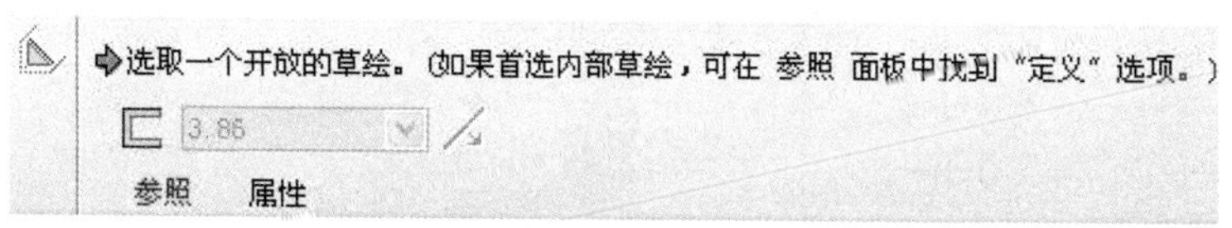

图 2.5.12　筋特征操控面板

筋特征的创建原理类似于拉深。它是通过在某一选定草绘平面上勾勒出筋特征的轮廓，然后沿草绘平面的垂直方向向某一侧或两侧拉深，加材料而形成。

在创建筋特征过程中，需要注意两点，一是合理的草绘平面的选取；二是草绘截面。草绘平面的选取是在操控面板的参照上滑面板中定义；定义好草绘平面后，需要绘制筋的截面形状，这里截面要求必须是开放的。最后设置筋的厚度，直接在厚度文本框输入厚度值，还可以利用操控面板中的命令来切换筋特征的厚度侧。单击该按钮可以使厚度从一侧转换到另一侧，然后转换到关于草绘平面对称的厚度。

5. 倒圆角

圆角是产品设计中的重要结构。使用圆角特征可以实现模型表面的光滑连接，圆角特征可以装饰出模型精美的外观。

在 Pro/E 中，常见的圆角类型有 4 种，如图 2.5.13 所示，分别是：

- 恒定：倒圆角段具有恒定半径，如图 2.5.13（a）所示。
- 可变：倒圆角段具有可变半径，如图 2.5.13（b）所示.
- 由曲线驱动的倒圆角：倒圆角的半径由基准曲线确定，如图 2.5.13（c）所示。
- 完全倒圆角；这种圆角会替换选定曲面，如图 2.5.13（d）所示。本任务用的是最简单的恒定导圆角。

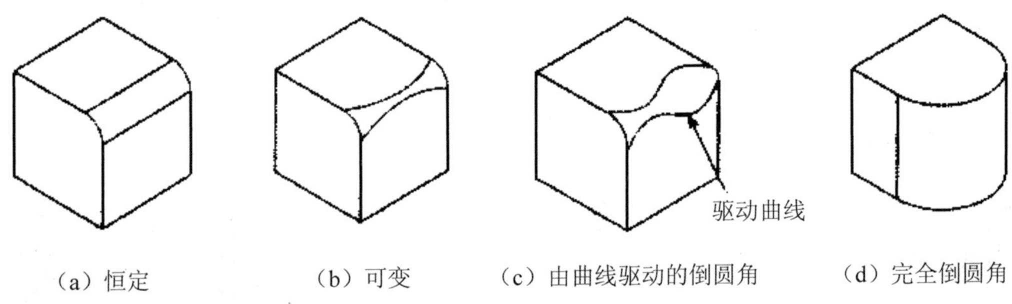

图 2.5.13　倒圆角的类型

在 Pro/E 中创建圆角特征的顺序是先从菜单中选择“插入”→“倒圆角”，或者在工具条中单击图标，然后设置选项，再选择对应的参照后即可进行倒圆角。其中参照可以是实体边、边链、曲面加边、曲面加曲面等。

下面通过实例讲解圆角特征的创建方法。

（1）创建如图 2.5.14 所示的基础实体。

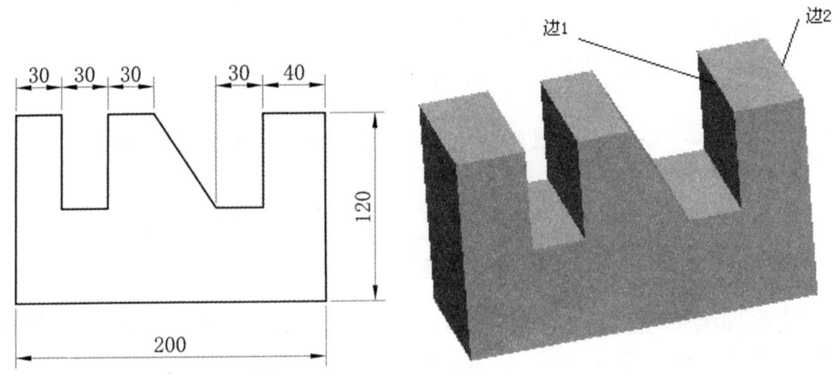

图 2.5.14　创建倒圆角特征的基础实体

（2）创建恒定半径倒圆角特征。

选择“插入”→“倒圆角”命令，或者单击工具栏中的倒圆角图标。打开“设置”上滑面板，选取图 2.5.14 中的边 1 作为圆角特征的放置参照。在“设置”上滑面板中，单击半径文本框，直接输入半径值 10。单击预览按钮，单击按钮完成倒圆角特征的创建。最后生成的结果如图 2.5.15 所示。

（3）创建可变倒圆角特征。

选择“插入”→“倒圆角”命令，或者单击工具栏中的倒圆角图标。打开“设置”上滑面板，选取图 2.5.14 中的边 2 作为圆角特征的放置参照。在“设置”上滑面板中，鼠标右击半径文本框中的数字 1，在右键快捷菜单中选择“添加半径”选项，如图 2.5.16 所示。重复上一步操作，继续添加圆角半径。设置圆角半径以及位置参数，如图 2.5.17 所示。单击按钮完成倒圆角特征的创建。最后的设计结果如图 2.5.18 所示。

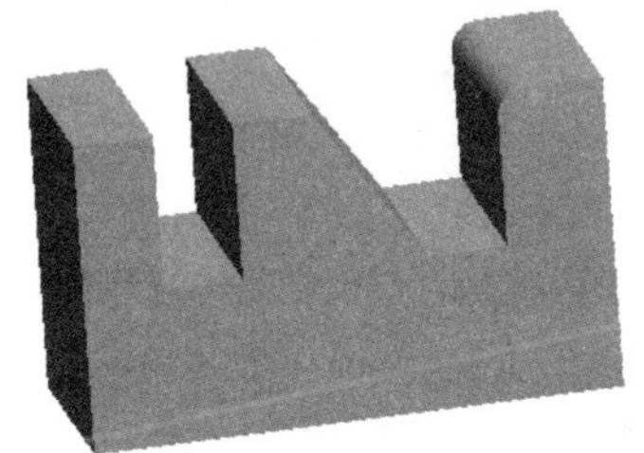

图 2.5.15　恒定半径倒圆角特征

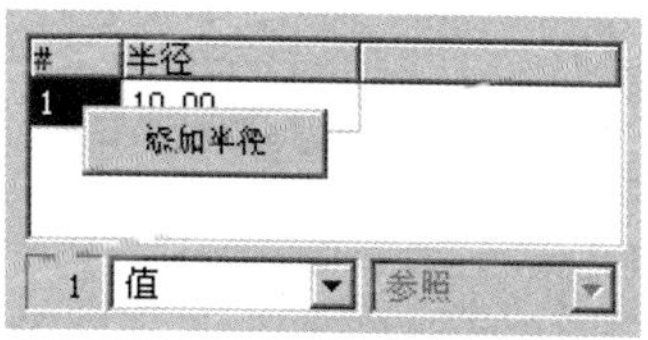

图 2.5.16　添加半径对话框

#	半径	位置
1	10.00	顶点:边:...
2	10.00	顶点:边:...
3	20.00	0.50
3	值	比率

图 2.5.17　圆角半径参数的设置

图 2.5.18　可变半径倒圆角特征

（4）创建完全倒圆角特征。

单击工具栏中的倒圆角图标，进入倒圆角操控面板。打开“设置”上滑面板，选取图 2.5.19 中的曲面 1 和曲面 2 作为参照。单击“设置”上滑面板中的“完全倒圆角”，选择曲面 3 作为驱动曲面。单击按钮完成倒圆角特征的创建。完全倒圆角的结果如图 2.5.20 所示。

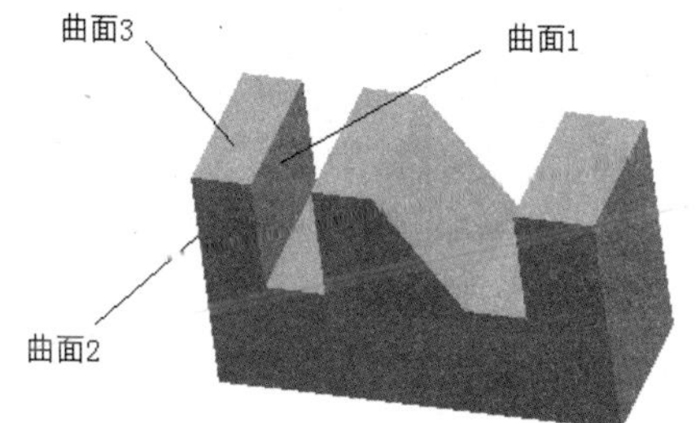

图 2.5.19　可变半径倒圆角特征

图 2.5.20　完全倒圆角的结果

（5）创建通过曲线倒圆角特征。

选择“插入”→“倒圆角”命令，或者单击工具栏中的倒圆角按钮。单击右工具栏中的草绘工具，进入草绘模式。在基础实体的表面上绘制如图 2.5.21 所示的样条曲线。打开“设置”上滑面板，选取图 2.5.21 中的边链 1 作为圆角特征放置参照。单击“设置”上滑面板中的“通过曲线”，选择样条曲线作为驱动曲线。

单击完成倒圆角特征的创建。通过曲线倒圆角的结果如图 2.5.22 所示。

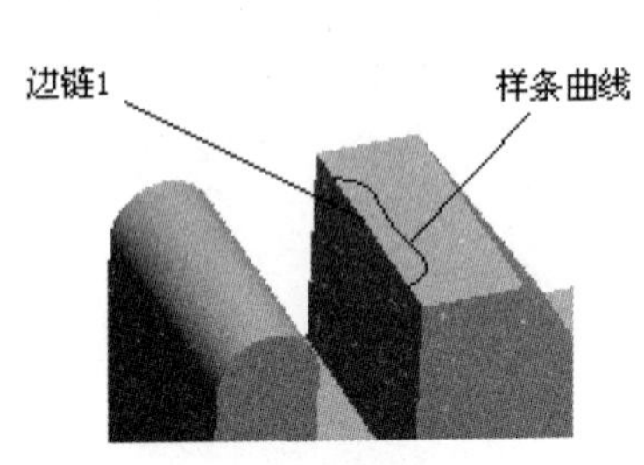

图 2.5.21　草绘样条曲线

图 2.5.22　创建通过曲线倒圆角

五、任务实施

案例 1　透气盖孔特征

案例出示：绘制如图 2.5.23 所示的透气盖。

图 2.5.23　透气盖的效果图

知识目标：

（1）理解各种孔的概念。

（2）掌握简单孔、草绘孔、标准孔及在柱面上创建孔的基本操作。

能力目标：灵活运用孔特征进行各种孔的三维造型。

案例分析：本任务看似简单，但用到的知识点很多，如拉伸、剪切拉伸、创建孔、倒圆角、镜像等。通过本任务的练习，熟练各知识点的运用，为复杂形体的造型奠定基础。

案例操作：

（1）新建零件文件（同前）。

（2）创建拉伸 1。

Step 1　单击“基础特征”工具栏上的工具按钮，或单击菜单“插入”→“拉伸”命令。

Step 2 在操控面板中单击“放置”按钮，然后在弹出的界面中单击“定义...”按钮，进入“草绘”对话框，选取 TOP 基准平面作为草绘平面，定位方向面默认为 RIGHT 面，尺寸参照默认为 RIGHT 面和 FRONT 面。单击“草绘”按钮，进入草绘模式。

Step 3 进入草绘平面后，绘制平面如图 2.5.24 所示。单击✔按钮，退出二维草绘模式。

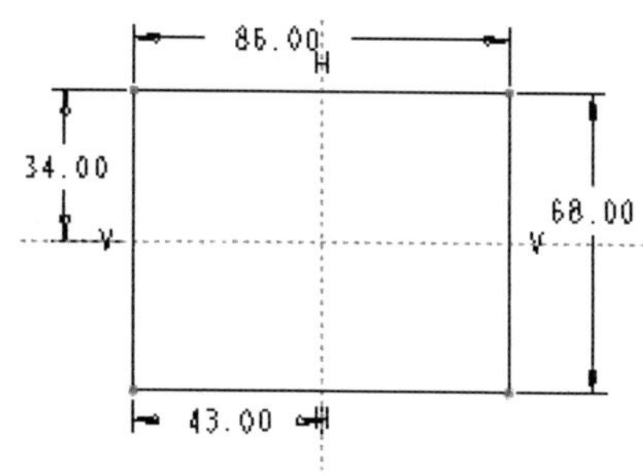

图 2.5.24　草绘截面

Step 4 在操控面板的文本框中输入特征拉伸深度为 8，操控面板如图 2.5.25 所示，单击∞按钮并按住鼠标中键拖动鼠标恰当地旋转模型进行预览，确定无误后，单击操控面板上的✔按钮，生成的模型如图 2.5.26 所示。

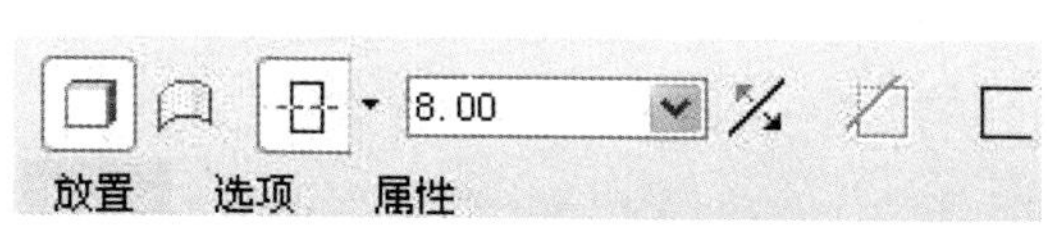

图 2.5.25　拉伸操控面板

图 2.5.26　拉伸结果

预览特征是零件建模过程中的重要步骤，新特征和已有特征之间的任何冲突通常在预览过程中显示。如果发生错误，与特征相关的定义可以通过使用“特征定义”对话框上的“定义”选项重新定义。

（3）创建拉伸 2。

Step 1 单击“基础特征”工具栏上的工具按钮，或单击菜单“插入”→“拉伸”命令。

Step 2 在操控面板中单击“放置”按钮，然后在弹出的界面中单击“定义...”按钮，进入“草绘”对话框，选取如图 2.5.27 所示的平面作为草绘平面，单击“草绘”按钮，进入草绘模式。绘制平面如图 2.5.28 所示。单击✔按钮，退出二维草绘模式。

Step 3 单击去除材料按钮，在操控面板的文本框中输入特征拉伸深度为 8，操控面板如图 2.5.29 所示，单击∞按钮并按住鼠标中键拖动鼠标恰当旋转模型进行预览，确定无误后，单击操控面板上的✔按钮，生成的模型如图 2.5.30 所示。

（4）创建倒圆角 1。

单击特征工具栏中的按钮，输入圆角半径为 4，如图 2.5.31 所示。

图 2.5.27　选择草绘平面

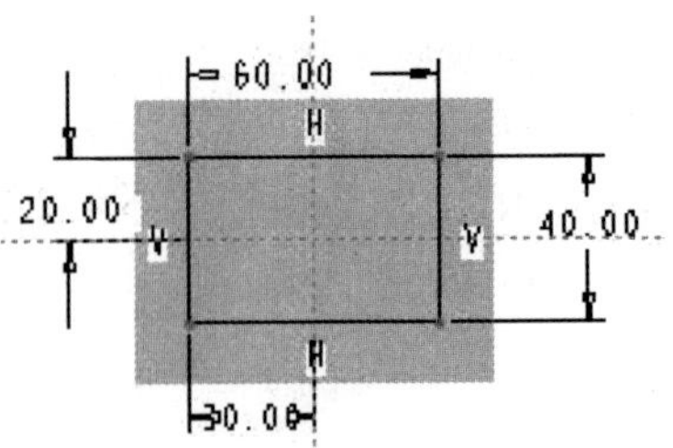

图 2.5.28　绘制平面

图 2.5.29　拉伸操控面板

图 2.5.30　拉伸结果

单击“设置”选项卡，如图 2.5.32 所示，选择要倒角的边线，如图 2.5.33 所示，单击“新组”选项，依次选择另外三个角上竖直的边，如图 2.5.34 和图 2.5.35 所示，单击工具栏的☑按钮或单击鼠标中键完成倒圆角操作，生成的模型如图 2.5.36 所示。

图 2.5.31　倒圆角面板

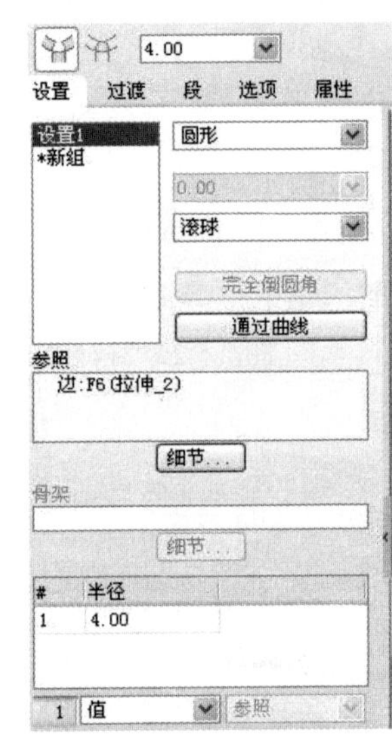

图 2.5.32　选择倒角半径

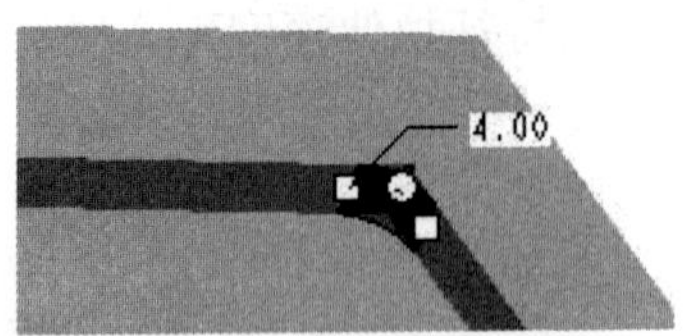

图 2.5.33　选择倒角边线

图 2.5.34　选择倒角的边

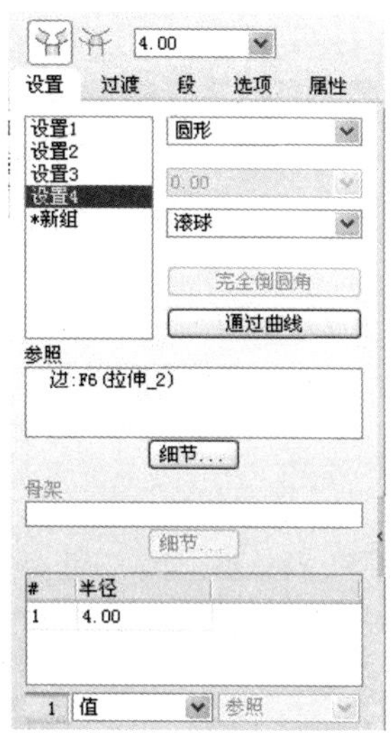

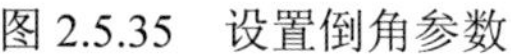

图 2.5.35　设置倒角参数

图 2.5.36　倒角结果

（5）创建倒圆角 2。

单击特征工具栏中的按钮，输入圆角半径为 7，如图 2.5.37 所示。

选择要倒圆角的边线，如图 2.5.38 所示，单击工具栏的按钮或单击鼠标中键完成倒圆角操作，生成的模型如图 2.5.39 所示。

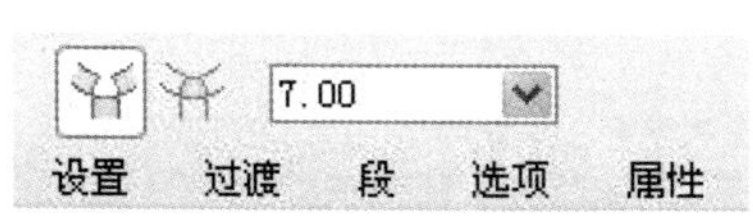

图 2.5.37　倒圆角操控面板

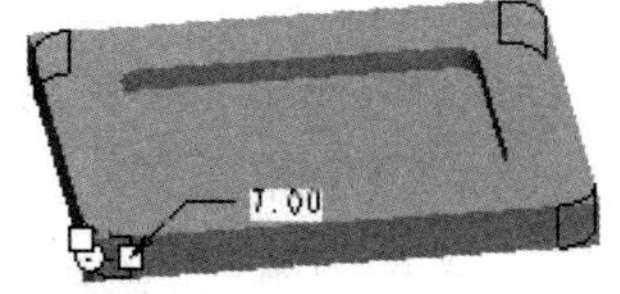

图 2.5.38　选择倒圆角的边

（6）创建草绘阶梯孔 1。

Step 1　单击按钮，弹出创建孔的工作界面，如图 2.5.40 所示。

图 2.5.39　倒圆角结果

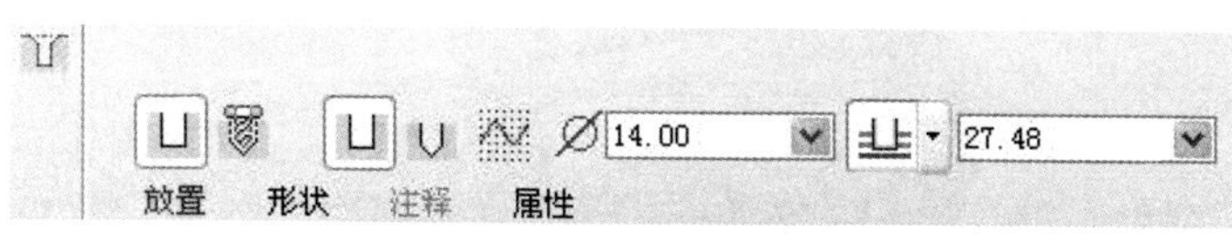

图 2.5.40　创建孔操控面板

单击按钮，如图 2.5.41 所示。

图 2.5.41　草绘孔操控面板

单击按钮进入草绘界面，绘制孔的图形如图 2.5.42 所示，单击按钮退出草绘环境。

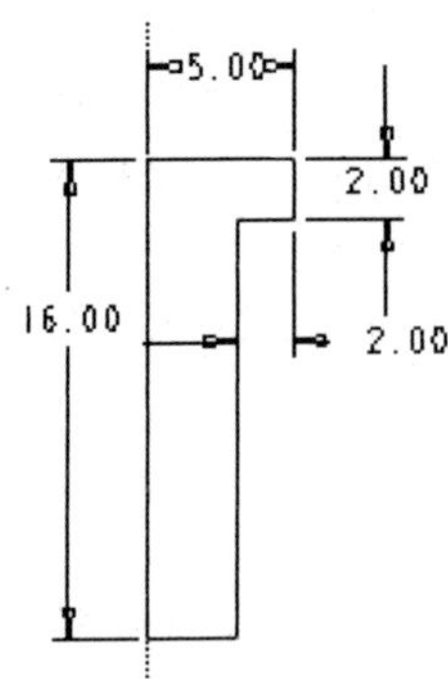

图 2.5.42　草绘孔截面

注意：草绘孔截面时，

（1）首先绘制回转轴线，放置孔特征时，如果主参照为平面，该回转轴线与主参照垂直；如果主参照为轴线，孔的旋转轴线与主参照平行。

（2）草绘截面必须闭合、无交叉，且全部位于轴线一侧。

（3）孔剖面中必须至少有一条线段垂直于回转轴线。

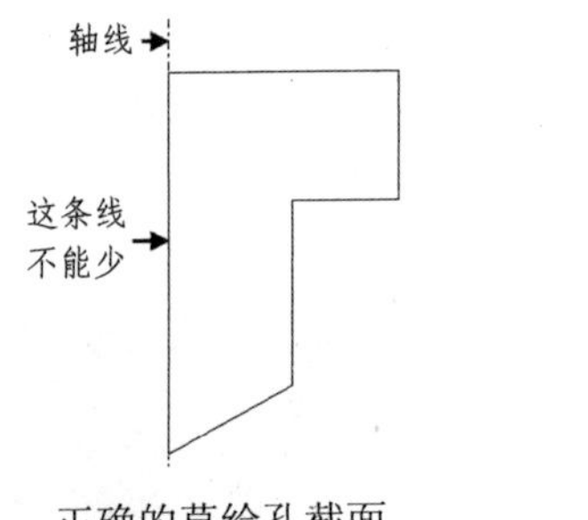

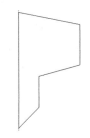

正确的草绘孔截面　　　　错误的草绘孔截面

Step 2 选择盖板的上表面作为放置孔的主参照面，如图 2.5.43 所示，选择次参照面如图 2.5.44 所示，按住 Ctrl 键选择另一个次参照面如图 2.5.45 所示。修改偏移尺寸分别为 8，操控面板如图 2.5.46 所示，单击✓按钮完成阶梯孔的创建，如图 2.5.47 所示。

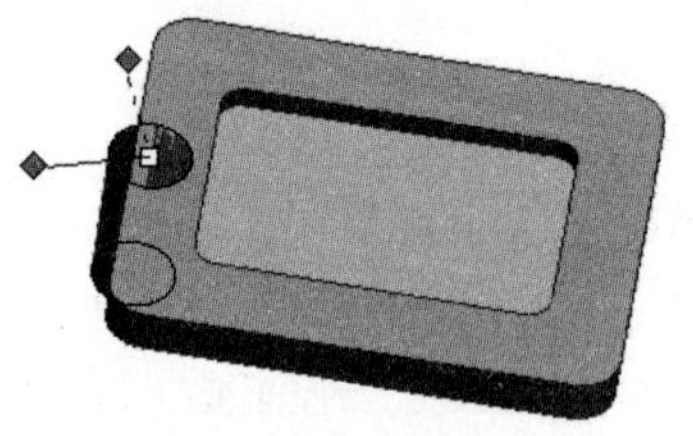

图 2.5.43　选择放置孔的平面

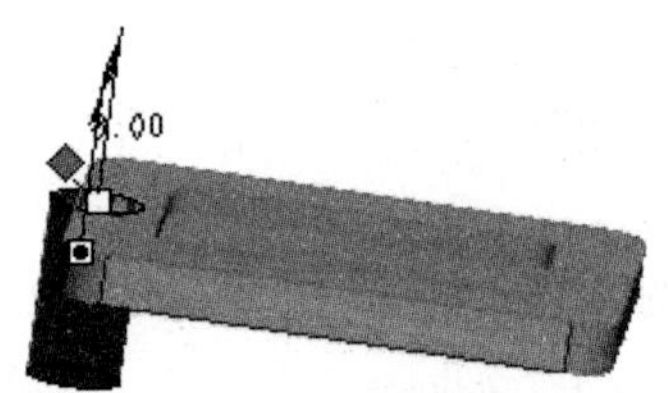

图 2.5.44　选择次参照

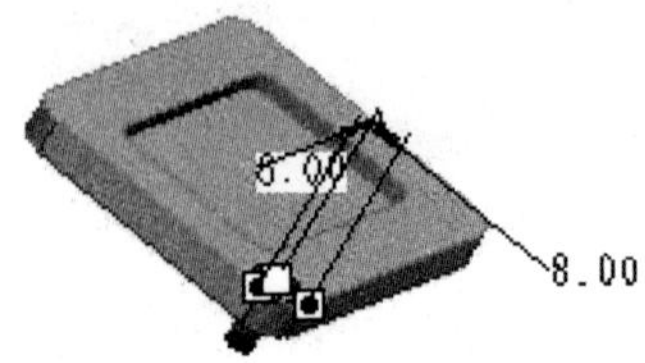

图 2.5.45　修改偏移尺寸

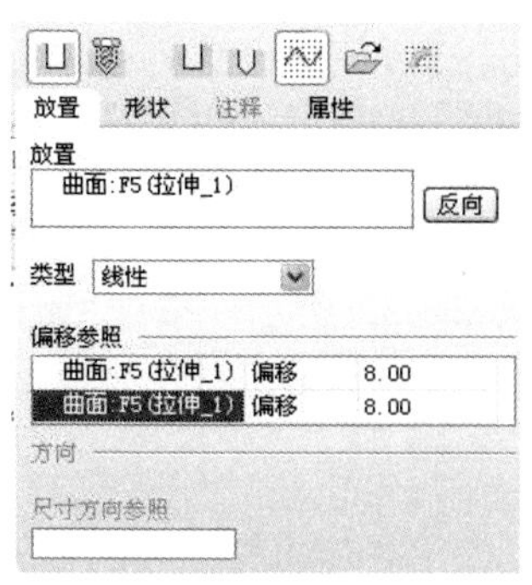

图 2.5.46　设置偏移尺寸

图 2.5.47　创建孔

建立简单孔，只需选定放置平面，给定形状尺寸与定位尺寸即可，而不需要设置草绘面、参考面等，这也是将孔特征归为放置特征的原因。平面放置参照必须垂直于孔的放置平面，例如零件表面和基准平面。

（7）创建镜像 1。

选中孔 1，如图 2.5.48 所示，单击“镜像”按钮，选择 RIGHT 面为镜像平面，如图 2.5.49 所示，单击按钮完成镜像孔的创建，如图 2.5.50 所示。

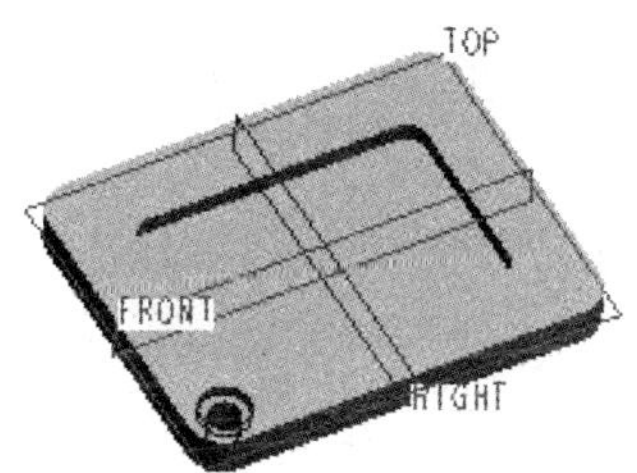

图 2.5.48　选择镜像对象

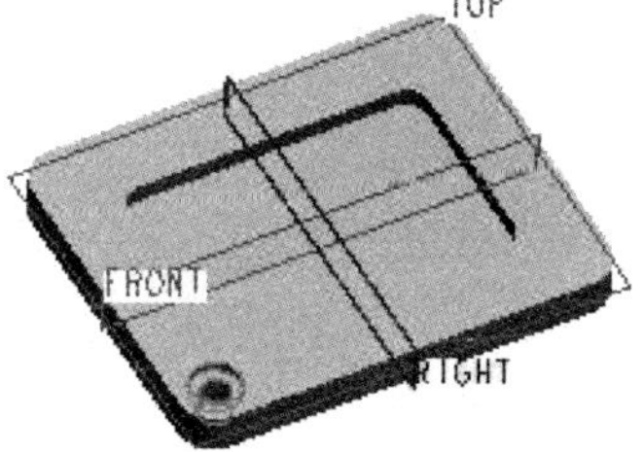

图 2.5.49　选择镜像平面

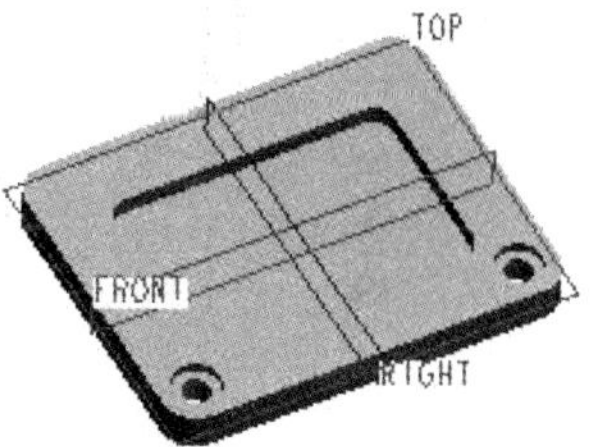

图 2.5.50　创建镜像结果

（8）创建镜像 2。

按 Ctrl 键同时选中两孔，如图 2.5.51 所示，单击“镜像”按钮，选择 FRONT 面为镜像平面，如图 2.5.52 所示，单击按钮完成镜像孔的创建，如图 2.5.53 所示。

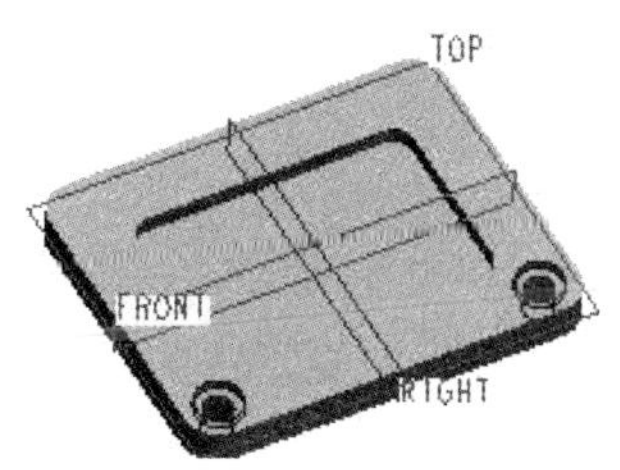

图 2.5.51　选择镜像对象

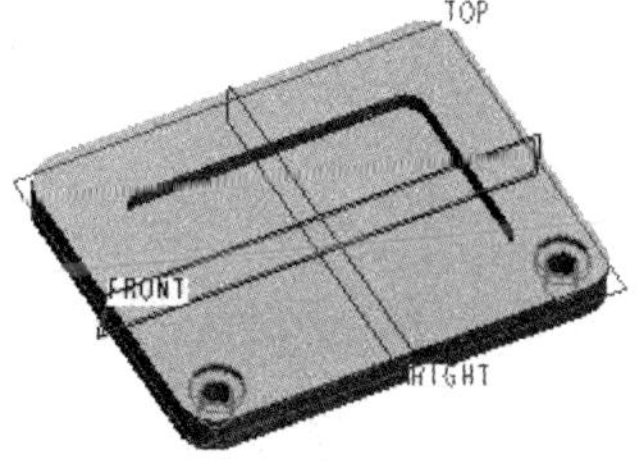

图 2.5.52　选择镜像平面

图 2.5.53　创建镜像结果

（9）创建孔 2。

Step 1　单击按钮，弹出创建孔的操控界面，将孔的直径改为 12，如图 2.5.54 所示。

图 2.5.54　创建孔的操控面板

Step 2　选择盖板的上表面作为放置孔的主参照面，如图 2.5.55 所示，按住 Ctrl 键选择两个次参照面分别为 RIGHT 面和 FRONT 面。修改偏移尺寸分别为 0，操控面板如图 2.5.56 所示，单击✓完成简单孔的创建，如图 2.5.57 所示。

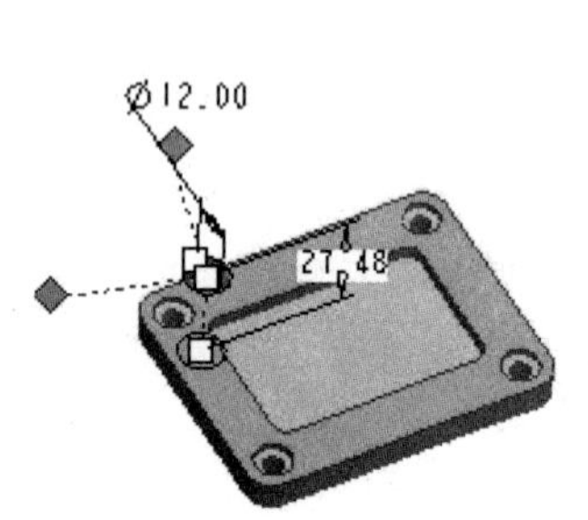

图 2.5.55　选择放置孔的主参照面

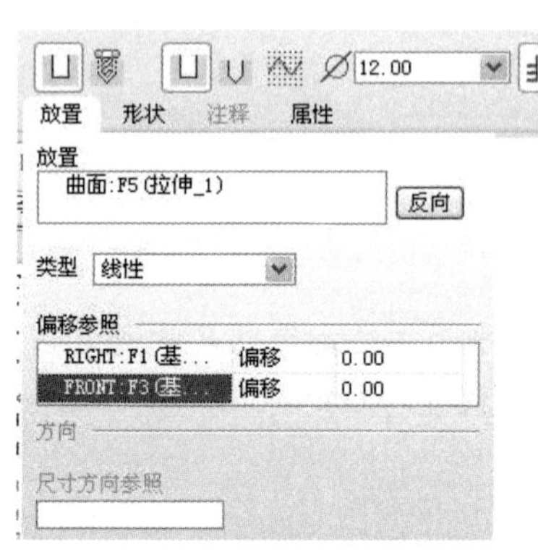

图 2.5.56　设置偏移尺寸

图 2.5.57　创建孔

案例 2　支座筋特征

案例出示：本案例要实现的筋特征的创建结果如图 2.5.58 所示

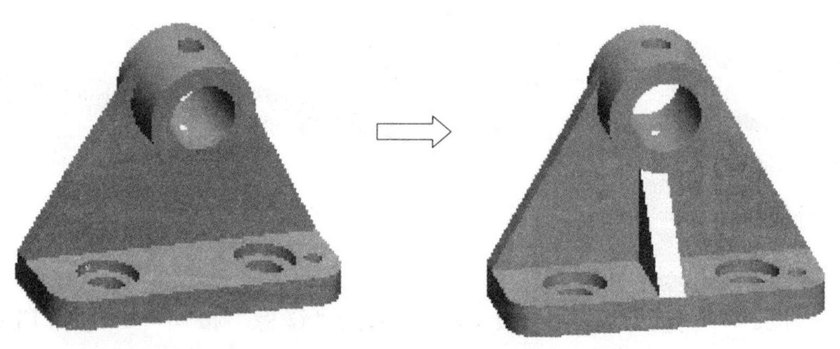

图 2.5.58　支座筋特征

知识目标：

（1）深入理解筋特征的概念。

（2）进一步掌握筋特征的创建方法及技巧。

能力目标：灵活运用筋特征创建各种筋的三维造型。

案例分析：本案例主要练习创建筋板命令的使用。

案例操作：

（1）创建模型。

单击按钮，然后单击“预览”按钮，选择“素材包\任务 5\anli2.prt”文件，单击“打开”按钮。

（2）创建筋特征。

Step 1　单击按钮进入操控面板，如图 2.5.59 和图 2.5.60 所示，单击“参照”→“定义”，选择 DTM1 为草绘平面，进入创建筋的工作界面。

Step 2　单击“草绘”→“参照”，建立参照如图 2.5.61 所示。

图 2.5.59　筋操控面板

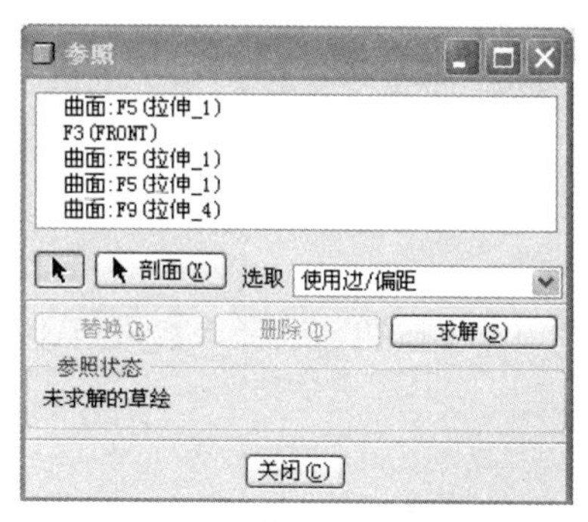

图 2.5.60　“参照”对话框

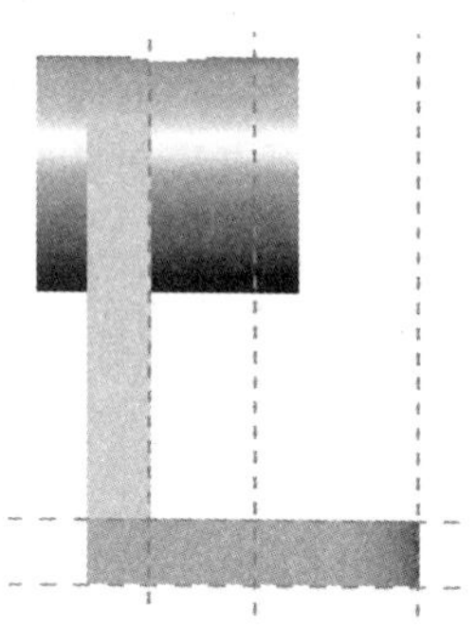
图 2.5.61　选择参照

Step 3　单击直线命令，绘制直线如图 2.5.62 所示，注意线段右下端的约束在实体的顶点上，单击✔退出草绘环境。

Step 4　选择筋的厚度为 8，单击箭头调节筋生成的方向，如图 2.5.63 所示，单击✔完成筋特征的创建，如图 2.5.64 所示。

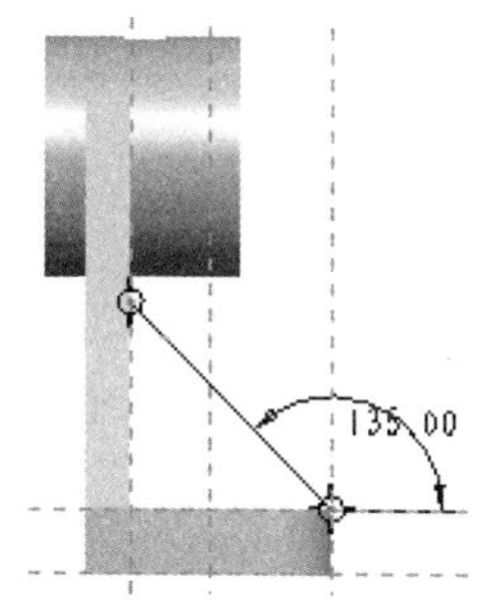

图 2.5.62　绘制筋

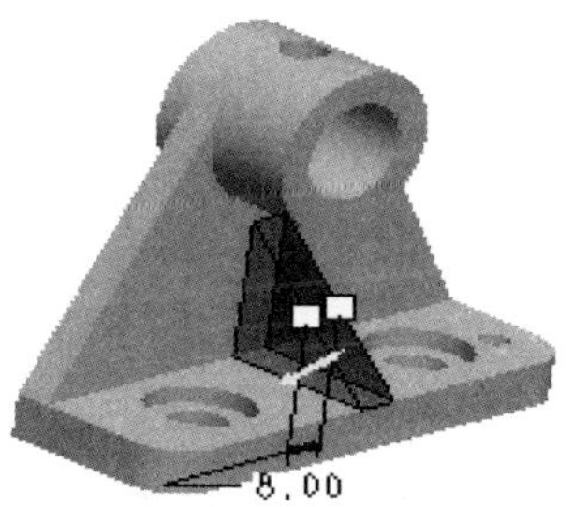

图 2.5.63　调节筋生成的方向

图 2.5.64　创建筋特征

（3）单击“文件”→“保存”命令，完成此任务的操作。

注意：由于加强筋特征是依附在零件的另一个特征上，所以绘制的剖面必须是开放的剖面。在绘制图元时，一定要使用约束的方法将图元的端点约束在实体上。

案例 3　杯子壳特征

案例出示：本案例要实现的杯子壳特征的创建结果如图 2.5.65 所示。

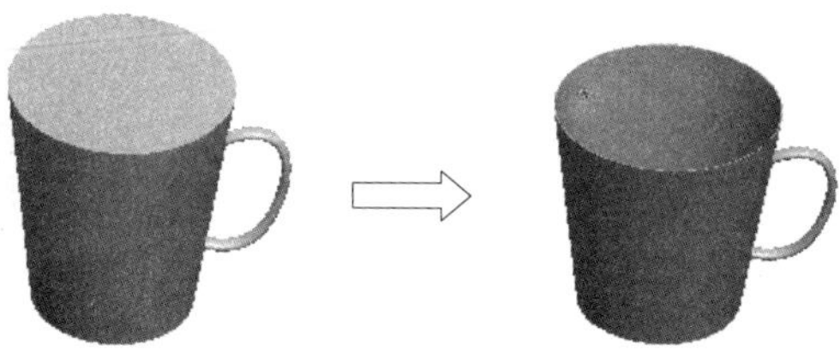
图 2.5.65　杯子壳特征

知识目标：

（1）深入理解壳特征的概念。

（2）掌握抽壳的基本操作。

（3）进一步掌握掌握抽壳中不同厚度的抽壳操作及排除面。

能力目标：灵活运用壳特征对零件抽壳。

案例分析：在基础实体上创建抽壳特征时，杯子的底部和边缘的厚度不同，在移出面中杯子把手要求设置为排除面。

案例操作：

（1）创建模型。

单击按钮，然后单击“预览”按钮，选择“素材包\任务 5\anli3.prt”文件，单击“打开”按钮。

（2）创建壳特征。

Step 1 单击按钮进入操控面板，如图 2.5.66 所示。

Step 2 单击“参照”选项卡，弹出上滑面板，如图 2.5.67 所示。

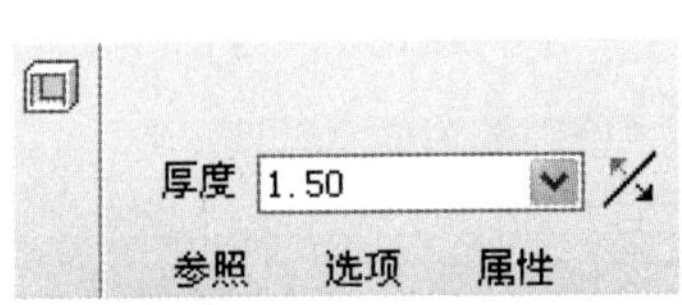

图 2.5.66 壳操控面板

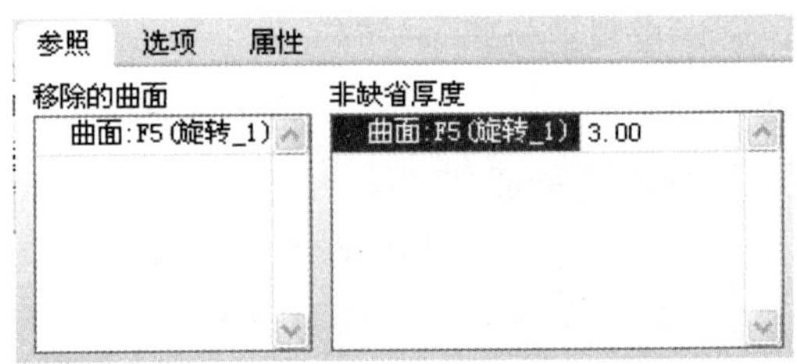

图 2.5.67 “参照”上滑面板

选中杯子上表面，然后单击右侧“非缺省厚度”收集器，如图 2.5.67 所示，单击杯子底面，将后面的数值改为 3。

Step 3 单击“选项”选项，弹出上滑面板，单击“排除的曲面”，如图 2.5.68 所示，选中杯子把手曲面，完成“选项”的操作，如图 2.5.69 所示。

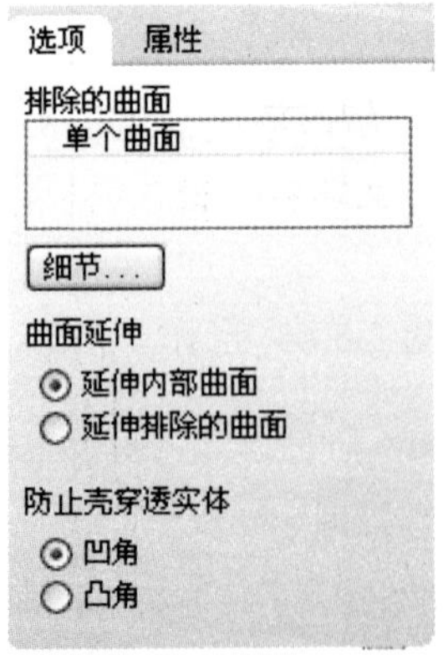

图 2.5.68 “选项”上滑面板

图 2.5.69 完成壳特征

Step 4 在操控面板的“厚度”框输入 1.5，单击完成壳特征的创建，如图 2.5.65 所示。

（3）单击“文件”→“保存”命令，完成此任务的操作。

提示：建立箱体类零件，常常用到抽壳特征，抽壳特征一般放在圆角特征之前进行。

CAD 中的“壳”命令为整个壳特征提供单一的壁厚，Pro/E 中的“壳”命令有一个为壳特征提供多个厚度的选项，如本任务，使用比较灵活。

建立抽壳特征的操作步骤总结如下：

（1）单击菜单“插入”→“壳”选项，或单击按钮，打开抽壳特征操控面板。

（2）在模型中选择要移除的面。如果要移走多个面，应按下 Ctrl 键，然后依次单击要移走的面。

（3）设定壳体厚度及去除材料方向。

（4）单击“预览”按钮，观察抽壳情况，单击按钮，完成抽壳特征。

案例 4　烟灰缸

案例出示：本案例要实现的烟灰缸如图 2.5.70 所示。

知识目标：

（1）巩固孔特征和壳特征的操作。

（2）掌握拔模斜度和倒圆角的操作方法。

能力目标：灵活运用拔模等各种放置特征对零件造型。

案例分析：烟灰缸的侧面采用孔特征创建两个简单孔，内侧面和外侧面增加拔模特征，内侧底面和顶面所有边倒圆角。

案例操作：

（1）新建零件，增加拉伸特征，其草绘平面为 TOP 基准面，草绘截面如图 2.5.71 所示，拉伸深度向上 4.0。

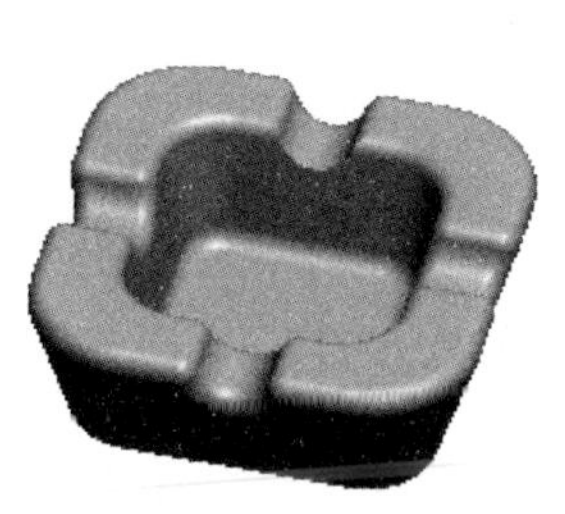

图 2.5.70　烟灰缸

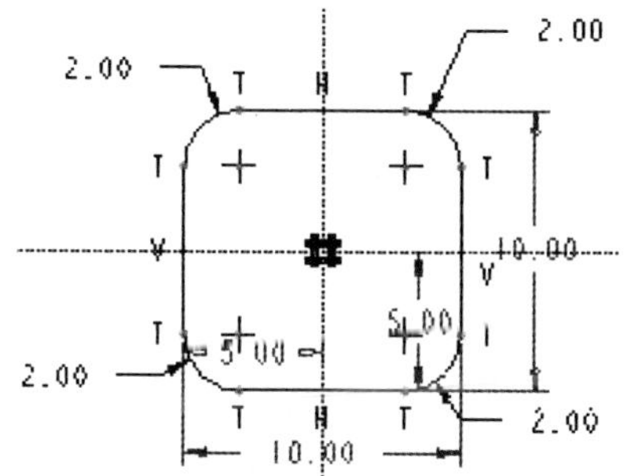

图 2.5.71　草绘截面

（2）拉伸特征去除材料，选择拉伸体的顶面为草绘平面，截面如图 2.5.72 所示，拉伸深度为向下 3.5，结果如图 2.5.73 所示。

（3）增加孔特征，如图 2.5.74 所示；孔为简单直孔，孔径为 2，深度方式为穿透所有；孔的主参照放置在侧面，定位方式选择“线性”，次参照选择拉伸体顶面和 FRONT 基准面，偏移都是 0，即将孔定位在顶面中部，结果如图 2.5.75 所示。

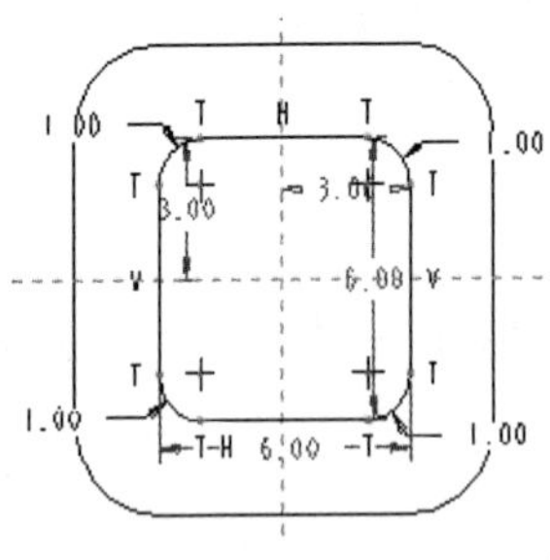

图 2.5.72　草绘截面

图 2.5.73　拉伸效果

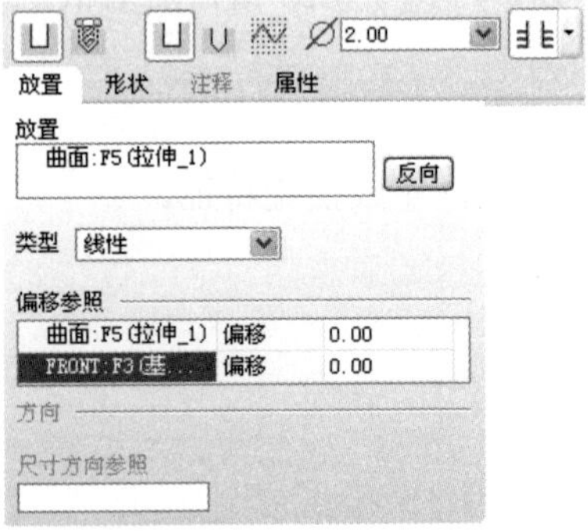

图 2.5.74　选择参照

图 2.5.75　增加孔特征

（4）同样在另一侧面也增加孔特征，次参照选择拉伸体顶面和 RIGHT 基准面，偏移都是 0，如图 2.5.76 所示，结果如图 2.5.77 所示。

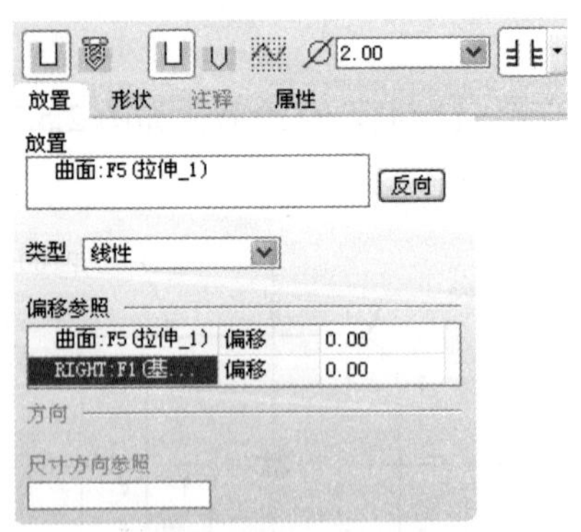

图 2.5.76　选择参照

图 2.5.77　增加孔特征

（5）在烟灰缸的内侧面增加拔模特征。

Step 1　单击按钮进入拔模操控面板，如图 2.5.78 所示。

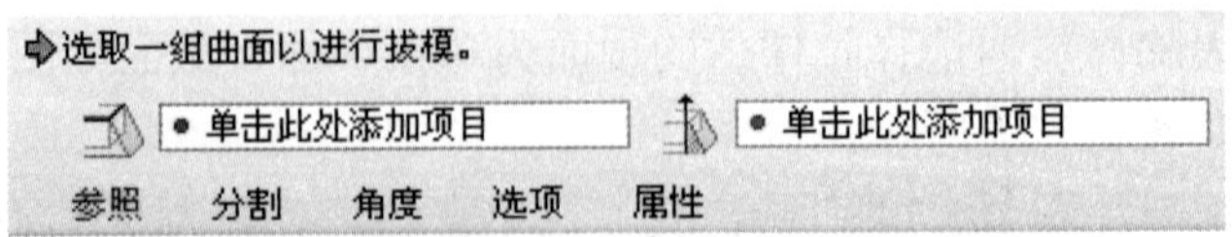

图 2.5.78　拔模操控面板

Step 2 在“参照”选项卡中按 Ctrl 键选中内侧面为“拔模曲面”，单击底面为“拔模枢轴”，单击箭头调整“拖动方向”，然后填写拔模角度为 12，如图 2.5.79 所示，得到的效果如图 2.5.80 所示。

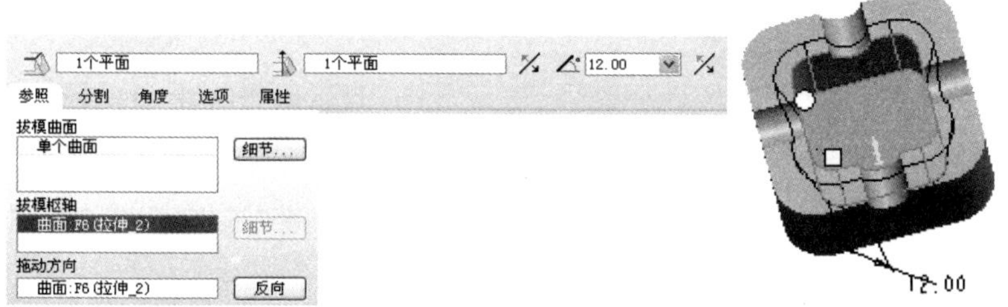

图 2.5.79 “参照”选项卡

（6）在烟灰缸的外侧面增加拔模特征，如图 2.5.81 至图 2.5.83 所示，形成 18°上大下小的拔模斜面。

图 2.5.80 拔模效果

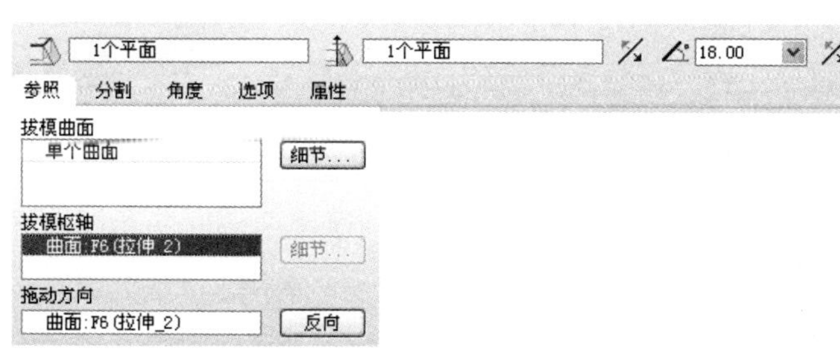

图 2.5.81 “参照”选项卡

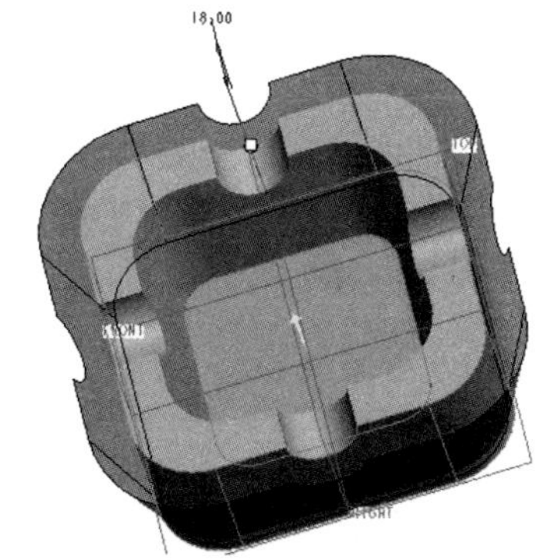

图 2.5.82 拔模方向

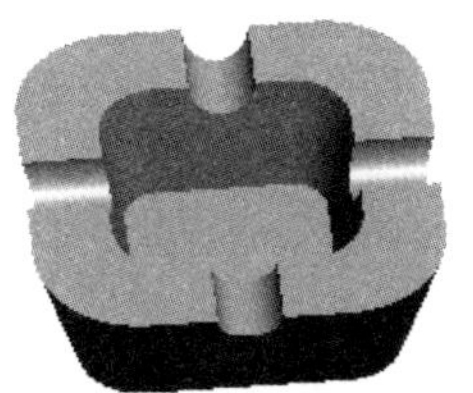

图 2.5.83 拔模效果

（7）倒圆角。

Step 1 单击倒直角特征工具按钮，半径为 0.6，参照选择烟灰缸内侧底面的一条边，系统会自动添加整个环，如图 2.5.84 至图 2.5.86 所示。

图 2.5.84 倒圆角操控面板

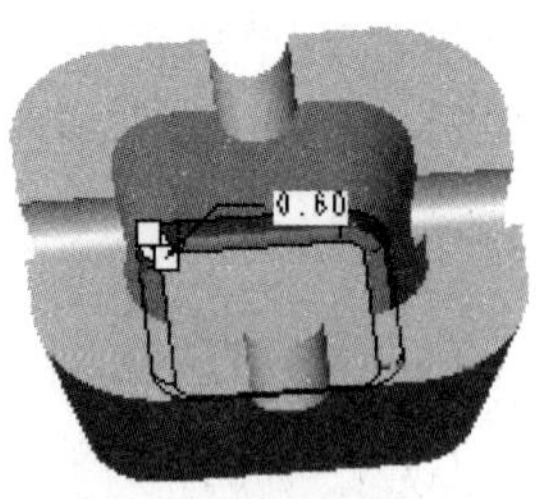

图 2.5.85　选择倒圆角的边

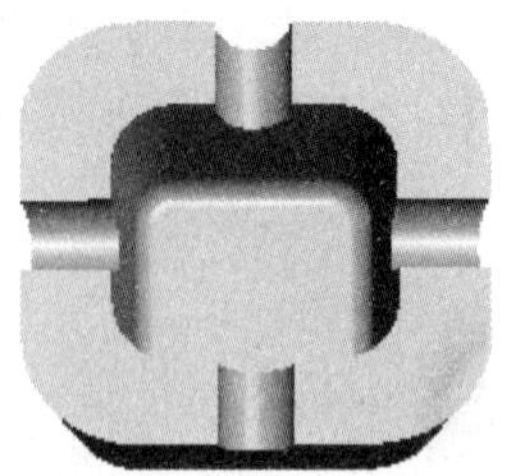

图 2.5.86　效果图

Step 2　在烟灰缸顶面所有边上增加半径为 0.5 的圆角，如图 2.5.87 至图 2.5.89 所示。

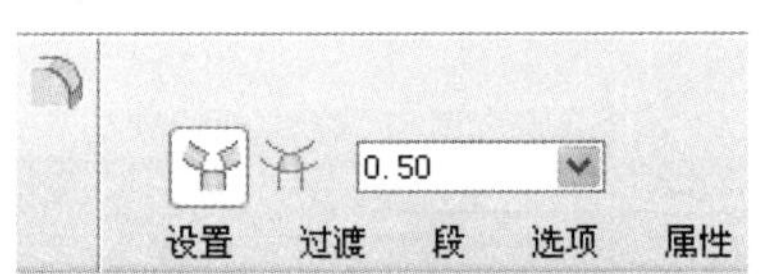

图 2.5.87　倒圆角操控面板

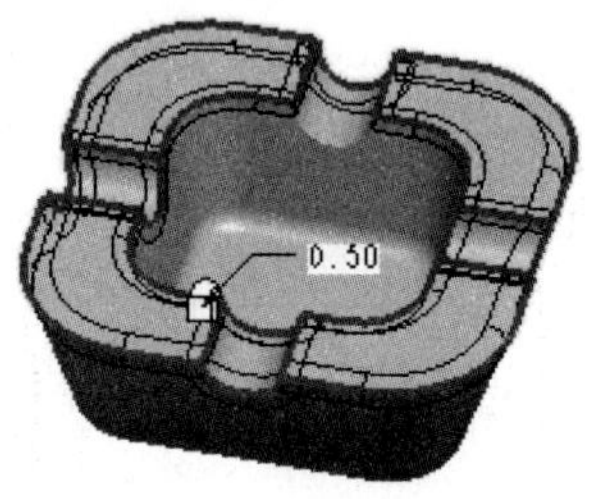

图 2.5.88　选择倒圆角的边

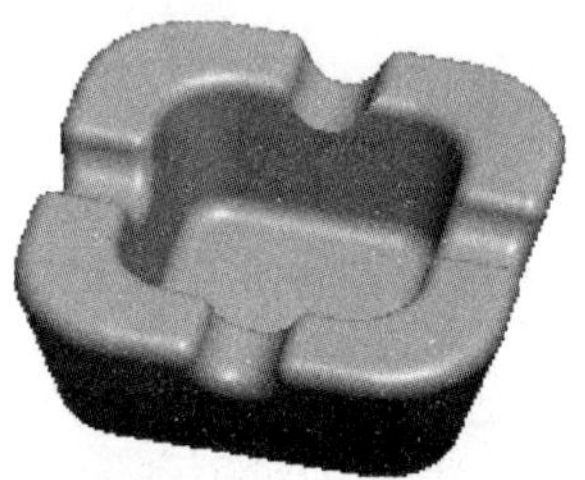

图 2.5.89　效果图

（8）单击“文件”→“保存”命令，完成此案例的操作。

案例 5　法兰盘

案例出示：本案例要实现的法兰盘模型如图 2.5.90 所示。

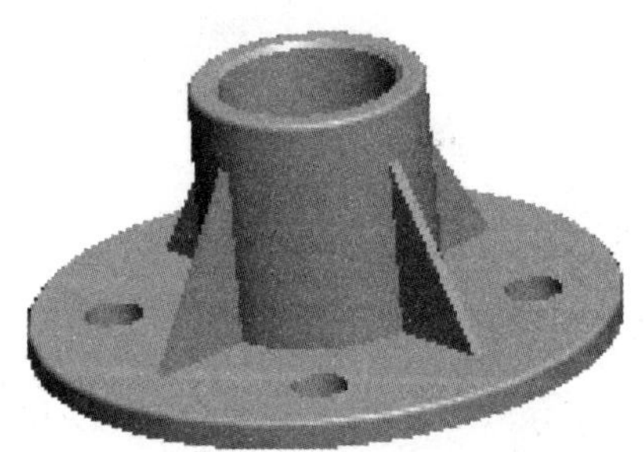

图 2.5.90　零件模型

知识目标：

（1）巩固孔特征和筋特征的操作。

（2）掌握拔模斜度、倒圆角和倒直角的操作方法。

（3）掌握轴阵列的操作。

能力目标：灵活运用各种放置特征对零件造型。

案例分析：该零件底板采用孔特征创建 4 个简单孔，底板外侧面增加拔模特征，圆筒和底板间有 4 个结构相同的筋板，圆筒表面外边线和底板上边线倒圆角。

案例操作：

（1）新建零件，增加旋转特征，其草绘平面为 FRONT 基准面，草绘截面如图 2.5.91 所示。

（2）在底板增加孔特征，如图 2.5.92 所示；孔为简单直孔，孔径为 20，深度方式为穿透所有；孔的主参照放置在底板上表面，定位方式选择“线性”，次参照选择 FRONT 和 RIGHT 基准面，偏移分别是 0 和 70，如图 2.5.93 所示，结果如图 2.5.94 所示。

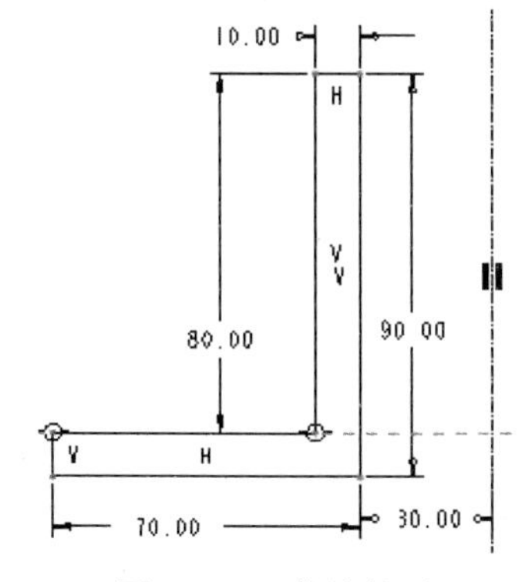

图 2.5.91　草绘截面

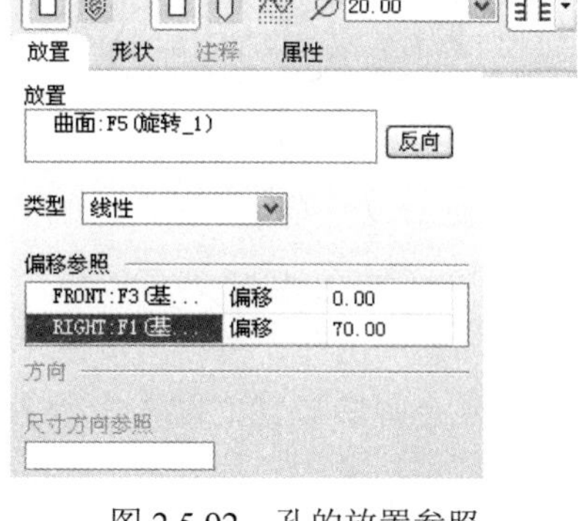

图 2.5.92　孔的放置参照

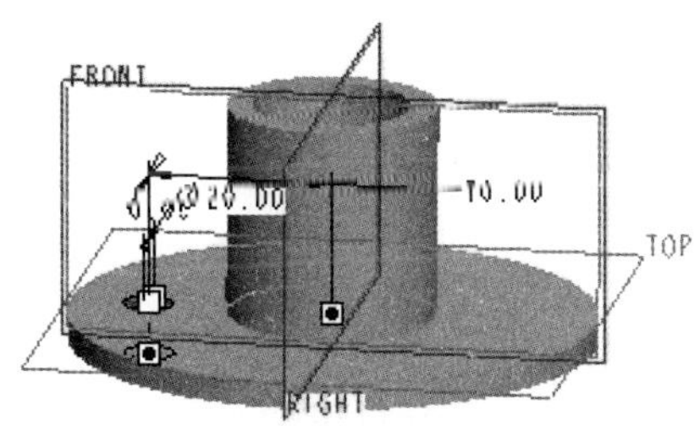

图 2.5.93　选择参照

图 2.5.94　效果图

（3）创建筋特征。

Step 1 单击窗口右侧的按钮，打开“基准平面”对话框，按住 Ctrl 键选择中心轴和 FRONT 面为参照，输入旋转角度为 45°，如图 2.5.95 所示，单击“确定”按钮创建一个基准平面 DTM1，如图 2.5.96 所示。

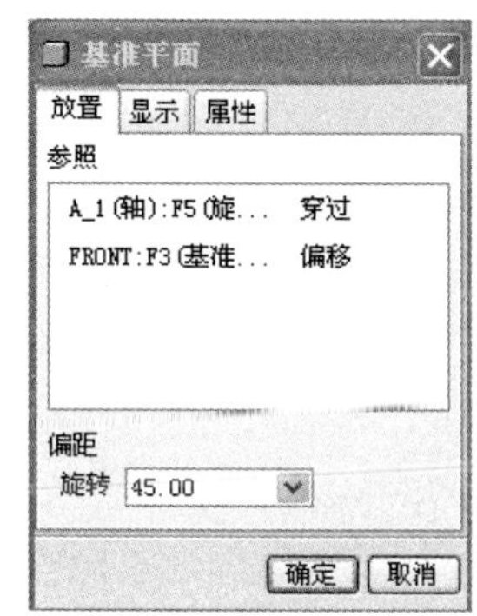

图 2.5.95　“基准平面”对话框

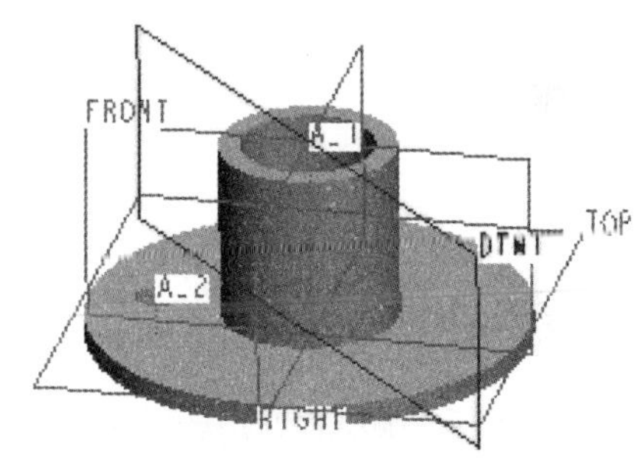

图 2.5.96　创建基准平面

Step 2 单击筋特征按钮，进入筋特征操控面板，单击“参照”→“定义”，选择 DTM1 为草绘平面，进入创建筋工作界面，绘制的图形如图 2.5.97 所示。

Step 3 选择筋的厚度为 4，单击箭头调节筋生成的方向，单击完成筋特征的创建，结果如

图 2.5.98 所示。

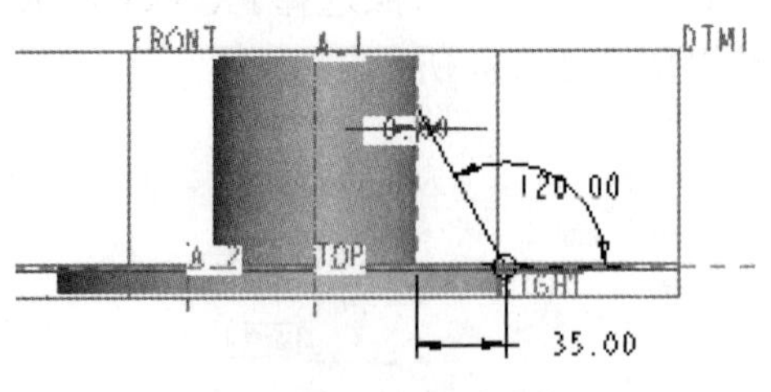

图 2.5.97　草绘筋截面

图 2.5.98　完成筋特征

（4）对孔进行圆周阵列。

Step 1　选中创建的圆孔，单击▦按钮，弹出阵列特征操控面板，在“尺寸”下拉列表中选择“轴”选项，选择中心轴，输入个数为 4，如图 2.5.99 所示。

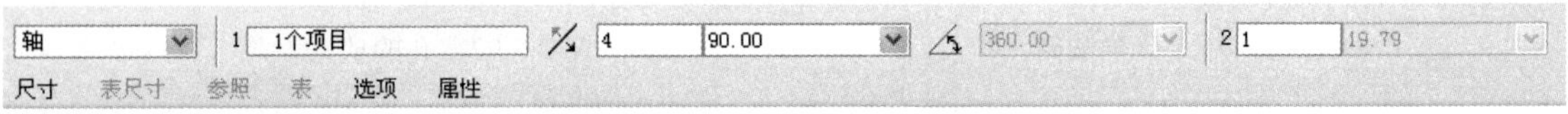

轴　1 1个项目　4　90.00　360.00　2 1　19.79
尺寸　表尺寸　参照　表　选项　属性

图 2.5.99　阵列特征操控面板

Step 2　单击✔完成孔阵列特征的创建，结果如图 2.5.100 和图 2.5.101 所示。

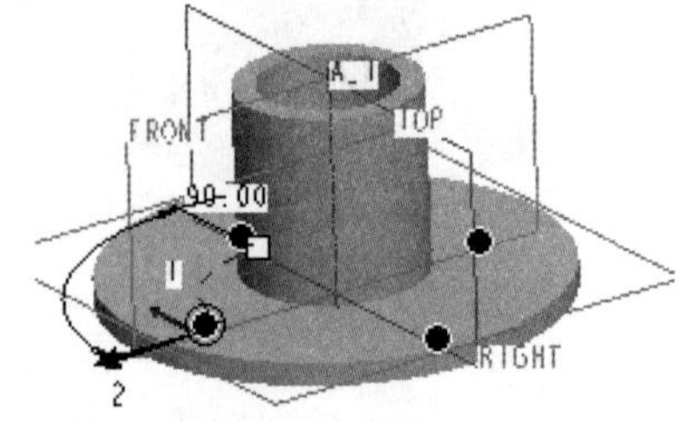

图 2.5.100　创建孔阵列

图 2.5.101　完成孔阵列

（5）用同样的方法完成筋阵列特征的创建，结果如图 2.5.102 所示。

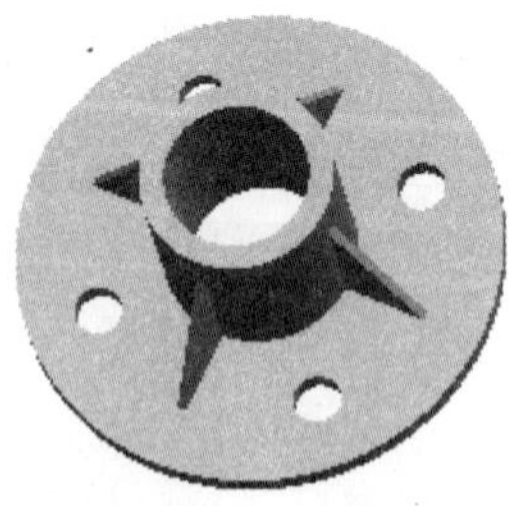

图 2.5.102　筋阵列

（6）在底板外侧面增加拔模特征。拔模角度为 2°，操控面板如图 2.5.103 所示，拔模曲面和拔模枢轴如图 2.5.104 所示，结果如图 2.5.105 所示。

图 2.5.103　拔模操控面板

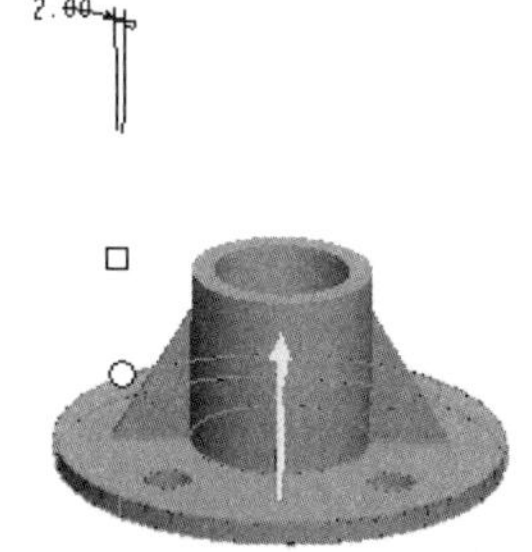

图 2.5.104　拔模曲面和拔模枢轴

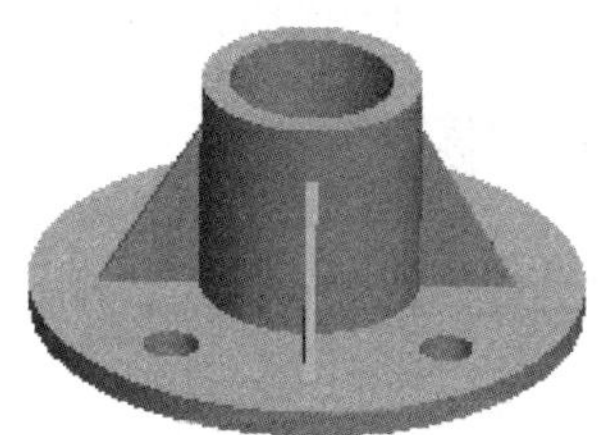

图 2.5.105　拔模效果

（7）对圆筒上表面内边线倒直角。

单击倒圆角特征工具按钮，如图 2.5.106 所示，选择 45×D，D 为 2，单击圆筒上边线，如图 2.5.107 所示，单击完成直角的创建，如图 2.5.108 所示。

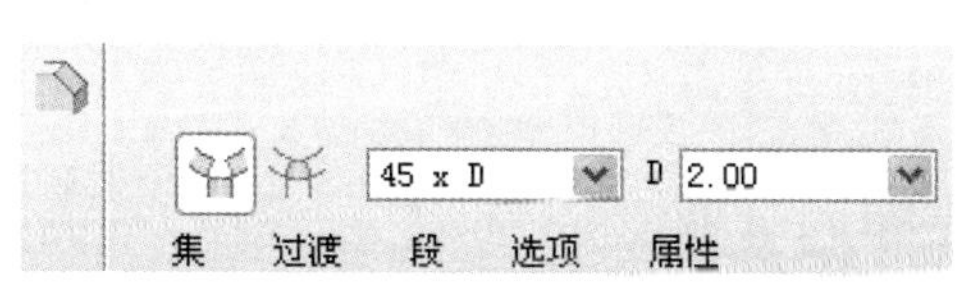

图 2.5.106　倒直角特征操控面板

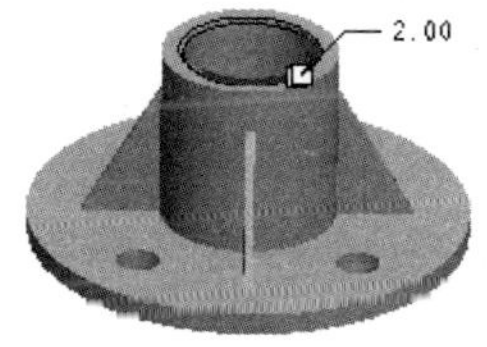

图 2.5.107　选择边

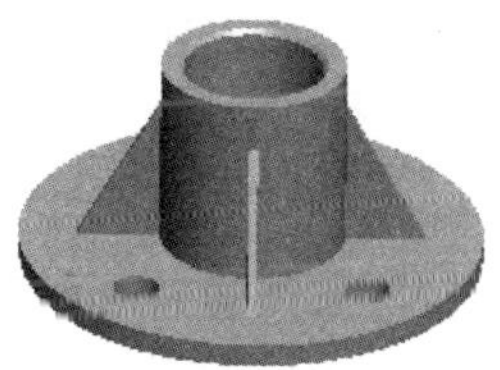

图 2.5.108　倒直角效果

（8）圆筒表面外边线和底板上边线倒圆角。

单击倒圆角特征工具按钮，半径为 2，参照选择圆筒表面外边线和底板上边线，系统会自动添加整个环，如图 2.5.109 所示，单击完成倒圆角特征的创建，最终效果如图 2.5.110 所示。

图 2.5.109　倒圆角操控面板

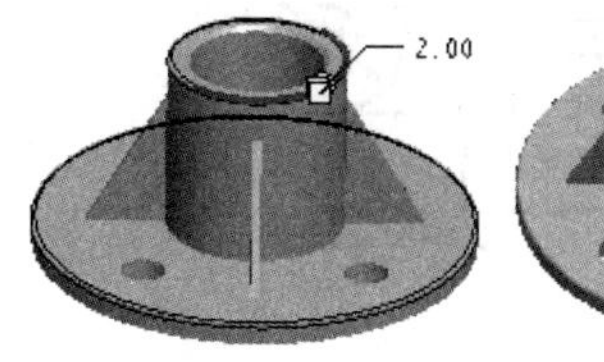

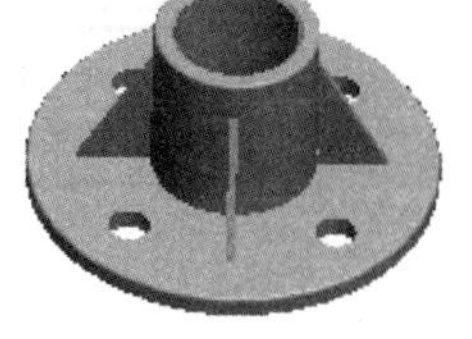

图 2.5.110　倒圆角效果

六、任务总结

放置实体特征必须以基础实体作为载体。在创建放置实体特征时，通常要考虑两个参数：一个是描述自身的定形参数；另一个是放置参数，放置参数用来确定放置实体特征在基础实体特征上的准确位置。其中，放置参数是通过一系列的参照来定位。

孔特征是一种常见的放置实体特征。Pro/E 提供了简单圆孔、草绘孔和标准孔 3 种类型。另外，系统提供了 4 种放置方法，分别是线性、径向、直径和同轴。

圆角特征可以实现模型表面间的光滑过渡。倒角特征与圆角特征的创建原理类似。

拔模特征用于在模型上加入斜度结构，它是使单独的曲面或一系列曲面绕某一旋转轴转动一定角度而形成的。管道特征是将圆形截面或环形截面沿指定的曲线轨迹扫描而成，而曲线轨迹是通过依次指定空间中若干点组成的。

壳特征用来创建中空的薄壁结构。筋特征是机械零件中的加强筋。

七、拓展训练

1．利用壳特征创建如图 2.5.111 所示的果盘。

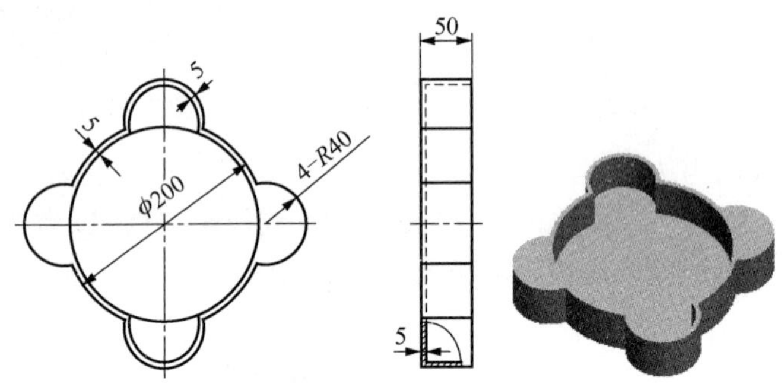

图 2.5.111　果盘示意图

2．利用孔特征和筋特征创建托架的三维模型，效果如图 2.5.112 所示。

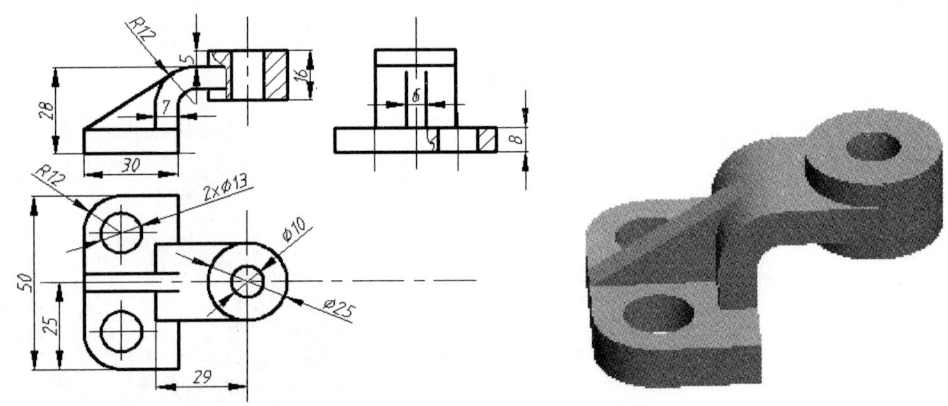

图 2.5.112　托架的零件图和三维模型图

3．用拔模特征制作斜楔模型，参数如图 2.5.113 所示。

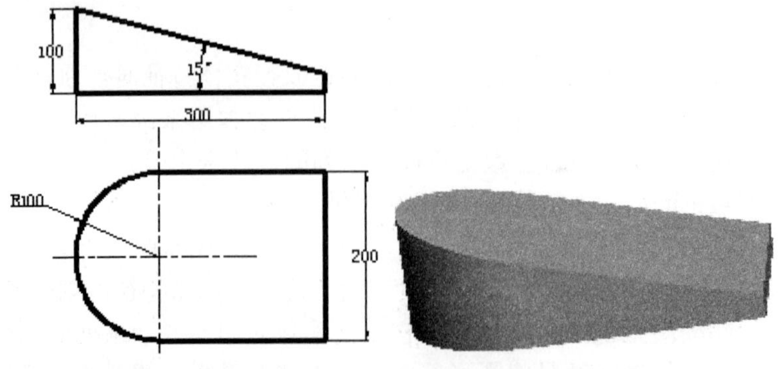

图 2.5.113　斜楔零件图及模型

操作提示：

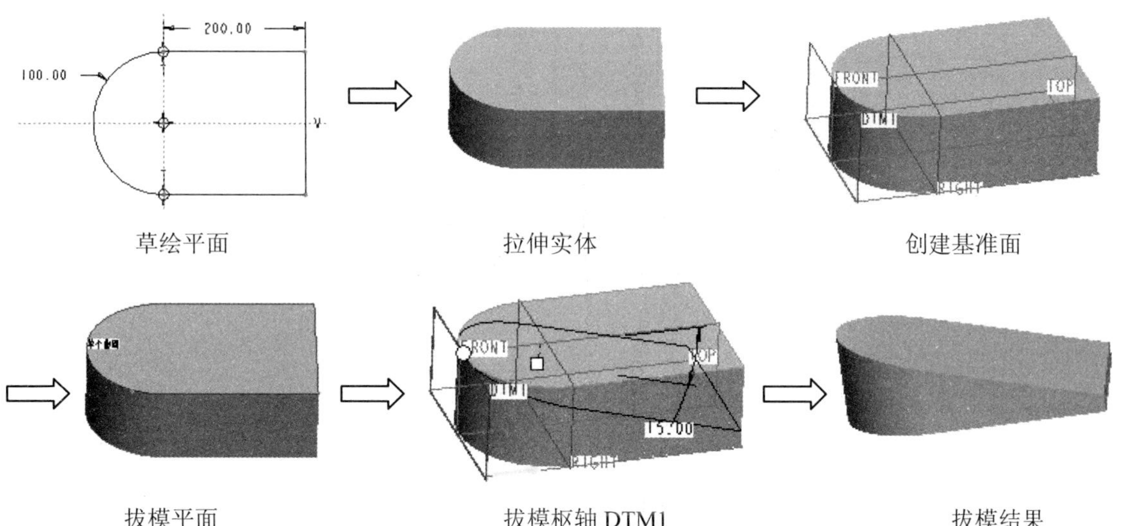

草绘平面　　拉伸实体　　创建基准面

拔模平面　　拔模枢轴 DTM1　　拔模结果

4．绘制如图 2.5.114 所示的支架特征，本任务着重练习筋特征的运用。

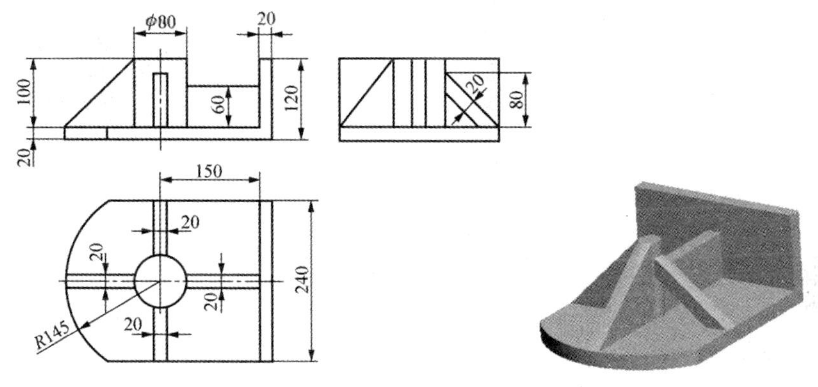

图 2.5.114　支架特征零件图和三维造型图

操作提示：

Step 1　创建基本模型，如图 2.5.115 所示。

Step 2　创建筋板。

单击按钮进入操控面板，单击“参照”进入内部草绘，绘制一条线（筋板的高度），筋 1 的结果如图 2.5.116 所示。创建其他筋板的方法同上。其中一块筋板需绘制两条直线，如图 2.5.117 所示。

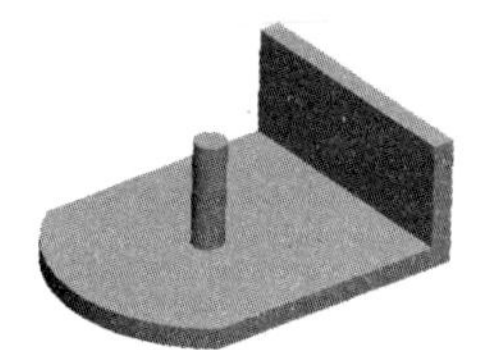

图 2.5.115　基本模型

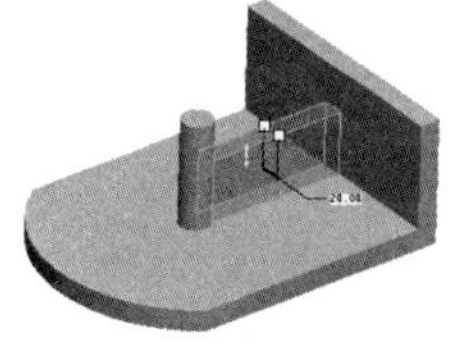

图 2.5.116　创建筋 1

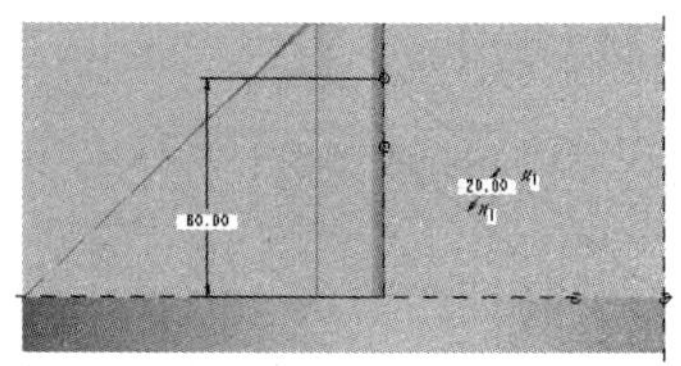

图 2.5.117　创建筋 2

5．绘制如图 2.5.118 所示的轴承座，本任务着重练习孔特征、筋特征及镜像工具的运用，掌握轴承轴座类零件的绘制技巧。

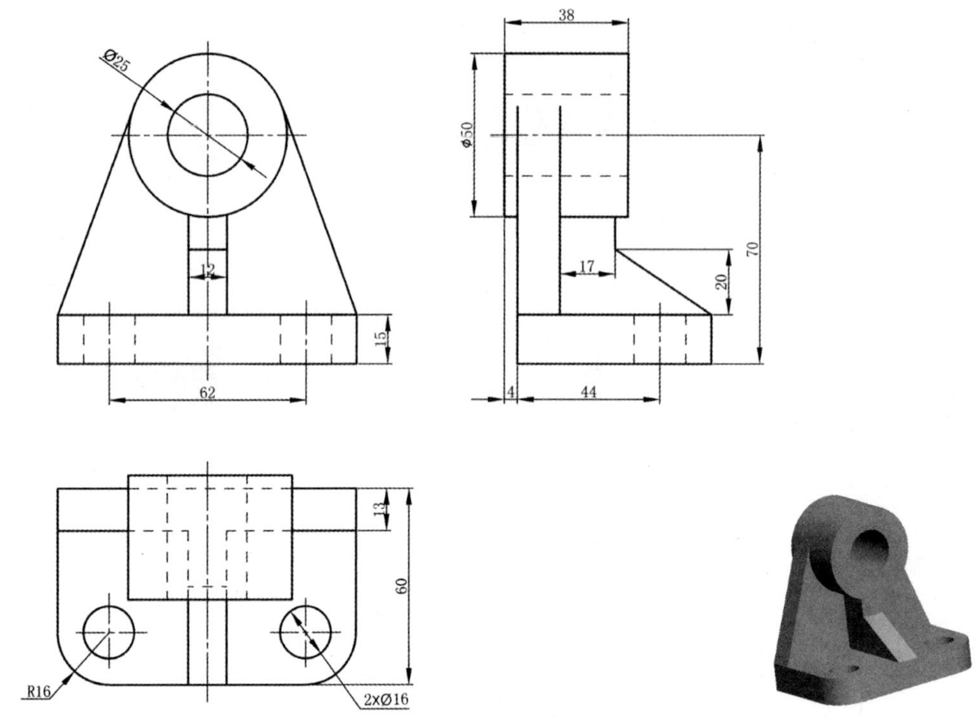

图 2.5.118　轴承座零件图和三维造型图

任务 2.6　实体特征操作

一、任务描述

Pro/E 以及目前大多 CAD/CAM 软件都是基于特征的，如前面提到的拉伸实体特征、旋转特征、放置实体特征等。在此可以把这些特征理解为构成最终实体的基本单元，这一点可以从导航卡的模型树中看出。

一般一个特征由特征类型、一些参照、一些设置和一些尺寸参数构成。比如某一孔特征，它的特征类型是“孔”，参照包括孔放置的表面（主参照）和次参照（位置参照）等，设置包括孔的类型等，尺寸参数包括孔径和孔深等。在 Pro/E 中，一旦创建特征的“特征类型”后就无法再改变，要改变只能将其删除，再插入其他类型的特征；但是特征的参照、设置、参数都是可以修改的。

二、任务训练内容

（1）特征的修改（编辑、编辑定义、编辑参照）。

（2）特征信息与模型树的操作。

（3）重新排序、重命名。

（4）特征组。

（5）特征的隐含与恢复。

（6）特征的阵列。

（7）特征的复制、粘贴。

三、任务训练目标

知识目标

（1）理解特征的概念。

（2）掌握特征的修改、插入、删除和隐含的基本操作。

（3）掌握特征的阵列、复制、粘贴的操作技巧。

技能目标

（1）使用各种特征操作进行零件的三维造型。

（2）灵活运用各种造型方法和特征操作进行零件的三维造型。

四、任务相关知识

1. 特征建模属性的修改

本任务主要复习巩固前面项目学过的知识，学生可以自主进行训练。在练习过程中如果出现错误，可以对特征属性进行修改。特征建模属性的修改包括改变草绘平面、更改截面外形和修改特征属性等项目，这些项目的修改必须使用“编辑定义”命令来完成。“编辑定义”命令必须在某一特征已经建立完成后使用，可以用其逐一修改该特征创建时的所有步骤及相关选项。

在建立或修改模型过程中，常常需要重新选定某个特征创建时所使用的参照物，这种修改就称为编辑参照。编辑参照可以改变特征的草绘平面、参照平面和特征放置面以及截面参照等，还可以取消特征与特征之间的父子关系，以便对其进行其他修改。但是有时在不清楚特征构建细节的情况下，使用编辑参照的方法并不是很方便，因此常常与“编辑定义”功能配合使用。

编辑参照方法的步骤如下：

（1）打开“重定参照”菜单管理器。在模型树或绘图区选择要编辑参照的特征→单击右键，选择菜单“编辑参照”，或选择主菜单“编辑”→“参照”→在屏幕下方出现“是否恢复模型”选项→选择“否”，工作区中模型显示不变，如选择“是”则工作区中被选定的编辑参照对象的模型消隐。打开“重定参照”菜单管理器如图 2.6.1 所示。

图 2.6.1　“重定参照”菜单管理器

（2）依照提示进行参照物设置以完成重定参照的修改。实例如图 2.6.2 所示。

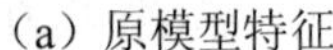

（a）原模型特征

（b）编辑参照后的特征

图 2.6.2　编辑参照

通过模型树检查发现“特征 2”的草绘面为模型前后对称面（FRONT 面），如图 2.6.3（a）所示，现在需要把草绘面变更为模型的后表面，选择“特征 2”→单击右键，选择菜单“编辑参照”命令，屏幕下方出现“是否恢复模型”选项→选择“否”选项，出现“重定参照”菜单管理器，如图 2.6.3（b）所示→在菜单管理器中选择“替换”命令，下方命令提示“选取一个替代草绘平面”→用鼠标选择模型的后表面作为替代的草绘平面。

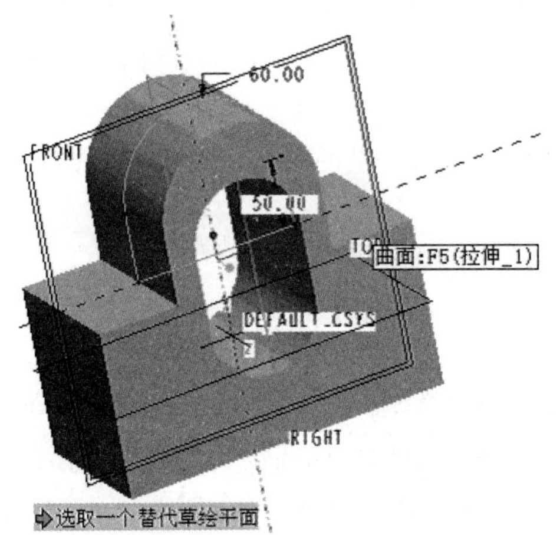

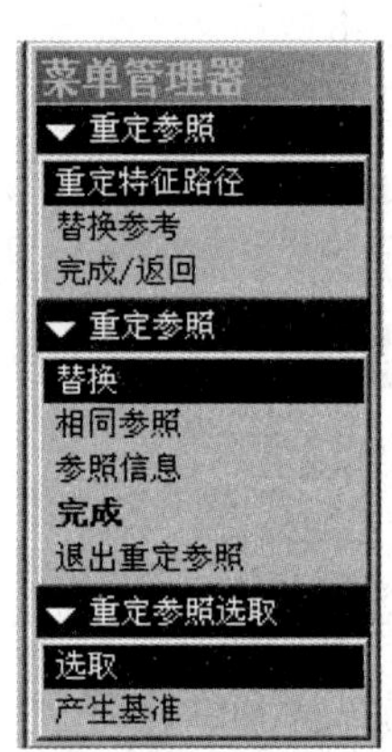

（a）原模型特征　　　　　　　　（b）“重定参照”菜单管理器

图 2.6.3　替代草绘平面

下方继续命令提示“为草绘器选取一个替代垂直参照平面”，在“重定参照”菜单管理器中选择“相同参照”；下方继续命令提示“选取一个替代尺寸标注参照”，仍选“相同参照”；下方仍然继续命令提示→“选取一个替代尺寸标注参照”，仍继续选择“相同参照”，系统重新计算新的特征模型，如图 2.6.4 所示，显然模型中特征 2 的拉伸属性参数不正确，还需进行尺寸编辑。

选择“特征 2”→右键菜单中选择“编辑定义”，出现拉伸操控面板，通过 按钮修改拉伸方式并将深度值修改为 50，如图 2.6.5（a）→单击 图标 →系统重新计算特征模型，结果如图 2.6.5（b）所示。

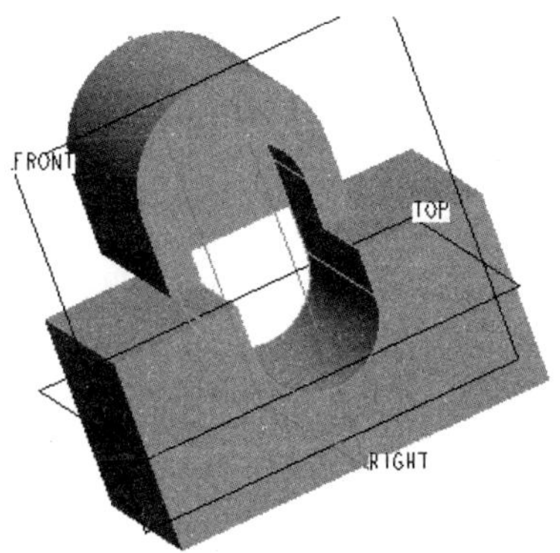

图 2.6.4　替代参照平面

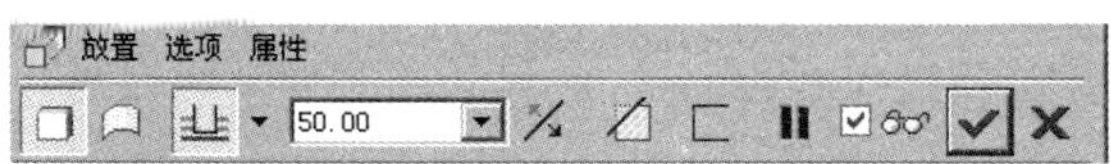

（a）原模型特征

（b）编辑参照后特征

图 2.6.5　拉伸操控面板

2. 特征创建顺序的变更

Pro/E 野火版 4.0 建模是以特征作为零件创建或存取的单元，因此可以随时调整特征建立的顺序，也可以随时插入一个新的特征，同时，特征建立的先后顺序也会影响最后生成的结果。如完成图 2.6.6（a）→（b）→（c）模型特征创建顺序的变更。

创建模型如图 2.6.6（a）所示，将模型通过重新排序的变更修改至图 2.6.6（b），再通过插入模式修改至图 2.6.6（c）所示。

（a）原特征模型

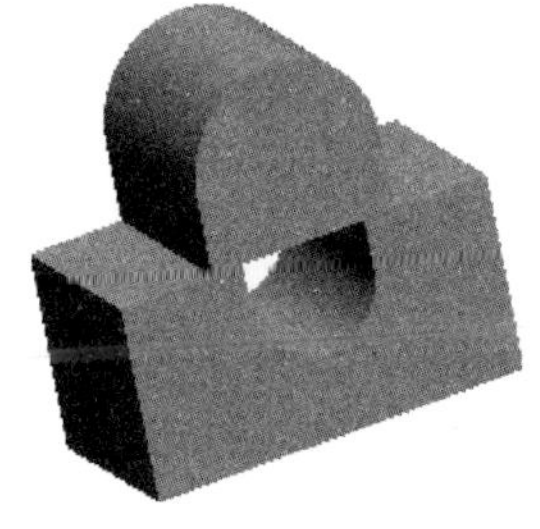

（b）重新排序

（c）插入模式

图 2.6.6　特征创建顺序的变更

（1）重新排序。

可以通过模型树直接拖拉或“编辑”命令进行。

在图 2.6.7（a）的模型树中，用鼠标单击并按住鼠标直接将要变更的特征“拉伸 3”往上拖拉到“拉伸 1”的后面，如图 2.6.7（b）所示，在新的位置放开鼠标，系统自动对模型进行重新计算，调整到图 2.6.7（b）的模型结果。

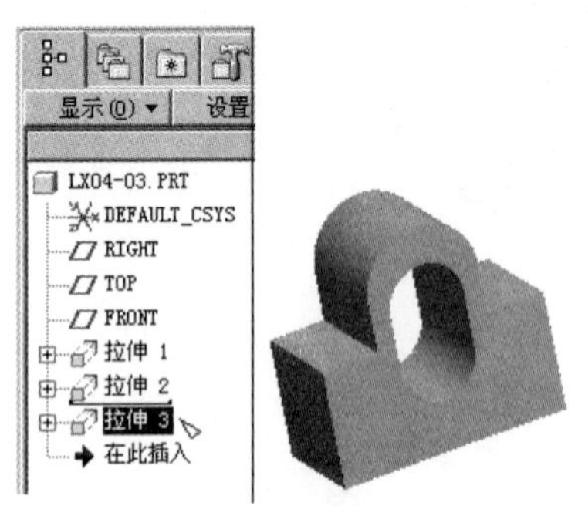

（a）原模型特征

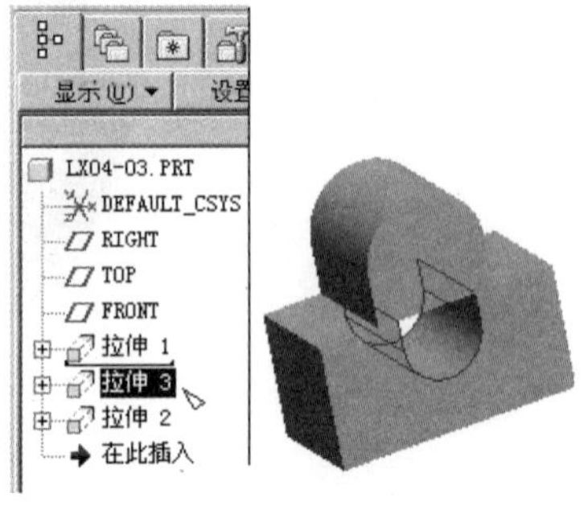

（b）重新排序后的特征

图 2.6.7　重新排序

也可通过命令重新排序。选择主菜单“编辑”→“特征操作”→“重新排序”命令，然后按照菜单管理器的提示一步步完成即可。读者可以自己试一试。

注意：调整特征顺序时，对模型中有参照关系的特征，其父特征不可以调整到子特征之后，子特征不可以移到父特征之前。

（2）插入模式。

在图 2.6.8（b）状态下采用重新排序的方法将“拉伸 3”调整回原状态，如图 2.6.8（a）所示。

单击模型树“→ 在此插入”，按住鼠标直接将其往上拖拉到特征“拉伸 1”的后面，如图 2.6.8（b）所示，在新的位置放开鼠标，系统自动进入“拉伸 1”之后的插入状态。

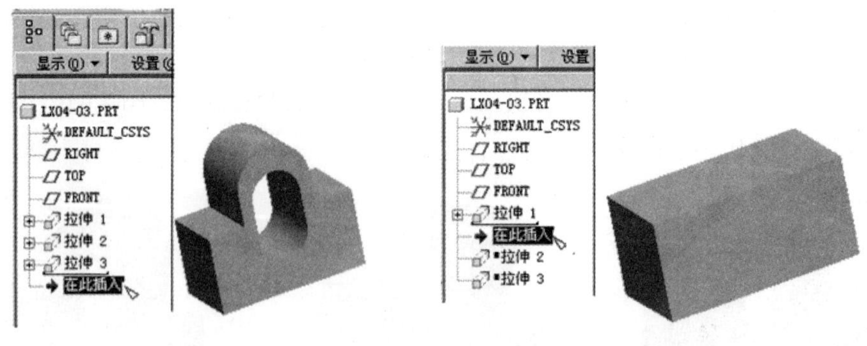

（a）原模型特征　　（b）插入特征状态

图 2.6.8　插入特征

选择主菜单栏的“插入”→“倒圆角”命令或直接单击倒圆角图标，进入倒圆角特征操控面板，采用倒圆角方法倒出图 4.1.10 所示的半径值为 5 的“圆角 1”和“圆角 2”→单击 ✔ 图标，完成倒圆角特征的插入。结果显示如图 2.6.9（a）所示。

单击“→ 在此插入”并拖回到模型树的最末尾，即特征“拉伸 3”的后面，放开鼠标，进行插入特征状态的取消。也可以单击“→ 在此插入”→单击右键菜单“取消”命令→取消插入特征状态，结果如图 2.6.9（b）所示。

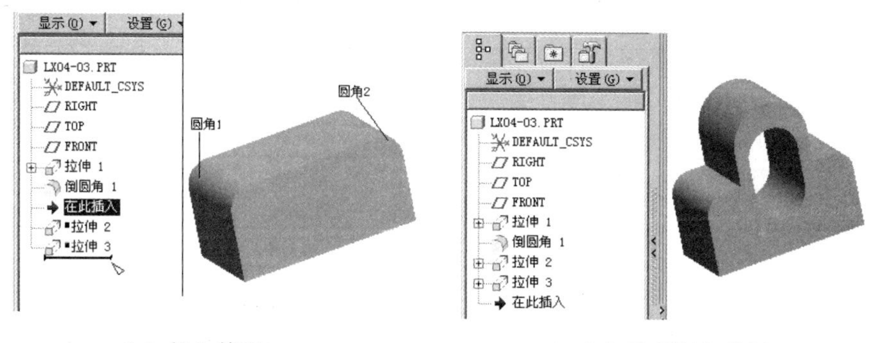

（a）插入特征　　（b）取消插入特征

图 2.6.9　插入特征

（1）插入模式的应用不允许在第一个特征之前插入特征。

（2）在插入一个新特征完成后，必须要记得“取消插入特征状态”，否则模型无法恢复原型。

（3）“插入特征”和“变更特征顺序”一样，还可以通过“插入特征”命令来实现：选择主菜单栏的“编辑”→“特征操作”→“插入特征”命令，然后按照菜单管理器的提示一步步完成即可。读者可以自己试一试。

3. 特征阵列

前面所讨论的特征都是针对单个特征进行操作，当重复进行多个相同或者相似特征的操作时，如果还是一个一个地去处理，反复的重复工作会带来很大的麻烦，因此 Pro/E 提供了对相同特征进行阵列和复制的操作功能。

按阵列特征的排列方式可以分为两种类型：直线阵列类型和环形阵列类型，如图 4.34（b）、（c）所示。

如果按阵列操作方式的不同可以有 6 种阵列方式，如表 2.6.1 所示。

我们称将要被进行阵列的对象特征称为“阵列导引”，如图 2.6.10（a）所示，（b）和（c）就是由（a）经过阵列操作的结果，该对象称为“阵列实例”。

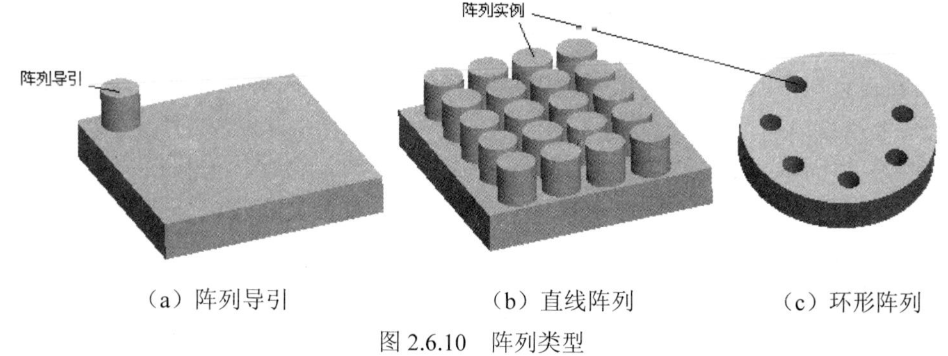

（a）阵列导引　　（b）直线阵列　　（c）环形阵列

图 2.6.10　阵列类型

表 2.6.1 阵列方式

阵列参数	说明
尺寸	通过使用驱动尺寸并指定阵列的增量变化来控制阵列。尺寸阵列可以是单向或双向
方向	通过指定方向并使用拖动手柄设置阵列增长的方向和增量来创建自由形式的阵列。可以是单向或双向阵列
轴	通过使用拖动手柄设置阵列角增量和径向增量来创建自由形式的径向阵列。也可以将阵列拖动成为螺旋形
表	通过使用阵列表并为每一阵列实例指定尺寸值来控制阵列
参照	通过参照另一阵列来控制阵列
填充	通过根据选定的栅格用实例填充区域来控制阵列

无论进行哪种类型或哪种方式的阵列，都要首先选取阵列导引，然后可以通过以下三种方法之一打开阵列操控面板，如图 2.6.11 所示，以便在操控面板中完成阵列的操作。

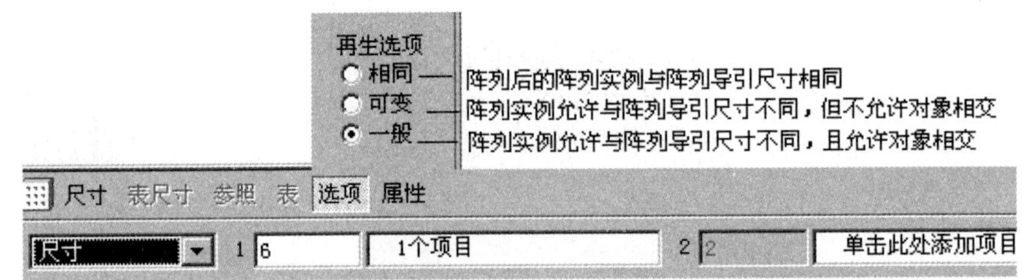

图 2.6.11 阵列操控面板

（1）打开阵列操控面板的方法有三种：

- 单击右键，在快捷菜单中选择“阵列”命令。
- 选择“编辑”→“阵列”命令。
- 单击“编辑特征”工具栏中的“阵列”图标。

（2）阵列“再生选项”三种选项的应用如图 2.6.11 所示。

4．特征的隐藏/显示

要隐藏项目，可选取模型树中的一个或多个项目，然后右击并选取“隐藏”命令。选取的一个或多个项目会在图形窗口中临时隐藏起来，同时被添加到“隐藏项目”层（关于层的操作将在后面介绍）。

要显示隐藏项目，可选取要显示的项目，然后右击并使用以下方法之一：

（1）在“层树”中，在“隐藏的项目”下右击并选取“取消隐藏”命令。

（2）在模型树中，右击并选取“取消隐藏”命令，或选择菜单“视图”→“可见性”→“取消隐藏”命令。

使用“隐藏”命令只是在视觉上移除特征，而隐含特征会在物理和视觉上将特征从模型上临时移除。例如，为了在其位置试用另一特征，隐含特征允许临时移除单个或一组特征，并在随后恢复它们。

5．特征的隐含和恢复

应用隐含特征的方法是在模型树中右击特征，在出现的快捷菜单中单击“隐含”命令。

特征被隐含后缺省状态下在模型树中是不可见的，所以要恢复特征可以在菜单“编辑”→“恢复”中选择“恢复上一个集”命令以恢复最后被隐含的特征，或者选择“恢复全部”命令以恢复所有被隐含的特征。如果有多个特征被隐含，只想恢复中间的某个，则必须单击模型树所在的导航板中的“设置”→“树过滤器”，并选中“隐含的对象”复选框，如图 2.6.12 所示，则被隐含的特征将会出现在模型树中。

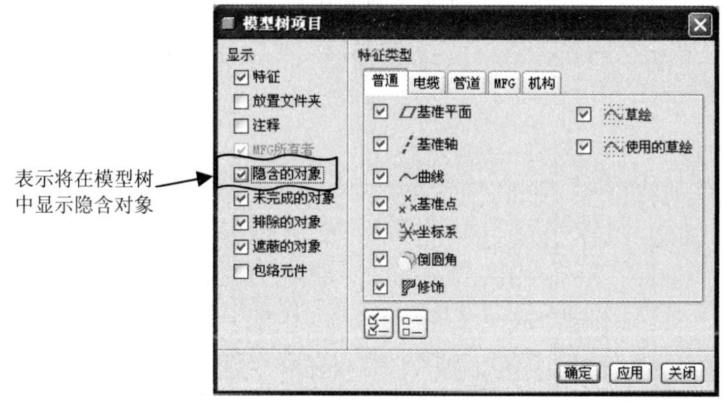

图 2.6.12　模型树过滤器的设置

在显示了隐含特征后，可选取它们并从右键的快捷菜单中单击“恢复”命令，以便将它们交回模型中。

隐含特征就是将其从模型中暂时删除，可以随时采用“解除隐含”命令来恢复已隐含的特征。

五、任务实施

案例 1　滚动轴承

案例出示：滚动轴承用来支撑旋转轴，是现代机器中广泛采用的标准件，本案例绘制如图 2.6.13 所示的滚动轴承。

图 2.6.13　滚动轴承

知识目标：

（1）理解特征的概念。

（2）进一步掌握特征组的创建、隐含特征等的操作方法及技巧。

能力目标：灵活运用各种修改特征对零件造型。

案例分析：本案例主要练习隐含特征和恢复隐含特征的操作。

案例操作：

（1）新建零件文件。

（2）创建轴承内外圈。

Step 1 单击“基础特征”工具栏上的工具按钮，在操控面板中单击“放置”按钮，然后在弹出的界面中单击“定义...”按钮，进入“草绘”对话框，选取 FRONT 基准平面作为草绘平面，单击“草绘”按钮，进入草绘模式，绘制截面如图 2.6.14 所示，得到轴承的内外圈，如图 2.6.15 所示。

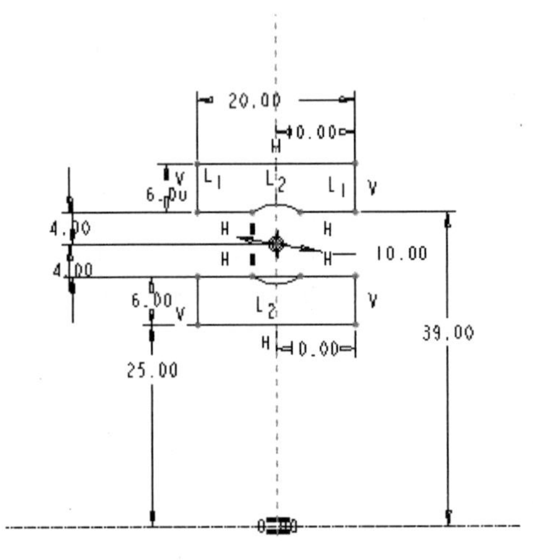

图 2.6.14 绘制截面

图 2.6.15 轴承内外圈

Step 2 单击特征工具栏中的按钮，采用 D×D 的倒角方式，每边方向上的倒角尺寸为 1，选择要倒角的边，如图 2.6.16 和图 2.6.17 所示，单击按钮，完成倒角的创建，效果如图 2.6.18 所示。

图 2.6.16 选择要倒角的边

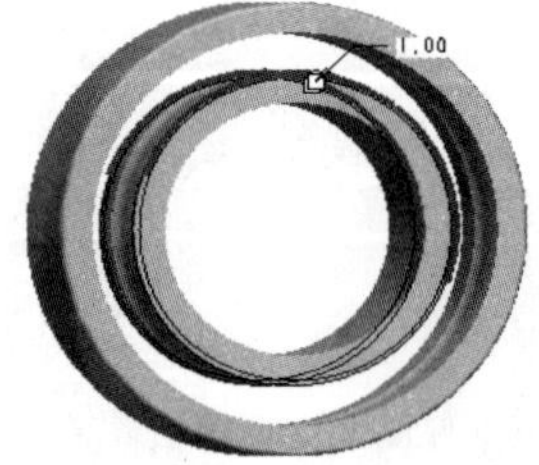

图 2.6.17 选择要倒角的边

图 2.6.18 效果图

（3）创建轴承保持架。

Step 1 为了方便创建轴承的内部造型，先将前一特征隐含。

Step 2 以旋转方式建立薄壁特征（加厚草绘，厚度为 1，切换厚度方向为草绘内侧），作为轴承保持架，如图 2.6.19 所示，其草绘平面也在 FRONT 面，结果如图 2.6.20 所示。

Step 3 恢复轴承内外圈，以查看保持架是否在同一平面；确认后再将内外圈隐含，以便于观察。

（4）创建轴承保持架上的孔及滚珠。

Step 1 插入与 FRONT 面平行偏移 35 的基准面，如图 2.6.21 所示。

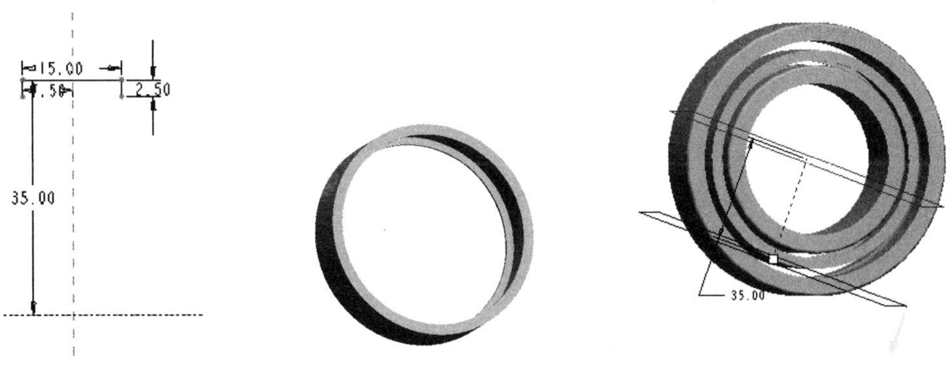

图 2.6.19　旋转截面　　图 2.6.20　旋转结果　　图 2.6.21　创建基准面

Step 2 以上一步得到的基准面为草绘平面，草绘直径为 10.5 的圆，如图 2.6.22 和图 2.6.23 所示，拉伸切除出孔，如图 2.6.24 所示。

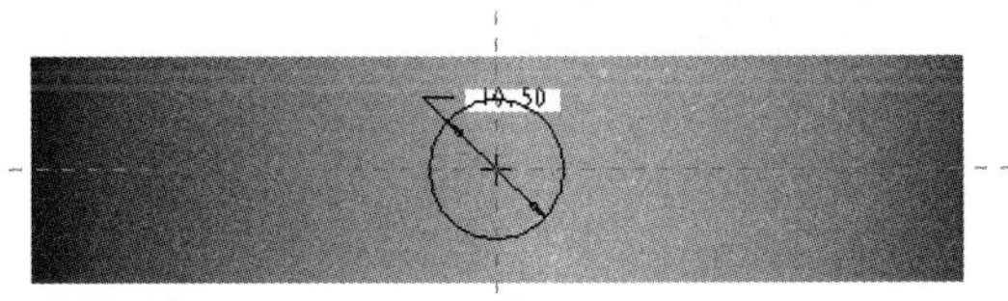

图 2.6.22　草绘截面

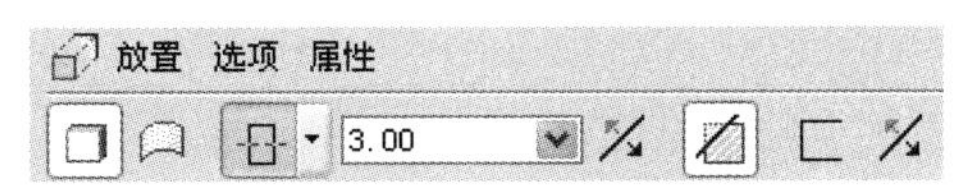

图 2.6.23　操控面板

Step 3 选择相同的草绘平面，旋转造型出轴承滚珠（球半径为 5），如图 2.6.25 所示。

图 2.6.24　拉伸结果

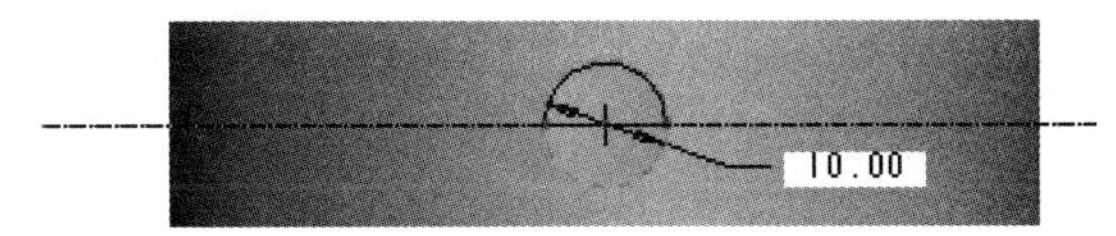

图 2.6.25　草绘轴承滚珠截面

Step 4 将孔和滚珠归为一组；选中该组，进行轴阵列，参考轴为保持架的旋转中轴，轴向实例数为 12，总角度为 360°，如图 2.6.26、图 2.6.27 和图 2.6.28 所示。

图 2.6.26　操控面板

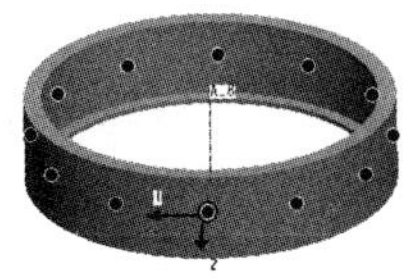

图 2.6.27　阵列孔和滚珠

图 2.6.28　阵列结果

（5）完成滚动轴承的创建。

恢复被隐含的特征，完成的零件模型如图 2.6.13 所示。

（6）单击“文件”→“保存”命令，完成此任务的操作。

案例 2　直线阵列

案例出示：本案例使用“尺寸”阵列方式绘制如图 2.6.29 所示的零件。

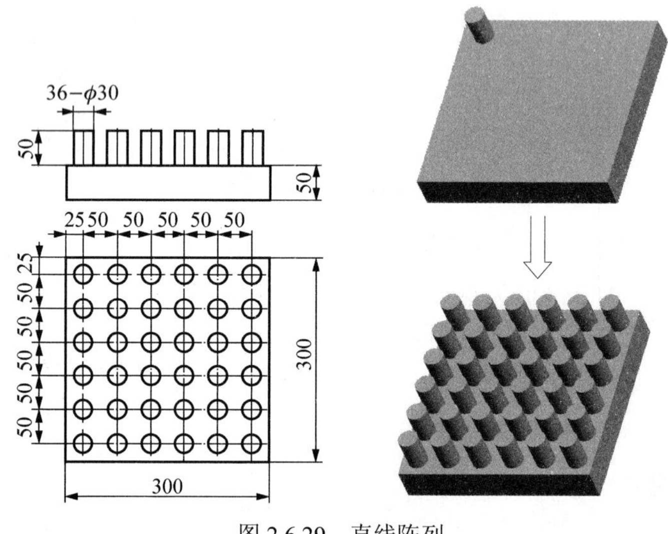

图 2.6.29　直线陈列

知识目标：

（1）理解阵列的概念。

（2）掌握尺寸阵列的操作。

能力目标：灵活运用尺寸阵列对零件造型。

案例分析：本案例包含按一定规律排列的圆柱。可先创建两个基础特征：底板（300×300×50）和圆柱特征，然后使用尺寸阵列实现。

案例操作：

（1）打开模型。

单击按钮，然后单击“预览”按钮，选择“素材包\项目 2\任务 6\renwu3.prt”文件，单击“打开”按钮。

（2）阵列操作。

Step 1 在模型树中选择“拉伸 2”特征，然后在右侧工具栏单击“阵列”按钮，打开阵列特征操控面板，绘图区显示控制圆柱特征的尺寸，选择以“尺寸”创建阵列。

Step 2 单击操控面板的“尺寸”按钮，单击方向 1“选取项目”，在绘图区选 X 方向尺寸为 125，在增量中输入-50，作为尺寸增量。单击操控面板的“尺寸”，单击方向 2“选取项目”，在绘图区选 Y 方向尺寸为 125，在增量中输入-50，作为尺寸增量，如图 2.6.30 所示。

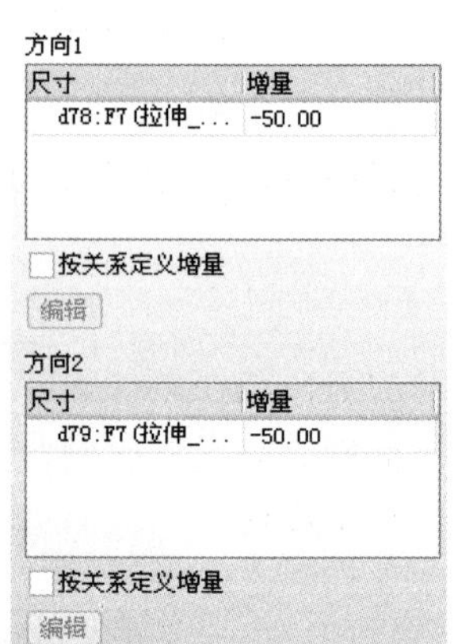

图 2.6.30　阵列特征操控面板

Step 3 在操控面板输入第一方向阵列数 6，输入第二方向阵列数 6，如图 2.6.31 和图 2.6.32 所示。

图 2.6.31　操控面板

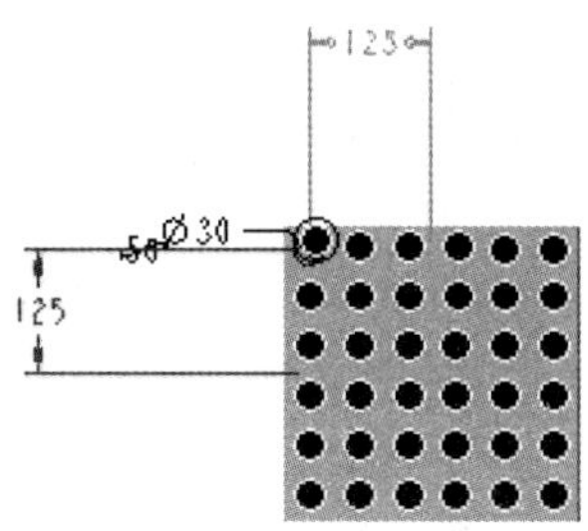

图 2.6.32　方向阵列

注意：修改增量时注意看方向。系统允许只阵列一个单独特征。要阵列多个特征，可创建一个“局部组”，然后阵列这个组。创建组阵列后，可取消阵列或取消分组实例以便可以对其进行独立修改。

Step 4 单击☑按钮完成阵列特征。

（3）单击“文件”→“保存”命令，完成此案例的操作。

注意：输入的尺寸增量在模型中不显示，要修改该尺寸增量只需单击阵列面板中的“尺寸”按钮，在打开面板的“增量”栏中进行相应的修改即可。

案例 3　车床床身油网

案例出示：绘制如图 2.6.33 所示的车床床身油网。

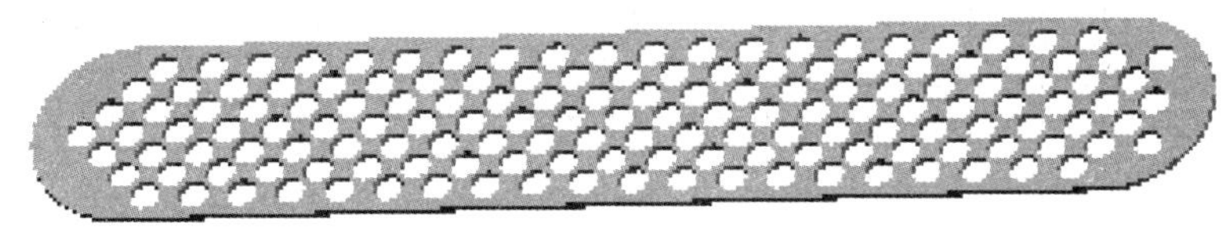

图 2.6.33　车床床身油网

知识目标：

（1）理解阵列的概念。

（2）掌握填充阵列的操作。

能力目标：灵活运用填充阵列对零件造型。

案例分析：本案例包含按一定规律排列的油孔，可使用填充阵列实现。

案例操作：

（1）新建零件文件。

（2）创建基本体。

Step 1 单击“拉伸”按钮，在操控面板中单击“放置”，单击“定义…”按钮，进入“草绘”对话框，选取 TOP 面作为草绘平面，绘制如图 2.6.34 所示的截面，拉伸高度为 1.5，如

图 2.6.35 所示。

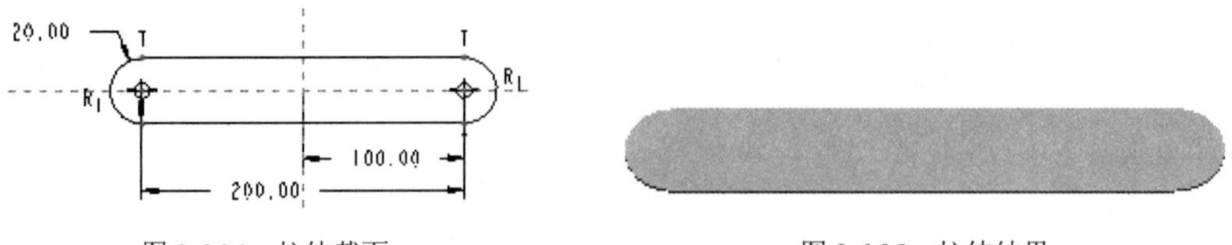

图 2.6.34　拉伸截面　　　　图 2.6.35　拉伸结果

Step 2 用去除材料的方法建立第一个直径为 6 的油孔，如图 2.6.36 所示。

图 2.6.36　剪切拉伸油孔

（3）建立填充阵列特征。

Step 1 单击按钮，弹出阵列特征操控面板，在“尺寸”下拉列表中选择“填充”选项，操控面板如图 2.6.37 所示。

图 2.6.37　阵列特征操控面板

Step 2 单击“参照”，在弹出的上滑面板中单击“定义”，进入草绘界面，绘制如图 2.6.38 所示的草图，单击✓退出草绘环境。

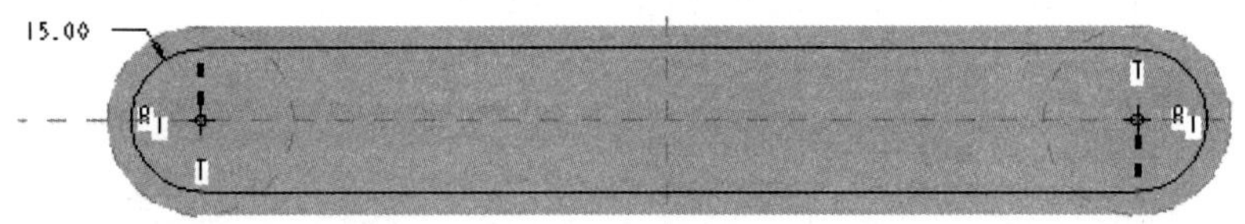

图 2.6.38　草绘截面

Step 3 指定阵列特征的排列栅格为正方形，栅格中特征的间距为 7，栅格相对原点的旋转角度为 45°，如图 2.6.39 所示。

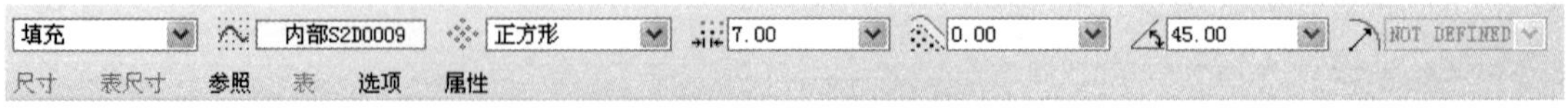

图 2.6.39　阵列操控面板

Step 4 删除阵列中部分特征。在填充阵列的预览中，单击四个角上的 4 个阵列成员，使黑点变为白色，表示不显示此特征，如图 2.6.40 所示。

Step 5 单击✓完成阵列，如图 2.6.41 所示。

提示：如果对阵列结果不满意，可以采用删除阵列的操作：在模型树中选择新产生的阵列结果“阵列 1”→单击右键选择快捷菜单的“删除阵列”命令，系统删除前面所作的阵列操

作，恢复到阵列前的特征模型。

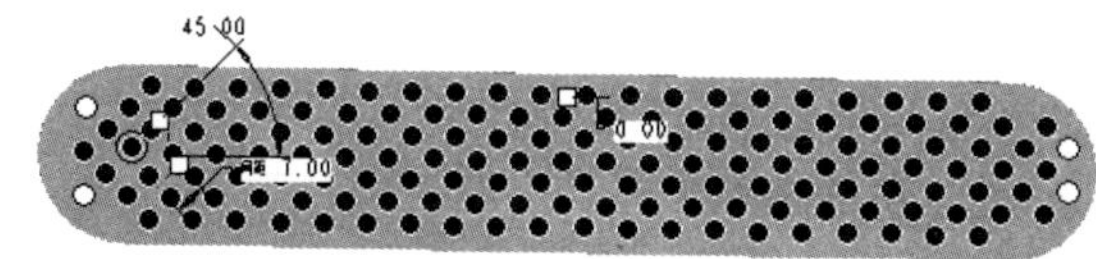

图 2.6.40　删除阵列中部分特征

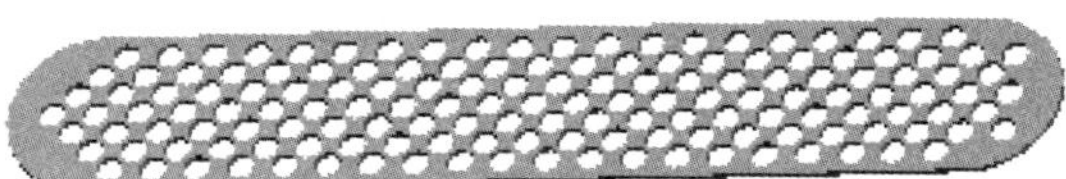

图 2.6.41　完成阵列

案例 4　车床床身拉杆

案例出示：绘制如图 2.6.42 所示的车床床身拉杆。

图 2.6.42　车床床身拉杆

知识目标：

（1）理解复制、粘贴的概念。

（2）熟练掌握复制、粘贴的操作。

能力目标：灵活运用复制、粘贴命令对零件造型。

案例分析：本任务左边的孔和右边的孔结构相同，可使用复制、粘贴命令实现。

案例操作：

（1）新建零件文件。

（2）创建拉伸特征。

Step 1　建立圆柱体。单击“拉伸”按钮，在操控面板中单击“放置”，单击“定义...”按钮，进入“草绘”对话框，选取 RIGHT 面作为草绘平面，绘制如图 2.6.43 所示的截面，拉伸高度为 100，如图 2.6.44 所示。

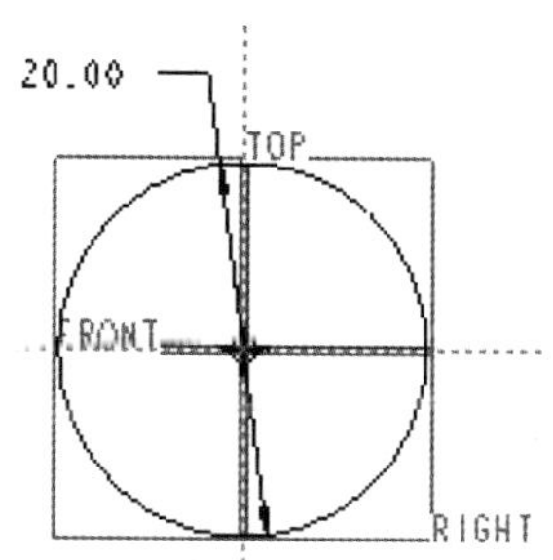

图 2.6.43　绘制截面

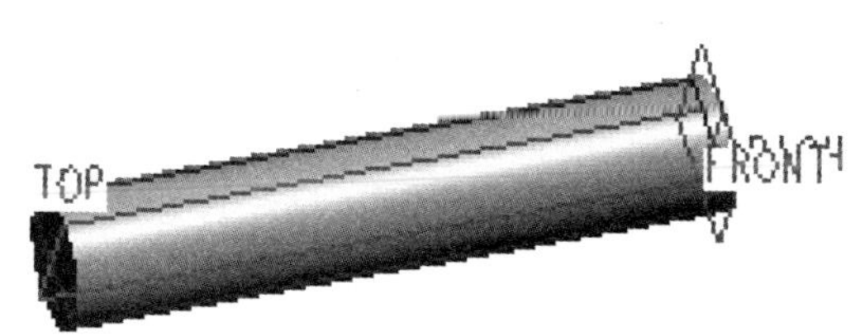

图 2.6.44　拉伸结果

Step 2　建立圆柱体左边的切除特征。单击“拉伸”按钮，以圆柱左端面为草绘面绘制草图，如图 2.6.45 所示，

单击去除材料按钮，深度为 40，效果如图 2.6.46 所示。

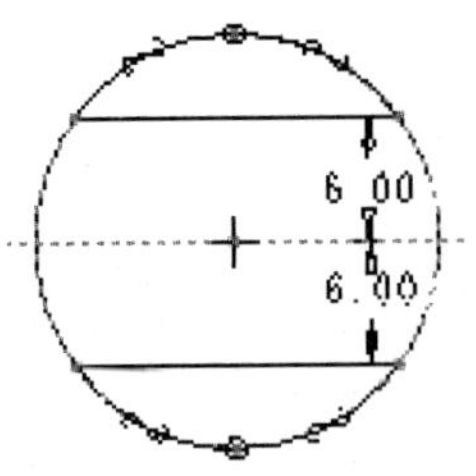

图 2.6.45　草绘截面

图 2.6.46　拉伸结果

Step 3 建立圆柱体右边的切除特征。单击“拉伸”按钮，以圆柱右端面为草绘面来绘制草图，如图 2.6.47 所示，单击去除材料按钮，深度为 40，效果如图 2.6.48 所示。

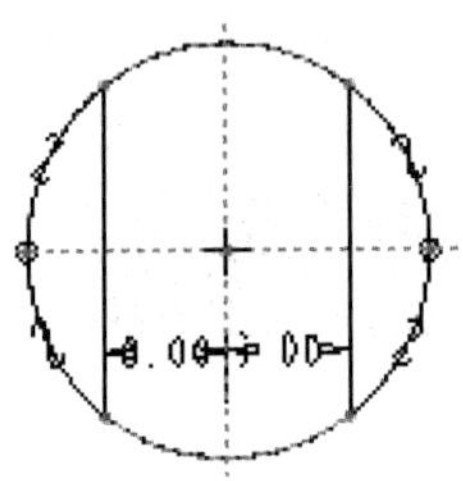

图 2.6.47　绘制草图

图 2.6.48　拉伸结果

（3）创建左边孔特征。

Step 1 单击按钮，弹出创建孔的操控面板，单击按钮，如图 2.6.49 所示。

图 2.6.49　孔特征操控面板

单击按钮进入草绘界面，绘制孔的图形如图 2.6.50 所示，单击✓退出草绘环境。

Step 2 单击操控面板的“放置”选项，选择左端拉伸出的上表面作为放置孔的主参照面，选择次参照为距左端 16、位于中心平面上（FRONT），如图 2.6.51 所示，修改偏移尺寸分别为 16 和 0，单击✓完成孔特征的创建，如图 2.6.52 所示。

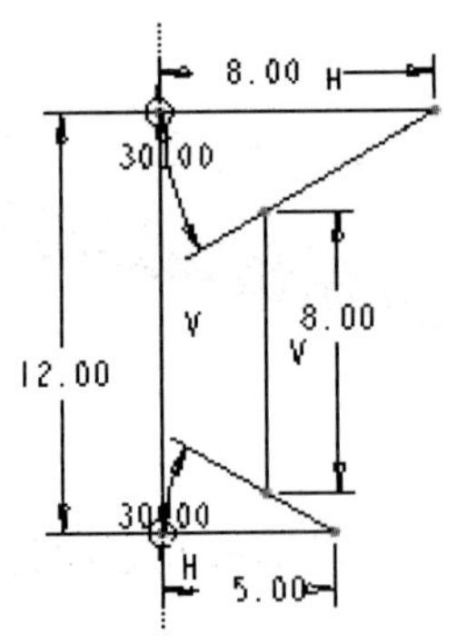

图 2.6.50　草绘孔

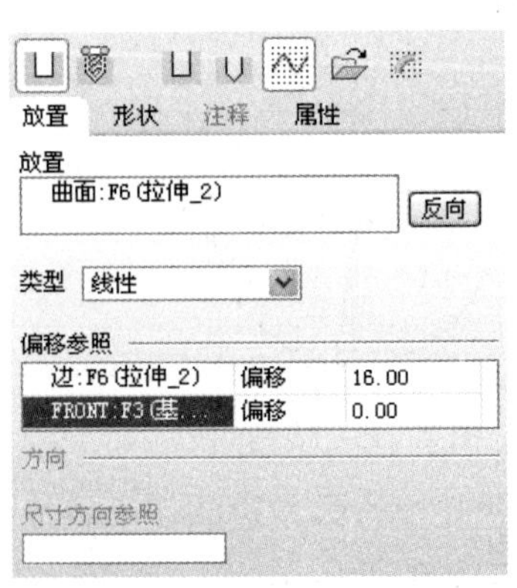

图 2.6.51　孔参照

图 2.6.52　创建孔的结果

（4）复制孔特征。

Step 1 单击“编辑”→“特征操作”，在浮动菜单中单击“复制”，在“复制特征”菜单中依次选取“新参照”、“选取”、“独立”和“完成”。

Step 2 选取孔特征，单击“完成”按钮，弹出“组元素”对话框，如图 2.6.53 所示，不选取任何可变尺寸。

Step 3 以右端前侧平面为新放置平面替换左端放置平面，右端线为新的次参照替换左端线，以 TOP 面为新的次参照替换 FRONT 面。单击完成“新参照”方式的复制，效果如图 2.6.54 所示。

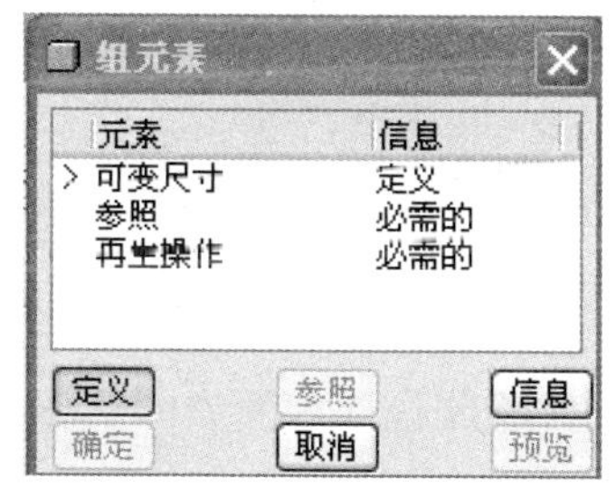

图 2.6.53　“组元素”对话框

图 2.6.54　复制效果图

（5）单击“文件”→“保存”命令，完成此任务的操作。

六、任务总结

本任务主要介绍了对已创建的特征模型进行修改和对多个重复或相似特征进行复制的操作方法。

七、拓展训练

1．创建如图 2.6.55 所示的模型。

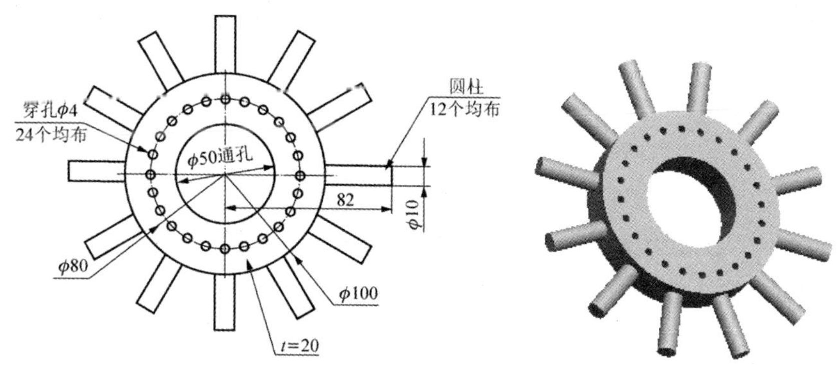

图 2.6.55　阵列练习

2．制作如图 2.6.56 所示的槽轮的三维造型。

操作提示：

① 选择“拉伸”按钮，以 TOP 面为草绘平面，绘制拉伸截面如图 2.6.57 所示，剪切拉伸方式如图 2.6.58 所示，结果如图 2.6.59 所示。

图 2.6.56　槽轮

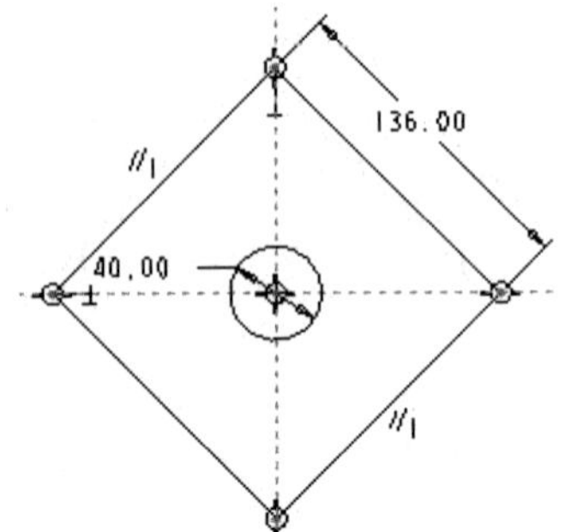

图 2.6.57　草绘截面

图 2.6.58　拉伸操控面板

图 2.6.59　拉伸结果

② 选择“拉伸”按钮，以模型上表面为草绘平面，绘制拉伸截面如图 2.6.60 所示，剪切拉伸方式如图 2.6.61 所示，结果如图 2.6.62 所示。

图 2.6.60　草绘截面　　图 2.6.61　拉伸操控面板　　图 2.6.62　拉伸结果

③ 用轴阵列方式阵列上步的剪切特征，操控面板如图 2.6.63 所示，选择 A-1 轴，结果如图 2.6.64 所示。

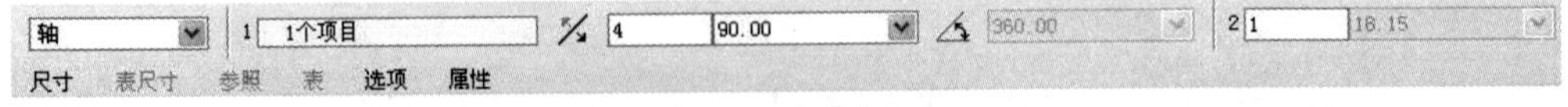

图 2.6.63　轴阵列操控面板

④ 选择“拉伸”按钮，以模型上表面为草绘平面，绘制拉伸截面如图 2.6.65 所示，剪切拉伸方式如图 2.6.66 所示，结果如图 2.6.67 所示。

⑤ 用轴阵列方式阵列上步的剪切特征，操控面板如图 2.6.68 所示，选择 A-2 轴，如图 2.6.69 所示，结果如图 2.6.70 所示。

图 2.6.64　阵列结果

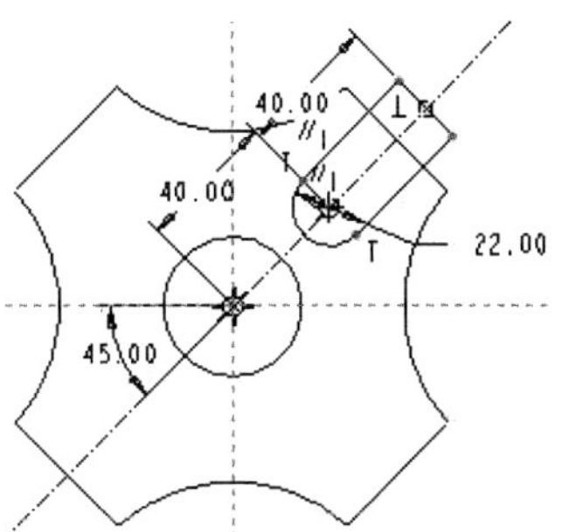

图 2.6.65　拉伸草绘截面

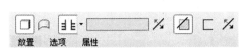

图 2.6.66　拉伸草绘操控面板

图 2.6.67　拉伸结果

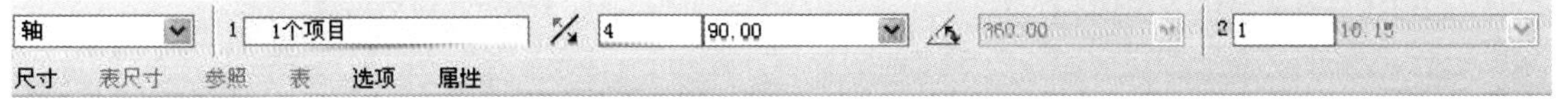

图 2.6.68　轴阵列操控面板

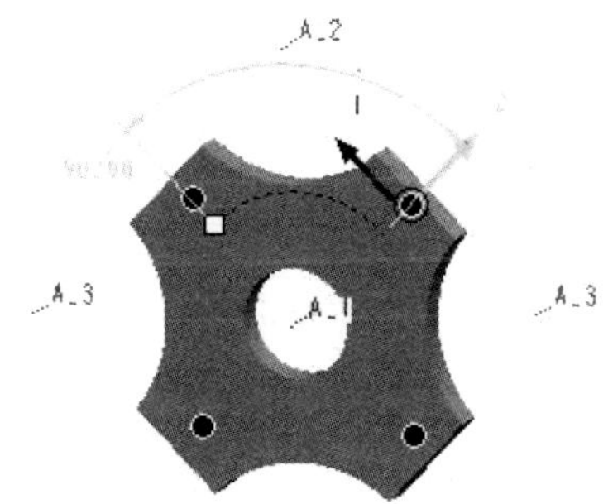

图 2.6.69　选择阵列轴

图 2.6.70　阵列结果

⑥ 选择“拉伸”按钮，以 TOP 面为草绘平面，绘制拉伸截面如图 2.6.71 所示，拉伸方式如图 2.6.72 所示，结果如图 2.6.73 所示。

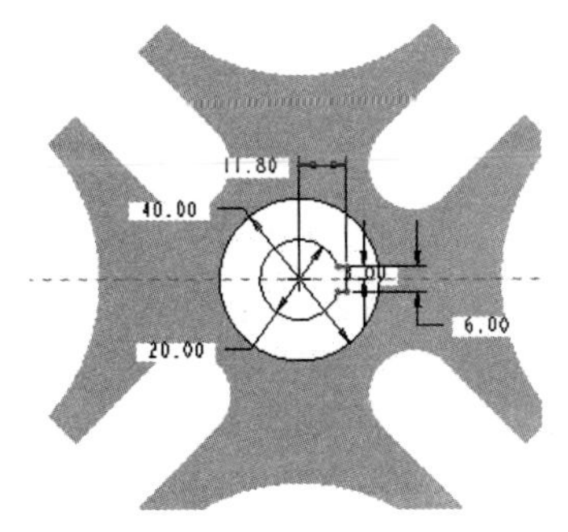

图 2.6.71　草绘截面

图 2.6.72　拉伸操控面板

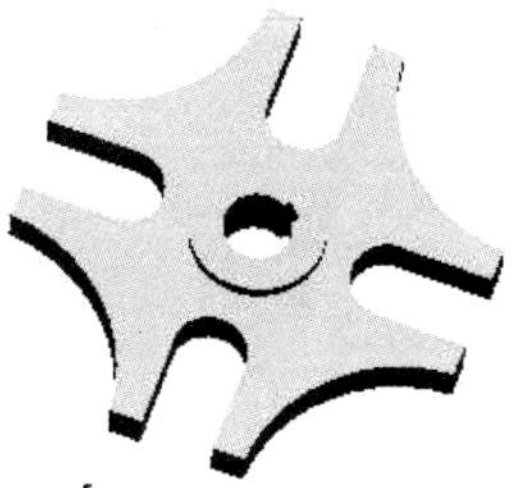

图 2.6.73　拉伸结果

3．用特征的复制/粘贴完成如图 2.6.74 所示的模型。

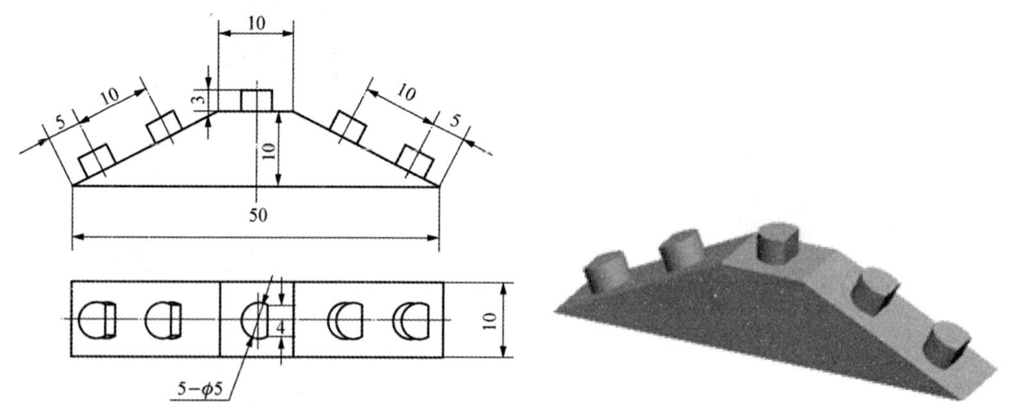

图 2.6.74　复制/粘贴练习

操作提示：

Step 1　创建模型如图 2.6.75 和图 2.6.76 所示。

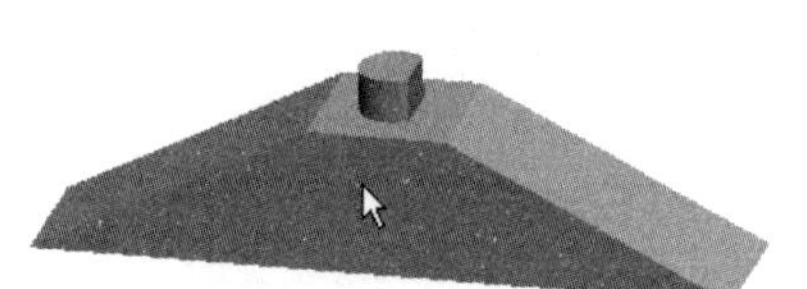

图 2.6.75　模型拉伸 1

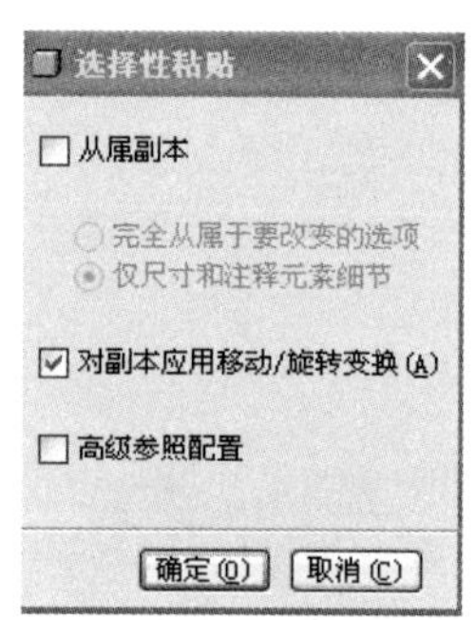

图 2.6.76　“选择性粘贴”对话框

Step 2　复制/粘贴顶上的圆柱到斜面。

① 在模型树中单击“拉伸 2”，单击系统工具按钮进行复制，单击系统工具按钮进行粘贴，在弹出的“选择性粘贴”对话框中选中“对副本应用移动/旋转变换”复选框，如图 2.6.76 所示，单击“确定”按钮，弹出操控面板。

② 单击“变换”按钮弹出面板，如图 2.6.77 所示，选择“移动 1”选项，移动距离设置为 25，在绘图区单击梯形体底边，设置“方向参照”，如图 2.6.78 所示。

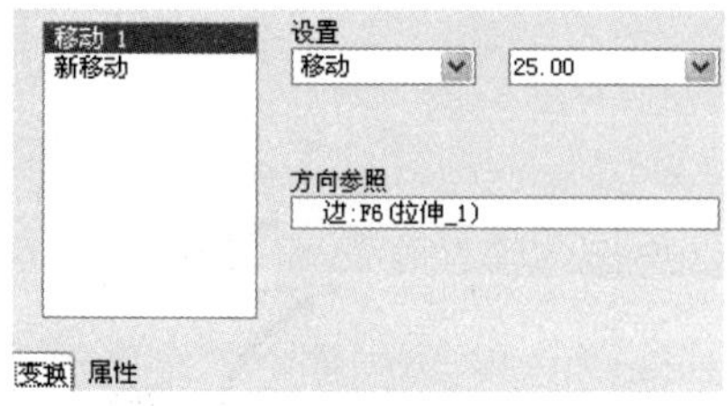

图 2.6.77　“变换”按钮弹出面板

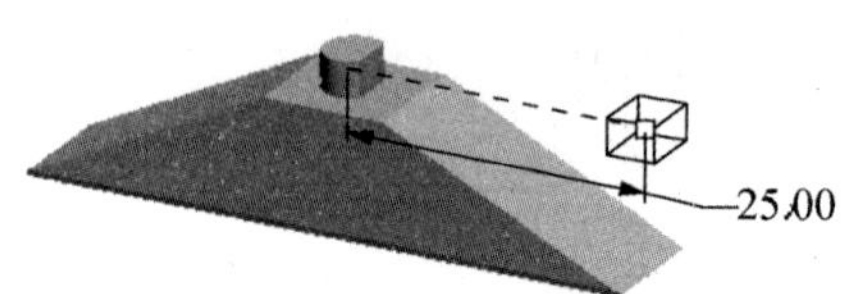

图 2.6.78　移动效果

③ 单击面板上的“新移动”选项，旋转角度设置为 335.5，“方向参照”设置为“边：F6(拉伸_1)”，如图 2.6.79 和图 2.6.80 所示。

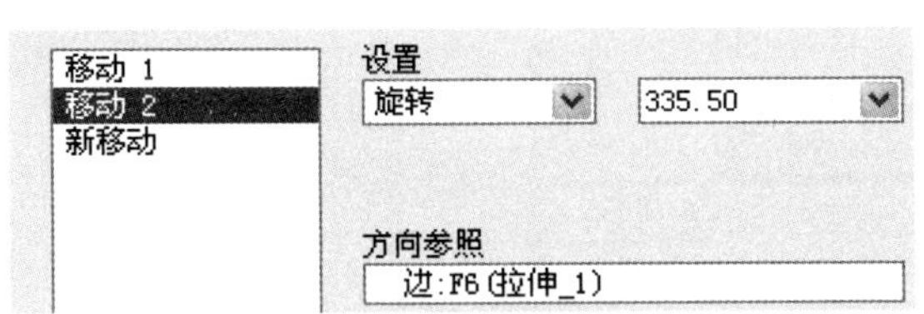

图 2.6.79　“新移动”按钮弹出面板

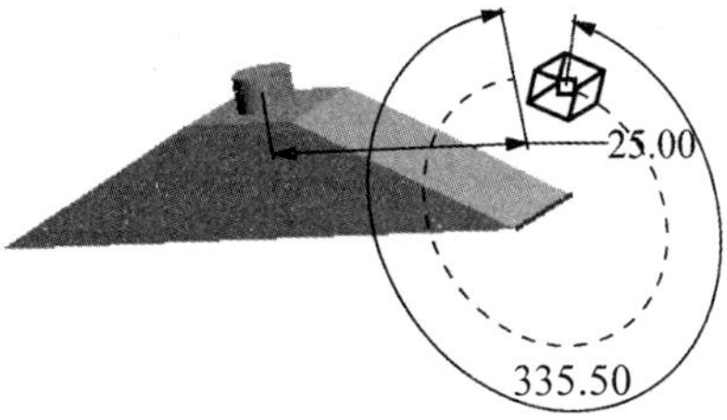

图 2.6.80　新移动效果

④ 再单击面板上的“新移动”选项，移动距离设置为 10，“方向参照”设置为“曲面：F6(拉伸_1)”，如图 2.6.81 和图 2.6.82 所示。

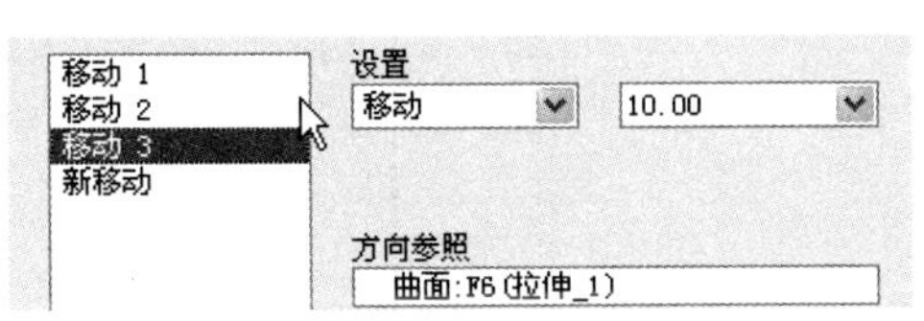

图 2.6.81　“新移动”按钮弹出面板

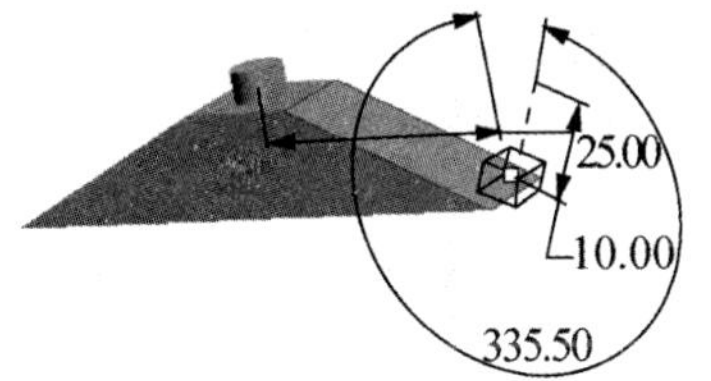

图 2.6.82　新移动效果

⑤ 再单击面板上的“新移动”选项，移动距离设置为 5，“方向参照”，设置为“曲面：F6(拉伸_1)”，如图 2.6.83 和图 2.6.84 所示。单击☑按钮退出。

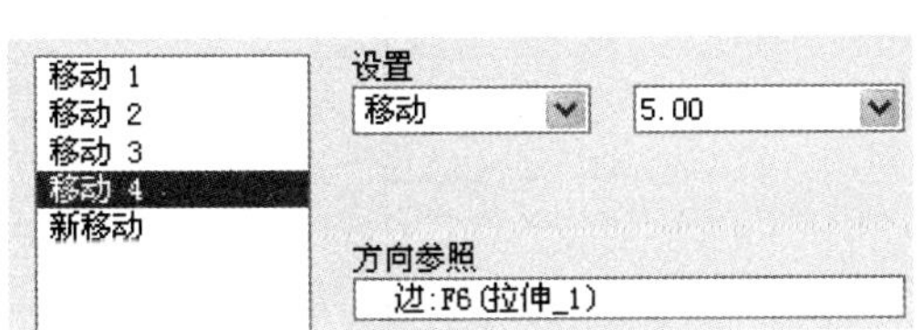

图 2.6.83“新移动”按钮弹出面板

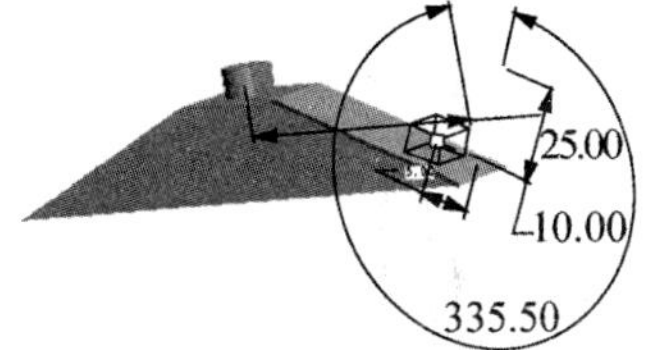

图 2.6.84　新移动效果

⑥ 选择斜面上的圆柱，单击系统工具按钮进行复制，单击系统工具按钮进行粘贴，在弹出的“选择性粘贴”对话框中选中“对副本应用移动/旋转变换”复选框，单击“确定”按钮，如图 2.6.85 所示。

⑦ 单击变换面板中的“移动 1”选项，设置移动距离为 10，“方向参照”设置为一斜边“边：F6(拉伸_1)”，如图 2.6.86 所示。

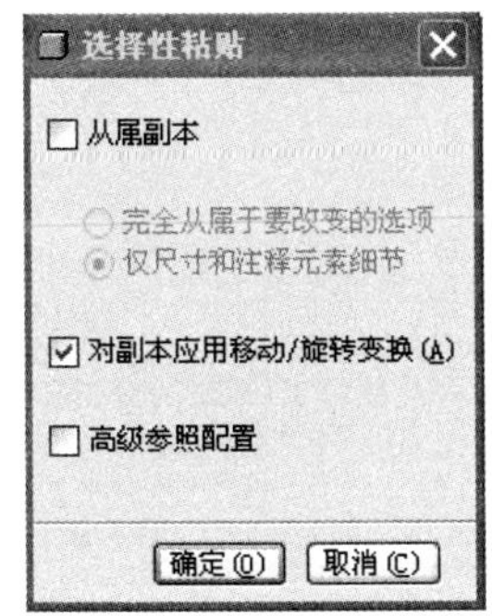

图 2.6.85　“选择性粘贴”对话框

图 2.6.86　“移动”面板

⑧ 单击☑按钮完成一个复制，如图 2.6.87 所示。

图 2.6.87　完成粘贴

⑨ 采用上面的方法完成另一侧圆柱的复制/粘贴。也可以用“镜像”方法完成另一侧圆柱的创建。

用“镜像”方法创建的过程如下：单击要镜像的圆柱，单击工具栏的“镜像”按钮，然后选择对称基准面，单击☑按钮完成。

项目三　曲面造型设计

在机械产品设计中，对于复杂零件，如汽车外壳、手机外壳、玩具、模具等，使用实体造型一般很难完成或者不能完成。Pro/E 采用了曲面特征，简化了复杂外形零件的设计过程，缩短了设计周期。

曲面模型是使用曲面来表达形状的一种模型，与实体模型相比，它是空心的，没有质量属性，一些用实体特征很难建造的模型，可以考虑结合使用曲面造型。

从创建方法及难易程度上来区别，曲面可以分为基本曲面、高级曲面、造型曲面等。本项目提到的一般曲面包括拉伸曲面、旋转曲面、扫描曲面、混合曲面等；高级曲面包括可变剖面扫描曲面、扫描混合曲面、螺旋扫描曲面、边界混合曲面等；造型曲面则是一种自由形式的曲面，简称为 ISDX（Interactive Surface Design Extension），属于一种概念性强、使用更为灵活的曲面。

通常情况下，对于不复杂的零件，用实体特征就完全可以完成，但对于一些结构相对复杂的零件，尤其是表面形状有一定特殊要求的零件，完全靠实体特征难以完成，即使能完成，设计过程也很麻烦。在这种情况下，一般使用曲面功能，利用 Pro/E 强大的曲面造型工具设计好曲面后转换成实体。一般曲面设计的方式与对应的基础实体特征相似，创建特征的方法也几乎是一样的，即使用相同的方法既可以创建实体特征，也可以创建曲面特征。这一类的曲面特征包括拉伸曲面、旋转曲面、扫描曲面、混合曲面等。

任务 3.1　曲面设计的基本知识

任务 3.2　典型产品的曲面设计

任务 3.1　曲面设计的基本知识

一、任务描述

在曲面设计过程中，除了可以使用常规的拉伸、旋转、扫描、混合等方法之外，Pro/ENGINEER 野火版 4.0 还提供了一些相对高级的曲面创建工具，如边界混合曲面、可变剖面扫描。边界混合曲面和可变剖面扫描充分利用边界曲线的优势，使创建复杂曲面的过程变得更简单，在前面任务中已经学过。本任务将训练几种曲面设计、编辑和操作方法及边界混合曲面、可变剖面扫描的创建，并通过具体的实例练习曲面造型的常用功能。

二、任务训练内容

（1）以类似实体特征创建的方式创建拉伸、旋转、扫描、混合、变截面扫描、扫描混合、倒角曲面。

（2）曲线的创建与编辑。

（3）构造多条曲线，在此基础上利用工具创建边界混合曲面。

（4）曲面编辑。

（5）曲面设计的初步体验。

三、任务训练目标

知识目标

（1）曲面的基本概念。
（2）各种曲面命令的创建方法。
（3）各种曲面编辑命令的操作技巧。

技能目标

（1）使用曲面设计的方法进行零件的三维造型。
（2）灵活运用各种曲面编辑命令进行零件的三维造型。

四、任务相关知识

一般曲面设计的方式与对应的基础实体特征相似，创建特征的方法也几乎是一样的，使用相同的方法既可以创建实体特征，也可以创建曲面特征。这一类的曲面特征包括：拉伸曲面、旋转曲面、扫描曲面、混合曲面等。

1．基本曲面特征的创建

（1）用拉伸方法创建曲面特征。

在插入拉伸特征时，如果在拉伸特征操控面板中单击创建为曲面的图标，将以草绘图形为母线，沿草绘平面垂直方向长出曲面，如图 3.1.1 所示。拉伸曲面时，草绘图形可以不封闭。但如果要采用不封闭的草绘图形，最好先单击拉伸曲面图标再进入草绘界面，否则在默认拉伸为实体的状态下草绘截面不封闭将无法完成拉伸后退出。

如果草绘的截面是封闭的，那么在选项的上滑面板中会有一个“封闭端”复选框，如图 3.1.2 所示，如果不选它得到的拉伸曲面如图 3.1.1 所示，而选中该选项后系统会在两端增加端平面以构成封闭的曲面，如图 3.1.3 所示。

图 3.1.1　不封闭曲面

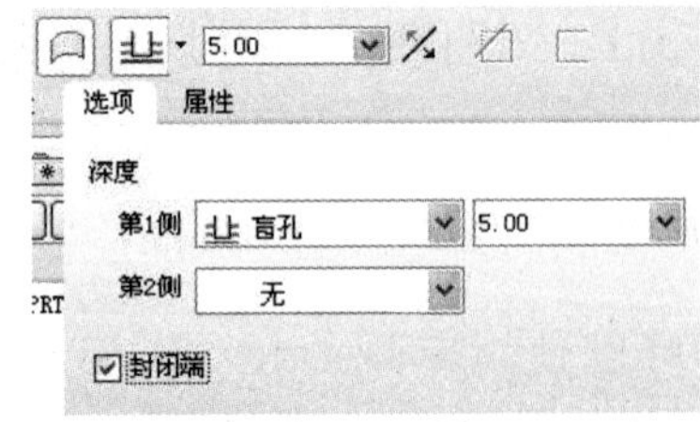

图 3.1.2　截面封闭时的“封闭端”选项

图 3.1.3　封闭曲面

（2）用旋转方法创建曲面特征。

在插入旋转特征时单击创建为曲面的图标，可以得到如图 3.1.4 和图 3.1.5 所示的旋转曲面，操作和设置与拉伸曲面大致相同。

（3）用扫描方法创建曲面特征。

创建扫描曲面的方法与创建扫描实体的方法类似，从菜单“插入”→“扫描”→“曲面”命令中进入创建扫描曲面的菜单管理器，如图 3.1.6 所示，首先定义扫描轨迹，根据轨迹不同有不同的属性设置：

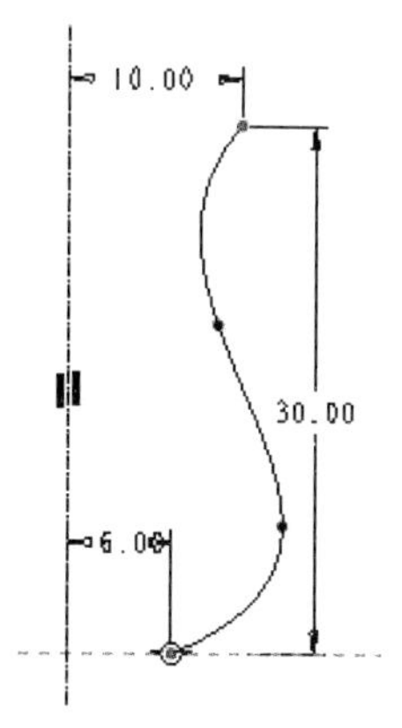

图 3.1.4　草绘截面

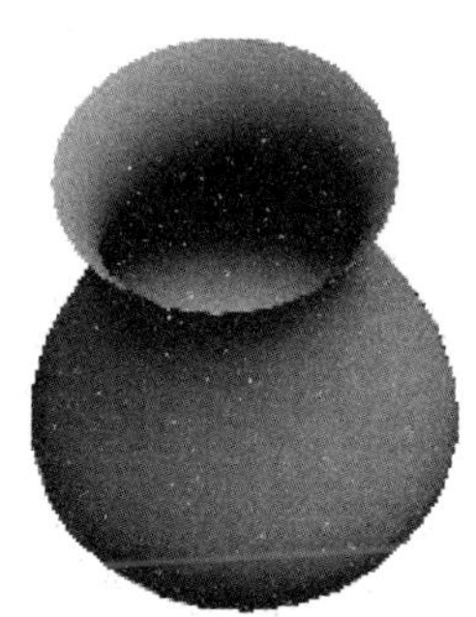

图 3.1.5　旋转曲面

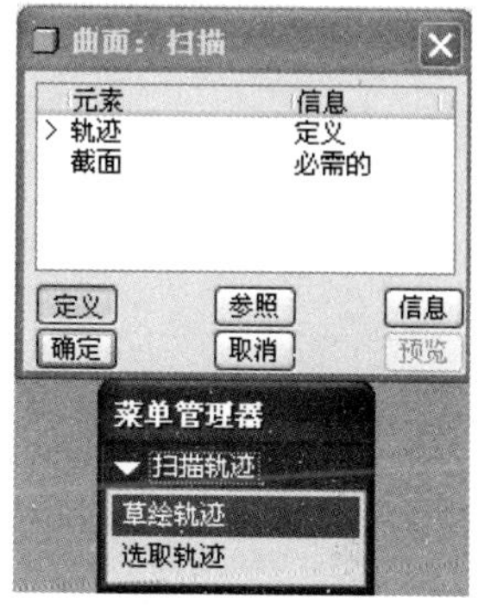

图 3.1.6　“扫描曲面”菜单管理器

若轨迹为非封闭的线条，则属性的选项如图 3.1.7 所示。

- 开放终点：曲面的两端不封闭；
- 封闭端：在曲面两端增加端平面以形成封闭曲面。

若轨迹为封闭的线条，则属性的选项如图 3.1.8 所示。

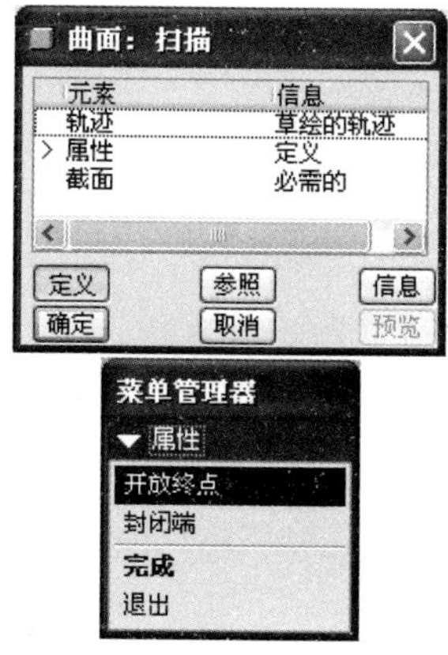

图 3.1.7　轨迹为非封闭线条

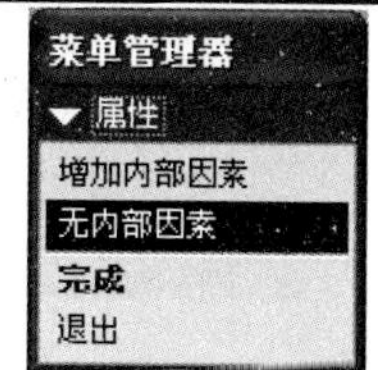

图 3.1.8　轨迹为封闭线条

- 增加内部因素：对于开放截面，添加顶面和底面，以形成闭合扫描曲面；
- 无内部因素：不添加顶面和底面。图 3.1.9 给出了不同设置的示例。

注意：*若是封闭扫描轨迹，扫描截面必须是开放环，否则系统提示截面不完整。*

（4）用混合方法创建曲面特征。

创建混合曲面与创建混合实体的方法和过程非常类似，只是从菜单“插入”→“混合”→“曲面”中进入，并且在属性设置时多了“开放终点”和“封闭端”选项，含义和前面相同，图 3.1.10 给出了采用不同设置的示例。

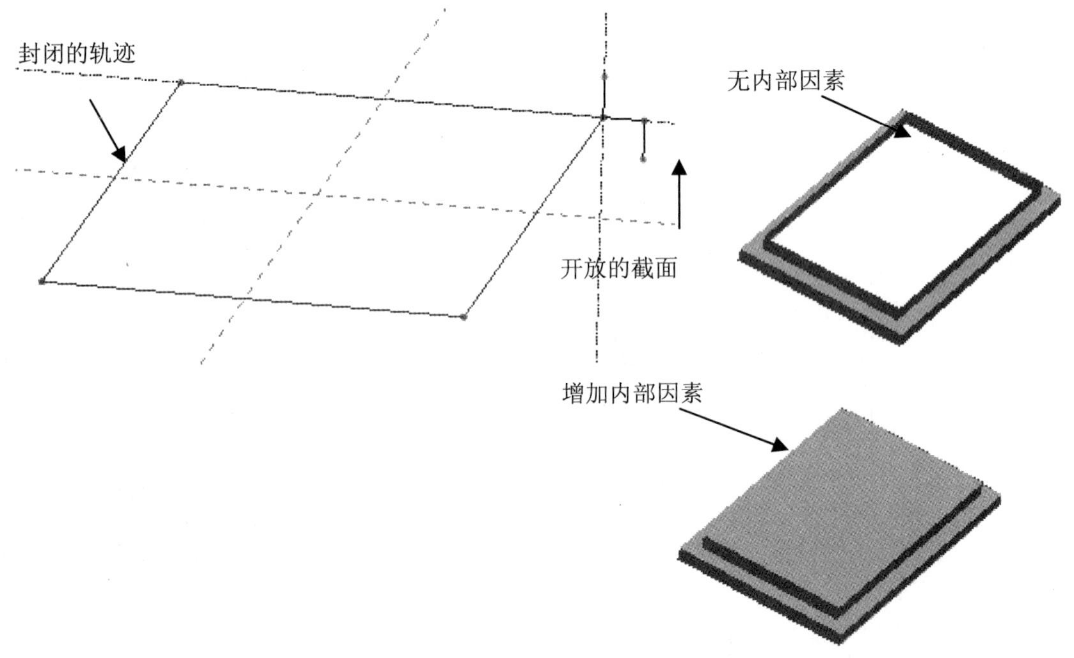

图 3.1.9　封闭轨迹开放截面扫描曲面时的属性设置

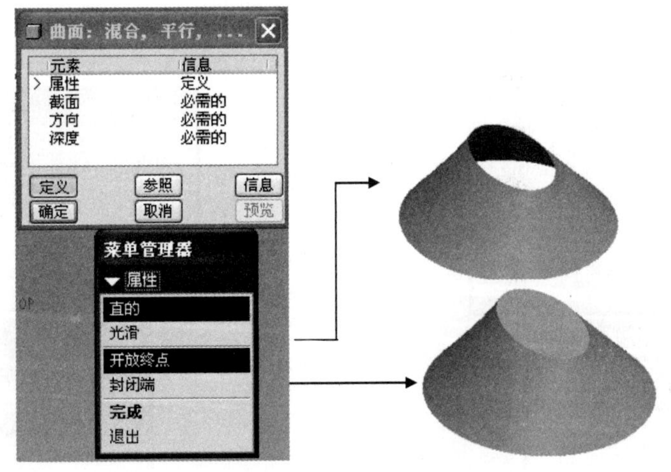

图 3.1.10　混合曲面的属性设置

扫描混合、螺旋扫描等造型工具都可以类似地创建曲面。

（1）用平行混合创建曲面特征举例。

Step 1　单击“新建”图标，新建一个零件文件。

Step 2　在主菜单中选择“插入”→“混合”→“曲面”命令，在弹出的“混合选项”菜单中依次选择“平行、规则截面、草绘截面、完成”命令，打开“属性”菜单。

Step 3　在“属性”菜单中依次选择“直的、开放终点、完成”命令。

Step 4　选取基准平面 TOP 作为草绘平面，选择“正向”→“缺省”命令，进入草绘模式，

分别绘制如图 3.1.11 所示的圆（应分割）、正方形和四段圆弧作为混合截面 1、2、3。

Step 5 在信息栏文本框中分别输入 3 个截面间的深度为 6、5，创建的混合特征如图 3.1.12 所示。

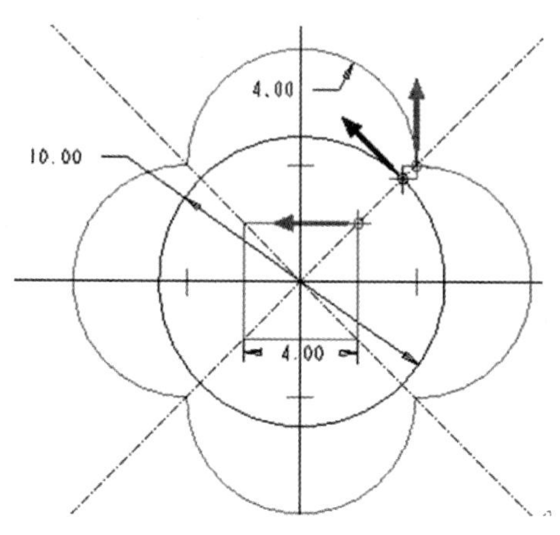

图 3.1.11　平行混合截面 1、2、3

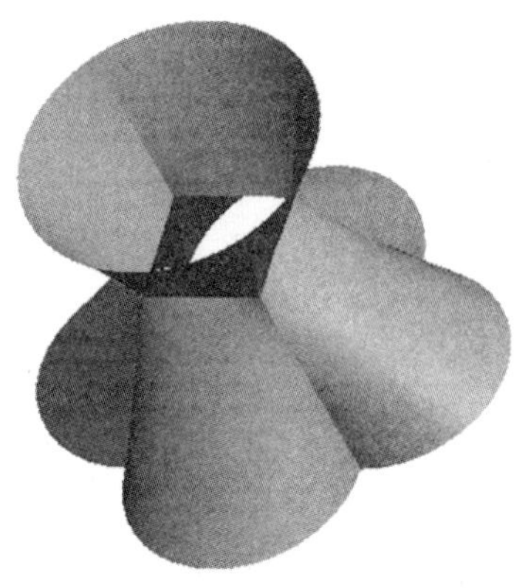

图 3.1.12　创建的混合曲面特征

（2）创建填充曲面，利用上步创建的曲面。

Step 1 在主菜单中选择"编辑"→"填充"命令，弹出填充特征操控面板。

Step 2 在操控面板中单击"参照"下滑面板中的"定义"按钮，打开"草绘"对话框。选取 TOP 基准平面为草绘平面，单击"草绘"按钮，进入草绘模式。

Step 3 在绘图区右击"使用边线"图标，选取如图 3.1.13 所示的边，单击✓按钮，使用填充方法创建曲面特征，结果如图 3.1.14 所示。曲面创建完毕。

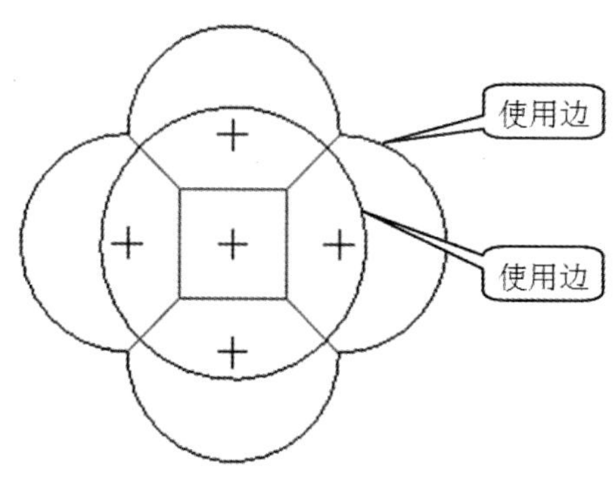

图 3.1.13　选取使用边

图 3.1.14　填充曲面特征

注意：填充曲面为平曲面，其截面一定要封闭，不能开放。

2. 高级曲面特征

通过使用基准曲线等创建的复杂曲面特征，称为高级曲面特征，如边界混合曲面、圆锥曲面、螺旋扫描曲面等，如图 3.1.15 所示。

3. 曲面编辑

当完成曲面操作后，往往不能一次满足设计的要求，可能还需要对曲面进行修改调整，以获得符合要求的曲面模型，这就体现出了曲面设计的灵活性。Pro/E 软件在曲面编辑方面除了可以利用一般特征操作工具对曲面特征进行编辑、定义、编辑参照、阵列等操作外，还提供了曲面的复制、移动、修剪、合并、延伸、偏移等工具，利用这些工具可以很快地完成建模。

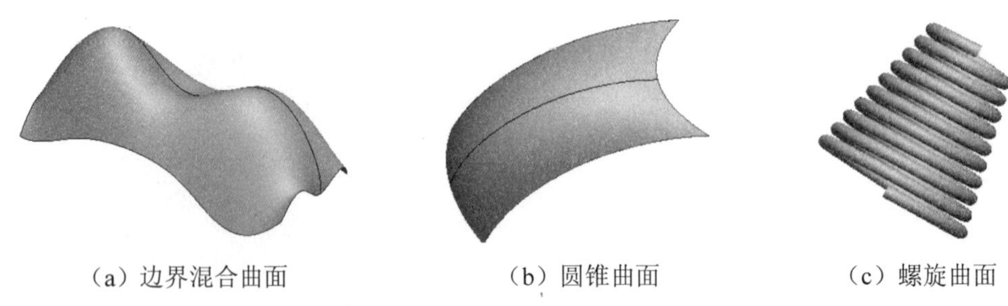

（a）边界混合曲面　（b）圆锥曲面　（c）螺旋曲面

图 3.1.15　高级曲面

（1）使用镜像的方法创建曲面。

Step 1 单击“新建”图标，新建一个零件文件。

Step 2 单击“拉伸”图标，弹出拉伸特征操控面板，任意拉伸曲面，如图 3.1.16 所示。

Step 3 选择拉伸曲面，单击右侧工具栏中的“镜像”图标，弹出镜像特征操控面板。在绘图区选择 FRONT 为镜像平面，单击✓按钮确认，创建的镜像曲面如图 3.1.17 所示。

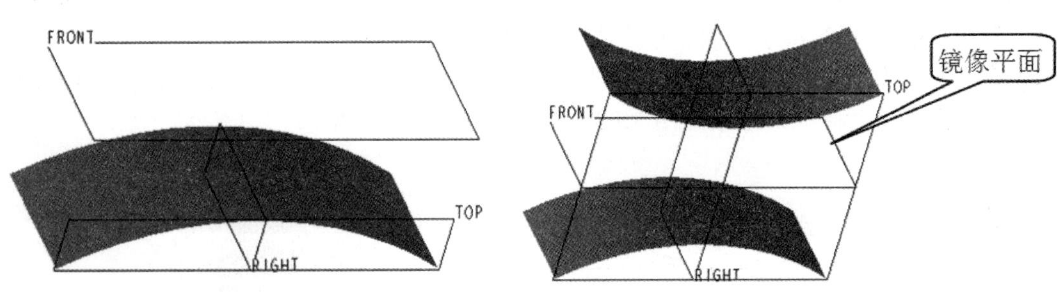

图 3.1.16　拉伸曲面　　图 3.1.17　创建镜像曲面

注意：在镜像特征操控面板的“选项”下滑面板中，有“复制为从属性项”复选框。选中则表示镜像的特征与源特征之间存在从属关系。在模型树中选择拉伸曲面特征，在右键快捷菜单中选择“编辑定义”命令，将拉伸深度值改大，单击✓按钮，如未选中“复制为从属项”复选框，此时可以发现镜像特征并未随之改变。

（2）平曲面特征的创建。

Step 1 单选□按钮，建立新的零件文件。

Step 2 选择“编辑”→“填充”命令。

Step 3 打开“填充”特征操控面板上的“参照”按钮，单击“定义”按钮。

Step 4 弹出“草绘”对话框，在绘图区选择 TOP 面为绘图平面，单击“草绘”按钮。

Step 5 选择系统默认参照，单击“关闭”按钮；绘制如图 3.1.18 所示的草图（大致相似即可）。

Step 6 单击 ✓ 按钮完成草图，如图 3.1.19 所示。

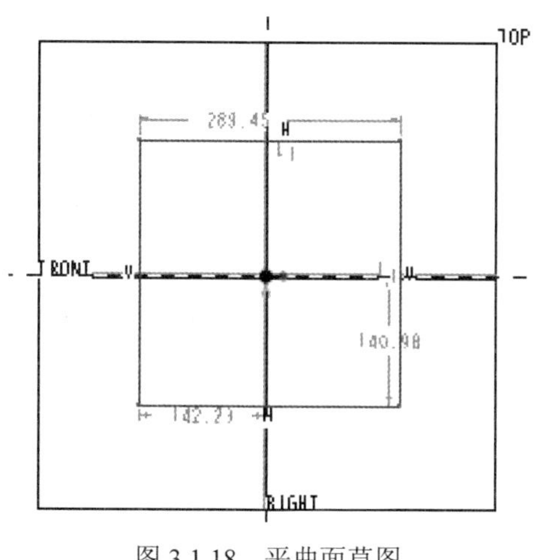

图 3.1.18　平曲面草图

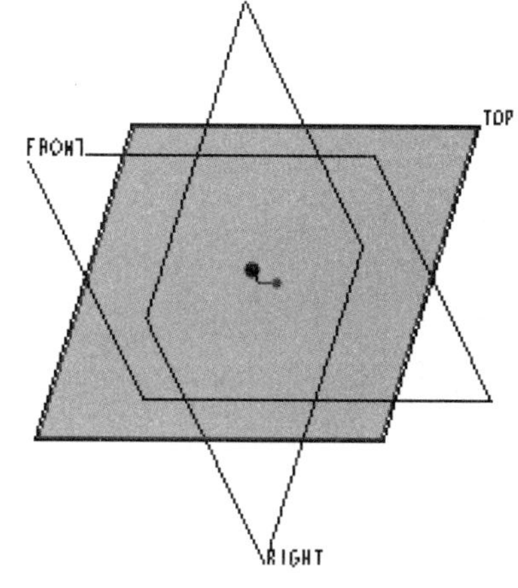

图 3.1.19　平曲面

（3）偏距曲面特征的创建实例。

曲面的偏距是指将原曲面偏移一定距离生成新的曲面。下面通过实例讲解偏距曲面特征的创建方法。

Step 1　创建基础曲面，如图 3.1.20 所示。

Step 2　点选图 3.1.20 的基础曲面。

Step 3　选择“编辑”→“偏移”命令，出现如图 3.1.21 所示的图形。

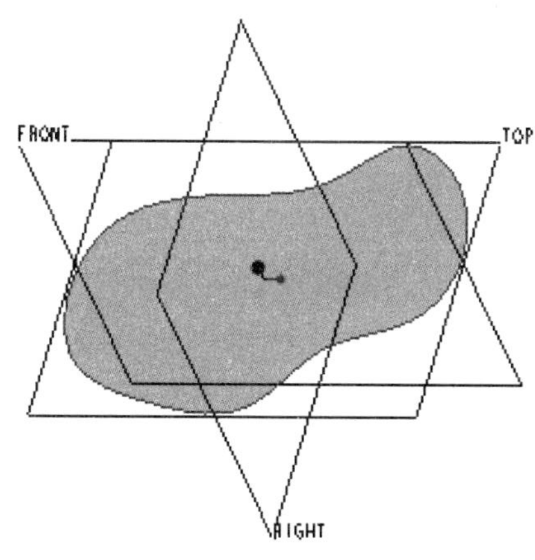

图 3.1.20　基础曲面

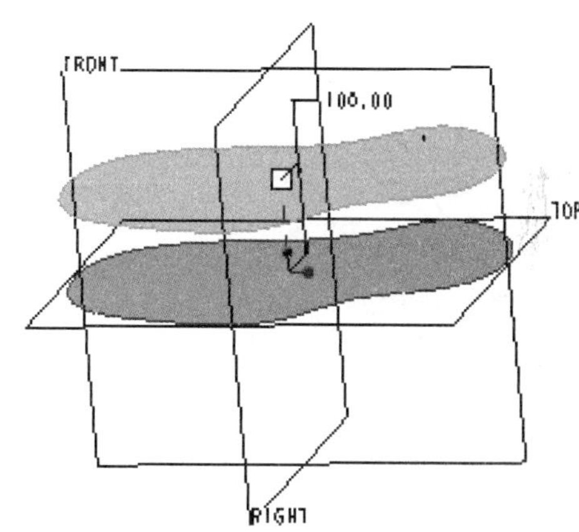

图 3.1.21　基础曲面

Step 4　可以图 3.1.21 中默认的箭头为平移方向，也可以在操控面板上选择偏移“方向”，如图 3.1.22 所示。

图 3.1.22　操控面板

Step 5　输入平移距离 100，单击✓按钮完成曲面的平移，如图 3.1.23 所示。设计结果如图 3.1.24 所示。

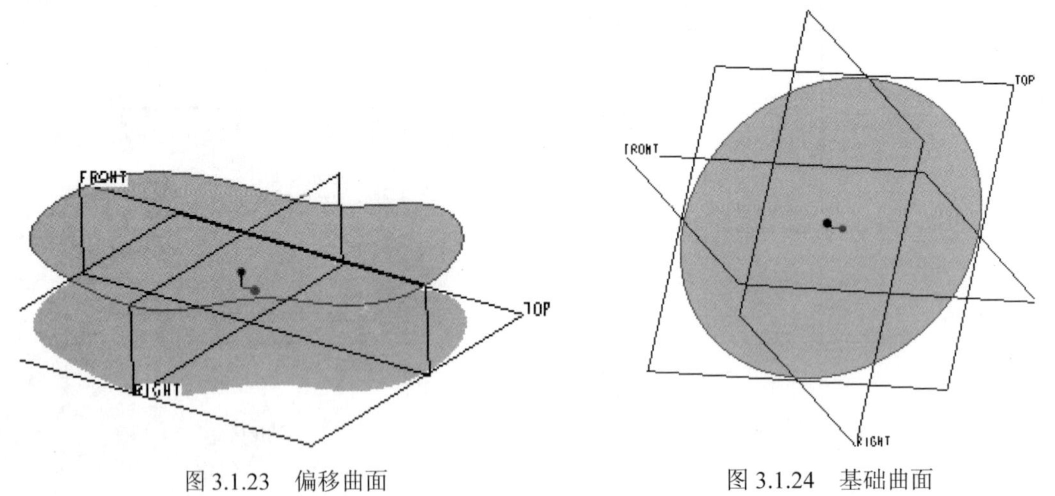

图 3.1.23　偏移曲面　　图 3.1.24　基础曲面

（4）曲面的复制、移动、镜像。

曲面的复制、移动、镜像操作的与特征的复制、移动、镜像方法非常相似，但概念并不同，在操作上类似，在选项上有所区别。下面比较一下曲面特征的镜像和曲面的镜像。

如图 3.1.25 所示，选中曲面特征时曲面边界以红色高亮显示，在选中特征后再用鼠标单击曲面会选中曲面，此时整个曲面以红色高亮显示。还可以看到选中特征与曲面后单击镜像工具图标，打开的操控面板中的“参照”上滑面板和“选项”上滑面板有区别，其中选中“隐藏原始几何”将会在得到镜像曲面后隐藏原来的曲面。从图中还可以看出镜像结果在特征树上也有差别。

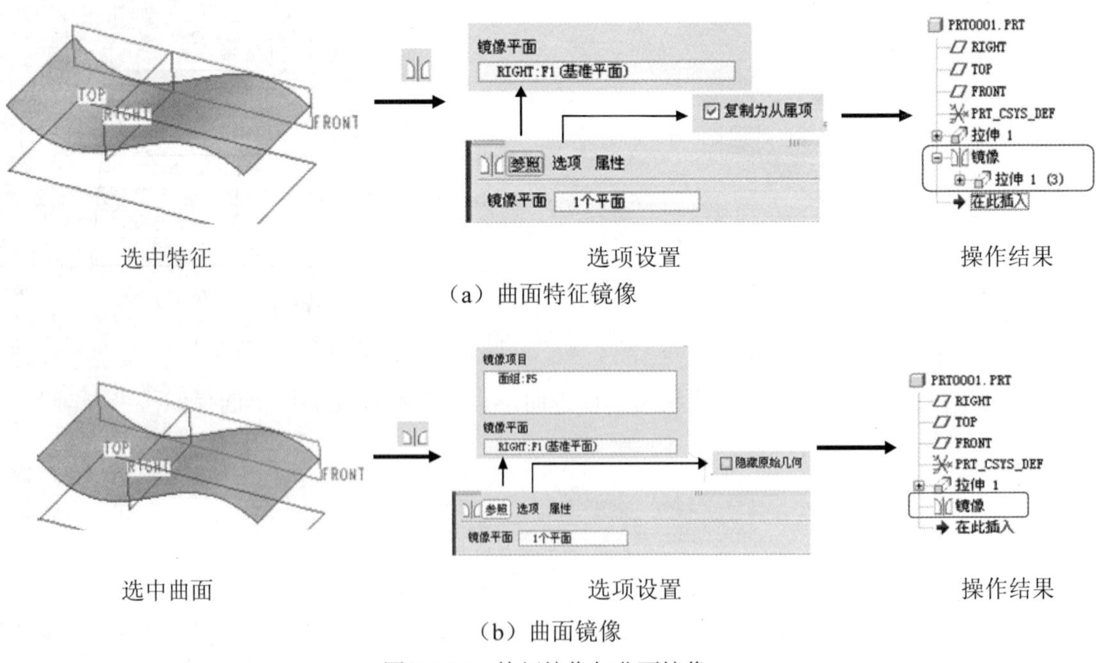

（a）曲面特征镜像

（b）曲面镜像

图 3.1.25　特征镜像与曲面镜像

选中曲线特征时曲线以细实线红色高亮显示，此时再用鼠标单击曲线，则会选中曲线，此时曲线以粗实线红色高亮显示，请读者自行体会其中的差别。

（5）曲面填充。

填充曲面是指在一个平面内的封闭曲线中进行填充创建曲面特征。在菜单栏中单击“编辑”→“填充”命令，打开的“填充”操控面板如图 3.1.26 所示。

图 3.1.26 填充特征操控面板

单击“参照”选项，定义一个要填充的面后进入草绘模式，绘制出封闭的参照，单击✔按钮创建填充曲面特征。操作过程大致如图 3.1.27 所示。

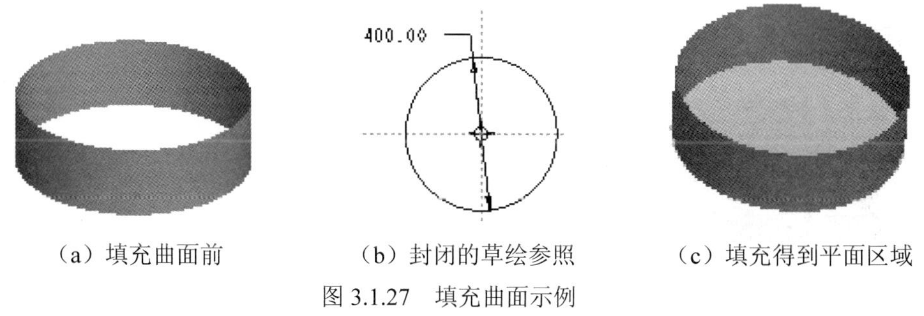

（a）填充曲面前　　（b）封闭的草绘参照　　（c）填充得到平面区域

图 3.1.27 填充曲面示例

（6）曲面合并。

合并曲面的作用是将相交或相邻的两个曲面合并生成一个独立的面组。合并操作中两个曲面会互为边界，在相交的位置裁剪对方，形成公共边，而在删除合并面组特征后，原始面组仍然存在。

下面创建如图 3.1.28 所示的鞋跟，具体讲解曲面合并的操作过程。

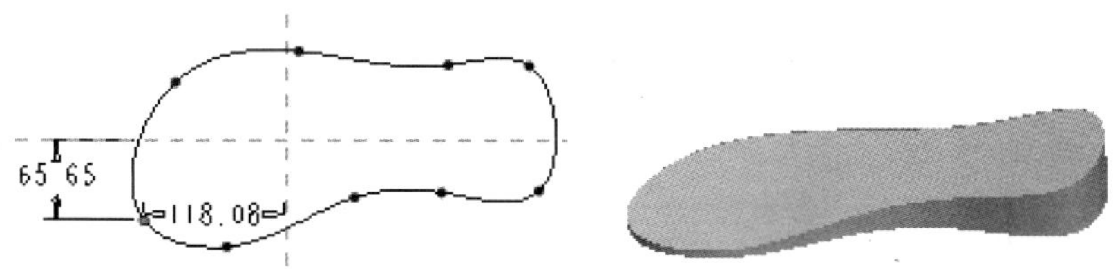

图 3.1.28 鞋跟模型

Step 1 在 FRONT 面创建拉伸曲面 1，如图 3.1.29 所示。

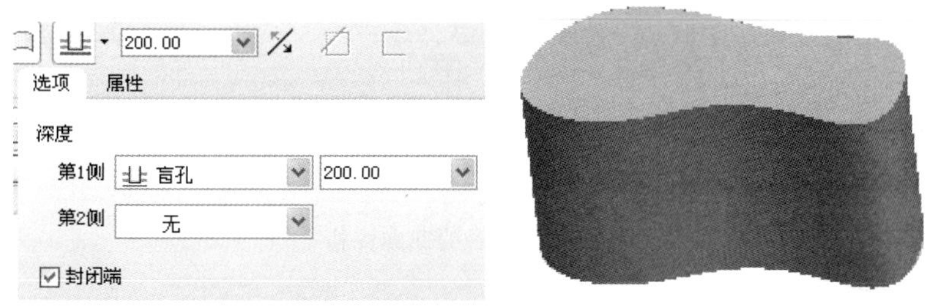

图 3.1.29 拉伸曲面 1

Step 2 在 FRONT 面创建拉伸曲面 2，如图 3.1.30 所示。注意画一曲线和一圆弧，对称拉伸 350。

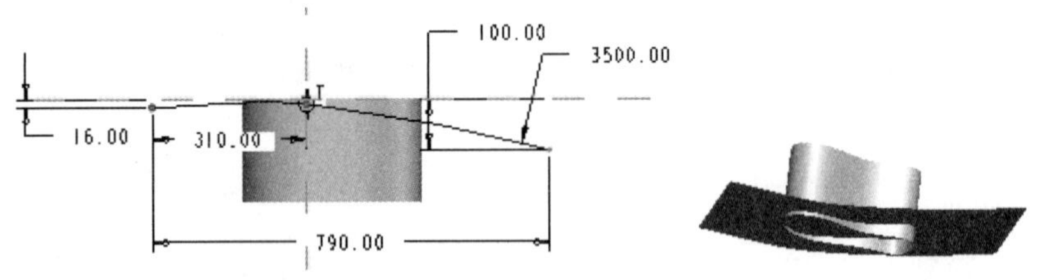

图 3.1.30　拉伸曲面 2

Step 3 按住 Ctrl 键选择要合并的两个曲面，单击“编辑”→“合并”命令，或单击工具栏中的图标，合并操作界面与结果如图 3.1.31 所示。

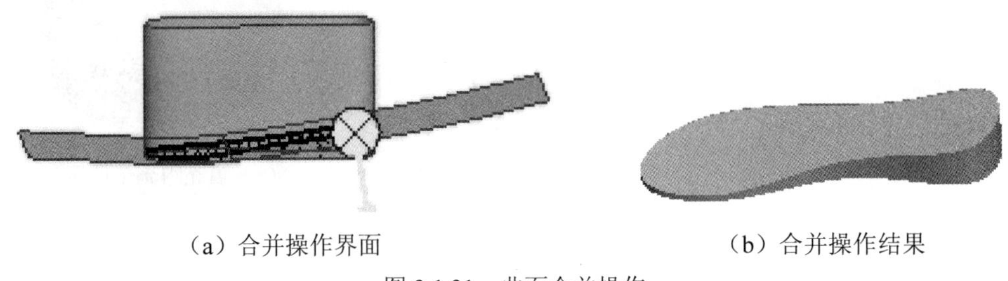

（a）合并操作界面　　（b）合并操作结果

图 3.1.31　曲面合并操作

Step 4 将合并曲面实体化。

（7）曲面修剪。

修剪曲面就是利用曲面上的曲线、与曲面相交的其他平面或曲面对自身进行修剪的操作。自身曲面称作“修剪的面组”，选取的曲线、平面或曲面称作“修剪对象”，如图 3.1.32 所示。

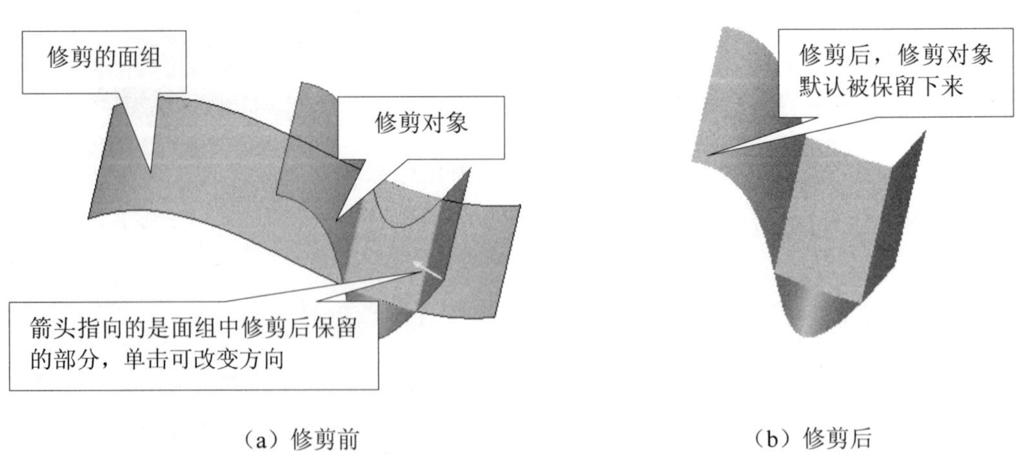

（a）修剪前　　（b）修剪后

图 3.1.32　修剪曲面操作

（8）延伸曲面。

延伸曲面就是将曲面延长一定的距离或者延长到某个平面的操作，延伸出来的部分可以保持原曲面的形状，也可以变成其他形状，如图 3.1.33 和图 3.1.34 所示。

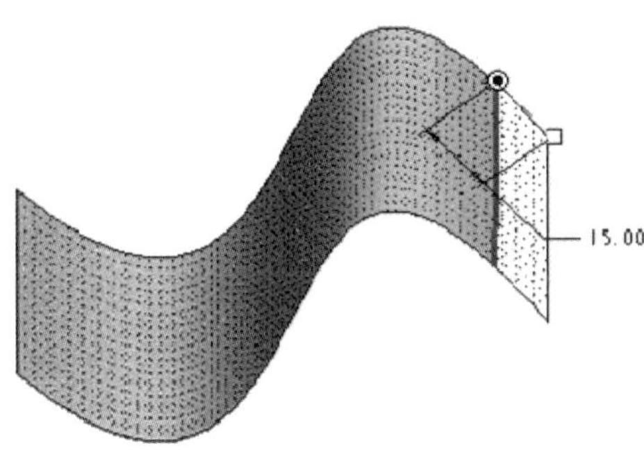

图 3.1.33　延伸到指定距离

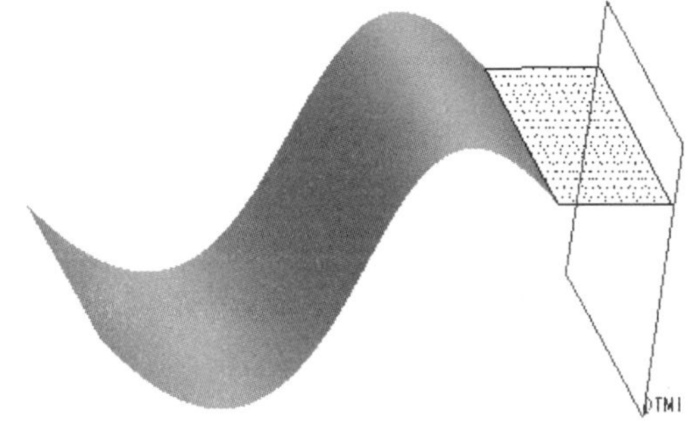

图 3.1.34　延伸到指定平面

五、任务实施

案例 1　塑料盆

案例出示：本案例要创建的塑料盆如图 3.1.35 所示。

图 3.1.35　塑料盆

知识目标：

（1）理解曲面特征的概念。

（2）掌握曲面特征的创建、填充、合并、加厚等编辑操作。

能力目标：灵活运用曲面特征的创建、填充、合并、加厚等编辑命令对零件造型。

案例分析：本案例将创建一个塑料盆。注意利用拉伸曲面创建，并运用曲面的合并、填充等编辑操作，最后将曲面实体化。

案例操作：

（1）新建零件文件。

（2）拉伸曲面。

单击“拉伸”按钮，打开拉伸操控面板，如图 3.1.36 所示，在拉伸操控面板上单击拉伸曲面按钮，然后单击操控面板上的“放置”，单击“定义…”按钮，弹出“草绘”对话框，选取 TOP 面作为草绘平面，如图 3.1.37 所示，单击“草绘”按钮进入草绘工作界面。

绘制如图 3.1.38 所示的截面，截面完成后单击✔按钮，回到拉伸操控界面，选择拉伸深度 120，单击操控面板中的☑按钮或单击鼠标中键，完成拉伸曲面的创建，如图 3.1.39 所示。

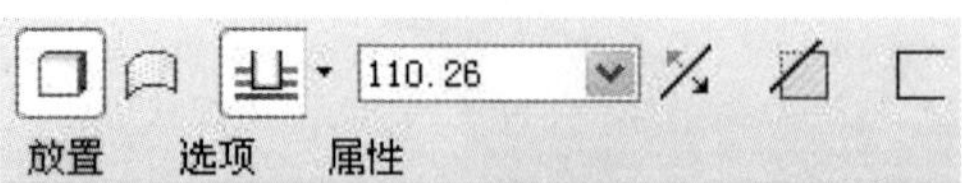

图 3.1.36　拉伸操控面板

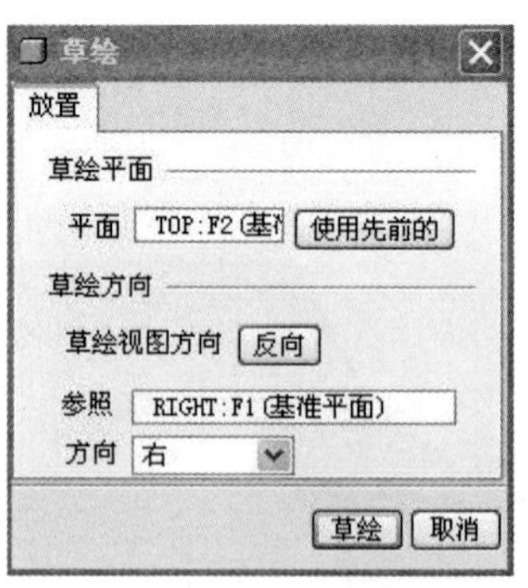

图 3.1.37　“草绘”对话框

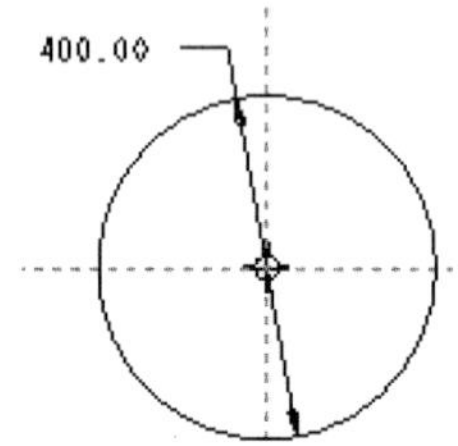

图 3.1.38　绘制截面

图 3.1.39　拉伸曲面

（3）填充曲面。

选择“编辑”→“填充”命令，打开填充操控面板。单击“参照”→“定义”，打开“草绘”对话框，单击“使用先前的”按钮，进入草绘环境，绘制草图，如图 3.1.40 所示，单击操控面板中的完成按钮☑，完成曲面填充的创建，如图 3.1.41 所示。

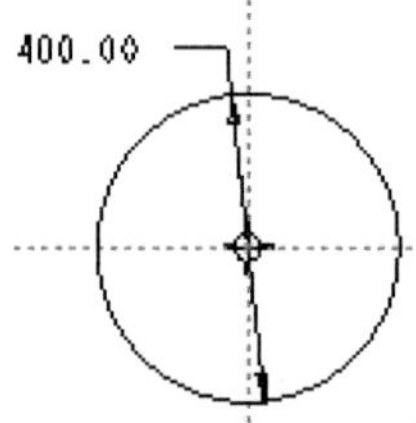

图 3.1.40　绘制草图

图 3.1.41　填充曲面

（4）创建基准面。

单击窗口右侧的▱按钮，打开“基准平面”对话框，选取 TOP 面为参照，输入偏距 120，单击“确定”按钮，创建一个基准平面 DTM1，如图 3.1.42 所示。

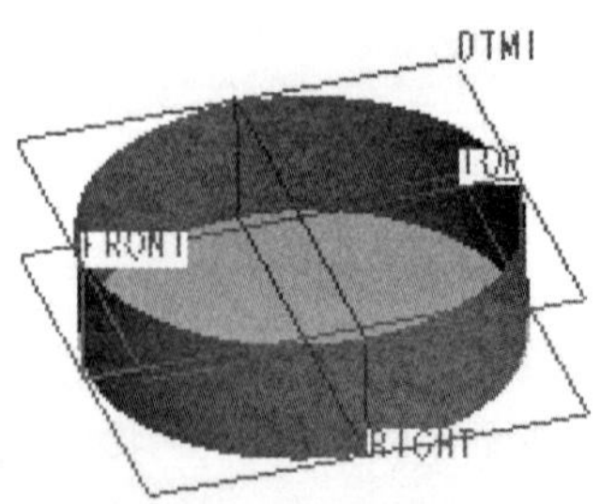

图 3.1.42　基准平面

（5）重复第（3）步的操作，选取 DTM1 为草绘平面，绘制草图如图 3.1.43 所示，进行曲面填充，如图 3.1.44 所示。

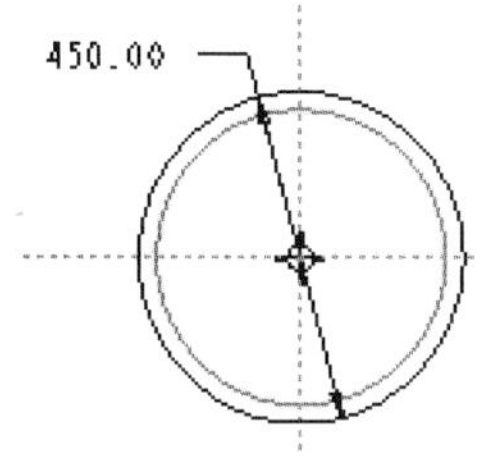

图 3.1.43　绘制草图

图 3.1.44　填充曲面

（6）合并曲面。

按住 Ctrl 键依次选取两个曲面，然后选择“编辑”→“合并”命令，打开合并操控面板，在“选项”按钮的上滑面板中，选择“求交”，并确定欲保留曲面一侧的方向。单击操控面板中的完成按钮☑，完成合并曲面的创建，如图 3.1.45 所示。

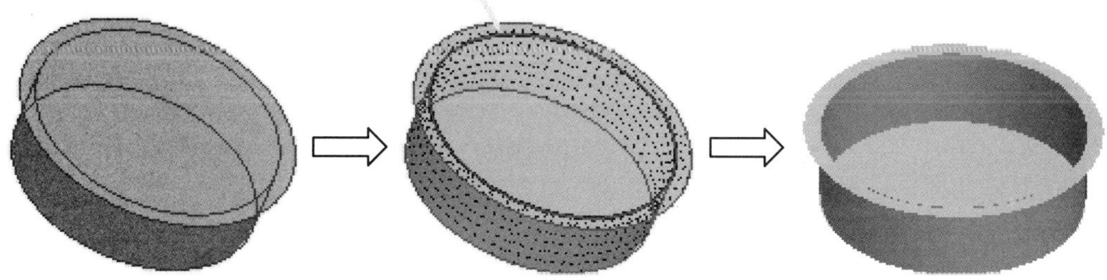
图 3.1.45　合并曲面

（7）重复上一步操作，合并另外一个曲面，如图 3.1.46 所示。

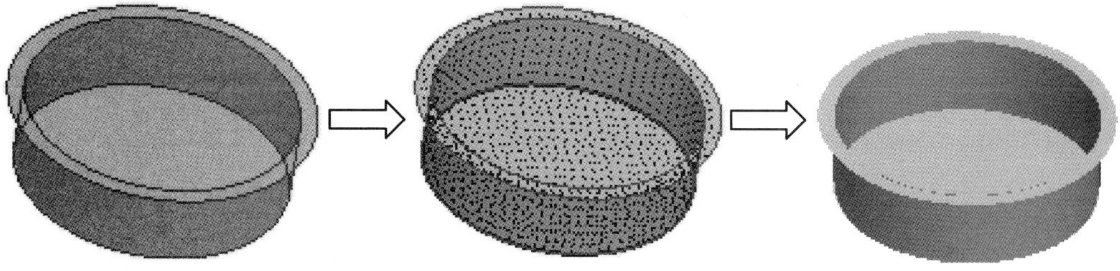
图 3.1.46　合并曲面

（8）拔模。

单击按钮进入拔模操控面板，选取盆的侧面为拔模曲面，选取盆底为拔模枢轴，在“角度”框中输入 5，注意拔模的方向，单击操控面板中的完成按钮☑，完成拔模的创建，如图 3.1.47 和 3.1.48 所示。

图 3.1.47　拔模操控面板

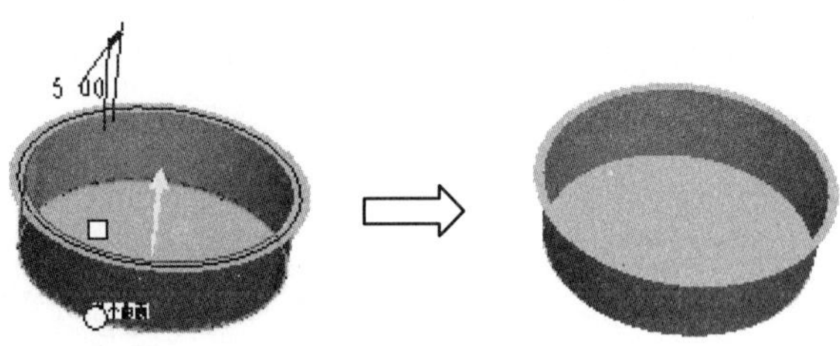

图 3.1.48　拔模效果

（9）倒圆角。

单击倒圆角特征工具按钮，按住 Ctrl 键依次选取曲面的边线，半径为 6，单击操控面板中的完成按钮，完成倒圆角特征的创建，如图 3.1.49 所示。

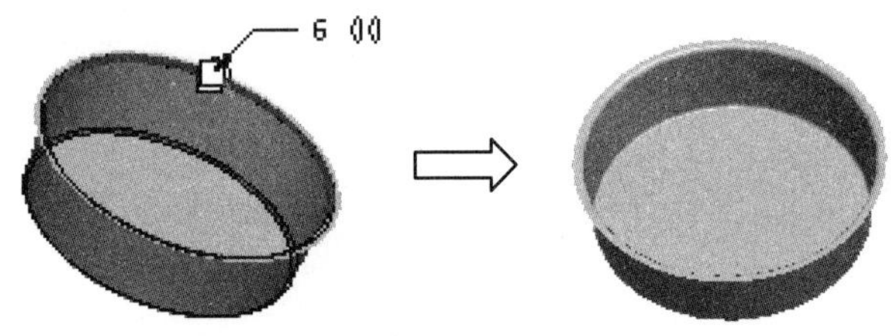

图 3.1.49　倒圆角

（10）加厚。

选取整体曲面，选择“编辑”→“加厚”命令，输入厚度为 3，单击完成按钮，完成曲面加厚的创建，如图 3.1.50 和图 3.1.51 所示。

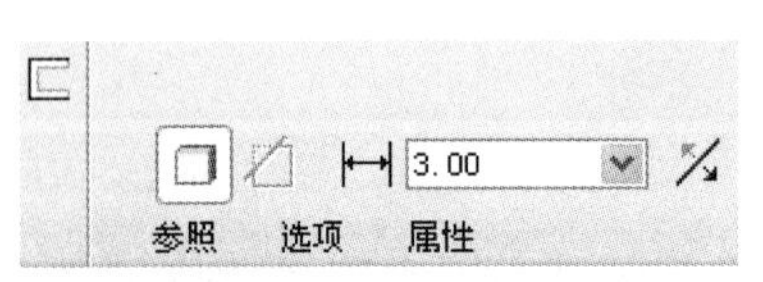

图 3.1.50　加厚操控面板

图 3.1.51　加厚曲面

案例 2　微波炉食盒盖

案例出示：本案例要创建的微波炉食盒盖结果如图 3.1.52 所示。

知识目标：

（1）理解曲面特征的概念。

（2）掌握曲面特征的创建、填充、合并、加厚等编辑操作。

能力目标：灵活运用曲面特征的创建、填充、合并、加厚等编辑命令对零件造型。

案例分析：本案例将创建一个微波炉食盒盖。注意利用旋转曲面和扫描曲面创建，并运用曲面的合并、填充、延伸等编辑操作，最后将曲面实体化。

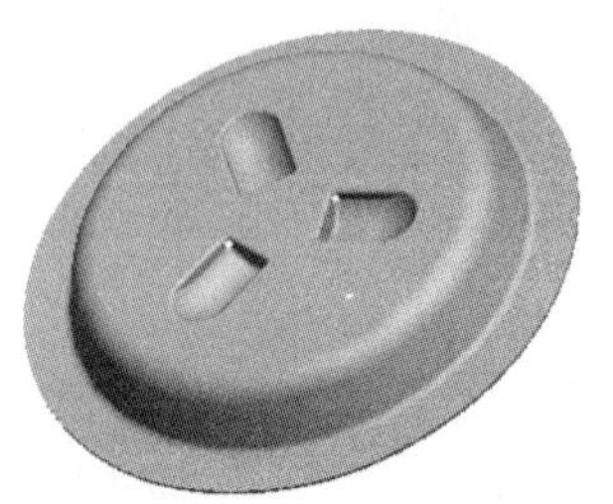

图 3.1.52　微波炉食盒盖模型

案例操作：

（1）新建一个零件。

（2）创建旋转曲面。绘制如图 3.1.53 所示的截面。旋转曲面的完成效果如图 3.1.54 所示。

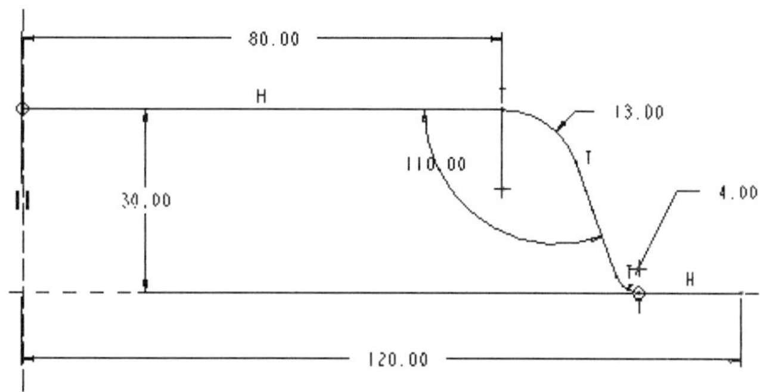

图 3.1.53　截面尺寸

（3）创建扫描曲面。绘制如图 3.1.55 所示的轨迹。绘制如图 3.1.56 所示的截面，完成扫描曲面的创建，如图 3.1.57 所示。

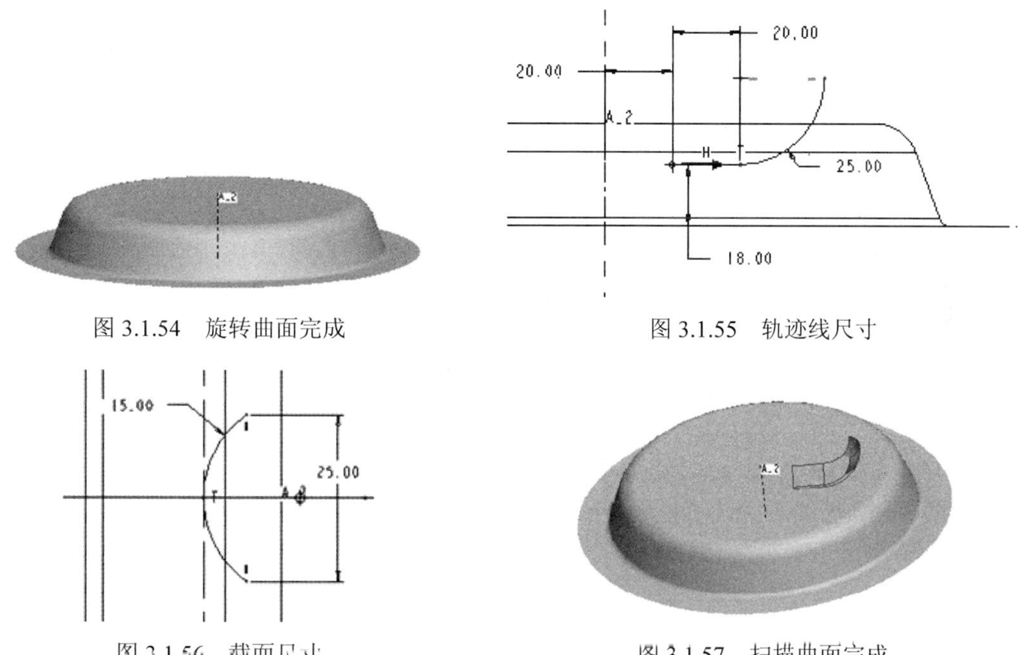

图 3.1.54　旋转曲面完成　　图 3.1.55　轨迹线尺寸

图 3.1.56　截面尺寸　　图 3.1.57　扫描曲面完成

（4）创建一个基准平面，用作扫描曲面延伸的参照面。单击“基准平面”图标，单击 TOP 平面，向上偏移 50，创建基准平面 DTM1，如图 3.1.58 所示。

（5）延伸扫描曲面到基准平面 DTM1。在模型树中选取扫描曲面，单击选取扫描曲面上的一条边线，然后按住 Shift 键，加选扫描曲面的所有边缘线，如图 3.1.59 所示。执行“编辑”→“延伸”命令，单击“将曲面延伸到参照平面”图标，单击 • 选取项目 中的字符，选取基准平面 DTM1，单击中键，完成曲面延伸，如图 3.1.60 所示。

（6）将扫描曲面、DTM1 和延伸曲面成组。在模型树中选取扫描曲面、DTM 1 和延伸曲面三项（选第二、三项时，按住 Ctrl 键），右击鼠标，在快捷菜单中执行“组”命令，模型树窗口中显示“组”特征。右击“组”特征，在快捷菜单中执行“阵列”命令，在“阵列”操控面板的阵列驱动方式中选择“轴”阵列，选取轴线 A2，输入阵列数目为 3，角度增量为 120，单击中键，阵列效果如图 3.1.61 所示。

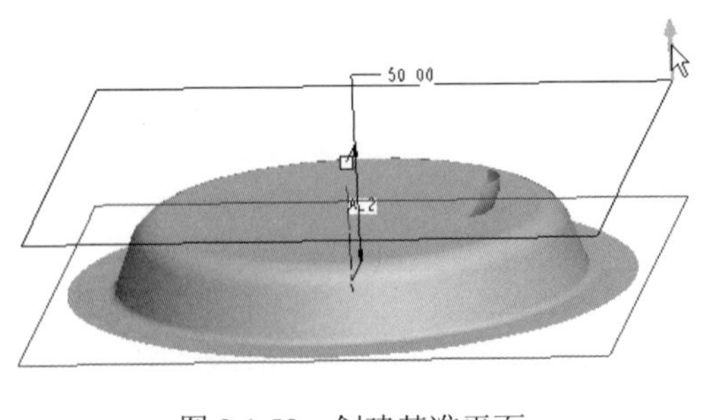

图 3.1.58　创建基准平面

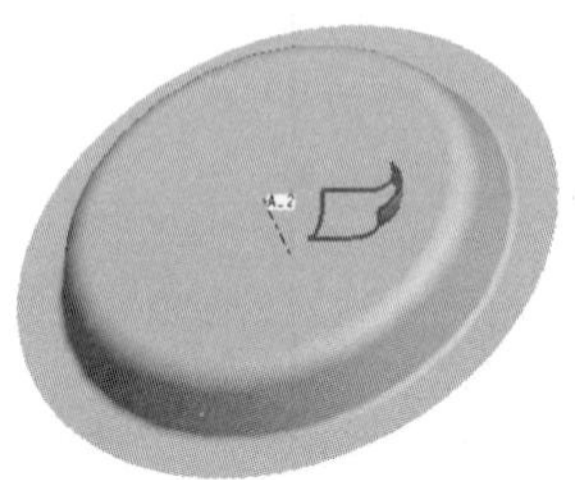

图 3.1.59　选取边缘线

图 3.1.60　曲面延伸效果

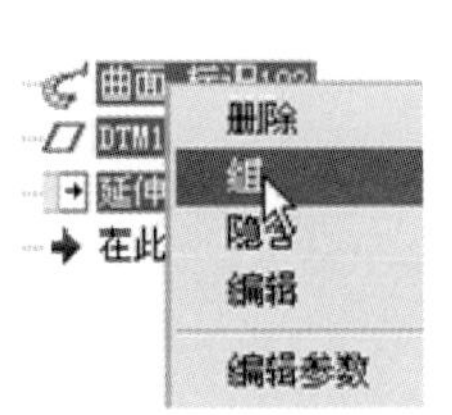

图 3.1.61　成组、阵列示意图

（7）合并曲面。选取合并曲面如图 3.1.62 所示。调整保留曲面侧的方向，如图 3.1.63 所示。完成第一次合并，如图 3.1.64 所示。

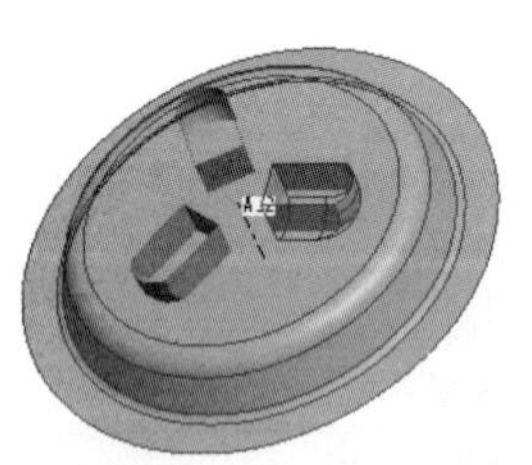

图 3.1.62　选取合并曲面

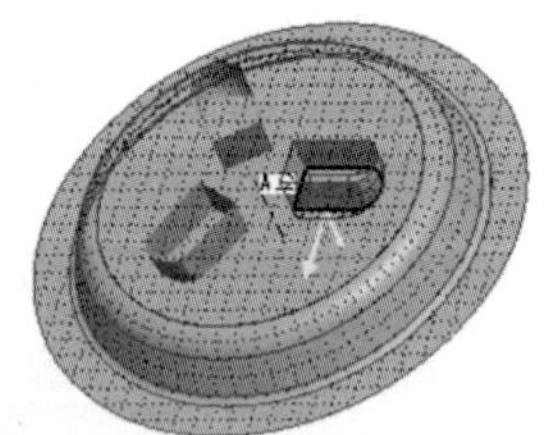

图 3.1.63　调整保留曲面侧的方向

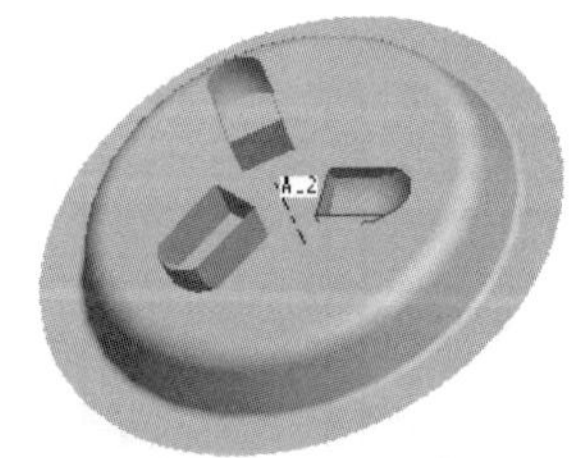

图 3.1.64　第一次合并曲面结果

（8）按步骤（7）的方法合并其余两个面组，完成结果如图 3.1.65 所示。

（9）倒圆角。执行“插入”→“倒圆角”命令，选取合并曲面凹坑处的所有边缘，设置圆角半径为 2，单击中键，完成倒圆角的创建，如图 3.1.66 所示。

（10）曲面加厚。选取所有合并以后的曲面，执行“编辑”→“加厚”命令，系统弹出“加厚”操控面板，窗口中显示箭头表示材料加厚的方向，如图 3.1.67 所示。单击箭头，令其反向，双击数值并修改为 2，单击中键，完成曲面的加厚，如图 3.1.68 所示。

（11）创建盖的边缘。选取盖的底部曲面，如图 3.1.69 所示，使用边示意图如图 3.1.70 所示。偏距边示意图如图 3.1.71 所示；曲面偏移效果如图 3.1.72 所示。

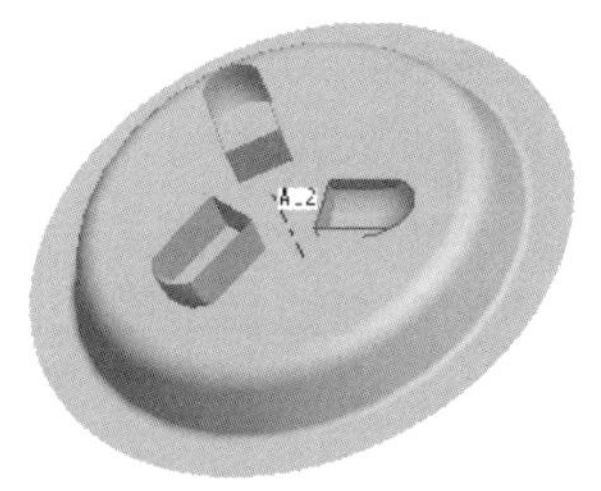

图 3.1.65　曲面合并完成

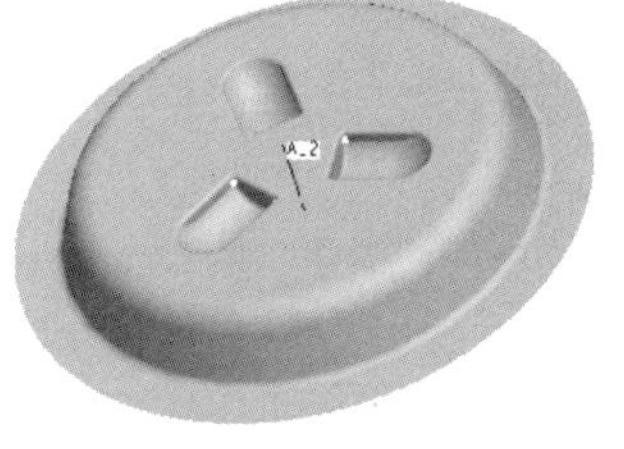

图 3.1.66　倒圆角

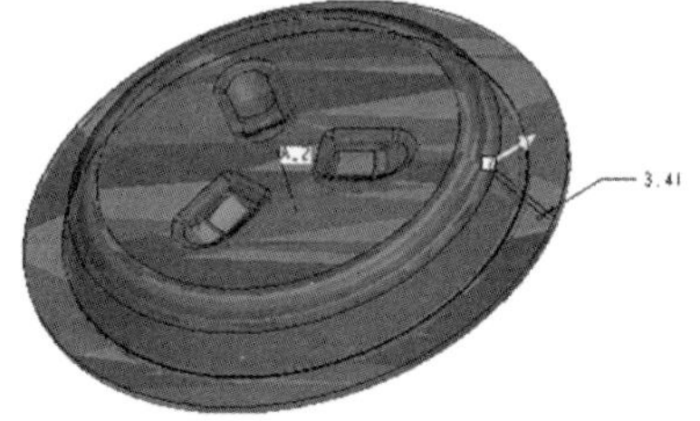

图 3.1.67　执行命令后显示加厚方向

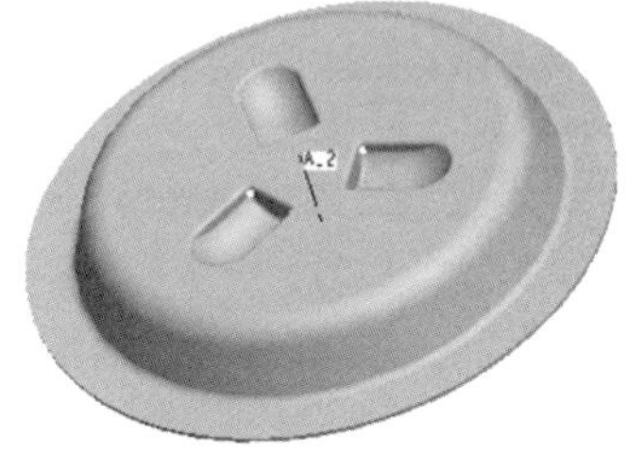

图 3.1.68　曲面加厚

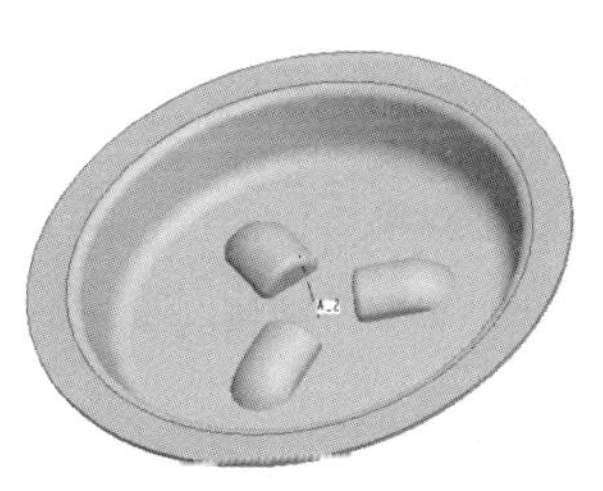

图 3.1.69　选取偏移曲面

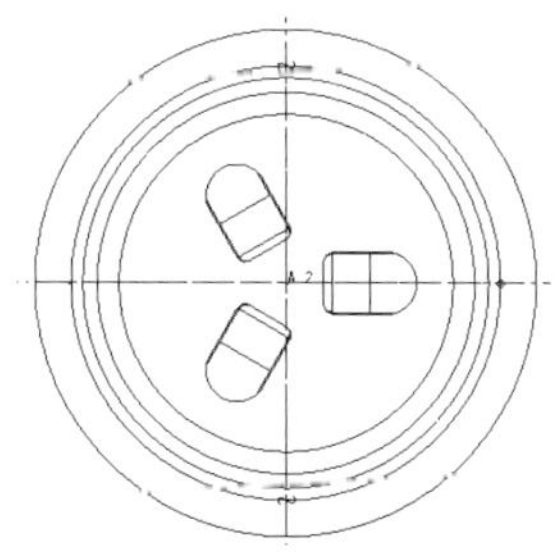

图 3.1.70　使用边示意图

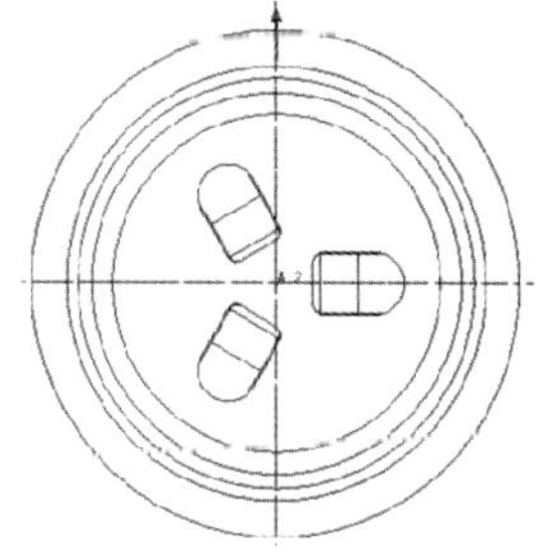

图 3.1.71　偏距边示意图

（12）创建盖上的透气孔。执行“插入”→“孔”命令，选取盖的上表面作为孔的放置平面，排列方式选择“径向”排列，选取 A2 轴线作为径向尺寸参照，FRONT 平面为角度参照，径向尺寸为 60，角度尺寸为 45，孔径为 3，孔深为“穿透”，单击中键，完成孔的创建，如图 3.1.73 所示。

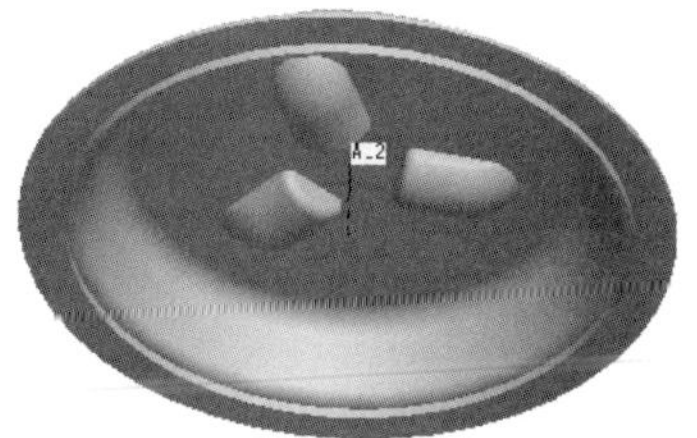

图 3.1.72　曲面偏移效果

图 3.1.73　透气孔

六、任务总结

基本曲面是最简单的一类曲面，创建过程与创建实体特征非常相似，创建过程简单。主要学习“拉伸、旋转、扫描、混合、填充”等基本曲面特征建模的方法。曲面修改和编辑方法主要学习“镜像、复制、修剪、偏移”等，能够对创建的曲面实现编辑，为曲面的建模打好基础。

通过对任务的学习，应认识到创建基础实体特征的方法同样也适合于创建曲面特征；可以使用偏距、修剪、转换等操作对基本曲面特征进行修饰；通过恰当的方法对其进行实体转换，使其具备实体的属性，从而形成工程设计所需的产品模型。

七、拓展训练

1．制作如图 3.1.74 和图 3.1.75 所示的凹槽。

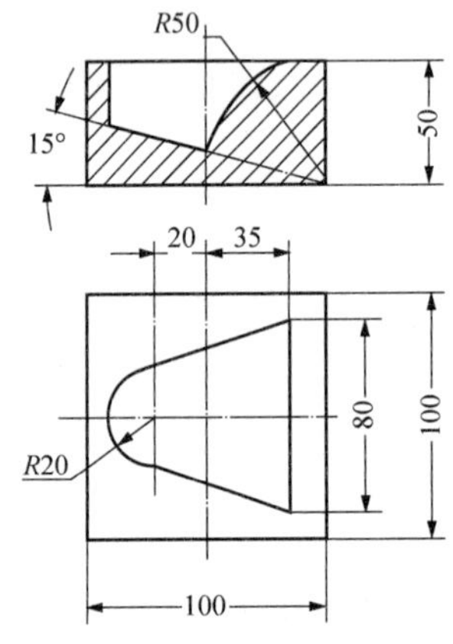

图 3.1.74　凹槽的零件图

图 3.1.75　凹槽三维效果图

该模型中的槽较为复杂，使用曲面挖切操作较为方便。其操作思路如下：

① 创建实体矩形体 100×100×50。

② 在实体内创建 3 个曲面特征，并合并曲面得到所需形状。

③ 对合并得到的面组进行实体化操作。

操作提示：

① 选择长方体上表面为草绘平面，草绘如图 3.1.76 所示的平面，拉伸 50，创建曲面 1。

② 选择侧面为草绘平面，草绘如图 3.1.77 所示的斜线 12，拉伸 100，方向向实体内，创建曲面 2，注意加参照 10 和 11。

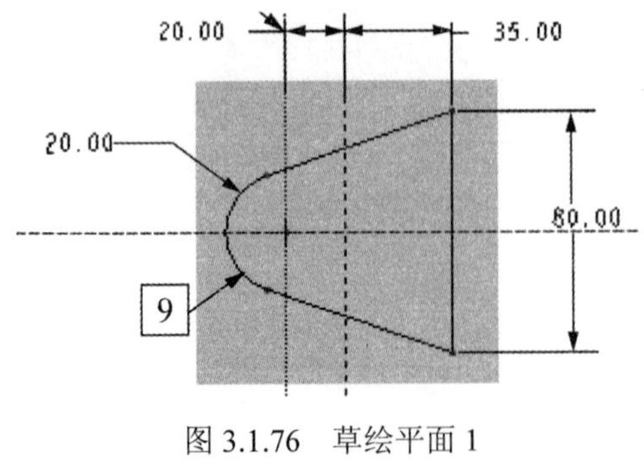

图 3.1.76　草绘平面 1

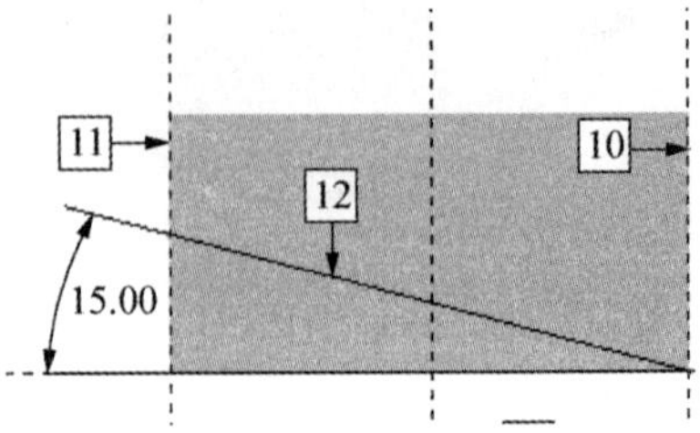

图 3.1.77　草绘平面 2

③ 选择侧面为草绘平面，草绘如图 3.1.78 所示的圆弧 11，拉伸 100，方向向实体内，创

建曲面 3，注意加参照取 A 点为圆心。

④ 合并曲面 1 和曲面 2，注意调整方向，如图 3.1.79 所示。

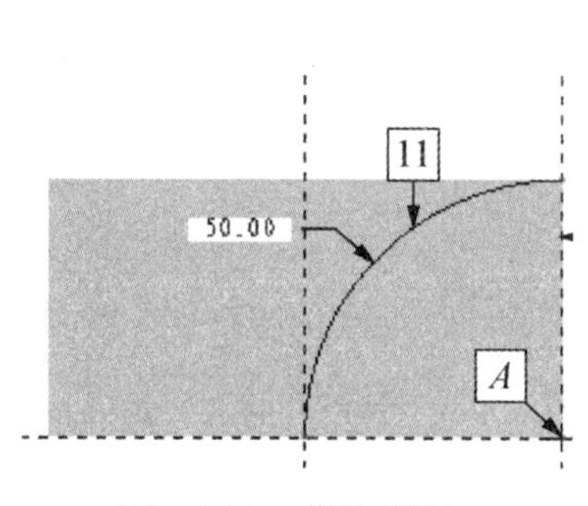

图 3.1.78　草绘平面 3

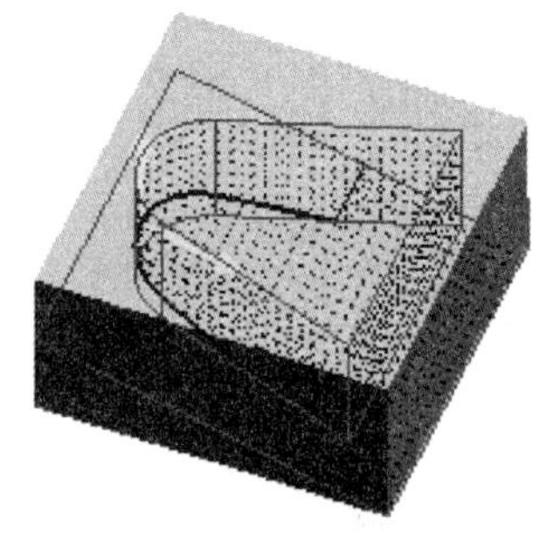

图 3.1.79　合并曲面 1 和曲面 2

⑤ 将合并 1 与曲面 3 合并，注意调整方向，如图 3.1.80 所示。

⑥ 选择合并 2，选择“编辑”→“实体化”→“去材料”命令，实体化挖切腔槽。方向不同，结果不同，如图 3.1.81 所示。

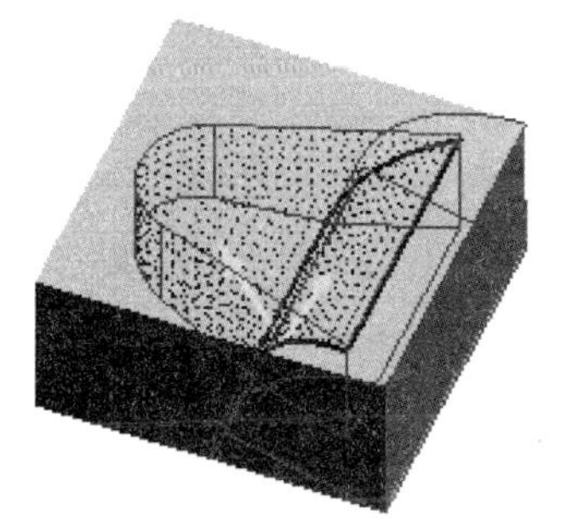

图 3.1.80　合并合并曲面 1 和曲面 3

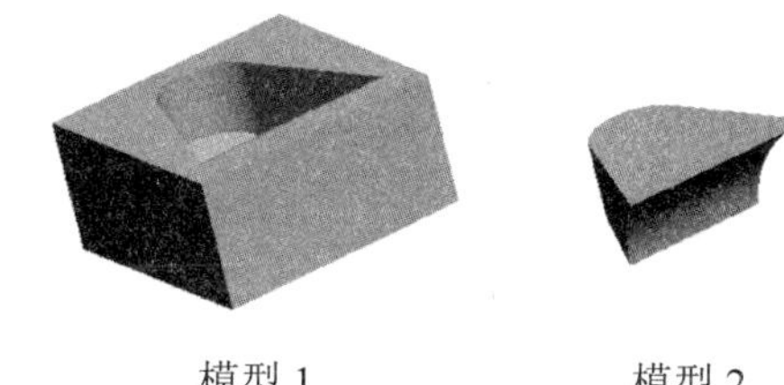

模型 1　　　模型 2

图 3.1.81　实体化结果

2．创建如图 3.1.82 所示的实体模型。

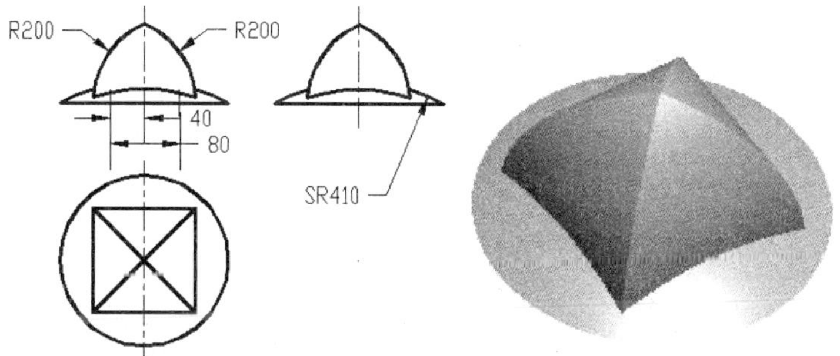

图 3.1.82　实体零件图及效果图

操作提示：

① 创建 3 个曲面。

② 合并曲面成体积块。

③ 对合并得到的面组进行实体化操作。

任务 3.2　典型产品的曲面设计

一、任务描述

本任务将通过几个典型产品的设计训练几种曲面的设计、编辑和操作方法及边界混合曲面、可变剖面扫描的创建，以便练习曲面造型的常用功能。

二、任务训练内容

（1）曲面的基本概念。
（2）曲面的创建与编辑。
（3）曲面的实体化。
（4）螺旋扫描的创建。

三、任务训练目标

知识目标

（1）曲面的基本概念。
（2）各种曲面命令的使用方法。
（3）各种曲面编辑命令的操作技巧。

技能目标

（1）使用曲面设计的方法进行零件三维造型。
（2）灵活运用各种曲面编辑命令进行零件的三维造型。

四、任务实施

案例 1　灯罩

案例出示：绘制如图 3.2.1 所示的灯罩。

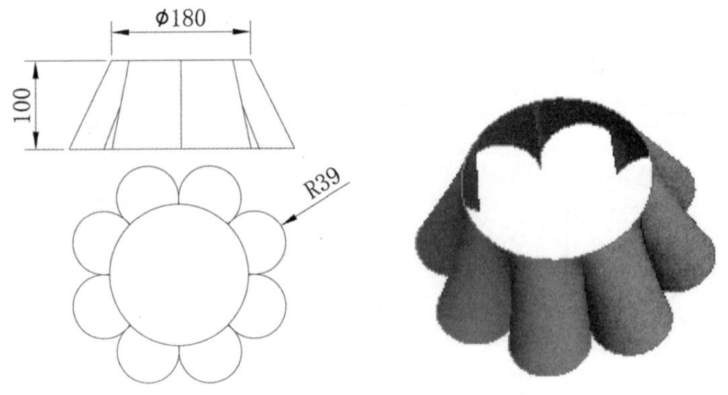

图 3.2.1　灯罩

知识目标：
（1）掌握基准面、基准点、基准线等基准命令的一般使用方法。
（2）熟悉利用边界混合命令创建实体的步骤。

能力目标：灵活运用边界混合进行零件的三维造型。

案例分析：灯罩主要由曲面创建，在使用混合曲面创建时，需要创建基准点、基准轴及基准曲线。

案例操作：

（1）新建零件文件，选择“零件”类型和“实体”子类型，在“名称”文本框中输入文件名 prt_kaikouxiao，取消选中“使用缺省模板”复选框，在“模板”选项区域中选择 mmns_part_solid 选项，单击“确定”按钮，进入零件模式。

（2）草绘平面图形。

单击“草绘”按钮，打开“草绘”对话框，选择 TOP 面为绘图平面，单击“草绘”，进入草绘模式，绘出如图 3.2.2 所示的图形，镜像得到如图 3.2.3 所示的图形，单击✓退出草绘环境。

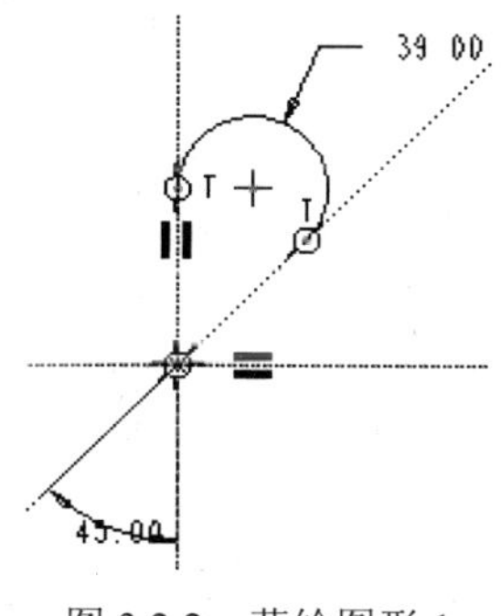

图 3.2.2　草绘图形 1

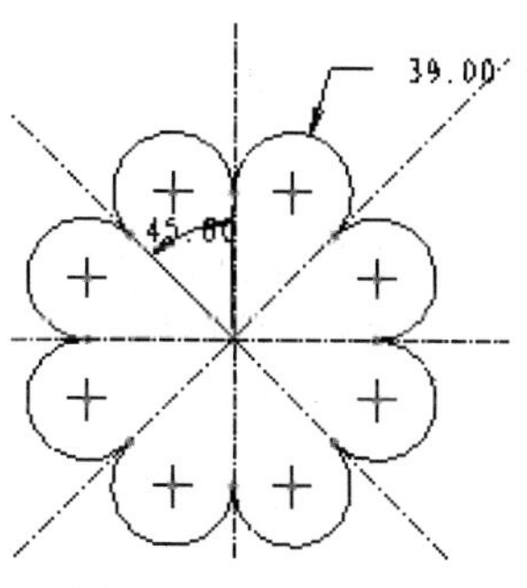

图 3.2.3　草绘图形 2

（3）建基准面。

单击窗口右侧的按钮，打开“基准平面”对话框，如图 3.2.4 所示，选取 TOP 面为参照，输入偏距 100，单击“确定”按钮创建一个基准平面 DTM1，如图 3.2.5 所示。

图 3.2.4　“基准平面”对话框

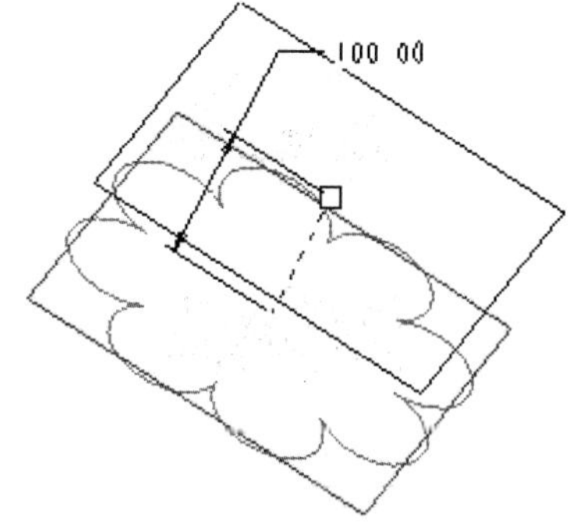

图 3.2.5　基准平面

（4）草绘平面图形。

继续单击“草绘”按钮，选择刚创建的 DTM1 面为绘图平面，单击“草绘”，进入草绘模式，绘出如图 3.2.6 所示的图形，单击✓退出草绘环境。

（5）创建基准点。

单击窗口右侧中的按钮，按住 Ctrl 键，分别选取 RIGHT 基准面和绘制的第一草图为参照，创建基准点，用同样的方法创建另外 7 个基准点，效果如图 3.2.7 所示。

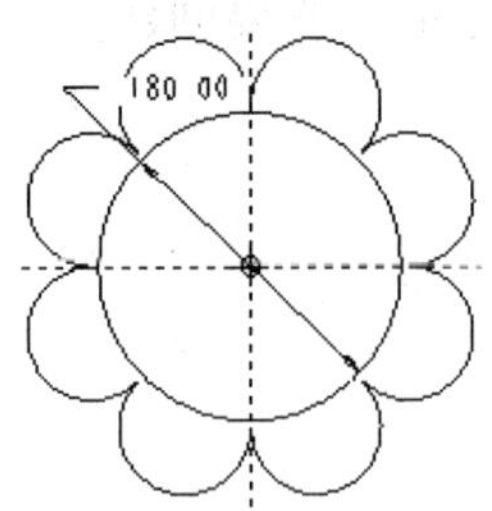

图 3.2.6　草绘图形 3

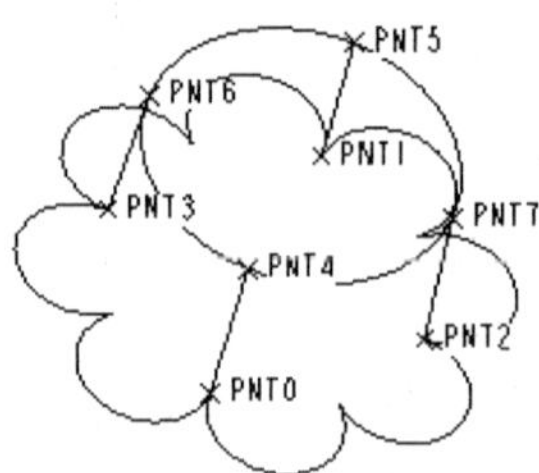

图 3.2.7　创建基准点

（6）创建基准曲线。

单击窗口右侧的～按钮，打开“曲线选项”菜单，如图 3.2.8 所示，选择“经过点”、“完成”选项，打开“曲线：通过点”对话框，见图 3.2.9 所示，打开“连接类型”菜单，提示选取连接的对象，如图 3.2.10 所示。

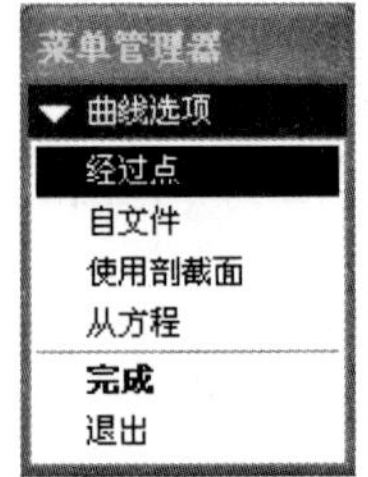

图 3.2.8　“曲线选项”菜单

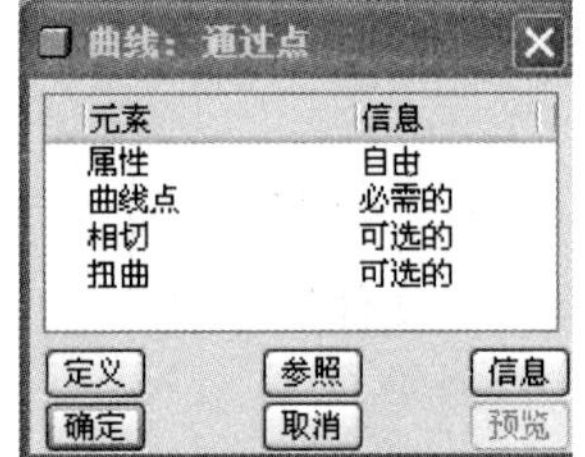

图 3.2.9　“曲面：通过点”对话框

依次选取 PNT0 和 PNT5，然后选取“连接类型”菜单中的“完成”选项，在“曲线：通过点”对话框中单击“确定”按钮，完成在基准点间创建基准曲线，重复该操作方法，在其他基准点间创建基准曲线，如图 3.2.11 所示。

图 3.2.10　“连接类型”对话框

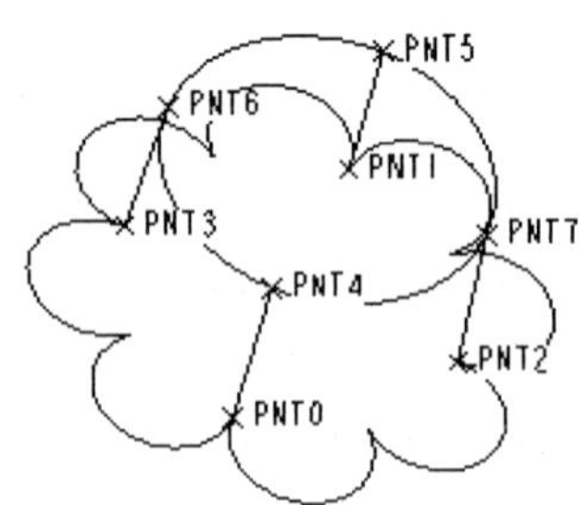

图 3.2.11　创建基准曲线

（7）在零件模式下，选择“插入”→“边界混合”选项，打开边界混合的操控面板，如图 3.2.12 所示。

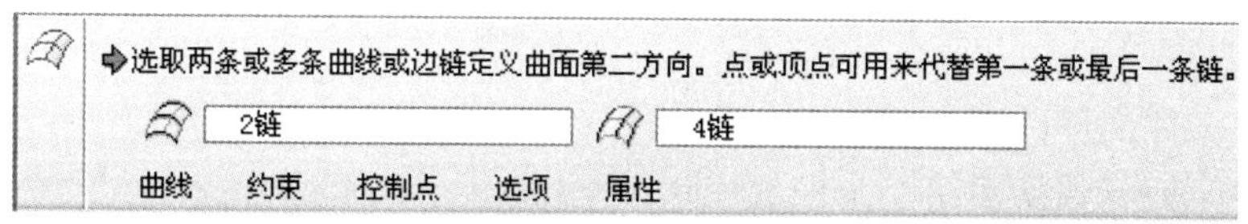

图 3.2.12　边界混合操控面板

按住 Ctrl 键，依次选取两个平行的草图平面，单击第二方向收集器，按住 Ctrl 键依次选取之前创建的四条曲线，单击✔按钮完成边界混合的创建，如图 3.2.13 所示。

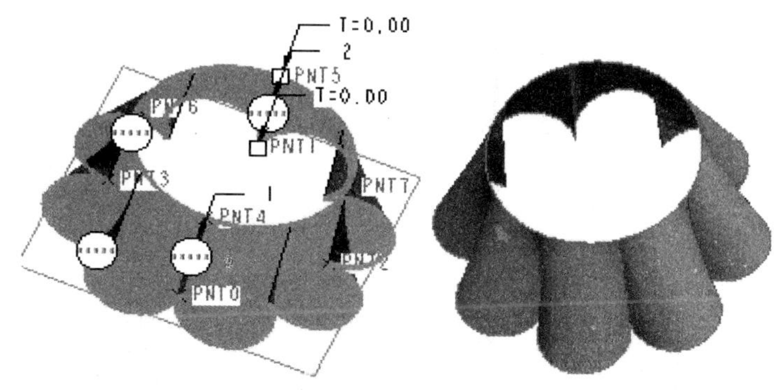

图 3.2.13　边界混合完成效果

（8）单击“文件”→“保存”命令，完成此任务的操作。

案例 2　异形曲柄

案例出示：绘制如图 3.2.14 所示的异形曲柄。

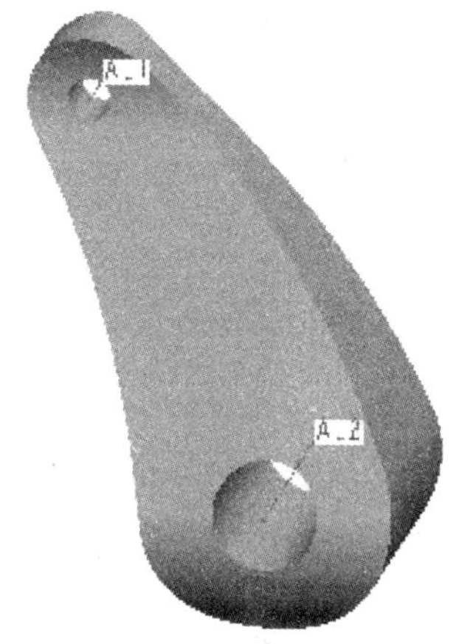

图 3.2.14　异形曲柄三维造型图

知识目标：

（1）拉伸曲面的创建。

（2）合并曲面、曲面实体化等操作。

（3）掌握异形零件的绘制技巧。

能力目标：使用曲面创建和编辑方法进行三维造型。

案例分析：本案例需要两次拉伸曲面的创建及曲面的编辑。

案例操作：

（1）新建零件文件。

（2）使用拉伸方式创建第一个曲面。

Step 1 单击右工具栏的“草绘”按钮，选取 FRONT 基准平面作为草绘平面，接受系统其他默认选项，绘制如图 3.2.15 所示的草绘截面，单击按钮。

Step 2 单击“拉伸”按钮，打开拉伸操控面板。单击按钮，单击对称拉伸按钮，修改曲面拉伸深度为 100，单击按钮，结束曲面的建立，如图 3.2.16 所示。

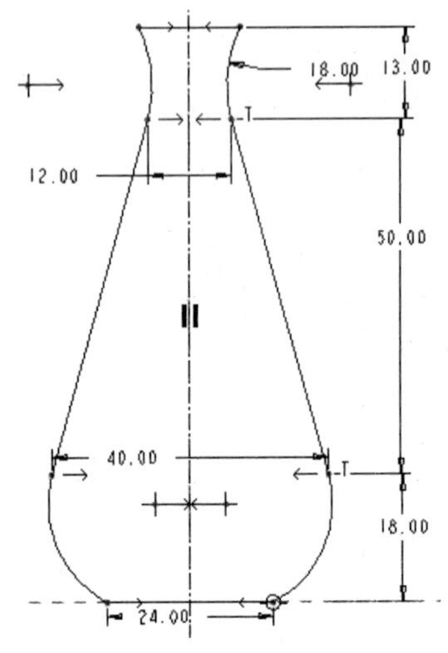

图 3.2.15　第一个草绘截面

图 3.2.16　完成第一个曲面创建

单击操控面板中的“选项”按钮，选中“封闭端”复选框，可将曲面的前后端封闭住，读者可试着做一下。

（3）创建第二个拉伸曲面。

Step 1 将上步创建的曲面转到线框模式，单击右工具栏的“草绘”按钮，选取 RIGHT 基准平面作为草绘平面，接受系统其他默认选项，绘制如图 3.2.17 所示的草绘截面，注意选择上下两边做参照，单击按钮。

Step 2 单击“拉伸”按钮，打开拉伸操控面板。单击按钮，单击对称拉伸按钮，修改曲面拉伸深度为 100，单击按钮，结束曲面的建立，如图 3.2.18 所示。

（4）合并曲面。

按住 Ctrl 键依次选取之前创建的两个曲面，然后选择“编辑”→“合并”命令，或单击主窗口右侧的“合并”按钮，打开合并操控面板，单击按钮，完成曲面合并，如图 3.2.19 所示。

（5）合并曲面实体化。

选择上步完成的合并曲面，选择“编辑”→“实体化”命令，单击按钮，完成曲面的实体化操作，如图 3.2.20 所示。

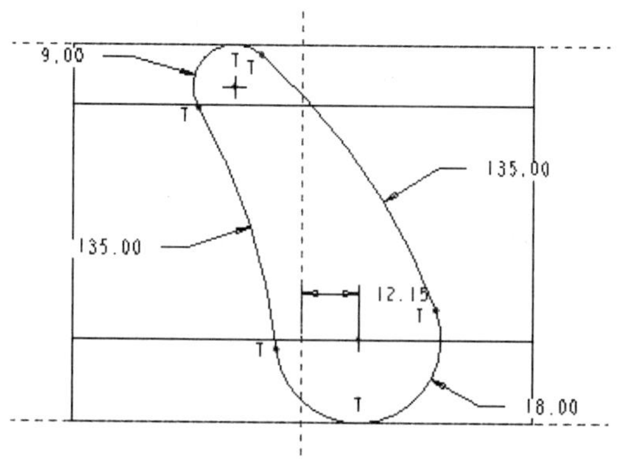

图 3.2.17　第二个草绘截面

图 3.2.18　完成第二个曲面创建

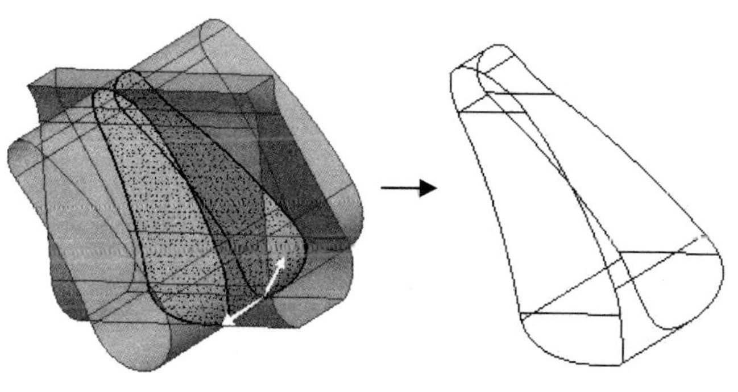

图 3.2.19　完成曲面合并

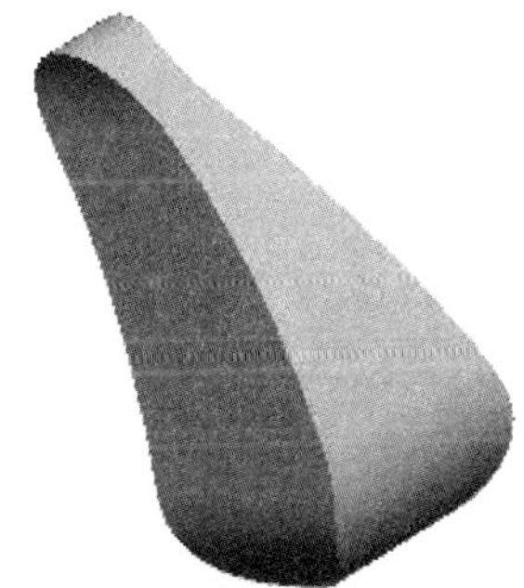

图 3.2.20　实体化效果

（6）创建孔。

Step 1 单击右工具栏的“草绘”按钮，选取 RIGHT 基准平面作为草绘平面，接受系统其他默认选项，绘制如图 3.2.21 所示的草绘截面，单击✔按钮。

Step 2 单击“拉伸”按钮，打开拉伸操控面板。单击按钮，以便去除材料，单击对称拉伸按钮，修改曲面拉伸深度为 50，单击按钮，完成孔的建立，如图 3.2.22 所示。

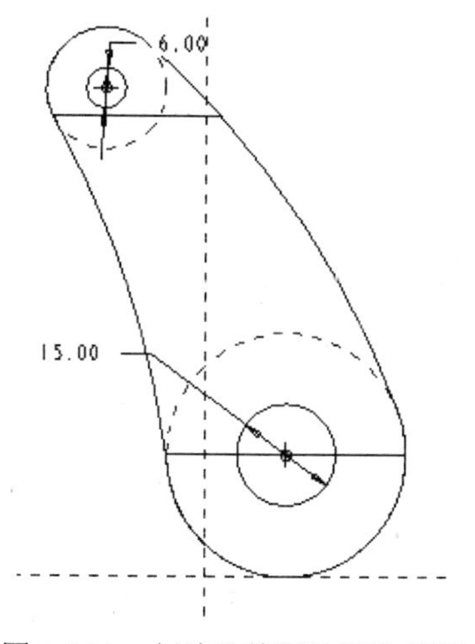

图 3.2.21　创建孔特征的草绘截面

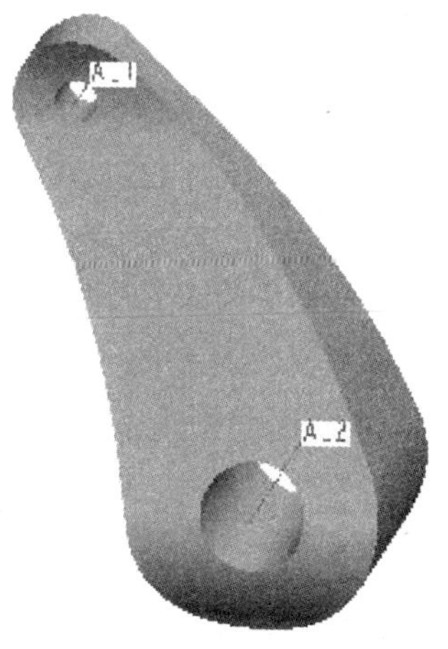

图 3.2.22　完成孔特征的创建

两端封闭的拉伸曲面在着色显示的状态下很容易误认为实体，这时很难区分和判断。此时可以切换到线框显示模式，在线框状态下，实体的线框颜色为白色，而曲面的内部线框为暗洋红色，曲面的边界是明亮的粉红色，这样即可区分实体与曲面。

案例 3　汤勺

案例出示：绘制如图 3.2.23 所示的汤勺。

图 3.2.23　汤勺

知识目标：

（1）深入理解各种基准命令的概念。

（2）掌握基准面、基准点、基准线等基准命令的一般使用方法。

（3）熟悉利用边界混合命令创建实体的步骤及技巧。

能力目标：灵活运用基准特征进行曲面造型。

案例分析：汤勺主要由曲面创建，在使用混合曲面创建时，需要创建基准点、基准轴及基准曲线。

案例操作：

（1）新建零件文件。

（2）绘制汤勺曲线图样。

Step 1 单击右工具栏的“草绘”按钮，进入草绘模式，选择 FRONT 面为绘图平面，用直线命令和绘制曲线命令绘制曲线，如图 3.2.24 所示，注意中间的曲线与前面直线和后面曲线相切。

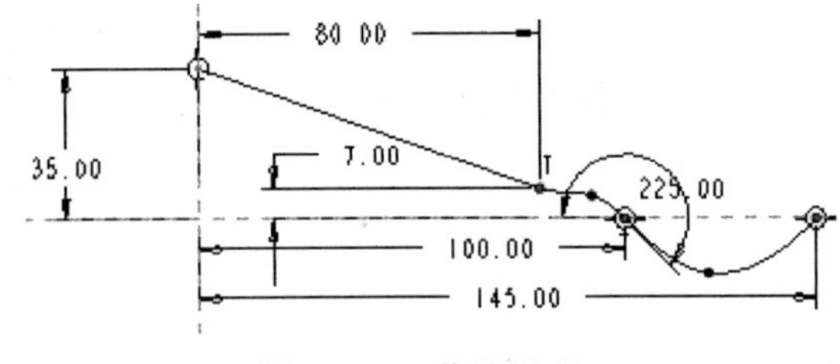

图 3.2.24　草绘图形 1

单击创建基准点按钮，建立基准点 PNTO 和 PNT1 点，如图 3.2.25 所示，单击退出草绘。

Step 2 单击创建基准面按钮，弹出“基准平面”对话框，如图 3.2.26 所示，创建基准平面 DTM1，如图 3.2.27 所示。

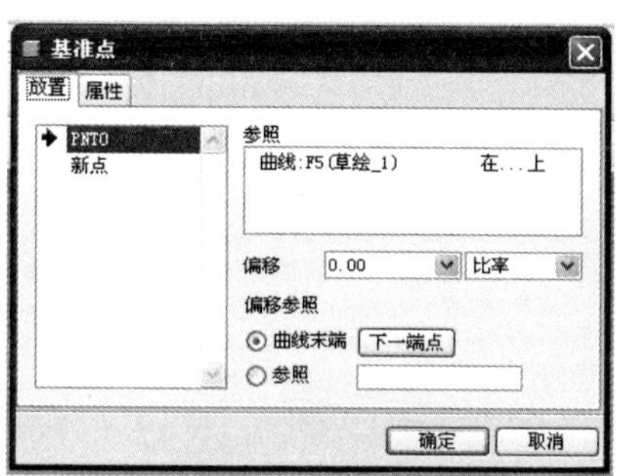

图 3.2.25　创建基准点

图 3.2.26　“基准平面”对话框

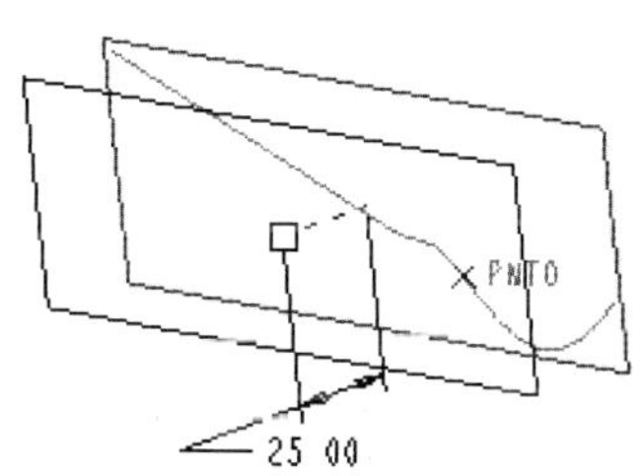

图 3.2.27　基准平面

Step 3　单击右工具栏的“草绘”按钮，草绘平面为新建的基准平面 DTM1，单击按钮右侧的小黑三角，弹出按钮，拾取草绘 1 中的直线，输入偏距为 1，用曲线命令绘制第二段曲线，用直线命令绘制第三段线段，如图 3.2.28 所示，单击✔按钮完成草绘 2。

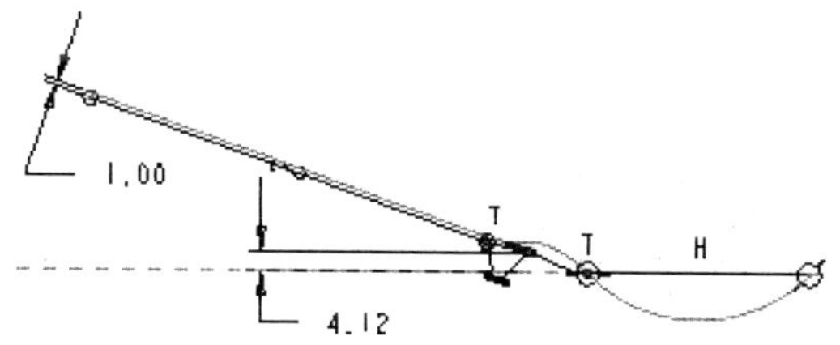

图 3.2.28　草绘图形 2

Step 4　单击右工具栏的“草绘”按钮，继续进入草绘，选择 TOP 面为基准平面，单击按钮，在基准点 PNT0 和 PNT1 处分别创建中心线，用直线命令和绘制曲线命令绘制曲线，如图 3.2.29 所示，单击✔完成。

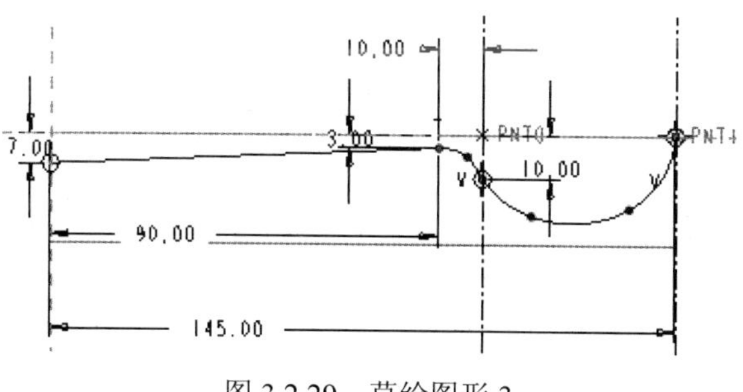

图 3.2.29　草绘图形 3

提示：草绘 1、草绘 2 和草绘 3 都由三段组成，如图 3.2.30 所示。

Step 5 按 Ctrl 键选中草绘 2 和草绘 3，单击“编辑”→“相交”命令，得到合并后的交线交截 1，如图 3.2.31 所示。

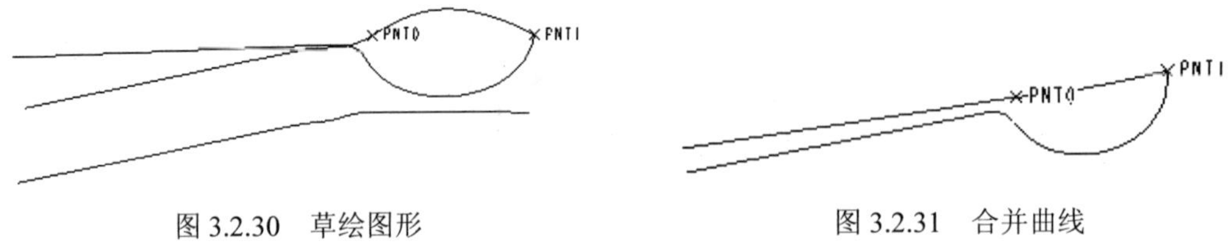

图 3.2.30　草绘图形　　　　图 3.2.31　合并曲线

选中交截 1，单击按钮进行镜像，选择 FRONT 面为镜像平面，得到折图形如图 3.2.32 所示，单击按钮完成。

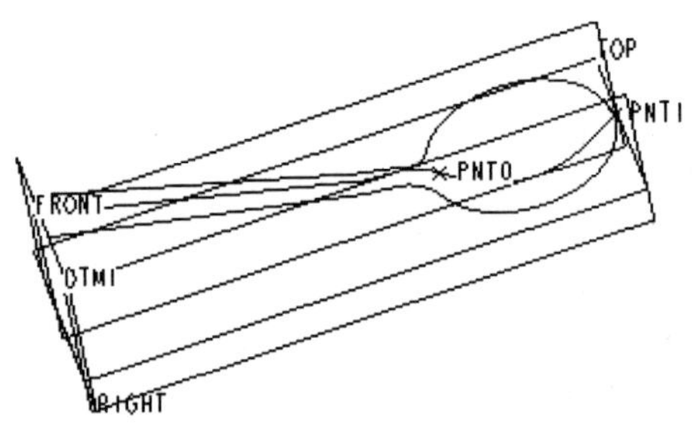

图 3.2.32　镜像交线

（3）创建 5 条基准曲线。

Step 1 单击插入基准曲线按钮，弹出如图 3.2.33 所示的对话框，选择左端两点创建第一条基准曲线，如图 3.2.34 所示。

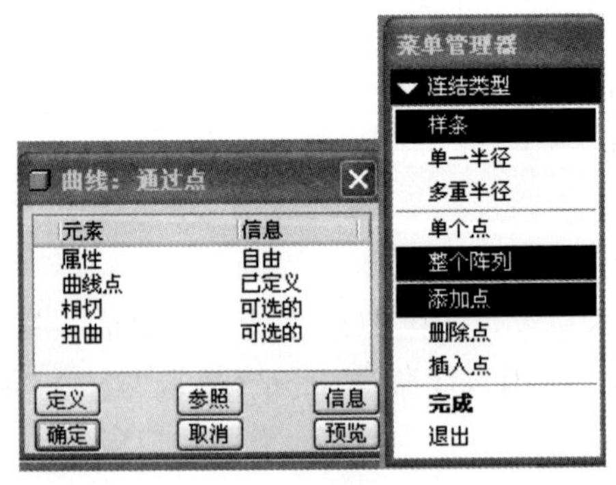

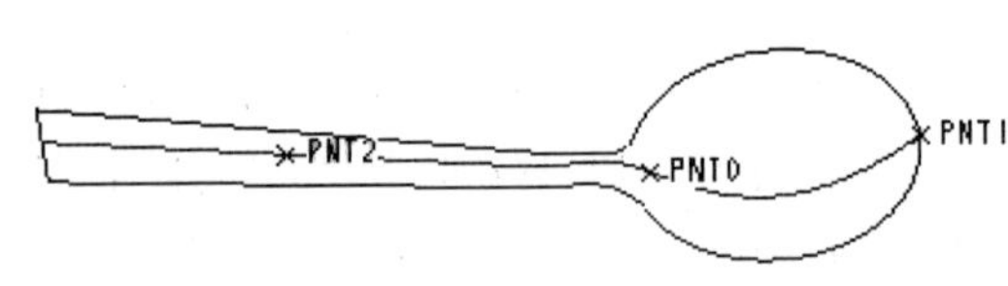

图 3.2.33　“连接类型”菜单　　　　图 3.2.34　基准曲线

Step 2 单击按钮建立基准点 PTN2，如图 3.2.35 所示。

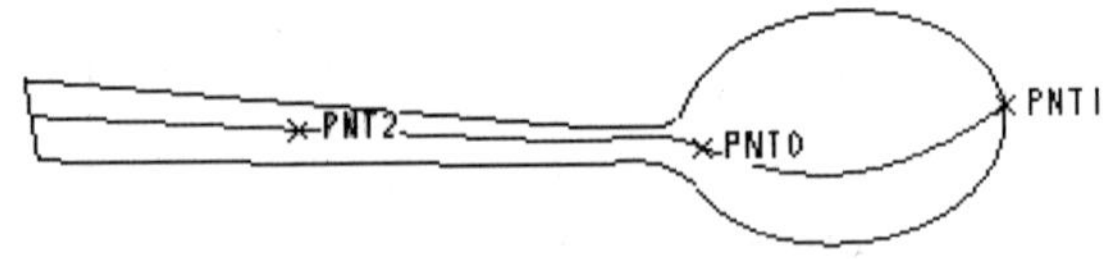

图 3.2.35　创建基准点 PTN2

单击建立基准轴按钮，弹出如图 3.2.36 所示的对话框，选择上步创建的基准点，按 Ctrl 键同时选择 FRONT 面，建立基准轴 A-1。如图 3.2.37 所示。

图 3.2.36 “基准轴”对话框

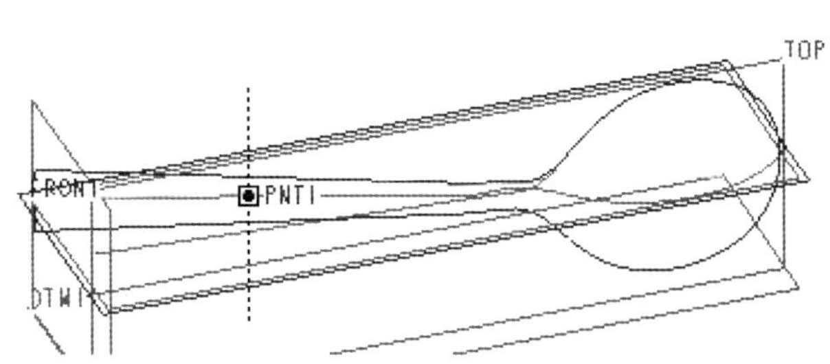

图 3.2.37 基准轴 A-1

单击建立基准平面按钮，打开如图 3.2.38 所示的对话框，选择上步建立的基准轴 A-1，按 Ctrl 键同时选择 RIGHT 面，输入偏移距离为 8，建立基准平面 DTM2，如图 3.2.39 所示。

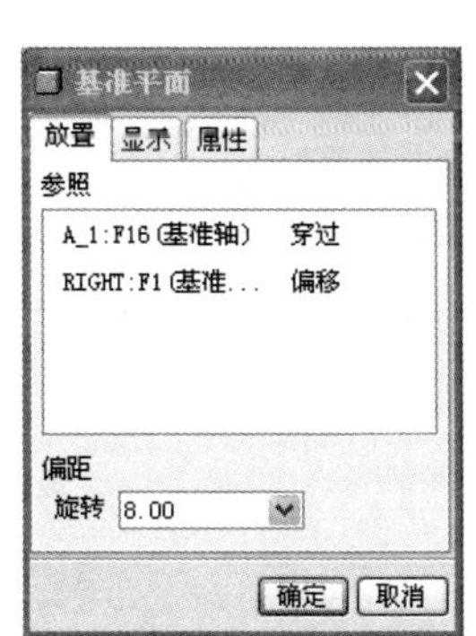

图 3.2.38 “基准平面”对话框

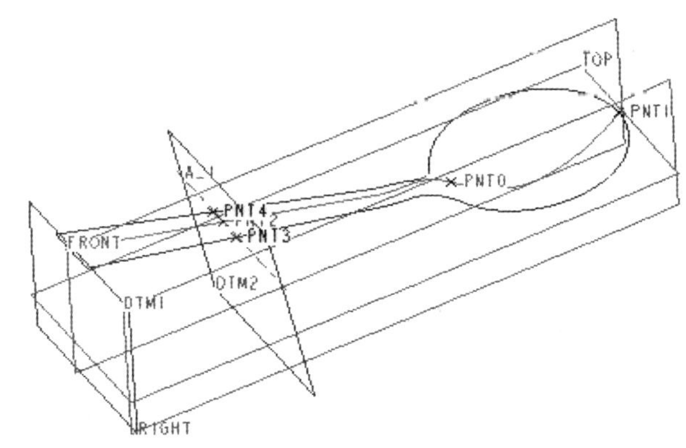

图 3.2.39 基准平面 DTM2

单击按钮，打开的对话框如图 3.2.40 所示，按 Ctrl 键同时选择基准平面 DTM2 和曲线，先后创建基准点 PNT3 和 PNT4，如图 3.2.41 所示。

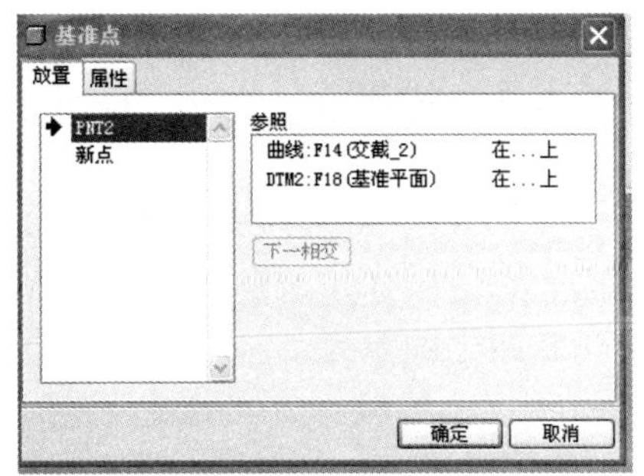

图 3.2.40 “基准点”对话框

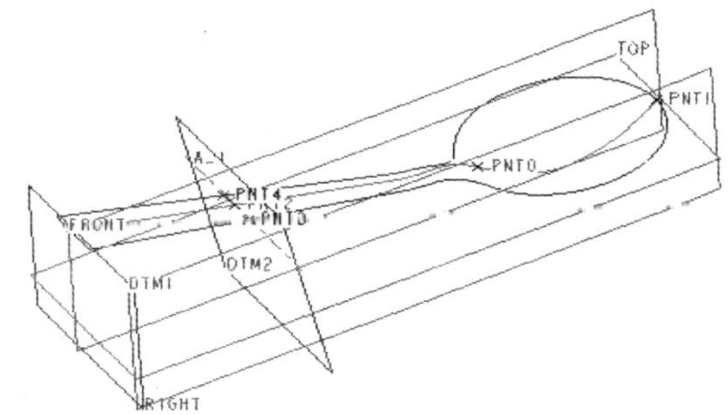

图 3.2.41 基准点 PNT3 和 PNT4

单击按钮在 PNT3 和 PNT4 之间绘出第二条基准曲线，如图 3.2.42 所示。

Step 3 单击按钮建立基准点 PNT5，如图 3.2.43 所示。

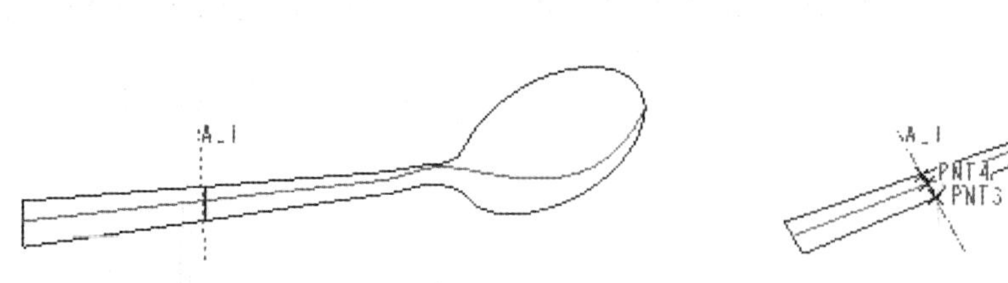

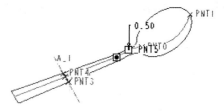

图 3.2.42　第二条基准曲线　　　　图 3.2.43　基准点 PNT5

Step 4 单击 按钮，插入基准轴，按 Ctrl 键同时选中 PNT5 和 FRONT 面创建基准轴 A-2，如图 3.2.44 所示。

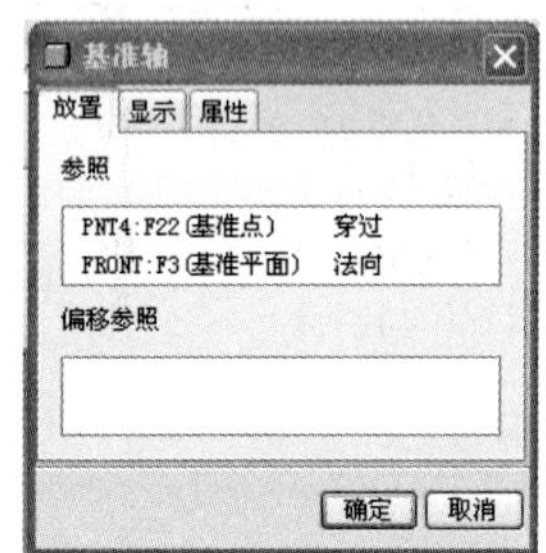

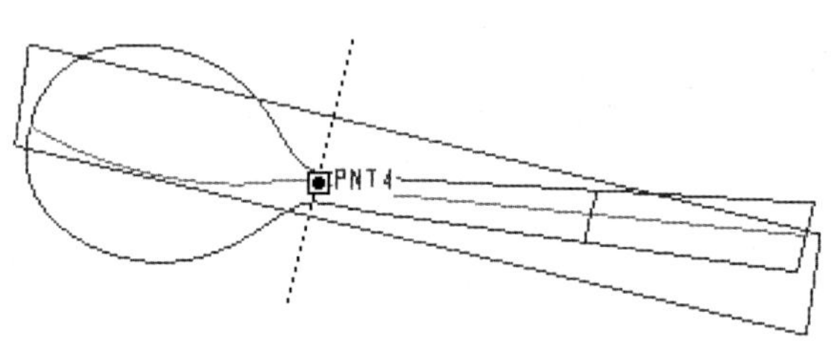

图 3.2.44　基准轴 A-2

Step 5 单击 按钮，建立基准平面，如图 3.2.45 所示，按基准轴 A-2 同时按 Ctrl 键选择 RIGHT 面，如图 3.2.46 所示，输入偏移距离为 24，建立基准平面 DTM3，如图 3.2.47 所示。

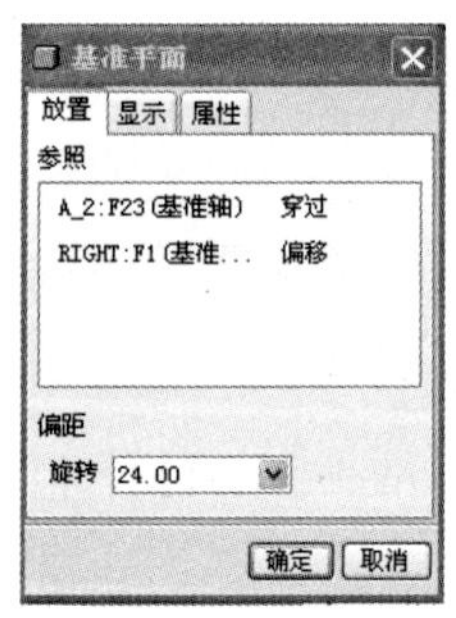

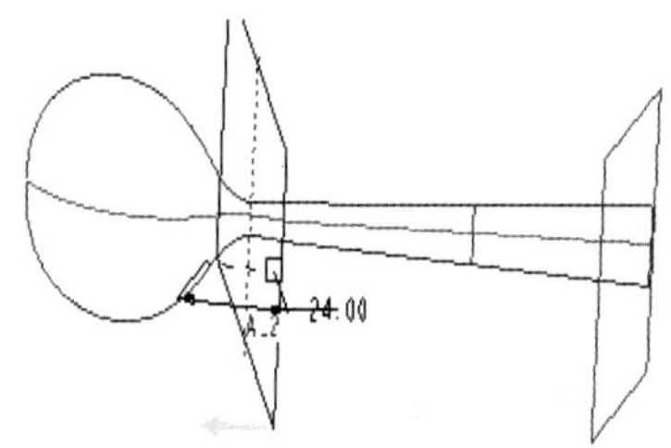

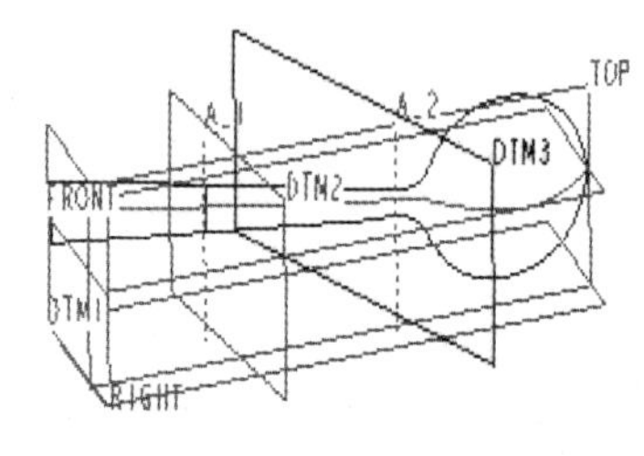

图 3.2.45　“基准平面”对话框　　图 3.2.46　选择 RIGHT 面　　图 3.2.47　基准平面 DTM3

Step 6 单击 按钮先后建立基准点 PNT6 和 PNT7，如图 3.2.48 所示，单击 按钮绘出第三条基准曲线，如图 3.2.49 所示。

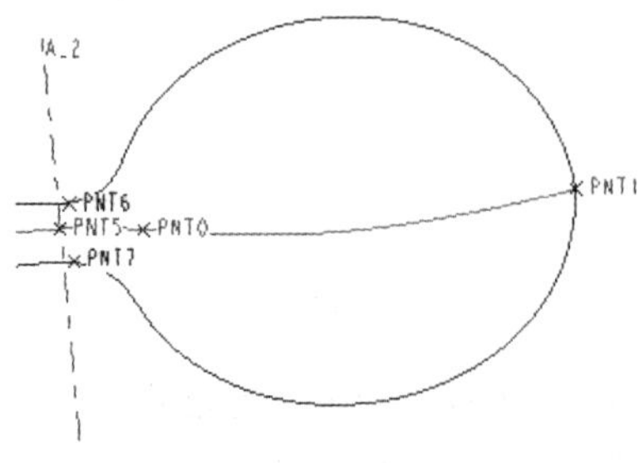

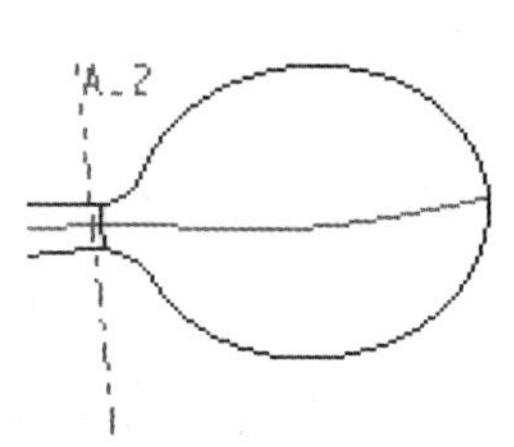

图 3.2.48　基准点 PNT6 和 PNT7　　　　图 3.2.49　第三条基准曲线

Step 7 单击按钮，过 PNT0 点，平行 RIGHT 面建立基准平面 DTM4，如图 3.2.50 所示。

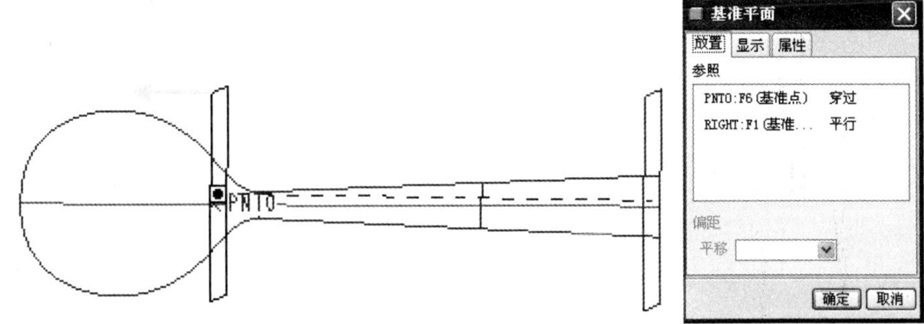

图 3.2.50　基准平面 DTM4

Step 8 单击按钮先后建立基准点 PNT8 和 PNT9，如图 3.2.51 所示。

Step 9 单击按钮绘出第四条基准曲线，点击建立基准点。如图 3.2.52 所示。

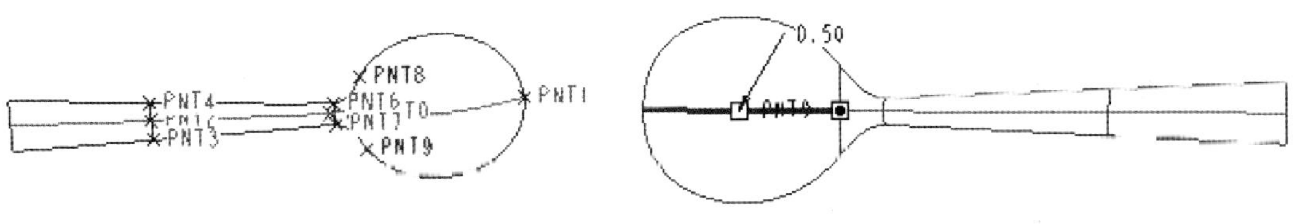

图 3.2.51　基准点 PNT8 和 PNT9　　　　图 3.2.52　第四条基准曲线

Step 10 单击按钮建立基准平面 DTM5，如图 3.2.53 所示。

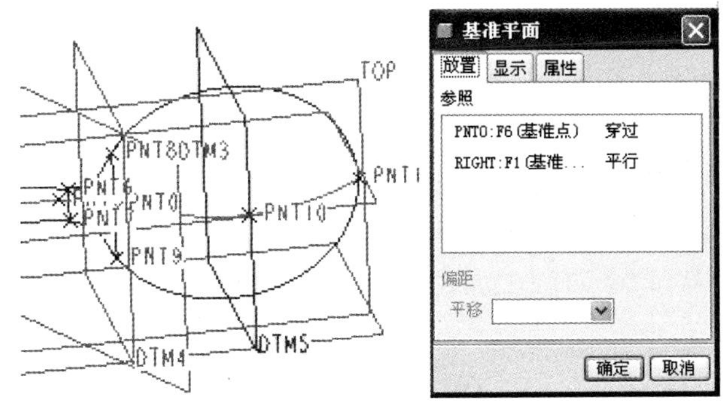

图 3.2.53　基准平面 DTM5

Step 11 单击按钮，同时选中曲线和 DTM5 先后建立基准点 PNT10 和 PNT11，如图 3.2.54 和图 3.2.55 所示。

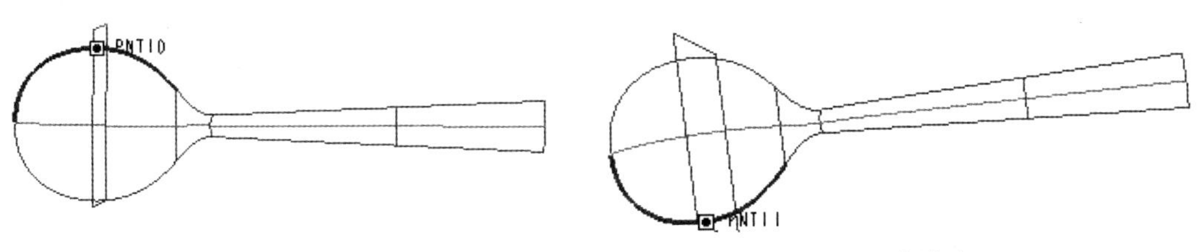

图 3.2.54　基准点 PNT10　　　　图 3.2.55　基准点 PNT11

单击按钮绘出第五条基准曲线，如图 3.2.56 所示。

（4）利用边界混合创建模型。单击按钮进行边界混合，如图 3.2.57 所示，按 Ctrl 键依次选中创建的 5 条基准曲线，单击第二方向，按 Ctrl 键依次选中第二步创建的三条汤勺曲线，如图 3.2.58 所示，然后单击按钮完成。

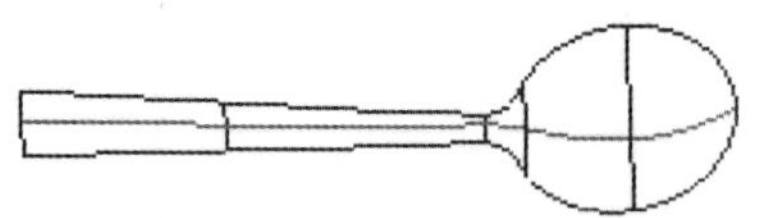
图 3.2.56　第五条基准曲线

图 3.2.57　边界混合操控面板

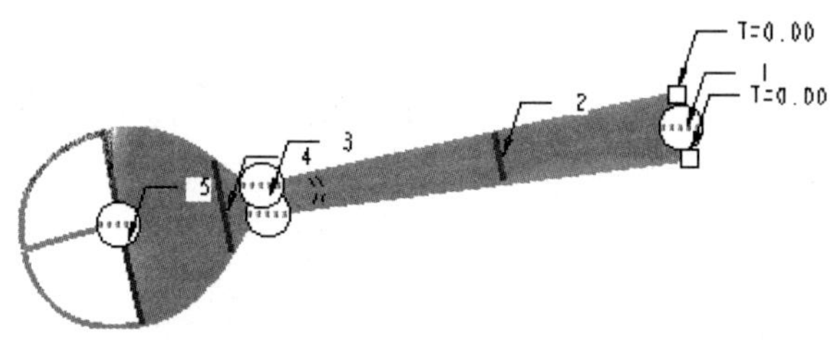

图 3.2.58　利用边界混合创建模型

（5）单击“编辑”，选择按钮进行加厚，如图 3.2.59 所示，单击按钮完成，如图 3.2.60 所示。

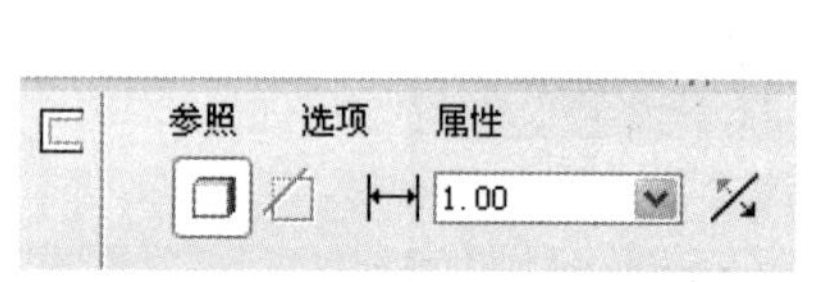

图 3.2.59　加厚操控面板

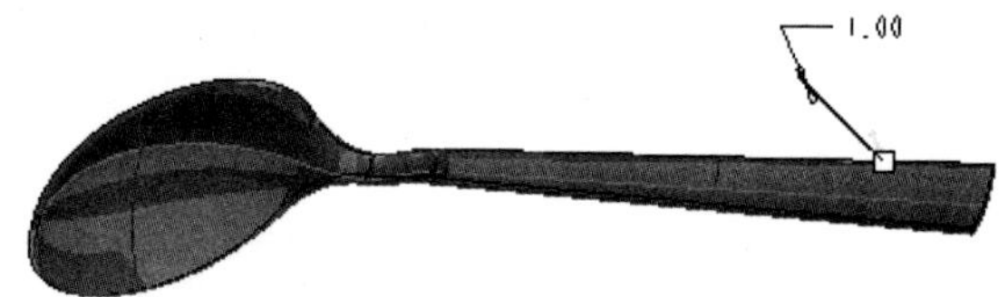

图 3.2.60　加厚模型

（6）单击按钮进行倒圆角，如图 3.2.61 所示，点击按钮完成，最终效果如图 3.2.62 所示。

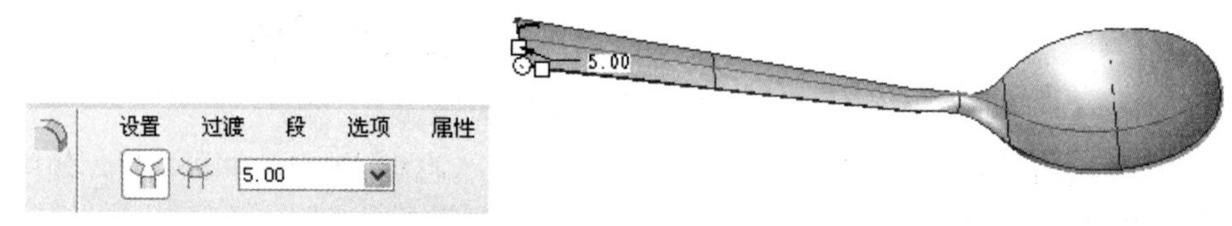

图 3.2.61　倒圆角

图 3.2.62　汤勺最终效果

五、任务总结

本任务通过几个实例介绍了曲面的一些常用造型方法，重点介绍了混合曲面的创建和曲面的编辑功能。

通过本任务曲面造型的介绍，对曲面造型的方法也有了一定的了解，但是要掌握并灵活运用，还需要不断去练习去总结，练习时不仅仅只是简单地按照步骤做出来，还要思考有没有其他办法以及获得的收获，学习的目的最终旨在举一反三。

六、拓展训练

1．创建如图 3.2.63 所示的心形曲面。

图 3.2.63　心形曲面

操作提示：绘制 4 条曲线，如图 3.2.64 所示，其中一条由镜像可得。选择第一方向的三条曲线，选择第二方向的一条曲线，完成边界混合曲面。选择生成的曲面，镜像曲面，选择生成的两个半心形曲面，然后选择“编辑”→“合并”命令，将两个曲面合并为一个面组。选择创建的合并曲面，然后执行“编辑”→“实体化”命令，将该曲面实体化。

2．创建如图 3.2.65 所示的鞋子，尺寸自拟。

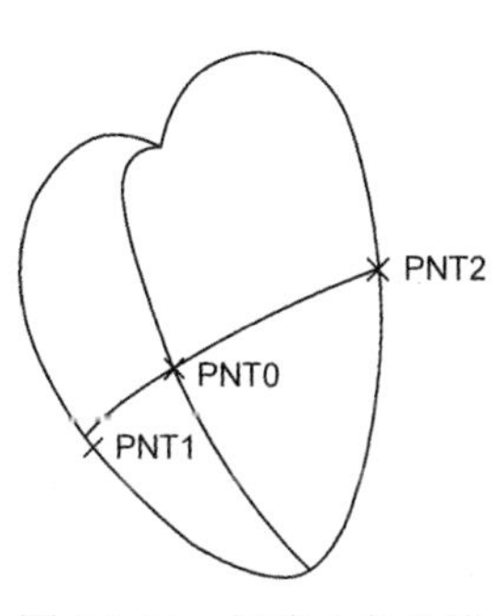

图 3.2.64　创建 4 条曲线

图 3.2.65　鞋子

操作提示：

① 创建拉伸曲面，如图 3.2.66 所示（若不填充鞋底曲面，可在拉伸时打开“选项”中的“封闭端”复选框）。

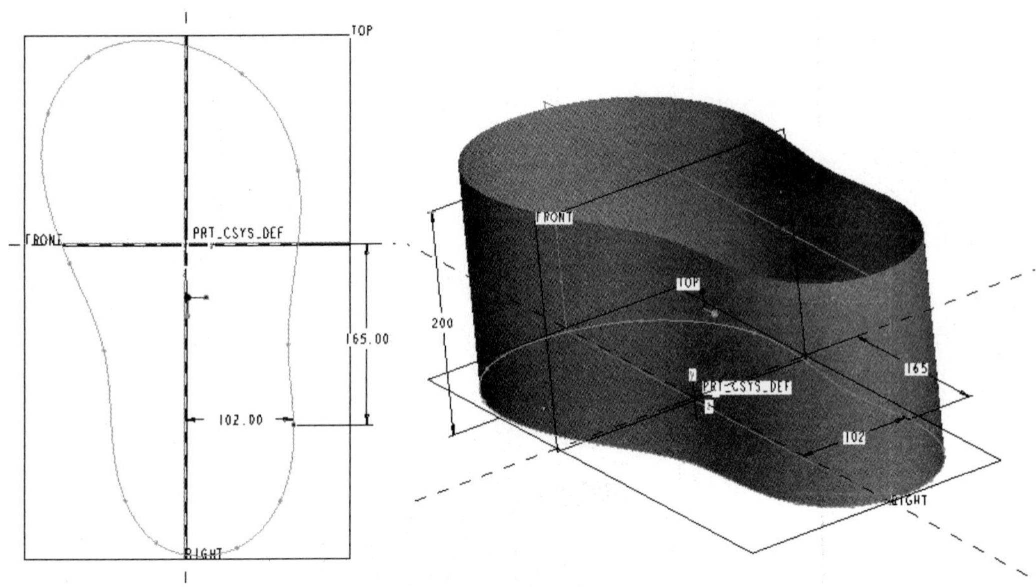

图 3.2.66　创建拉伸曲面 1

② 再创建拉伸曲面 2，如图 3.2.67 所示（对称拉伸）。

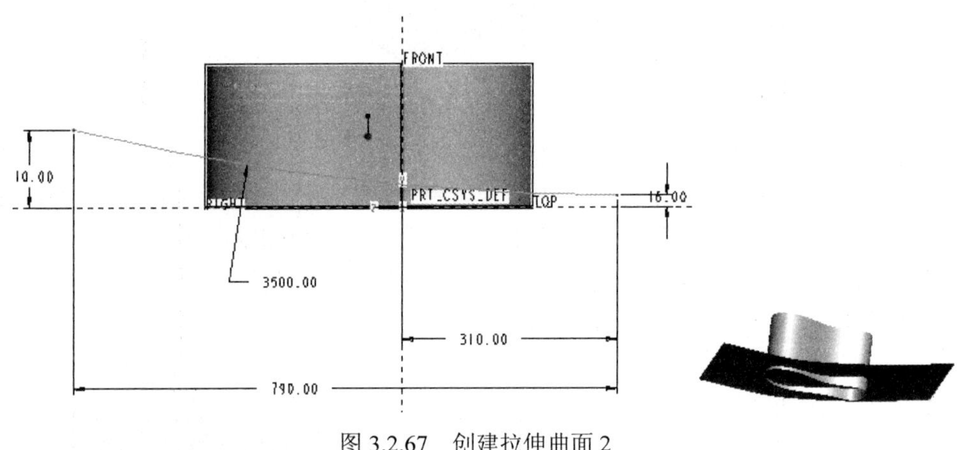

图 3.2.67　创建拉伸曲面 2

③ 合并拉伸曲面 1 和曲面 2，如图 3.2.68 所示。

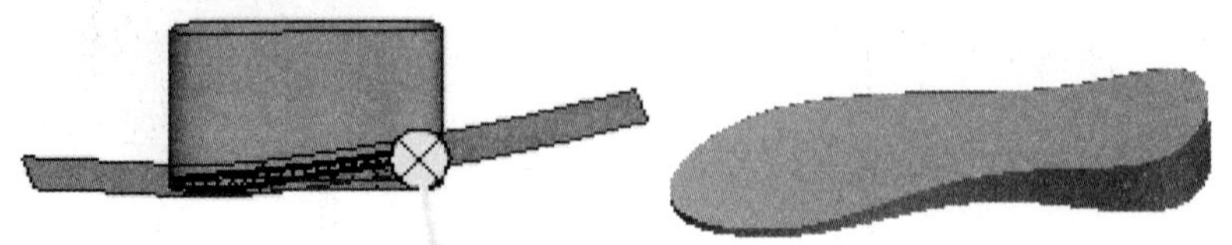

图 3.2.68　合并曲面

④ 填充鞋底曲面，如图 3.2.69 所示。

⑤ 合并第一次合并的结果 1 和填充曲面，如图 3.2.70 所示。

⑥ 增加基准平面，并在该基准平面上草绘曲线，如图 3.2.71 所示。

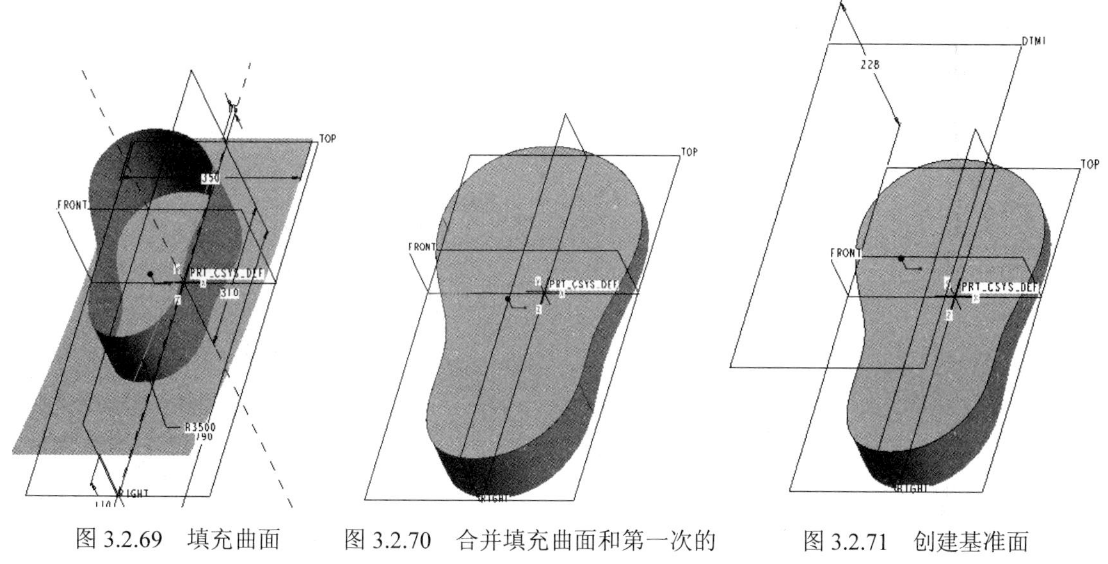

图 3.2.69　填充曲面　　图 3.2.70　合并填充曲面和第一次的合并结果 1　　图 3.2.71　创建基准面

⑦ 在上面的曲线上增加 4 个基准点，如图 3.2.72 所示，在下面的曲面边界曲线上也增加 4 个基准点，如图 3.2.73 所示。

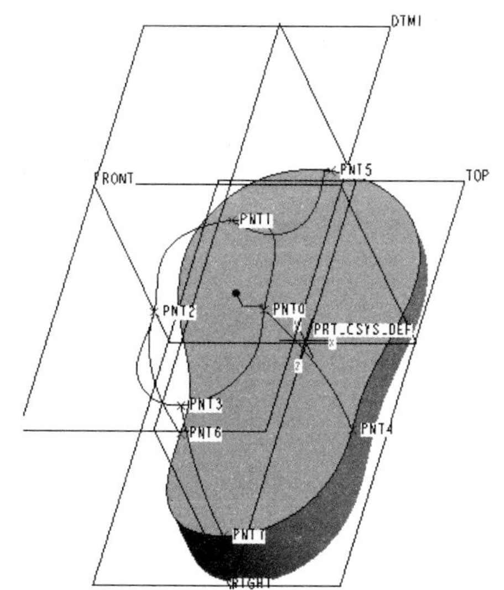

图 3.2.72　在鞋底创建基准点

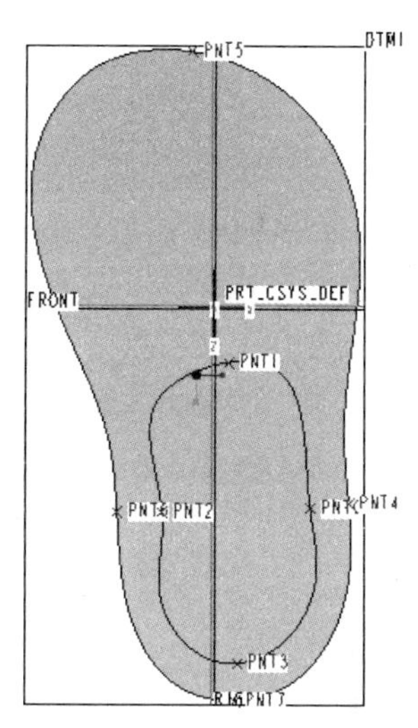

图 3.2.73　在鞋口创建基准点

⑧ 选择“插入基准曲线”→“经过点”命令，选择相应点创建 4 条曲线，选择扭曲工具，调整曲线（如有必要，可增加控制点），如图 3.2.74 所示。

⑨ 利用边界混合工具，得到如图 3.2.75 所示的曲面，注意在第一方向上选择上下两个封闭链，选择多条曲线作为一条链时按住 Shift 键，选其他链时按住 Ctrl 键；在第二方向上按住 Ctrl 键选择上一步创建的 4 条基准曲线。

⑩ 利用曲面偏移工具，将鞋底向外偏移 3，以得到鞋沿；将偏移曲面实体化为伸出项；利用加厚曲面工具，将鞋面也转化为实体。

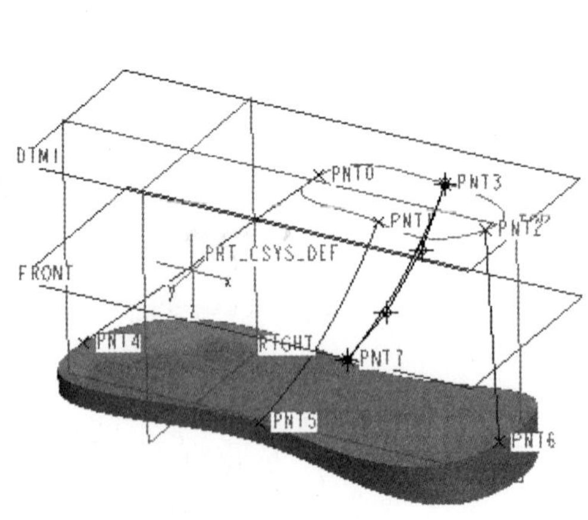

图 3.2.74 创建并调整基准曲线

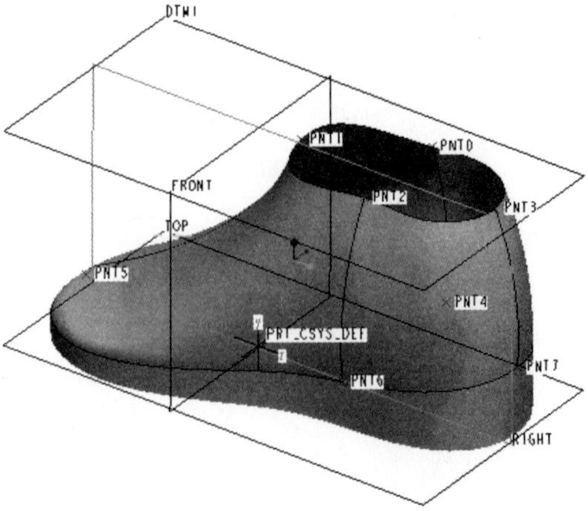

图 3.2.75 创建混合曲面

⑪ 绘制曲线，拉伸切除实体，得到鞋口，如图 3.2.76 所示。

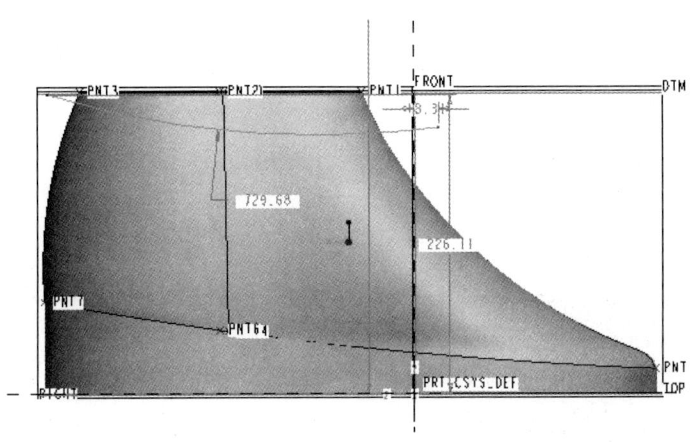

图 3.2.76 创建鞋口切口

⑫ 增加特征平面，并把所用特征镜像到对面，得到另一只鞋，对完成的图形进行渲染。

3．创建如图 3.2.77 所示的台灯。

操作提示：

（1）构建曲面，如图 3.2.78 所示。

图 3.2.77 台灯

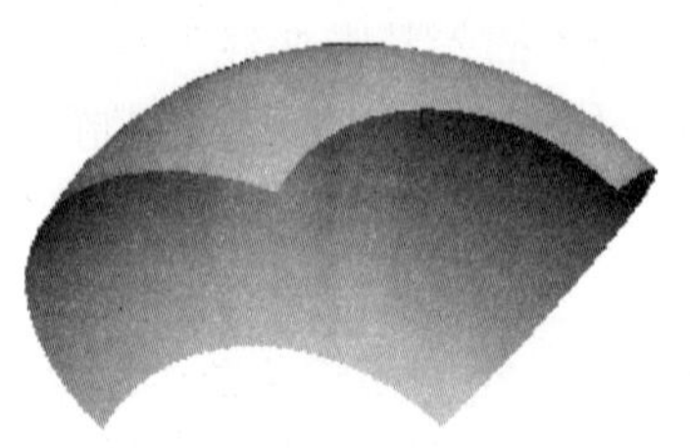

图 3.2.78 扫描曲面

Step 1 单击“插入”→“扫描”→“曲面”命令，草绘轨迹。

Step 2 选取 RIGHT 面为草绘平面，TOP 为左参照，绘制轨迹线如图 3.2.79 所示。选择“开放中点”、“完成”项，绘制的截面如图 3.2.80 所示。

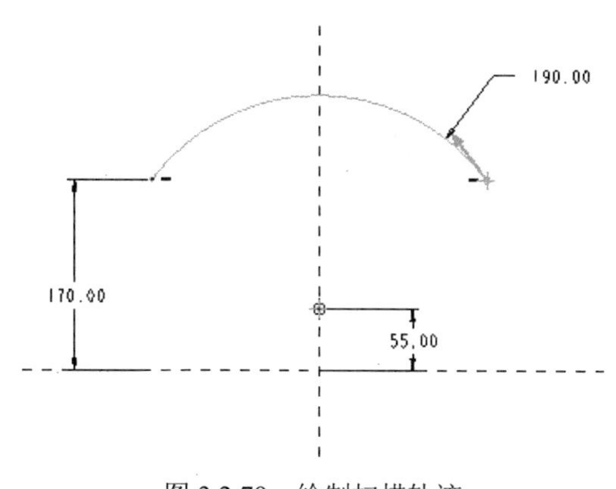

图 3.2.79　绘制扫描轨迹

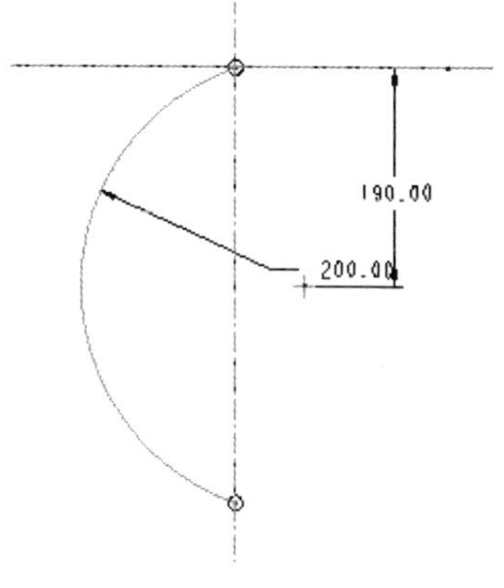

图 3.2.80　绘制扫描截面

（2）用“拉伸除料”对上一步构造的曲面进行修剪，如图 3.2.81 所示。

Step 1 单击拉伸按钮，再单击“曲面”、“去除材料”按钮，选取上一步构造的曲面作为修剪对象。

Step 2 草绘平面为 RIGHT，TOP 左参照，绘制的截面如图 3.2.82 所示。

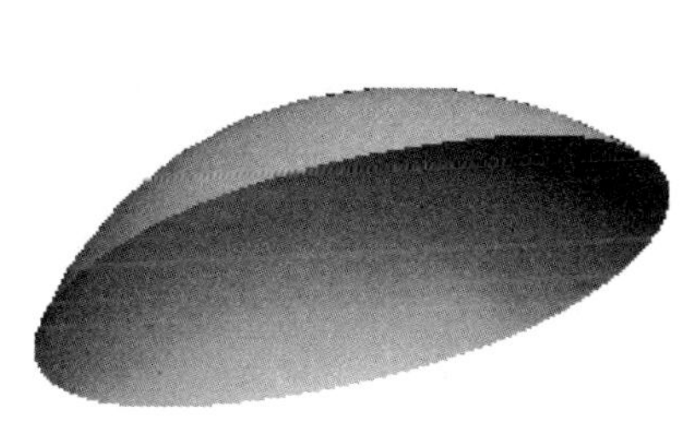
图 3.2.81　修剪曲面

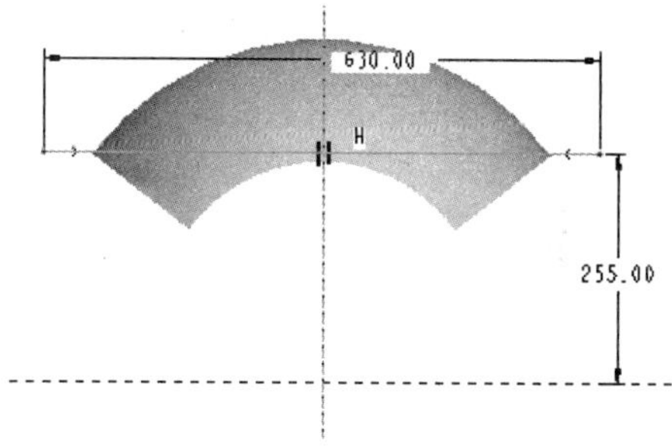

图 3.2.82　绘制修剪截面

Step 3 设置深度为“穿透”，注意修剪方向，如图 3.2.83 所示。

（3）创建基准平面，参照基准面为 RIGHT，偏距为-420，如图 3.2.84 所示。

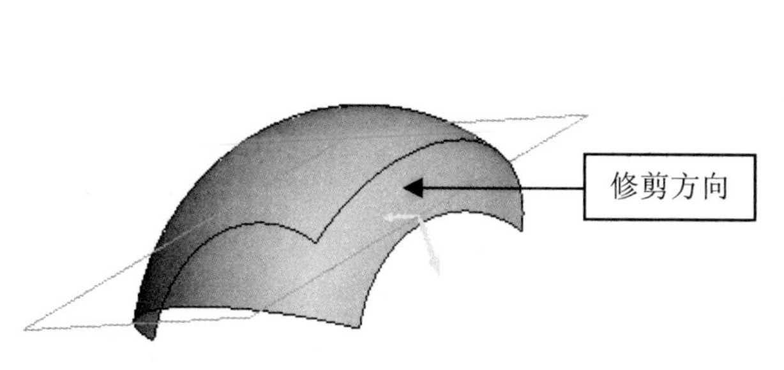

图 3.2.83　修剪方向

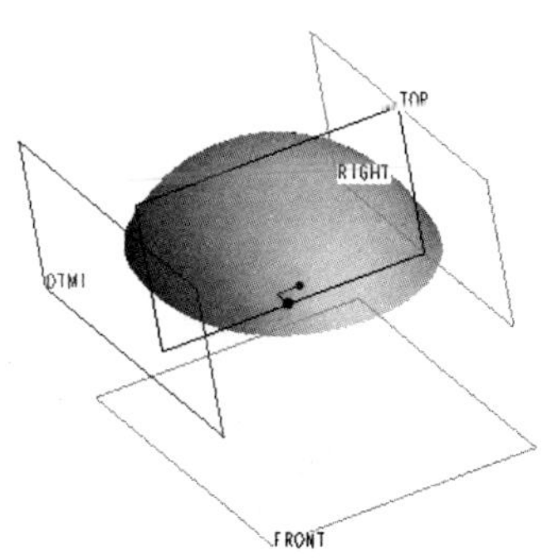

图 3.2.84　创建基准平面

（4）创建混合特征，如图 3.2.85 所示。

Step 1 单击“插入”→“混合”→“曲面”命令，过渡方式为“光滑”。

Step 2 选取 DTM1 为草绘平面，选取“反向”，注意方向箭头如图 3.2.86 所示。

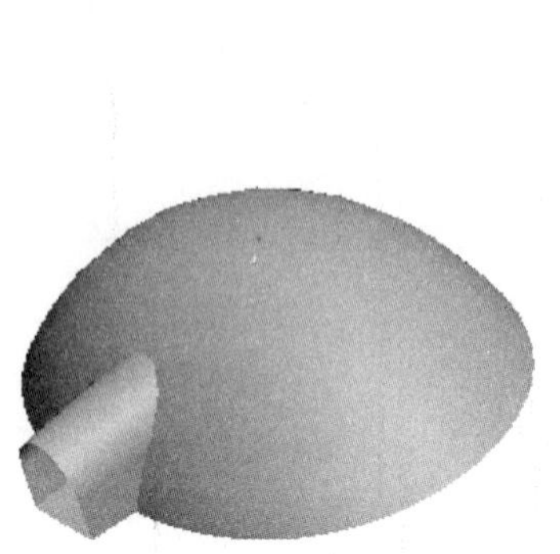

图 3.2.85 创建混合曲面

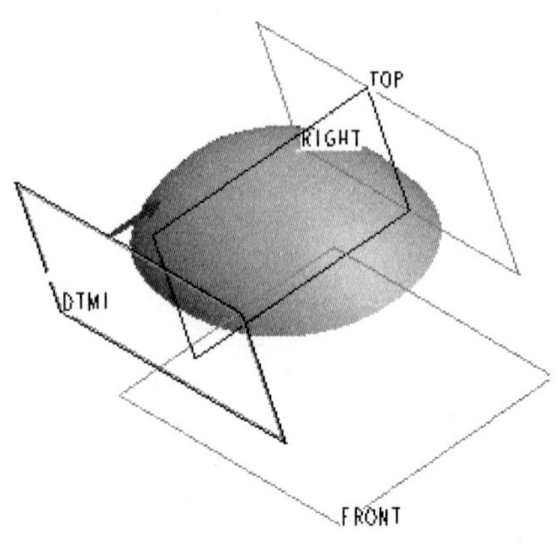

图 3.2.86 曲面方向

Step 3 选择 FRONT 面为底部参照，分别绘制截面 1 和截面 2，注意起始点的位置和方向，两平面距离为 120，如图 3.2.87 所示。

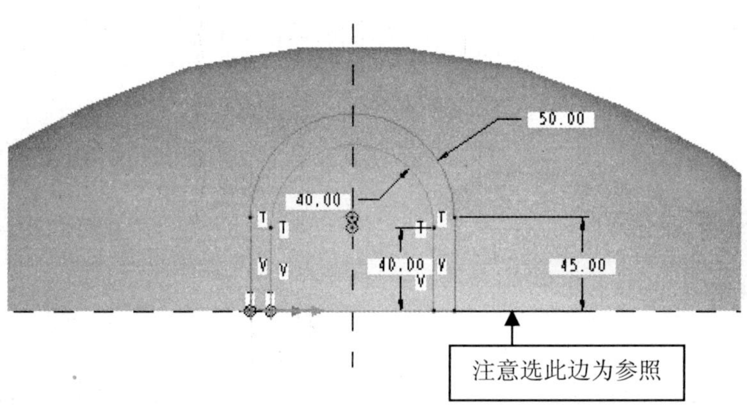

图 3.2.87 绘制混合截面

（5）创建“填充”曲面，如图 3.2.88 所示。

选择“编辑”→“填充”命令，选择 DTM1 为草绘平面，FRONT 面为底部参照，单击“通过边创建图元”命令，选择如图 3.2.89 所示的四条边。

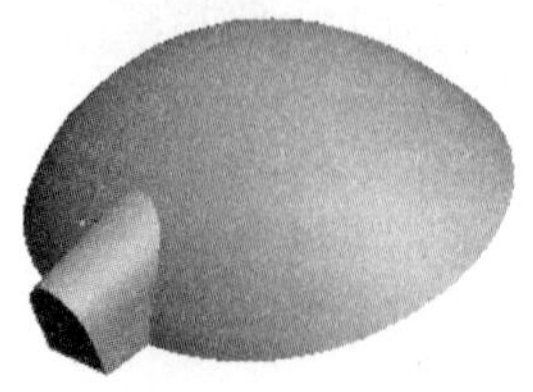

图 3.2.88 绘制填充曲面

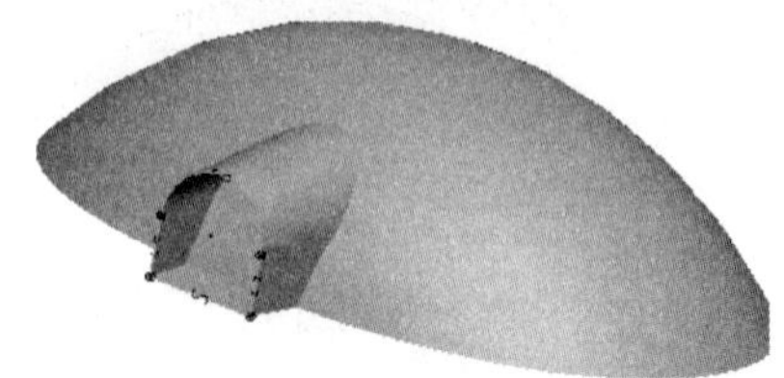

图 3.2.89 绘制填充截面

（6）构建扫描特征，如图 3.2.90 所示。

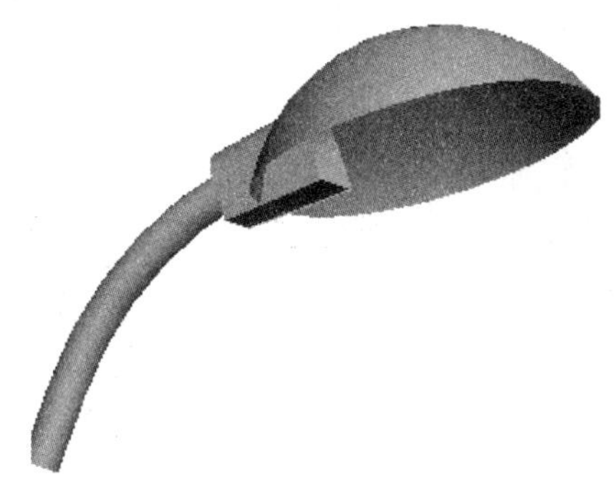

图 3.2.90 绘制填充截面

Step 1 单击“插入”→“扫描”→“曲面”命令，草绘轨迹，草绘平面为 TOP，DTM1 为右参照，绘制扫描轨迹，如图 3.2.91 所示，扫描截面如图 3.2.92 所示。

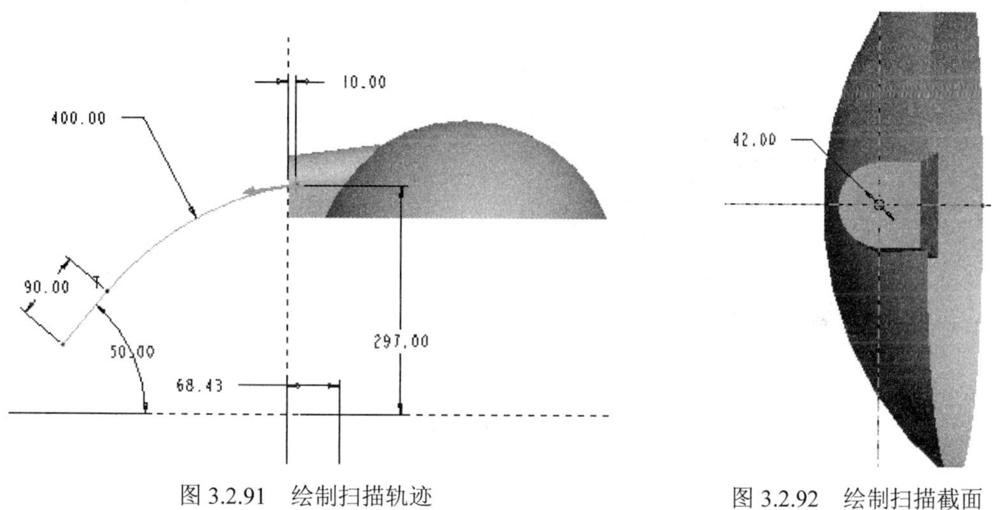

图 3.2.91 绘制扫描轨迹

图 3.2.92 绘制扫描截面

Step 2 修剪曲面，将其余特征隐藏，如图 3.2.93 所示，对曲面进行修剪。

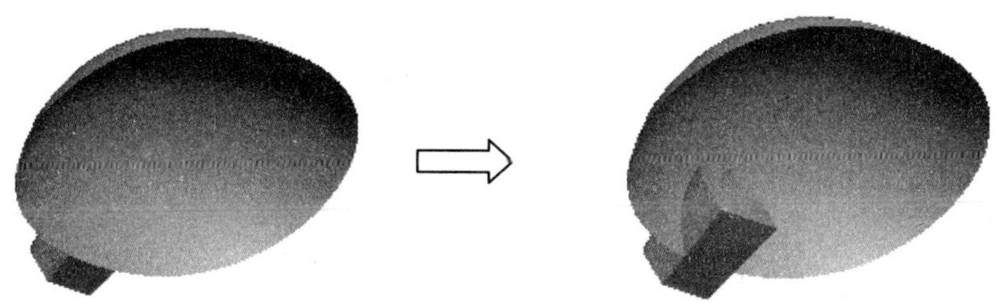

图 3.2.93 修剪曲面 1

同理，进行如图 3.2.94 所示的修剪。

（7）曲面加厚，如图 3.2.95 所示。

（8）创建拉伸特征如图 3.2.96 所示。草绘平面为 TOP，RIGHT 平面为右参照，绘制截面如图 3.2.97 所示，对称拉伸，距离为 65。

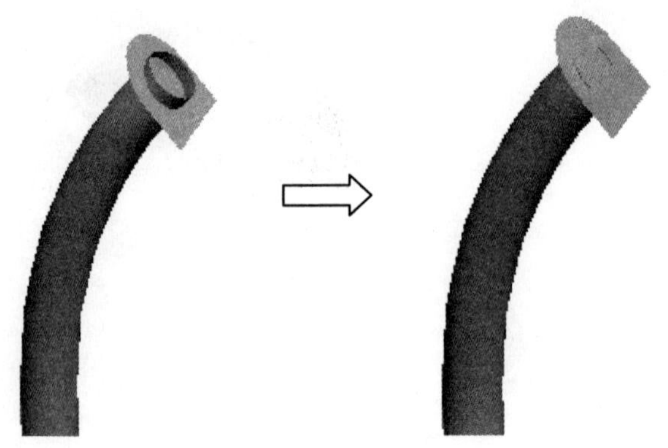

图 3.2.94　修剪曲面 2

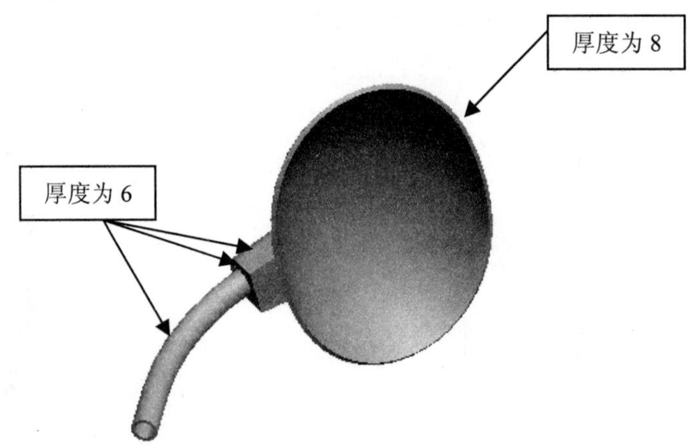

图 3.2.95　曲面加厚

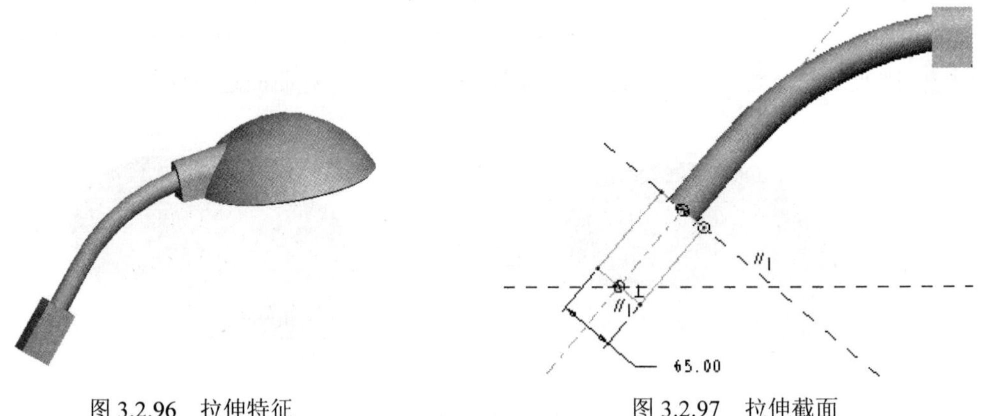

图 3.2.96　拉伸特征　　　　图 3.2.97　拉伸截面

（9）构建拉伸特征，如图 3.2.98 所示。草绘平面如图 3.2.99 所示，以 TOP 为顶部参照绘制截面，如图 3.2.100 所示，拉伸距离 65。

（10）倒圆角，半径 R 为 60。

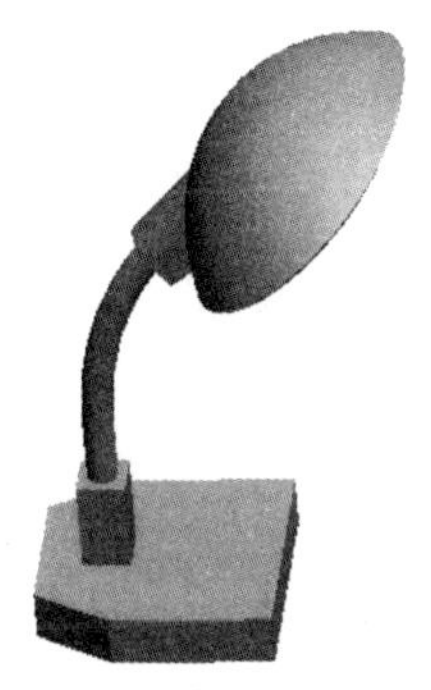

图 3.2.98　拉伸特征

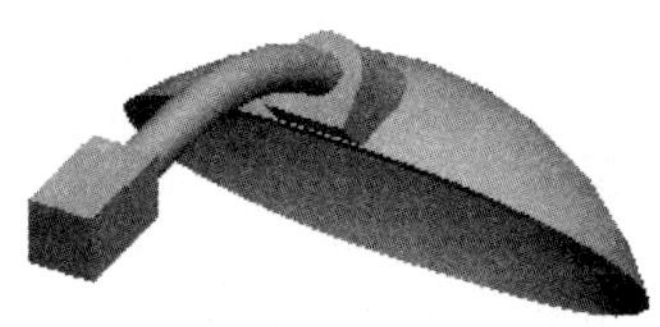

图 3.2.99　拉伸草绘平面

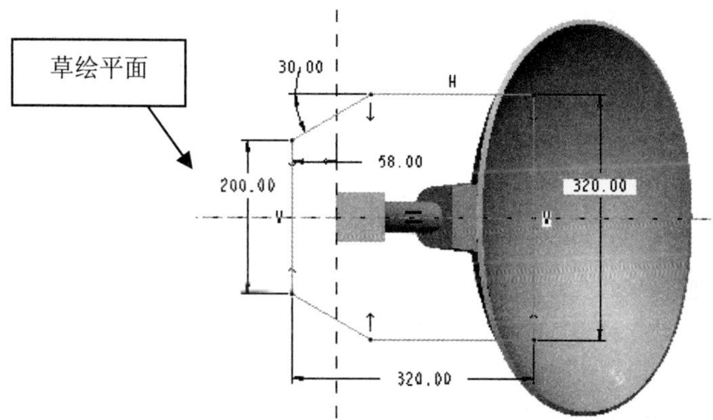

图 3.2.100　拉伸草绘截面

项目四　产品装配设计

Pro/E 具有出色的零件装配功能，并支持大型、复杂组件的构建与管理。当零件设计完成之后，可以通过零件之间一定的配合关系，按产品的要求将它们组合装配起来，形成一个合格完整的产品，这种方法就称为“装配模型”。在 Pro/ENGINEER Wildfire 4.0 中，系统对应现实环境的装配情况，定义了许多装配约束，如匹配、插入等。因此，在进行零件装配时必须定义零件之间的装配约束，装配约束定义完成后，系统根据用户定义的约束自动进行零件装配。

任务 4.1　产品装配的基本知识
任务 4.2　典型零件的装配与分解

任务 4.1　产品装配的基本知识

一、任务描述

在 Pro/E 中零件的装配过程就是定义零件模型之间装配约束的过程。本任务主要介绍装配件的一般装配过程以及对装配件的分解。

二、任务训练内容

（1）装配的基本概念和用途。
（2）约束的种类及其用途。
（3）组件装配的一般过程。
（4）分解图的创建方法。

三、任务训练目标

知识目标

（1）熟悉“组件”工作界面。
（2）掌握新建装配的方法。
（3）掌握组件的分解。

技能目标

（1）掌握简单组件装配的一般过程。
（2）灵活运用各种特征进行零件的三维造型。

四、任务相关知识

1. 零件的装配步骤

零件的装配步骤如下：

（1）启动 Pro/E，单击菜单“文件”→“新建”命令或图标，系统显示“新建”对话框，在“类型”选项组选中“组件”单选按钮，在“子类型”选项组选中“设计”单选按钮，输入装配体文件的名称，取消选定“使用缺省模板”复选框，如图 4.1.1 所示，单击“确定”按钮。

（2）弹出“新文件选项”对话框，如图 4.1.2 所示。在模板中选中 mmns_asm_design，单击“确定”按钮，进入零件装配模式。

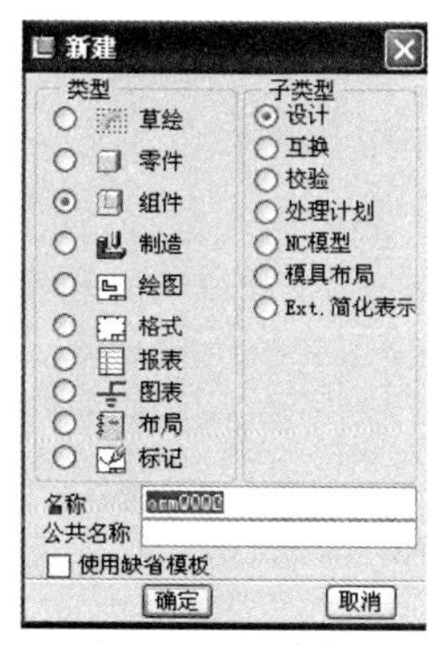

图 4.1.1　“新建”对话框

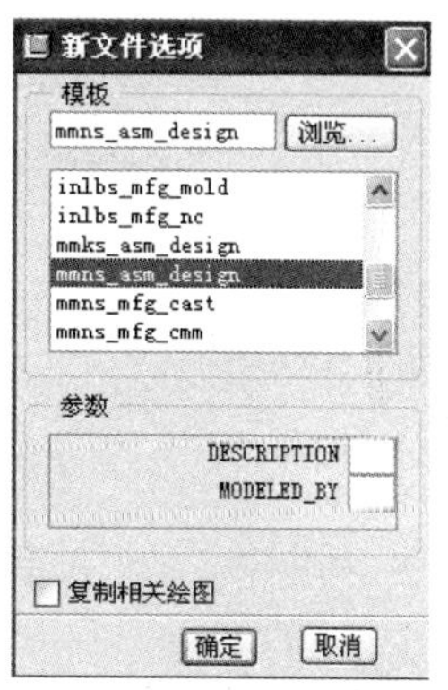

图 4.1.2　“新文件选项”对话框

（3）装配界面如图 4.1.3 所示。单击主菜单“插入”→“元件”→“装配”，或在工具栏单击装配图标，此时系统弹出“打开”对话框，选择需要装配的第一个零件打开。

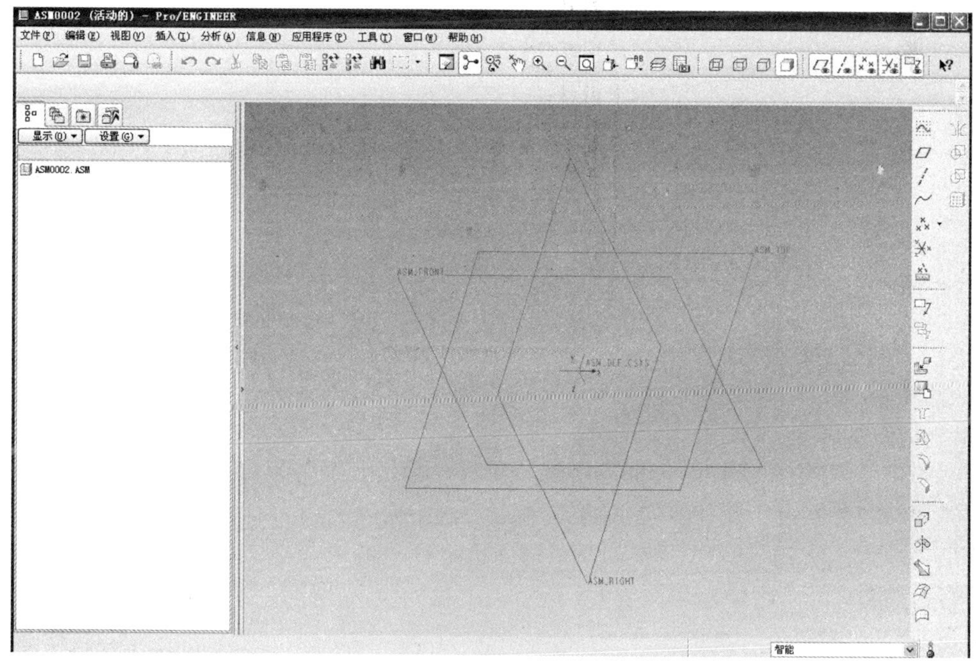

图 4.1.3　装配界面

（4）在弹出的如图 4.1.4 所示“元件放置”操控面板中，单击“放置”按钮，弹出如图 4.1.5 所示“放置”上滑面板，在“约束类型”选项框中选择“缺省”。单击✔按钮，完成机架的装配。

图 4.1.4　“元件放置”操控面板

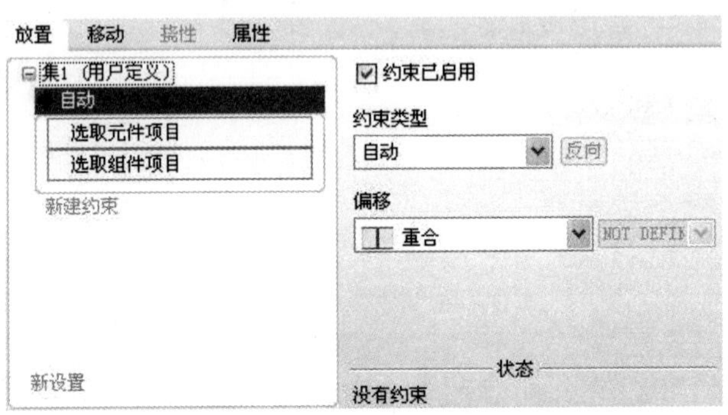

图 4.1.5　“放置”上滑面板对话框

（5）若需要再添加零件，则继续单击装配图标，选择图 4.1.6 中的约束类型之一，然后在模型中选择相应面进行约束，最后完成零件的装配。

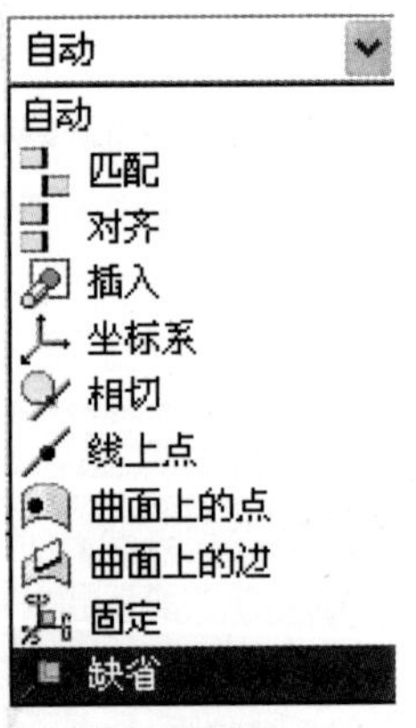

图 4.1.6　“约束类型”下拉列表

2. 装配约束类型

装配约束类型共有 11 种，分别为匹配、对齐、插入、坐标系、相切、线上点、曲面上的点、曲面上的边、固定、缺省以及自动等。

单击“放置”按钮，弹出“放置”上滑面板。在“约束类型”选项框中，单击“约束类型”栏右边的符号，将弹出如图 4.1.6 所示的下拉列表，用户从该下拉列表中可以选取合适的约束类型。

下面分别介绍几种常用装配约束类型。

（1）匹配型约束。

① 匹配重合。用于两平面相贴合，并且这两平面反向，如图 4.1.7 所示。操作方法很简单，选取该装配约束后，接着选取两平面即可。

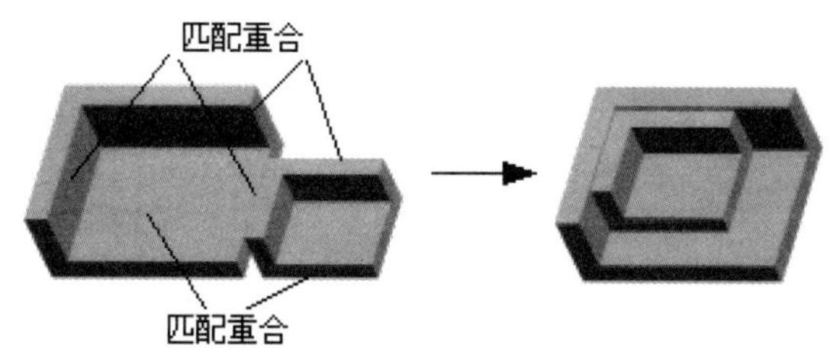

图 4.1.7　匹配型约束

② 匹配偏距。若要求两平面呈相反贴合并且偏移一定距离时，可以直接在“偏移”栏中输入偏移距离值，如图 4.1.8 所示。

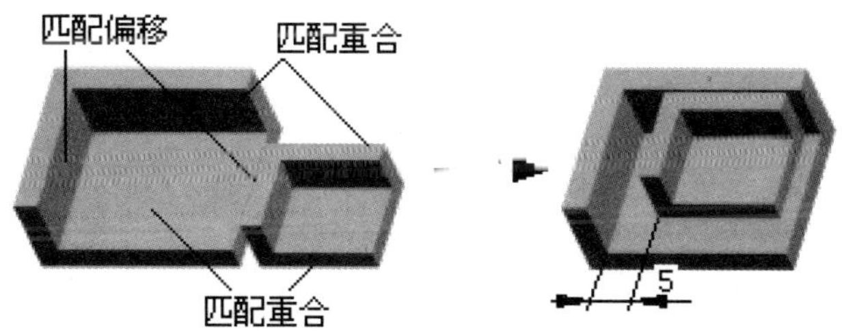

图 4.1.8　匹配（偏距）型约束

（2）对齐型约束。

① 对齐重合。用于两平面或两中心线（轴线）相互对齐。其中两平面对齐时，它们同向对齐；两中心线对齐时，在同一直线上，如图 4.1.9 所示。

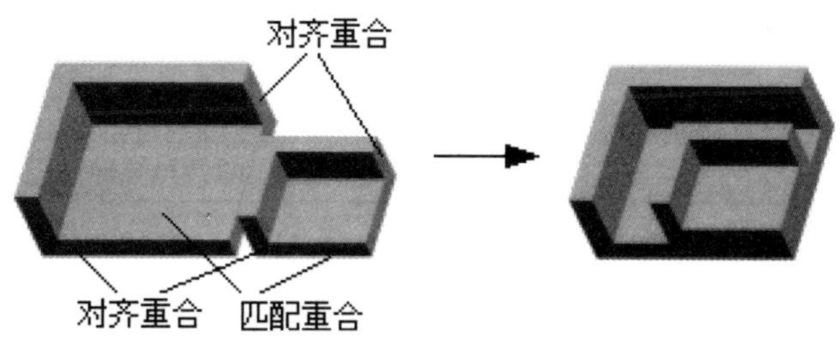

图 4.1.9　对齐型约束

②对齐偏距。若要求两平面对齐并且偏移一定距离时，可以直接在“偏移”栏中输入偏移距离值，如图 4.1.10 所示。

（3）插入型约束。用于轴与孔之间的装配。该装配约束可以使轴与孔的中心线对齐，共处于同一直线上。选取该装配约束后，分别选取轴与孔即可，如图 4.1.11 所示。

（4）坐标系型约束。利用两零件的坐标系进行装配。该装配约束是将两零件的坐标系重合在一起。选取该装配约束后，分别选取两零件的坐标系即可，如图 4.1.12 所示。

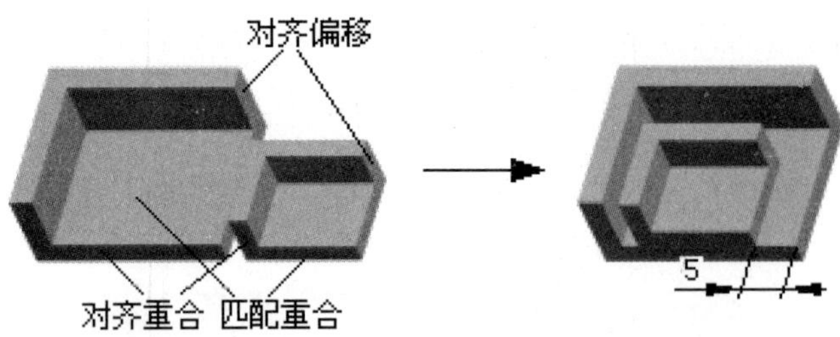

图 4.1.10　对齐（偏距）型约束

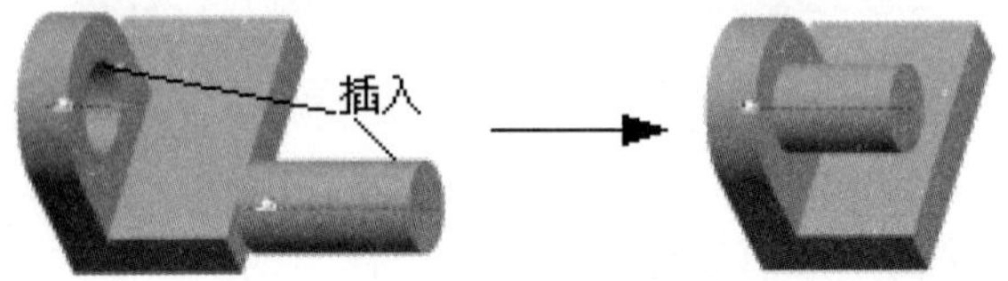

图 4.1.11　插入型约束

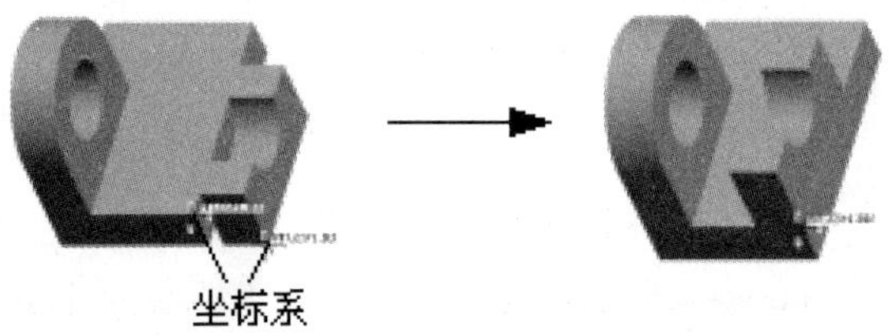

图 4.1.12　坐标系型约束

（5）相切型约束。以曲面相切方式对两零件进行装配。选取该装配约束后，分别选取要进行配合的两曲面即可，如图 4.1.13 所示。

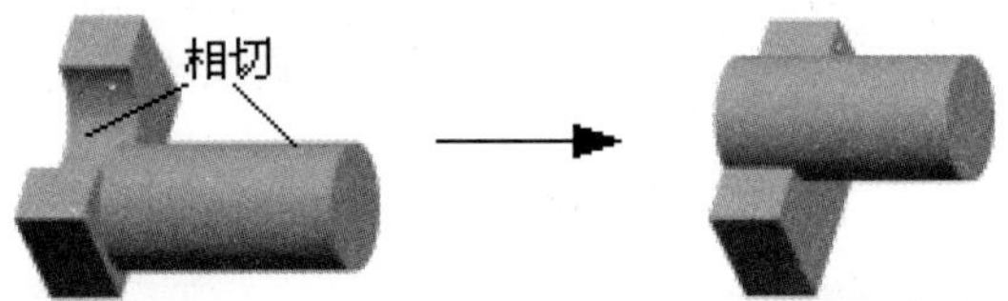

图 4.1.13　相切型约束

（6）线上点型约束。使一个零件上的点和另一个零件上的一条边相约束，如图 4.1.14 所示。

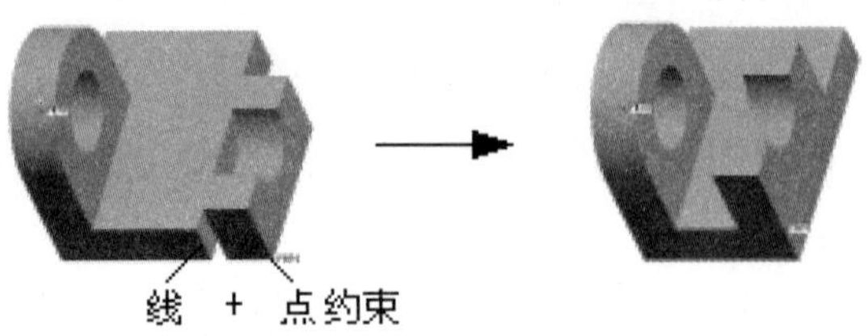

图 4.1.14　线上点型约束

（7）曲面上的点型约束。使一个零件上的点和另一个零件上的一个面相约束，如图 4.1.15 所示。

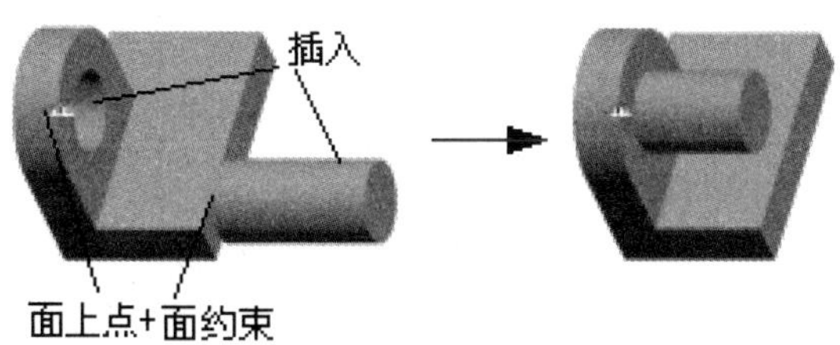

图 4.1.15　曲面上的点型约束

（8）曲面上的边型约束。使一个零件上的一条边和另一个零件上的一个面相约束，如图 4.1.16 所示。

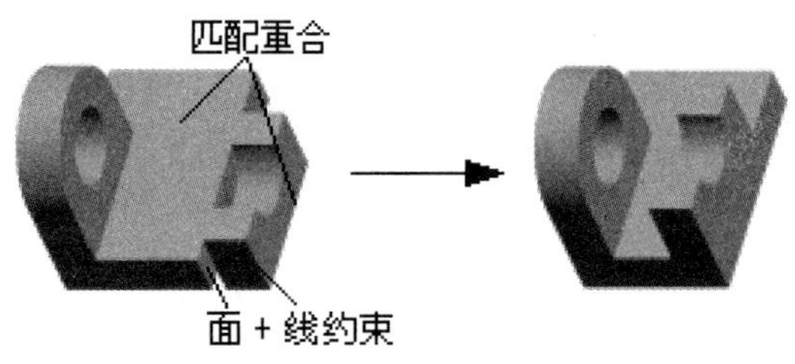

图 4.1.16　曲面上的边型约束

（9）固定型约束。以当前的显示状态自动给予约束，并固定在当前位置。

（10）缺省型约束。以系统默认的方式进行装配，即装配零件的默认坐标系与装配模型的默认坐标系对齐。

（11）自动型约束。默认约束条件，只需选择要定义约束的参考图元，系统就会自动选择适当的约束条件进行装配。

3. 常用命令的功能描述

（1）元件操作：主要是对装配件进行复制、成组、合并、删除等操作。

（2）编辑位置、分解视图：主要是创建并修改装配件的爆炸图。

（3）装配、创建：主要是调入零件后开始创建装配件、在装配件的基础上再新建新的三维特征，如倒圆角等等。

五、任务实施

案例 1　链节装配与分解

案例出示：本案例要创建的链节的装配与分解效果如图 4.1.17 所示。

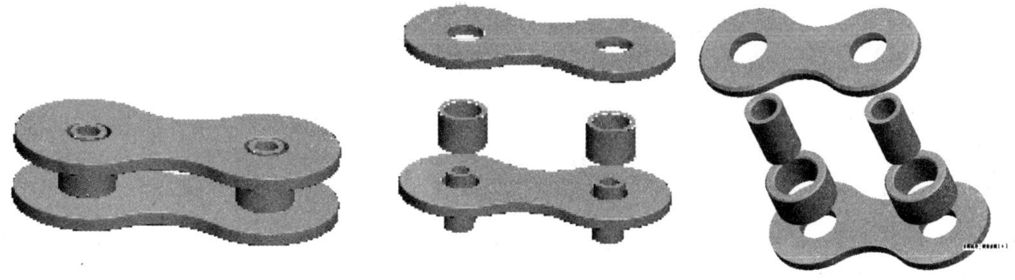

图 4.1.17　链节装配与分解效果

知识目标：

（1）掌握新建装配的方法。

（2）熟悉“组件”工作界面。

（3）“常用约束”装配（使用“自动”约束实现：缺省、匹配、对齐、插入约束装配）。

（4）掌握组件的分解。

能力目标：创建装配和组件的分解。

案例分析：

（1）本例的装配全部是同类几何要素间的约束（线与线、面与面间的约束），因此使用“常用约束”进行装配。

（2）装配要领：装首件要定位；再装配选择线/线、面/面。

（3）分解时的编辑，元件移动方向的参考线选择底座和旋转杆上的轴线。

案例操作：

（1）新建组件文件。

启动 Pro/ENGINEER Wildfire 4.0，单击“新建”按钮，弹出“新建”对话框。在“类型”选项区域选中“组件”单选按钮，选中“子类型”选项组中的“设计”。在“名称”文本框中输入装配体文件的名称，取消选中“使用缺省模板”复选框，单击“确定”按钮。弹出“新文件选项”对话框，在模板中选中 mmns-asm-design，单击“确定”按钮，进入零件装配模式。

（2）导入链板。

单击主菜单“插入”→“原件”→“装配”命令或在工具栏中单击，此时系统弹出“打开”对话框，选中所需装配零件“lianban”，然后单击按钮，链板模型被打开并出现在主窗口中，同时系统弹出“添加元件”操控面板，单击“放置”按钮，选择约束类型为“缺省”，如图 4.1.18 所示。单击按钮完成链板模型的放置，如图 4.1.19 所示。

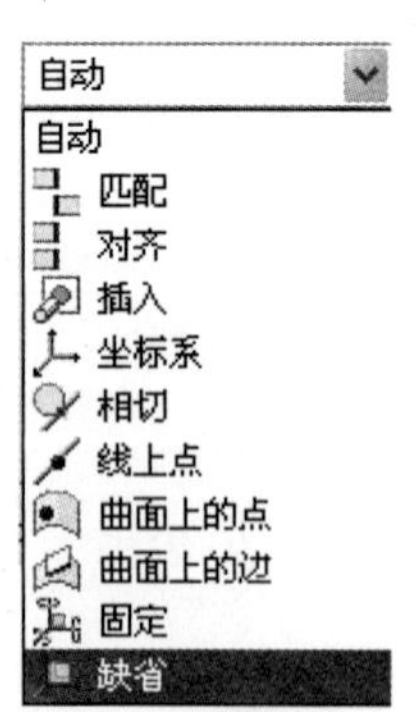

图 4.1.18 “约束类型”面板

图 4.1.19 链板模型

（3）添加销轴。

Step 1 单击“添加元件”工具，打开“xiaozhou”文件，销轴模型被添加到主窗口中，同时系统弹出“添加元件”操控面板，单击“放置”按钮，选择约束类型为“插入”，如图 4.1.20 所示。依次选择销轴外圆面与链板上孔的内圆面，如图 4.1.21 所示，完成插入约束后，模型如图 4.1.22 所示。

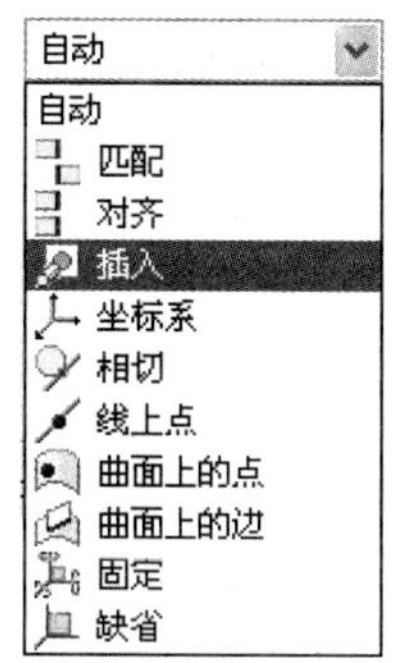

图 4.1.20　选择“插入”约束

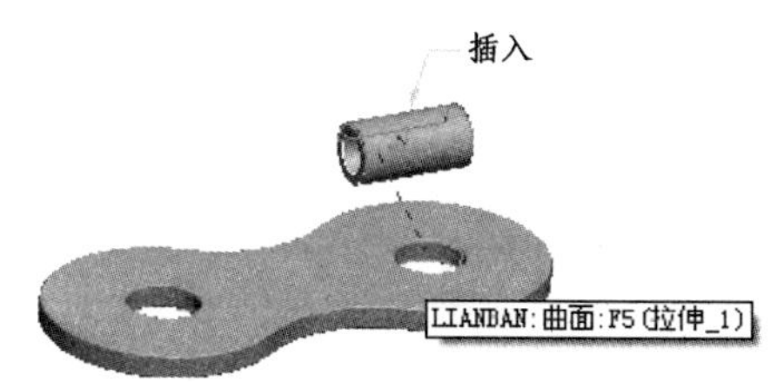

图 4.1.21　选择内外圆面

Step 2 再次单击“放置”按钮，弹出“放置”上滑面板，如图 4.1.23 所示，单击 **➜新建约束**，添加新的约束来放置销轴，选择约束类型为“对齐”，拖动鼠标中键调整模型，依次选择销轴的下表面与链板的下表面，如图 4.1.24 所示。单击☑按钮完成销轴模型的放置，如图 4.1.25 所示。

图 4.1.22　完成“插入”约束

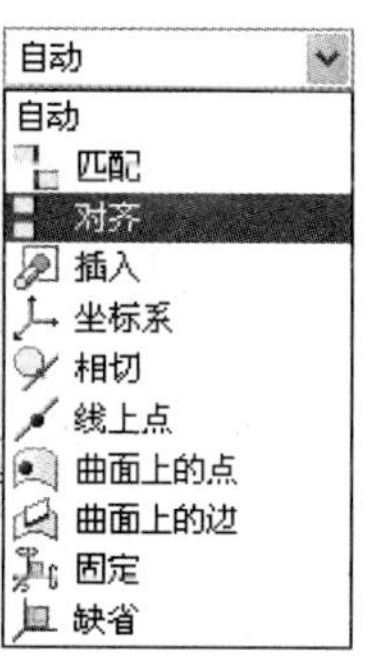

图 4.1.23　选择“对齐”约束

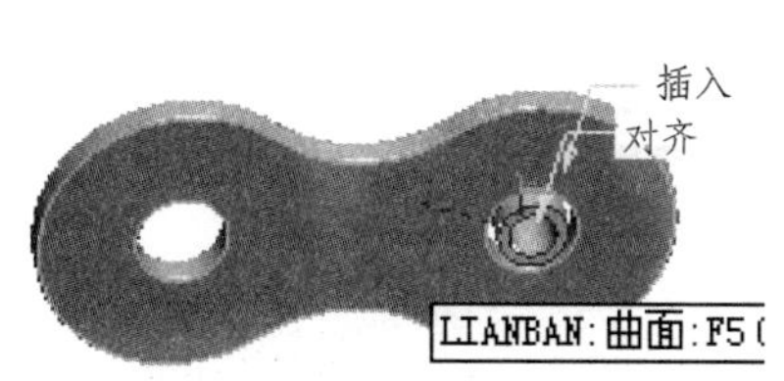

图 4.1.24　选择销轴下表面与链板下表面

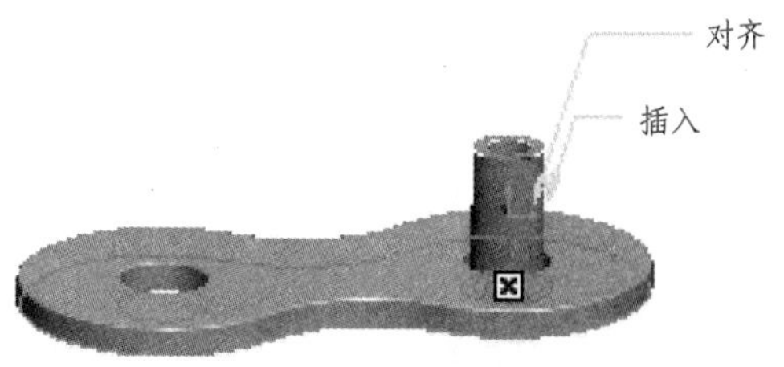

图 4.1.25　完成销轴装配

Step 3 用同样的方法完成另外一个销轴的装配，如图 4.1.26 所示。

（4）添加套筒。

Step 1 单击“添加元件”工具，打开“taotong”文件，套筒模型被添加到主窗口中，同时系统弹出“添加元件”操控面板，单击“放置”按钮，选择约束类型为“插入”，如图 4.1.27 所示。依次选择套筒内圆面与销轴外圆面，如图 4.1.28 所示，完成插入约束后，模型如图 4.1.29 所示。

Step 2 再次单击“放置”按钮，弹出“放置”上滑面板，单击 **➜新建约束**，添加新的约束来放置套筒，选择约束类型为“对齐”，如图 4.1.30 所示。拖动鼠标中键调整模型，依次选择套筒的下表面与链板的上表面，如图 4.1.31 所示。单击☑按钮完成套筒模型的放置，如图 4.1.32 所示。

图 4.1.26　完成两个销轴装配

图 4.1.27　选择“插入”约束

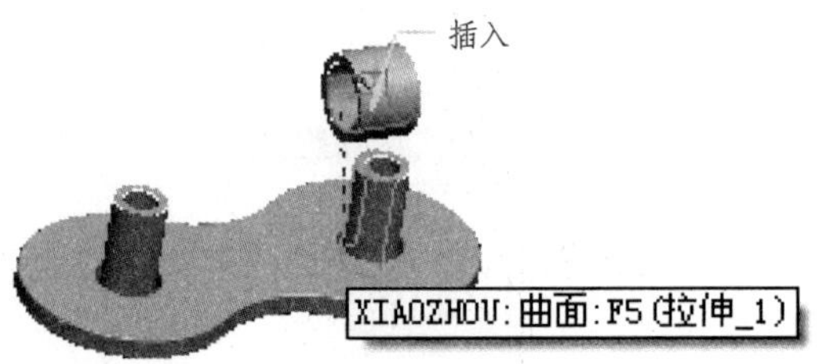

图 4.1.28　选择套筒内圆面与销轴外圆面

图 4.1.29　完成套筒装配

图 4.1.30　选择“对齐”约束

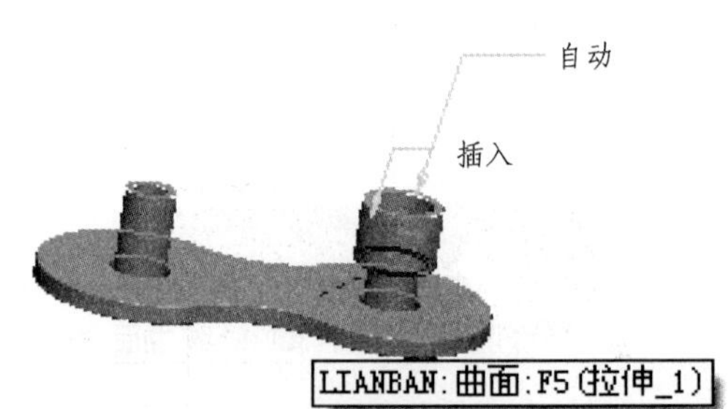

图 4.1.31　选择套筒下表面与链板上表面

Step 3　用同样的方法完成另外一个销轴的装配，如图 4.1.33 所示。

图 4.1.32　完成套筒装配

图 4.1.33　完成第二个套筒的装配

（5）添加上面链板。

Step 1 单击“添加元件”工具，打开“lianban”文件，链板模型被添加到主窗口中，同时系统弹出“添加元件”操控面板，单击“放置”按钮，选择约束类型为“插入”，依次选择链板内圆面与销轴外圆面，如图 4.1.34 所示，完成插入约束后，模型如图 4.1.35 所示。

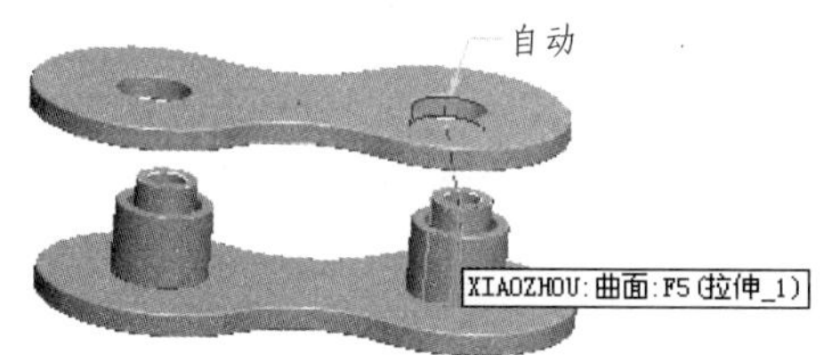

图 4.1.34　选择链板内圆面与销轴外圆面

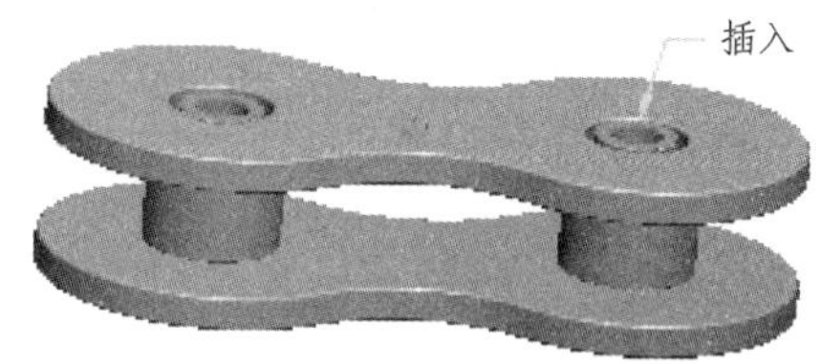

图 4.1.35　完成上面链板装配

Step 2 再次单击“放置”按钮，弹出“放置”上滑面板，单击 ➔**新建约束**，添加新的约束来放置链板，选择约束类型为“对齐”，拖动鼠标中键调整模型，依次选择链板下表面与销轴的上表面，如图 4.1.36 和图 4.1.37 所示。

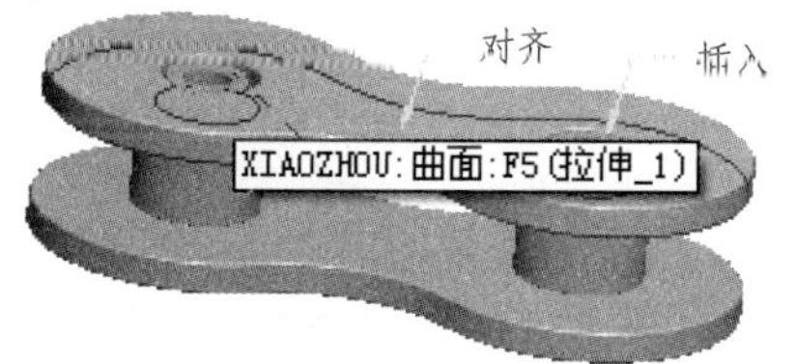

图 4.1.36　选择链板下表面与销轴的上表面

图 4.1.37　调整模型

Step 3 再次单击 ➔**新建约束**，添加新的约束来放置链板，选择约束类型为“插入”，依次选择链板下表面与销轴的上表面，如图 4.1.38 所示。单击☑按钮完成上链板模型的放置，至此整个链节的装配创建完成，如图 4.1.39 所示。

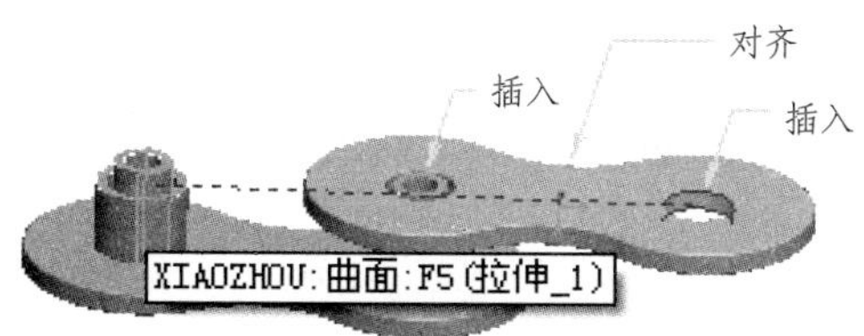

图 4.1.38　选择链板下表面与销轴的上表面

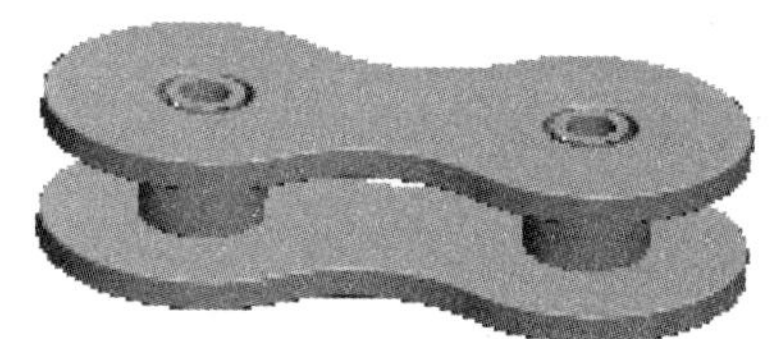
图 4.1.39　完成上链板模型装配

（6）创建缺省分解图。

单击主菜单“视图”→“分解”→“分解视图”，此时当前工作窗口中的装配模型自动生成爆炸图，如图 4.1.40 所示。若单击主菜单“视图”→“分解”→“取消分解视图”，则回到分解前的状态。

（7）创建自定义分解图。

单击主菜单“视图”→“分解”→“编辑位置”，弹出“分解位置”对话框，在该对话框中设置运动类型、运动增量，选定运动参照后，单击选定图形上任意的一条边、线，作为零件移动的方向线（如套筒或销轴的轴线），然后单击零件并移动鼠标，则零件跟着移动。

到达预定位置后，再次单击放置零件。重复上述步骤，便可得到如图 4.1.41 所示的自定义爆炸图形。

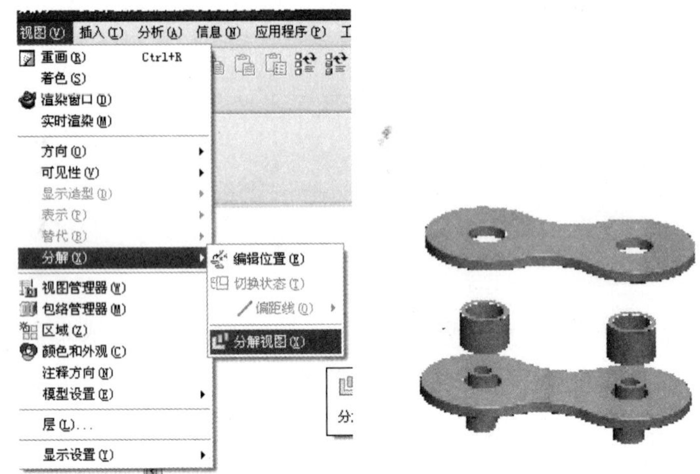

图 4.1.40　创建缺省分解图

图 4.1.41　创建自定义分解图

案例 2　千斤顶的装配与分解

案例出示：本案例要创建的千斤顶的装配与分解效果，如图 4.1.42 所示。

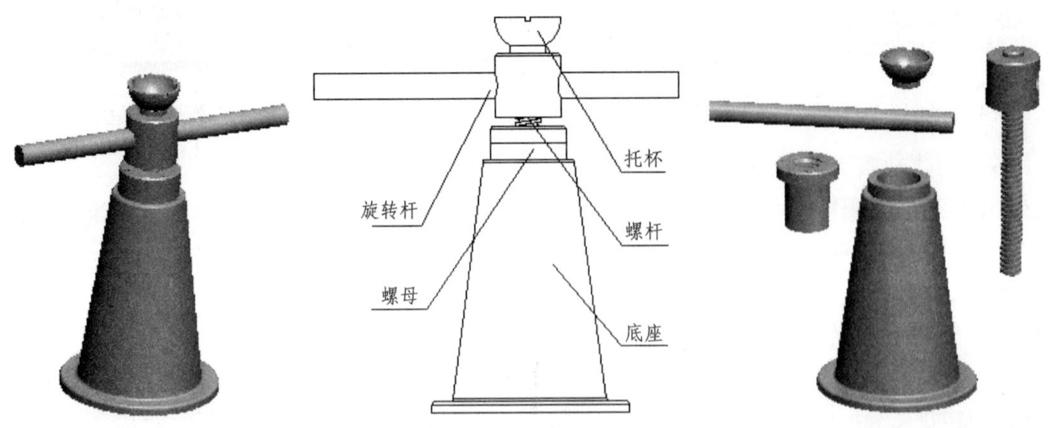

图 4.1.42　千斤顶的装配与分解示意图

知识目标：

（1）掌握新建装配的方法。

（2）熟悉“组件”工作界面。

（3）“常用约束”装配（使用“自动”约束实现：缺省、匹配、对齐、插入约束装配）。

（4）掌握组件的分解。

（5）掌握阵列装配。

能力目标：创建装配和组件的分解。

案例分析：

（1）本例的装配全部是同类几何要素间的约束（线与线、面与面间的约束），因此使用“常用约束”进行装配。

（2）装配要领：装首件要定位；再装配选线/线、面/面。

（3）分解时的编辑，元件移动方向的参考线选择底座和旋转杆上的轴线。

案例步骤：

（1）新建组件文件，进入零件装配模式。

（2）导入底座。

单击主菜单“插入”→“原件”→“装配”命令或在工具栏中单击，此时系统弹出“打开”对话框，选中所需装配零件“dizuo”，然后单击 打开 按钮，底座模型被打开并出现在主窗口中，同时系统弹出“添加元件”操控面板，单击“放置”按钮，选择约束类型为“坐标系”，如图 4.1.43 所示。然后依次选择底座模型的局部坐标系与装配模型的总体坐标系，如图 4.1.44 所示，单击按钮完成底座模型的放置，如图 4.1.45 所示。

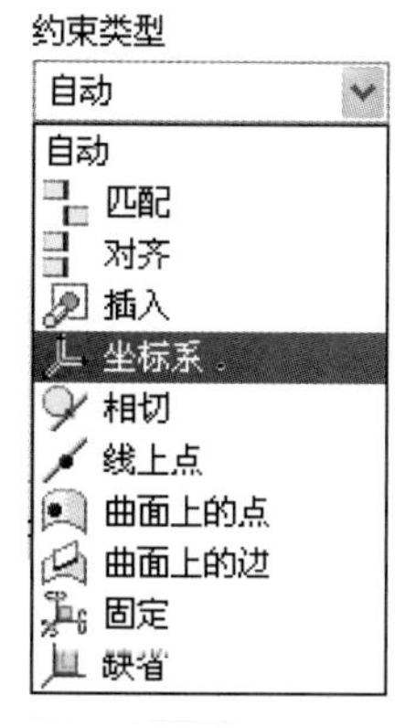

图 4.1.43 选择“坐标系”约束

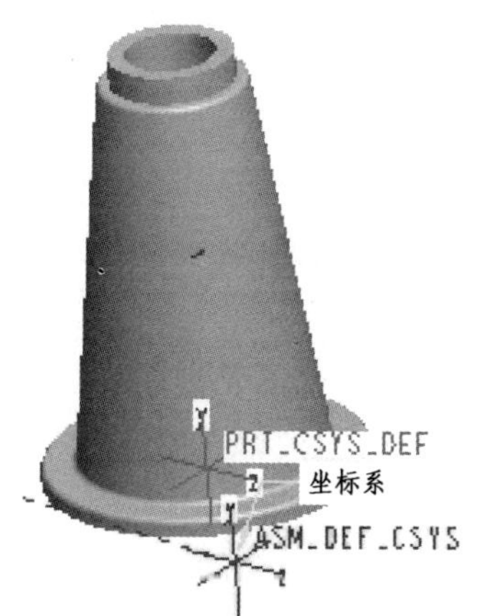

图 4.1.44 选择坐标系

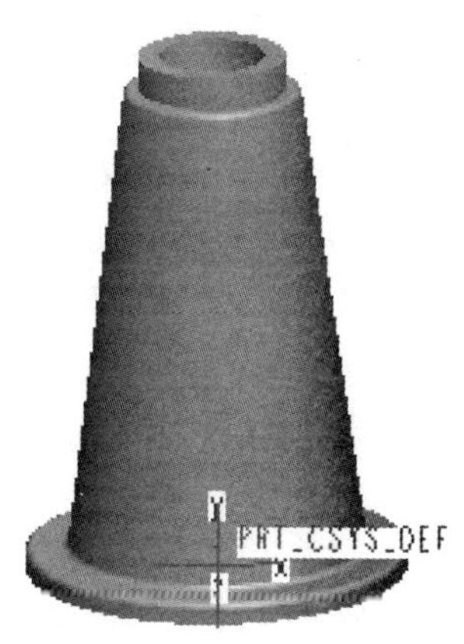

图 4.1.45 导入底座

（3）添加螺母。

Step 1 单击“添加元件”工具，打开“luomu”文件，螺母模型被添加到主窗口中，同时系统弹出“添加元件”操控面板，单击“放置”按钮，选择约束类型为“插入”，如图 4.1.46 所示。依次选择螺母与底座的圆柱面，如图 4.1.47 所示，完成插入约束后，模型如图 4.1.48 所示。

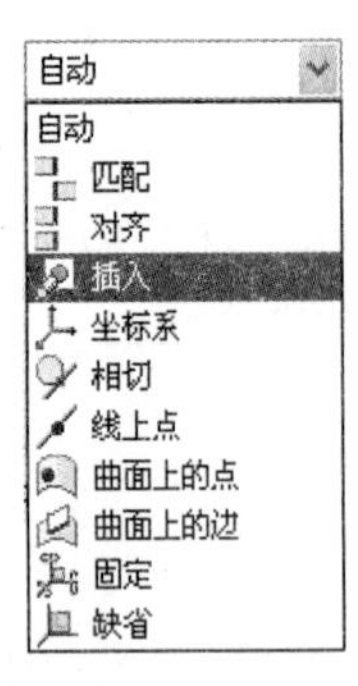

图 4.1.46　选择“插入”约束

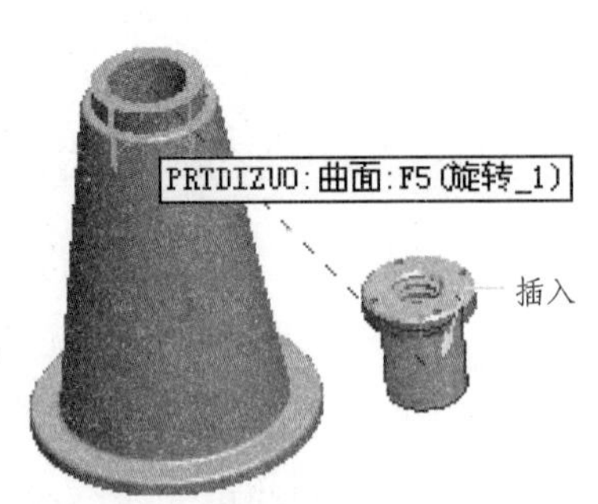

图 4.1.47　选择螺母与底座圆柱面

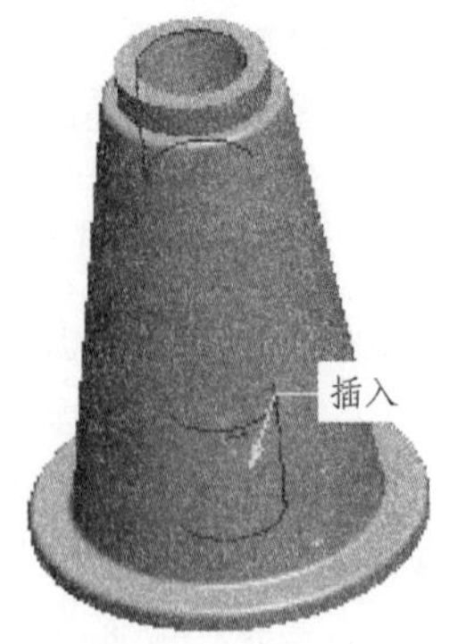

图 4.1.48　完成插入后的模型

Step 2 单击“移动”按钮，弹出“移动”上滑面板，如图 4.1.49 所示，采用默认的参数设置，单击鼠标左键并移动鼠标，螺母模型会随之一起移动，移动螺母模型到合适的位置，如图 4.1.50 所示，再次单击确定螺母的位置。

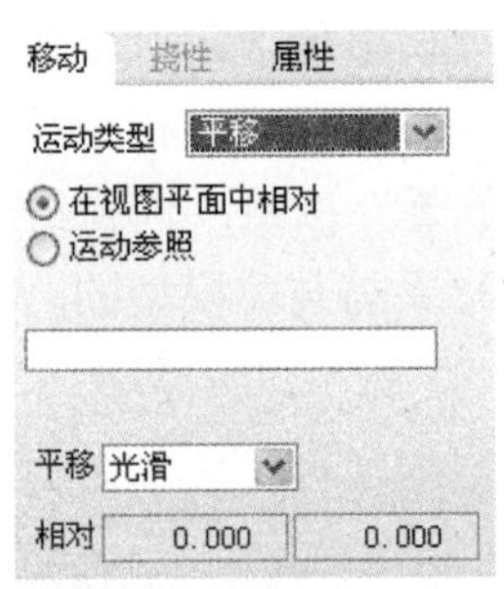

图 4.1.49　移动上滑面板

图 4.1.50　调整螺母位置

Step 3 再次单击“放置”按钮，弹出“放置”上滑面板，单击➡**新建约束**，添加新的约束来放置螺母，选择约束类型为“对齐”，依次选择螺母与底座的表面，如图 4.1.51 所示。完成对齐约束后，若模型显示如图 4.1.51 所示，则单击“反向”按钮，反向对齐，直到预览显示模型如图 4.1.52 所示，在操控面板上系统显示模型放置状态为“完全约束”，单击☑按钮完成螺母模型的放置，如图 4.1.53 所示，操控面板如图 4.1.54 所示。

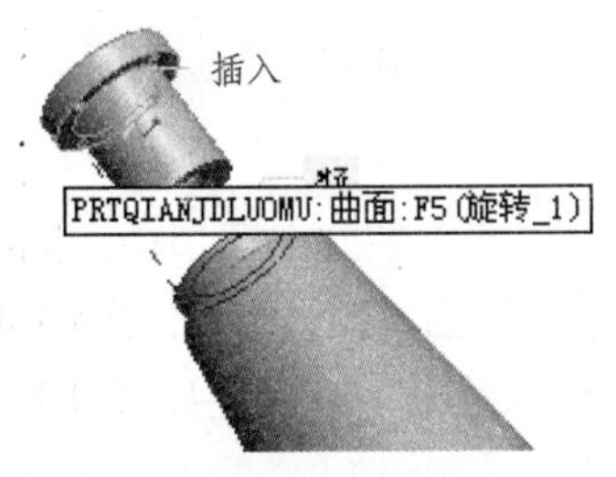

图 4.1.51　选择螺母与底座的表面

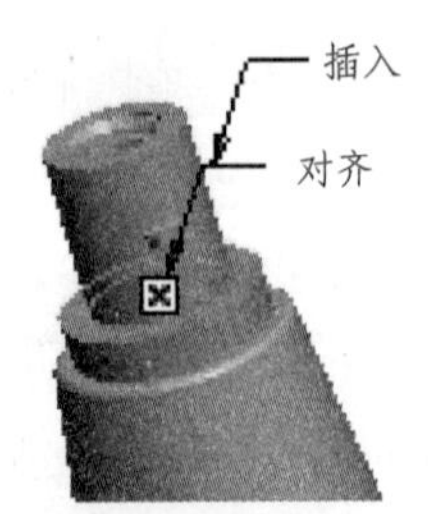

图 4.1.52　预览显示模型

图 4.1.53　完成螺母装配

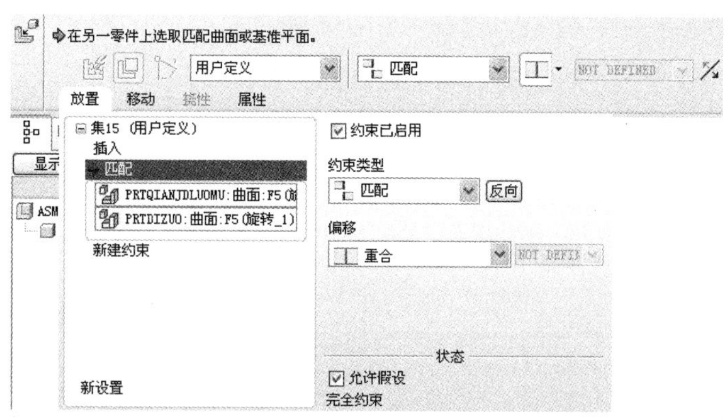

图 4.1.54　装配螺母后的操控面板

（4）添加螺杆。

Step 1 单击“添加元件”工具，打开“luogan”文件，螺杆模型被添加到主窗口中，同时系统弹出“添加元件”操控面板，单击“放置”按钮，选择约束类型为“对齐”，依次选择螺杆与底座的中心轴，如图 4.1.55 所示，完成对齐约束后，模型如图 4.1.56 所示。

图 4.1.55　选择螺杆与底座的中心轴

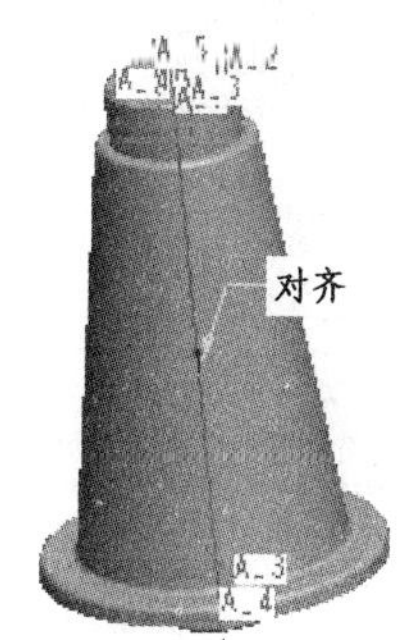

图 4.1.56　完成对齐约束的螺杆

Step 2 单击“移动”按钮，弹出“移动”上滑面板，采用默认的参数设置，单击鼠标左键并移动鼠标，螺杆模型会随之一起移动，移动螺杆模型到合适的位置，如图 4.1.57 所示，再次单击确定螺杆的位置。

Step 3 再次单击“放置”按钮，弹出“放置”上滑面板，单击 **➔新建约束**，添加新的约束来放置螺杆，选择约束类型为“匹配”，依次选择螺杆与螺母的表面，如图 4.1.58 所示。默认情况下完成匹配约束后两匹配的表面是重合的，选择偏移类型为“偏距”，如图 4.1.59 所示，定义偏移距离为 12.5，预览显示模型如图 4.1.60 所示，在操控面板上系统显示模型放置状态为“完全约束”，单击☑按钮完成螺杆模型的放置，如图 4.1.61 所示，操控面板如图 4.1.62 所示。

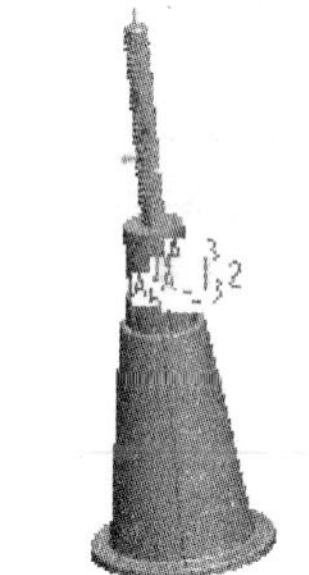

图 4.1.57　调整螺杆位置

（5）添加托杯。

Step 1 单击“添加元件”工具，打开“tuobei”文件，托杯模型被添加到主窗口中，同时系统弹出“添加元件”操控面板，单击“移动”按钮，弹出“移动”上滑面板，采用默认的参数设置，单击鼠标左键并移动鼠标，托杯模型会随之一起移动，移动托杯模型到合适的位置，如图 4.1.63 所示，再次单击确定托杯的位置。

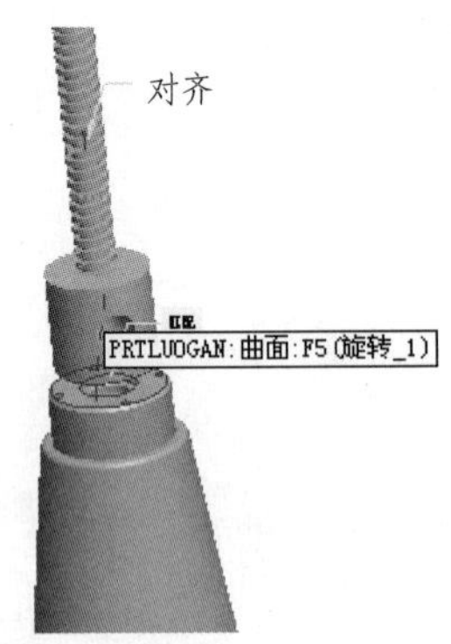

图 4.1.58　选择螺杆与螺母的表面

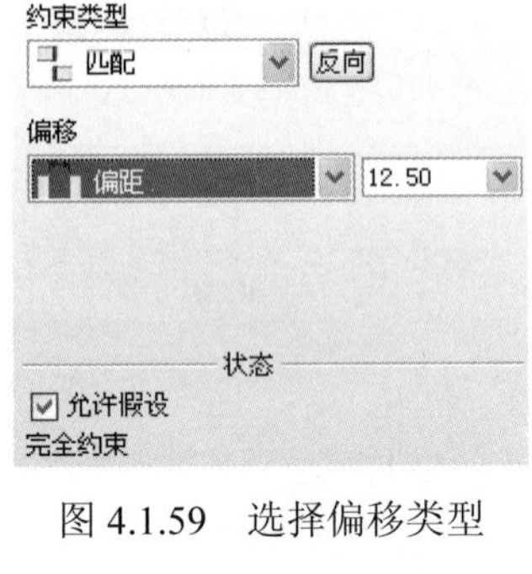

图 4.1.59　选择偏移类型

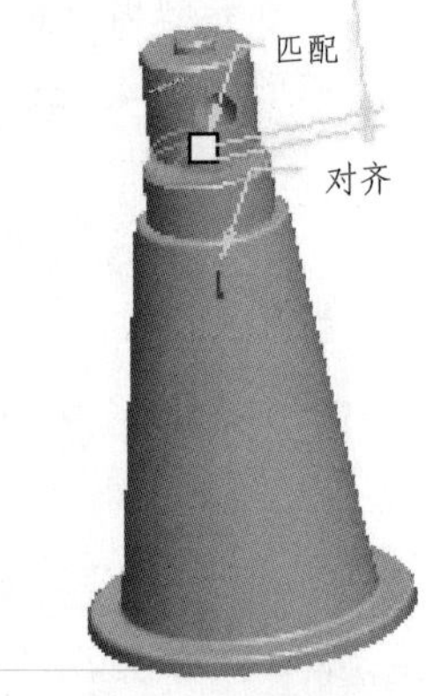

图 4.1.60　预览显示模型

图 4.1.61　完成螺杆模型装配

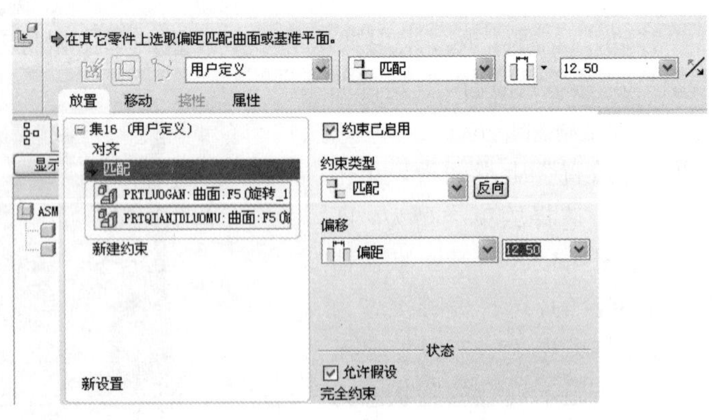

图 4.1.62　完成螺杆模型装配的操控面板

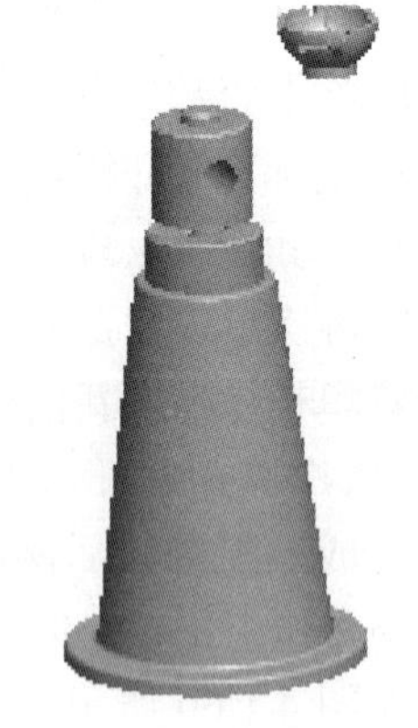

图 4.1.63　调整托杯位置

当利用“元件放置”操控面板放置零件时，如果正在放置的零件的可视性受到已有元件

的限制，导致曲面和图元很难选中，可以使用“移动”选项卡临时重新定位元件。

Step 2　单击“放置”按钮，弹出“放置”上滑面板，选择约束类型为“匹配”，依次选择托杯与螺杆的表面，如图 4.1.64 所示，完成匹配约束后，模型如图 4.1.65 所示。单击 ➔新建约束，添加新的约束来放置托杯，选择约束类型为“插入”，依次选择托杯与螺杆的表面，如图 4.1.66 所示。单击☑按钮完成螺杆模型的放置，如图 4.1.67 所示。

图 4.1.64　选择托杯与螺杆表面

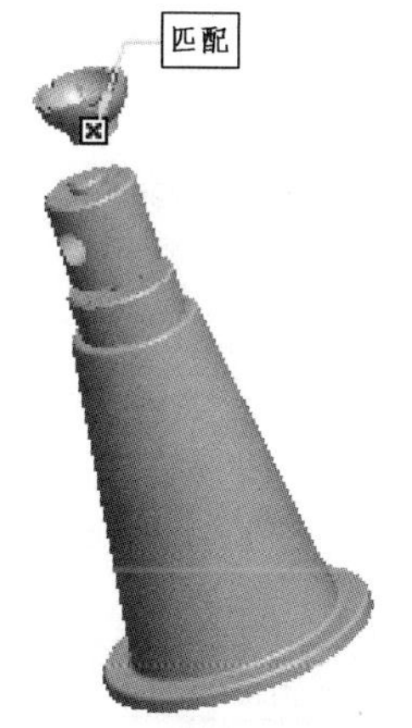

图 4.1.65　完成匹配约束

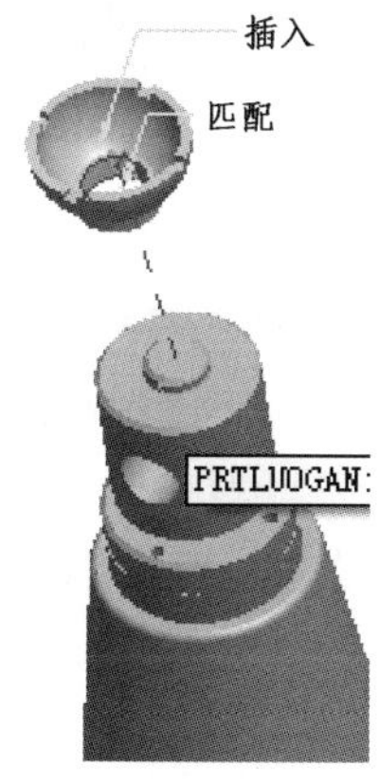

图 4.1.66　选择托杯与螺杆的表面

图 4.1.67　完成螺杆模型

（6）添加旋转杆。

Step 1　单击“添加元件”工具，打开“xuanzhuangan”文件，旋转杆模型被添加到主窗口中，同时系统弹出“添加元件”操控面板，单击“移动”按钮，弹出“移动”上滑面板，采用默认的参数设置，单击鼠标左键并移动鼠标，旋转杆模型会随之一起移动，移动旋转杆模型到合适的位置，如图 4.1.68 所示，再次单击确定旋转杆的放置。

Step 2　单击“放置”按钮，弹出“放置”上滑面板，选择约束类型为“插入”，依次选择旋转杆与螺杆的表面，如图 4.1.69 所示，完成插入约束后，再次单击“移动”按钮，弹出“移动”上滑面板，单击左键移动旋转杆模型到如图 4.1.69 所示的位置，再次单击鼠标左键确认旋转杆的放置。接着单击 ➔新建约束，添加新的约束来放置旋转杆，选择约束类型为“匹配”，依次选择旋转杆与螺杆的基准面，如图 4.1.70 所示。选择偏移类型为“偏距”，定义偏移距离为 250（若需要，则单击“反向”按钮），单击☑按钮完成旋转杆模型的放置，至此整个千斤顶的装配创建完成，如图 4.1.71 所示。

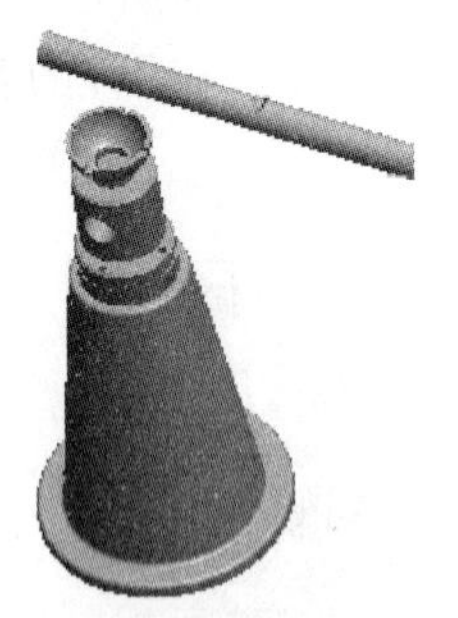

图 4.1.68　选择旋转杆与螺杆表面

图 4.1.69　再选择旋转杆与螺杆表面

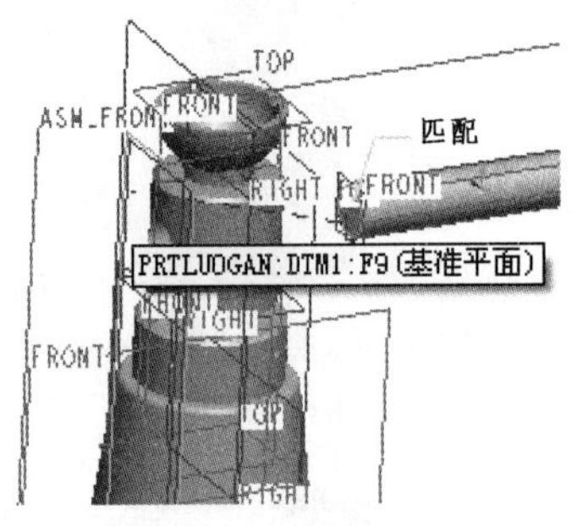

图 4.1.70　选择基准面

图 4.1.71　完成千斤顶装配

（7）创建分解图。

单击主菜单“视图”→“分解”→“编辑位置”，弹出“分解位置”对话框，如图 4.1.72 所示，在该对话框中设置运动类型、运动增量，选定运动参照后，用鼠标左键单击选定图形上任意的一条边、线，作为零件移动的方向线（如底座或旋转杆的轴线），然后用鼠标左键单击零件并移动鼠标，则零件跟着移动。到达预定位置后，再次单击鼠标左键放置零件。重复上述步骤，便可得到如图 4.1.72 所示的自定义爆炸图形。

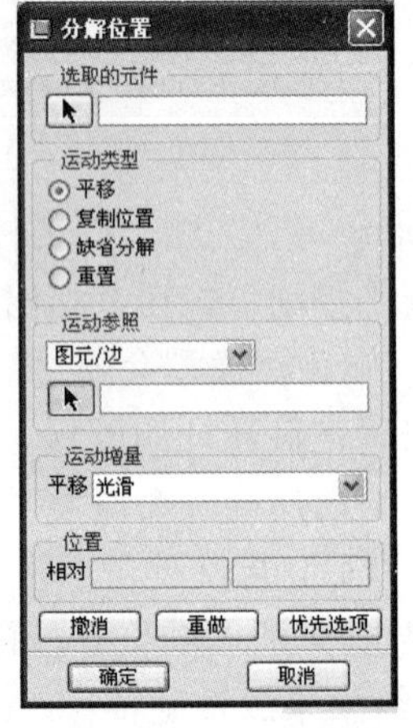

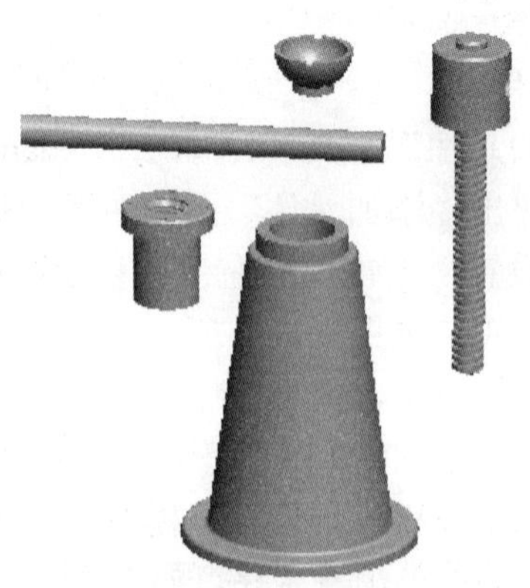

图 4.1.72　创建千斤顶分解图

说明：要生成装配模型的缺省爆炸图，可单击主菜单“视图”→“分解”→“分解视图”，此时当前工作窗口中的装配模型自动生成爆炸图，但不能编辑零件的位置。

六、任务总结

零件装配与连接的操作步骤如下：

（1）新建一个“组件”类型的文件，进入组件模块工作界面。

（2）单击按钮或单击菜单“插入”→“元件”→“装配”命令，装载零件模型。

（3）在“元件放置”操控面板中，选择约束类型或连接类型，然后相应选择两个零件的装配参照使其符合约束条件。

（4）单击新建约束，重复步骤（3）的操作，直到完成符合要求的装配或连接定位，单击按钮，完成本次零件的装配或连接。

（5）重复步骤（2）～（4），完成下一个零件的组装。

七、拓展训练

使用任务素材中的零件建立装配图，并形成分解图，如图 4.1.73 所示。

图 4.1.73　轴零件装配与分解

任务 4.2　典型零件装配与分解

一、任务描述

该任务通过减速器高速轴的装配及减速器的装配，学习如何把某产品的各零部件按一定的装配关系装配起来，形成一个更直观的整体状态。同时介绍了装配件的分解状态，它又称为爆炸状态，就是将装配体中的各装配组件，沿着设计者事先指定的运动参照作相应的位置调整，以便更直观地表达各元件的相对位置，从而让用户更容易看到装配体的装配过程、装配体的构成。

二、任务训练内容

（1）装配的基本概念和用途。

（2）约束的种类及其用途。

（3）组件装配的一般过程。

（4）分解图的创建方法。

（5）阵列装配。

三、任务训练目标

（1）熟悉“组件”工作界面。
（2）掌握新建装配的方法。
（3）掌握组件的分解。

（1）掌握简单组件装配的一般过程。
（2）灵活运用各种特征进行零件的三维造型。

四、任务相关知识

1. 重复装配

有些元件（如螺栓、螺母等）在产品的装配过程中不止使用一次，而且每次装配使用的约束类型和数量都相同，仅仅参照不同。为了方便这类零件的装配，系统为用户设计了重复装配功能，通过该功能可以迅速地装配这类元件。在工作区或模型树上选中需要重复装配的元件，然后在“编辑”主菜单中选取“重复”选项，系统打开“重复元件”对话框，如图 4.2.1 所示。

“重复装配”对话框中有三个选项组，各个选项组的含义介绍如下。

（1）“元件”选项组：主要用来显示需要重复装配的元件的名称。

（2）“可变组件参照”选项组：主要用来显示需要重复装配的元件的约束类型及使用参照。

（3）“放置元件”选项组：主要用来显示重复装配的元件的编号和参照，并可以移除多余的参照。

2. 元件的常用操作

元件是组件中的最小单元，元件自身的特性和元件的装配关系直接决定着产品的特性。在组件设计模式下，如果需对某一元件的装配关系进行修改，可以在模型树上选中该元件，接着单击右键，在弹出的快捷菜单中选取相应的选项，如图 4.2.2 所示。

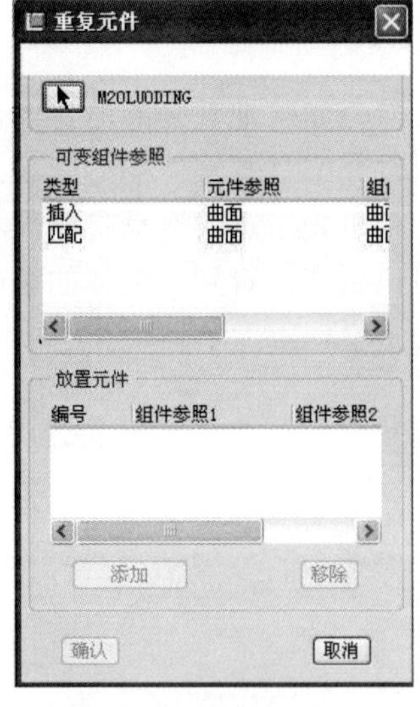

图 4.2.1 “重复元件”对话框

图 4.2.2 快捷菜单

五、任务实施

案例 1　减速器高速轴的装配

案例出示：本案例主要在减速器高速轴上装配键、齿轮、滚动轴承和套筒，要创建的减速器高速轴的装配与分解效果如图 4.2.3 所示。

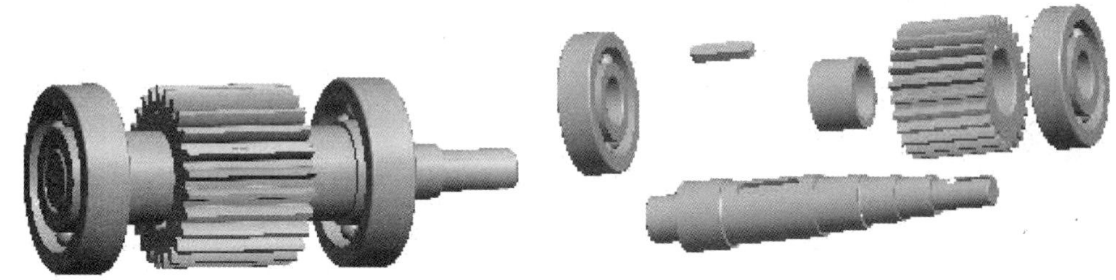

图 4.2.3　减速器高速轴的装配与分解

知识目标：

（1）掌握新建装配的方法。

（2）熟悉“组件”工作界面。

（3）“常用约束”装配（使用“自动”约束实现：缺省、匹配、对齐、插入约束装配）。

（4）掌握组件的分解。

能力目标：创建装配和组件的分解。

案例分析：

（1）本例的装配全部是同类几何要素间的约束（线与线、面与面间的约束），因此使用“常用约束”进行装配。

（2）装配要领：装首件要定位；再装配选择线/线、面/面。

案例操作：

（1）新建组件文件。

（2）导入高速轴。

单击主菜单“插入”→“原件”→“装配”命令或在工具栏中单击，此时系统弹出“打开”对话框，选中所需装配零件“gaosuzhou.prt”，然后单击［打开］按钮，高速轴模型被打开并出现在主窗口中，同时系统弹出“添加元件”操控面板，单击“放置”按钮，选择约束类型为“坐标系”，如图 4.2.4 所示。先选中高速轴的坐标系，再选中组件的坐标系，如图 4.2.5 所示，“放置”操控面板如图 4.2.6 所示，单击按钮完成传动轴模型的放置，如图 4.2.7 所示。

（3）添加平键。

Step 1 单击“添加元件”工具打开“gaosujian”文件，键模型被添加到主窗口中，同时系统弹出“添加元件”操控面板，单击“放置”按钮，选择约束类型为“插入”，如图 4.2.8 所示。依次选择键外圆面与轴上键槽的内圆面，如图 4.2.9 所示，完成插入约束后，“放置”操控面板如图 4.2.10 所示，模型如图 4.2.11 所示。

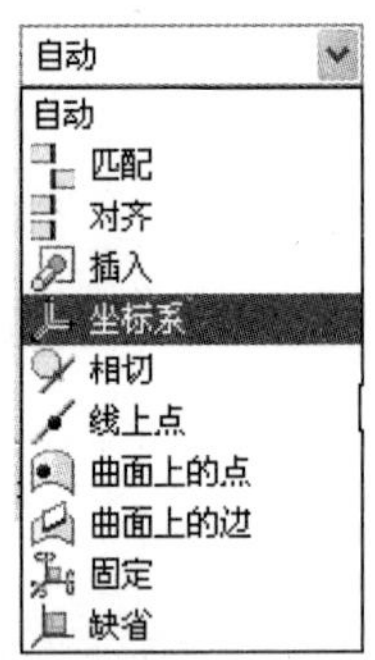

图 4.2.4 “约束”操控面板

图 4.2.5 选择坐标系

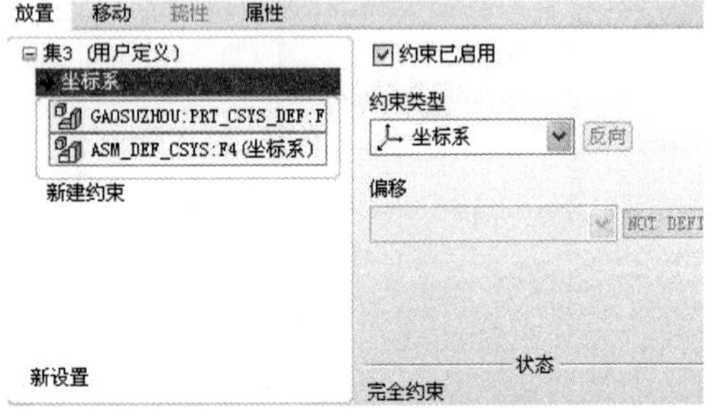

图 4.2.6 “放置”操控面板

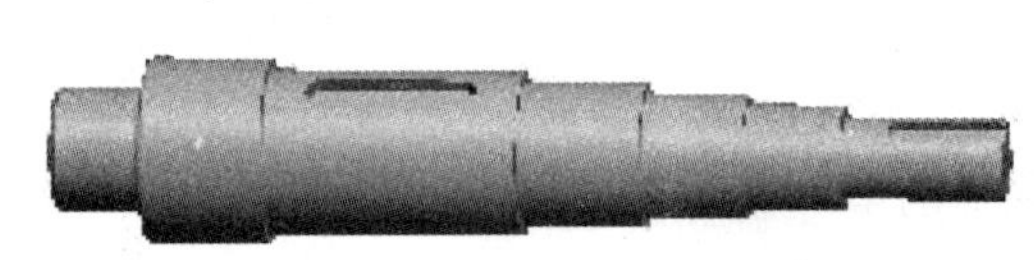

图 4.2.7 完成传动轴模型的放置

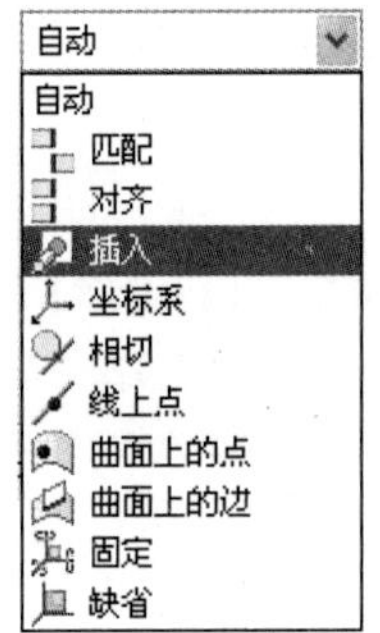

图 4.2.8 选择“插入”约束

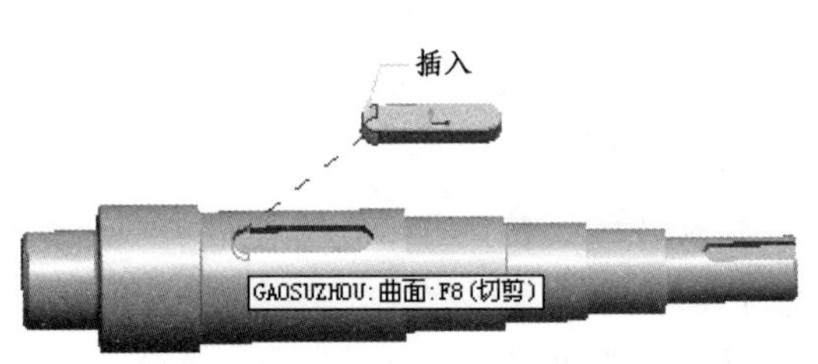

图 4.2.9 选择键外圆面与轴上键槽的内圆面

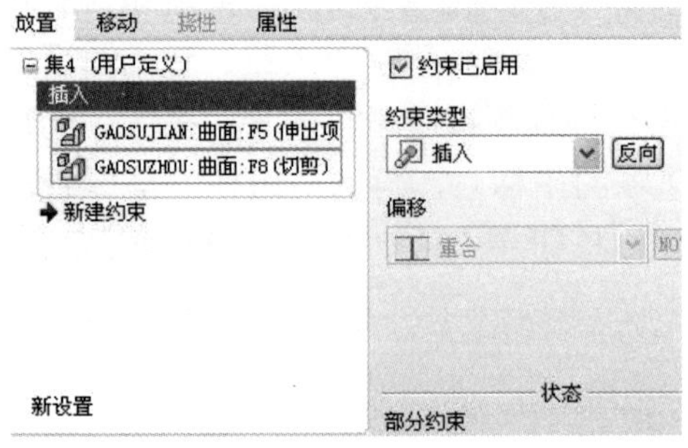

图 4.2.10 “放置”操控面板

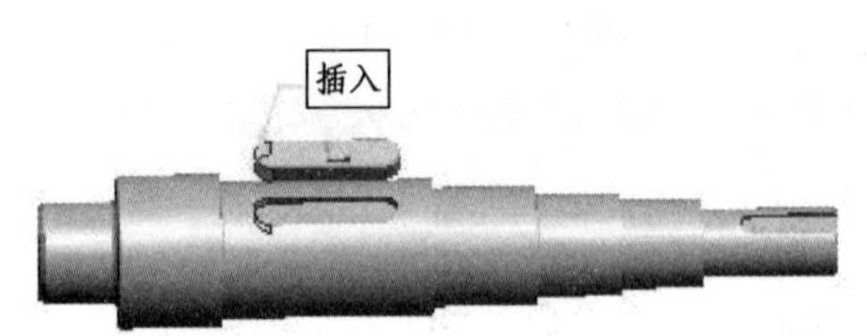

图 4.2.11 选择配合面

Step 2 再次单击“放置”按钮，弹出“放置”上滑面板，单击 ➔**新建约束**，添加新的约束来放置键，选择约束类型为“匹配”，如图 4.2.12 所示，拖动鼠标中键调整模型，依次选择键下表面与键槽底面，如图 4.2.13 所示，“放置”操控面板如图 4.2.14 所示。单击☑按钮完成键模型的放置，如图 4.2.15 所示。

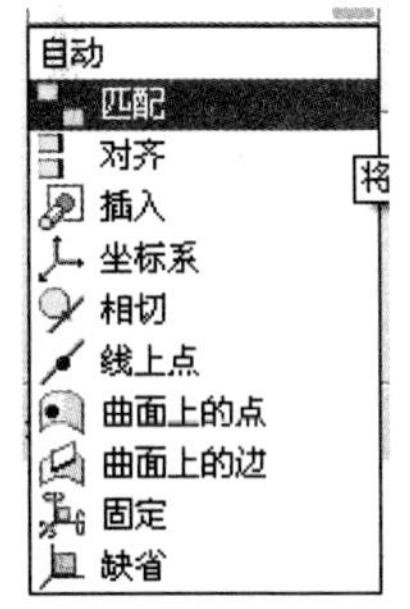

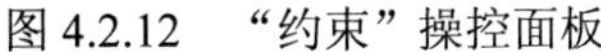

图 4.2.12　“约束”操控面板

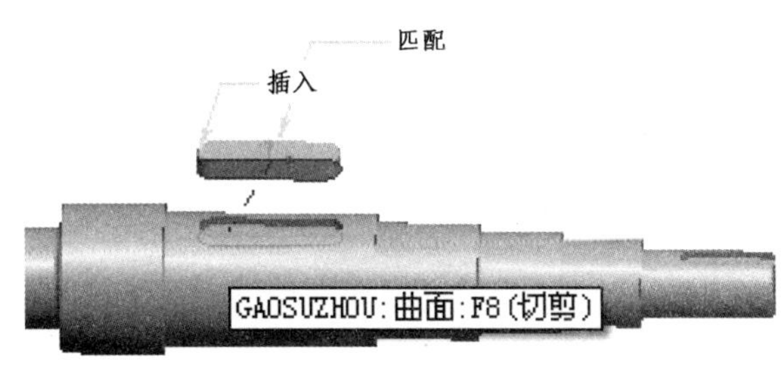

图 4.2.13　选择配合面

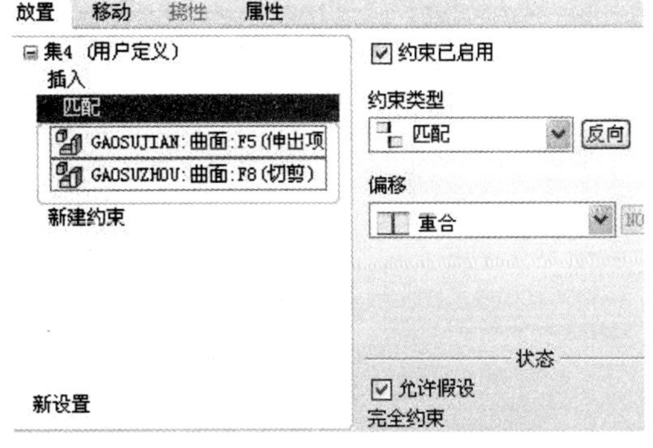

图 4.2.14　“放置”操控面板

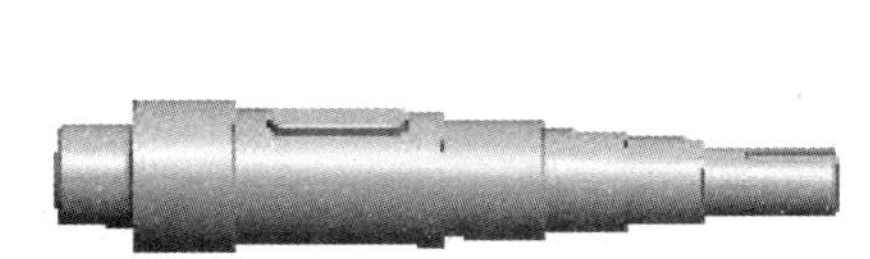

图 4.2.15　完成键模型的放置

（4）添加齿轮。

Step 1　单击“添加元件”工具，打开“gaosuchilun”文件，齿轮模型被添加到主窗口中，同时系统弹出“添加元件”操控面板，单击“放置”按钮，选择约束类型为“插入”，如图 4.2.16 所示。依次选择齿轮内圆面与轴外圆面，如图 4.2.17 所示，完成插入约束后，“放置”操控面板如图 4.2.18 所示，模型如图 4.2.19 所示。

图 4.2.16　“约束”操控面板

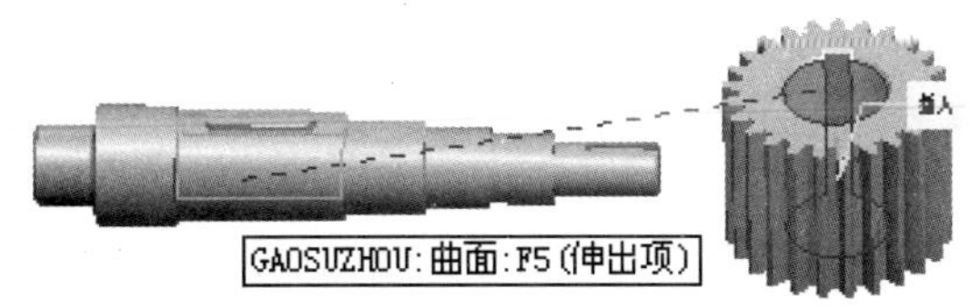

图 4.2.17　选择配合面

Step 2　再次单击“放置”按钮，弹出“放置”上滑面板，单击➔**新建约束**，添加新的约束来放置齿轮，选择约束类型为“匹配”，如图 4.2.20 所示，拖动鼠标中键调整模型，依次选择齿轮内圆面与轴外圆面，如图 4.2.21 所示，“放置”操控面板如图 4.2.22 所示，模型放置如图 4.2.23 所示。

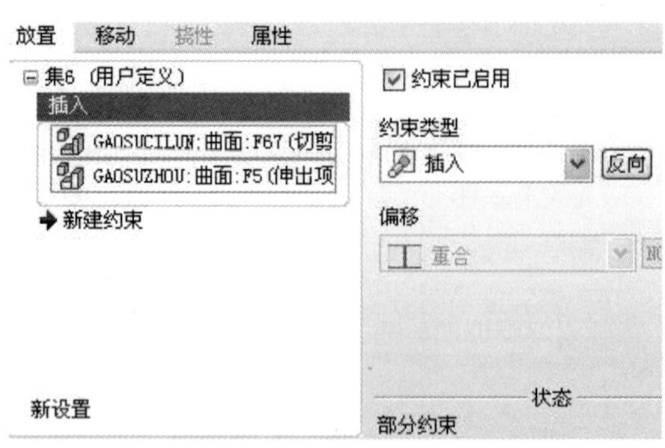

图 4.2.18　“放置”操控面板

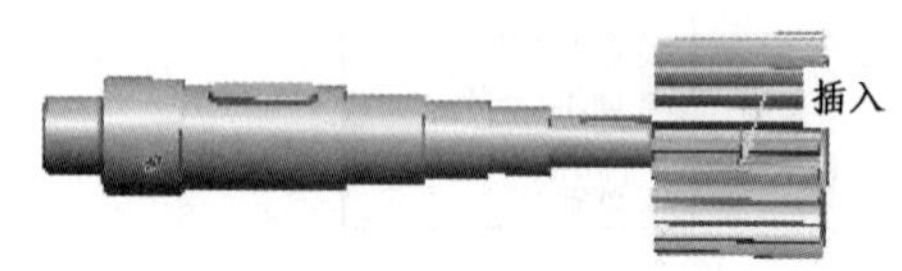

图 4.2.19　完成插入约束

图 4.2.20　“约束”操控面板

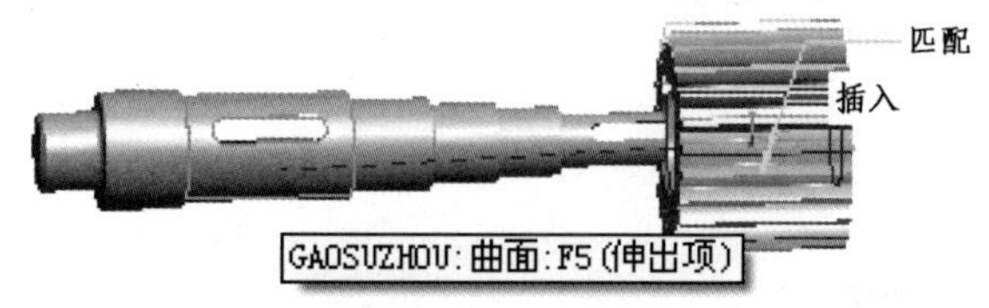

图 4.2.21　选择配合面

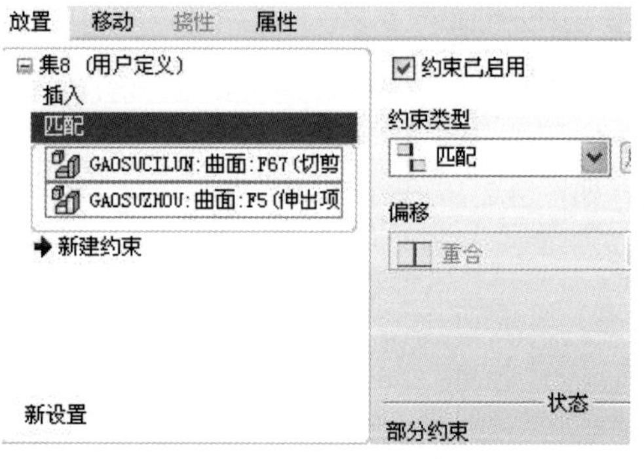

图 4.2.22　“放置”操控面板

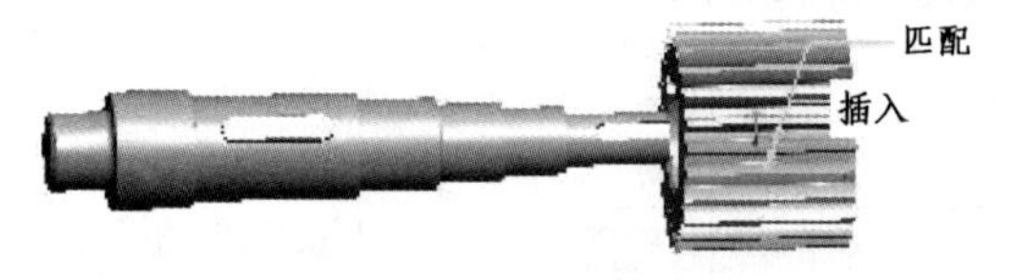

图 4.2.23　完成插入约束

Step 3　再次单击“放置”按钮，弹出“放置”上滑面板，单击 ➔**新建约束**，添加新的约束来放置齿轮，选择约束类型为“匹配”，如图 4.2.24 所示，拖动鼠标中键调整模型，依次选择齿轮右端面与有键槽的那段轴右端面，如图 4.2.25 所示，“放置”操控面板如图 4.2.26 所示，模型如图 4.2.27 所示，单击“反向”，模型如图 4.2.28 所示。单击☑按钮完成齿轮模型的放置，如图 4.2.29 所示。

（5）添加左滚动轴承。

Step 1　单击“添加元件”工具，打开“gaosuzhoucheng”文件，滚动轴承模型被添加到主窗口中，同时系统弹出“添加元件”操控面板，单击“放置”按钮，选择约束类型为“插入”，如图 4.2.30 所示。依次选择滚动轴承内圆面与轴外圆面，如图 4.2.31 所示，完成插入约束后，“放置”操控面板如图 4.2.32 所示，模型如图 4.2.33 所示。

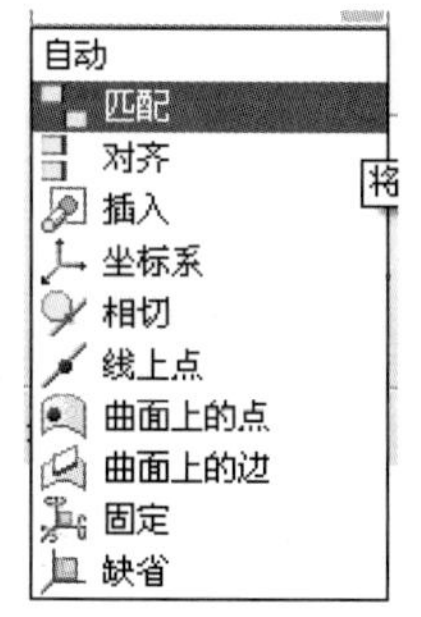

图 4.2.24　“约束”操控面板

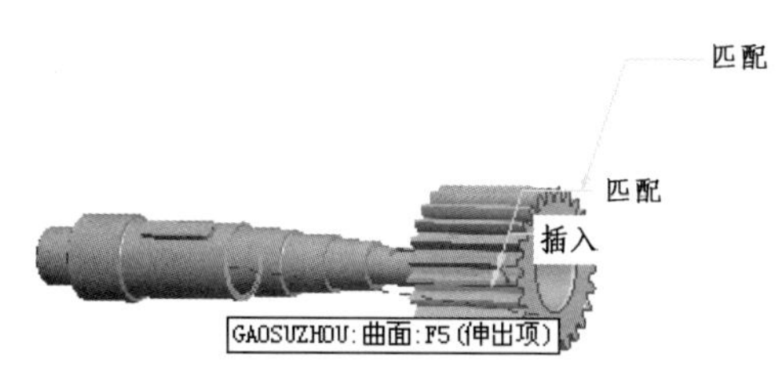

图 4.2.25　选择配合面

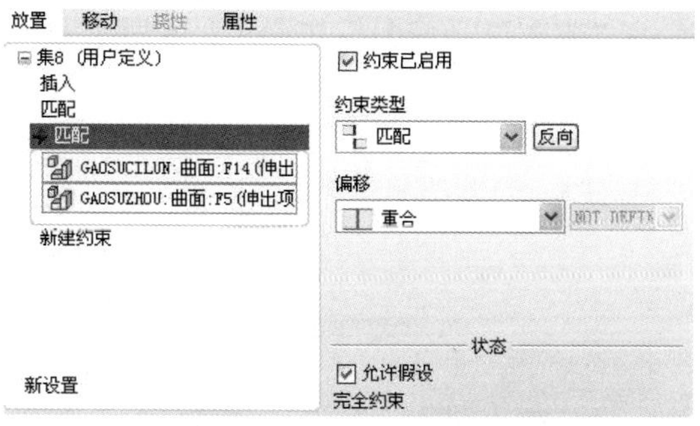

图 4.2.26　“放置”操控面板

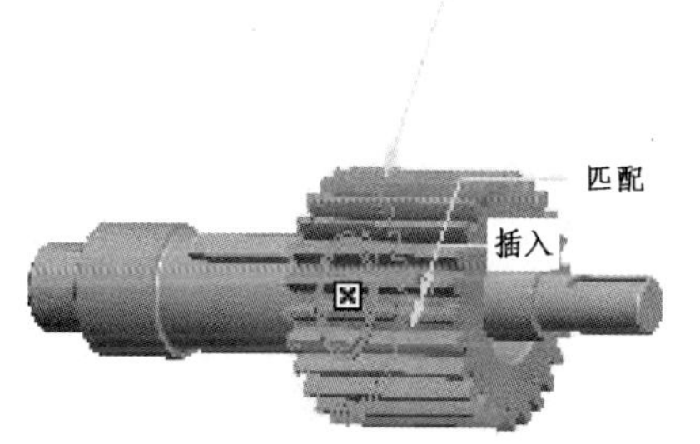

图 4.2.27　匹配约束模型的放置

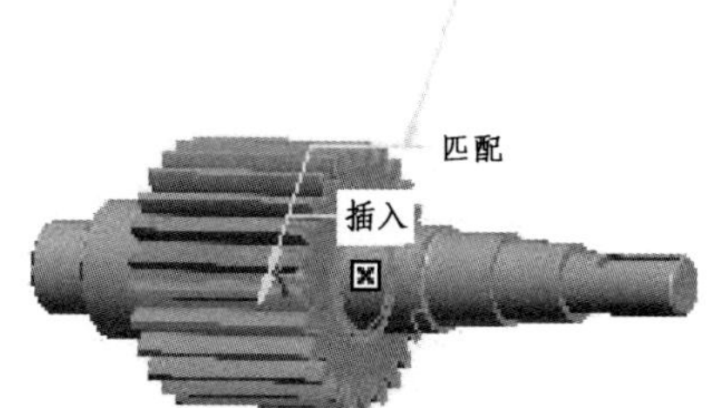

图 4.2.28　反向模型放置

图 4.2.29　完成齿轮装配

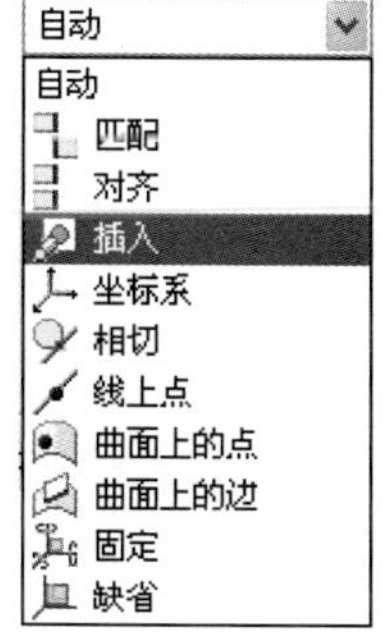

图 4.2.30　“约束”操控面板

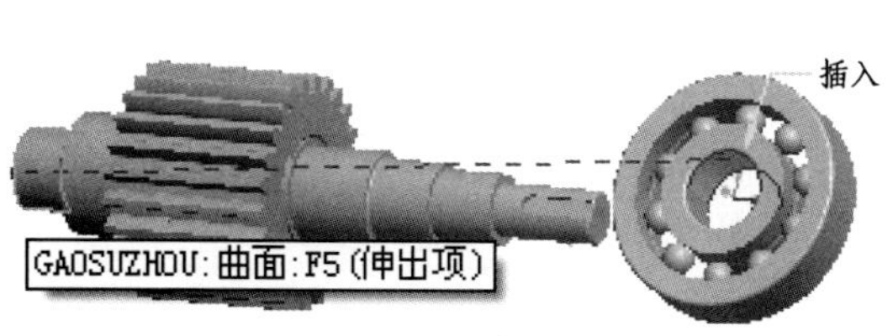

图 4.2.31　选择配合面

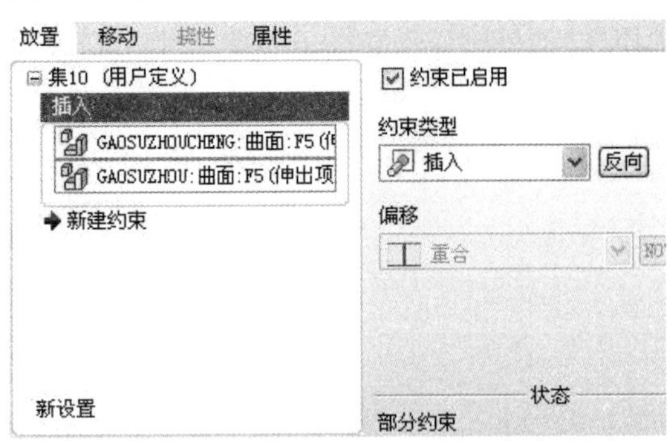

图 4.2.32 “放置”操控面板

图 4.2.33 完成插入约束的模型

Step 2 再次单击“放置”按钮，弹出“放置”上滑面板，单击 ➔新建约束，添加新的约束来放置齿轮，选择约束类型为“匹配”，如图 4.2.34 所示，拖动鼠标中键调整模型，依次选择轴承右端面与左端轴右端面，如图 4.2.35 所示，“放置”操控面板如图 4.2.36 所示，模型如图 4.2.37 所示。单击☑按钮完成滚动轴承模型的放置，如图 4.2.38 所示。

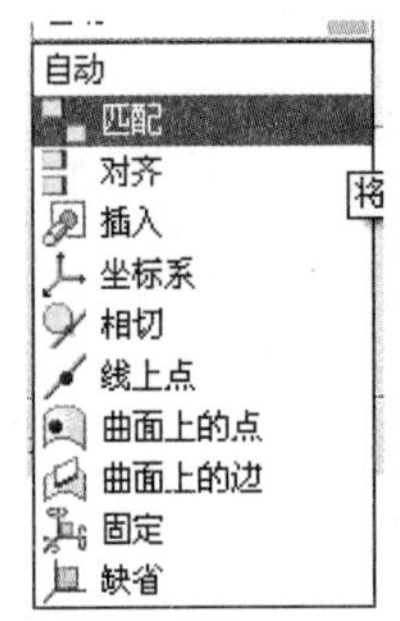

图 4.2.34 “约束”操控面板

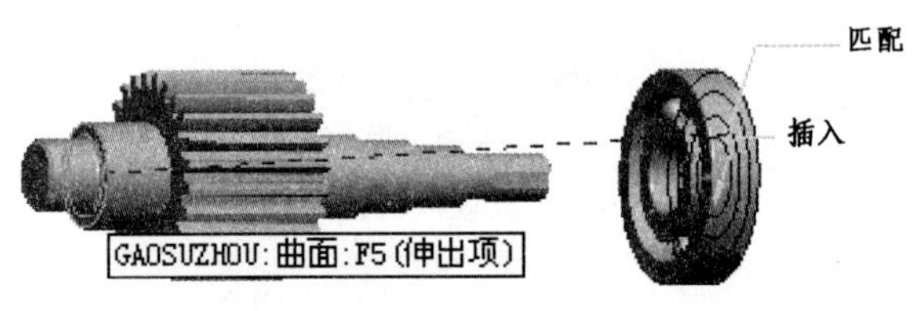

图 4.2.35 选择配合面

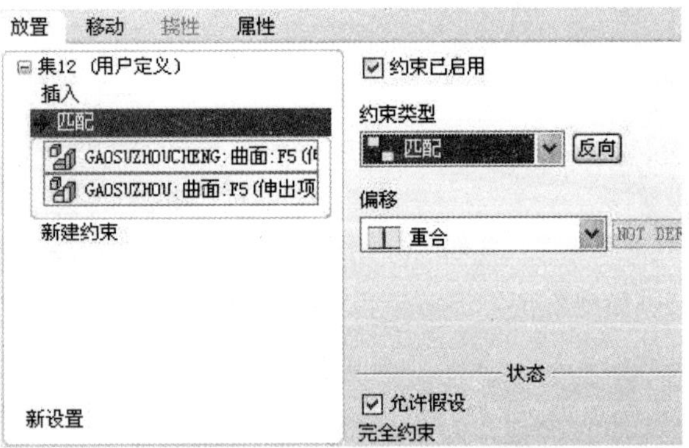

图 4.2.36 “放置”操控面板

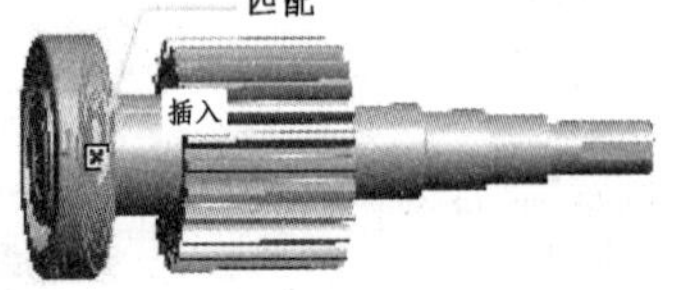

图 4.2.37 选择配合面

图 4.2.38 完成滚动轴承的装配

（6）添加套筒。

Step 1 单击“添加元件”工具，打开“taotong”文件，套筒模型被添加到主窗口中，同时系统弹出“添加元件”操控面板，单击“放置”按钮，选择约束类型为“插入”，如图 4.2.39 所示。依次选择套筒内圆面与轴外圆面，如图 4.2.40 所示，完成插入约束后，“放置”操控面板如图 4.2.41 所示，模型如图 4.2.42 所示。

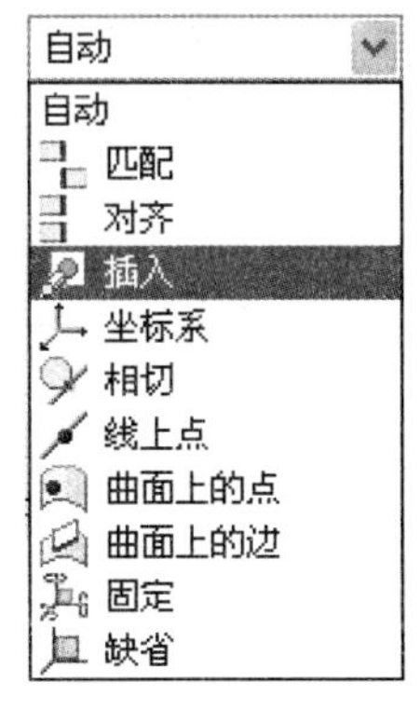

图 4.2.39　“约束”操控面板

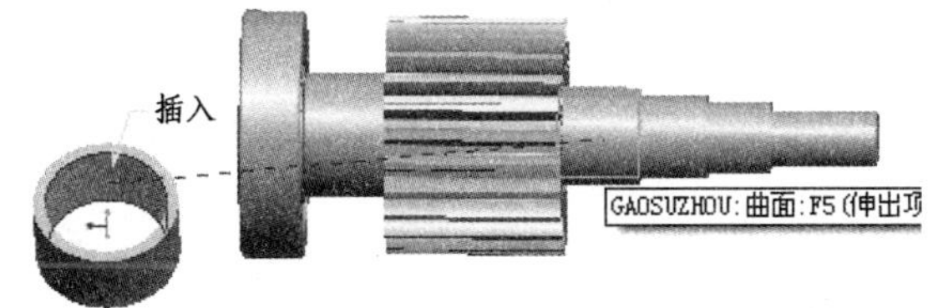

图 4.2.40　选择配合面

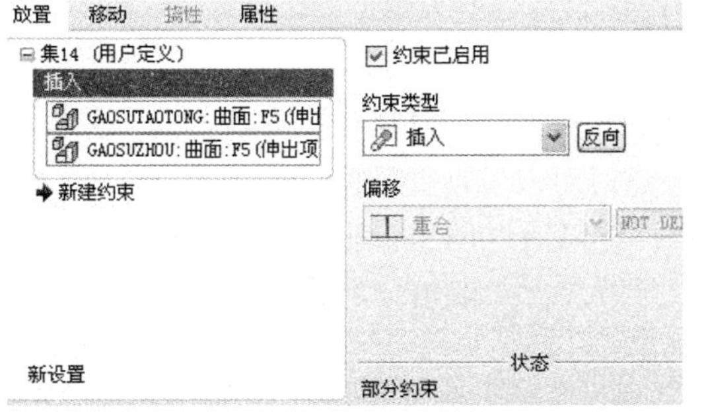

图 4.2.41　“放置”操控面板

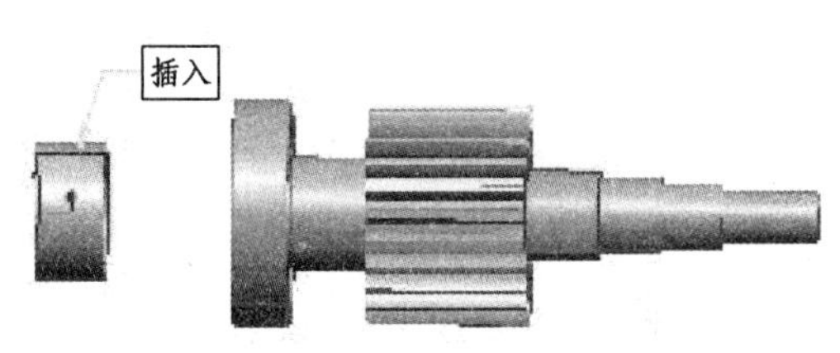

图 4.2.42　选择配合面

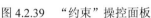

Step 2 再次单击“放置”按钮，弹出“放置”上滑面板，单击 ➔**新建约束**，添加新的约束来放置齿轮，选择约束类型为“匹配”，如图 4.2.43 所示，拖动鼠标中键调整模型，依次选择套筒右端面与右边轴承左端面，如图 4.2.44 所示，“放置”操控面板如图 4.2.45 所示。单击☑按钮完成滚动轴承模型的放置，如图 4.2.46 所示。

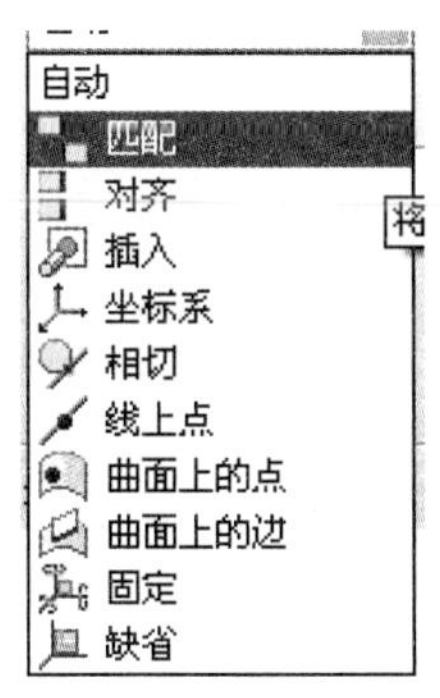

图 4.2.43　“约束”操控面板

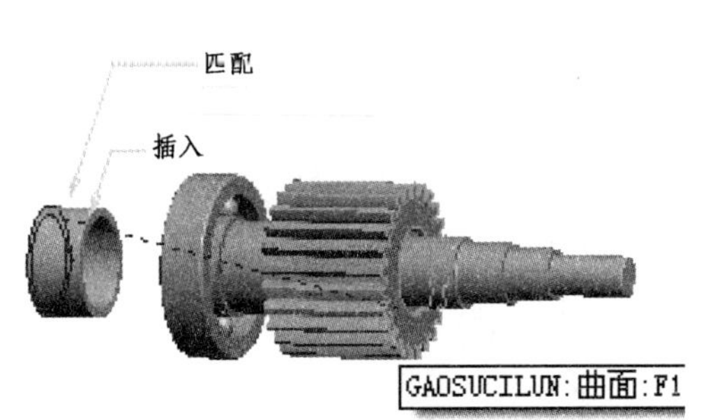

图 4.2.44　选择配合面

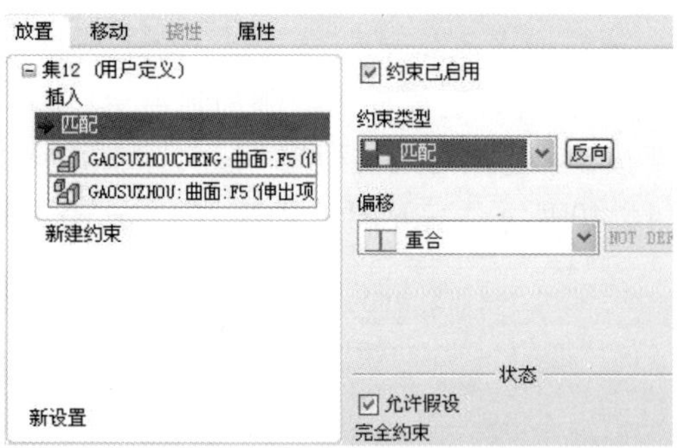

图 4.2.45 “放置”操控面板

图 4.2.46 完成套筒的装配

（7）用同样方法添加右边滚动轴承，结果如图 4.2.47 所示。

图 4.2.47 完成减速器高速轴的装配

至此，整个减速器高速轴装配完成。

（8）创建缺省分解图。

单击主菜单“视图”→“分解”→“分解视图”，如图 4.2.48 所示，此时当前工作窗口中的装配模型自动生成爆炸图，如图 4.2.49 所示。这时可以发现此装配件的各个零件都没有什么规律地散开了，为了更好地表达整个装配结构，可以通过创建自定义分解图对各个零件的位置重新调整一下。若单击主菜单“视图”→“分解”→“取消分解视图”命令，则回到分解前的状态。

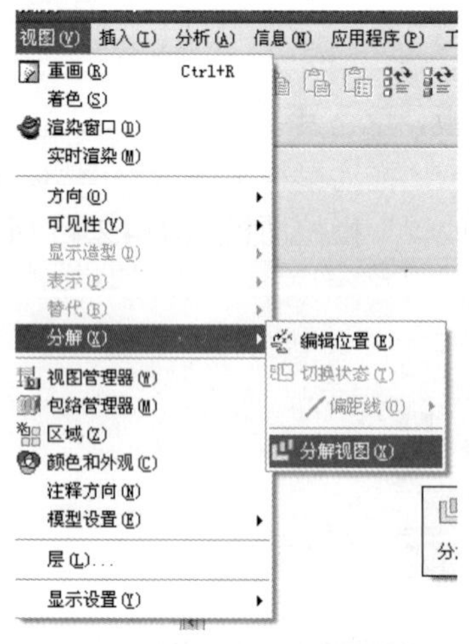

图 4.2.48 “分解”菜单

图 4.2.49 传动轴分解

（9）创建自定义分解图。

单击主菜单“视图”→“分解”→“编辑位置”，系统弹出“分解位置”对话框，如图 4.2.50

所示。在该对话框中设置运动类型、运动增量，选定运动参照后，用鼠标左键单击选定图形上任意的一条边、线，作为零件移动的方向线（如套筒或轴的轴线），然后用鼠标左键单击零件并移动鼠标，则零件跟着移动。移动到合适的位置后，单击鼠标或直接单击“确定”按钮即可。再若需要重新改变运动参照，单击“分解位置”对话框中的按钮。重复上述步骤，便可得到如图 4.2.51 所示的自定义爆炸图形。

图 4.2.50　“分解位置”对话框

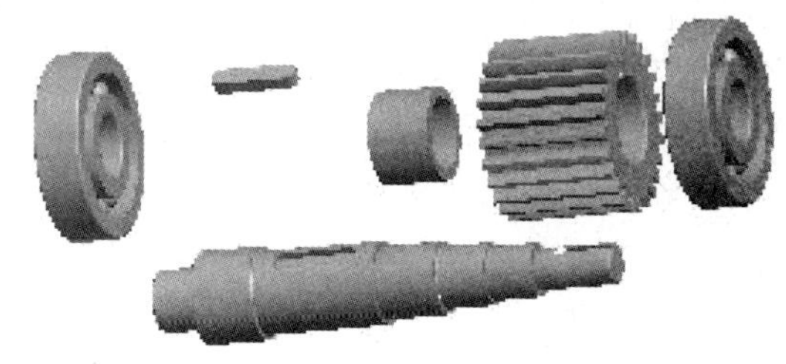

图 4.2.51　完成自定义分解

案例 2　一级圆柱齿轮减速器的装配

案例出示：本案例要创建的减速箱的装配与分解如图 4.2.52 和图 4.2.53 所示。

图 4.2.52　减速器装配

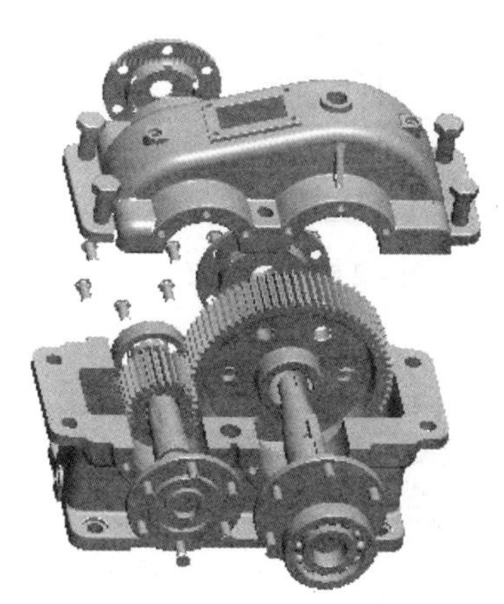

图 4.2.53　减速器分解

知识目标：

（1）掌握新建装配的方法。

（2）熟悉“组件”工作界面。

（3）“常用约束”装配（使用“自动”约束实现：缺省、匹配、对齐、插入约束装配）。

（4）掌握组件的分解。

（5）掌握阵列装配。

能力目标：创建装配和组件的分解。

案例分析：前面任务已经进行过减速器高速轴组件和低速轴组件的装配，本任务中主要进行箱体、高速轴组件、低速轴组件、轴承盖、箱盖及连接螺栓的装配。使用最多的是“对齐”、“匹配”等约束，减速器中的端盖螺栓在装配时将使用“阵列装配”完成。每个端盖上都有 12 个螺栓要装配，一个一个装配太麻烦，可使用“阵列装配”来完成。

案例操作：

（1）新建组件文件。

（2）导入箱座。

单击主菜单“插入”→“原件”→“装配”命令或在工具栏中单击，此时系统弹出“打开”对话框，选中所需装配零件“xiaxiangti.prt”，然后单击 打开 按钮，箱座模型被打开并出现在主窗口中，同时系统弹出“添加元件”操控面板，单击“放置”按钮，选择约束类型为“坐标系”，如图 4.2.54 所示。先选中高速轴的坐标系，再选中组件的坐标系，如图 4.2.55 所示，“放置”操控面板如图 4.2.56 所示，单击☑按钮完成传动轴模型的放置，如图 4.2.57 所示。

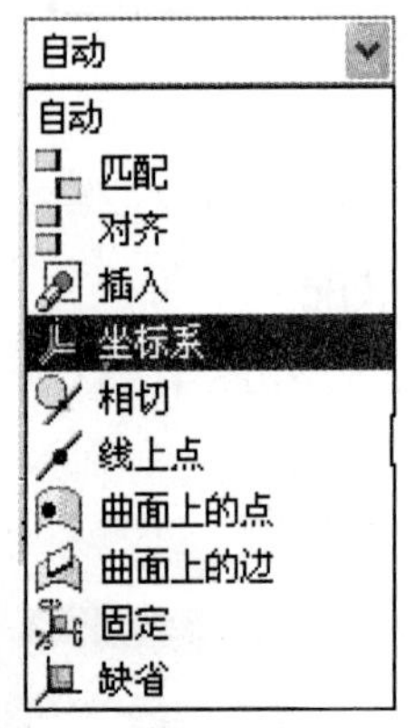

图 4.2.54 “约束”对话框

图 4.2.55 选择坐标系

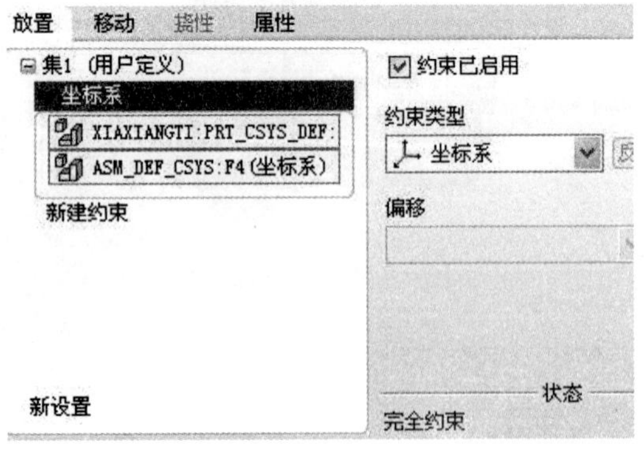

图 4.2.56 放置操控面板

图 4.2.57 放置箱座

（3）添加低速轴组件。

Step 1 单击“添加元件”工具，打开“disuzujian”文件，低速轴组件模型被添加到主窗

口中，同时系统弹出“添加元件”操控面板，单击“放置”按钮，选择约束类型为“插入”，如图 4.2.58 所示。依次选择轴承外圆面与箱座上孔的内圆面，如图 4.2.59 所示，完成插入约束后，“放置”操控面板如图 4.2.60 所示，模型如图 4.2.61 所示。

图 4.2.58 “约束”对话框

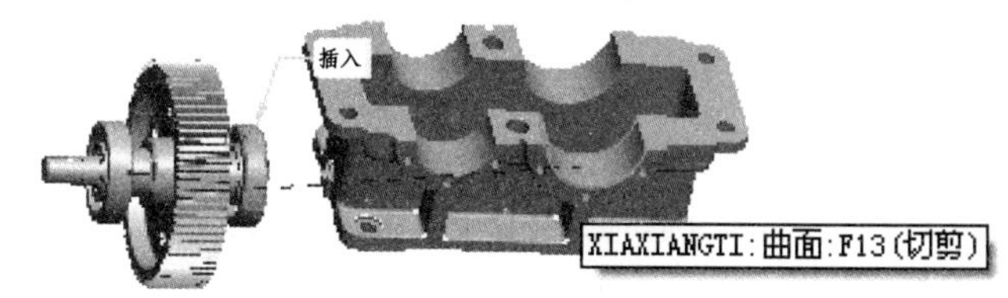

图 4.2.59 选择配合面

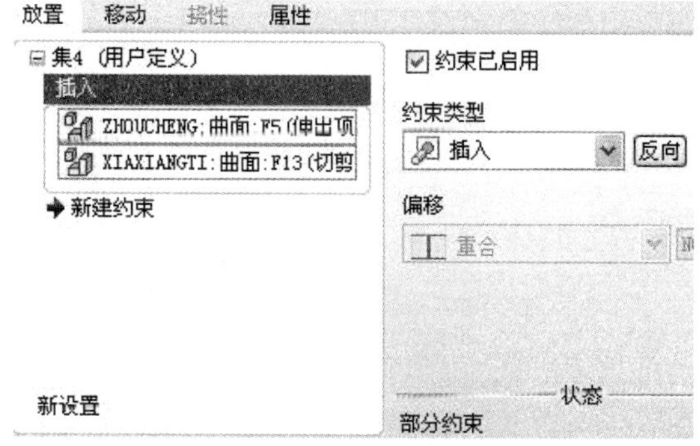

图 4.2.60 “放置”操控面板

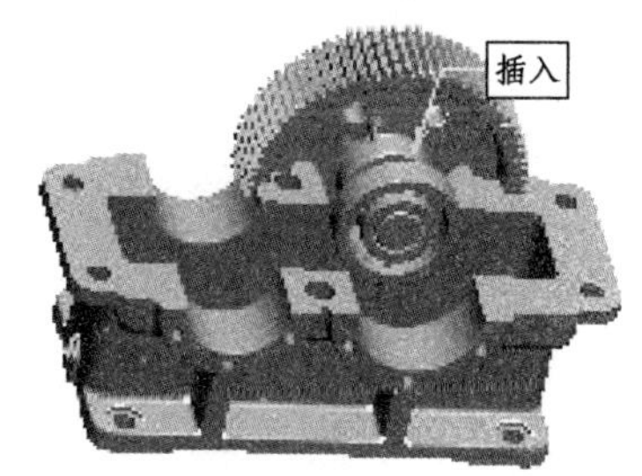

图 4.2.61 低速轴插入约束装配完成

Step 2 再次单击“放置”按钮，弹出“放置”上滑面板，单击 **➜新建约束**，添加新的约束来放置键，选择约束类型为“对齐”，拖动鼠标中键调整模型，依次选择轴承端面与箱座上孔的端面面，如图 4.2.62 所示，选择偏距距离为 15，（注意滚动轴承在箱体里面 15mm），“放置”操控面板如图 4.2.63 所示，模型如图 4.2.64 所示，单击☑按钮完成键模型的放置，如图 4.2.65 所示。

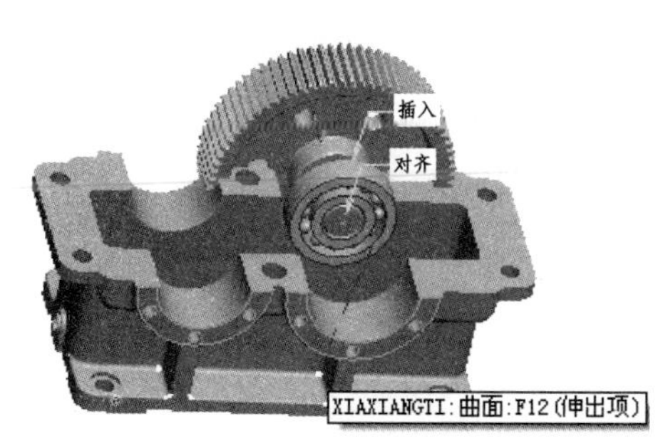

图 4.2.62 选择配合面

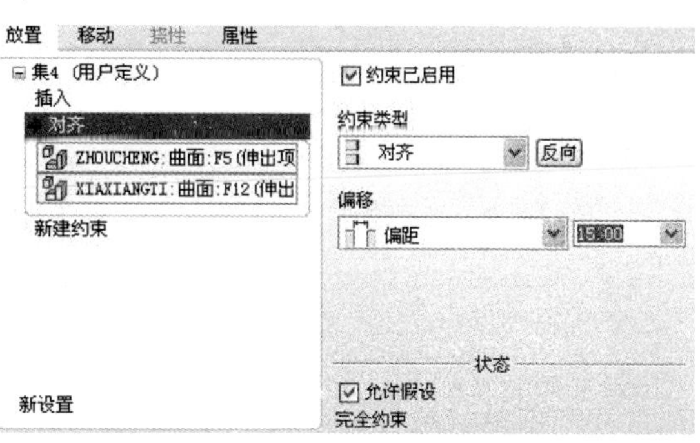

图 4.2.63 “放置”操控面板

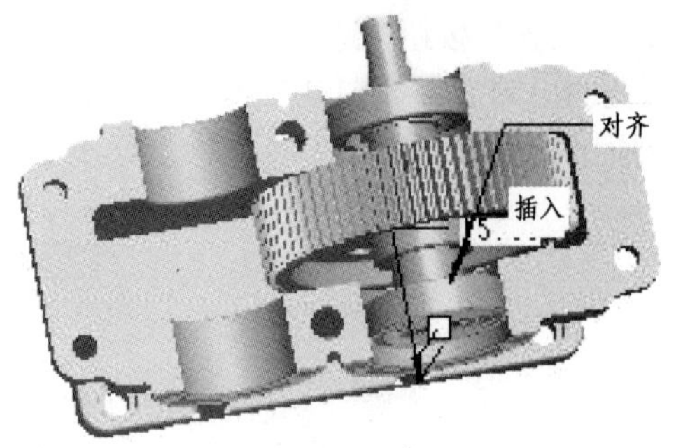

图 4.2.64　选择配合面

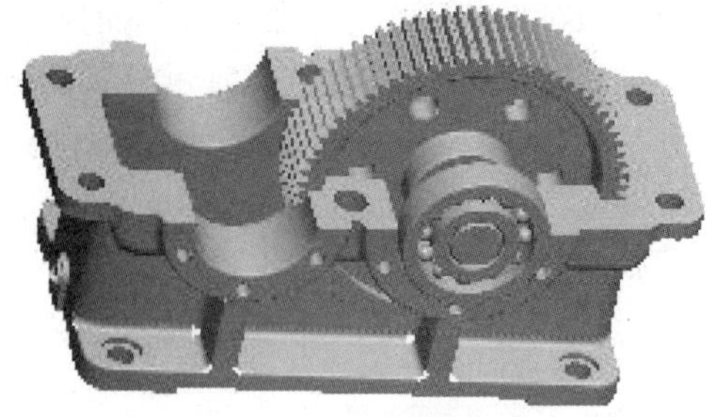

图 4.2.65　低速轴装配完成

（4）添加高速轴组件。

Step 1　单击“添加元件”工具，打开“gaosuzhouzujian”文件，高速轴组件模型被添加到主窗口中，同时系统弹出“添加元件”操控面板，单击“放置”按钮，选择约束类型为“插入”，如图 4.2.66 所示。依次选择齿轮内圆面与轴外圆面，如图 4.2.67 所示，完成插入约束后，“放置”操控面板如图 4.2.68 所示，模型如图 4.2.69 所示，单击“反向”，模型如图 4.2.70 所示。

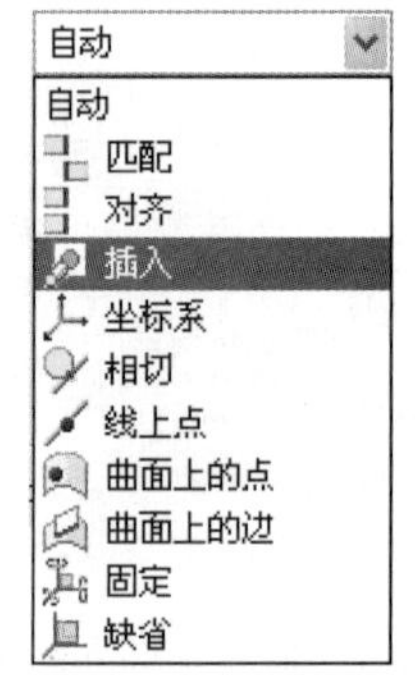

图 4.2.66　“约束”操控面板

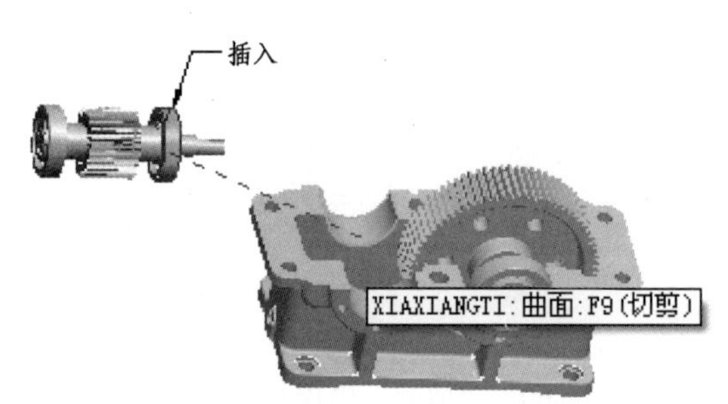

图 4.2.67　选择配合面

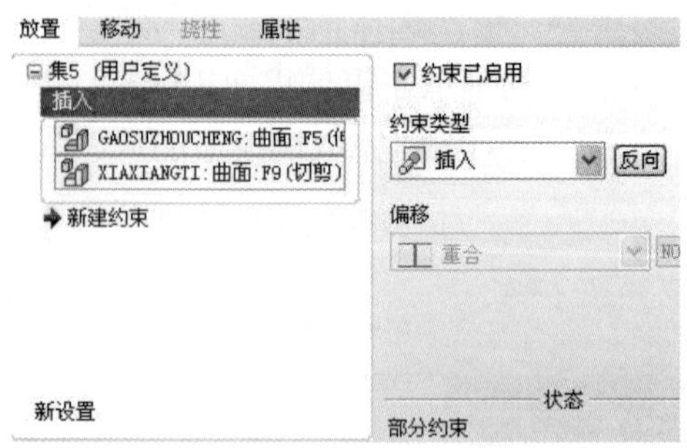

图 4.2.68　“放置”操控面板

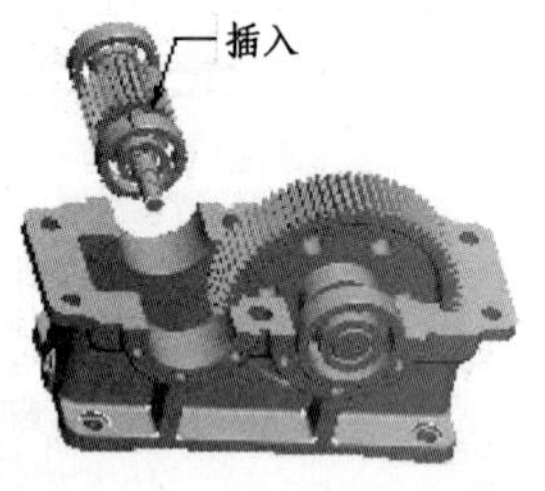

图 4.2.69　完成插入装配

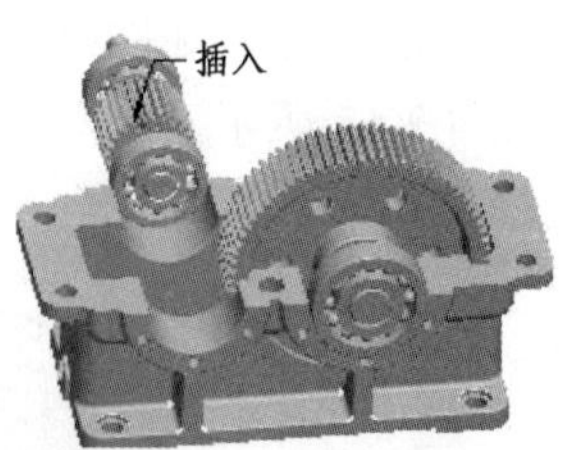

图 4.2.70　反向装配

Step 2　再次单击“放置”按钮，弹出“放置”上滑面板，单击 **➜新建约束**，添加新的约束来放置高速轴组件，选择约束类型为“对齐”，拖动鼠标中键调整模型，依次选择轴承端面与箱座上孔的端面面，如图 4.2.71 所示，选择偏距距离为 19（注意轴承端面在箱座孔端面里面），“放置”操控面板如图 4.2.72 所示，模型如图 4.2.73 所示，单击☑按钮完成键模型的放置，如图 4.2.74 所示。

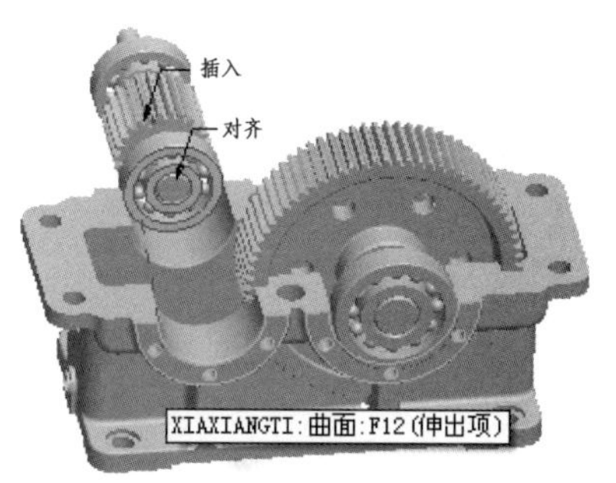

图 4.2.71　选择对齐配合面

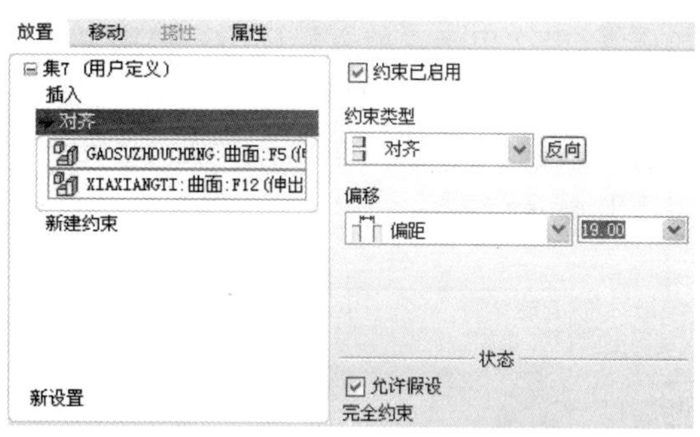

图 4.2.72　“放置”操控面板

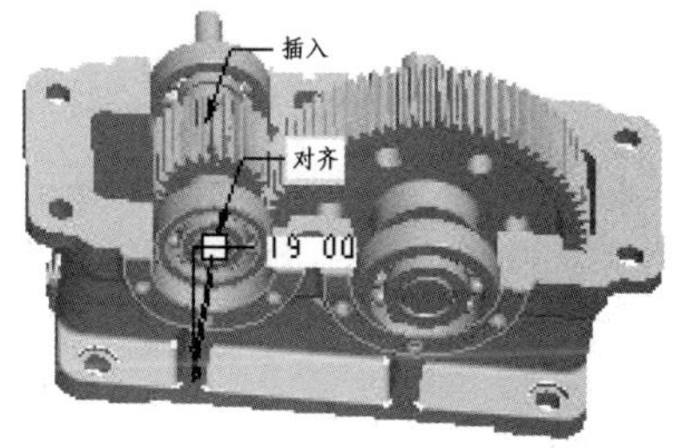

图 4.2.73　选择插入配合面

图 4.2.74　完成高速轴组件的装配

（5）添加上箱盖。

Step 1　单击“添加元件”工具，打开“xianggai”文件，箱盖模型被添加到主窗口中，同时系统弹出“添加元件”操控面板，单击“放置”按钮，选择约束类型为“匹配”，如图 4.2.75 所示。依次选择箱盖底面与箱座顶面，如图 4.2.76 所示，完成插入约束后，“放置”操控面板如图 4.2.77 所示，模型如图 4.2.78 所示。

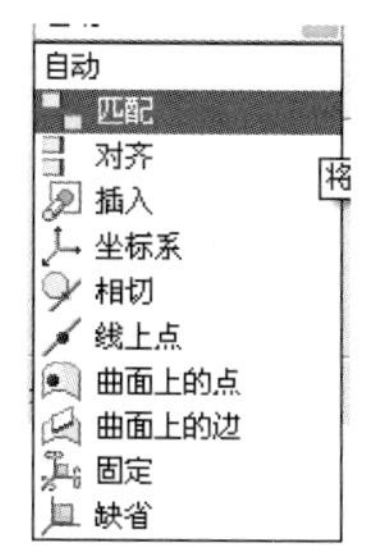

图 4.2.75　“约束”操控面板

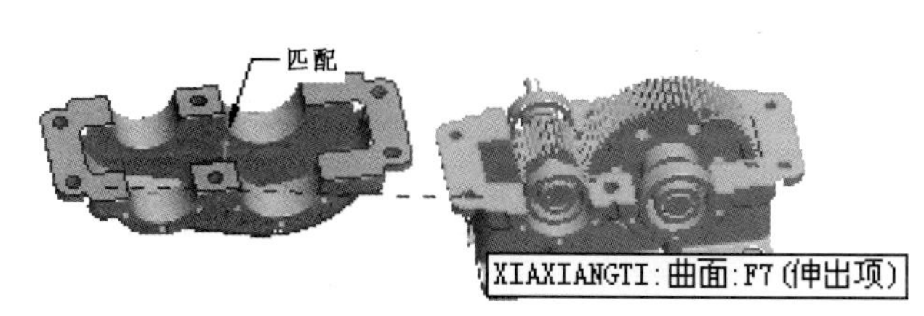

图 4.2.76　选择配合面

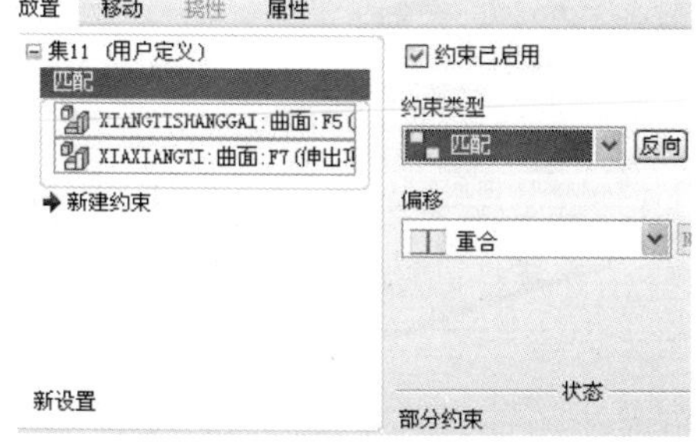

图 4.2.77　“放置”操控面板

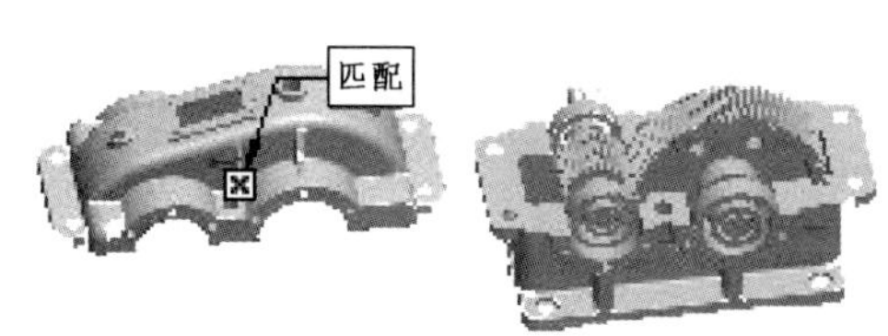

图 4.2.78　完成匹配约束

Step 2 再次单击“放置”按钮，弹出“放置”上滑面板，单击 ➜**新建约束**，添加新的约束来放置箱盖，选择约束类型为“对齐”，如图 4.2.79 所示，拖动鼠标中键调整模型，依次选择箱盖右侧面与箱座右侧面，如图 4.2.80 所示，“放置”操控面板如图 4.2.81 所示，模型如图 4.2.82 所示。

图 4.2.79 “约束”操控面板

图 4.2.80 选择配合面

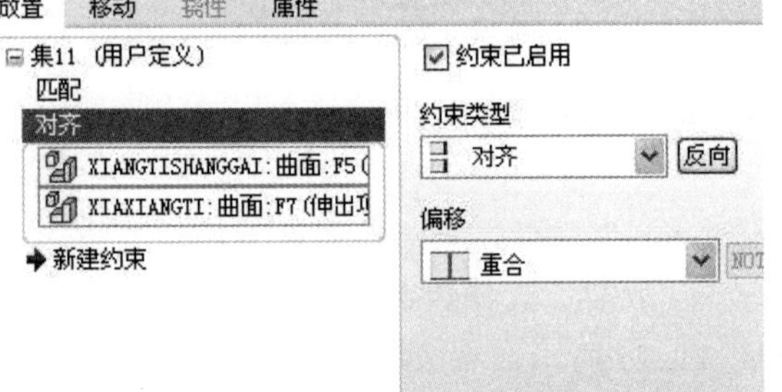

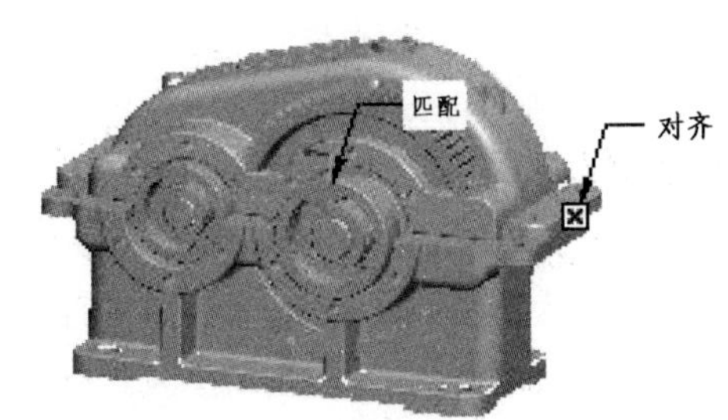

图 4.2.81 “放置”操控面板

图 4.2.82 完成对齐约束

Step 3 再次单击“放置”按钮，弹出“放置”上滑面板，单击 ➜**新建约束**，添加新的约束来放置箱盖，选择约束类型为“插入”，如图 4.2.83 所示，拖动鼠标中键调整模型，依次选择箱盖孔内圆面与箱座孔的内圆面，如图 4.2.84 所示，“放置”操控面板如图 4.2.85 所示，模型如图 4.2.86 所示，单击☑按钮完成箱盖模型的放置，如图 4.2.87 所示。

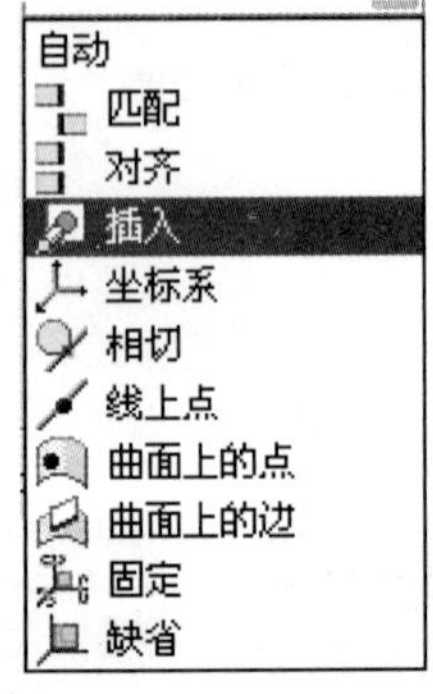

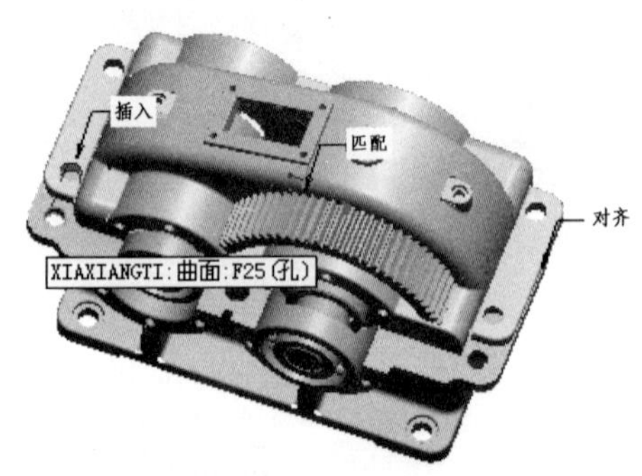

图 4.2.83 “约束”对话框

图 4.2.84 选择配合面

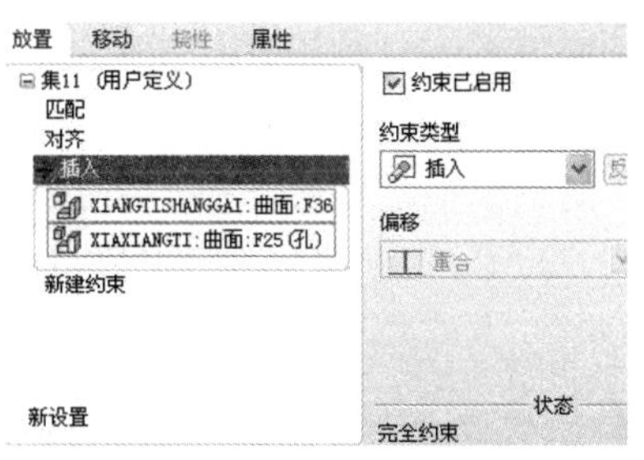

图 4.2.85　“放置”操控面板

图 4.2.86　选择配合面

图 4.2.87　完成上箱盖装配

（6）添加低速轴轴承端盖。

Step 1　单击“添加元件”工具，打开“disuduangai”文件，轴承端盖模型被添加到主窗口中，同时系统弹出“添加元件”操控面板，单击“放置”按钮，选择约束类型为“插入”，如图 4.2.88 所示。依次选择轴承端盖外圆面与箱体内圆面，如图 4.2.89 所示，单击“反向”，完成插入约束后，“放置”操控面板如图 4.2.90 所示，模型如图 4.2.91 所示。

图 4.2.88　“约束”对话框

图 4.2.89　选择配合面

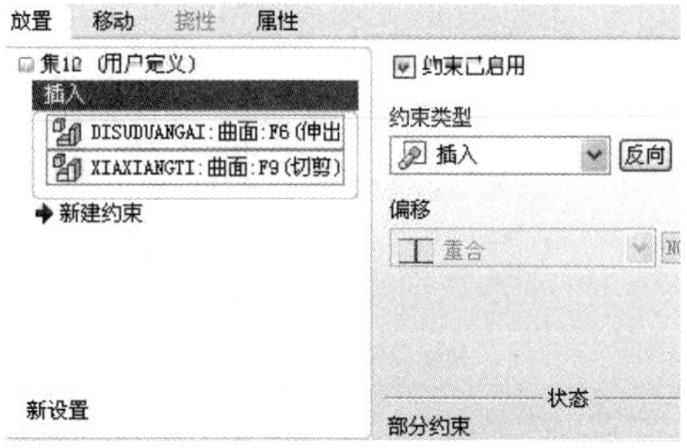

图 4.2.90　“放置”操控面板

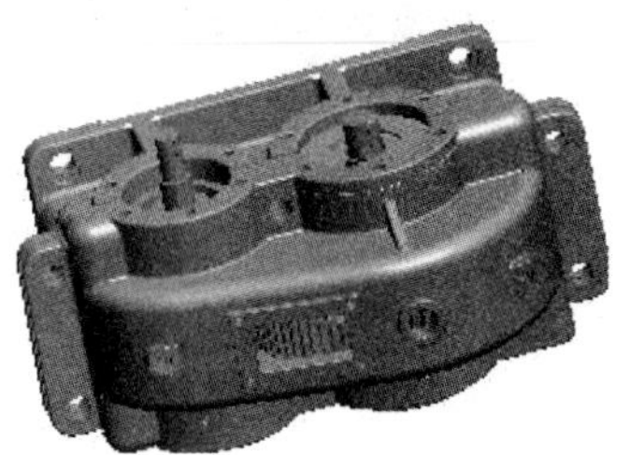

图 4.2.91　完成插入约束

Step 2 单击“移动”，再单击轴承端盖，调整端盖位置如图 4.2.92 所示，再次单击“放置”按钮，弹出“放置”上滑面板，单击 ➔新建约束，添加新的约束来放置轴承端盖，选择约束类型为“匹配”，如图 4.2.93 所示，拖动鼠标中键调整模型，依次选择轴承端盖端面与箱体端面，如图 4.2.94 所示，“放置”操控面板如图 4.2.95 所示，模型的放置如图 4.2.96 所示。

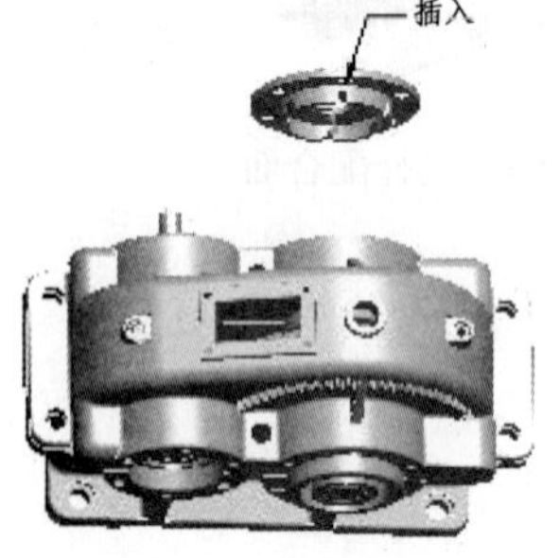

图 4.2.92　调整端盖位置

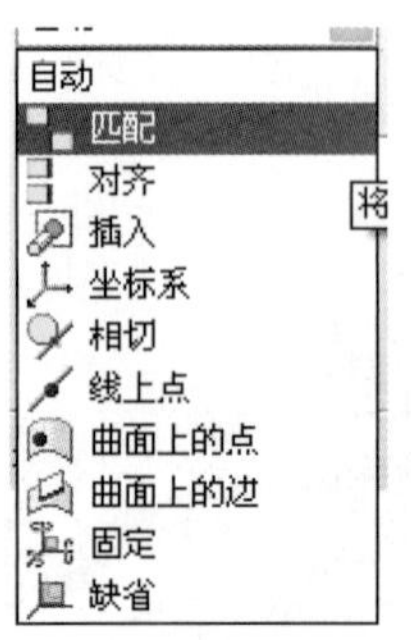

图 4.2.93　“约束”对话框

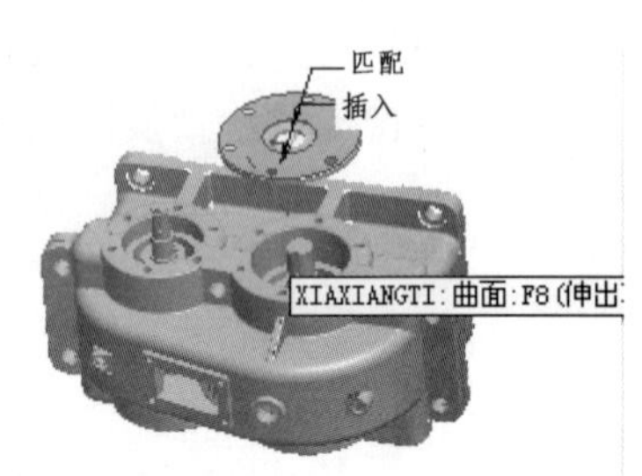

图 4.2.94　选择配合面

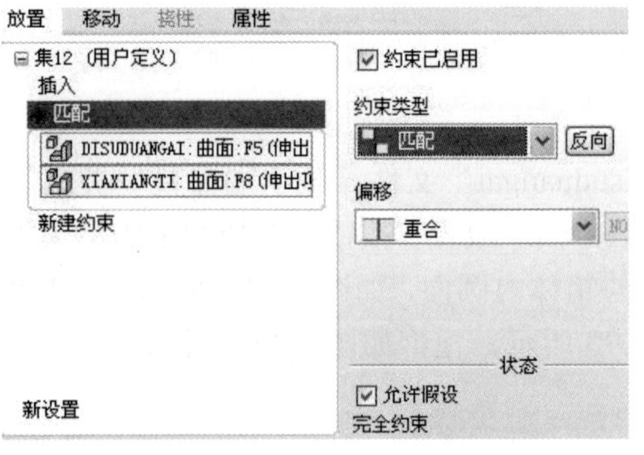

图 4.2.95　“放置”操控面板

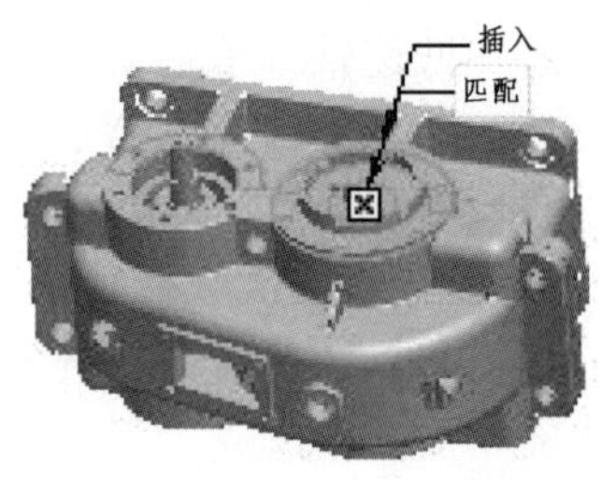

图 4.2.96　完成匹配约束

Step 3 再次单击“放置”按钮，弹出“放置”上滑面板，单击 ➔新建约束，添加新的约束来放置轴承端盖，选择约束类型为“插入”，如图 4.2.97 所示，拖动鼠标中键调整模型，依次选择端盖孔内圆面与箱座孔的内圆面，如图 4.2.98 所示，“放置”操控面板如图 4.2.99 所示，模型如图 4.2.100 所示，单击☑按钮完成低速轴轴承端盖模型的放置，如图 4.2.101 所示。

图 4.2.97　“约束”对话框

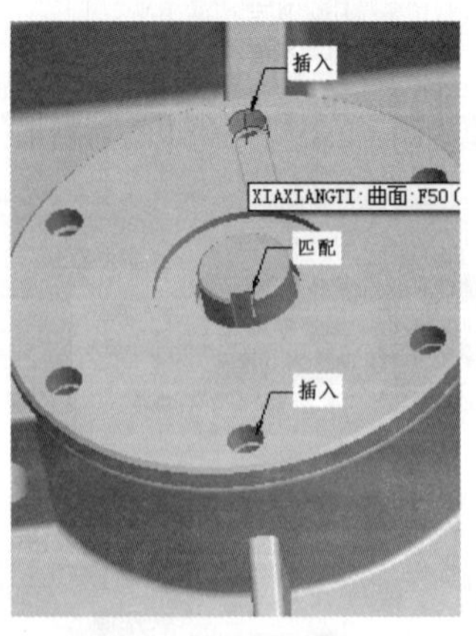

图 4.2.98　选择配合面

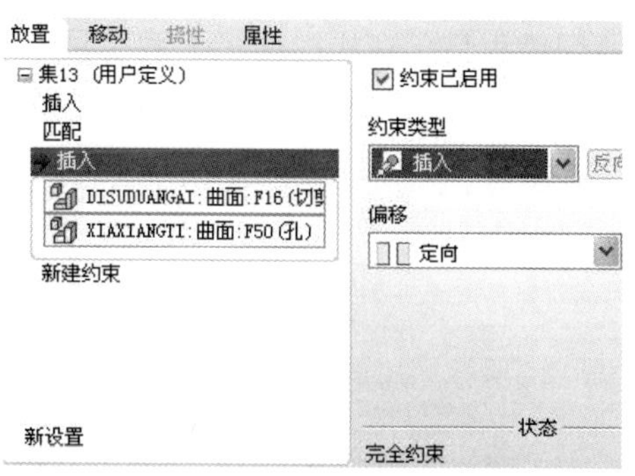

图 4.2.99　“放置”操控面板

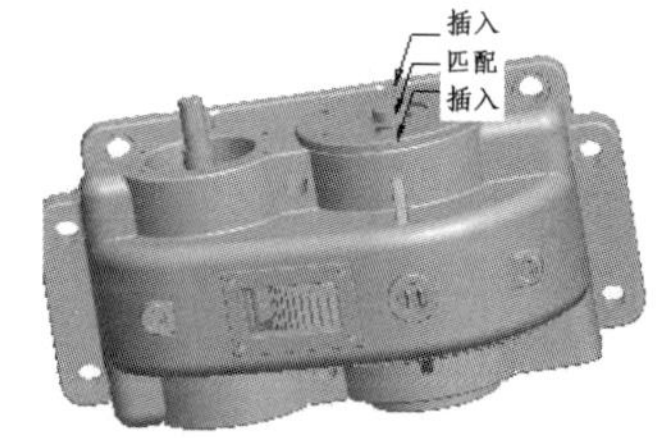

图 4.2.100　选择配合面

（7）用同样的方法添加低速轴轴承端盖 1 和高速轴轴承端盖及轴承端盖 1，结果如图 4.2.102 所示。

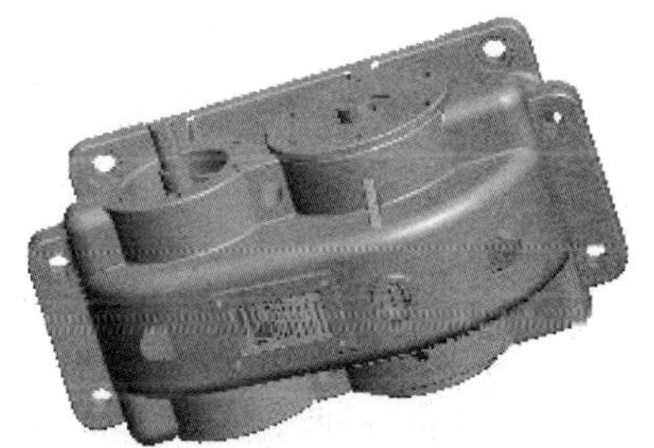

图 4.2.101　完成轴承端盖装配

图 4.2.102　完成所有端盖装配

（8）装配轴承端盖的连接螺栓。

Step 1 单击“添加元件”工具，打开“M12luoding”文件，螺栓模型被添加到主窗口中，同时系统弹出“添加元件”操控面板，单击“放置”按钮，选择约束类型为“插入”，如图 4.2.103 所示，依次选择螺栓杆的外圆表面与轴承端盖上螺栓孔的内圆表面，如图 4.2.104 所示，操控面板显示模型放置状态为“部分约束”，如图 4.2.105 所示，单击“移动”，再单击螺栓并调整到合适的位置，如图 4.2.106 所示。

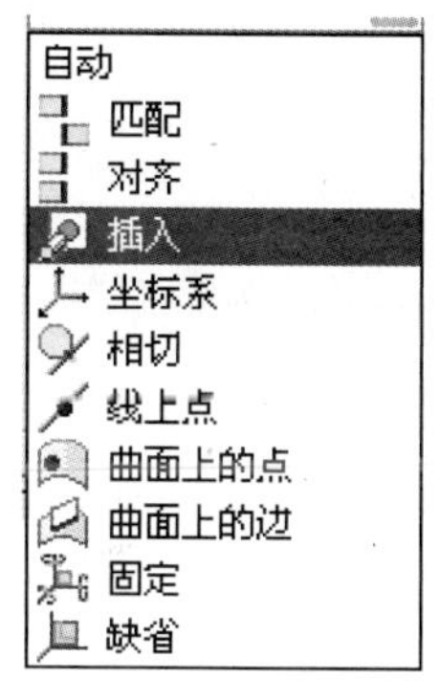

图 4.2.103　“约束”对话框

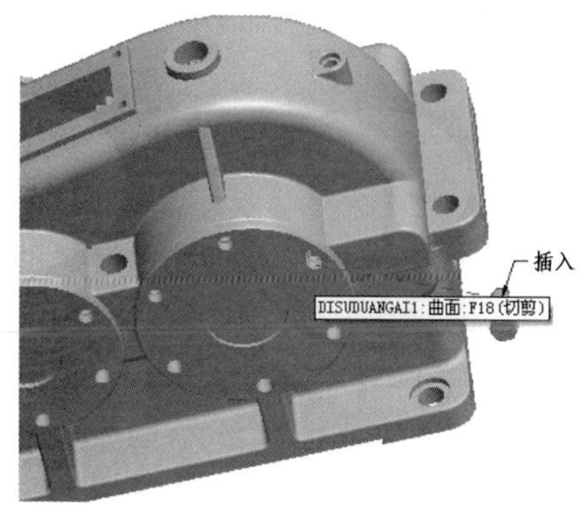

图 4.2.104　选择配合面

Step 2 再次单击“放置”按钮，弹出“放置”上滑面板，单击 **新建约束**，添加新的约束来放置连接螺栓，选择约束类型为“匹配”，如图 4.2.107 所示，依次选择螺栓头底面与轴承端盖连接孔的表面，如图 4.2.108 所示。完成匹配约束后，在操控面板上系统显示模型放置状态为“完全约束”，如图 4.2.109 所示，单击☑按钮，完成连接螺栓模型的放置，如图 4.2.110 所示。

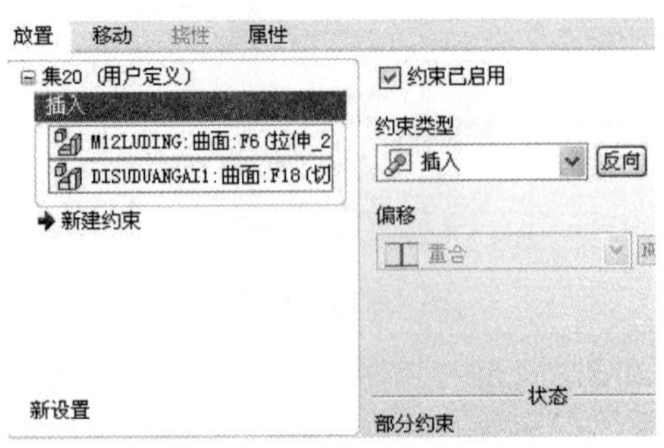

图 4.2.105 “放置”操控面板

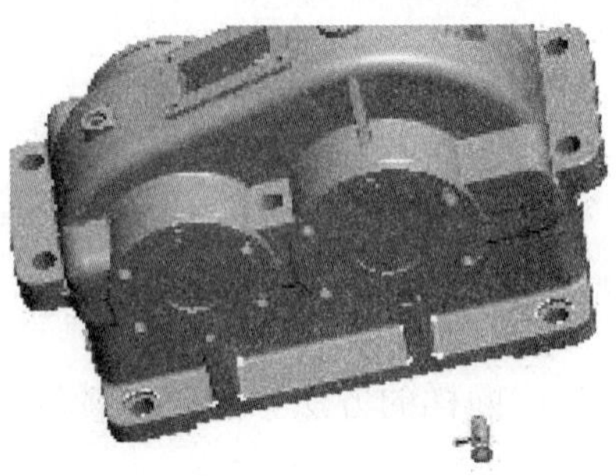

图 4.2.106 完成插入约束

图 4.2.107 “约束”对话框

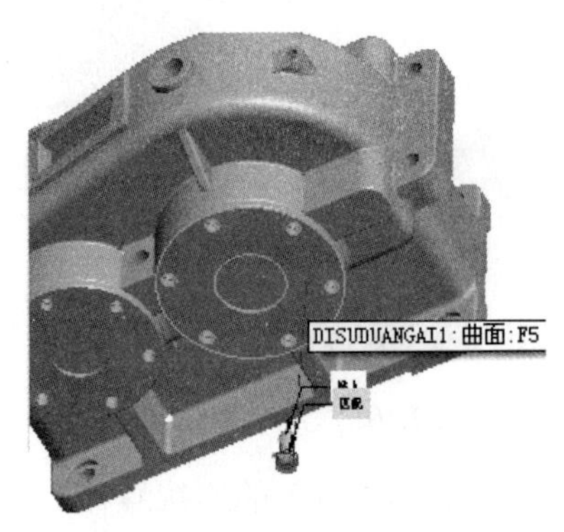

图 4.2.108 选择配合面

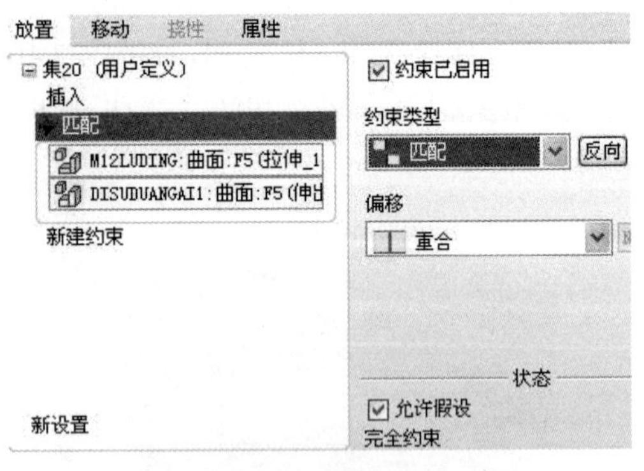

图 4.2.109 “放置”操控面板

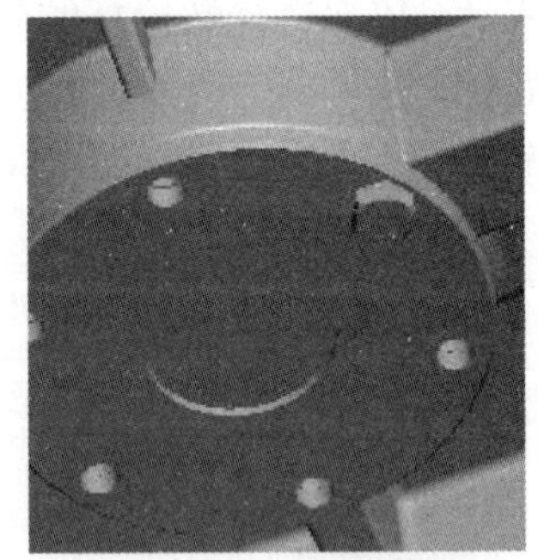

图 4.2.110 完成螺栓装配

Step 3 在模型树中选择刚装配的螺栓，然后在右侧工具栏单击“阵列”按钮▦，打开阵列特征操控面板，选择以“轴”创建阵列，选择轴承端盖的轴线，“阵列”操控面板如图 4.2.111 所示，阵列后模型如图 4.2.112 所示。

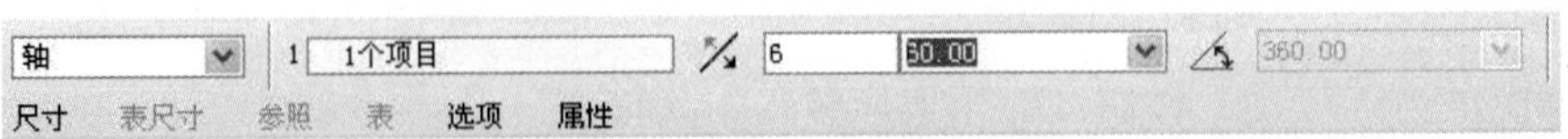

图 4.2.111 “阵列”操控面板

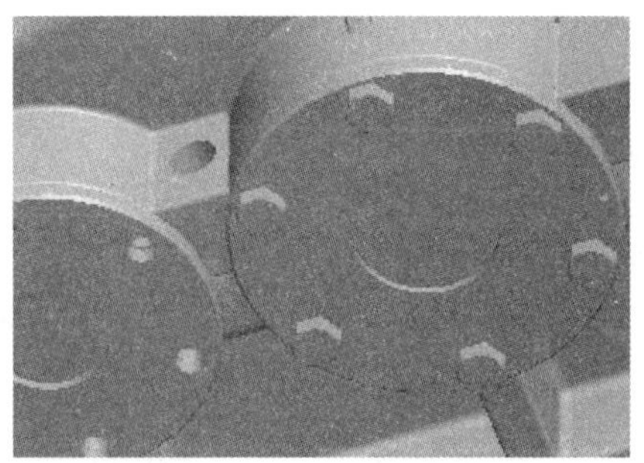

图 4.2.112　完成轴阵列

(9)用同样的方法完成低速轴轴承端盖1和高速轴轴承端盖螺栓的装配,结果如图4.2.113所示。

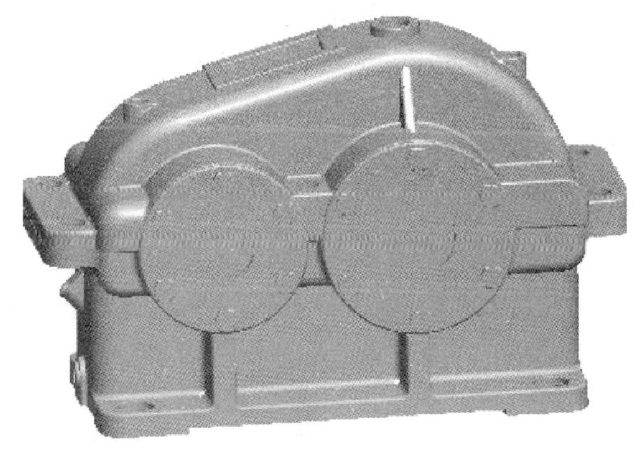

图 4.2.113　完成所有轴承端盖螺栓阵列

（10）装配连接箱盖和箱座的螺栓。

Step 1　单击“添加元件”工具，打开“M20luoding”文件，螺栓模型被添加到主窗口中，同时系统弹出“添加元件”操控面板，单击“放置”按钮，选择约束类型为“插入”，如图4.2.114所示，依次选择螺栓杆的外圆表面与箱盖上螺栓孔的内圆表面，如图4.2.115所示，操控面板显示模型放置状态为“部分约束”，如图4.2.116所示，单击“移动”，再单击螺栓并调整到合适的位置，如图4.2.117所示。

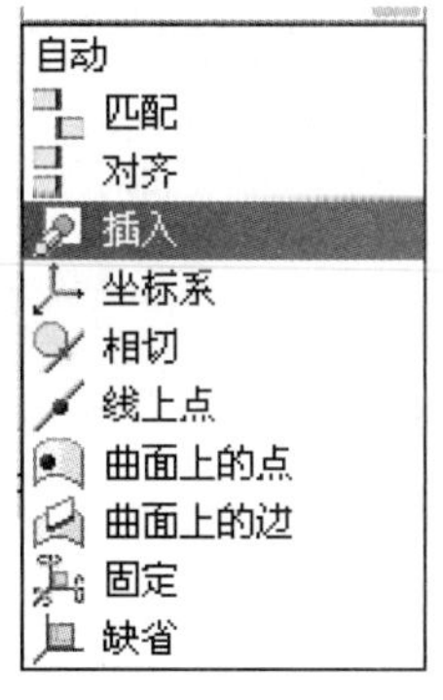

图 4.2.114　“约束”对话框

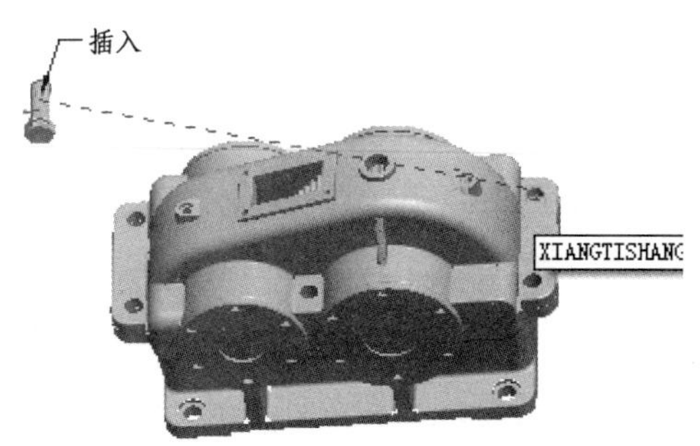

图 4.2.115　选择配合面

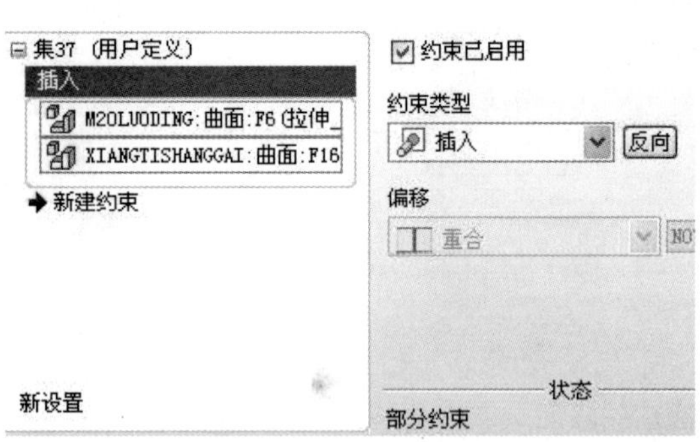

图 4.2.116 “放置”操控面板

图 4.2.117 完成插入约束

Step 2 再次单击“放置”按钮，弹出“放置”上滑面板，单击➔**新建约束**，添加新的约束来放置连接螺栓，选择约束类型为“匹配”，如图 4.2.118 所示，依次选择螺栓头底面与轴承端盖连接孔的表面，如图 4.2.119 所示。完成匹配约束后，在操控面板上系统显示模型放置状态为“完全约束”，如图 4.2.120 所示，单击☑按钮，完成连接螺栓模型的放置，如图 4.2.121 所示。

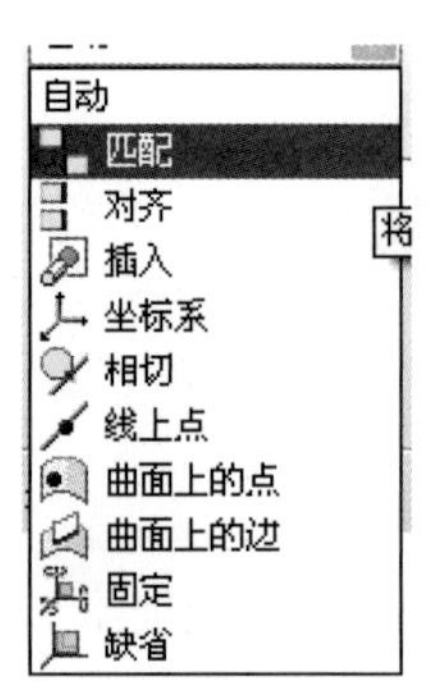

图 4.2.118 “约束”操控面板

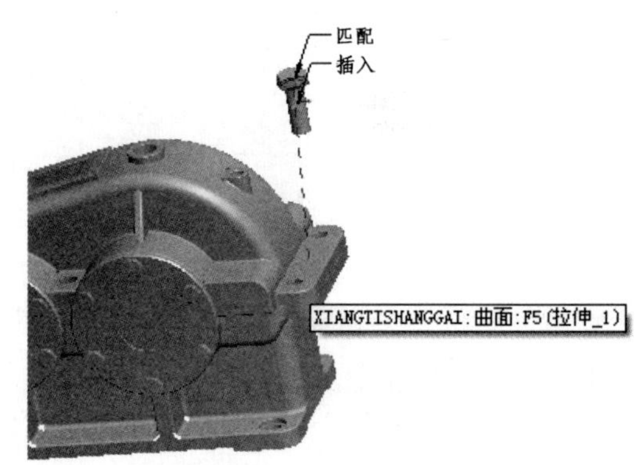

图 4.2.119 选择配合面

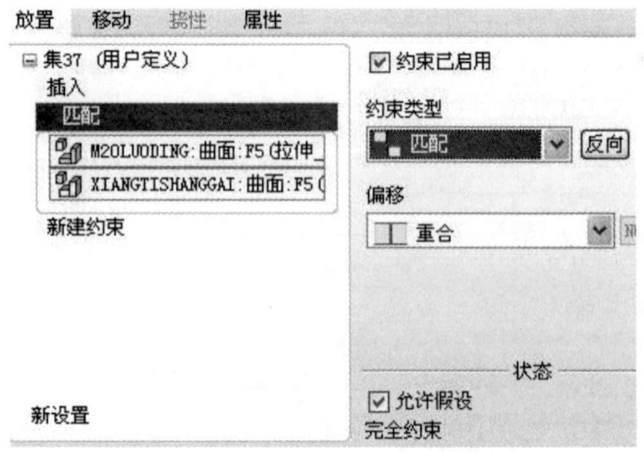

图 4.2.120 “放置”操控面板

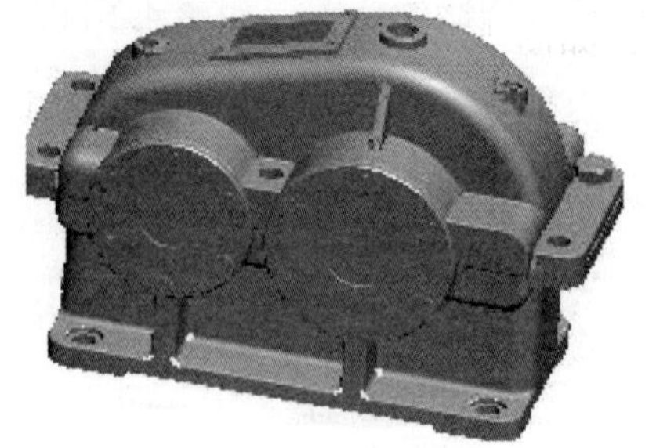

图 4.2.121 完成连接箱盖、箱座螺栓装配

（11）装配连接箱盖和箱座的连接螺栓中的垫圈。

Step 1 单击“添加元件”工具，打开“M20dianquan”文件，垫圈模型被添加到主窗口中，同时系统弹出“添加元件”操控面板，单击“放置”按钮，选择约束类型为“插入”，如图

4.2.122 所示，依次选择垫圈孔的内圆表面与箱盖上螺栓杆的外圆表面，如图 4.2.123 所示，操控面板显示模型放置状态为“部分约束”，如图 4.2.124 所示，单击“移动”，再单击垫圈并调整到合适的位置，如图 4.2.125 所示。

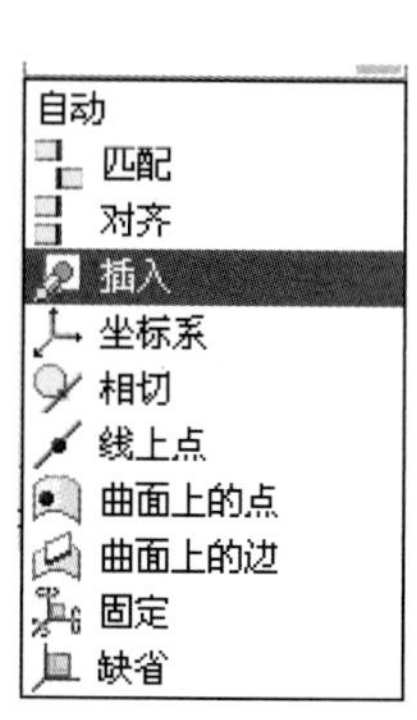

图 4.2.122　“约束”对话框

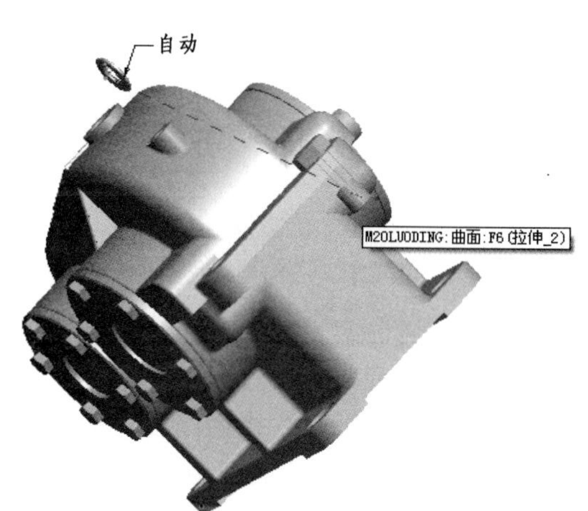

图 4.2.123　选择配合面

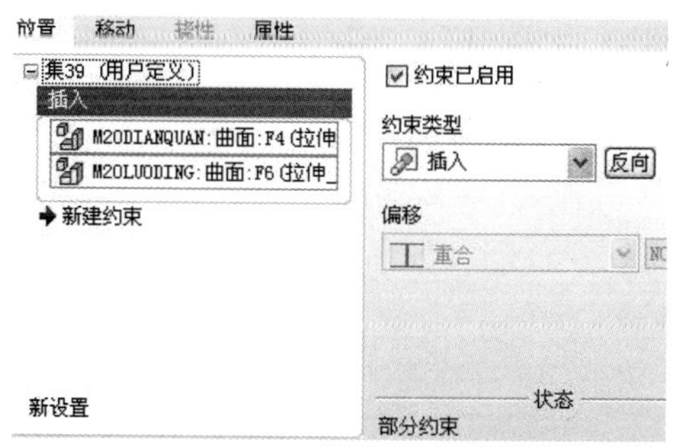

图 4.2.124　“放置”操控面板

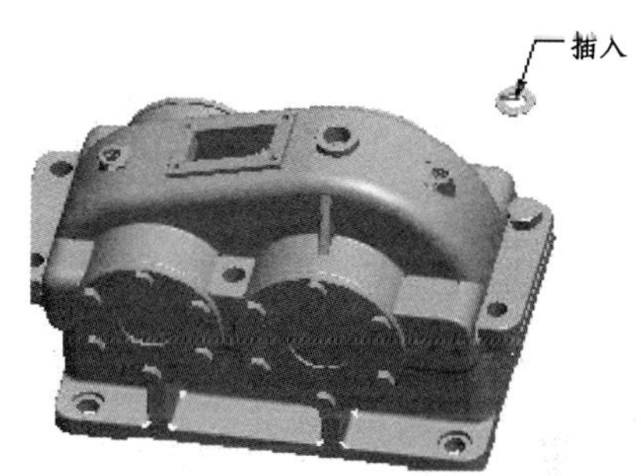

图 4.2.125　完成放置约束

Step 2　再次单击“放置”按钮，弹出“放置”上滑面板，单击 **➔新建约束**，添加新的约束来放置垫圈，选择约束类型为“匹配”，如图 4.2.126 所示，依次选择垫圈底面与螺栓头下表面，如图 4.2.127 所示。完成匹配约束后，在操控面板上系统显示模型放置状态为“完全约束”，如图 4.2.128 所示，单击☑按钮完成垫圈模型的放置，如图 4.2.129 所示。

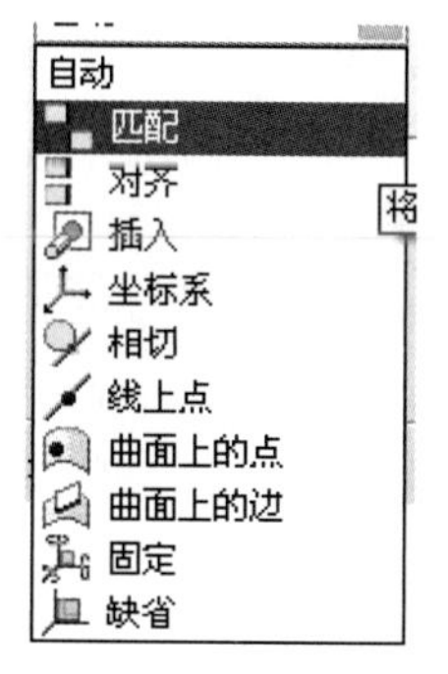

图 4.2.126　“约束”对话框

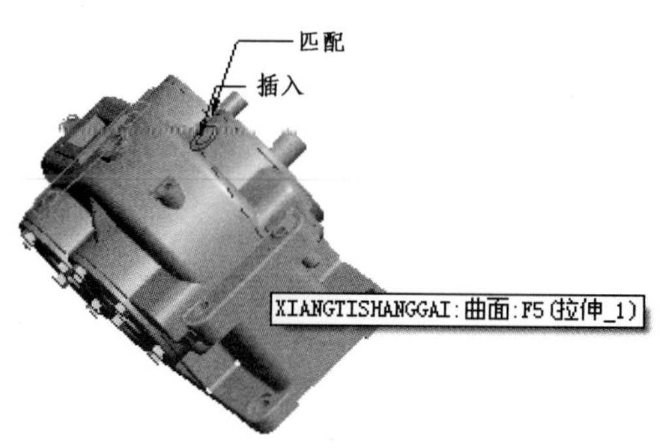

图 4.2.127　选择配合面

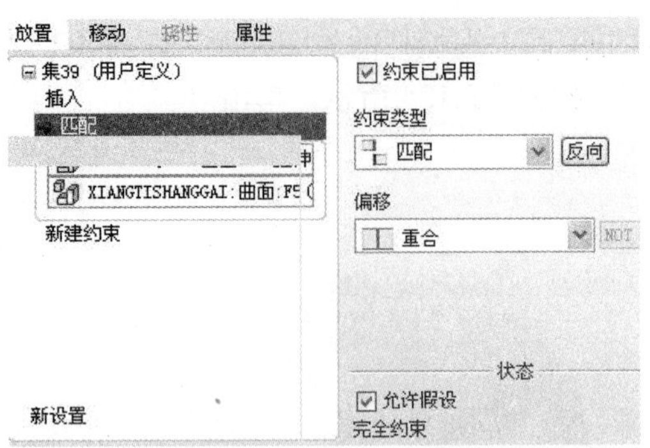

图 4.2.128　“放置”操控面板

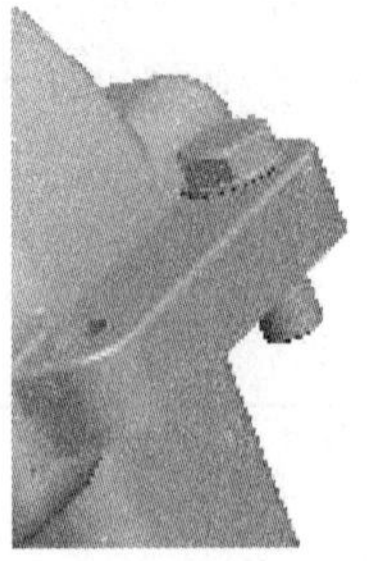

图 4.2.129　完成垫圈装配

（12）装配连接箱盖和箱座的螺栓连接中的螺母。

Step 1　单击“添加元件”工具，打开“M20luomu”文件，螺母模型被添加到主窗口中，同时系统弹出“添加元件”操控面板，单击“放置”按钮，选择约束类型为“插入”，如图 4.2.130 所示，依次选择螺母孔的内圆表面与箱盖上螺栓杆的外圆表面，如图 4.2.131 所示，操控面板显示模型放置状态为“部分约束”，如图 4.2.132 所示，单击“移动”，再单击螺母并调整到合适的位置，如图 4.2.133 所示。

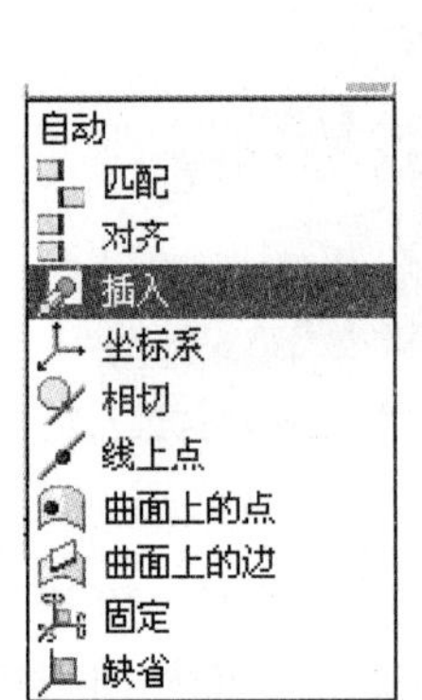

图 4.2.130　“约束”对话框

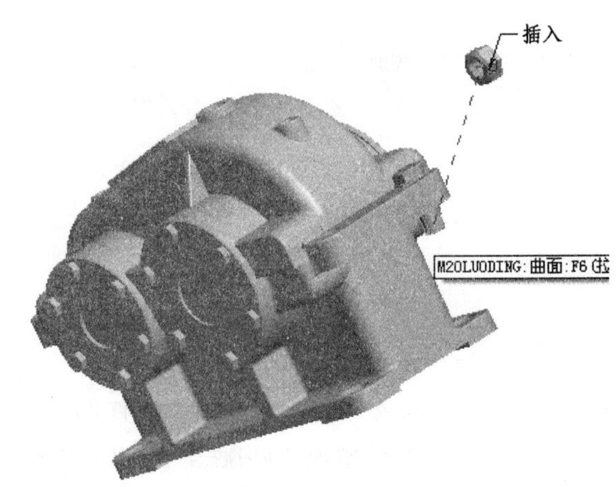

图 4.2.131　选择配合面

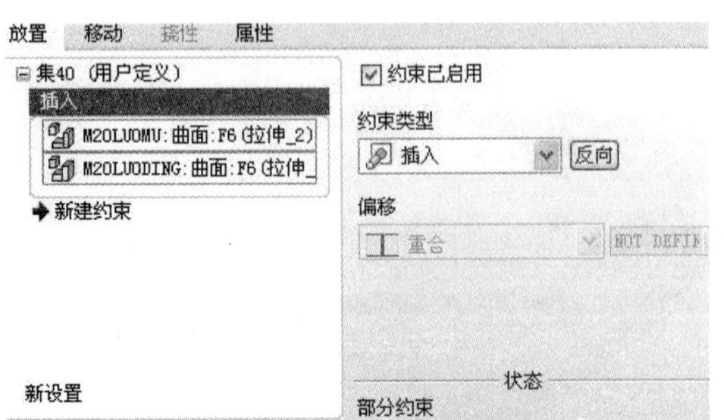

图 4.2.132　“放置”操控面板

图 4.2.133　完成插入约束

Step 2　再次单击“放置”按钮，弹出“放置”上滑面板，单击 **➔新建约束**，添加新的约束来放置螺母，选择约束类型为“匹配”，如图 4.2.134 所示，依次选择螺母底面与螺栓头下表面，如图 4.2.135 所示。完成匹配约束后，在操控面板上系统显示模型放置状态为“完全约束”，如图 4.2.136 所示，单击☑按钮，完成连接螺母模型的放置，如图 4.2.137 所示。

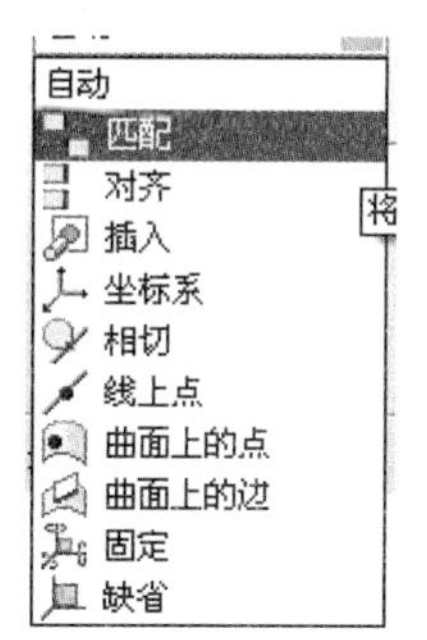

图 4.2.134 “约束”对话框

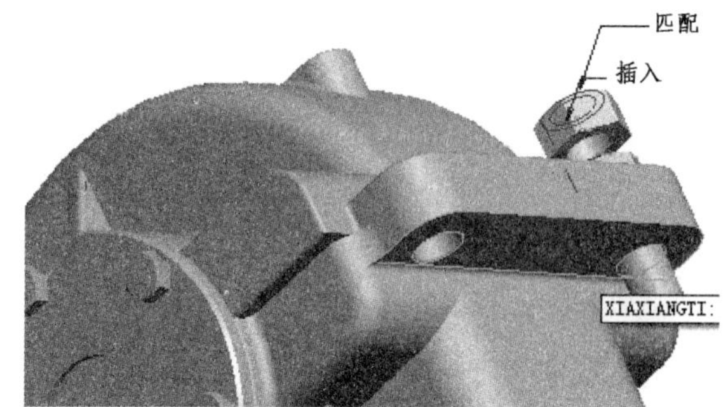

图 4.2.135 选择配合面

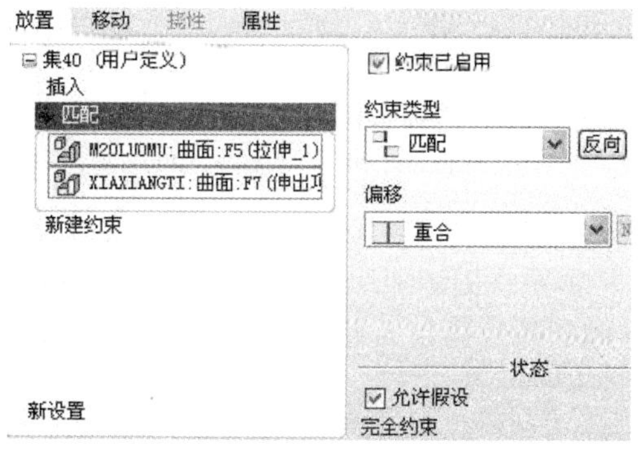

图 4.2.136 “放置”操控面板

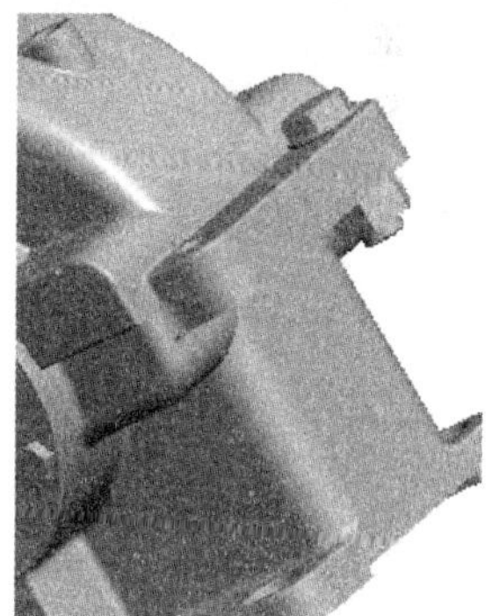

图 4.2.137 完成螺母装配

（13）创建螺栓连接组。在模型树上按 Ctrl 键同时选中螺栓、垫圈和螺母，单击右键，选择“组”命令，如图 4.2.138 所示，组创建完成后的模型树如图 4.2.139 所示。

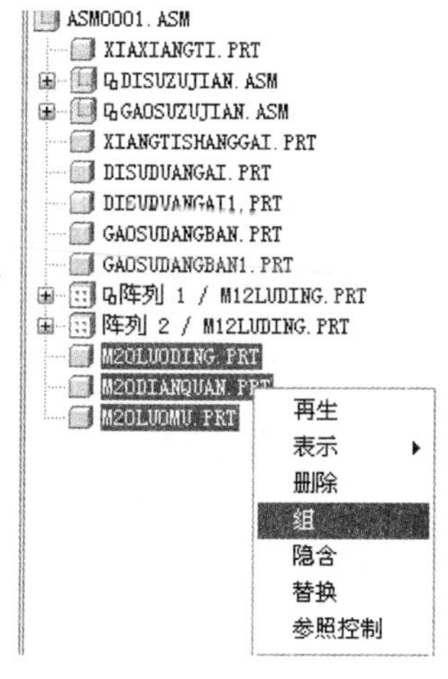

图 4.2.138 选择“组”

图 4.2.139 组创建后的模型树

（14）创建连接螺栓组的重复装配。

Step 1 选中上步创建的螺栓组，如图 4.2.140 所示，在“编辑”主菜单中选取“重复”选项，打开“重复元件”对话框，如图 4.2.141 所示。

图 4.2.140 选择螺栓

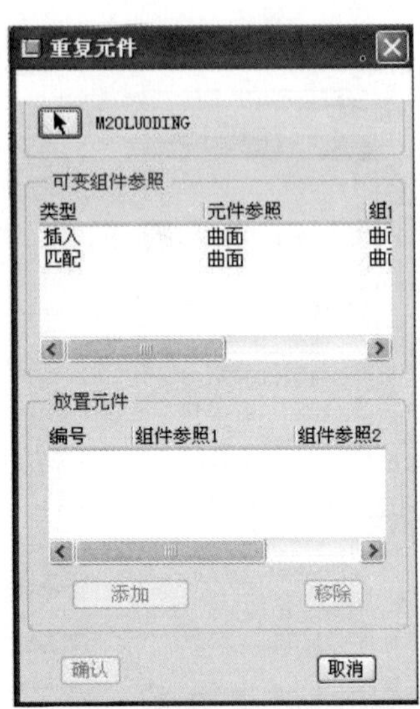

图 4.2.141 “重复元件”对话框

Step 2 在“重复元件”对话框的“可变组件参照”选项组中选中“插入”约束类型，然后在“放置元件”对话框中单击 添加 按钮。根据系统提示依次选取如图 4.2.142 所示的孔内圆表面作为新元件的放置参照，完成参照的选取后的“重复元件”对话框如图 4.2.143 所示。

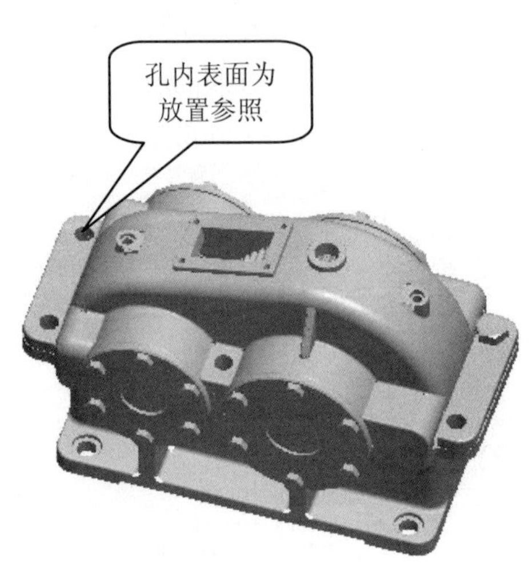

图 4.2.142 选择参照面

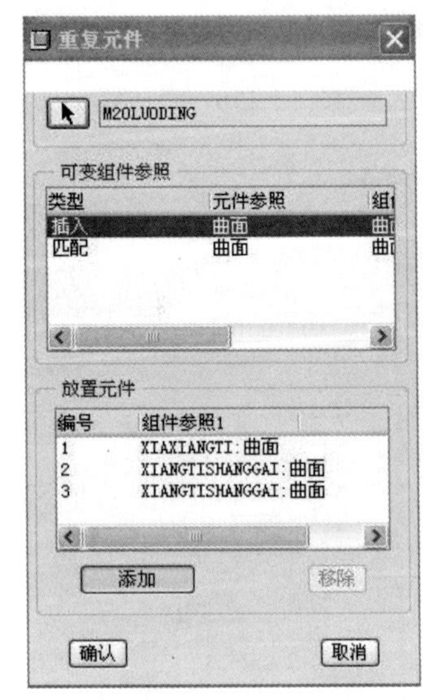

图 4.2.143 “重复元件”对话框

Step 3 完成以上操作后，在“重复元件”对话框中单击 确认 按钮，模型最后的装配结果如图 4.2.144 所示。

至此，整个减速器装配完成。

图 4.2.144 完成减速器装配

（15）创建缺省分解图。

单击主菜单“视图”→“分解”→“分解视图”，如图 4.2.145 所示，此时当前工作窗口中的装配模型自动生成爆炸图，如图 4.2.146 所示。这时可以发现此装配件的各个零件都没有什么规律地散开了，为了更好地表达整个装配结构，可以通过创建自定义分解图对各个零件的位置重新调整一下。若单击土菜单“视图”→“分解”→“取消分解视图”，则回到分解前的状态。

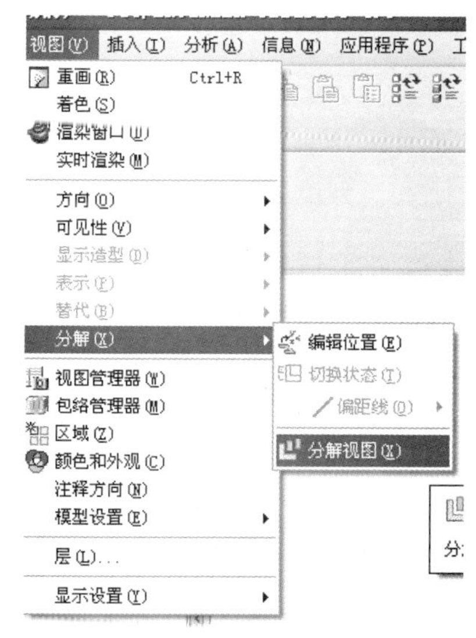

图 4.2.145 “分解”菜单

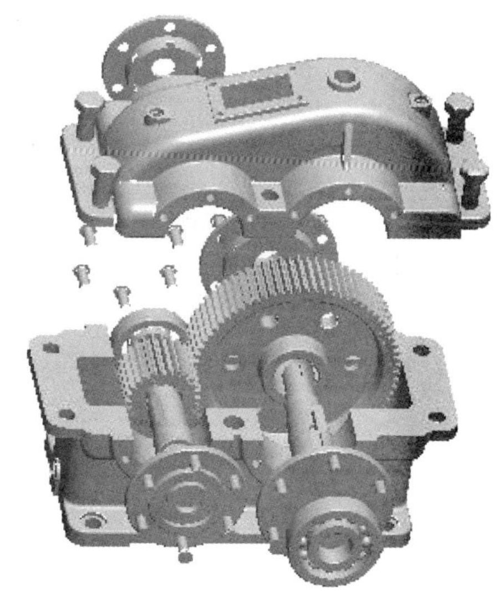

图 4.2.146 分解减速器

六、任务总结

本任务介绍了如何把某产品的各零部件按一定的装配关系装配起来，形成一个更直观的整体状态。同时介绍了装配件的分解状态，它又称为爆炸状态，就是将装配体中的各装配组件，沿着设计者事先指定的运动参照作相应的位置调整。使用同样的方法完成低速轴轴承端盖 1 和高速轴轴承端盖螺栓的装配的完全约束。

装配的基本思路如下：

（1）新建“组件”文件。

（2）装配第一个零件。

（3）激活命令“插入”→“元件”→“装配”。

（4）选择要装入的零件。

（5）选用合适的约束将零件放置到组件中。

（6）使用与上步相同的方法添加其他零件。

（7）存盘，完成组件模型的建立。

（8）至此，整个模型装配完毕。

在装配设计时，零件装配的先后关系特别重要，不能颠倒，否则装配效果不能实现。同时要在零件之间建立正确的约束关系，为了确保装配正确，最后可以通过建立爆炸视图来清楚了解各装配组件的组成。按照有详细尺寸的零件图来建模和装配不算很难，实际工作中以实物测绘来建模的场合更多，要多注意与制造有关的图样，如模具图、加工图等。

七、拓展训练

1．使用项目 4/任务 2 素材中的零件建立轴承座的装配与分解图，如图 4.2.147 所示（先独立去做，有困难时参考操作提示和操作步骤）。

图 4.2.147　轴承座的装配与分解示意图

操作提示：

① 轴承座主要由轴承底座、轴承上盖、前后轴承端盖、调心滚子轴承和轴承挡圈组成。由于对轴承前后端盖和调心滚子轴承的同轴度要求较高，因此在创建轴承零件模型和轴承端盖模型时选择在同一基准平面创建，尽量使用统一坐标系，在装配时采用“对齐坐标系”或“对齐轴”进行装配。

② 本课题中的端盖螺栓在装配时，将使用“阵列装配”完成。每个端盖上都有 12 个螺栓要装配，一个一个装配太麻烦，可使用“阵列装配”来完成。

③ 由于调心滚子轴承完全被包围在轴承座内部，因此在装配时要遵循由下到上、由内到外的装配原则。

操作步骤：

Step 1　新建组件文件，导入底座。

选择约束类型为“坐标系”，然后依次选择底座模型的局部坐标系与装配模型的总体坐标系，完成底座模型的放置。

Step 2　装配滚动轴承。

选择约束类型为“对齐”，依次选择轴承与底座的轴线，完成对齐约束后，模型如图 4.2.148 所示。

图 4.2.148　装配滚动轴承

Step 3　装配挡圈。

选择约束类型为“对齐”，依次选择挡圈与轴承的轴线，完成对齐约束后，模型如图 4.2.149 所示。单击“移动”按钮，移动挡圈模型到合适的位置（没有筋板的那侧），如图 4.2.150 所示，再次单击左键确定挡圈的位置。再次单击 ➜新建约束，添加匹配约束来放置挡圈，依次选择挡圈右端面与轴承内孔的左端面，如图 4.2.151 所示（注意挡圈在没有筋板的那侧）。完成匹配约束后，在操控面板上系统显示模型放置状态为“部分约束”，单击☑按钮完成挡圈的放置，如图 4.2.152 所示。

图 4.2.149　装配挡圈

图 4.2.150　移动挡圈

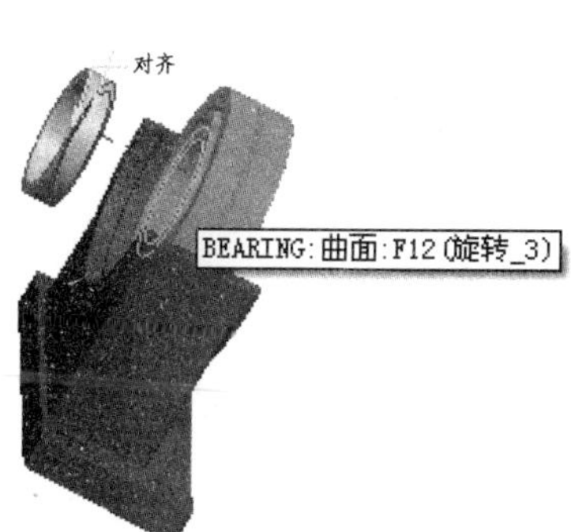

图 4.2.151　添加对齐约束

图 4.2.152　添加匹配约束

Step 4　装配轴承座顶盖。

选择约束类型为“对齐”，依次选择顶盖与滚动轴承的轴线，如图 4.2.153 所示，单击“反向”按钮，完成对齐约束后，模型如图 4.2.154 所示。单击 ➜新建约束，添加匹配约束来放置顶盖，依次选择顶盖的底面与底座的上表面，如图 4.2.155 所示。单击☑按钮完成顶盖模型的放置，如图 4.2.156 所示。

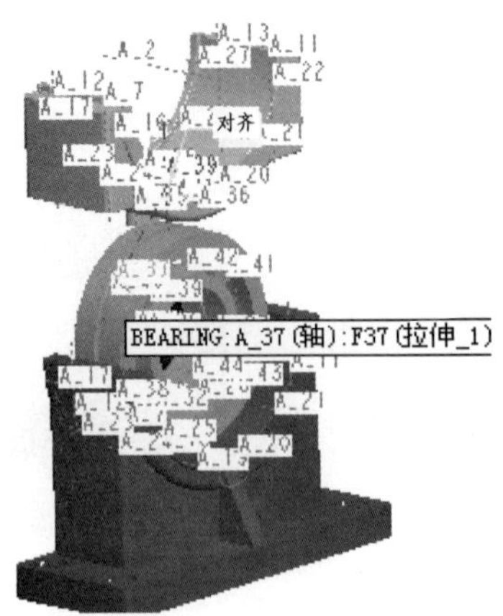

图 4.2.153　选择参照

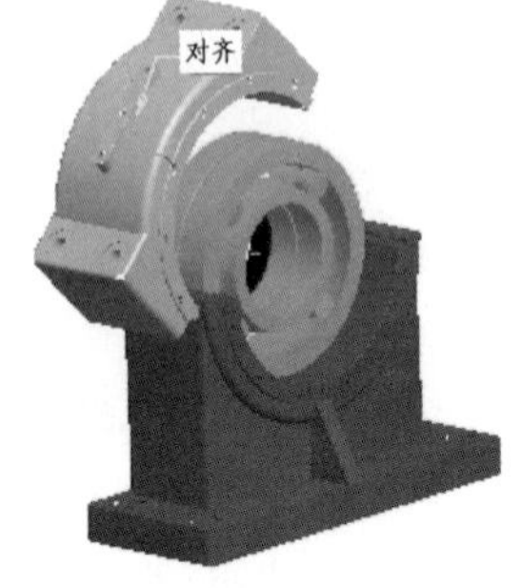

图 4.2.154　完成对齐约束

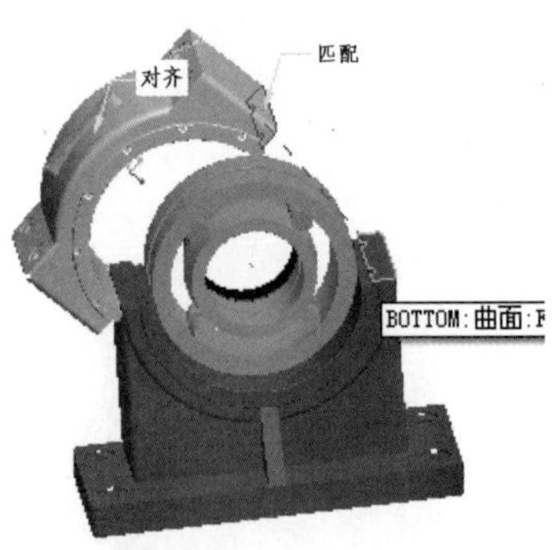

图 4.2.155　选择参照

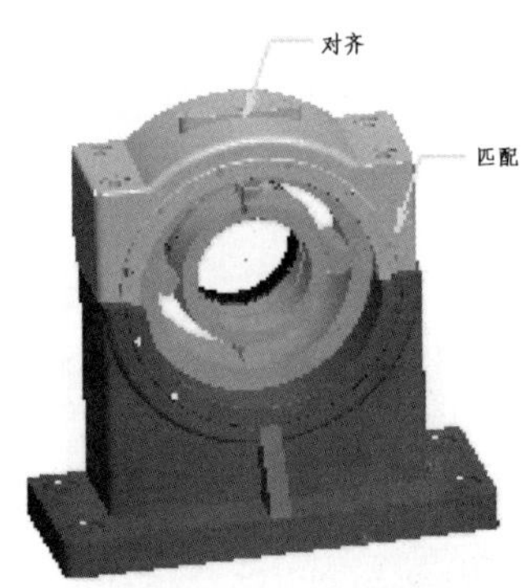

图 4.2.156　完成匹配约束

再次单击 **新建约束**，选择约束类型为“对齐”，依次选择顶盖与底座的内表面，如图 4.2.157 所示。单击☑按钮完成顶盖模型的放置，如图 4.2.158 所示。

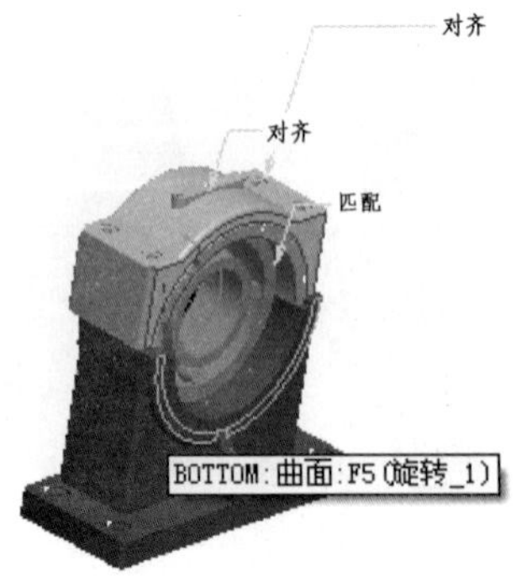

图 4.2.157　选择配合面

图 4.2.158　完成顶盖装配

Step 5　装配前端盖。

选择约束类型为“对齐”，依次选择前端盖的轴线与底座的轴线，如图 4.2.159 所示，完成对齐约束后，模型如图 4.2.160 所示。

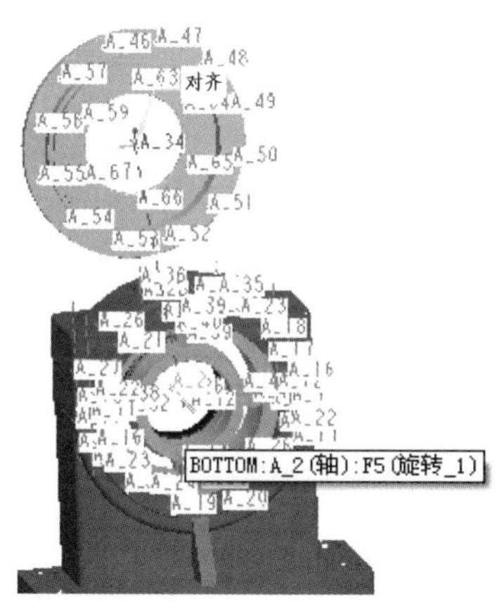

图 4.2.159　选择配合轴线

图 4.2.160　完成对齐约束

单击 ➜新建约束，添加对齐约束来放置前端盖，依次选择前端盖的孔轴线 A-54 与底座上孔的轴线 A-20，如图 4.2.161 所示，完成对齐约束后，模型如图 4.2.162 所示。

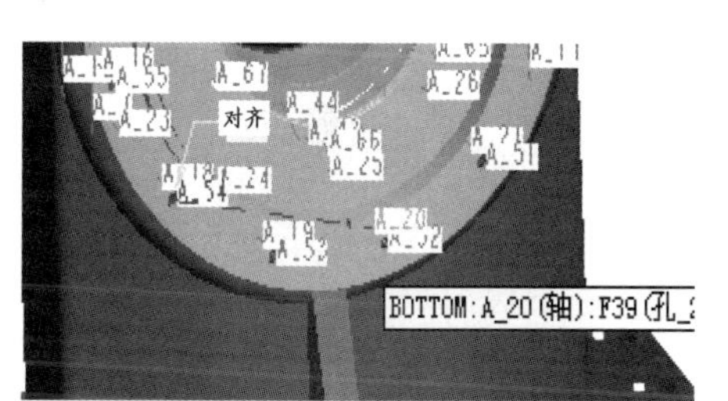

图 4.2.161　选择配合轴线

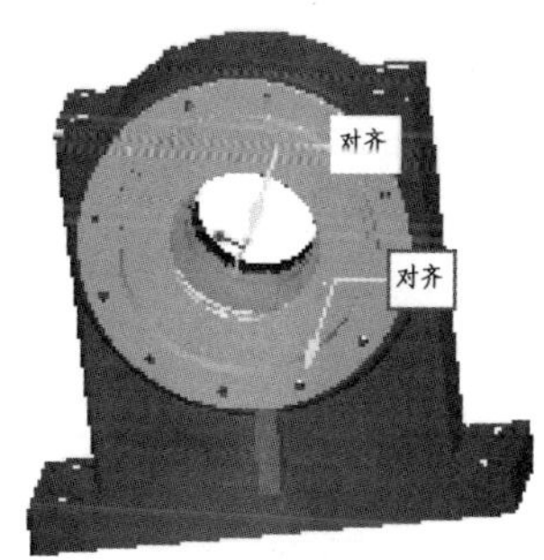

图 4.2.162　完成对齐约束

再次添加匹配约束来放置前端盖，依次选择前端盖与底座的内表面，如图 4.2.163 所示。完成匹配约束后的模型如图 4.2.164 所示。

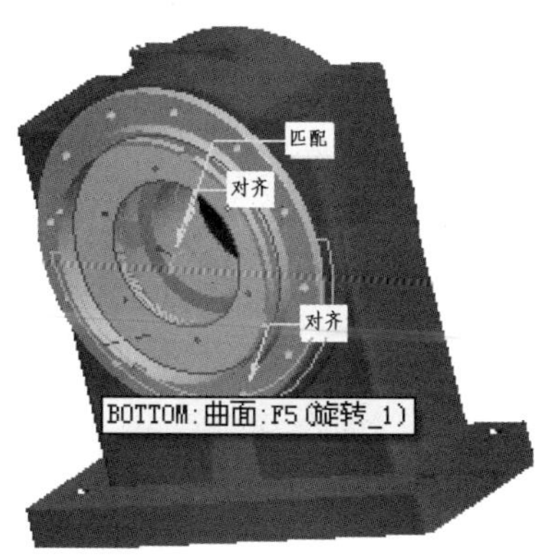

图 4.2.163　选择配合面

图 4.2.164　完成匹配约束

Step 6　装配后端盖。

单击“添加元件”工具，打开“cover-back”文件，选择约束类型为“对齐”，依次选择后端盖的轴线与底座的轴线，如图 4.2.165 所示，完成对齐约束后，模型如图 4.2.166 所示，单击“反向”按钮，如图 4.2.167 所示。

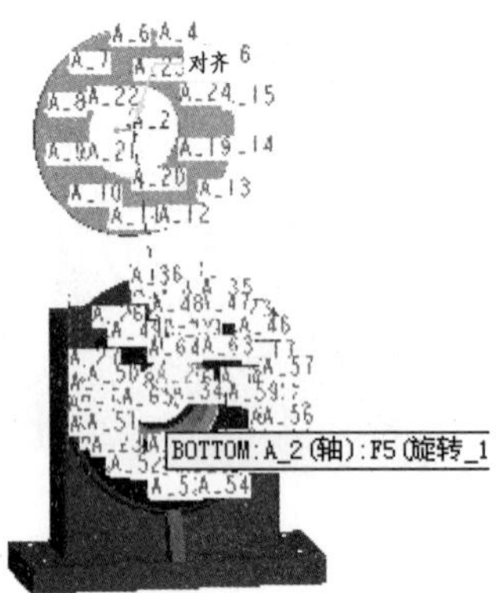

图 4.2.165　选择配合轴线

图 4.2.166　完成对齐配合

单击“移动”按钮，单击鼠标左键并移动鼠标，移动后端盖模型到合适的位置（没有筋板的那侧），如图 4.2.168 所示。再次添加匹配约束来放置后端盖，依次选择后端盖右端面与挡圈的左端面，如图 4.2.169 所示。完成匹配约束后，模型如图 4.2.170 所示。

图 4.2.167　单击“反向”按钮

图 4.2.168　移动位置

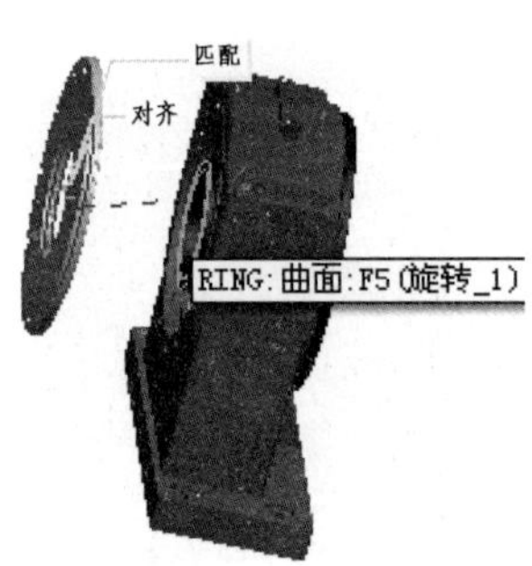

图 4.2.169　选择配合面

图 4.2.170　完成匹配约束

Step 7　装配连接顶盖和底座的大螺栓。

选择约束类型为“对齐”，依次选择螺杆的轴线与顶盖上螺栓孔的轴线，如图 4.2.171 所示，完成对齐约束后，单击“反向”按钮，如图 4.2.172 所示。

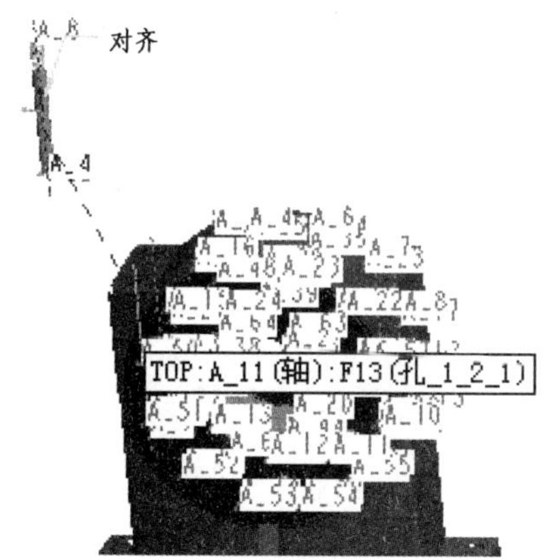

图 4.2.171　选择配合轴线

图 4.2.172　完成对齐约束

添加匹配约束来放置连接螺栓，依次选择螺栓头底面与轴承端盖连接孔的表面，如图 4.2.173 所示。完成匹配约束后模型如图 4.2.174 所示。重复上面的步骤，依次装配另外 3 个螺栓，结果如图 4.2.175 所示。

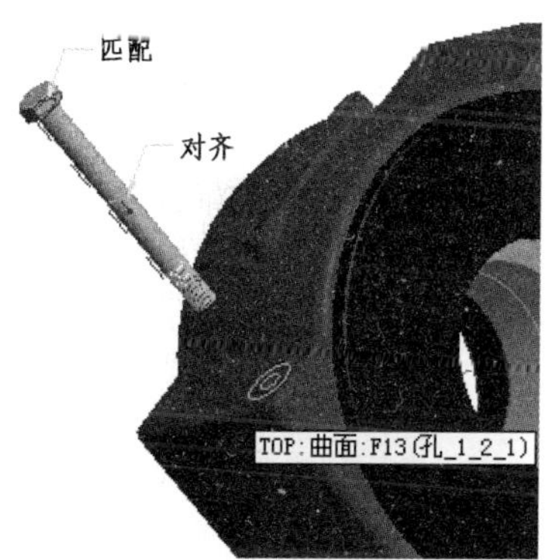

图 4.2.173　选择配合面

图 4.2.174　完成匹配约束

图 4.2.175　完成螺栓装配

Step 8　装配连接前端盖的大螺栓

单击“添加元件”工具，打开“bolt-m20”文件，选择约束类型为“对齐”，依次选择螺杆的轴线与前端盖上螺栓孔的轴线，如图 4.2.176 所示，完成对齐约束后，单击“反向”按钮，如图 4.2.177 所示。

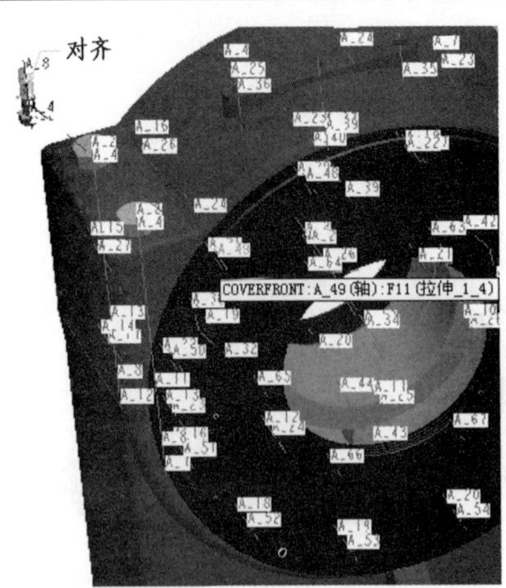

图 4.2.176　选择配合轴线

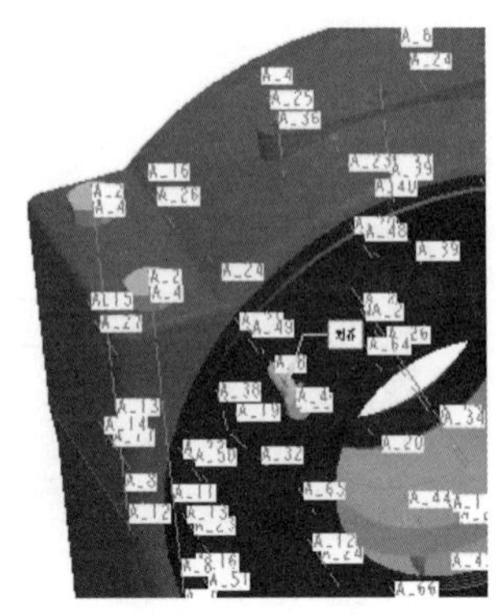

图 4.2.177　完成对齐约束

添加匹配来放置连接螺栓，依次选择螺栓头底面与轴承端盖连接孔的表面，如图 4.2.178 所示。完成匹配约束后，模型如图 4.2.179 所示。

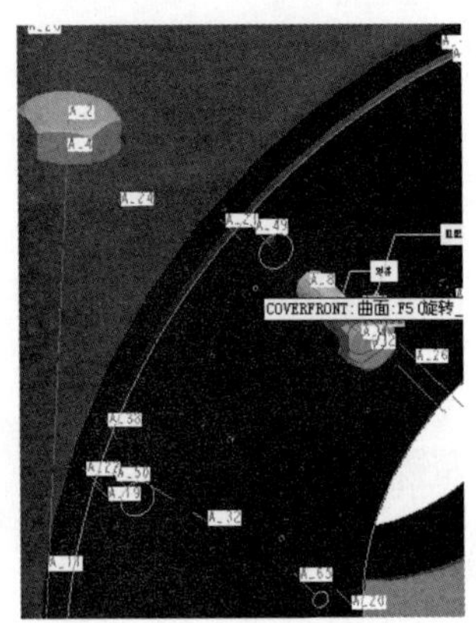

图 4.2.178　选择配合面

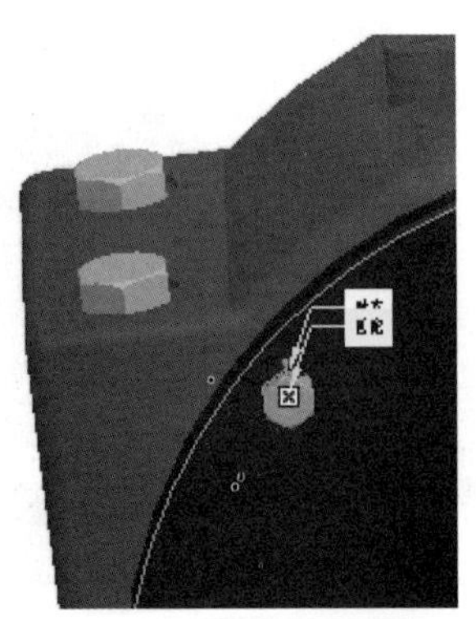

图 4.2.179　完成匹配约束

在模型树中选择刚装配的螺栓，单击“阵列”按钮，选择以“轴”创建阵列，选择前端盖的轴线，阵列后模型如图 4.2.180 所示。

Step 9　装配连接后端盖的大螺栓。

用与装配连接前端盖的大螺栓相同的方法装配连接后端盖的大螺栓，并进行阵列，装配好的模型如图 4.2.181 所示。

图 4.2.180　完成轴阵列

图 4.2.181　完成模型装配

2．装配如图 4.2.182 所示的风扇。

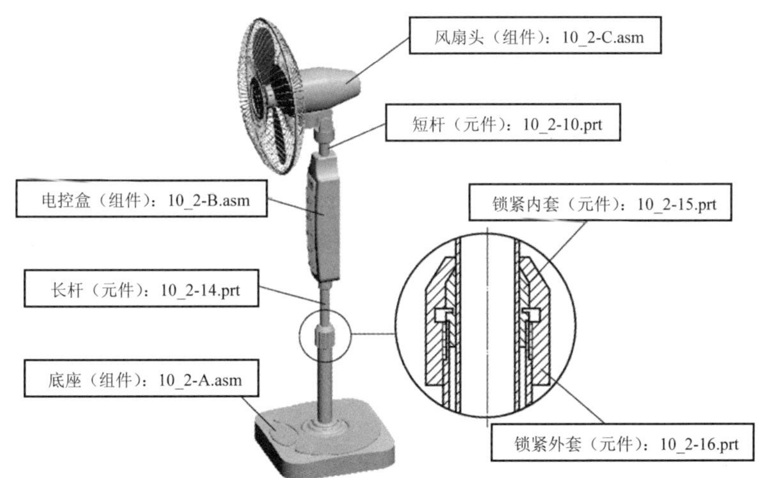

图 4.2.182　风扇

操作提示：

① 本例中使用组件装配，把“组件”当成一个“元件”操作即可。

② 本例在装配时需手动选取“固定”和“相切”约束。“自动”约束不再奏效时必须使用手动约束，先选定约束类型，后单击装配几何参照，其操作顺序与“自动”约束不同。

③ 当出现“完全约束”提示后，装配元件方位仍未符合要求时，需要添加“附加约束”。打开操控面板上的“放置”上滑面板，单击“新建约束”按钮，然后单击两个相关平面，可以是基准平面或元件平表面（注：非平行面），进行旋转角度控制。

操作步骤：

Step 1 首件安装应用“缺省”约束（定位），如图 4.2.183 所示。

Step 2 装配锁紧内套，“自动”约束。单击锁紧内套环平面；单击管子端平面；在操控面板上单击按钮换向；单击锁紧内套中心线 A_2；单击管子中心线 A_4，操控面板上出现状态:完全约束；在操控面板上单击按钮。装配效果如图 4.2.184 所示。

图 4.2.183　首件安装

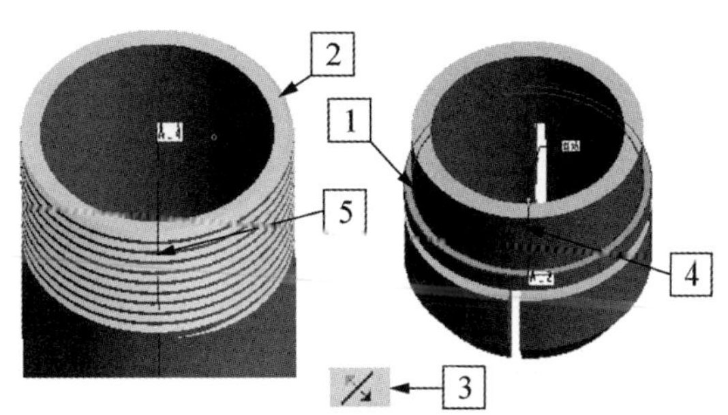

图 4.2.184　装配锁紧内套

Step 3 装配锁紧外套，先“自动”约束。

① 移动锁紧外套的位置：在操控面板上单击“移动”、“运动类型”选项，然后单击“旋转”选项，将调入的元件移至图 4.2.185 所示位置，单击“移动”选项（关闭弹出窗口）。

② 单击锁紧内套中心线 A_2。

③ 单击锁紧外套中心线 A_1，两中心线对齐（重合）。

注：如果不移动至锁紧外套的位置而直接进行对齐约束，锁紧外套的方向会相反。

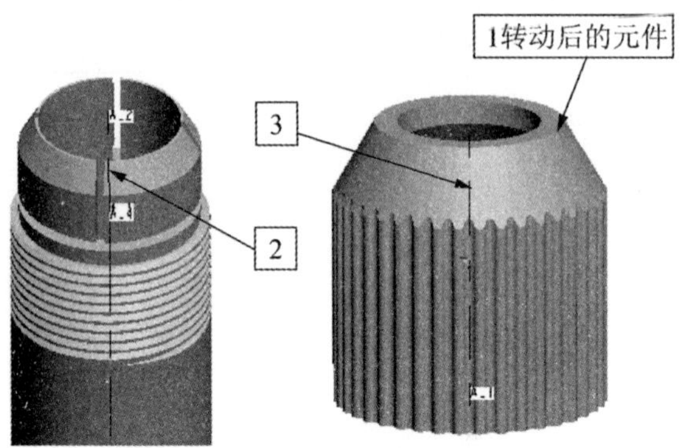

图 4.2.185 装配锁紧外套

再设置“手动”约束。

④ 单击“移动”选项将外套拖移，露出内套锥体位置，如图 4.2.185 所示，单击“移动”选项（关闭弹出窗口）。

⑤ 指定“相切”约束：打开“放置”上滑面板，在“约束类型”下拉列表中单击“相切”约束选项。

⑥ 单击锁紧内套锥面。

⑦ 单击锁紧外套锥面（锁紧外套装入）。

⑧ 给定“固定”约束：在“放置”上滑板中单击 ➔新建约束 ，单击“固定”按钮，操控面板上出现 状态:完全约束 。在操控面板上单击✔按钮，如图 4.2.186 所示。

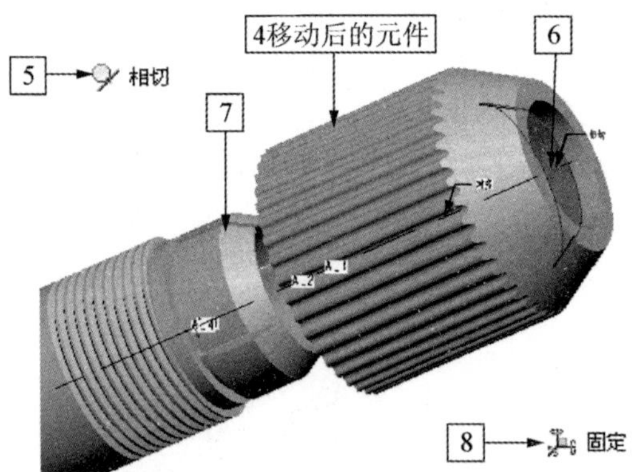

图 4.2.186 锁紧外套装配完成

Step 4 装配长杆，“自动”约束+“手动”约束。单击底座管中心线；单击长杆中心线 A_2；移动长杆位置：在操控面板上单击“移动”选项，向上拖移长杆至图示位置，长度可随意选定；给定“固定”约束：在“放置”上滑板中单击 ➔新建约束 ，单击“固定”选项。操控面板上出现 状态:完全约束 ，单击✔按钮，如图 4.2.187 所示。

Step 5 装配电控盒，“自动”约束。单击长杆上端环形平面；单击电控盒下孔底平面；单击长杆的中心线；单击电控盒的中心线 A_5，操控面板上出现 状态:完全约束，如图 4.2.188 所示。需要时给定附加约束，如图 4.2.189 所示。

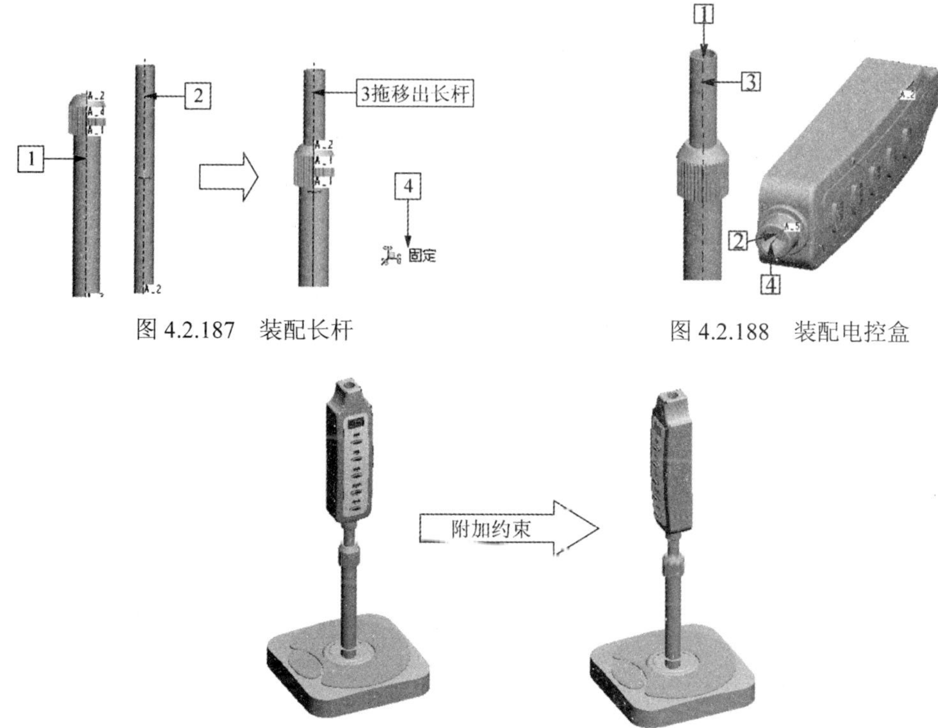

图 4.2.187 装配长杆

图 4.2.188 装配电控盒

图 4.2.189 添加附加约束

注：由于装配时每个操作者使用的参照面不尽相同，所以有时装配出来的结果并不完全一样。如果电控盒的正面与底座的前面位置不对，需对电控盒再给定一个“附加约束”。

Step 6 装配短杆，“自动”约束。单击短管环形平面；单击电控盒孔底平面；在操控面板上单击按钮换向；单击短管中心线 A_4；单击电控盒孔中心线 A_2，如图 4.2.190 所示。

Step 7 装配风扇头，“自动”约束+“附加”约束。

① 单击短管环形平面；单击风扇头孔底平面；单击按钮；单击短管中心线；单击风扇头孔中心线，操控面板上出现：状态:完全约束，如图 4.2.191 所示。

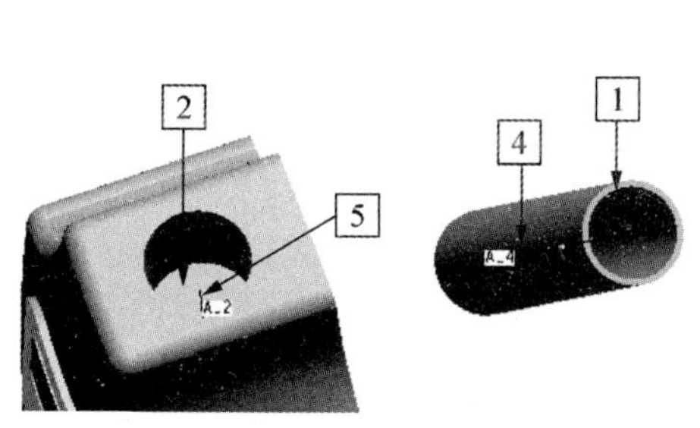

图 4.2.190 装配短杆

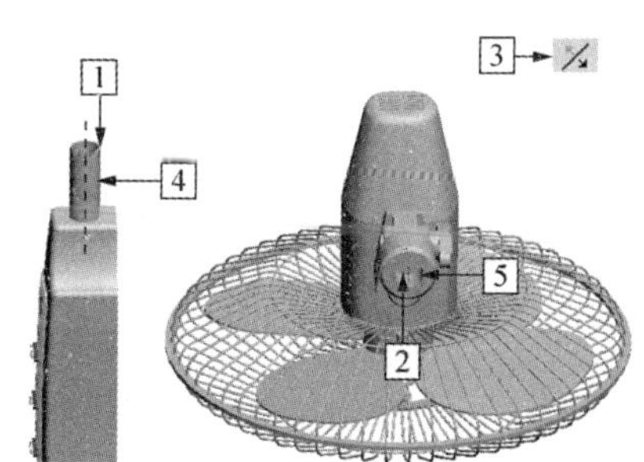

图 4.2.191 装配风扇头

注：虽然在操控面板上出现了“完全约束”提示，但是风扇头的朝向并不符合要求，因

此要增加一个“附加”约束来调整风扇头的方向。

② 增加新约束：打开“放置”上滑面板，单击“新建约束”选项，选择默认的“自动”约束。

③ 单击风扇头上垂直于转动轴的任意一基准面；单击非风扇头上的任意一基准面（要与风扇头上所选的基准平面垂直）；给定旋转角度。单击✔按钮，如图 4.2.192 所示。

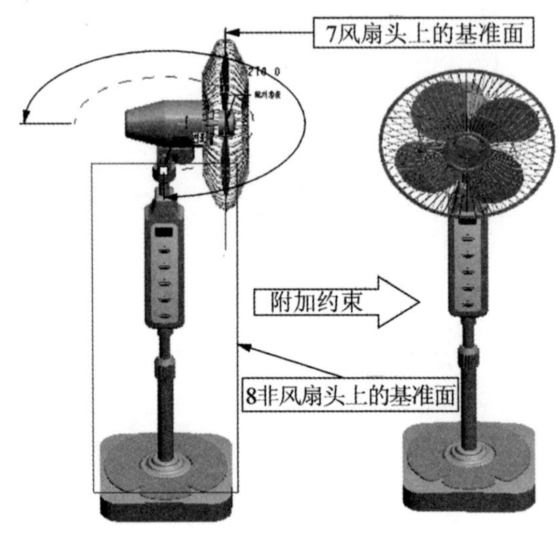

图 4.2.192　装配风扇头添加附加约束

项目五　产品工程图设计

使用 Pro/E 野火版 4.0 零件模块生成三维零件模型后，使用工程图模块可以自动由零件图生成工程图，以及对工程图做一系列的操作——生成各向正交视图、各种截面图、工程图的转换等。

本项目将对 2D 工程图做初步的介绍，通过训练实例详细介绍零件视图的生成与操作，并且结合一个典型的齿轮减速器输出轴模型，对工程图生成的总体过程进行演示。

任务 5.1　基本视图及轴测投影视图的创建

任务 5.2　斜视图及局部视图的创建

任务 5.3　各种剖视图的创建

任务 5.4　减速器低速轴工程图的创建

任务 5.1　基本视图及轴测投影视图的创建

一、任务描述

本任务以轴承座工程图的创建为例，学习基本视图及轴测投影视图的创建，如图 5.1.1 和图 5.1.2 所示。

图 5.1.1　轴承座示意图

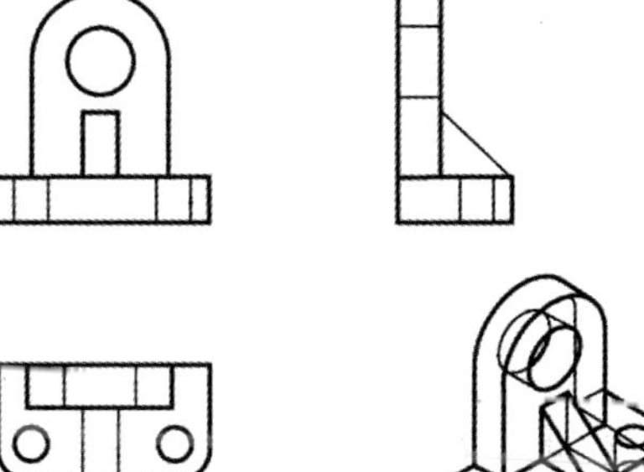

图 5.1.2　轴承座设计图

工程图要求如下：

（1）图纸为 4 号，横向放置。

（2）生成支座的三视图（主视/俯视/左视图），比例取 0.4。

（3）生成支座的正等轴测投影图，比例取 0.3。

（4）图面整洁（关闭基准显示），布局合理（比例适当/视图位置均匀）。
（5）保存成 AutoCAD 识别的.DWG 文件。

二、任务训练内容

（1）新建“绘图”文件（.drw）。
（2）工程图面板的生成。
（3）工程图的环境设置。
（4）基本视图及轴测投影视图的生成。
（5）Pro/E 的“绘图”文件转化为 AutoCAD 文件。

三、任务训练目标

知识目标

（1）掌握新建工程图文件的方法。
（2）熟悉“工程图”工作界面。
（3）工程图的环境设置。

能力目标

（1）掌握基本视图及轴测投影视图的创建过程。
（2）能创建简单零件的工程图。

四、任务实施

1. 进入工程图模块

（1）选择“文件”→“新建”命令或单击 按钮，在如图 5.1.3 所示的对话框中选择“绘图”单选按钮，在“名称”文本框中输入文件名 drw_1，系统默认扩展名为.drw，单击“确定”按钮。系统将打开如图 5.1.4 所示的“新制图”对话框。通过“浏览”按钮打开附盘文件 zhouchengzuo.pat。

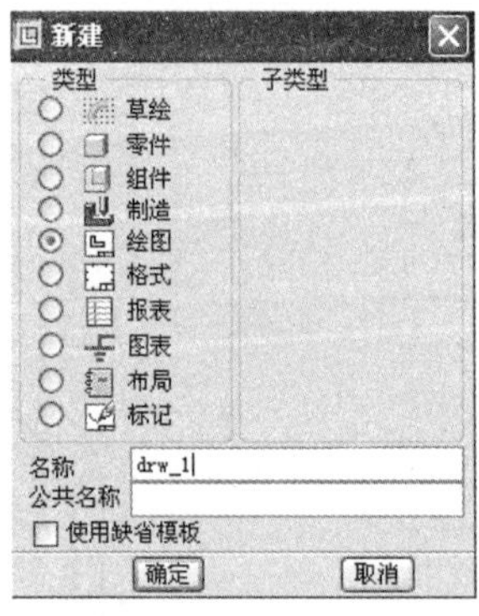

图 5.1.3　创建新文件图

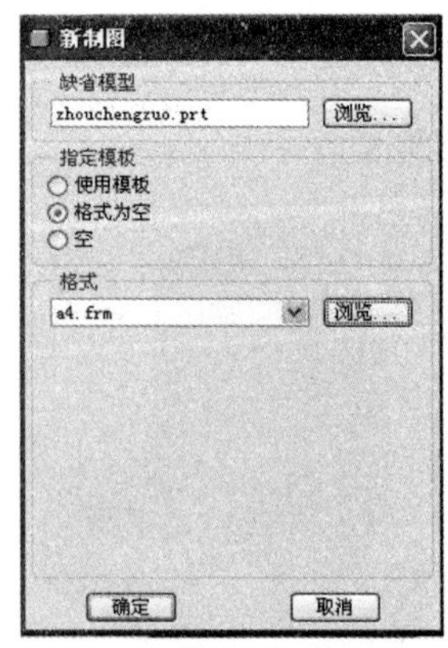

图 5.1.4　新制图对话框

注意：单击分组框里的“浏览”按钮可以选取已存在的三维模型来生成工程图。

（2）在对话框的“指定模板”栏中选择“空”选项。

说明：

①“使用模板”单选按钮：使用系统已设定好的模板来生成工程图，此项也是系统缺省选项。

②“格式为空”单选按钮：使用系统已设定好的图纸生成工程图。

③“空”单选按钮：绘图时图纸没有标题栏和图框等项目，但用户必须指定或选取图纸的边界大小。

（3）在“方向”中选择“横向”。在“标准大小”中选择最为常用的A4图纸，单击“确定”按钮，进入工程图模块界面。

说明：

①“纵向”单选按钮：图纸将纵向放置，即图纸的高度大于宽度。

②“横向”单选按钮：图纸将横向放置，即图纸的高度大于宽度。

③“变量”单选按钮：用户可以自己定义图纸的边界大小。

若选择“格式为空”单选按钮，单击“浏览”按钮在素材里找到a4.frm模板，单击“确定”按钮，也进入工程图模块界面，读者可自己尝试。

2. 工程图选项设置

系统默认设置建立的工程图格式与国家标准有较大区别，如国标中规定投影使用第一视角，默认是第三视角；绘图参数的单位，国标采用mm，系统默认in等。通过更改绘图选项的方法可以设置将要生成工程图的格式。必须要修改的选项包括投影图生成的视角、尺寸单位、文字高度、箭头高度、箭头宽度、箭头样式等内容。其设置步骤如下：

图5.1.5　“绘图选项”命令

Step 1　选择“文件”→“属性”命令，弹出“文件属性”菜单，如图5.1.5所示。

Step 2　选择“文件属性”菜单中的“绘图选项”命令，弹出“选项”对话框，如图5.1.6所示。

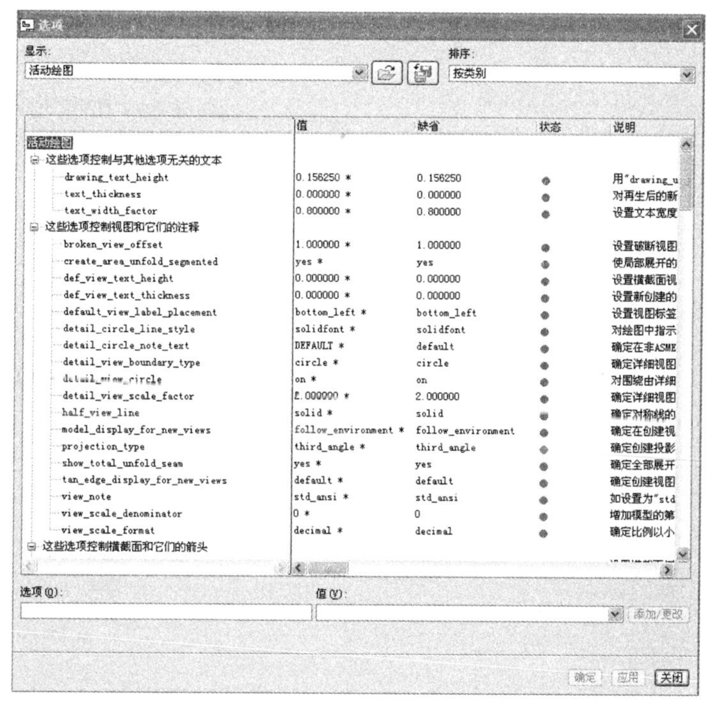

图5.1.6　“选项”对话框

对图 5.1.6 的一些尺寸数据属性按表 5.1.1 进行修改。

表 5.1.1　选项表

选项	国标值	默认值	说明
drawing_text_height	3.5	0.15625	图形中所有文本的默认高度
projection_type	first-angle	third-angle	确定创建投影视图的方式
crossec_arrow_lenghth	6	0.1875	横截面切割平面箭头长度
crossec_arrow_width	3.5	0.0625	横截面切割平面箭头宽度
draw_arrow_length	3.5	0.1875	尺寸标注中箭头长度
draw_arrow_width	1.5	0.0625	尺寸标注中箭头宽度
draw_arrow_style	filled	closed	箭头样式
draw_units	mm	inch	所有绘图参数的单位
withess_line_dalte	2.5	0.125	设置尺寸界线在尺寸引线箭头上的引申量

Step 3　修改完成后单击 添加/更改 ，所有的改完以后单击 应用 按钮再单击 关闭 按钮，然后完成退出。

说明：以上修改仅对当前文件有效，若想在其他文件中继续应用这些设置，可先将此设置以文件形式保存，然后在使用的文件中打开即可。方法如下：

（1）将设置存盘。将各选项的值设置好以后，单击“选项”对话框中的按钮，在弹出的“另存为”对话框中选择合适的存盘位置，并输入文件名，单击 OK 按钮，生成设置文件（扩展名为 dtl）。

（2）dtl 文件的使用。在新的工程图文件建立之后，单击“文件”→“属性”→“文件属性”命令，打开“选项”对话框，然后单击按钮，在弹出的“打开”对话框中找到上步中存盘生成的 dtl 文件，单击“打开”按钮，文件中选项的值即变为上面设置好的值。

3. 创建一般视图

（1）在工具栏中单击 按钮，或在绘图区中单击鼠标右键，从右键菜单中选择“插入普通视图”命令，如图 5.1.7 所示。

（2）收缩“导航窗口”，加大绘图区。用鼠标左键在绘图区中合适的位置单击，弹出“绘图视图”对话框，如图 5.1.8 所示。

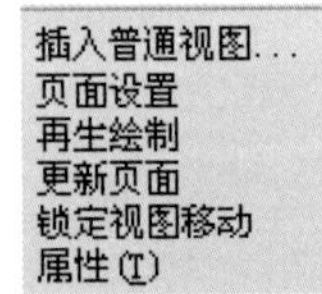

图 5.1.7　右键菜单

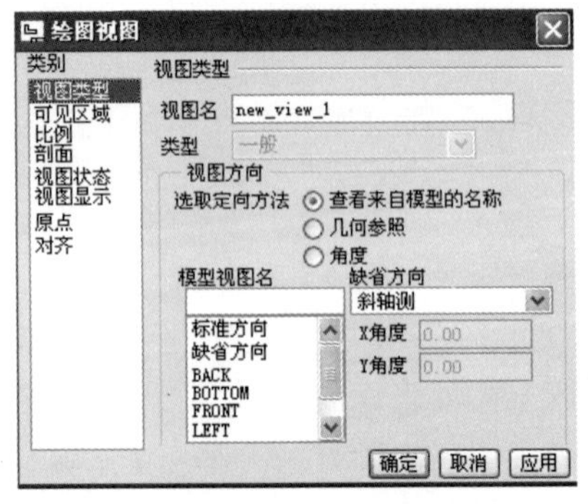

图 5.1.8　“绘图视图”对话框

注：单击□按钮将以线框显示。

说明：若在新建绘图之前打开了一个零件，此零件将自动作为绘图的调入模型；若没有打开零件，在“新制图”对话框中单击“浏览”按钮调用模型（在“打开”对话框中查找绘图将使用的模型路径及名称）。若上步没有选择模型，单击按钮时将进行模型选取。

（3）在“绘图视图”对话框中选中“几何参照”单选按钮进行定向。接受“绘图视图”对话框中“参照 1”的默认选项“前面”，在绘图区单击零件竖板的朝向筋板的一面为前面。接受“绘图视图”对话框中“参照 2”的默认选项“顶”(面)，在绘图区单击零件底板的上平面为顶面，如图 5.1.9 所示。

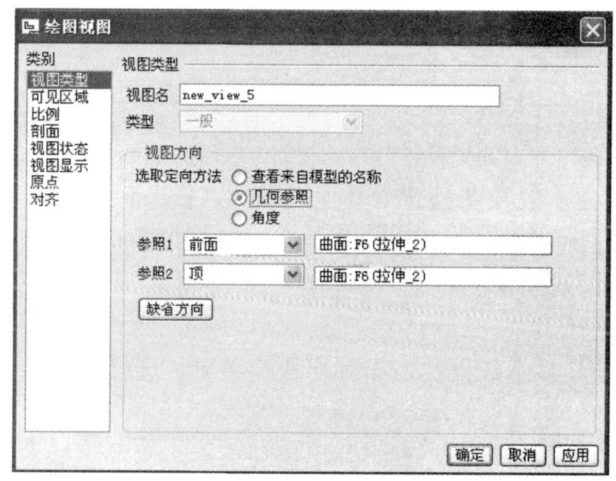

图 5.1.9　选择参照

在“绘图视图”对话框中单击“确定”按钮完成主视图的创建，如图 5.1.10 所示。

图 5.1.10　创建一般视图

注意：在绘图区的左下角有一个淡显的“绘图刻度”按钮，双击该按钮可改变视图的比例。

为使画面整洁可关闭所有基准显示，单击按钮。

（4）按《工程制图》标准的要求不应显示零件的切线，现关闭切线显示。

单击主视图使其显示红框，在右击弹出的快捷菜单中选择“属性”命令，打开“绘图视图”对话框。在“类别”列表框中选择“视图显示”选项；打开“相切边显示样式”下拉列表；选择“无”选项并单击“确定”按钮，结果如图 5.1.11 所示。

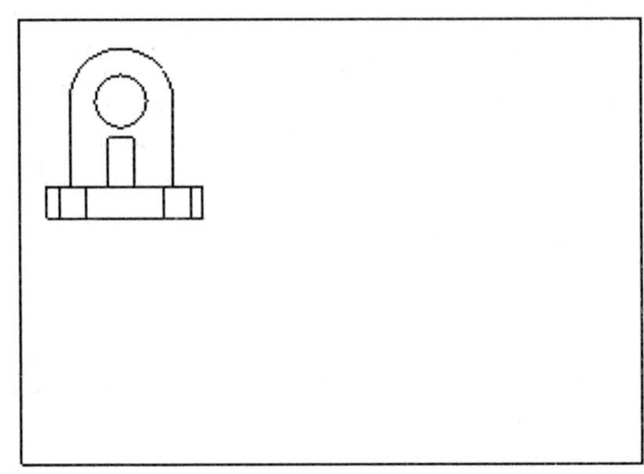

图 5.1.11　关闭切线显示

需要说明的是，建立一般视图是建立其他视图的前提条件，以一般视图作为基础来建立投影、辅助以及详细等其他视图。在 Pro/E 中，各向视图的生成是以主视图的生成为基础的，其他各向视图只是主视图的子视图。

4. 创建俯视图及左视图

（1）单击主视图使其显示红框，右击弹出快捷菜单，选择“插入投影视图”命令，在主视图下方适当位置单击。

（2）单击主视图使其显示红框，右击弹出快捷菜单，选择“插入投影视图”命令，在主视图左方适当位置单击。

如果要生成其他的基本视图，操作方法是一样的。

（3）关闭左视图切线显示的操作与主视图关闭切线显示的操作相同，此处略。要显示虚线，则单击“显示隐藏线”按钮，结果如图 5.1.12 所示。

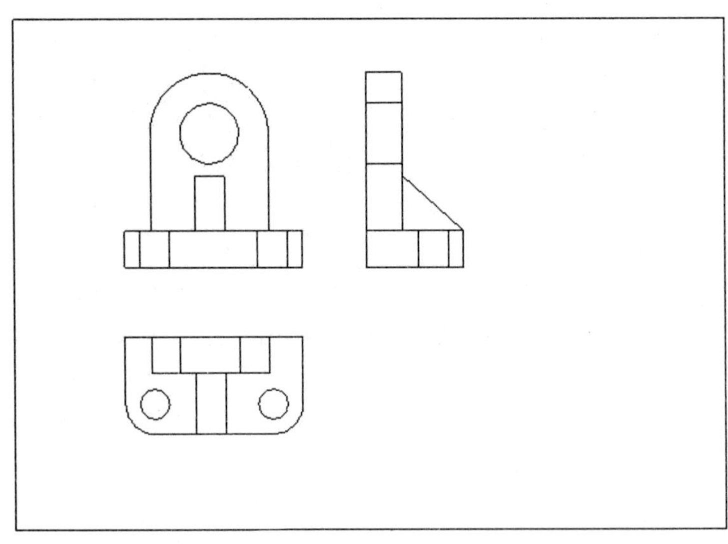

图 5.1.12　创建基本视图

5. 创建正轴测图

在工具栏单击工具按钮[icon]，将鼠标指针移至绘图区适当位置单击，完成一般视图的创建并弹出“绘图视图”对话框。在弹出的“绘图视图”对话框中单击“缺省方向”下三角按钮[icon]打开选项下拉列表，单击“等轴测”选项，单击“确定”按钮。创建的正等轴测图显示有切线，需按上面介绍的“关闭切线显示”进行操作，结果如图 5.1.13 所示。

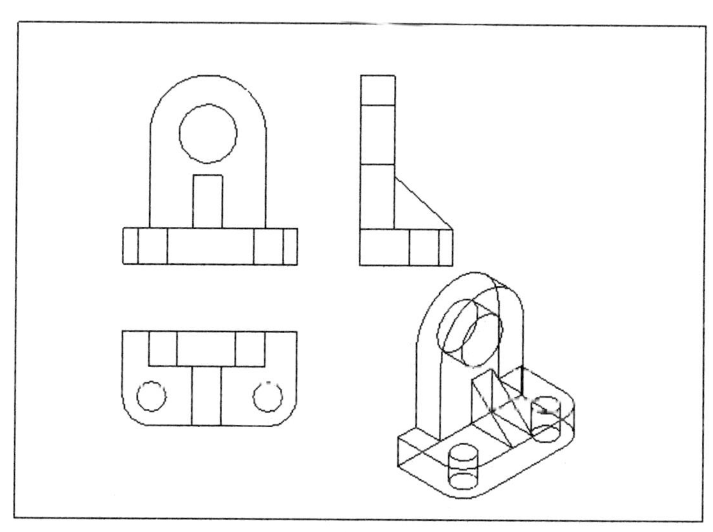

图 5.1.13　创建正轴测图

6. 调整视图布局

在产生了初步的工程图后，常需进一步修饰图面，以提升图面的正确性、标准性及可读性。

（1）调整三视图比例。

在绘图区左下角双击“绘图刻度”按钮，出现文本输入框。输入 0.4，单击[icon]按钮。

（2）移动三视图位置。

单击任意一个三视图使其显示红框，右击弹出快捷菜单，取消选中“锁定视图移动”命令，单击某一视图使其显示红框，将鼠标指针移向红框内变成✥形状，按住鼠标拖移视图（分 3 次拖动三视图）。

（3）调整轴测图比例。

单击轴测图使其显示红框，移动其到适当位置，右击弹出快捷菜单，选择“属性”命令，在“绘图视图”对话框的“类别”列表框中选择“比例”选项，选中“定制比例”单选按钮，输入比例值 0.3，单击“确定”按钮。

在绘图区调整的比例是整个图纸页面的比例，而在“绘图视图”对话框中修改的比例是某一视图的比例。

7. 编辑视图

（1）移动视图。

确定工具栏禁止视图移动的图标[icon]没有按下（如按下则单击即可），点选欲移动的视图，此时会有红色虚线框住所选的视图，移动视图至新位置（注意：父视图移动时，子视图亦会移动）。

（2）删除视图及恢复视图。

① 永久删除视图。单击选中欲删除的视图，按住鼠标右键，在弹出的快捷菜单中选择“删除”，单击“是”确定删除视图（注意：父视图删除时，子视图亦会被删除）。

② 暂时删除视图。单击菜单“视图”→“绘图显示”→“绘图视图可见性”→“拭除视图”，点选欲删除的视图，视图即消失，但画面会出现绿色框线，且会显示出视图名称。

③ 欲恢复被暂时删除的视图。单击菜单“视图”→“绘图显示”→“绘图视图可见性”→“恢复视图”，由指令列的视图名称勾选一个或多个视图名称，然后选择“完成选取”。

（3）设置视图的显示方式。

双击视图，将弹出“属性”对话框，在“类别”栏中选中“视图显示”，如图 5.1.14 所示。

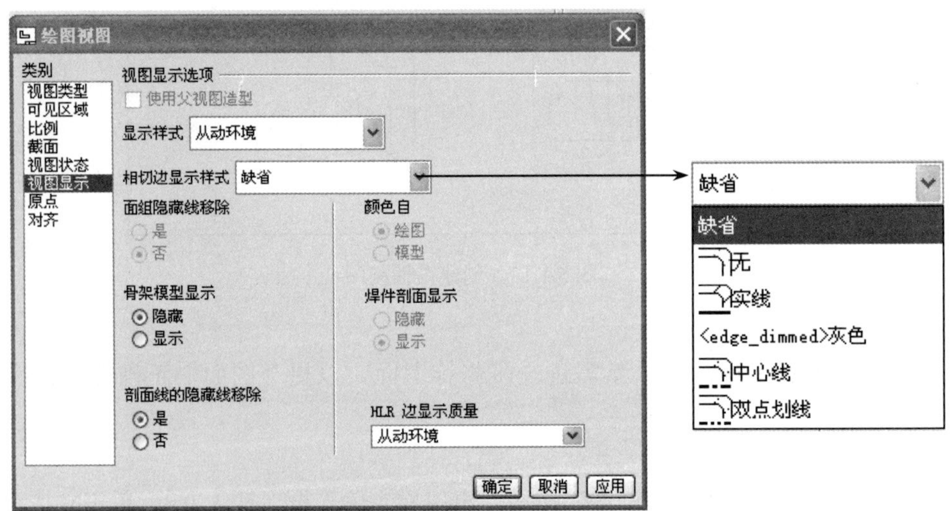

图 5.1.14　视图显示

线条显示样式：

①：视图的线条（隐藏线及非隐藏线）以实线来显示。

②：隐藏线以灰色来显示。

③：隐藏线不显示。

④：视图线条由工具栏的线条显示图标来控制，包括（隐藏线以实线来显示）、（隐藏线以灰色来显示）、（隐藏线不显示）。

相切边显示样式：

①：切线用实线来显示。

②：切线不显示。

③：切线用中心线来显示。

④：切线以双点划线来显示。

⑤：切线以灰色暗线来显示。

⑥ 相切边显示样式 缺省值：切线用默认的方式来显示，亦即用菜单“工具”→“环境设置”下“相切边”栏的“实线”、“不显示”、“双点划线”、“中心线”或“灰色”设置来决定切线的显示方式，如图 5.1.15 所示。

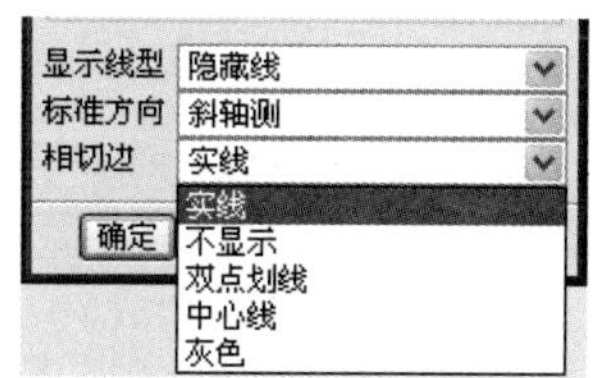

图 5.1.15 相切边显示

所有的更改完以后单击应用按钮后单击关闭按钮，然后完成退出。

8. 绘图文件格式转换

在菜单栏选择“文件”→“保存副本”命令，单击下三角按钮，打开文件“类型”下拉列表，单击 DWG（*.dwg）选项，单击“确定”按钮，在弹出的“DWG 输出环境”对话框中单击下三角按钮，打开“DWG 版本”下拉列表，单击 2007 选项，即选取 AutoCAD 2007 版本，单击“确定”按钮，全部操作结束。

五、任务总结

通过对本任务内容的学习，对 Pro/E 野火版 4.0 生成工程图的基本方法有了全面的认识，对软件的熟练运用还有待读者不断地通过实践加以提高。

六、拓展训练

使用“项目 5/任务 1”素材中的零件创建 6 个基本视图，如图 5.1.16 所示。

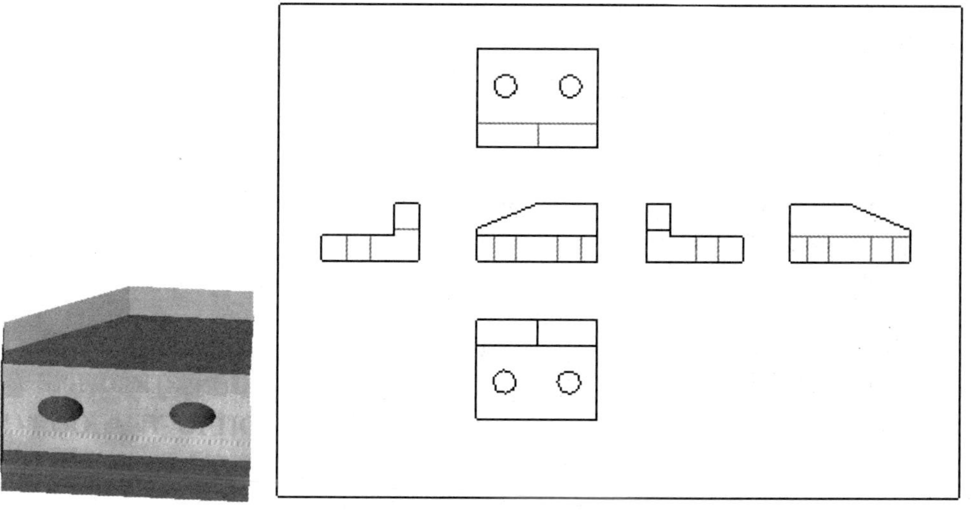

图 5.1.16 模型及 6 个基本视图

要求：

（1）图纸为 4 号，横向放置。

（2）图面整洁，布局（比例/位置）合理。

（3）生成的视图如工程图纸所示。

任务 5.2　斜视图及局部视图的创建

一、任务描述

本任务以斜板和壳体工程图的创建为例，学习斜视图及局部视图的创建，如图 5.2.1 和图 5.2.2 所示。

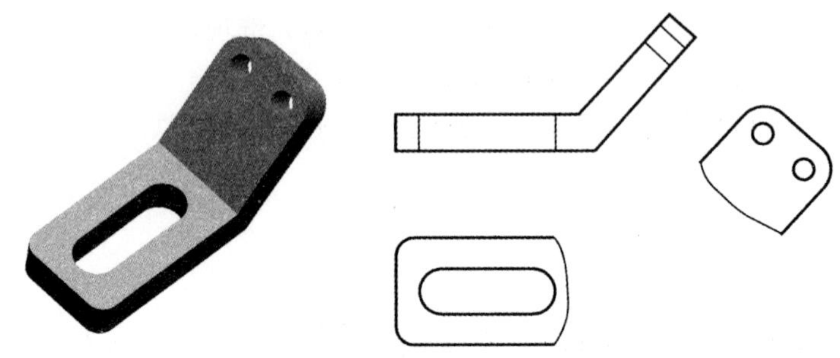

图 5.2.1　斜板模型及设计图

斜板工程图要求如下：

（1）图纸为 4 号，横向放置，比例取 0.4。

（2）生成斜板的主视图。

（3）生成斜板的俯视图（局部视图）。

（4）生成斜板的斜视图（局部视图）。

（5）图面整洁，布局合理。

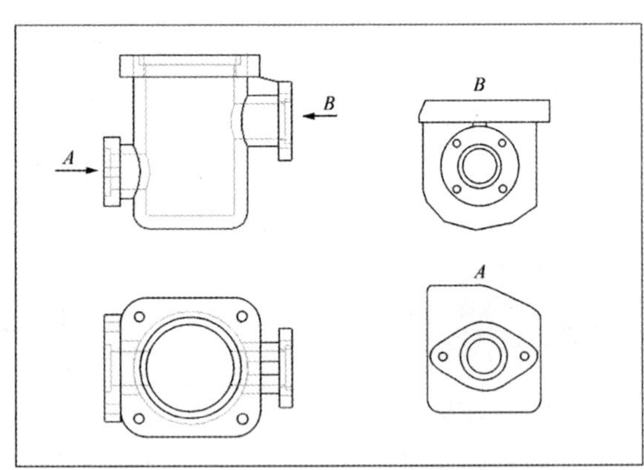

图 5.2.2　壳体零件模型及设计图

壳体工程图要求如下：

（1）图纸为 4 号，横向放置，比例取 0.3。

（2）生成壳体的主视图。

（3）生成壳体的俯视图。

（4）生成壳体的两个向视图（可不标视向的标注箭头与字母）。

（5）图面整洁，布局合理。

二、任务训练内容

（1）斜投影的操作。
（2）局部视图的生成。
（3）向视图的生成。

三、任务训练目标

知识目标

（1）掌握新建工程图文件的基本方法。
（2）熟悉“工程图”工作界面。
（3）斜视图、向视图和局部视图的生成。

能力目标

（1）掌握斜视图、向视图及局部视图的创建过程。
（2）能创建简单零件的工程图。

四、任务实施

案例1　斜板工程图的创建

案例分析：该斜板零件的表达使用了主视图、俯视图、斜视图，其中斜视图是新增的知识点，将使用“辅助”命令实现。

因为俯视图中的倾斜部分的结构不反映实形，所以只生成反映实形部分的局部视图，而其余的部分形状将用另外一个反映实形的斜视图表示。

同理，斜视图也用局部视图表示。注意，不反映实形的部分不应出现在视图中。

案例操作：

（1）新建文件。

Step 1 选择“文件”→“新建”命令或单击 按钮，在打开的对话框中选择“绘图”单选按钮，在“名称”处输入文件名 drw_1，系统默认扩展名为.drw，取消选中“使用缺省模板”复选框，然后单击“确定”按钮。

Step 2 调用绘图模型。在“新制图”对话框单击“浏览”按钮调用模型，然后在“打开”对话框中查找模型路径及名称。

Step 3 设定图纸选项。指定模板为“空”，图纸放置方向为“横向”，图幅大小为 A4(4 号)。单击“确定”按钮进入“绘图”界面。

（2）设置第一视角。

选择“文件”→“属性”命令，在弹出的菜单管理器中单击“绘图选项”选项，在弹出的“选项”对话框中单击 projection_typ 选项，单击下三角按钮展开视角下拉列表，单击 first_angle 选项，然后单击“添加/更改”按钮，单击“确定”按钮，最后在菜单管理器中单击“完成/返回”选项。

（3）生成一般视图。

Step 1 在工具栏中单击 按钮，或在绘图区中单击鼠标右键，从右键菜单中选择“插入普通视图”命令，将鼠标指针移至绘图区适当位置单击。单击“显示隐藏线”工具按钮，将视图以线框显示。

Step 2 接受默认的定向方法“查看来自模型的名称”，在“模型视图名”下拉列表内单击一个视图名选项，单击“应用”按钮观察视图位置。依次单击各视图名查找合适的视图位置，在定位操作过程中，单击 TOP 选项，再单击“应用”按钮，则视图位置符合要求，当位置适合时单击“关闭”按钮，如图 5.2.3 所示。

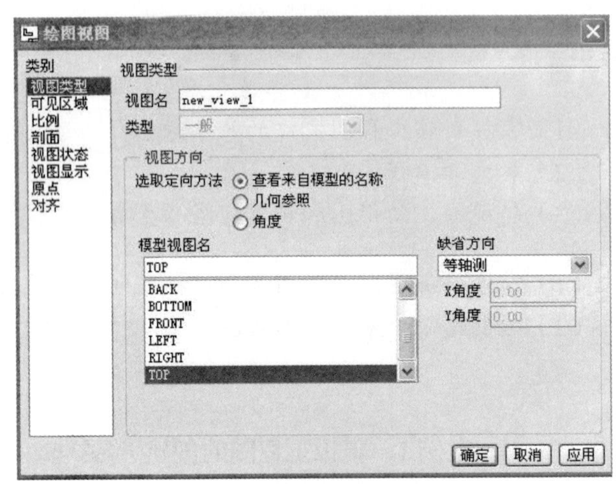

图 5.2.3 选择视图方向

Step 3 关闭切线显示。单击主视图使其显示红框，在右键弹出的快捷菜单中选择“属性”命令，弹出“绘图视图”对话框，单击“视图显示”选项，打开“相切边线显示样式”下拉列表，单击“无”选项，然后单击“确定”按钮。结果如图 5.2.4 所示。

（4）生成俯视图。

单击主视图使其显示红框，在右击弹出的快捷菜单中选择“插入投影视图”命令。在主视图下方适当位置单击。其他操作同前，结果如图 5.2.5 所示。

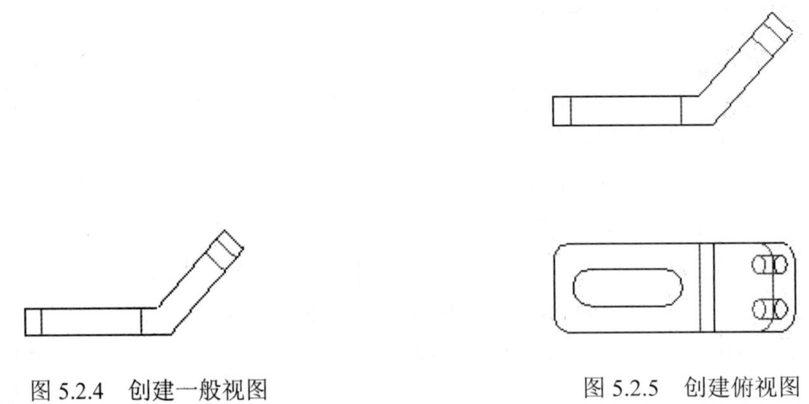

图 5.2.4 创建一般视图　　图 5.2.5 创建俯视图

（5）创建局部视图。

单击俯视图使其显示红框。右击弹出快捷菜单，选择“属性”命令，弹出“绘图视图”对话框，在“类别”列表框中单击“可见区域”选项，单击下三角按钮打开下拉列表，单击“局部视图”选项，随后出现收集器提示选取对象。在局部视图中心区域的某一图元上单击，出现一个“×”符号，在“×”符号的四周多次单击绘制多边形，圈出局部视图范围（软件自动将多边形直线变成曲线），单击鼠标中键完成操作，结果如图 5.2.6 所示。

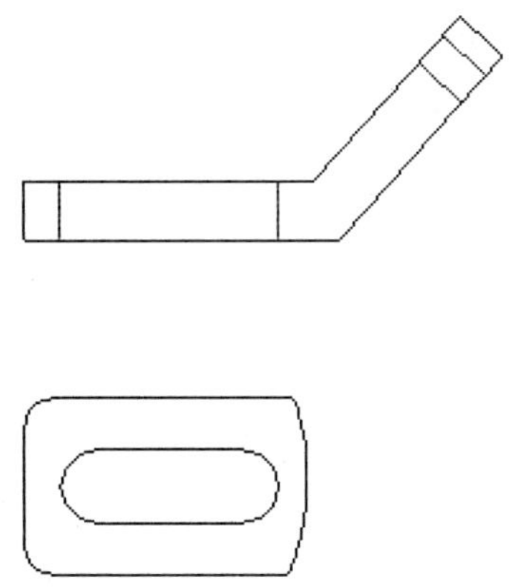

图 5.2.6　创建俯视图的局部视图

注意：在绘制多边形时，可不必绘成封闭图形，末点与始点允许相隔一定的距离，软件会自动将其封闭。

（6）创建斜视图。

在调用命令前，需确认没有任何视图被选中（显示红框），否则“辅助”命令不可用。

Step 1 在菜单栏打开“插入”菜单，选择“绘图视图”菜单，选择“辅助”命令，则出现“选取”对话框。

Step 2 单击斜边则出现一个代表视图的方框。向右下方移动鼠标指针，方框随之移动，将方框移动到适当位置。单击鼠标，出现斜视图，如图 5.2.7 所示。

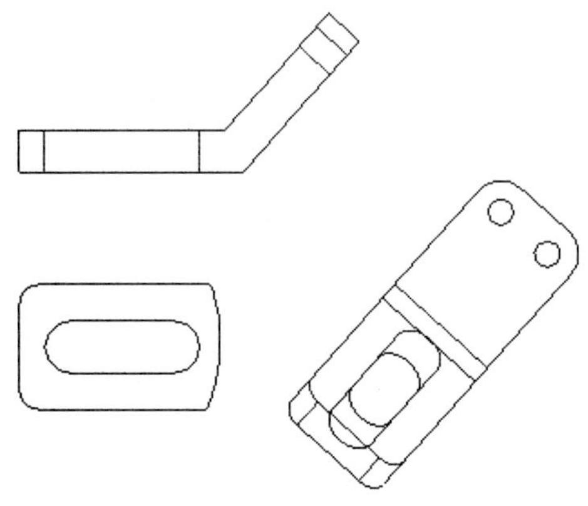

图 5.2.7　创建斜视图

（7）创建斜视图的局部视图。

单击斜视图使其显示红框。右击弹出快捷菜单，选择“属性”命令，则弹出“绘图视图”对话框。在“绘图视图”对话框中单击“可见区域”选项，单击下三角按钮打开下拉列表，单击“局部视图”选项，随后出现收集器提示选取对象。在局部视图中心区域的某一图元上单击鼠标，出现一个“×”符号。在“×”符号的四周多次单击绘制多边形，圈出局部视图范围（软件自动将多边形直线变成曲线）。单击鼠标中键完成操作，结果如图 5.2.8 所示。

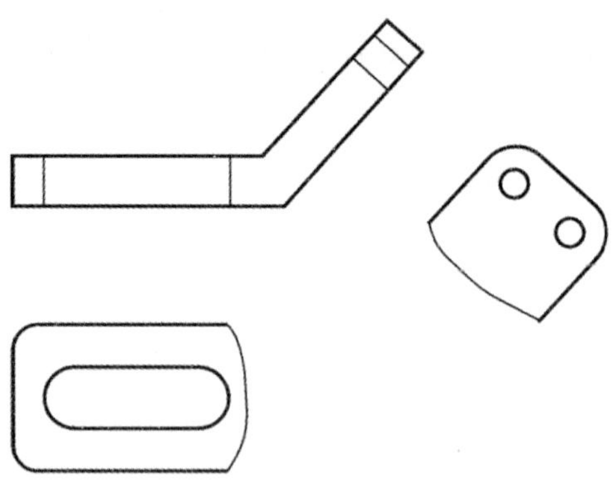

图 5.2.8　斜板斜视图和局部视图

（8）视图布局调整。

Step 1　调整视图比例。在绘图区左下角双击“绘图刻度”按钮，出现文本输入框，输入 0.4，单击☑按钮。

Step 2　移动视图位置。在绘图区单击任意一个视图使其显示红框，在右击弹出的快捷菜单中取消选中“锁定视图移动”命令。单击某一视图使其显示红框，将鼠标指针移向红框内变成✣形状，按住鼠标移至目的位置。

案例 2　壳体工程图的创建

操作分析：向视图是通过将基本视图的位置对应关系去除，移动去除关系后的视图位置生成的。

向视图不显示隐藏线，主视图和俯视图却要显示隐藏线，所以要将两个向视图中的隐藏线显示的设置关闭。生成主视图与俯视图的方法与前面的任务相同。

案例操作：

（1）新建文件。

（2）设置第一视角。

（3）生成一般视图。

Step 1　在工具栏中单击 按钮，或在绘图区中，单击鼠标右键，从右键菜单中选择“插入普通视图”命令，将鼠标指针移至绘图区适当位置单击。单击“显示隐藏线”工具按钮，将视图以线框显示。

Step 2　接受默认的定向方法“查看来自模型的名称”，在“模型视图名”下拉列表内单击一个视图名选项，单击“应用”按钮观察视图位置。依次单击各视图名查找合适的视图位置，在定位操作过程中，单击 RIGHT 选项，再单击“应用”按钮，则视图位置符合要求，当位置适合时单击“关闭”按钮，结果如图 5.2.9 所示。

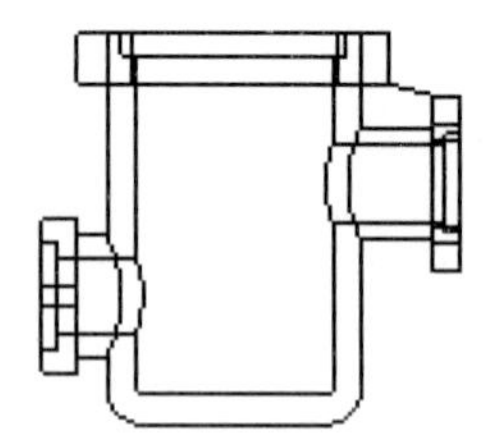

图 5.2.9　创建壳体主视图

（4）生成俯视图。单击主视图使其显示红框，在右击弹出的快捷菜单中选择“插入投影视图”命令。在主视图下方适当位置单击，详细图示操作步骤参考案例 1，结果如图 5.2.10 所示。

（5）生成左视图。

Step 1　单击主视图使其显示红框，在右击弹出的快捷菜单中选择“插入投影视图”命令。

在主视图右边的适当位置单击，详细图示操作步骤参考案例 1，结果如图 5.2.11 所示。

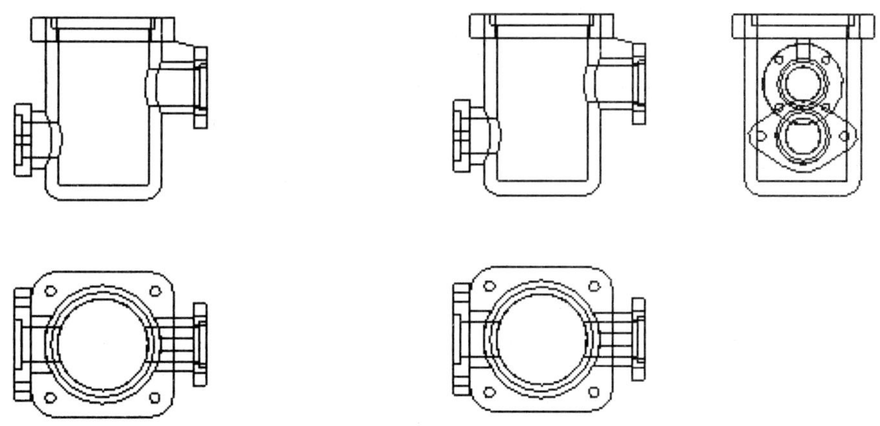

图 5.2.10 创建壳体俯视图　　　　图 5.2.11 创建壳体左视图

Step 2 关闭虚线和切线显示。单击左视图使其显示红框，在右击弹出的快捷菜单中选择“属性”命令、弹出“绘图视图”对话框，单击“视图显示”选项，打开“显示线型”类型下拉列表。单击 无隐藏线 按钮，打开“相切边线显示样式”下拉列表，单击“无”选项，如图 5.2.12 所示。

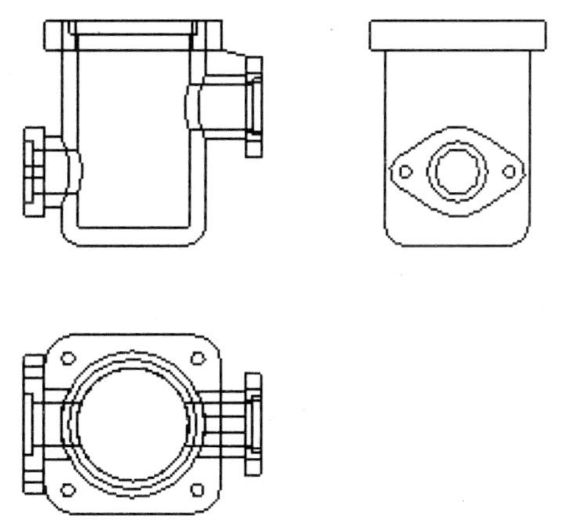

图 5.2.12 左视图去掉隐藏线和切线

（6）生成左视图局部视图。

Step 1 单击左视图使其显示红框，在右击弹出的快捷菜单中选择“属性”命令，则弹出“绘图视图”对话框，单击“可见区域”选项，打开“视图可见性”下拉列表。

单击“局部视图”选项（出现收集器），在局部视图的中心区域某一图元上单击，出现一个“×”，在“×”的四周画○（多次单击鼠标绘制多边形圈），单击鼠标中键完成操作。

注：绘制多边形时可不封口，由软件自动将其封闭。

Step 2 关闭虚线和切线显示。

单击左视图使其显示红框，在右击弹出的快捷菜单中选择“属性”命令，弹出“绘图视图”对话框，单击“视图显示”选项，打开“显示线型”类型下拉列表。单击 无隐藏线 按钮，打开“相切边线显示样式”下拉列表，单击“无”选项，结果如图 5.2.13 所示。

（7）生成左视图向视图。

Step 1 去除位置对齐关系。单击左视图使其显示红框，在右击弹出的快捷菜单中选择“属性”命令，弹出“绘图视图”对话框，单击“对齐”选项。取消选中“将此视图与其他视图对齐”复选框，单击“确定”按钮。

Step 2 移动左视图。单击左视图使其显示红框，取消选中“锁定视图移动”命令，按住鼠标拖动左视图到适当位置。

（8）生成右视图。

单击主视图使其显示红框，在右击弹出的快捷菜单中选择“插入投影视图”命令。在主视图的左边适当位置单击。其他步骤参照左视图的创建，结果如图 5.2.14 所示。

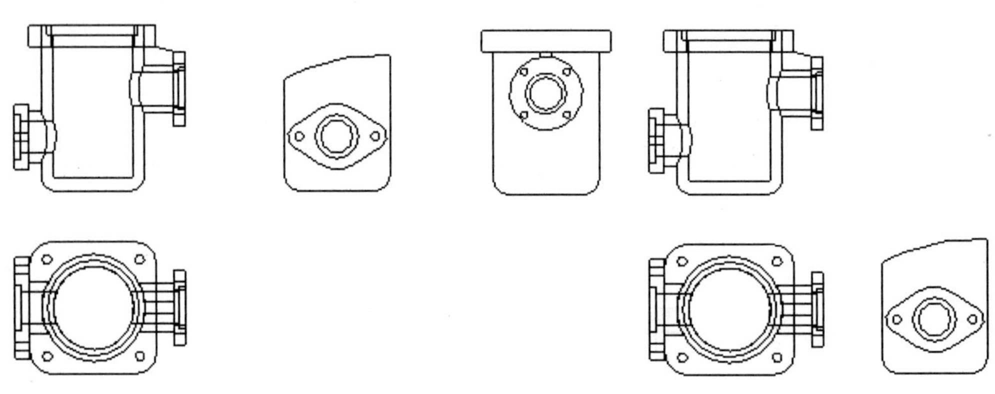

图 5.2.13　左视图的局部视图　　　　图 5.2.14　创建右视图

（9）生成右视图局部视图。

Step 1 单击右视图使其显示红框，在右击弹出的快捷菜单中选择“属性”命令，则弹出“绘图视图”对话框，单击“可见区域”选项，打开“视图可见性”下拉列表。

Step 2 单击“局部视图”选项（出现收集器），在局部视图的中心区域某一图元上单击鼠标出现一个“×”，在“×”的四周画○（多次单击鼠标绘制多边形圈），单击鼠标中键完成操作，结果如图 5.2.15 所示。

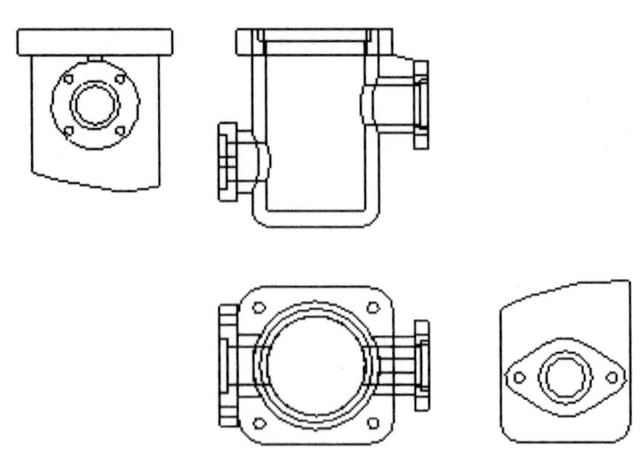

图 5.2.15　创建右视图局部视图

（10）生成右视图向视图。

Step 1 去除位置对齐关系。单击右视图使其显示红框，在右击弹出的快捷菜单中选择“属性”命令，弹出“绘图视图”对话框，单击“对齐”选项。取消选中“将此视图与其他视图对齐”复选框，单击“确定”按钮。

Step 2 移动右视图。单击右视图使其显示红框，取消选中“锁定视图移动”命令，按住鼠标拖动右视图到适当位置，结果如图 5.2.2 所示。

五、任务总结

通过对本任务内容的学习，对 Pro/E 野火版 4.0 生成局部视图、向视图的基本方法有了全面的认识，掌握了单个视图的隐藏线和虚线的显示与关闭，对软件的熟练运用还有待不断地通过实践加以提高。

六、拓展训练

使用“项目 5/任务 2”素材中的零件创建支架零件的工程图，如图 5.2.16 所示。

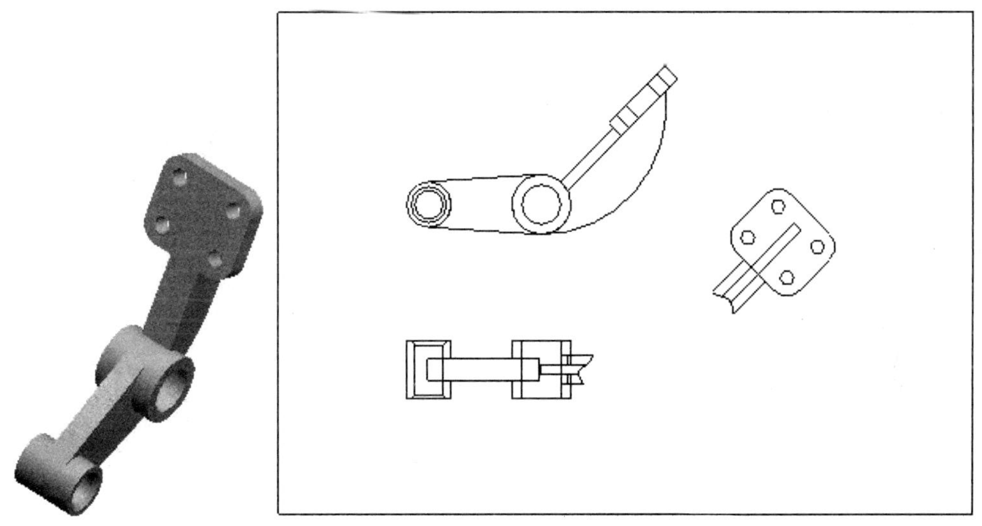

图 5.1.16　支架模型及工程图

要求：

（1）图纸为 4 号，横向放置。

（2）图面整洁，布局（比例/位置）合理。

（3）箭头与字母可以不标。

任务 5.3　各种部视图的创建

一、任务描述

本任务以管座、圆板为例，学习各种部视图的创建，如图 5.3.1 和图 5.3.2 所示。

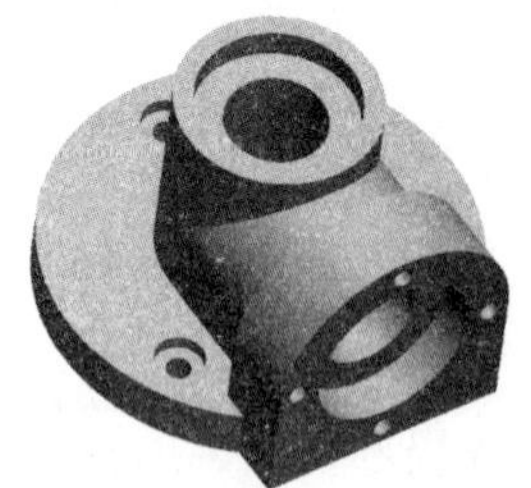
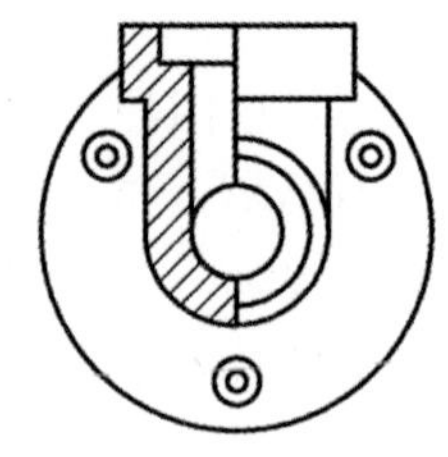
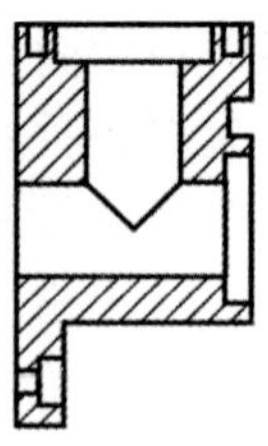
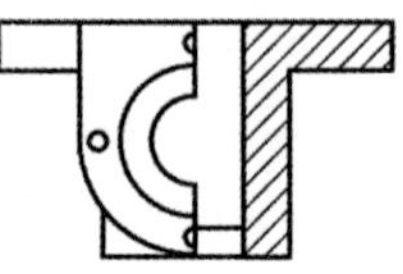

图 5.3.1　管座模型及设计图

管座工程图要求如下：

（1）图纸为 4 号，横向放置。

（2）生成视图如工程图纸所示。

（3）图面整洁，布局合理。

圆板工程图要求如下：

（1）图纸为 4 号，横向放置。

（2）生成圆板主视图和左视图。

（3）创建局部剖视图。

（4）创建旋转剖视图。

（5）标注剖切符号。

（6）图面整洁，布局合理。

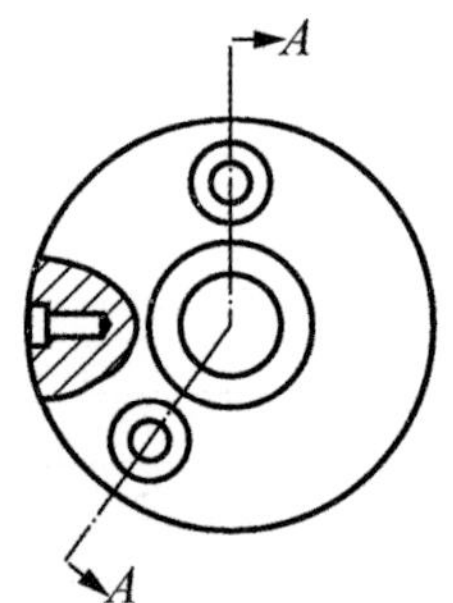

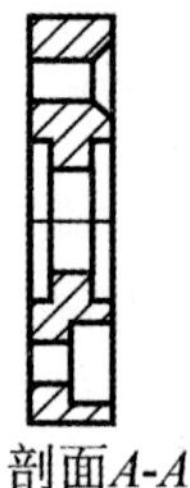

图 5.3.2　圆板零件模型及设计图

二、任务训练内容

（1）学习剖视图的相关概念。

（2）全剖、半剖、局部剖的创建。

（3）旋转剖视图的创建。

（4）斜剖视图的创建。

（5）剖切线的调整。

（6）剖切符号的标注。

三、任务训练目标

知识目标

（1）掌握剖视图的相关概念。
（2）掌握各种剖视图的生成。
（3）掌握剖切线的调整和剖切符号的标注。

能力目标

（1）掌握各种剖视图的创建过程。
（2）能创建各种零件的工程图。

四、任务实施

案例1 管座工程图的创建

案例分析：在该工程图表达的一组视图中，主视图和俯视图采用了半剖，左视图使用了全剖，这样既看清了管座的外部形状，又看清了其内部结构。

创建剖视图的思路如下：

（1）先创建三视图（完成图样、布局、调整比例、关闭切线显示）。

（2）将主视图修改成半剖。

（3）将俯视图修改成半剖。

（4）将左视图修改成全剖。

（5）删除不必要的剖面标注。

（6）调整剖面线间隔。

案例操作：

（1）新建文件。

Step 1 选择“文件”→“新建”命令或单击 按钮，在打开的对话框中选择“绘图”单选按钮，在名称处输入文件名 drw_1，系统默认扩展名为.drw，取消选中“使用缺省模板”复选框，然后单击“确定”按钮。

Step 2 调用绘图模型。在“新制图”对话框中单击“浏览”按钮调用模型，然后在“打开”对话框中查找模型路径及名称。

Step 3 设定图纸选项。指定模板为“空”，图纸放置方向为“横向”，图幅大小为 A4(4 号)。单击“确定”按钮，进入“绘图”界面。

（2）设置第一视角。

选择“文件”→“属性”命令，在弹出的菜单管理器中单击“绘图选项”选项，在弹出的“选项”对话框中单击 projection_typ 选项，单击下三角按钮展开视角下拉列表，单击 first_angle 选项，然后单击“添加/更改”按钮，单击“确定”按钮，最后在菜单管理器中单击“完成/返回”选项。

（3）生成三视图。

其他步骤同前。接受默认的定向方法“查看来自模型的名称”，在定位操作过程中，单击 RIGHT 选项，使用“无隐藏线”显示，并关闭左视图的切线显示，结果如图 5.3.3 所示。

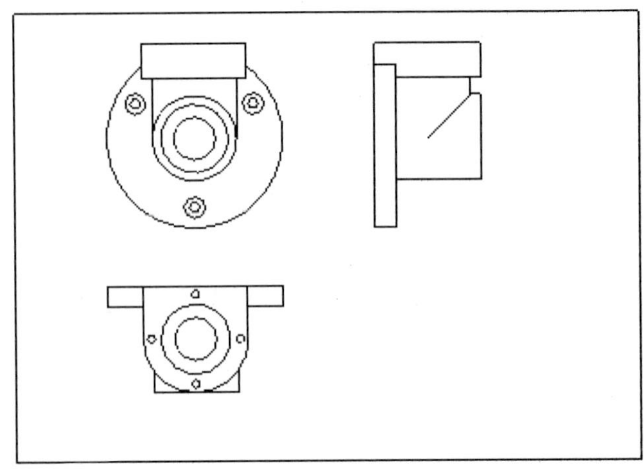

图 5.3.3　管座三视图

（4）将主视图改为半剖视图。

Step 1　在工具栏单击按钮显示基准面。

单击主视图使其显示红框，右击弹出快捷菜单，选择“属性”命令，则弹出“绘图视图”对话框，单击“剖面”选项，选中“2D 截面”单选按钮。单击+按钮(增加“创建新剖”)，弹出菜单管理器，接受默认的“平面”选项，接受默认的“单一”选项，单击“完成”选项，在状态栏出现文本框，要求为新建的剖切平面命名，输入截面名 A，单击按钮确认，如图 5.3.4 所示。

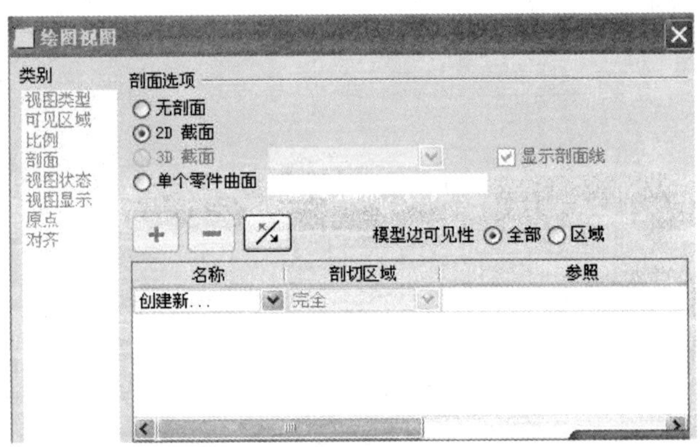

图 5.3.4　创建剖视图对话框

注：在菜单管理器中，“平面”是指选取一个已有平面作剖切平面，“偏距”是指绘制一个平面作为剖切平面。

Step 2　在绘图区俯视图上创建 DTM2 基准面（注：该基准面是在建模时创建的）。

在“绘图视图”对话框中单击下三角按钮，打开“剖切区域”下拉列表。单击“一半”选项。此时，“参照”栏收集器被激活，出现“选取平面”字样。在绘图区主视图上单击 RIGHT 基准面作为半剖的分界面。在主视图垂直中心线的左半边任意位置单击，用于指定剖切的一侧（此时改变剖视侧箭头的指向）。在“绘图视图”对话框中单击“确定”按钮，创建剖视图对话框如图 5.3.5 所示，结果如图 5.3.6 所示。

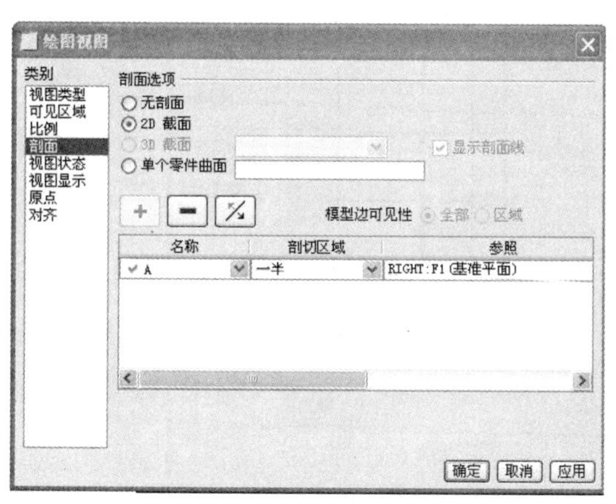

图 5.3.5　绘图视图对话框

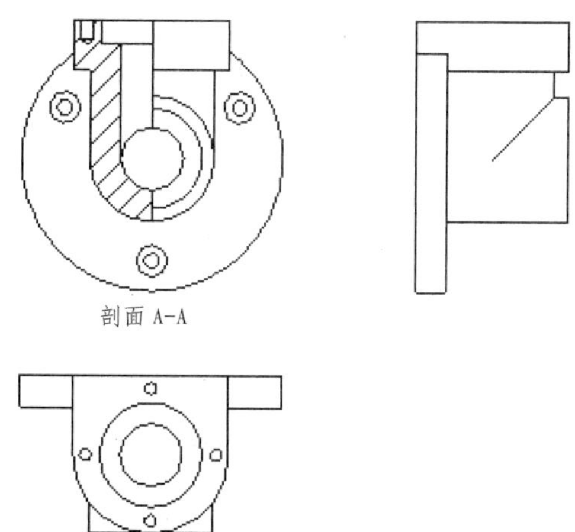

图 5.3.6　创建主视图的半剖视图

注：如果剖切平面创建成功，则在“名称”一栏 A 的前面出现一个绿色的“√”，否则将出现一个“×”；选择不同的“剖切区域”选项时，“完全”为全剖视图；“一半”为半剖视图；“局部”为局部剖视图；“全部(展开)”为旋转剖视图。

（5）将俯视图改为半剖视图。

Step 1 调用命令。单击俯视图使其显示线框，右击弹出快捷菜单，选择“属性”命令，则弹出“绘图视图”对话框，单击“剖面”选项，选中“2D 截面”单选按钮。单击 ✚ 按钮（增加“创建新剖”），弹出菜单管理器，接受默认的“平面”选项，接受默认的“单一”选项，单击“完成”选项，在状态栏出现文本框，要求为新建剖切平面命名，输入截面名 B，单击☑按钮确认，对话框如图 5.3.7 所示。

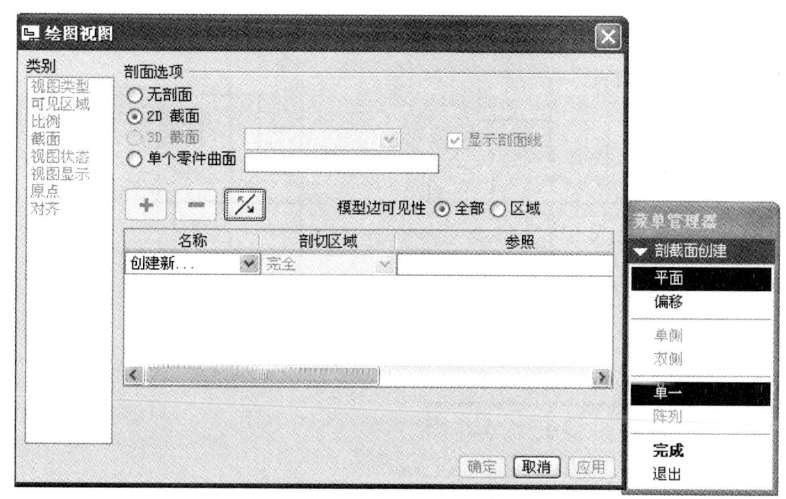

图 5.3.7　创建俯视图半剖视图对话框

Step 2 在绘图区主视图上单击 FRONT 基准面，在“绘图视图”对话框中单击下三角按钮⌄，打开“剖切区域”下拉列表，单击“一半”选项。在绘图区俯视图上单击 RIGHT 基准面作为半剖的分界面，在“绘图视图”对话框中单击“确定”按钮，结果如图 5.3.8 所示。

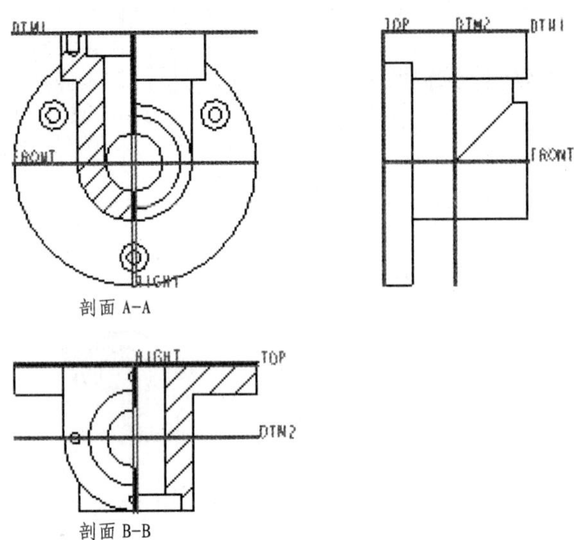

图 5.3.8　创建俯视图的半剖视图

（6）将左视图改为全剖视图。

Step 1　单击左视图使其显示线框。右击弹出快捷菜单，选择“属性”命令，则弹出“绘图视图”对话框。单击“剖面”选项，选中“2D 截面”单选按钮。单击 ✚ 按钮（增加“创建新剖”），弹出菜单管理器，接受默认的“平面”选项，接受默认的“单一”选项，单击“完成”选项。在状态栏出现文本框，要求为新建剖切平面命名，输入截面名 C，单击☑按钮确认。

Step 2　在绘图区的主视图上单击 RIGHT 基准面。接受“剖切区域”栏的默认选项：“完全”。在“绘图视图”对话框中单击“确定”按钮，结果如图 5.3.9 所示。

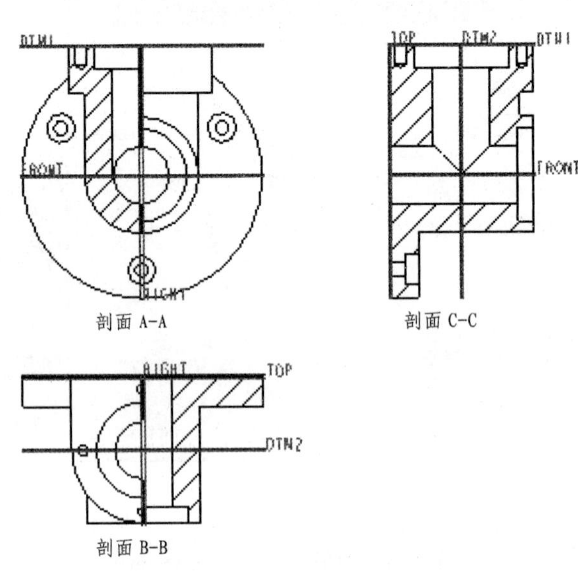

图 5.3.9　创建左视图的全剖视图

（7）调整显示。关闭基准显示后的视图，如图 5.3.10 所示。

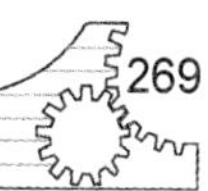

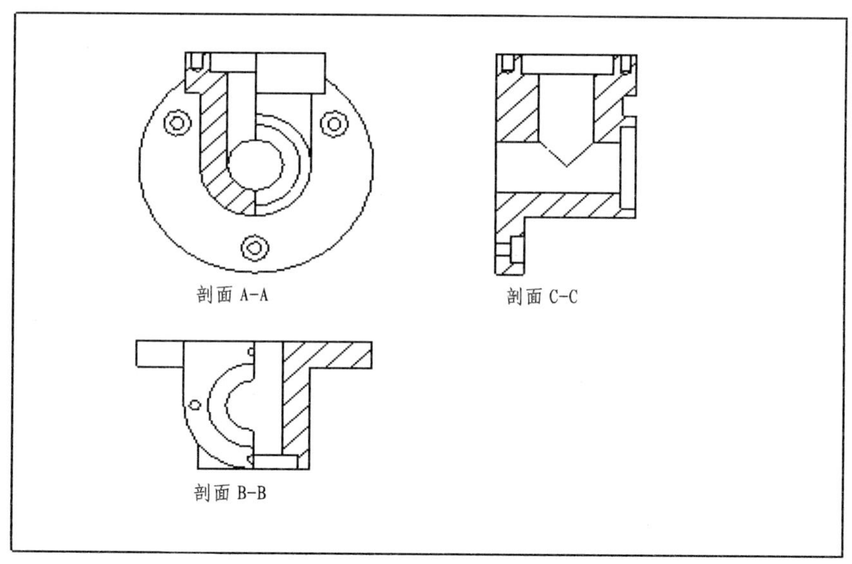

图 5.3.10　关掉基准面的操作结果

（8）删除截面标注。

注：按照制图国标规定，当剖视图在基本视图位置并且不至于引起误会时，可不必进行标注。在此可以对软件自动标注进行删除，旨在训练标注的删除操作。

删除操作如下：单击标注，使其显示红框。右击弹出快捷菜单，选择“拭除”命令。将鼠标指针放在空白处单击，标注即被清除。

（9）修改剖面线间距。

剖视图创建后，自动生成的剖面线的间距、方向等不一定符合要求，此时可对其进行适当的修改。

本操作将自动生成的剖面线的间距修改得稍密一些。

剖面线修改操作如下：

（1）单击剖面线使其变成红线显示。

（2）右击弹出快捷菜单，在快捷菜单中选择“属性”命令。

（3）在弹出的菜单管理器中单击“间距”选项。

（4）单击“值”选项（即输入剖面线的间距值来确定其间距大小），在弹出的文本框中输入 0.08。

（5）单击☑按钮。

（6）在菜单管理器中单击“完成”选项。

按上述操作依次将 3 个视图的剖面线都进行相同的修改，得到的结果如图 5.3.1 所示。

案例 2　圆板工程图的创建

案例分析：该工程图使用了一个视图。首先创建主视图和左视图，然后在主视图上创建一个局部剖视图，将左视图修改成旋转剖视图。创建剖视图的命令调用操作和选取剖切平面操作，与前面的案例 1 的全剖/半剖是相同的，区别主要有两点。

（1）局部剖视图：需要给定局部的范围，确定局部范围的操作与确定局部视图的操作相同，即“点×画○”。

（2）旋转剖在选区域范围时使用“全部（对齐）”方式，并要求指定一条中心线作为旋转轴线。

案例操作：

（1）新建文件。

（2）设置第一视角。

（3）创建主视图、左视图。

（其他步骤同前。接受默认的定向方法“查看来自模型的名称”，在定位操作过程中，单击 TOP 选项，使用“无隐藏线”显示，并关闭左视图的切线显示，结果如图 5.3.11 所示。

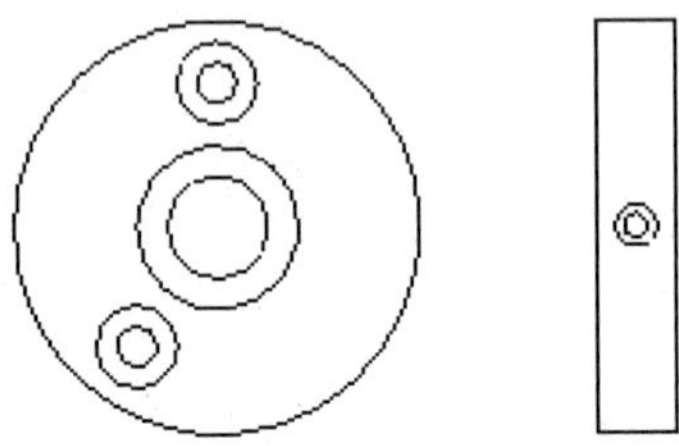

图 5.3.11　创建圆板主视图和左视图

（4）在主视图中创建局部剖视图。

Step 1 在上工具栏单击工具按钮显示基准面。单击主视图使其显示红框，右击弹出快捷菜单，选择“属性”命令，则弹出“绘图视图”对话框，单击“剖面”选项，选中“2D 截面”单选按钮。单击+按钮（增加“创建新剖”），弹出菜单管理器，接受默认的“平面”选项，接受默认的“单一”选项，单击“完成”选项，在状态栏出现文本框，要求为新建剖切平面命名，输入截面名 A，单击按钮确认。

Step 2 在绘图区的左视图上单击 TOP 基准面。在“绘图视图”对话框的“剖切区域”一栏单击下三角按钮，打开“剖切区域”下拉列表，单击“局部”选项。在绘图区的主视图上单击图元，出现一个“×”。在“×”的周围画一个○，将其圈定的范围确定为局部剖视区域（操作与局部视图的方法相同）。在“绘图视图”对话框中单击“确定”按钮。将全部基准显示关闭后的效果如图 5.3.12 所示。

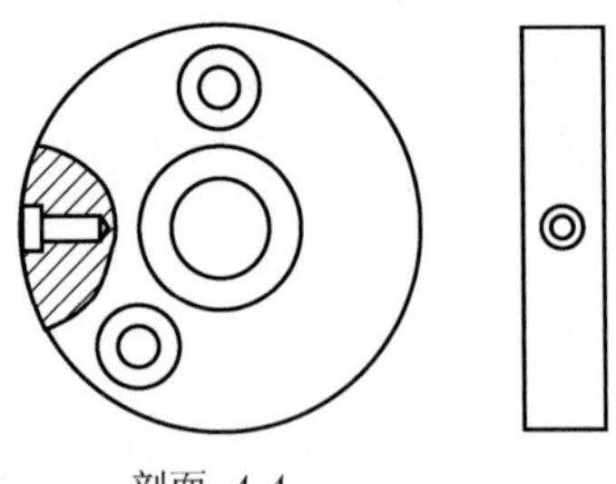

图 5.3.12　创建圆板主视图的局部剖视图

（5）左视图改为旋转剖视图。

Step 1 单击按钮打开基准面显示。单击左视图使其显示红框。右击弹出快捷菜单，选择“属性”命令，则弹出“绘图视图”对话框。单击“剖面”选项，选中“2D 截面”单选按钮。单击+按钮（增加“创建新剖”），弹出菜单管理器，单击“偏距”选项，接受默认的

"双侧"选项，接受默认的"单一"选项。单击"完成"选项，在状态栏出现文本框，要求为新建剖切平面命名。输入截面名 B。单击☑按钮确认。

注：选择"偏距"即绘制剖切平面，在草绘平面上绘制直线后将自动进行双向拉伸，生成平面。

Step 2 在绘图区弹出简易操作窗口，并显示实体模型图，本操作是在模型上选取一个草绘平面，在弹出的菜单管理器中接受"新设置"→"平面"默认选项，单击模型圆形表面 A 为草绘平面，在菜单管理器中接受默认选项，单击"正向"、"缺省"选项进入草绘环境。

注：操作窗口有两种。当绘图用模型是用浏览命令调用，未被"零件"窗口打开时，"偏距"弹出的是简易操作窗口；当绘图用模型已被"零件"窗口打开时，"偏距"弹出的是正常操作窗口。

Step 3 在简易草绘窗口打开"草绘"下拉菜单，选择"参照"命令。单击圆周出现圆中心点（此点用于绘图线时捕捉定位）。打开"线"子菜单，选择"线"命令。绘制折线 ABC。打开"草绘"下拉菜单，选择"完成"命令，如图 5.3.13 所示。

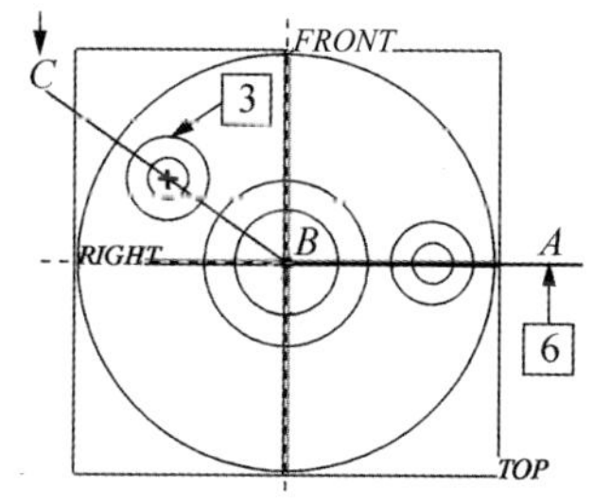

图 5.3.13　绘制折线

Step 4 单击按钮关闭基准面显示；单击按钮打开基准线显示。

在"绘图视图"对话框中的"剖切区域"栏单击下三角按钮，打开"剖切区域"下拉列表。单击滚动按钮将列表向上滚动，出现"全部(对齐)"选项，单击"全部(对齐)"。在绘图区的左视图中单击中心线。

此时在"参照"收集器中出现参照 A_2(轴):F5(拉伸)，单击"确定"按钮，结果如图 5.3.14 所示。

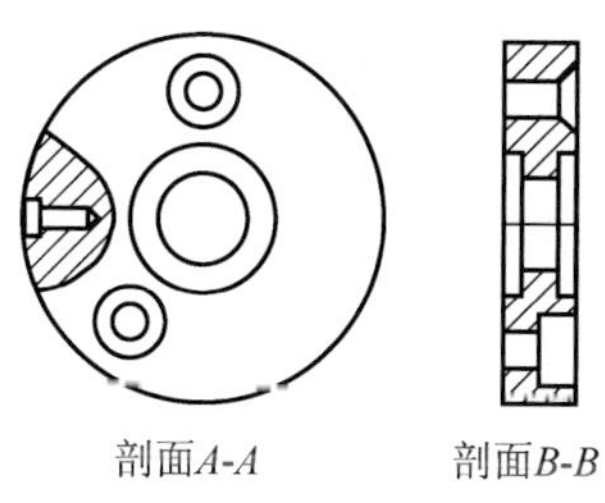

剖面 *A-A*　　剖面 *B-B*

图 5.3.14　左视图的全剖视图

（6）旋转剖视图标注。

Step 1 添加箭头。单击旋转剖视图使其显示红框，右击弹出快捷菜单，选择"添加箭头"命令，单击主视图，此时出现箭头标注，结果如图 5.3.15 所示。

Step 2 调整箭头位置。单击箭头使其显示红色（被选中状态），将鼠标指针指向箭头处，出现移动指示符✥，按住鼠标左键拖移到适当位置。两个箭头要操作两次，全部操作完成，结果如图 5.3.16 所示。

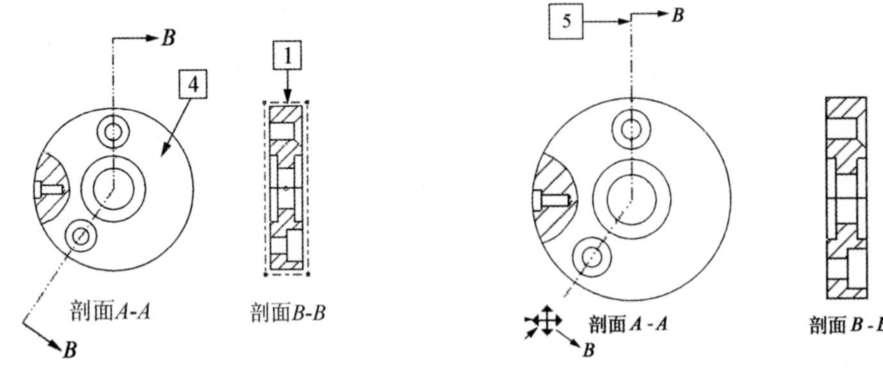

图 5.3.15　标注箭头　　　　图 5.3.16　调整箭头

五、任务总结

通过对本任务内容的学习，对剖视图创建命令的调用、全剖视图的创建、半剖视图的创建、删除不必要的剖面标注、调整剖面线的间隔、剖视图的命令调用和剖切平面的选定操作、创建局部剖视图、创建旋转剖视图等知识有所掌握。

六、拓展训练

1．使用“项目 5/任务 3”素材中的零件创建零件的工程图，如图 5.3.17 所示。

要求：

（1）图纸为 4 号，横向放置。

（2）图面整洁，布局(比例/位置)合理。

（3）应用全剖、半剖、局部剖视图。

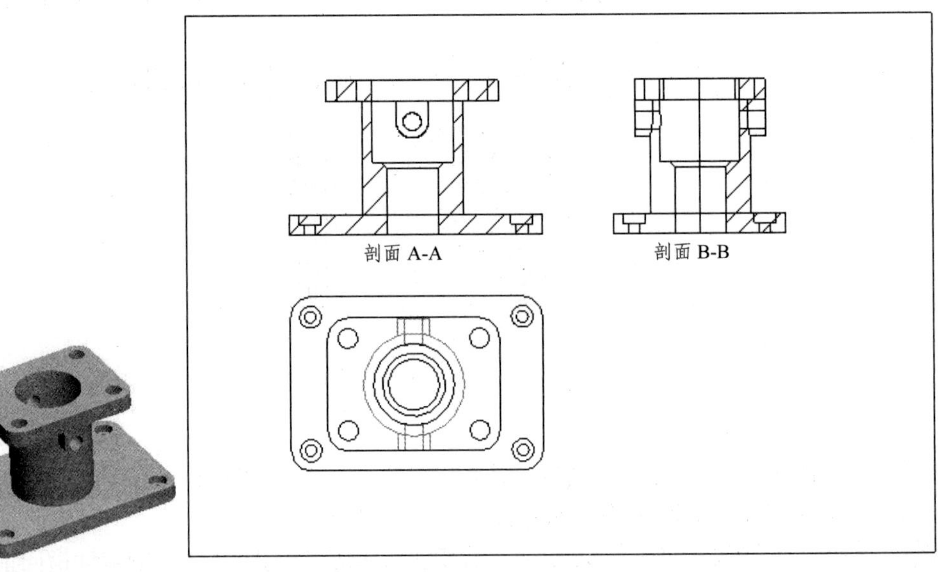

图 5.3.17　零件模型及工程图

2．使用“项目 5/任务 3”素材中的零件创建零件的工程图，如图 5.3.18 所示。

要求：

（1）图纸为 4 号，横向放置。

（2）图面整洁，布局（比例/位置）合理。

（3）应用旋转剖视图。

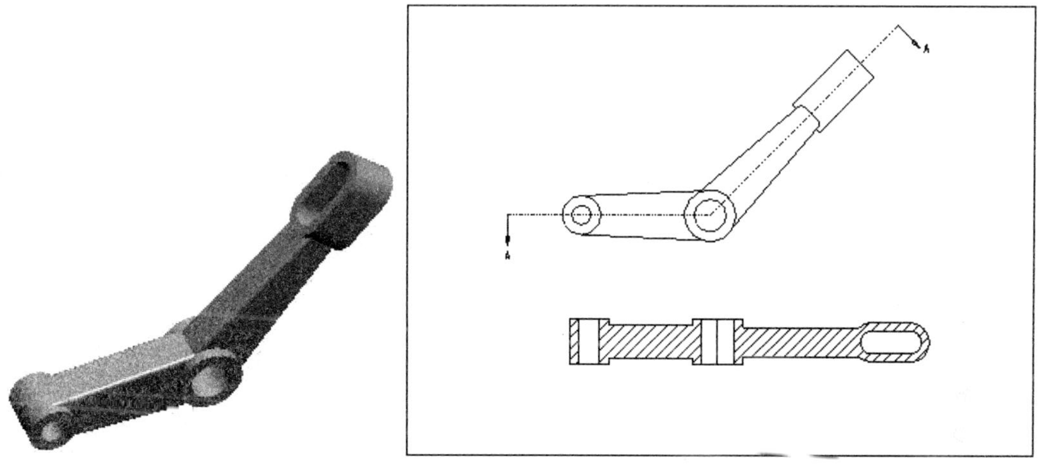

图 5.3.18　零件模型及工程图

任务 5.4　减速器低速轴的工程图创建

一、任务描述

本任务要创建的低速轴的模型及零件图如图 5.4.1 所示，工程图要求：图纸为 4 号，横向放置，图面整洁，布局（比例/位置）合理。

低速轴属于阶梯轴。首先生成主视图，再生成两个投影视图，并将两个投影视图转成剖视图。对各个视图要进行尺寸标注和几何公差标注，按要求填写技术要求和标题栏。

两个断面图要用到两个剖切平面，这两个剖切平面是在创建零件时创建的。在创建零件时，使用基准面创建两个剖切平面，这种事前在零件中创建剖面的方法会给绘图的应用带来方便。本任务创建的两个基准面是 DMT3、DMT4，这给读者一个启示，即在创建零件阶段就要为其他模块的应用提前做准备。

创建思路如下：先创建主视图，在主视图上创建断面图，最后进行尺寸标注和几何公差标注，按要求填写技术要求和标题栏。

二、任务训练内容

（1）新建“绘图”文件（.drw）及“绘图”模块界面介绍。

（2）工程图面板的生成。

（3）各种剖视图的生成。

（4）基本视图及轴测投影视图的生成。

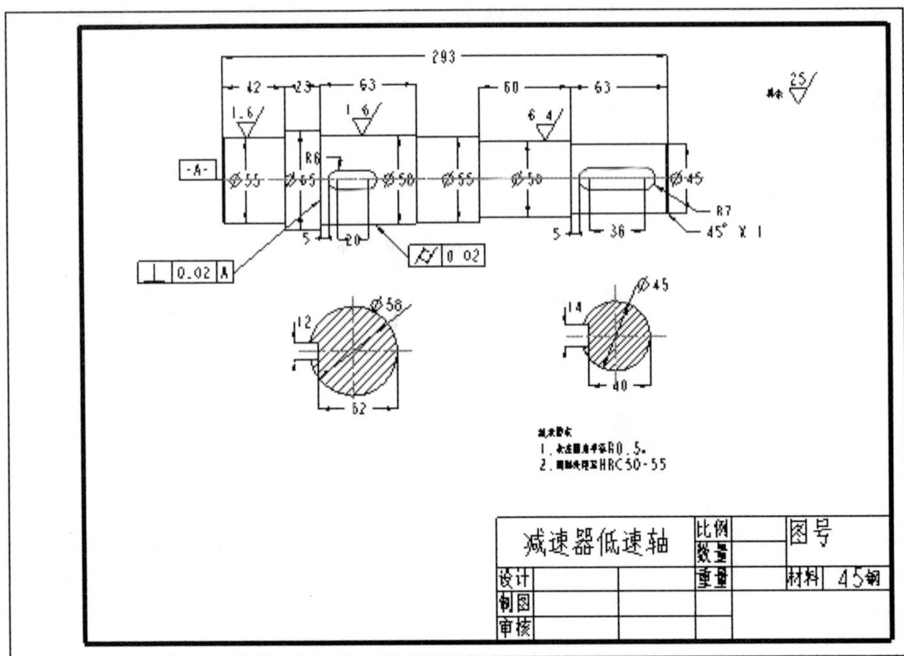

图 5.4.1　减速器低速轴的零件图

（5）尺寸标注、公差标注、表面粗糙度标注、标题栏的创建。

（6）常用零件零件图的创建。

三、任务训练目标

知识目标

（1）掌握新建工程图文件的方法。

（2）熟悉“工程图”工作界面。

（3）建立轴的工程图。

能力目标

（1）掌握轴的零件图的创建过程。

（2）能创建简单零件的工程图。

四、任务相关知识

1. 显示尺寸

在工程图中，用户可以将三维零件所拥有的尺寸显示在二维工程图上，亦可直接在工程图上产生所需的尺寸。

欲将三维零件（或组件）所拥有的尺寸显示在二维工程图上，有下列两种方式。

（1）点选任何一个三视图后，单击鼠标右键选择“显示尺寸”命令，Pro/E 系统即会自动显示出该视图的尺寸。

（2）单击工具栏的显示及拭除图标或菜单“视图”→“显示及拭除”命令，会出现如图 5.4.2 所示的“显示/拭除”对话框，单击对话框中最上方的 显示 图标，在“类型”栏中单击尺寸图标，再在“显示方式”栏中选择下列一项：

- 特征：显示某一个特征的尺寸。
- 零件：显示组件中某一个零件的尺寸。
- 视图：显示某一个视图的尺寸。
- 特征和视图：将某一个特征的尺寸显示于单一视图。
- 零件和视图：将组件中某一个零件的尺寸显示于单一视图。
- 显示全部：显示所有视图的尺寸。

删除尺寸的步骤与上述显示尺寸的步骤相同，只是在对话框中单击 拭除 图标。

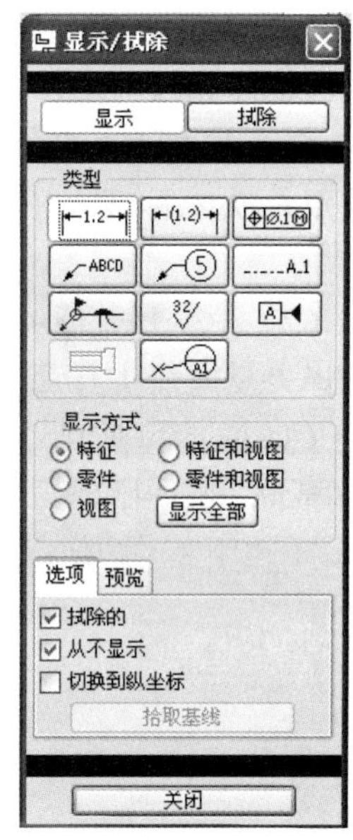

图 5.4.2　“显示/拭除”对话框

“显示/拭除”对话框除了用以显示/删除尺寸之外，亦可用以标注批注、符号、参考尺寸、零件编号球、表面精度、螺纹等修饰性特征，几何公差、轴线、基准平面及几何公差的基准等，如图 5.4.3 所示。

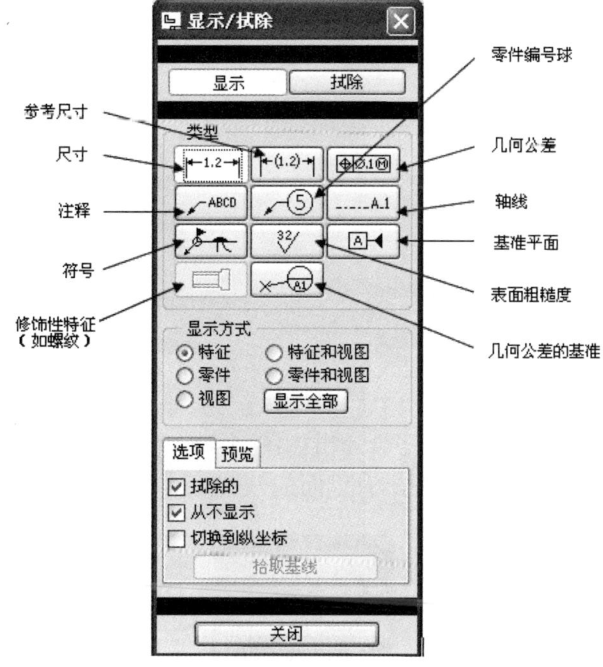

图 5.4.3　显示/拭除类型

2. 标注和编辑尺寸

单击工具栏中创建尺寸的图标或单击菜单“插入”→“尺寸”→“新参照”命令，可以直接在图形上标注尺寸。

用鼠标左键点选要删除的尺寸，再点选下拉式菜单“编辑”→“删除”（或直接按下键盘上的 Delete 键），即可删除所标注的尺寸。

当标注完尺寸后，常需再整理尺寸的文字、位置等，常用的功能如下：

（1）移动尺寸的标注位置：点选欲移动的尺寸或注释，当尺寸附近出现十字箭头光标、左右双箭头光标或上下双向光标时，单击拖拽尺寸或注释至适当位置，释放鼠标左键完成动作。

（2）改变尺寸线的箭头方向：点选欲改变箭头方向的尺寸，单击鼠标右键，在弹出菜单中选择“反向箭头”，即可改变尺寸线的箭头方向，最后单击鼠标左键完成动作。

（3）自动排列尺寸：如果尺寸摆设的位置不佳时，可选择菜单“编辑”→“整理”→“尺寸”指令，自动排列尺寸位置。用户可指定第一个尺寸的“偏移”及其他尺寸的“增量”，如图 5.4.4 和图 5.4.5 所示。

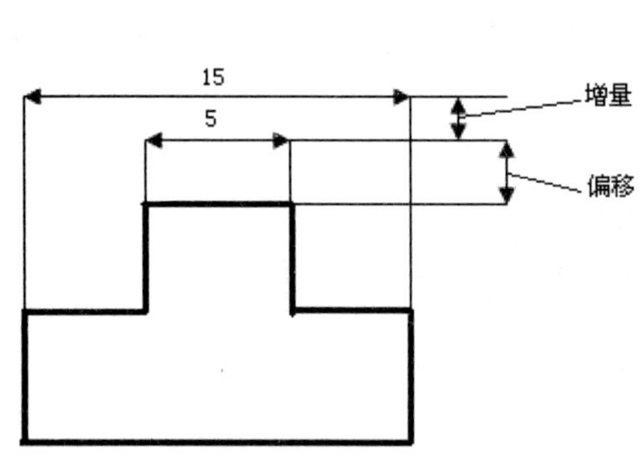

图 5.4.4 偏移及增量

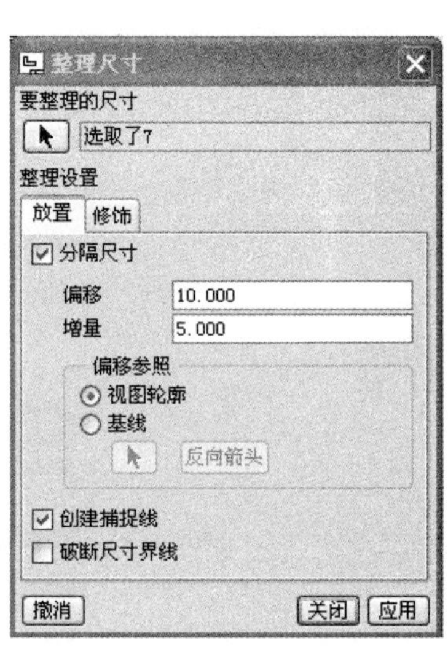

图 5.4.5 “整理尺寸”对话框

五、任务实施

（1）新建绘图文件。

（2）设置工程文件属性。

单击“文件”→“属性”选项，将会弹出如图 5.4.6 所示的对话框，选择“绘图选项”，弹出如图 5.4.7 所示的“选项”对话框，对里面的一些尺寸数据属性按表 5.1.1 进行修改。

图 5.4.6 “绘图选项”菜单

更改完成后单击添加/更改，所有的更改完成以后单击应用按钮后单击关闭按钮，然后完成退出。

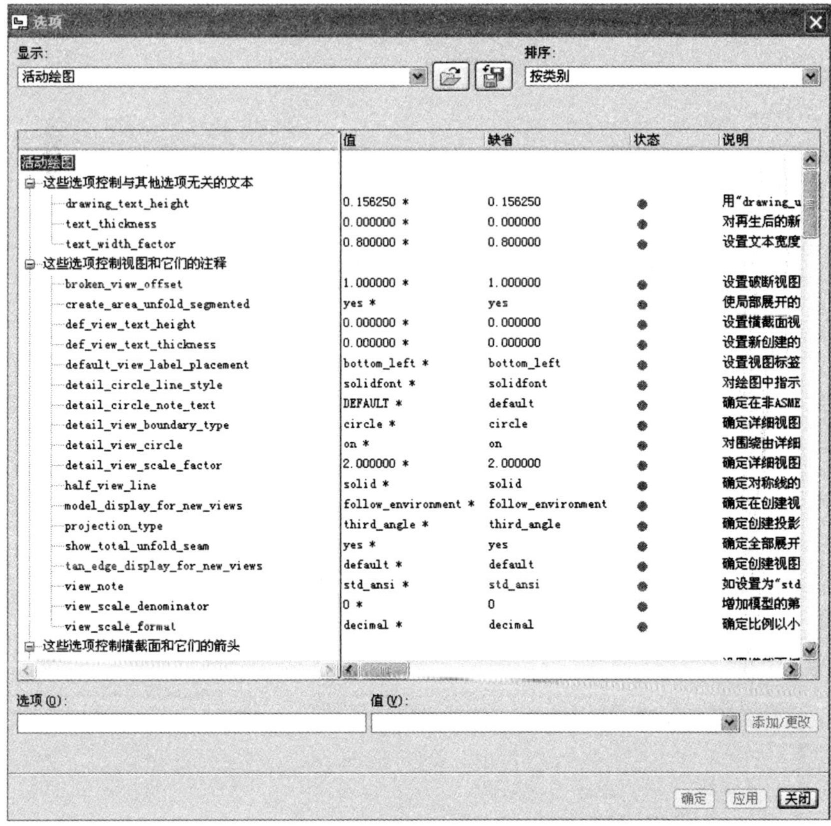

图 5.4.7　“选项”对话框

（3）建立主视图。

Step 1　单击“创建一般视图”按钮，然后在绘图区域中的合适位置单击，放置一般视图，此时“绘图视图”对话框将同时将被打开，如图 5.4.8 所示。

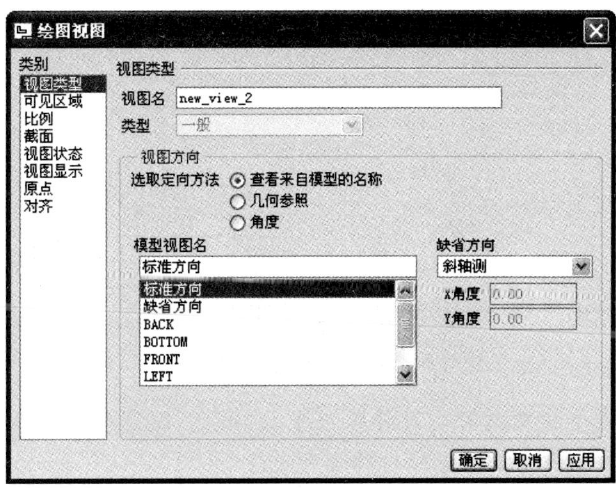

图 5.4.8　“绘图视图”对话框

Step 2　选中“绘图视图”对话框中的“几何参照”单选按钮，然后在绘图区域拾取 FRONT

基准平面作为前参照面，TOP 基准平面作为顶参照面，如图 5.4.9 所示。单击“视图显示”，选择“无隐藏线”，单击 确定 按钮，即可完成主视图的创建。结果如图 5.4.10 所示。

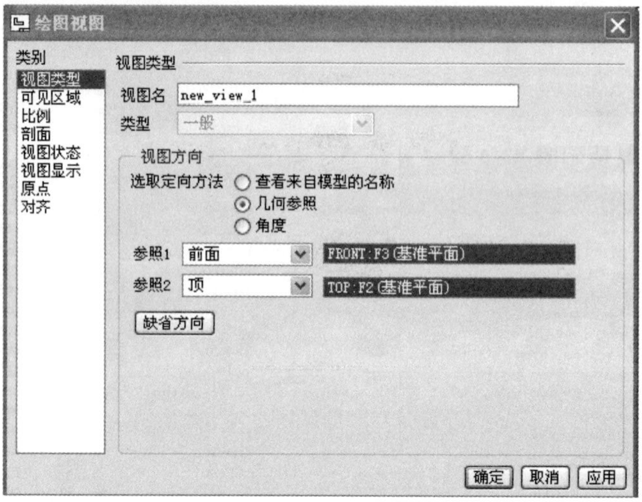

绘图视图

类别：视图类型、可见区域、比例、剖面、视图状态、视图显示、原点、对齐

视图类型

视图名 new_view_1

类型 一般

视图方向

选取定向方法 ○查看来自模型的名称 ⊙几何参照 ○角度

参照1 前面 FRONT:F3(基准平面)

参照2 顶 TOP:F2(基准平面)

缺省方向

确定 取消 应用

图 5.4.9　选择几何参照

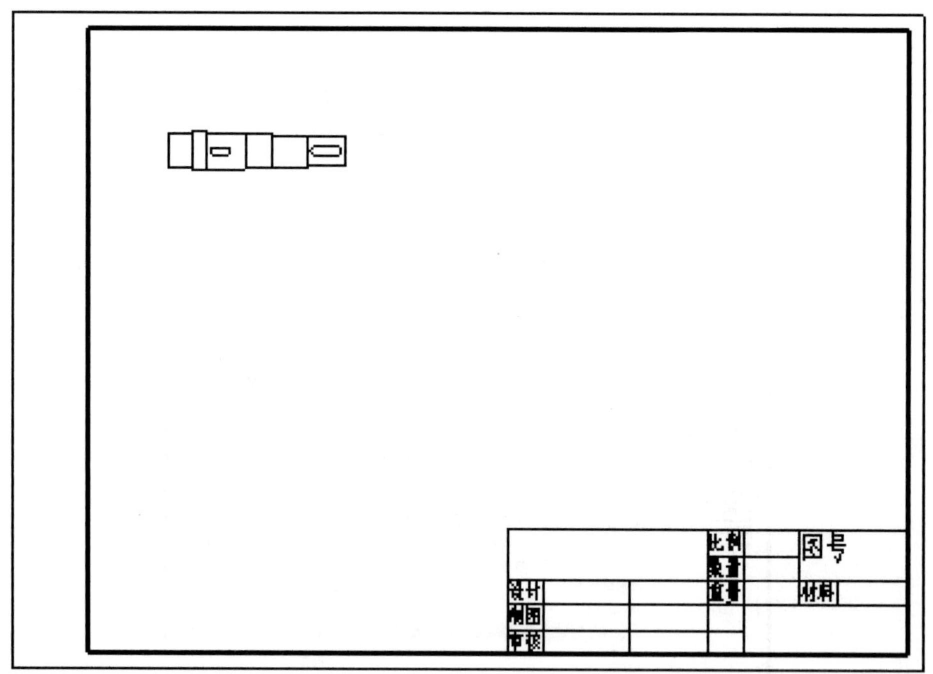

图 5.4.10　完成主视图的创建

注意：选择定向模型的参照时，关掉基准平面显示和改变显示方式为“无隐藏线”将是很有帮助的，应用这个技巧可以清晰地选择参照面。

Step 3 调整显示比例。选择“编辑”→“值”选项，然后选取绘图区域左下角注释文本中的绘图刻度，或直接双击该刻度，将比例修改为 0.5，单击✔按钮确认输入，则视图将按照新的比例值显示。选中视图，单击右键，去掉“锁定视图移动”前面的勾选，将视图移动

到合适的位置，如图 5.4.11 所示。

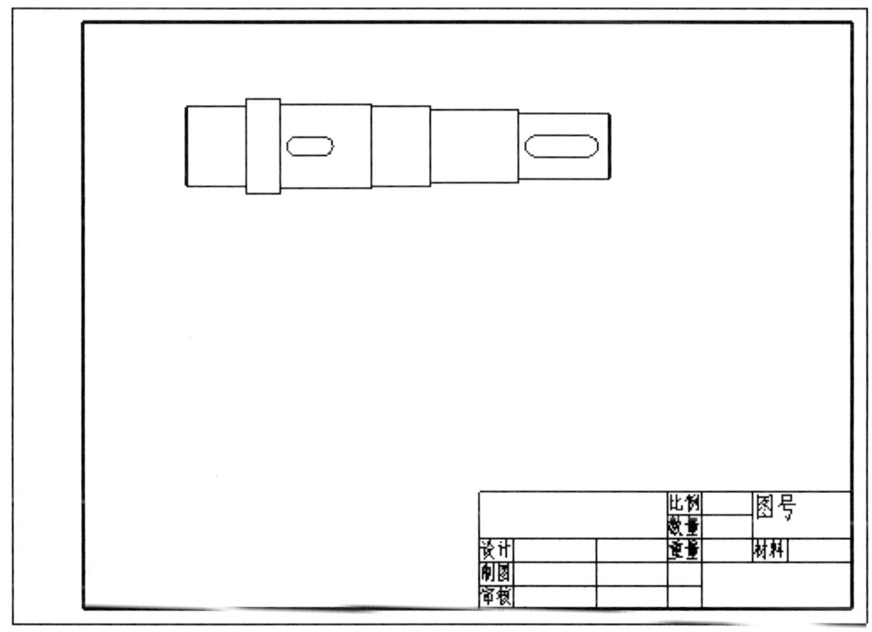

图 5.4.11　调整后的主视图

（4）插入旋转视图，创建断面图 1。

Step 1　单击按钮，打开基准面显示，单击按钮更新显示。选择“插入”→“绘图视图”→“旋转”选项，然后选择在主视图上单击使其显示红框。接着在主视图中拾取一个点，作为旋转视图的中心点，系统将弹出如图 5.4.12 所示的菜单管理器和如图 5.4.13 所示的“绘图视图”对话框。

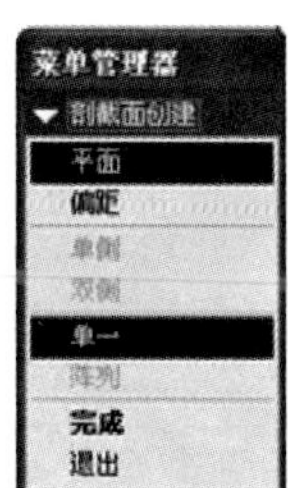

图 5.4.12　菜单管理器

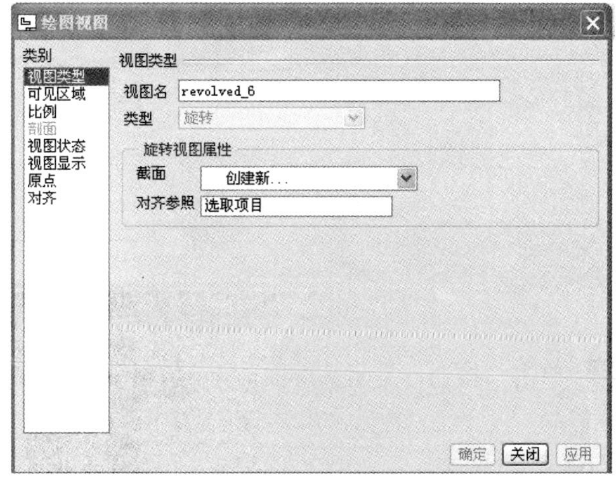

图 5.4.13　“绘图视图”对话框

Step 2　接受“创建新”默认选项，接受“平面”默认选项，接受“单一”默认选项，单击“完成”选项。在信息栏中输入截面名称 A，单击按钮确认输入。单击 DTM3 面作为新截面。在“绘图视图”对话框中单击“确定”按钮，即可完成断面 1 的创建，移动截面图到合适的位置，如图 5.4.14 所示。

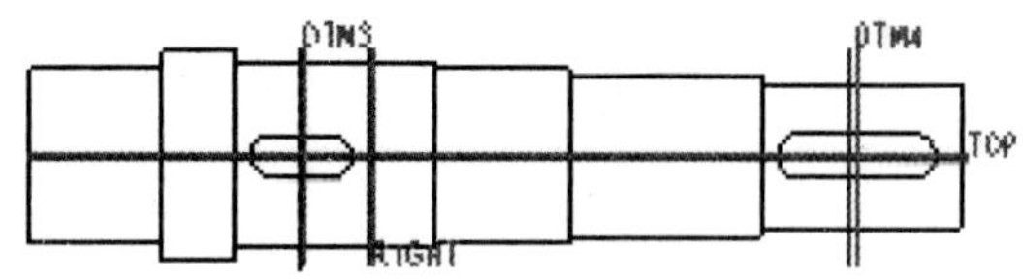

图 5.4.14　创建断面 1

（5）插入旋转视图，创建断面图 2。

Step 1 单击按钮，打开基准面显示，单击按钮更新显示。选择“插入”→“绘图视图”→“旋转”选项，然后在主视图上单击使其显示红框。接着在创建断面 2 的中心点处单击，弹出“绘图视图”对话框。

Step 2 单击下三角按钮，打开“截面”下拉列表。接受“创建新”默认选项，接受“平面”默认选项，接受“单一”默认选项，单击“完成”选项。输入截面名称 B，单击按钮确认输入。单击 DTM4 面作为新截面。在“绘图视图”对话框中单击“确定”按钮，完成断面 2 的创建，移动截面图到合适的位置，结果如图 5.4.15 所示。

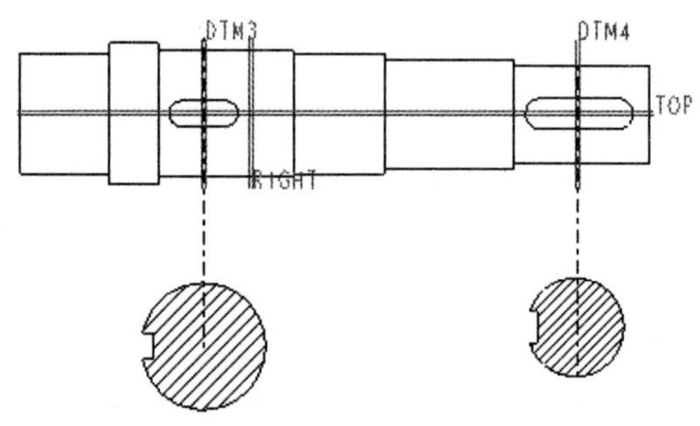

图 5.4.15　创建断面 2

Step 3 单击按钮，关闭基准面显示，单击按钮更新显示，移动断面图，结果如图 5.4.16 所示。

（6）标注尺寸。

Step 1 单击窗口上方的“打开显示/拭除对话框”按钮。在“显示/拭除”对话框的“显示”选项卡中，单击“轴”按钮-----A.1，然后单击“显示全部”按钮，并单击“接受全部”按钮，即可显示视图中的所有轴线，如图 5.4.17 所示。

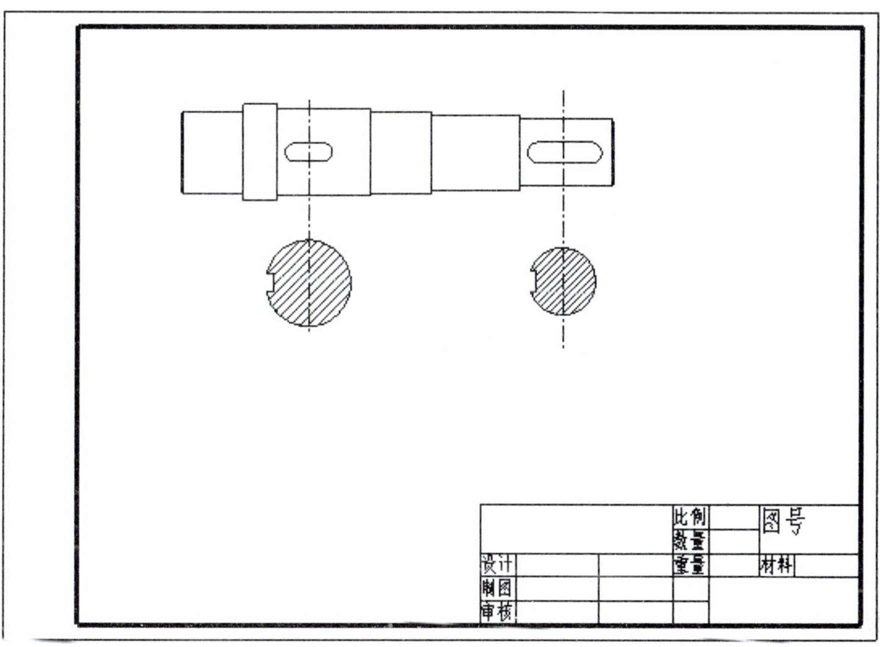

图 5.4.16　调整后的断面图

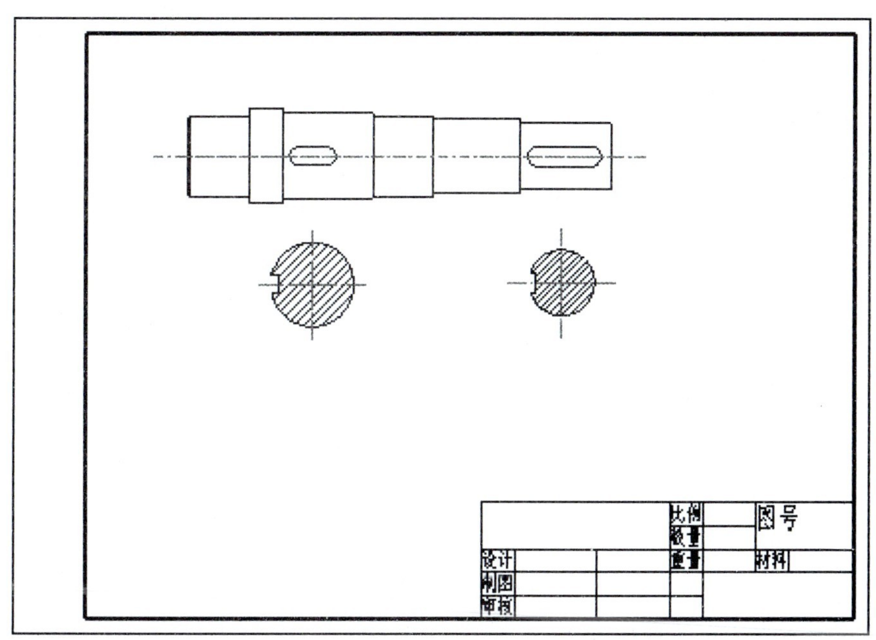

图 5.4.17　显示轴线

Step 2 选中主视图，然后单击右键，选择“显示尺寸”选项。按住 Ctrl 键拾取不合适的尺寸，并从右键菜单中选择“拭除”选项，将不合适的尺寸拭除。然后分别单击并拖动各个尺寸，调整到合适位置，如图 5.4.18 所示。

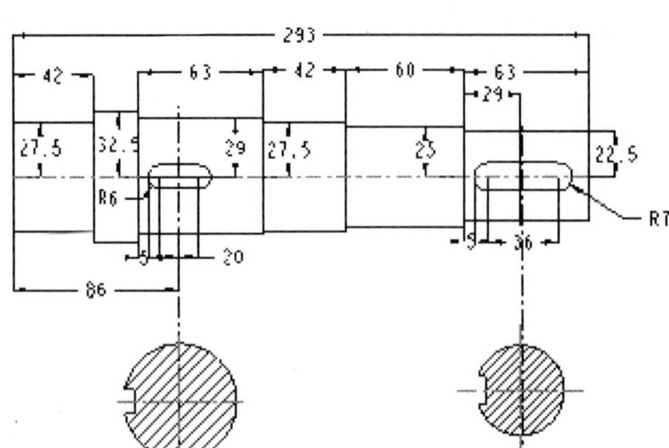

图 5.4.18　调整尺寸

在 Pro/E 中需要记住的重要一点是任何被拭除的项目都是临时删除的，而删除的项目则是永久删除的。拭除尺寸可以使用“显示/拭除”对话框重新显示。

Step 3 选择“插入”→“尺寸”→“新参照”选项，然后选择菜单管理器中的“中心”选项，拾取一段轴的两侧边，并单击中键确认选择，即可添加轴的直径尺寸。利用同样的方法添加其余各段轴的直径尺寸，然后拭除系统原有尺寸。然后选中直径尺寸，单击右键，选择“属性”选项，弹出“尺寸属性”对话框，选择尺寸文本，在前缀输入框中键入 Ø，单击 确定 按钮，即可创建出主视图的直径尺寸，如图 5.4.19 所示。

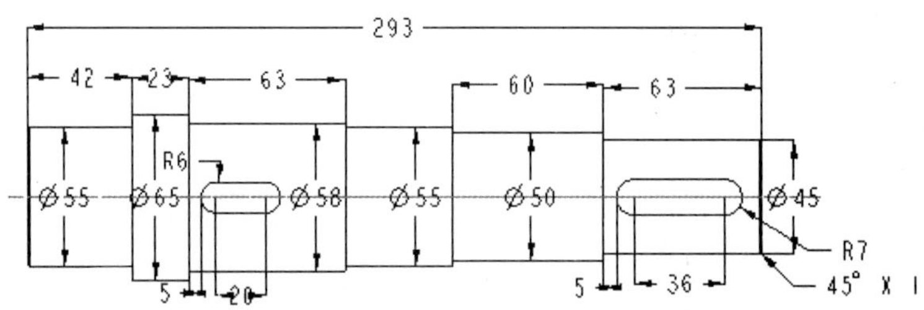

图 5.4.19　标注直径尺寸

Step 4 选中断面图，单击右键，从快捷菜单中选择“显示尺寸”选项，以显示断面图的尺寸。选择“插入”→“尺寸”→“新参照”选项，然后选择菜单管理器中的“在图元上”选项，接着在绘图区域拾取如图 5.4.20 所示的尺寸 14 的上下两个边，单击中键即可创建出断面图中的键槽尺寸，然后选择菜单管理器中的“图元上”选项，拾取键槽底部和右端圆弧，如图 5.4.20 所示，在标注尺寸的位置单击中键，选择“相切”，单击确定即可创建槽的宽度尺寸，接着拭除不必要的尺寸，完成后如图 5.4.21 所示。注意，双击圆弧可标注直径。

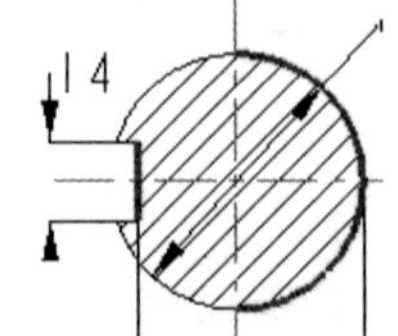

图 5.4.20　拾取键槽底部和右端圆弧

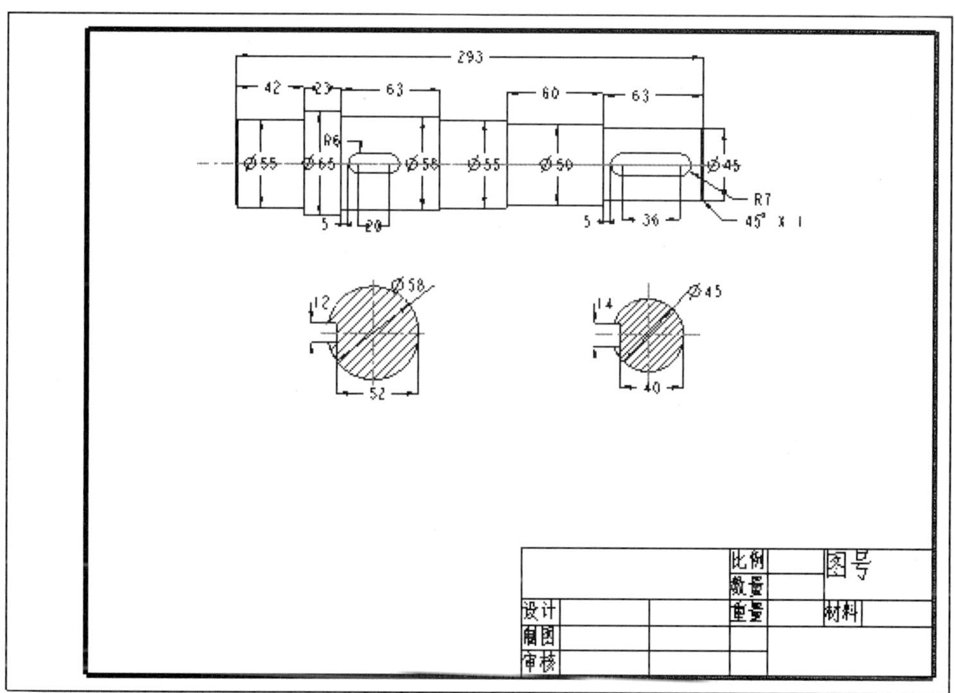

图 5.4.21　标注键槽尺寸

（7）插入几何公差。

Step 1　单击工具栏中的“基准轴”按钮，弹出“轴”对话框，如图 5.4.22 所示，输入名称为“A”，选择类型为 -A- ，单击“定义”按钮，弹出“基准轴”菜单管理器，如图 5.4.23 所示，选择“过柱面”，再单击主视图上的一个柱面，得到如图 5.4.24 所示的基准轴（长度不合适，可以拖动调整）。

图 5.4.22　“轴”对话框

Step 2　选取主菜单栏中的“插入”→“几何公差”，弹出“几何公差”对话框，如图 5.4.25 所示。单击“垂直度”按钮，再单击“基准参照”选项卡，在“基本”下拉列表中选择 A，如图 5.4.26 所示，单击“公差值”选项卡，将“总公差”设置为 0.02，单击“模型参照”选项卡，单击“选取图元”按钮，选择上步创建的基准轴，再在“类型”下拉列表中选择“带引线”选项，然后单击主视图中要标注垂直度的尺寸界限，再用中键单击放置位置，最后单击“确定”按钮，完成垂直度的标注，如图 5.4.27 所示。

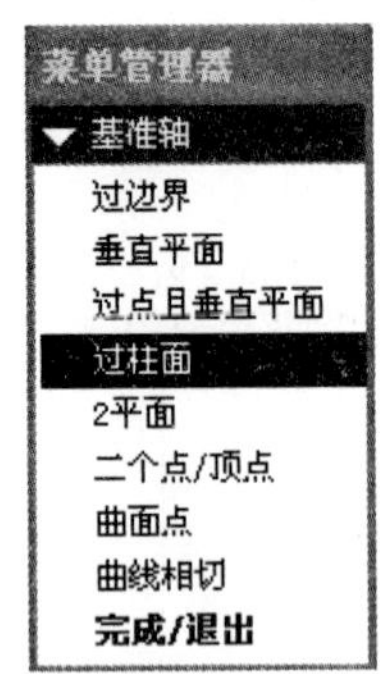

图 5.4.23　“基准轴”菜单管理器

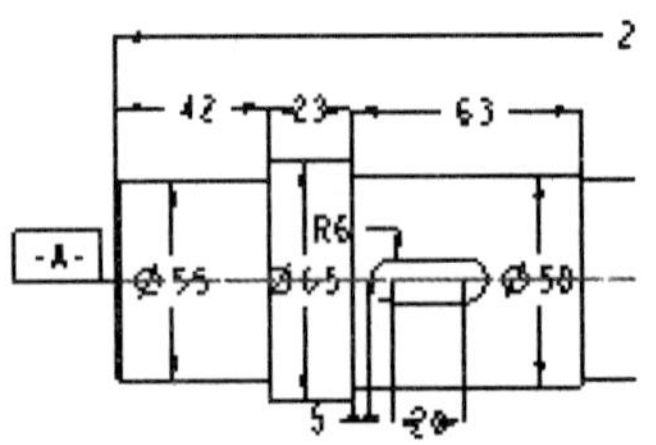

图 5.4.24　创建基准轴

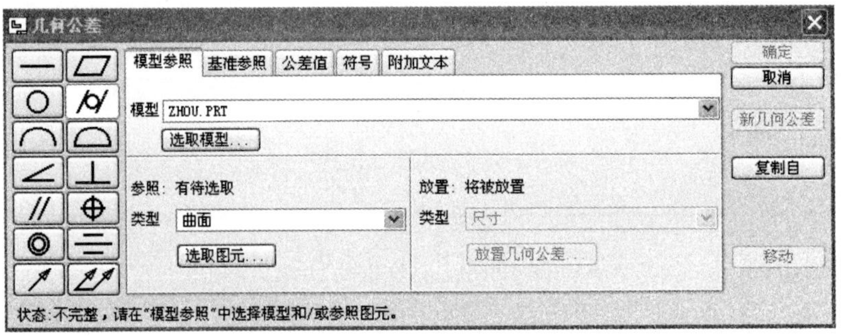

图 5.4.25　“几何公差”对话框

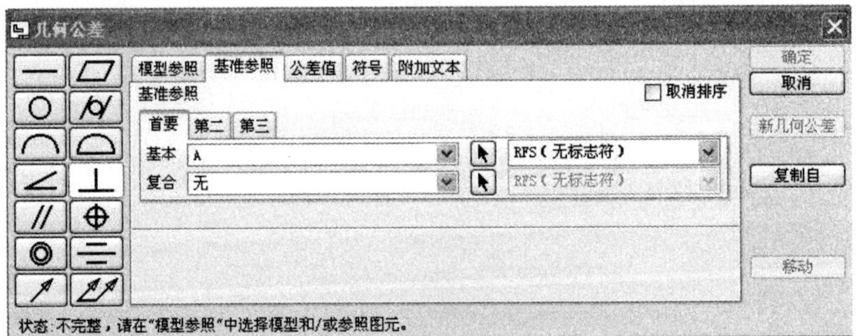

图 5.4.26　“几何公差”对话框

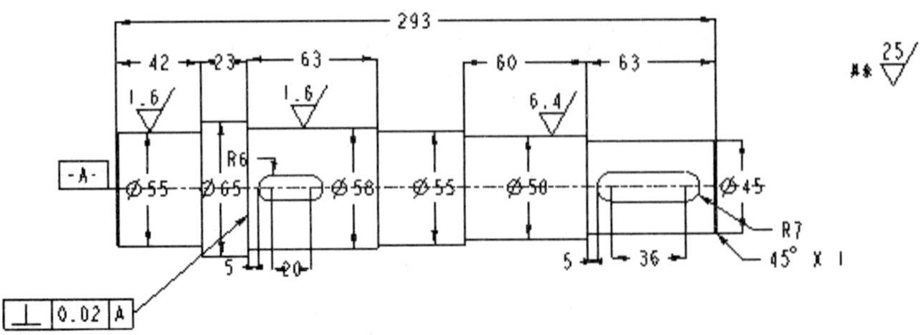

图 5.4.27　标注垂直度

Step 3 用类似的方法标注圆柱度公差，如图 5.4.28 所示。

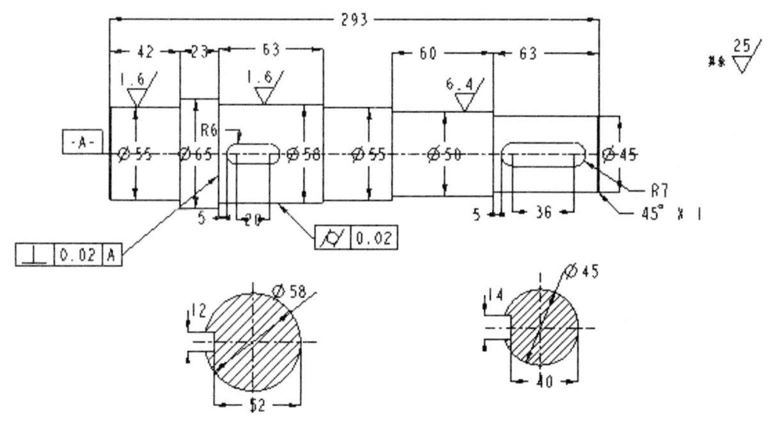

图 5.4.28　标注圆柱度

如果几何公差特征控制框发生了错误，可以使用快捷菜单中的“属性”选项进行必要的更改。

（8）插入表面粗糙度。

选取主菜单栏中的“插入”→“表面光洁度”命令，弹出“符号”对话框，选择“检索”命令，在“打开”对话框里选择“machined”，打开后选择“standardi.sym”。在实例依附菜单管理器中选择“图元”选项，单击如图 5.4.29 所示的图元，单击鼠标左键，输入表面粗糙度的值 1.6，单击☑按钮，完成表面粗糙度符号的添加，再选取要标注的图元，单击鼠标左键，输入表面粗糙度的值 1.6，单击☑按钮，用同样的方法完成其余表面粗糙度的添加，单击“确定”按钮，结果如图 5.4.29 所示。

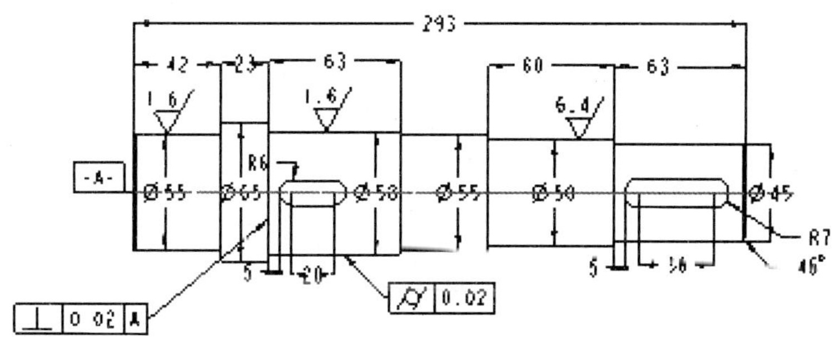

图 5.4.29　添加表面粗糙度

（9）插入注释。

单击工具栏中的“创建注释”按钮，然后选择菜单管理器中的“无方向指引”→“输入”→“水平”→“标准”→“缺省”→“制作注释”→“选出点”选项，接着在绘图区域选取要放置“技术要求”的位置点，在窗口输入框中输入“技术要求”，回车，再输入“1.未注圆半径 R0.5”，回车，再输入“2.调制处理至 HRC50-55。”，最后按两次回车键退出信息栏。选择菜单管理器中的“完成/返回”按钮，然后调整所创建技术要求的大小和位置，即可完成添加注释。

（10）用插入注释的方法在左上角插入“其余”，再用插入表面粗糙度的方法插入“$\overset{25}{\triangledown}$”，到此为止就创建完成了轴的工程图，最终效果如图 5.4.30 所示。

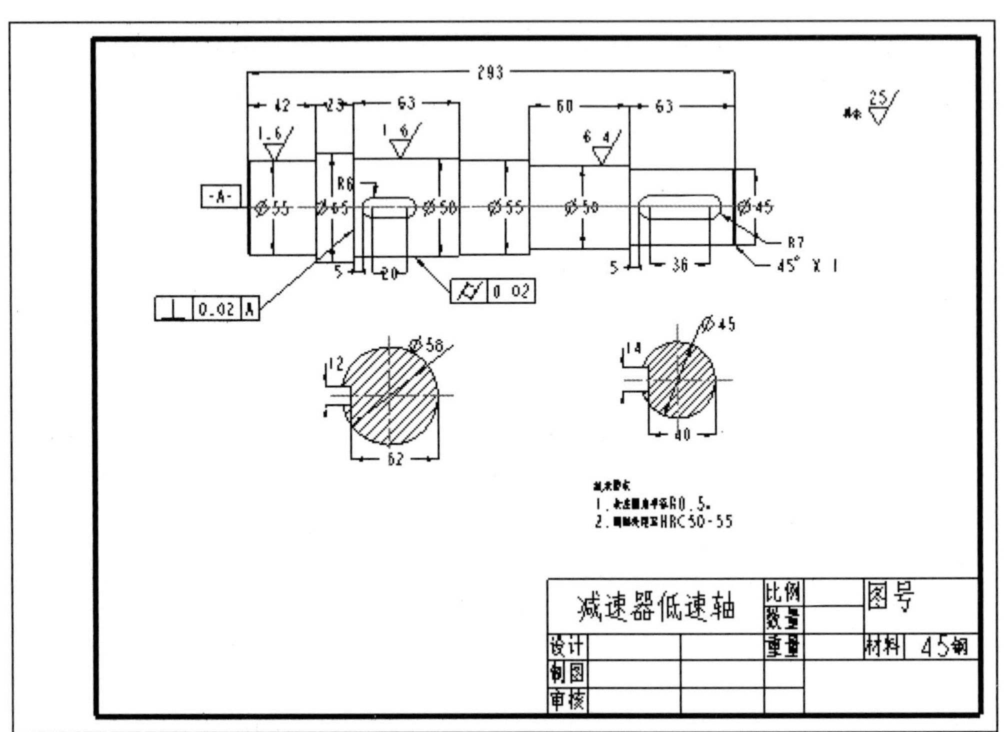

图 5.4.30　创建轴的工程图

六、任务总结

本任务从工程实战角度综合运用所学知识建立如图 5.4.30 所示的工程图。主要学习了三视图的建立、剖视图的建立，“显示/拭除”对话框的使用、人工标注尺寸以及标注线性公差与几何公差等内容。创建一张完整的、标准的工程图一般要经过如下步骤：

（1）新建一个工程图文件，进入工程图模块。

（2）选择图纸的格式，插入标题栏。如果是创建标题栏，要在绘图属性设置完成之后创建。

（3）在属性中设置绘图选项。如果是直接调用原有图纸格式，这一步可省略。

（4）插入一般视图（主视图），一般视图应该能清晰、明了、简洁地表达模型。

（5）添加主视图的投影视图，如左视图、右视图、俯视图、仰视图等。

（6）如果有必要，需要添加详细视图（放大图）、辅助视图等。

（7）利用视图移动工具，调整视图的位置。

（8）设置视图的显示模式，如视图中的不可见孔，可以进行消隐或者用虚线显示。

（9）显示模型尺寸，将多余的尺寸删除。

（10）添加必要的草绘尺寸。

（11）添加尺寸公差。

（12）创建基准，进行几何公差标注。

（13）标注表面粗糙度。

（14）在工程图中添加技术要求。

（15）在图纸的右下方，编辑标题栏或明细栏的内容。

七、拓展训练

使用“项目 5/任务 4”素材中的零件创建轴承端盖的零件图，如图 5.4.31 所示。

要求：

（1）图纸为 4 号，横向放置。

（2）生成视图如工程图纸所示。

（3）图面整洁，布局（比例/位置）合理。

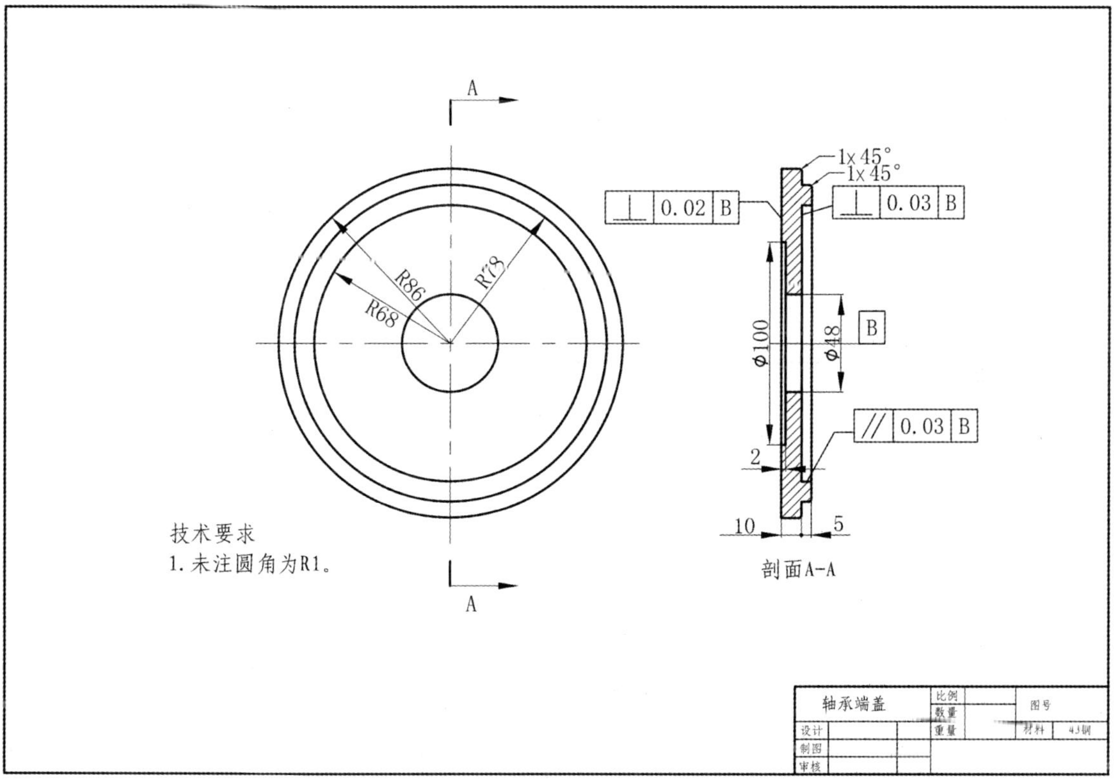

A
R86
R78
R68
A
1x45°
1x45°
⊥ 0.02 B
⊥ 0.03 B
Φ100
Φ48
B
// 0.03 B
2
10
5
剖面A-A

技术要求
1.未注圆角为R1。

轴承端盖			比例		图号	
			数量			
设计			重量		材料	43钢
制图						
审核						

图 5.4.31　创建轴承端盖的工程图

项目六　产品的数控加工

Pro/ENGINEER Wildfire 4.0 功能非常强大，可分别针对各类机床及各种加工方式，自动生成适用于具体数控机床所需的数控程序。

Pro/E 提供了功能强大的辅助工具——Pro/E NC 模块，用户可利用 Pro/E NC 将产品的计算机几何模型（CAD）与计算机辅助制造（CAM）相结合，配合 NC 加工制造过程中所需要的各项加工参数及相应的毛坯、夹具、刀具、机床等，来编制产品的各种加工制造工艺和数控程序。

利用 Pro/E NC 进行加工操作设计后，刀具相对于加工坐标系运动而产生的刀位路径数据称为 CL（Cutter Location）数据。所得到的 CL 数据可以利用检测模块（Pro/E NC-CHECK）模拟刀具的运动过程，观察实际进行加工时的切削状况，预测误差及检查过切，据此可进一步修改加工操作设置，以减少废料的产生，避免加工错误，实现制造流程最佳化的目的。产生的 CL 数据，可由后置处理模块（Pro/E NC-POST）进行数据的转换，得到适用于实际加工的数控程序。

本项目通过 3 个实例介绍了采用不同的方法，创建工件的过程以及建立工件坐标系，定义加工机床、加工刀具、加工工艺参数，进行刀具加工轨迹的模拟演示和自动生成加工程序代码的操作过程。结合实例的操作过程介绍了不同操作下的菜单以及相关对话框的内容和参数的含义及设置。通过这 3 个实例，可以对数控加工的内容有一个基本的了解，对有关参数的设置有清楚的认识。

任务 6.1　端盖的 Pro/E NC 加工

任务 6.2　槽轮的 Pro/E NC 加工

任务 6.3　典型模具产品的 Pro/E NC 加工

任务 6.1　端盖的 Pro/E NC 加工

一、任务描述

本任务由材料制作出端盖，如图 6.1.1 所示。

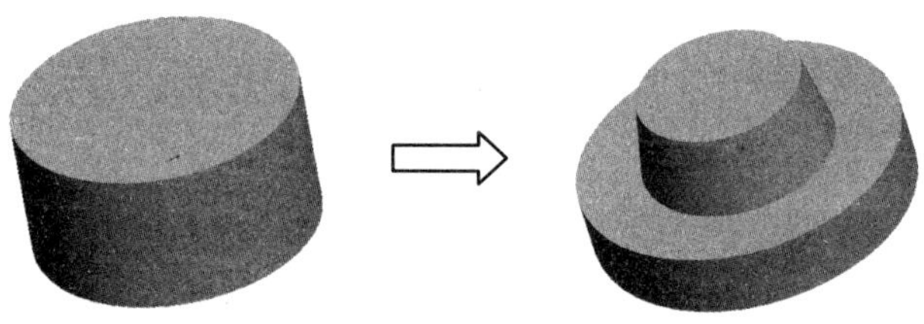

图 6.1.1　端盖示意图

二、任务训练内容

（1）Pro/E NC 的用户界面。
（2）参照模型及工件的建立。
（3）NC 加工的主菜单。
（4）数控加工的基本过程。

三、任务训练目标

知识目标

（1）熟悉 Pro/ENGINEER Wildfire 4.0 零件数控加工的操作界面。
（2）掌握体积块工具的使用。
（3）了解实体加工的基本过程。

技能目标

（1）独立操作软件，了解简单零件的加工过程。
（2）用体积块特征对简单零件进行实体加工。

四、任务相关知识

1. NC 加工操作介面介绍

（1）启动 Pro/E，单击菜单“文件”→“新建”命令或单击图标，系统显示“新建”对话框，如图 6.1.2 所示。在“类型”选项组选中“制造”单选按钮，在“子类型”选项组选中“NC 组件”单选按钮，输入加工文件的名称 am1（系统默认为 mfg0001.mfg），取消选定“使用缺省模板”复选框，单击“确定”按钮。

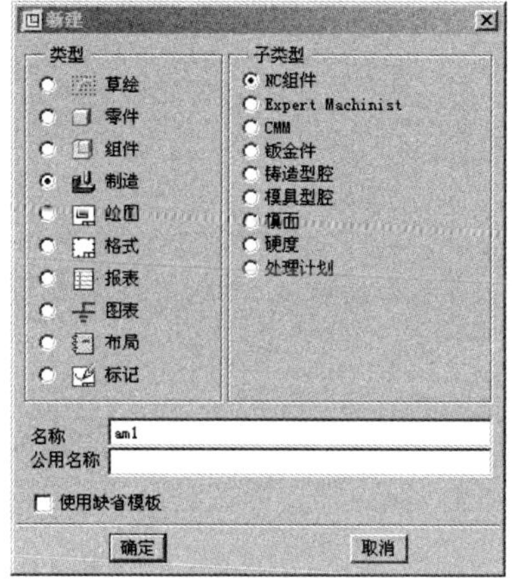

图 6.1.2　“新建”对话框

（2）弹出“新文件选项”对话框，如图 6.1.3 所示。在模板中选中 mmns_mfg_nc 选项，单击“确定”按钮，进入 Pro/E NC 加工制造模块。

图 6.1.3　“新文件选项”对话框

（3）主窗口。主窗口是进行 NC 加工操作设置及图形显示的区域，其中主要有标题栏、菜单栏、工具栏、信息区、图形区及提示区等，如图 6.1.4 所示。

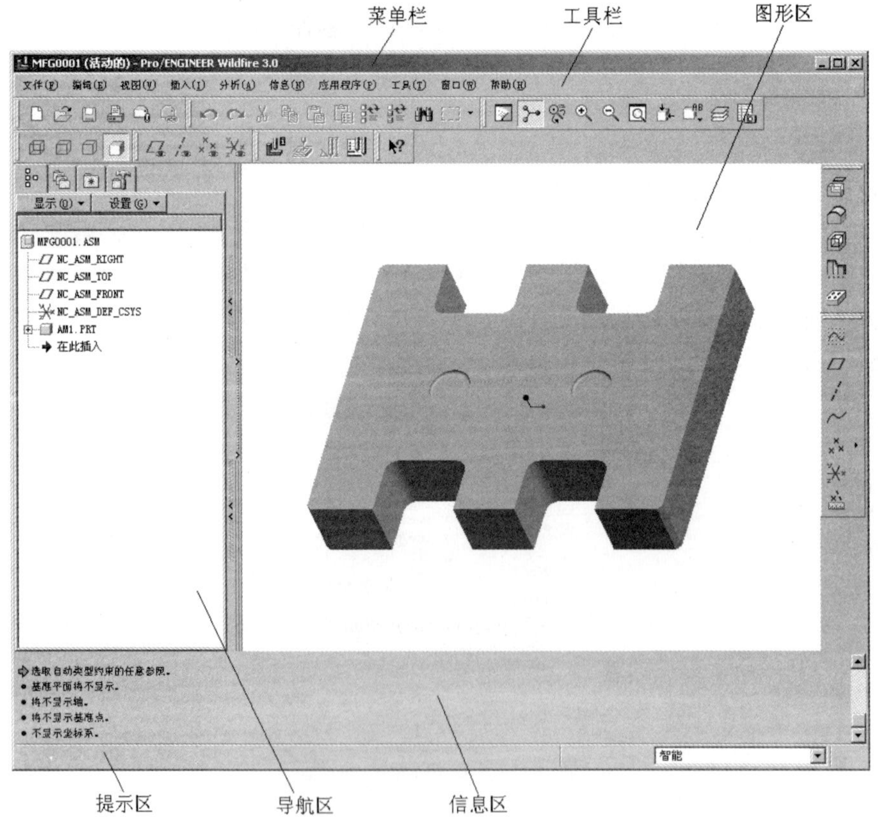

图 6.1.4　主窗口

（4）菜单管理器。菜单管理器会在用户操作的过程中，以下拉菜单的方式提供加工所需的各项设置选项，以进行各种数据的设定，如图 6.1.5 所示。

（5）导航区。导航区包括“模型树”、“文件夹浏览器”、“收藏夹”、和“连接”等 4 个标签。用户可以根据不同的需求，打开不同的标签，以方便操作。

2. 体积块工具

体积块铣削加工是铣削加工中最基本的材料去除方法和工艺手段，主要用在需要大量切除材料体积块的粗加工制造过程中。它是根据 NC 序列设置的加工几何形状，配合刀具几何参数数据与加工参数设置，以等高分层的方式产生刀具路径数据，将加工几何范围内的工件材料切除。其中被切除掉的工件材料称为体积块。常采用立铣刀或球头立铣刀在数控铣床或数控车铣床上进行加工。创建 NC 工序的一般步骤如下：

（1）建立体积块铣削加工 NC 工序。

单击图 6.1.6 中的“体积块”菜单项，并单击“完成”。

（2）选择加工工艺设置项目。

在体积块铣削加工序列设置菜单中，选择要进行参数设置的项目，并单击“完成”。体积块铣削加工的序列设置菜单，一般情况下至少应选择“参数”及“体积”两项，如图 6.1.7 所示。

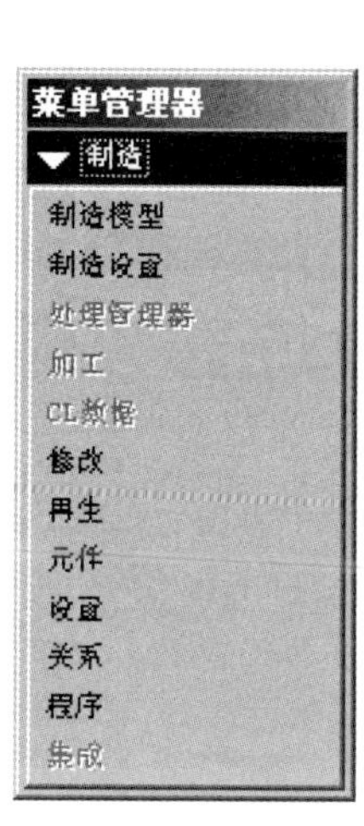

图 6.1.5 菜单管理器

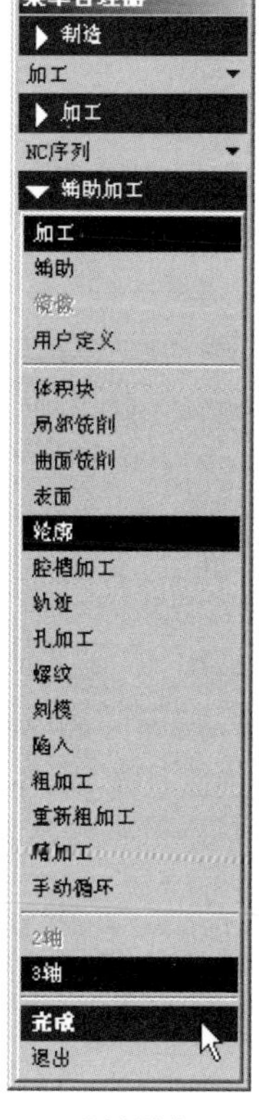

图 6.1.6 “辅助加工”菜单

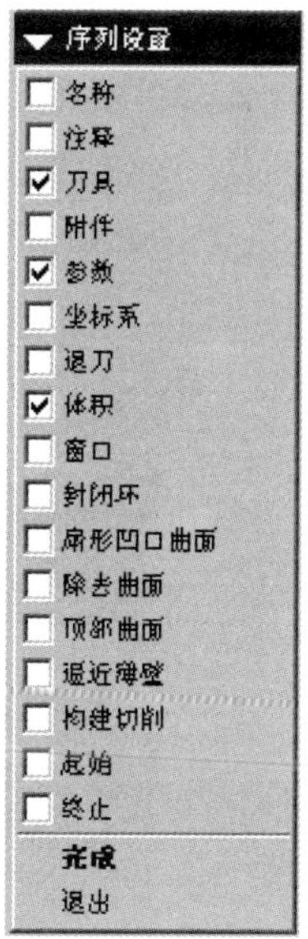

图 6.1.7 “序列设置”菜单

（3）设置加工工艺参数。

“参数树”对话框如图 6.1.8 所示。

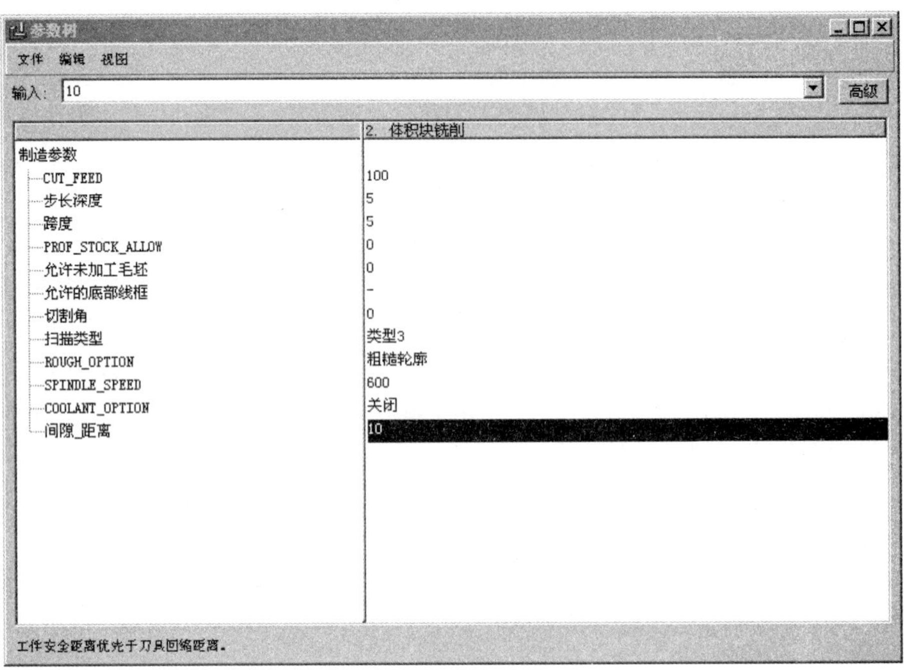

图 6.1.8 “参数树”对话框

① 跨度：相邻两刀具轨迹之间的距离，即行距。

② 允许未加工毛坯：粗加工余量。

③ 切割角：刀具加工方向与数控加工坐标系 X 轴之间的夹角。

④ 扫描类型：系统共提供了 10 种走刀方式，分别说明下。

- 类型 1：刀具连续走刀，遇到岛屿或凸起特征时自动抬刀。
- 类型 2：刀具连续走刀，遇到岛屿或凸起特征时环绕岛屿或沿凸起轮廓加工，不抬刀。
- 类型 3：刀具连续走刀，遇到岛屿或凸起特征时，刀具分区进行加工。
- 类型螺旋：螺旋走刀。
- 类型 1 方向：单方向切削加工，到一行终点，刀具抬刀后返回到下一行起点；遇到岛屿或凸起特征时自动抬刀。
- TYPE_1_CONNECT：单方向切削加工，到一行终点，刀具抬刀后返回到本行起点，然后下刀并移动到下一行的起点；遇到岛屿或凸起特征时自动抬刀。
- 常数—载入：执行高速粗加工或轮廓加工（由粗糙选项决定）。
- 螺旋保持切割方向：保持切削方向的螺旋走刀方式，两次切削之间用 S 形连接。
- 螺旋保持切割类型：保持切削类型的螺旋走刀方式，两次切削之间用圆弧连接。
- 跟随硬壁：切削轨迹形状与体积块的侧壁形状相似，两行轨迹之间的间距固定。

⑤ 粗糙选项：设置是否加工侧面轮廓边界，系统共提供 7 种方式。

- 只有粗糙：只加工内部，不加工侧面轮廓边界。
- 粗糙轮廓：先粗加工内部区域，再加工侧面轮廓边界，即清根。
- 配置_&_粗糙（PROF_&_ROUGH）：先加工侧面轮廓边界，再粗加工内部区域。
- 配置_只(PROF_ONLY)：只加工侧面轮廓，不加工内部区域。

- ROUGH_&_CLEAN_UP：加工内部区域时清理侧面边界，不单独产生侧面轮廓边界加工。
- 口袋(POCKETING)：采用腔槽加工方式进行加工。
- 仅一表面(FACES_ONLY)：仅加工该体积块中所有平行于退刀面的平面（岛屿顶面和体积块的底面）。

设置完加工工艺参数后，在“参数树”对话框中选择“文件”菜单中的“保存”选项，保存设置，然后关闭“参数树”对话框。单击“制造参数”菜单中的“完成”命令，完成参数设置，弹出选取菜单。

（4）选择或建立体积块。

在制造模型中，选取先前创建的体积块或创建的体积块，并单击“完成”。完成对应的待加工体积块的选取。如果创建体积块，则需单击工具按钮，通过建立常规特征（如拉伸或去除）方式来创建体积块。

（5）完成其他项目参数的设置。

五、任务实施

1. 启动 Pro/E 软件

用鼠标左键双击桌面上 Pro/E 软件的快捷图标或单击“开始”→“程序”→PTC 下的 Pro/ENGINEER 均可启动已正确安装成功的该软件。

2. 新建零件文件

单击“新建”按钮，弹出“新建”对话框。在“类型”选项组选中“零件”单选按钮，选中“子类型”选项组中的“制造”。在“名称”文本框中输入文件名 am1（系统默认为 mfg0001.mfg），取消选中“使用缺省模板”复选框，单击“确定”按钮。弹出“新文件选项”对话框，在“模板”选项组中选择 mmns_mfg_nc 选项，单击“确定”按钮，进入 Pro/E NC 加工制造模块。

3. 创建制造模型

Step 1 装配参照模型。在系统弹出的“制造”菜单中依次选择“制造模型”、“装配”、“参照模型”选项或直接单击特征工具栏中的装配参照模型按钮，系统弹出“打开”对话框。在对话框中选择素材文件“项目 6\任务 1\ tijikuai.prt”，接着单击“打开”按钮，系统即在图形显示区导入参照模型，在安装类型中选择“缺省”，单击确定。单击“制造模型”选项中的“完成/返回”项，如图 6.1.9 所示。

图 6.1.9　菜单项

Step 2 导入工件。

单击“菜单管理器”最顶层“制造”菜单下的“制造模型”选项，在弹出的菜单中依次单击“装配”、“工件”选项或单击特征工具栏中的装配工件按钮，系统再次弹出“打开”对话框。在对话框中选择素材文件“项目 6\6.1\gongjian.prt”，接着单击“打开”按钮，系统即在图形显示区导入参照模型，在安装类型中选择“缺省”，单击确定。单击“制造模型”选项中的“完成/返回”项，如图 6.1.10 所示。

图 6.1.10　装配操控面板

注意： 参照模型是指需要加工出来的零件，在创建数控加工轨迹时将设计模型作为参考，工件是指未加工的原材料或坯料，是一个零件模型。工件模型代表了数控加工时刀具运动的空间范围，加工模拟出材料的切除情况，还可以计算材料切削用量。

Step 3 系统弹出如图 6.1.11 所示的“创建毛坯工件”对话框，单击对话框中的“确定”按钮，完成工件的创建。

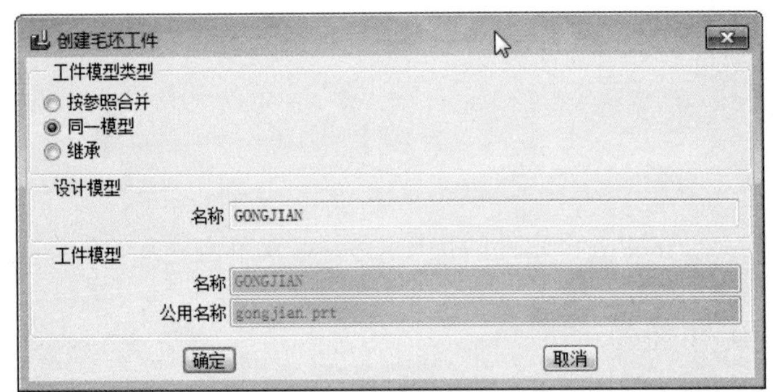

图 6.1.11　“创建毛坯工件”对话框

Step 4 单击“制造模型”菜单中“完成/返回”选项，至此完成了制造模型的创建，如图 6.1.12 所示。

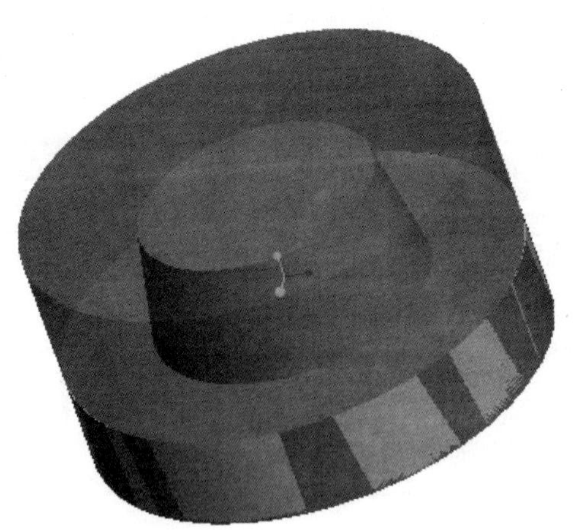

图 6.1.12　创建的制造模型

4. 体积块铣削加工操作的设置

Step 1 单击“菜单管理器”中的“制造设置”选项，打开如图 6.1.13 所示的“操作设置”对话框。

图 16.1.13 “操作设置”对话框

Step 2 在“操作名称”栏中输入操作名称，此处采用系统默认的名称“OP010”。

Step 3 单击“NC 机床”栏的按钮，打开“机床设置”对话框，如图 6.1.14 所示，“机床名称”使用系统默认的名称“MACH01”，“机床类型”为“铣削”，轴数为“3 轴”。

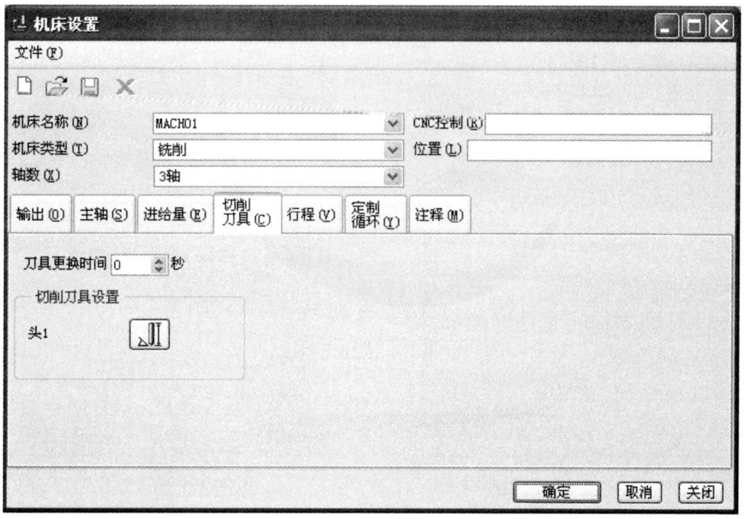

图 6.1.14 “机床设置”对话框

Step 4 在图 6.1.14 中单击按钮，再单击“打开切削刀具设置对话框”按钮，打开“刀具设定”对话框，如图 6.1.15 所示，刀具名称使用系统默认的“T0001”，材料设置为“HSS”，单位为“毫米”，刀具直径为 4，刀具长度为 50，其他框格不填。单击“应用”→“确定”按钮。返回到“切削刀具”对话框。单击“确定”按钮，机床设置完成。

Step 5 在“操作设置”对话框中，单击“参照”选项组的按钮，系统弹出选取坐标系菜单，选择默认坐标系，也可以自行创建一个新的坐标系。本例采用自行创建一个新的坐标系，单击工作界面右侧的按钮，弹出如图 6.1.16 所示的“坐标系”对话框，然后按住 Ctrl

键，在制造模型中依次选取 NC_ASM_FRONT、NC_ASM_RIGHT 基准平面和工件的上表面，单击“确定”按钮，完成加工零点的定义。

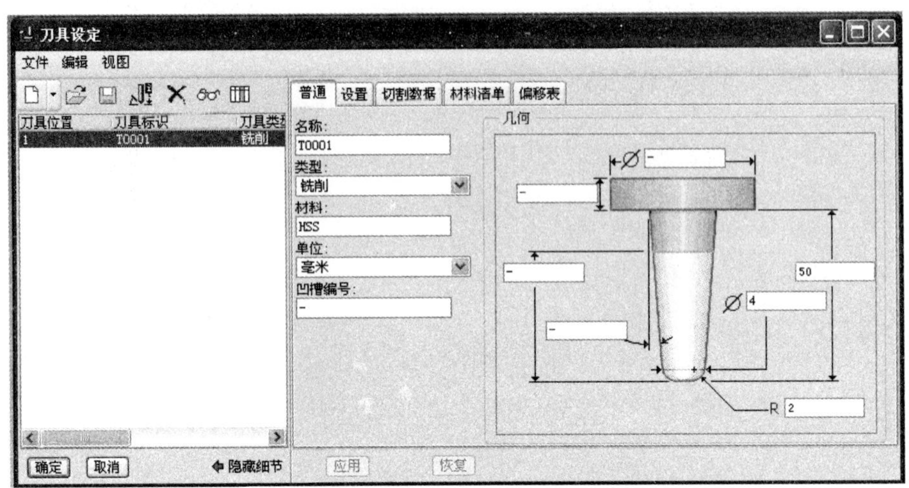

图 6.1.15 “刀具设定”对话框

Step 6 在“操作设置”对话框中，单击“退刀”选项组的按钮，系统弹出“退刀设置”对话框，如图 6.1.17 所示。选择模型上表面，在 Z 方向输入 10，然后单击“确定”按钮，单击“操作设置”对话框中的“确定”按钮，然后单击“制造设置”中的“完成/返回”按钮。

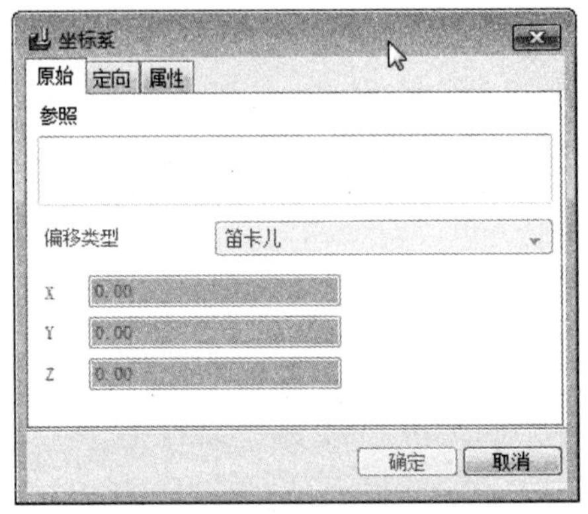

图 6.1.16 “坐标系”对话框

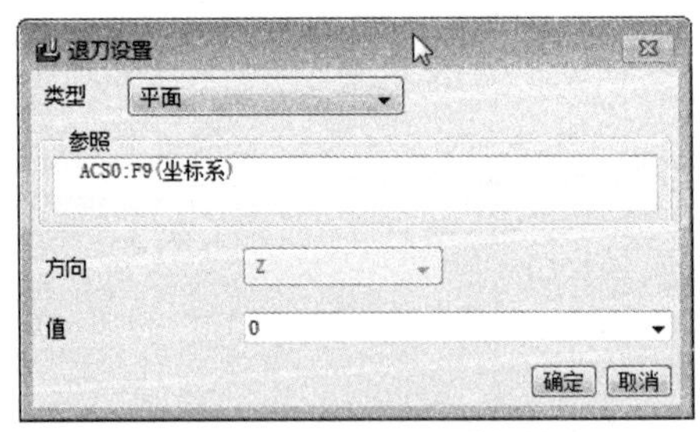

图 6.1.17 “退刀设置”对话框

5. 创建 NC 序列

Step 1 在“菜单管理器”中选择“制造”、“加工”、“NC 序列”，系统打开如图 6.1.18 所示“辅助加工”菜单。

注意：在序列设置中，由于刀具参数已经设置好了，所以只需要设置参数和体积块即可。

Step 2 选择“辅助加工”菜单中的“体积块”，执行“完成”命令，系统显示“序列设置”菜单，如图 6.1.19 所示。选择“参数”和“体积块”，然后单击“完成”。

Step 3 系统打开如图 6.1.20 所示的对话框，选择“制造参数”中的“设置”，弹出“参数树”菜单。设置如图 6.1.20 所示，保存，完成。

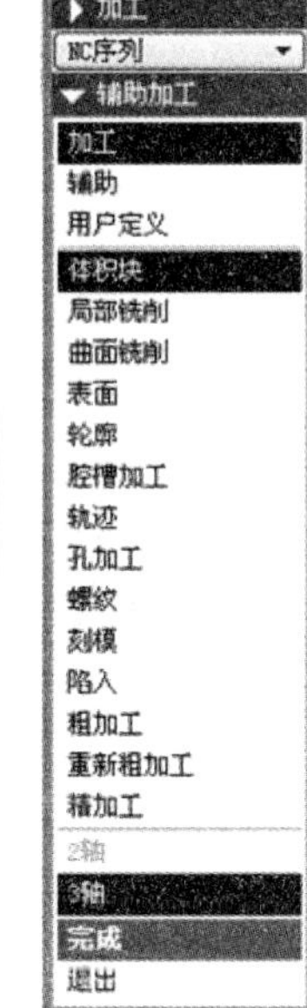

图 6.1.18　“辅助加工”菜单

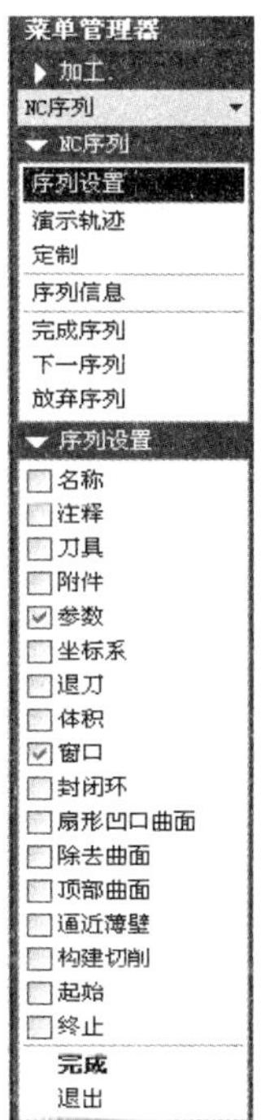

图 6.1.19　“序列设置”菜单

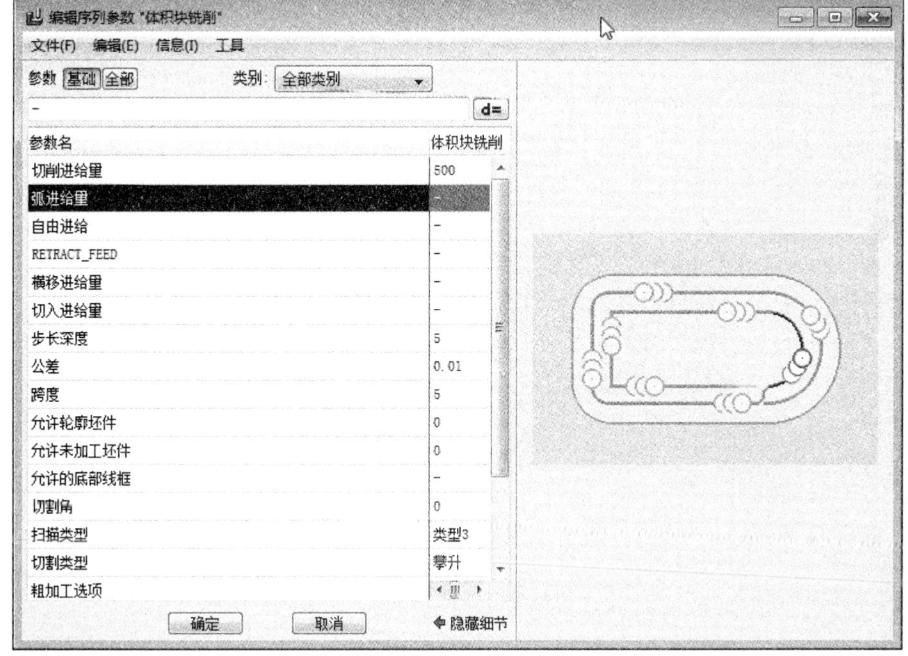

图 6.1.20　“编辑序列参数“体积块””对话框

注意：在序列设置中，由于刀具参数已经设置好了，所以只需要设置参数和体积块即可。

Step 4　在信息提示栏中系统提示“选取先前定义的铣削体积块”。单击特征工具栏中的铣削体积块按钮，进入如图 6.1.21 所示的工作界面。单击旋转特征按钮，系统弹出如图 6.1.22

所示的旋转特征操控面板。

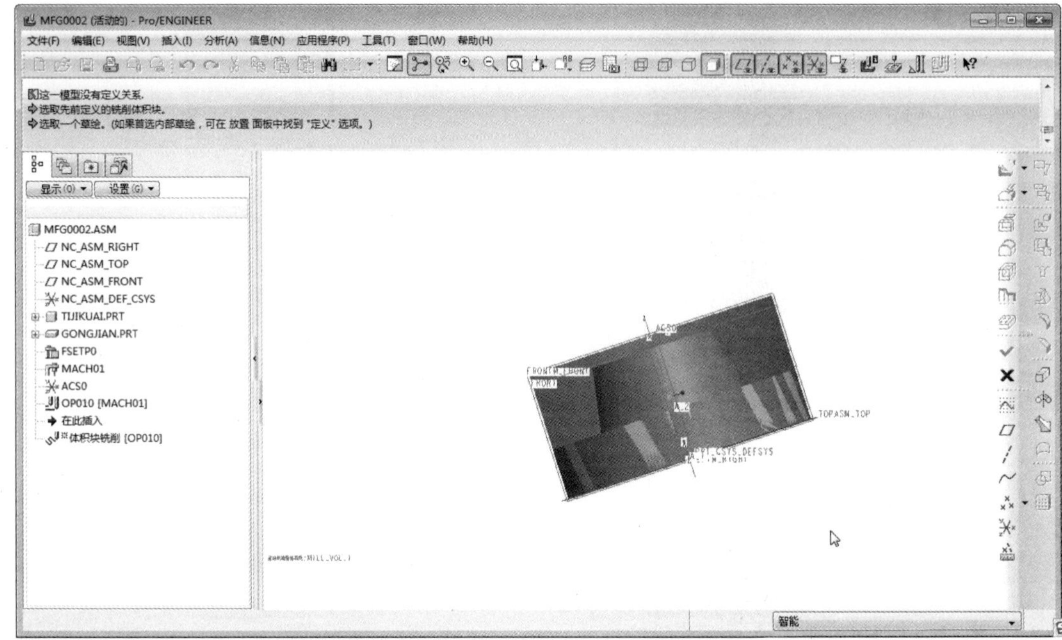

图 6.1.21 工作界面

图 6.1.22 旋转特征操控面板

Step 5 依次单击“位置”→“定义”，系统弹出如图 6.1.23 所示的“草绘”对话框，选择 NC_ASM_FRONT 作为草绘平面。单击“草绘”按钮，进入系统的草绘界面。

图 6.1.23 “草绘”对话框

Step 6 草绘如图 6.1.24 所示的截面，单击✔按钮，完成草绘截面的绘制。

Step 7 单击操控面板的✔按钮。

Step 8 系统返回到如图 6.1.26 所示的工作界面，单击工作界面的✔按钮。至此，完成了铣削体积块的创建。

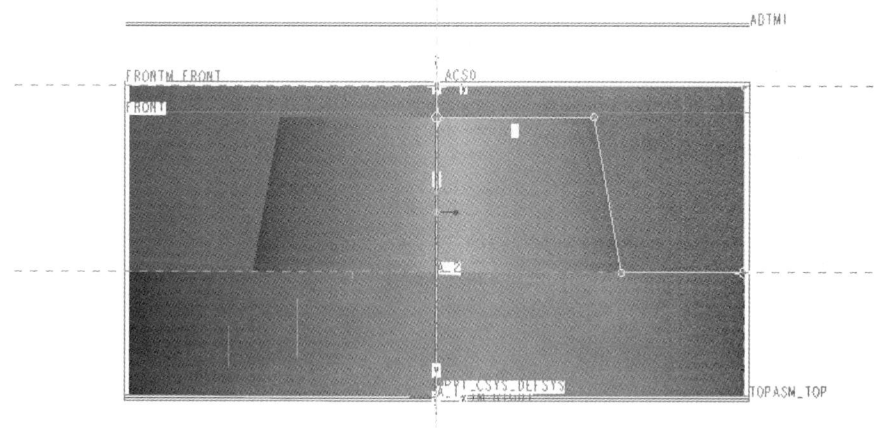

图 6.1.24　草绘截面

6. *刀具路径演示与检测*

Step 1 依次选择图 6.1.25 中的“制造”、“加工”、“NC 序列”、“演示轨迹”、“演示路径”、“屏幕演示”。系统打开如图 6.1.26 的“播放路径”对话框。单击 ▶ 按钮，则创建的刀具路径如图 6.1.27 所示，至此刀具路径创建完成。

图 6.1.25　菜单管理器

图 6.1.26　“播放路径”对话框

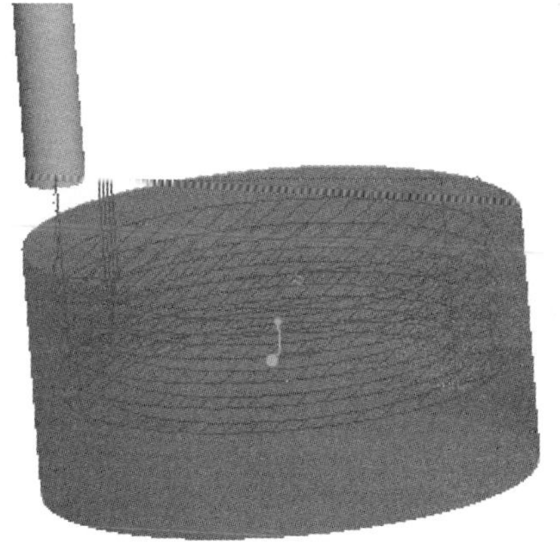

图 6.1.27　刀具路径

Step 2 选择“演示轨迹”、“NC 检测”、“运行”命令，在屏幕上动态演示加工过程。结果如图 6.1.28 所示。

图 6.1.28　加工结果演示

Step 3 选择“NC 序列”菜单中的“完成序列”命令，则序列设置完成。

在运行加工仿真之前，必须将环境变量“nccheck_type”的值设定为“nccheck”。

六、任务总结

本任务主要利用体积块命令进行 NC 加工，让初学者容易掌握。

七、拓展训练

1．制作凹槽，零件如图 6.1.29 所示。

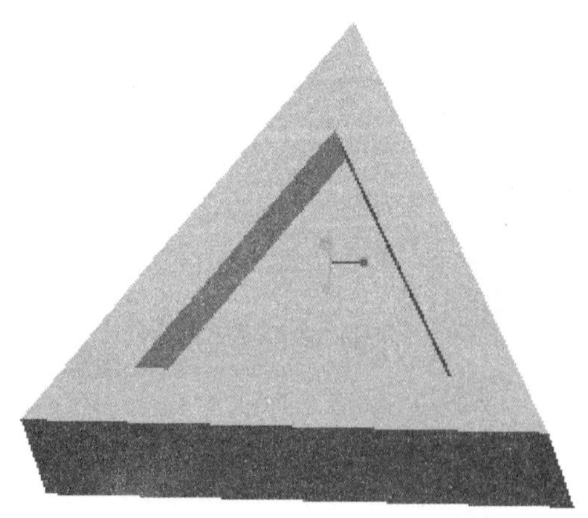

图 6.1.29　凹槽零件图

操作提示：启动 Pro/E 软件；新建零件文件；创建制造模型；体积块铣削加工操作设置，进行如图 6.1.30 所示的刀具设置和如图 6.1.31 所示的参数设置。

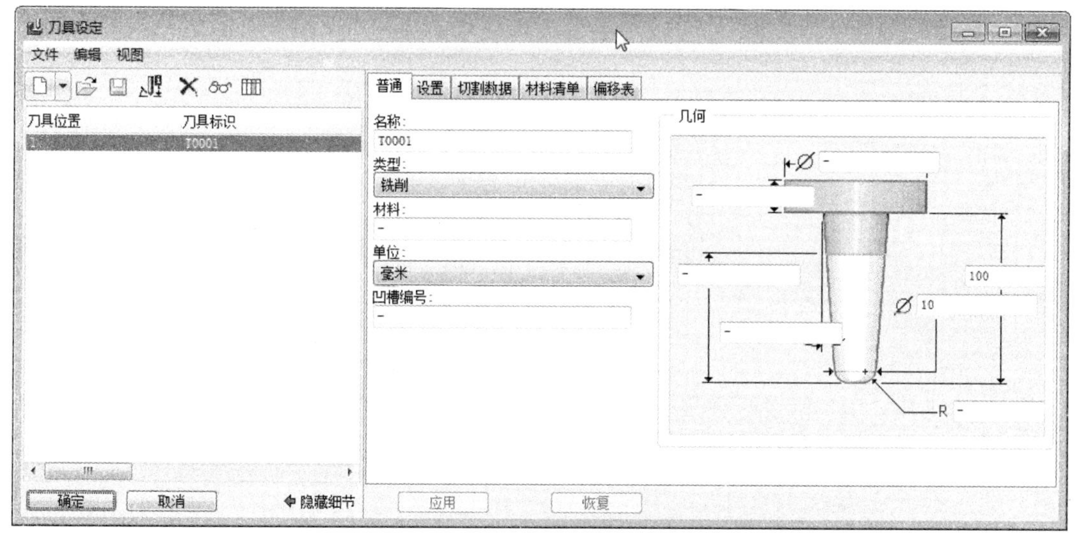

图 6.1.30　刀具设置

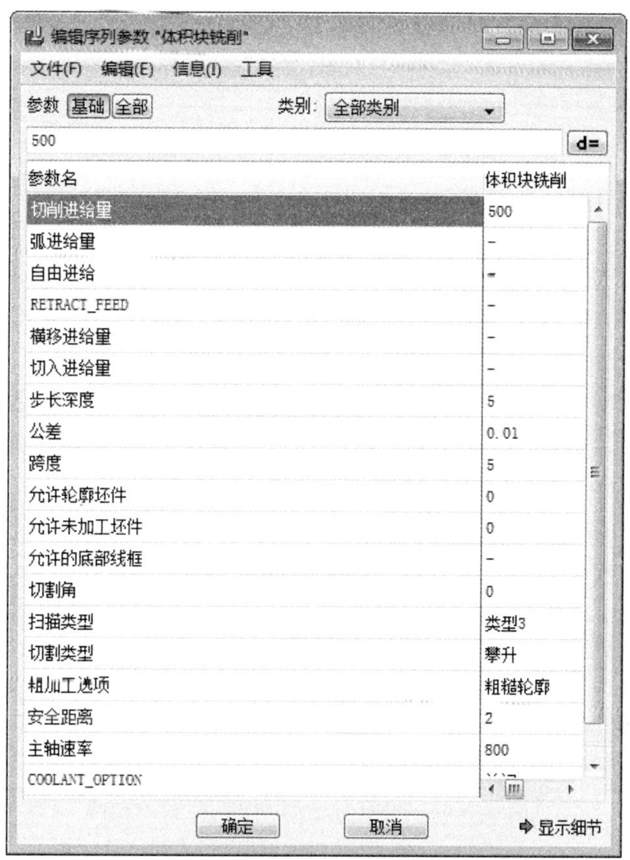

图 6.1.31　参数设置

创建 NC 序列，绘制如图 6.1.32 所示体积块拉伸草绘截面；路径演示与检测，如图 6.1.33 所示。

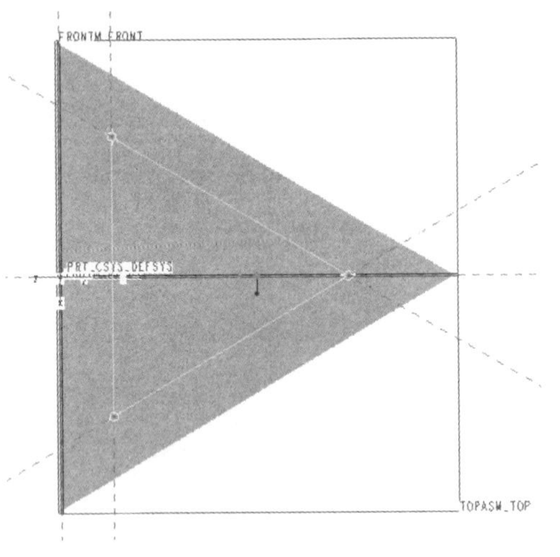

图 6.1.32　体积块拉伸草绘截面

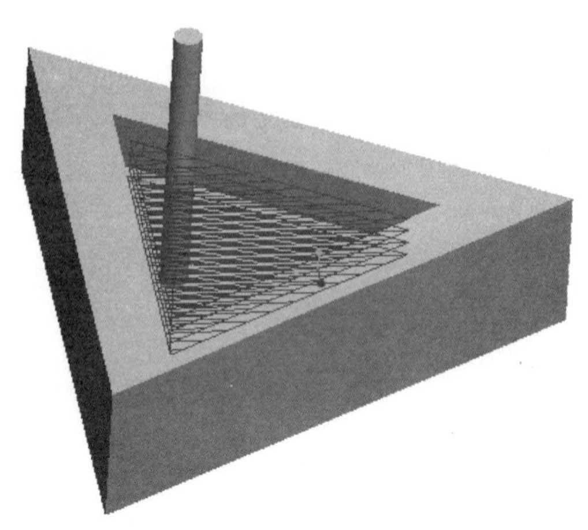

图 6.1.33　加工路径演示

任务 6.2　槽轮的 Pro/E NC 加工

一、任务描述

本任务由材料制作出槽轮，参数如图 6.2.1 所示。

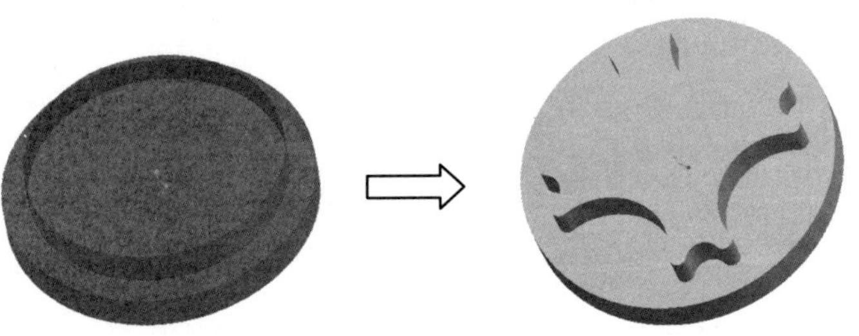

图 6.2.1　槽轮示意图

二、任务训练内容

（1）轮廓铣削加工特征的建立。
（2）零件精加工的基本过程。

三、任务训练目标

知识目标

（1）掌握轮廓铣削加工特征的建立。
（2）了解零件精加工的基本过程。

技能目标

（1）独立操作软件，了解简单零件的精加工过程。
（2）用轮廓铣削特征对简单零件进行实体加工。

四、任务相关知识

轮廓铣削加工主要用来进行垂直或倾斜轮廓的粗铣或精铣。轮廓铣削中的轮廓必须是连续的，倾斜度较小，常采用立铣刀或球头立铣刀在数控铣床或数控车铣床上进行加工。创建NC工序的一般步骤如下。

1. 建立轮廓铣削加工NC工序

单击图6.1.6中的“轮廓”，选择相应的菜单项，并单击“完成”。

2. 选择加工工艺设置项目

在“序列设置”菜单（图6.1.7）中，选择要进行参数设置的项目，并单击“完成”。轮廓铣削加工一般情况下至少应选择“参数”及“曲面”两项；如果在前面的步骤中已设置了其中的参数，如刀具、坐标系等，在这里可不选择该项目。

本任务中有别于其他加工序列设置菜单的项目如下。

（1）扇形凹口曲面：待加工的曲面中有扇形凹口，系统将计算实际加工的曲面为整个曲面减去扇形凹口。

（2）检测曲面：在加工时要设定对加工轮廓进行干涉检查的附加曲面。

（3）构建切削：进行特殊刀具路径设定。

3. 设置加工工艺参数

在制造参数菜单中，选择“设置”菜单项，并在如图6.1.8所示的对话框中进行参数设置。这个对话框中给出了所有在轮廓加工中应设置的参数；右边是各参数的值。可选择要设置的参数，在输入栏内输入或选择参数值。另外，在参数值显示区所显示的缺省参数，如果其值为“-1”，表示系统没有提供缺省值，必须设置该参数值；如果其值为“-”，表示可以不必设置该参数的值，一般是采用系统缺省值或其他值。

加工工艺参数的意义如下：

（1）CUT_FEED（切割进给）：加工时刀具运动的进给速度，其单位为mm/min。

（2）步长深度：分层铣削时每层的切削深度。

（3）PROF_STOCK_ALLOW（配置_毛坯_允许）：侧向表面的加工预留量，必须小于或等于粗加工余量轮。

（4）检测允许的曲面毛坯：干涉检查曲面允许误差值。

（5）侧壁扇形高度：轮廓分层加工时，分层处残留高度值。

（6）SPINDLE_SPEED（转轴速率）：主轴转速。

（7）COOLANT_OPTION（切削液设置）：系统提供了充溢、喷淋雾、关闭、开、攻丝（攻螺纹）、穿过六种切削液喷洒方式。

（8）间隙_距离：安全高度，即快进运动结束、慢进给运动开始的高度。

设置完加工工艺参数后，在“参数树”对话框中选择“文件”菜单中的“保存”选项，保存设置，然后关闭“参数树”对话框。

4. 选择要加工的面

在曲面拾取菜单中，选择待加工面选取方式，并单击“完成”。完成选择对应的加工面。

系统提供了待加工面在模型上、在铣削体积块上或铣削曲面上三种方式。如果选择了模型，则系统提示选择模型上的一个面作为待加工的面；若选择了铣削体积块，则系统提示选择体积块或建立体积块，并选择其上的面作为待加工面；如果选择了铣削曲面，则系统提示建立曲面或选择曲面，将其作为待加工面。

完成其他项目参数的设置。各种加工的创建 NC 工序步骤基本上与此类似。

五、任务实施

1. 启动 Pro/E 软件

双击桌面上 Pro/E 软件的快捷图标或单击“开始”→“程序”→PTC 下的 Pro/ENGINEER 均可启动已正确安装成功的该软件。

2. 新建零件文件

单击“新建”按钮，弹出“新建”对话框。在“类型”选项组选中“零件”单选按钮，选中“子类型”选项组中的“制造”。在“名称”文本框中输入文件名 am1（系统默认为 mfg0001.mfg），取消选中“使用缺省模板”复选框，单击“确定”按钮。弹出“新文件选项”对话框，在“模板”选项组中选择 mmns_mfg_nc 选项，单击“确定”按钮，进入 Pro/E NC 加工制造模块。

3. 创建制造模型

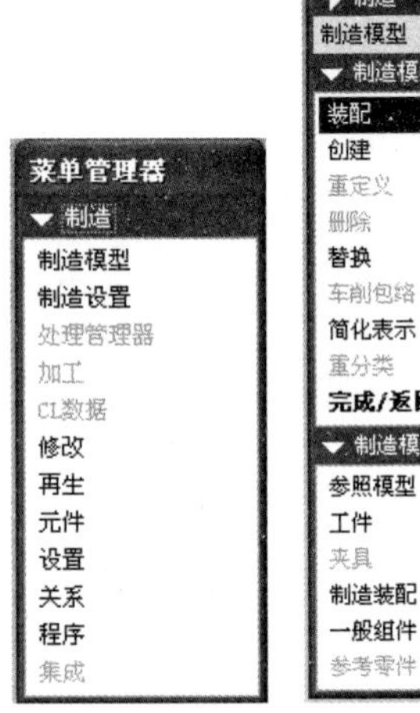

图 6.2.2　菜单管理器

Step 1　装配参照模型。如图 6.2.2 所示，在系统弹出的“制造”菜单中依次选择“制造模型”、“装配”、“参照模型”选项或直接单击特征工具栏中的装配参照模型按钮，系统弹出“打开”对话框。在对话框中选择素材文件“项目 6\任务 2\lkx.prt”，接着单击“打开”按钮，系统即在图形显示区导入参照模型，在安装类型中选择“缺省”，单击确定。单击“制造模型”选项中的“完成/返回”。装配操控面板如图 6.2.3 所示。

图 6.2.3　装配操控面板

Step 2　导入工件。单击菜单管理器最顶层“制造”菜单下的“制造模型”选项，在弹出的菜单中依次单击“装配”、“工件”选项或单击特征工具栏中的装配工件按钮，系统再次弹出“打开”对话框。在对话框中选择素材文件“项目 6\6.2\gongjian.prt”，接着单击“打开”按钮，系统即在图形显示区导入参照模型，在安装类型中选择“缺省”，单击确定。单击“制造模型”选项中的“完成/返回”。

注意： *参照模型是指需要加工出来的零件，在创建数控加工轨迹时将设计模型作为参考，工件是指未加工的原材料或坯料，是一个零件模型。工件模型代表了数控加工时刀具运动的空间范围，加工模拟出材料的切除情况，还可以计算材料切削用量。*

Step 3　单击“制造模型”选项中的“完成/返回”后，系统弹出如图 6.2.4 所示的“创建毛坯工件”对话框，单击对话框中的“确定”按钮，完成工件的创建。

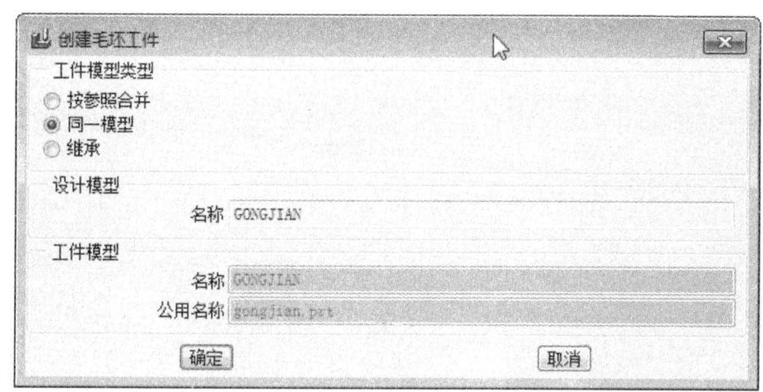

图 6.2.4　“创建毛坯工件”对话框

Step 4　单击“制造模型”菜单中的“完成/返回”选项，至此完成了制造模型的创建。结果如图 6.2.5 所示。

4. 轮廓铣削加工操作设置

Step 1　单击菜单管理器中的“制造设置”选项，打开如图 6.2.6 所示的“操作设置”对话框。

图 6.2.5　创建的制造模型

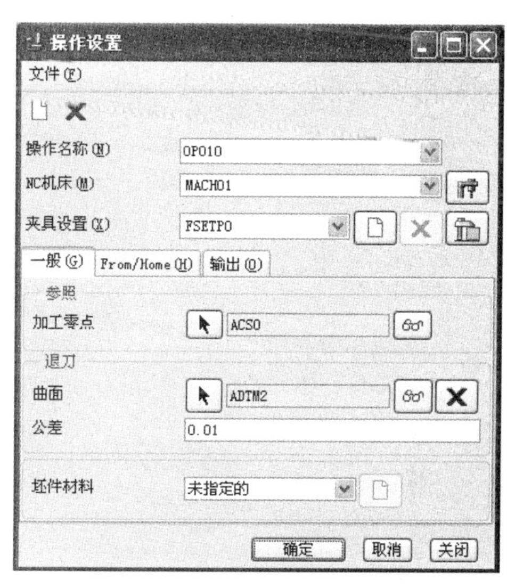

图 6.2.6　“操作设置”对话框

Step 2　在“操作名称”栏中输入操作名称，此处采用系统默认的名称“OP010”。

Step 3　单击“NC 机床”栏中的按钮，打开“机床设置”对话框，如图 6.2.7 所示，“机床名称”使用系统默认的机床名称“MACH01”，“机床类型”为“铣削”，轴数为“3 轴”。

Step 4　在图 6.2.7 中单击按钮，再单击“打开切削刀具设置对话框”按钮，打开“刀具设定”对话框，如图 6.2.8 所示，刀具名称使用系统默认的“T0001”，材料设置为“HSS”，单位为“毫米”，刀具直径为 4，刀具长度为 50，其他框格不填。单击“应用”和“确定”按钮，返回到“切削刀具”对话框。单击“确定”按钮，机床设置完成。

Step 5　在“操作设置”对话框中，单击“参照”选项组的按钮，系统弹出选取坐标系菜单，选择默认坐标系，也可以自行创建一个新的坐标系。本例采用自行创建一个新的坐标系，单击工作界面右侧的按钮，系统弹出如图 6.2.9 所示的“坐标系”对话框，然后按住 Ctrl 键，在制造模型中依次选取 NC_ASM_FRONT、NC_ASM_RIGHT 基准平面和工件的上表面，单击“确定”按钮，完成加工零点的定义。

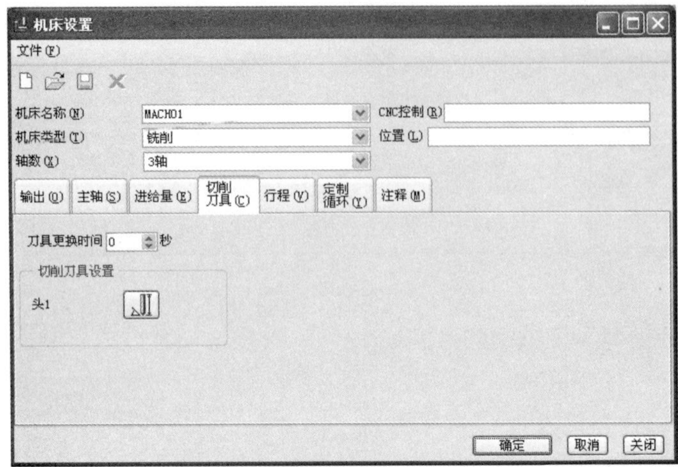

图 6.2.7　“机床设置”对话框

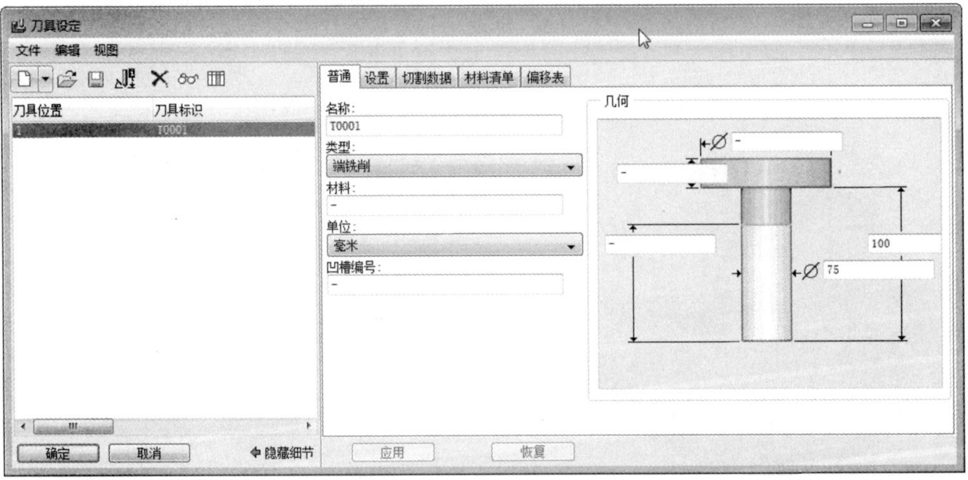

图 6.2.8　“刀具设定”对话框

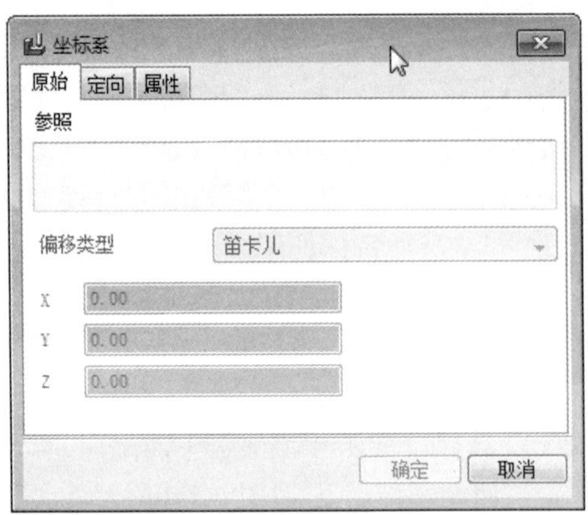

图 6.2.9　“坐标系”对话框

Step 6　在“操作设置”对话框中，单击“退刀”选项组的[按钮图标]按钮，系统弹出“退刀设置”对话框，如图 6.2.10 所示。选择模型上表面，在 Z 方向输入 10，然后单击“确定”按钮，单击“操作设置”对话框中的“确定”按钮，然后单击“制造设置”中的“完成/返回”。

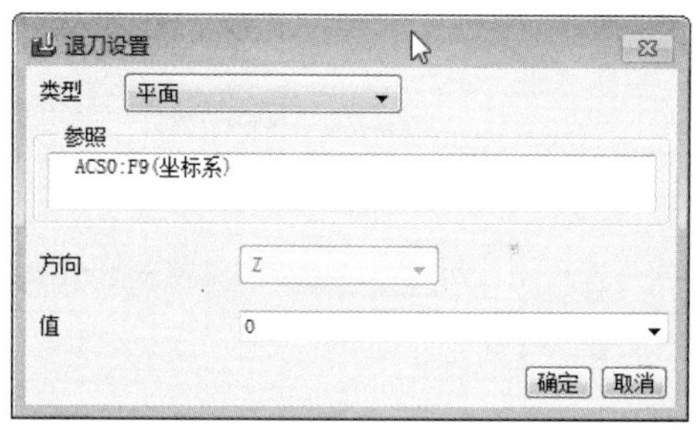

图 6.2.10　“退刀设置”对话框

5. 创建 NC 序列

Step 1　在菜单管理器中选择“制造”、“加工”、“NC 序列”，系统打开如图 6.2.11 所示的“辅助加工”菜单。

注意：*在序列设置中，由于刀具参数已经设置好了，所以只需要设置参数和曲面即可。*

Step 2　选择“辅助加工”菜单中的“轮廓”，执行“完成”命令，系统显示“序列设置”菜单，如图 6.2.12 所示。选择“参数”和“曲面”，然后选择“完成”。

图 6.2.11　“辅助加工”菜单

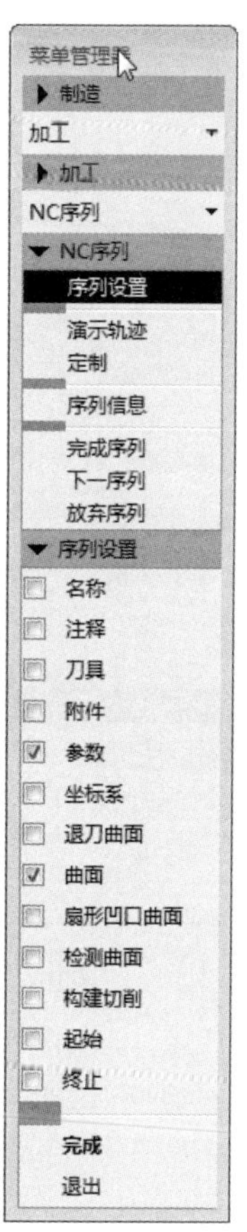

图 6.2.12　“序列设置”菜单

Step 3　系统打开如图 6.2.13 所示的“制造参数”中的“设置”对话框，弹出“参数树”菜单。设置如图 6.2.13 所示，保存，完成。

Step 4　系统打开如图 6.2.14 所示的“曲面拾取”菜单，在菜单中选择“模型”和“完成”

选项。系统打开如图 6.2.15 所示的“选取曲面”菜单，同时在信息栏中提示“选取要加工的曲面”。

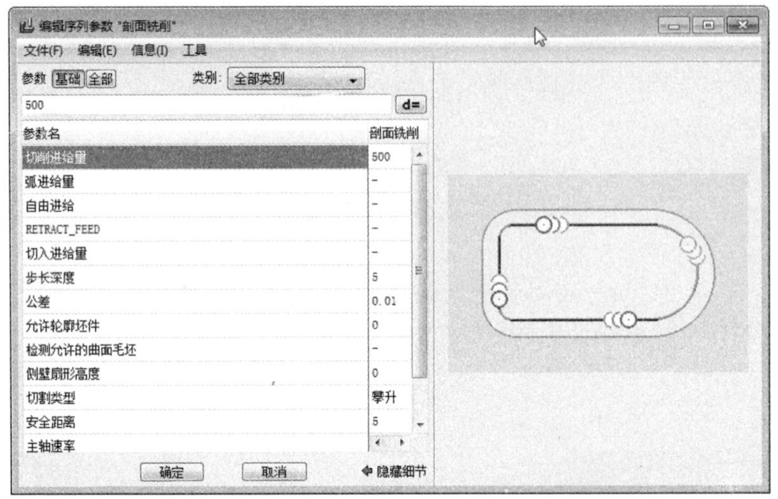

图 6.2.13 “编辑序列参数‘体积块’”对话框

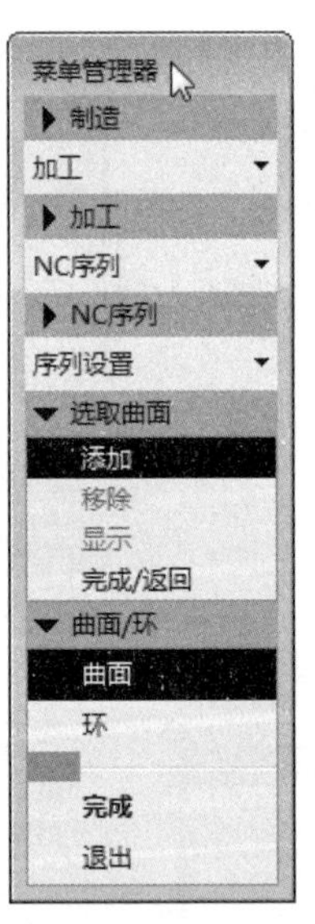

图 6.2.14 “曲面拾取”菜单

图 6.2.15 “选取曲面”菜单

Step 5 按住 Ctrl 键，在图形显示区中依次选择参照模型的外围轮廓面作为要铣削的加工面，如图 6.2.16 所示。然后单击“选取曲面”菜单中的“完成/返回”选项，结束轮廓曲面的选取。

Step 6 依次选择“NC 序列”菜单中的“完成序列”选项和“加工”菜单的“完成/返回”选项，至此完成了轮廓铣削加工 NC 序列设置。

6. *刀具路径演示与检测*

Step 1 依次选择图 6.2.17 中的“制造”、“加工”、“NC 序列”、“演示轨迹”、“演示路径”、“屏幕演示”，系统打开如图 6.2.18 的“播放路径”对话框。单击 ▶ 按钮，则创建的刀具路径如图 6.2.19 所示，至此刀具路径创建完成。

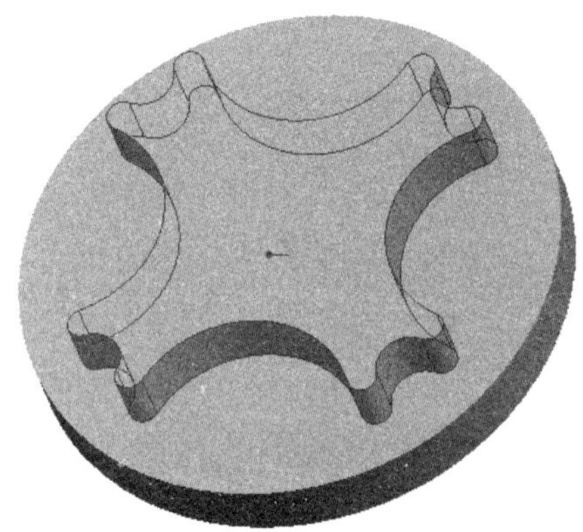

图 6.2.16　选取的轮廓曲面

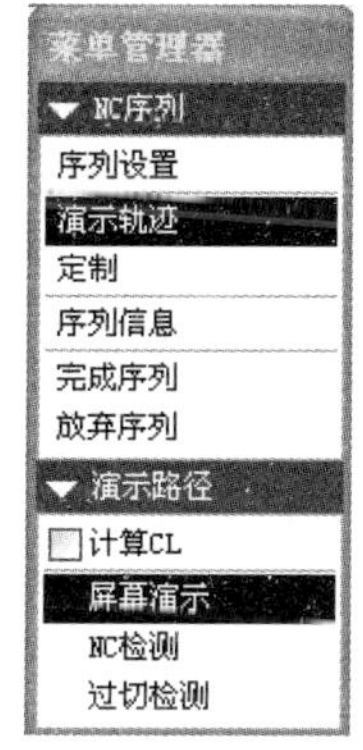

图 6.2.17　屏幕演示菜单

图 6.2.18　“播放路径”对话框

Step 2 选择“演示轨迹”、“NC 检测”、“运行”命令，在屏幕上动态演示加工过程，结果如图 6.2.20 所示。

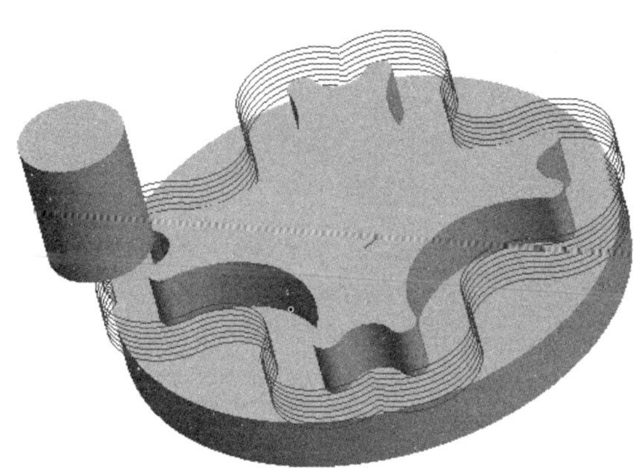

图 6.2.19　刀具路径图

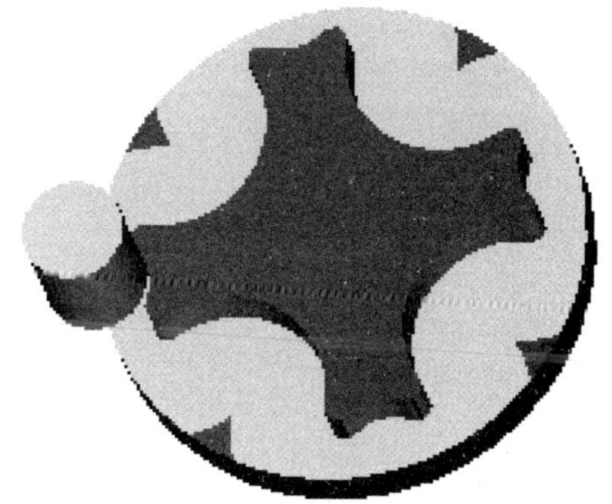

图 6.2.20　加工结果演示

Step 3 选择“NC 序列”菜单中的“完成序列”命令，则序列设置完成。

在运行加工仿真之前，必须将环境变量“nccheck_type”的值设定为“nccheck”。

六、任务总结

本任务从创建制造模型、轮廓铣削加工操作设置、创建 NC 序列、刀具路径演示与检测等方面进行了讲解。主要利用轮廓特征命令进行 NC 加工，让初学者容易掌握。

七、拓展训练

制作键，零件如图 6.2.21 所示。

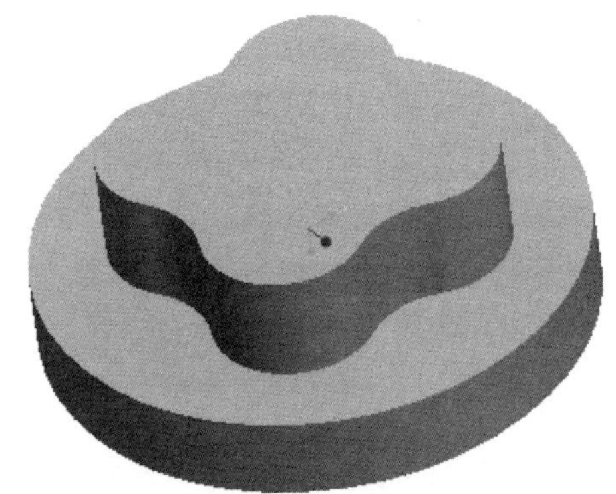

图 6.2.21　键零件图

操作提示：

① 启动 Pro/E 软件；新建零件文件；创建制造模型；体积块铣削加工操作设置，进行如图 6.2.22 所示的刀具设置和如图 6.2.23 所示的参数设置。

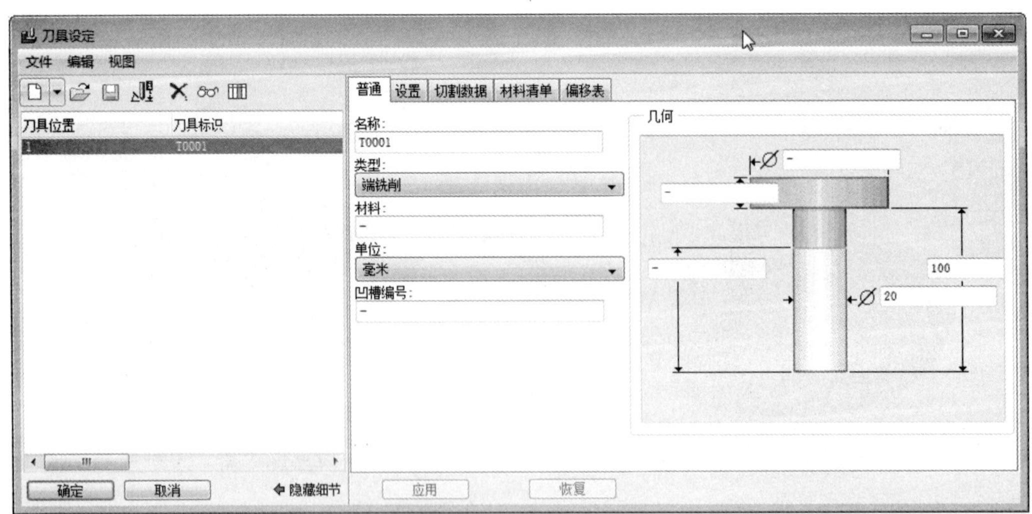

图 6.2.22　刀具设置

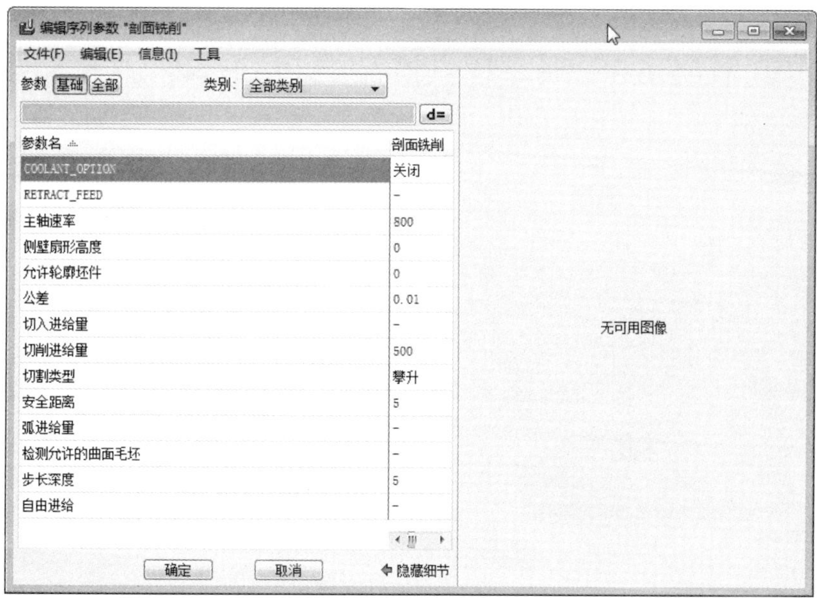

图 6.2.23　参数设置

② 创建 NC 序列，选择如图 6.2.24 所示的曲面。

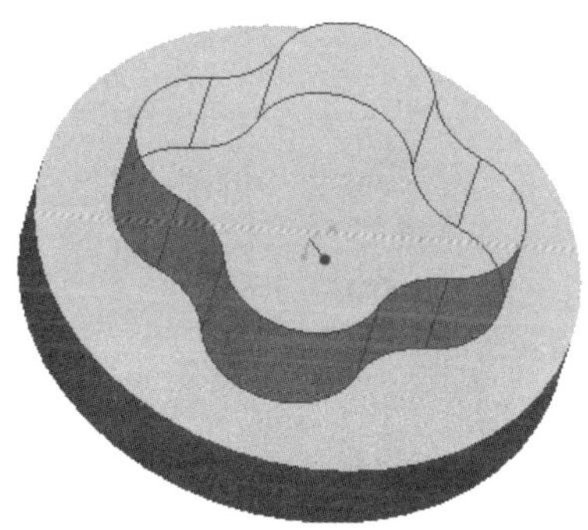

图 6.2.24　曲面

③ 路径演示与检测，图 6.2.25 为加工路径演示，图 6.2.26 为检测演示。

图 6.2.25　加工路径演示

图 6.2.26　检测演示

任务 6.3　典型模具产品的 Pro/E NC 加工

一、任务描述

本任务由材料制作出一模具零件，参数如图 6.3.1 所示。

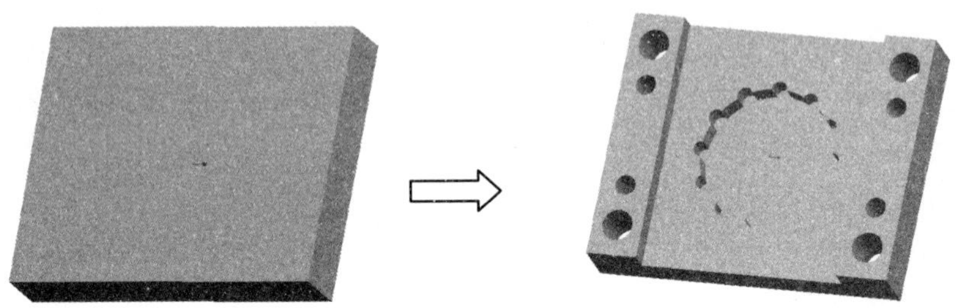

图 6.3.1　模具加工示意图

二、任务训练内容

（1）轮廓铣削加工特征的建立。
（2）表面加工特征的建立。
（3）腔槽加工特征的建立。
（4）孔加工特征的建立。

三、任务训练目标

知识目标

（1）熟悉轮廓铣削加工特征的建立。
（2）掌握表面加工特征的使用。
（3）掌握腔槽加工特征的使用。
（4）掌握孔加工特征的使用。

（1）独立操作软件，了解简单零件的加工过程。
（2）用表面加工、腔槽加工、孔加工特征对简单零件进行实体加工。

四、任务相关知识

1. 腔槽铣削

腔槽铣削用于体积块铣削之后的精铣，腔槽可以包含水平、垂直、倾斜曲面。对于侧面的加工类似于轮廓加工，底面类似于体积块加工中的底面铣削。创建 NC 工序的一般步骤如下：

（1）建立曲面铣削加工 NC 工序。单击图 6.1.6 中的“腔槽加工”菜单项，并单击“完成”。

（2）选择加工工艺设置项目。在“序列设置”菜单中，选择要进行参数设置的项目，并单击“完成”。腔槽铣削加工的序列设置菜单与体积块铣削的序列设置菜单类似，其选择方法也相似，一般情况下至少应选择“参数”及“曲面”两项。

（3）设置加工工艺参数。腔槽铣削加工参数树对话框中的加工工艺参数多数与前面的相似，这里不再赘述。

（4）选择要加工的曲面。

（5）完成其他项目参数的设置。

2. 孔加工

在数控机床上加工孔，采用固定循环方式，它们都具有一个参考平面、一个间隙平面和一个主轴坐标轴。Pro/E NC 提供了实现这些 G 代码指令的方法。创建孔加工 NC 工序的一般步骤如下。

（1）建立孔加工 NC 工序。

单击图 6.1.6 中的“孔加工”菜单项，并单击“完成”。

（2）选择孔加工方式。

在“孔加工”菜单（图 6.3.2）中，选择孔加工的方式，并单击“完成”。在“孔加工”菜单中，有三组菜单可供选择并相互组合，组成各种孔加工方式。各项菜单项的含义如下。

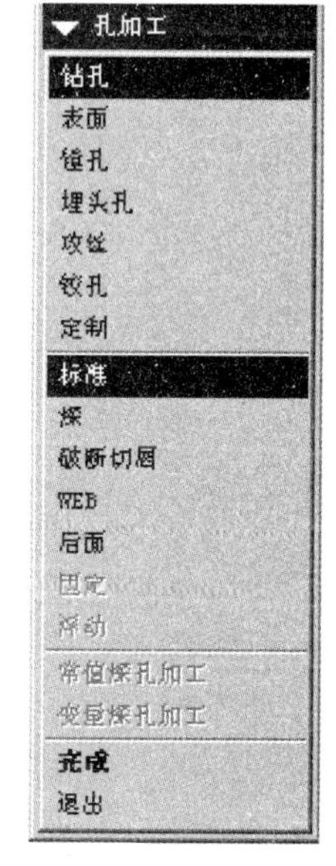

图 6.3.2 “孔加工”菜单

① 钻孔：普通钻孔，可与第二组的“标准”至“后面”菜单项组合。

② 表面：不通孔加工，可设置钻孔底部的停留时间，使孔底部曲面光整，对应指令 G82。

③ 镗孔：精加工孔，对应指令 G86。

④ 埋头孔：钻沉头螺钉孔。

⑤ 攻丝：钻螺纹孔，可与第二组的“固定”至“浮动”组合，表示进给率与主轴转速关系，对应指令 G84。

⑥ 铰孔：精加工孔，对应指令 G85。

⑦ 定制：自定义孔加工循环。

⑧ 标准：标准型钻孔，对应指令 G81。

⑨ 深：深孔钻，即步进钻孔循环，在第三组的“常值深孔加工”至“变量深孔加工”中可以指定加工深度参数，对应指令 G83。

⑩ 破断切屑：断屑钻孔，对应指令 G73。

⑪ WEB：断续钻孔，用于加工中间有间隙的多层板，对应指令 G88。

⑫ 后面：反向镗孔，对应指令 G87。

（3）选择加工工艺设置项目。

孔加工的“序列设置”菜单与前面的“序列设置”菜单类似，如图 6.3.3 所示，其选择方法也相似，一般情况下至少应选择“刀具”、“参数”、“退刀”及“孔”四项。

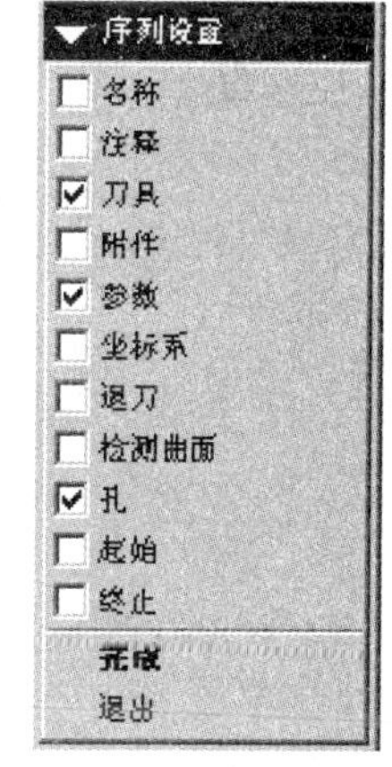

图 6.3.3 “序列设置”菜单

（4）设定刀具参数。

可输入刀具直径参数及类型。对于各种孔加工方式，其刀具类型不同。

（5）设置加工工艺参数。

孔加工参数树对话框中的加工工艺参数与前面的相似，如图 6.3.4 所示，区别如下。

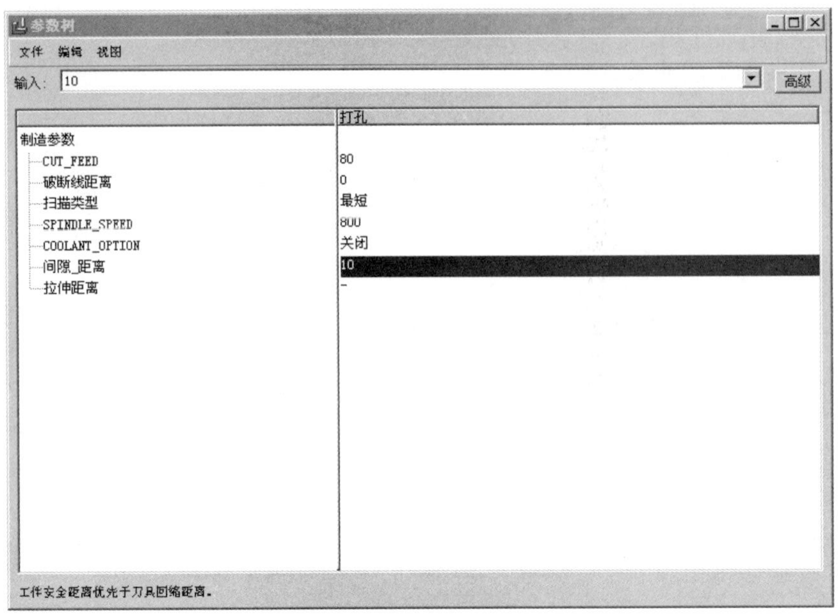

图 6.3.4 “参数树”对话框

① 断点距离：钻出距离。对于通孔，它为深度 Z 值；对于不通孔，缺省值为 0。

② 扫描类型：系统提供了 5 种加工孔组的方式，分别为：

- 类型 1：先加工孔轴线的 X、Y 坐标值最小的孔，然后按 Y 坐标递增、X 方向往复的方式加工孔。
- 类型螺旋：从孔轴线的坐标值最小的孔开始，顺时针方向加工。
- 类型 1 方向：先加工 X 值最小、Y 值最大的孔，然后按 X 坐标递增、Y 坐标递减的方式加工孔。
- 选出顺序：孔的加工顺序与选取孔时的顺序一样，如采用全选的方式选取孔，则采用类型 1 的顺序加工孔。

③ 最短：按加工动作时间最少的原则决定孔的加工顺序。

④ 拉伸距离：钻孔结束后，刀具提刀的距离。缺省为该值不起作用。

（6）定义退刀面。

（7）选择加工孔组。

在如图 6.3.5 所示的“孔集”对话框中，单击“添加”按钮，选择要加工的孔，选择完后单击选择对话框的“确定”，并单击“确定”按钮，完成加工孔组的选择。

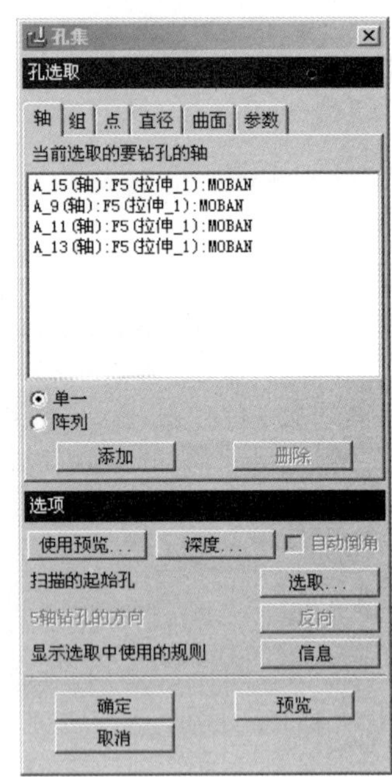

图 6.3.5 “孔集”对话框

在“孔集”对话框中，提供了要加工孔组的选择方式，有轴、预定义的孔组、孔轴通过的点、孔直径值、在曲面上的孔、带有特定参数的孔这 6 种方式。可选择对应的选项卡，按照提示选择，具体选择方法这里不再赘述。

（8）完成其他项目参数的设置。

五、任务实施

如图 6.3.6 所示为一模具零件，要完成该零件的加工，需对该零件进行表面铣削、腔槽铣削、钻孔和轮廓铣削等铣削工序。下面分别说明各工序的设置方法。

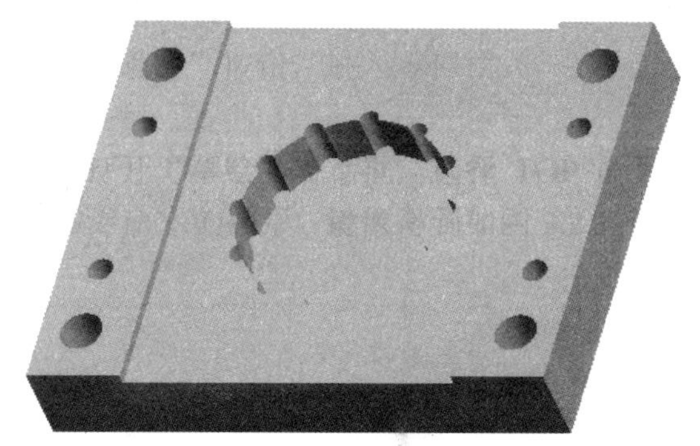

图 6.3.6　模具零件

1. 对如图 6.3.6 所示的模具零件上表面进行铣削加工

（1）新建零件文件。

（2）创建制造模型，如图 6.3.7 所示。

（3）制造设置。在菜单管理器中，单击“制造设置”、“操作”选项，打开如图 6.3.8 所示的“操作设置”对话框，在该对话框中定义操作名称、加工机床、加工坐标系及退刀面等。

图 6.3.7　制造模型

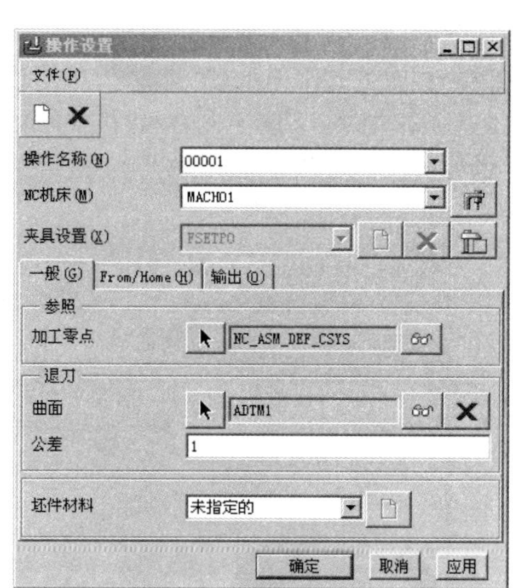

图 6.3.8　“操作设置”对话框

Step 1　定义操作名称。在“操作名称”列表框中输入操作名称 0P010。

Step 2　定义 NC 机床。单击图标按钮，打开“机床设置”对话框，保持各选项的设置不变。单击图标按钮，保存机床参数的设置，单击“确定”按钮，完成数控机床的定义。

Step 3　在图 6.3.8 所示对话框的“参照”选项组中，单击图标按钮，设置加工坐标系。本例采用自行创建一个新的坐标系，单击工作界面右侧的按钮，系统弹出如图 6.3.9 所示的“坐标系”对话框，然后按住 Ctrl 键，在制造模型中依次选取 NC_ASM_FRONT、NC_ASM_RIGHT 基准平面和工件的上表面，单击“确定”按钮，完成加工零点的定义。

Step 4 在“操作设置”对话框中，单击“退刀”选项组的按钮，系统弹出“退刀设置”对话框，如图 6.3.10 所示。选择模型上表面，在 Z 方向输入 10，然后单击“确定”按钮，单击“操作设置”对话框中的“确定”，然后单击“制造设置”中的“完成/返回”项。

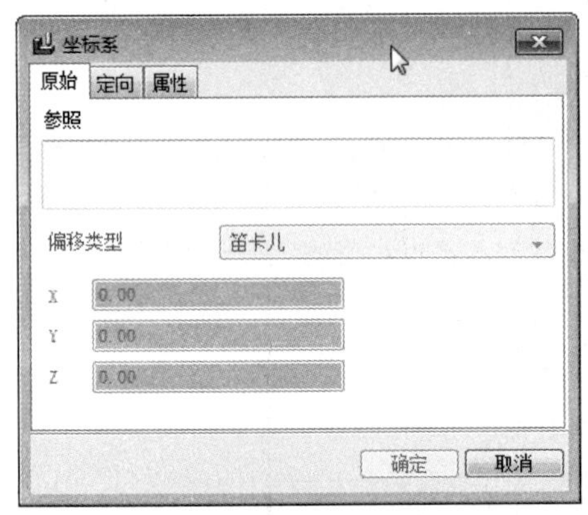

图 6.3.9 “坐标系”对话框

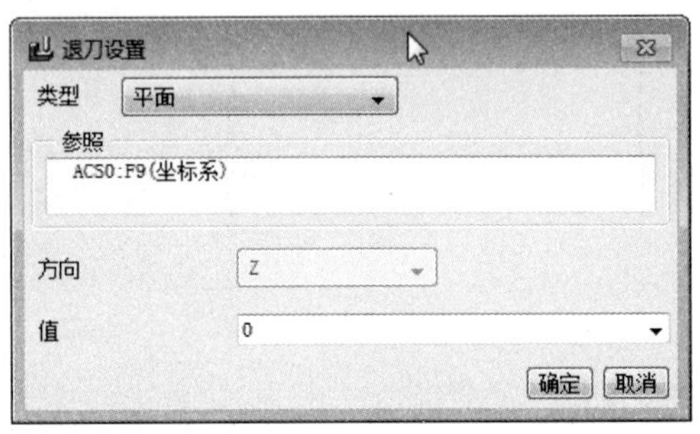

图 6.3.10 “退刀设置”对话框

（4）创建 NC 序列。

Step 1 在“加工”菜单中单击“NC 序列”选项，弹出“辅助加工”菜单，其中包括 Pro/E NC 提供的所有加工方法，依次选择“表面”、“完成”选项，结束加工方法的选择，弹出如图 6.2.12 所示的“序列设置”菜单。

Step 2 在图 6.2.12 所示的菜单中依次选取“刀具”、“参数”、“曲面”选项，单击“完成”选项，打开如图 6.3.11 所示的“刀具设定”对话框，在该对话框中进行刀具定义，刀具的具体参数设置如图 6.3.11 所示。

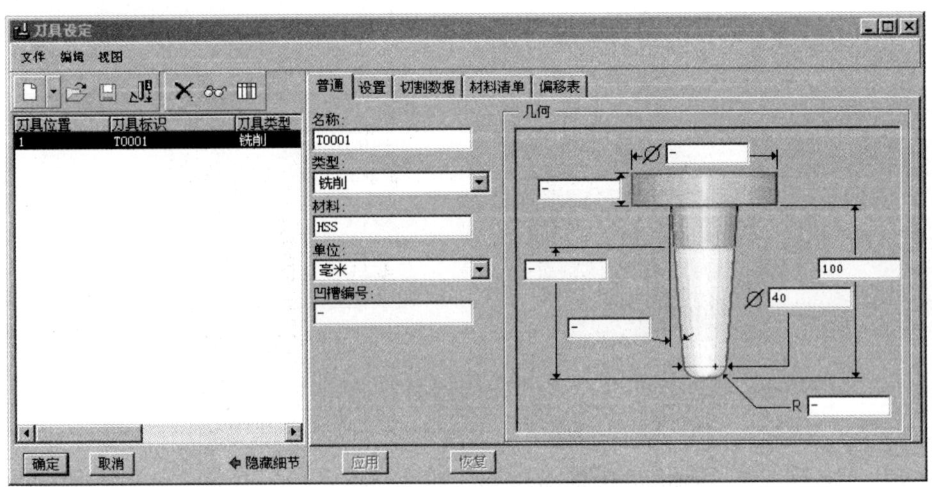

图 6.3.11 “刀具设定”对话框

Step 3 单击图 6.3.11 中的“确定”按钮结束刀具的设置，系统弹出“制造参数”菜单。

Step 4　单击“设置”选项，弹出如图 6.3.12 所示的“参数树”对话框，在该对话框中对轮廓加工工艺参数进行设置。

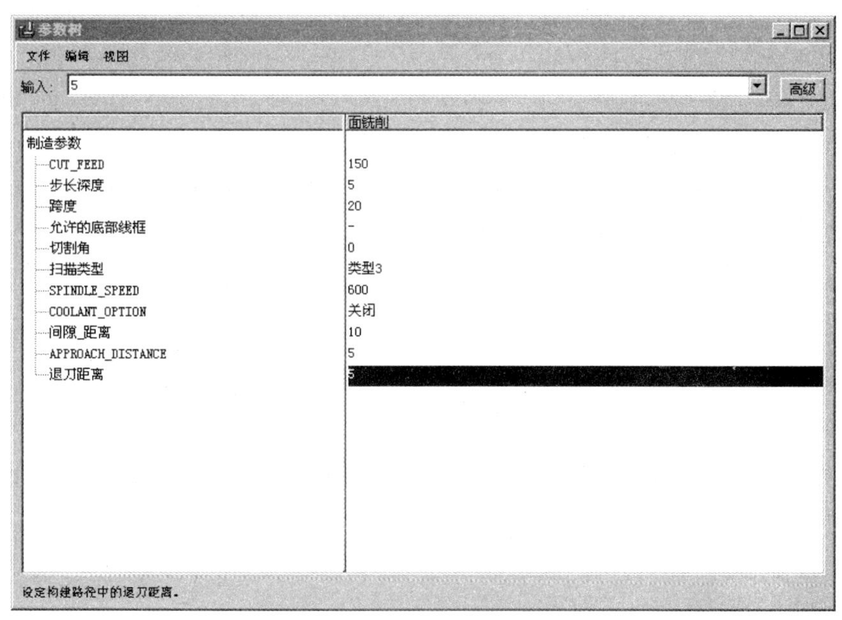

图 6.3.12　“参数树”对话框

Step 5　参数设置结束后，在“参数树”对话框中选择“文件”菜单中的“保存”选项，弹出“保存参数”对话框，输入新的文件名 milprm1，单击“确定”按钮，系统将加工参数文件 milprm1.mil 以文本格式保存在工作目录下。选择“参数树”对话框中的“文件”菜单，单击“退出”选项，结束加工参数的定义，系统返回“制造参数”菜单。单击“制造参数”菜单中的“完成”选项，完成参数设置。

Step 6　单击“曲面拾取”菜单，选择“模型”选项，单击“完成”选项，弹出“选取曲面”菜单。选取参考模型的上表面为加工表面，如图 6.3.13 所示。单击“完成/返回”选项，完成加工表面的选择，至此 NC 加工序列的定义全部完成。

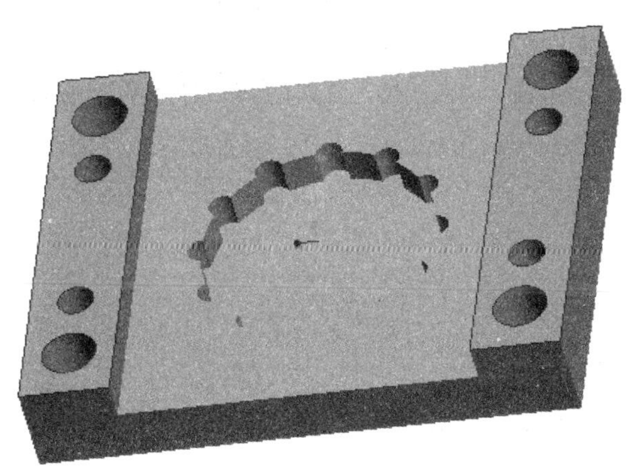

图 6.3.13　上表面的选取

（5）加工仿真。

在“NC 序列”菜单中选择“演示轨迹”选项，弹出“演示路径”菜单。选择其中的“屏幕演示”选项，打开“播放路径”对话框。单击▶图标按钮模拟刀具加工过程，如图 6.3.14 所示。模拟结束后，单击对话框中的“关闭”按钮，结束刀具轨迹的模拟操作。

（6）生成刀位数据文件。

单击“制造”、“CL 数据”、“输出”、“选取一”、“操作”、“0P010”命令，弹出下一级菜单，如图 6.3.15 所示。单击“轨迹”、“文件”命令，勾选“输出类型”菜单中的“CL 文件”、“MCD 文件”和“交互”复选框，最后单击“完成”命令，弹出“保存副本”对话框。默认以 0P010.ncl 为文件名进行保存，并单击“确定”按钮，弹出“后置处理选项”菜单。

（7）后置处理。

在“后置处理选项”菜单中，勾选“全部”和“跟踪”复选框，单击“完成”命令。弹出“后置处理列表”菜单，如图 6.3.16 所示。单击菜单中的 UNCX01.P20 选项，弹出“后置处理信息”对话框，单击“关闭”按钮。再单击“轨迹”菜单中的 Done Output 选项和“CL 数据”菜单中的“完成/返回”选项，完成后置处理。可得下列文件：0P010.ncl（CL 数据文件）、0P010.tap（G 代码），如图 6.3.17 所示。

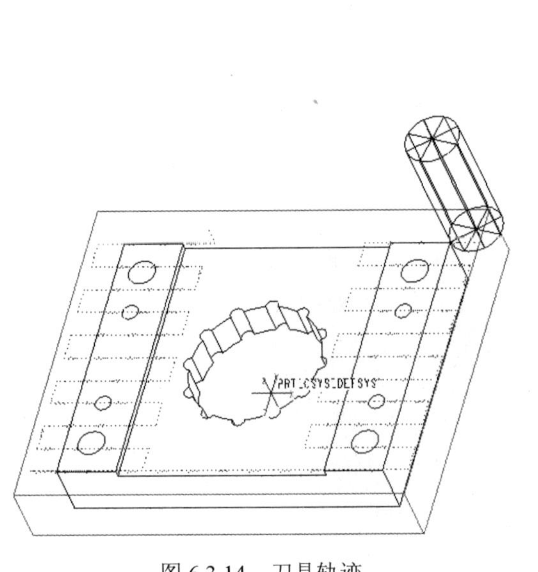

图 6.3.14　刀具轨迹

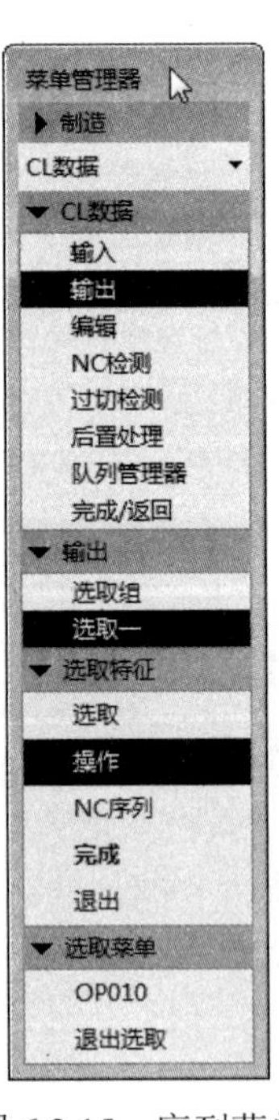

图 6.3.15　序列菜单

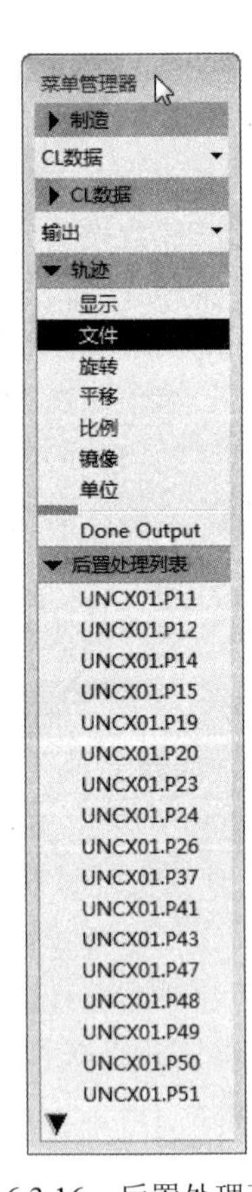

图 6.3.16　后置处理列表

2. 表面铣削加工

对如图 6.3.1 所示的模具零件型腔进行表面铣削加工，具体创建过程如下。

（1）制造设置。

在菜单管理器中，单击“制造设置”、“操作”选项，打开如图 6.3.8 所示的“操作设置”对话框，在该对话框中仅定义操作名称为 OP011，其他设置不变。

（2）创建 NC 序列。

Step 1 在“加工”菜单中单击“NC 序列”、“新序列”选项，如图 6.3.18 所示，弹出“辅助加工”菜单，其中包括 Pro/E NC 提供的所有加工方法，依次选择“表面”、“完成”选项结束加工方法的选择，弹出如图 6.2.12 所示的“序列设置”菜单。

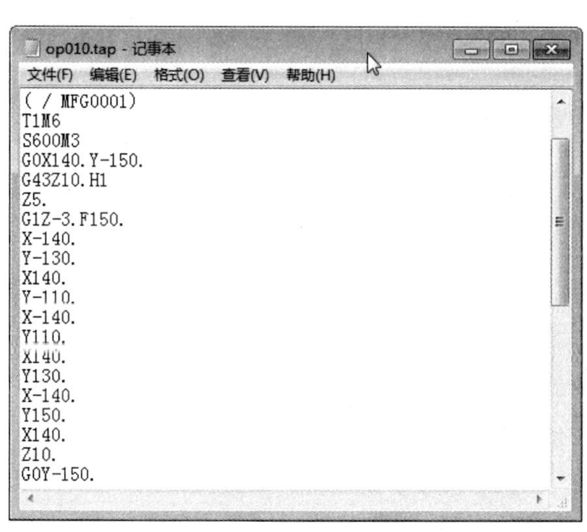

图 6.3.17　G 代码

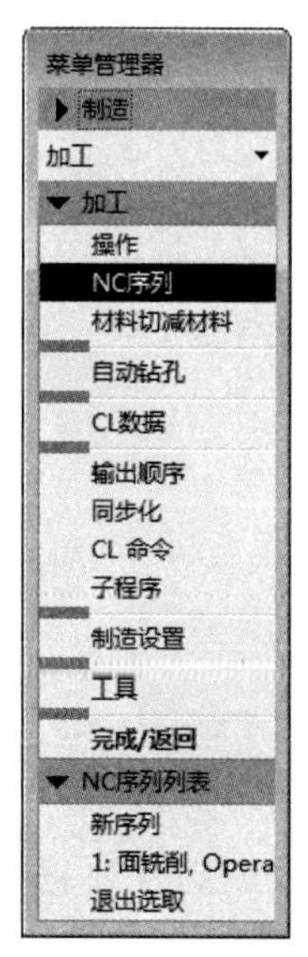

图 6.3.18　序列菜单

Step 2 在图 6.2.12 所示的菜单中依次选取“刀具”、“参数”、“曲面”选项，单击“完成”选项，打开如图 6.3.19 所示的“刀具设定”对话框，在该对话框中进行刀具定义，刀具的具体参数设置如图中所示。

图 6.3.19　“刀具设定”对话框

Step 3 单击图 6.3.19 中的“确定”按钮结束刀具的设置，系统弹出“制造参数”菜单。

Step 4 单击“设置”选项，弹出如图 6.3.20 所示的“参数树”对话框，在该对话框中对轮廓加工工艺参数进行设置。

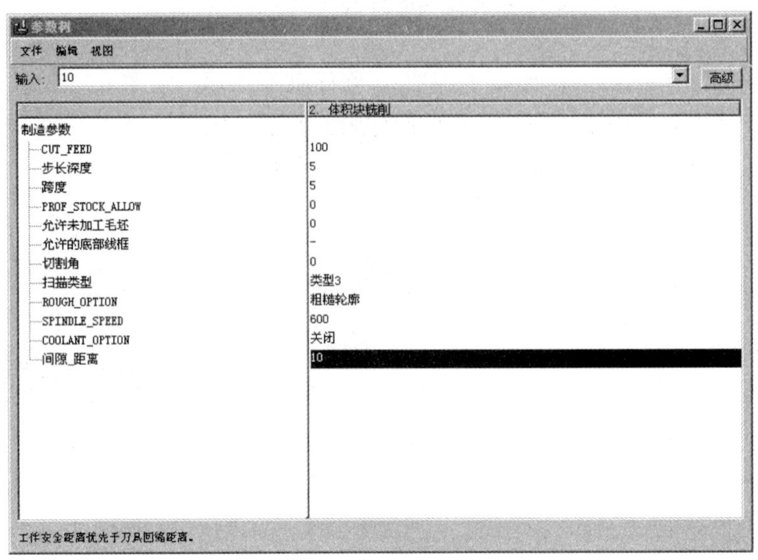

图 6.3.20 “参数树”对话框

Step 5 参数设置结束后，在“参数树”对话框中选择“文件”菜单中的“保存”选项，弹出“保存参数”对话框，输入新的文件名 milprm2，单击“确定”按钮，系统将加工参数文件 milprm2.mil 以文本格式保存在工作目录下。选择“参数树”对话框中的“文件”菜单，单击“退出”选项，结束加工参数的定义，系统返回“制造参数”菜单。单击“制造参数”菜单中的“完成”选项，完成参数设置。

Step 6 单击“曲面拾取”菜单，选择“模型”选项，单击“完成”选项，弹出“选取曲面”菜单。选取参考模型的上表面为加工表面，如图 6.3.21 所示，单击“完成/返回”选项，完成加工表面的选择，至此 NC 加工序列的定义全部完成。

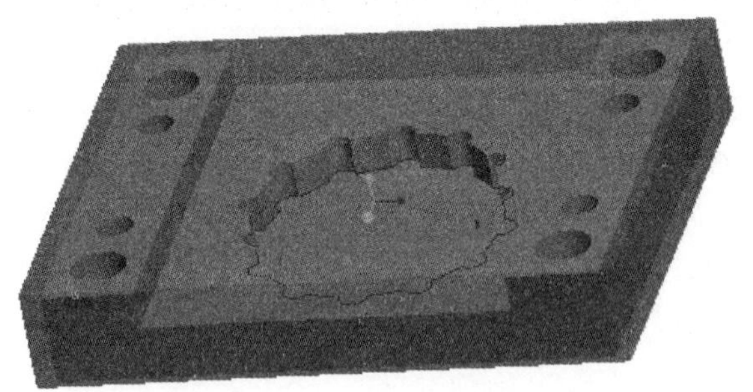

图 6.3.21 所选零件表面

（3）加工仿真。

在“NC 序列”菜单中选择“演示轨迹”选项，弹出“演示路径”菜单。选择其中的“屏幕演示”选项，打开“播放路径”对话框。单击▶图标按钮，模拟刀具加工过程，如图 6.3.22 所示。模拟结束后，单击对话框中的“关闭”按钮，结束刀具轨迹的模拟操作。

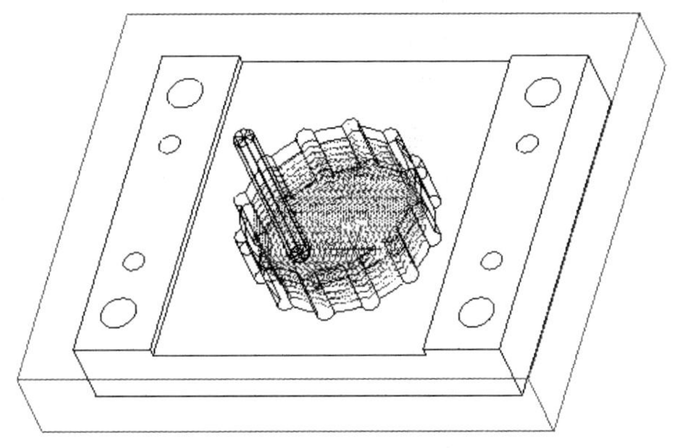

图 6.3.22 刀具轨迹

（4）生成刀位数据文件。

单击“制造”、“CL 数据”、“输出”、“选取一”、“操作”、“OP011”命令，弹出下一级菜单。单击“轨迹”、“文件”命令，勾选“输出类型”菜单中的“CL 文件”、“MCD 文件”和“交互”复选框，最后单击“完成”命令，弹出“保存副本”对话框。默认以 OP011.ncl 为文件名进行保存，并单击“确定”按钮，弹出“后置处理选项”菜单。

（5）后置处理。

在“后置处理选项”菜单中，勾选“全部”和“跟踪”复选框，单击“完成”命令。弹出“后置处理列表”菜单，单击菜单中的“UNCX01.P20”命令，弹出“后置处理信息”对话框，单击“关闭”按钮。再单击“轨迹”菜单中的“Done Output”命令和“CL 数据”菜单中的“完成/返回”命令，完成后置处理。可得下列文件：Op011.ncl（CL 数据文件）、Op011.tap（G 代码）。

3. 腔槽铣削加工

对如图 6.3.6 所示的模具零件上表面的槽进行铣削加工，具体创建过程如下。

（1）制造设置。

在菜单管理器中，单击“制造设置”、“操作”选项，打开如图 6.3.8 所示的“操作设置”对话框，在该对话框中仅定义操作名称为 OP012，其他设置不变。

（2）创建 NC 序列。

Step 1 在“加工”菜单中单击“NC 序列”、“新序列”选项，弹出“辅助加工”菜单，其中包括 Pro/E NC 提供的所有加工方法，依次选择“腔槽加工”、“完成”选项，结束加工方法的选择，弹出“序列设置”菜单。

Step 2 在菜单中依次选取“刀具”、“参数”、“曲面”选项，单击“完成”选项，打开如图 6.3.23 所示的“刀具设定”对话框，在该对话框中进行刀具定义，刀具的具体参数设置如图中所示。

Step 3 单击图 6.3.23 中的“确定”按钮结束刀具的设置，系统弹出“制造参数”菜单。

Step 4 单击“设置”选项，弹出如图 6.3.20 所示的“参数树”对话框，在该对话框中对轮廓加工工艺参数进行设置。

Step 5 参数设置结束后，在“参数树”对话框中选择“文件”菜单中的“保存”选项，弹出“保存参数”对话框，输入新的文件名 milprm3，单击“确定”按钮，系统将加工参数文件 milprm3.mil 以文本格式保存在工作目录下。选择“参数树”对话框中的“文件”菜单，单击“退出”选项，结束加工参数的定义，系统返回“制造参数”菜单。单击“制造参数”菜单中的“完成”命令，完成参数设置。

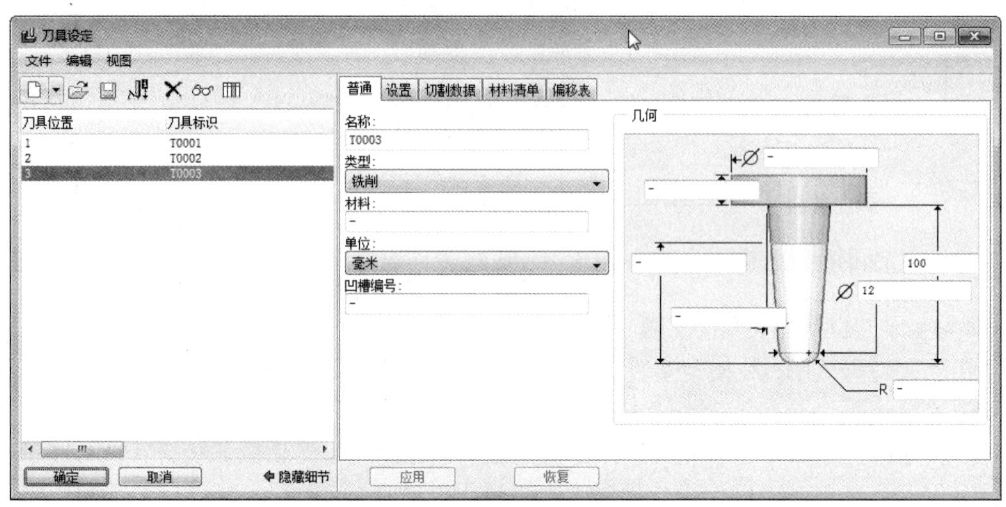

图 6.3.23 “刀具设定”对话框

Step 6 单击“曲面拾取”菜单，选择“模型”选项，单击“完成”选项，弹出“选取曲面”菜单。选取参考模型的上表面为加工表面，如图 6.3.24 所示，单击“完成/返回”命令，完成加工表面的选择，至此 NC 加工序列的定义全部完成。

（3）加工仿真。

在“NC 序列”菜单中选择“演示轨迹”选项，弹出“演示路径”菜单。选择其中的“屏幕演示”选项，打开“播放路径”对话框。单击▶图标按钮，模拟刀具加工过程，如图 6.3.25 所示。模拟结束后，单击对话框中的“关闭”按钮，结束刀具轨迹的模拟操作。

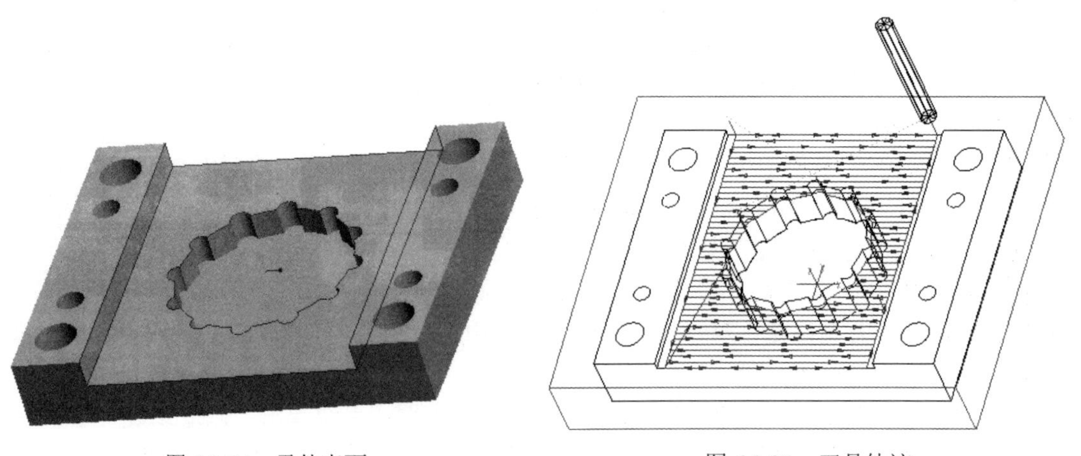
图 6.3.24 零件表面　　图 6.3.25 刀具轨迹

（4）生成刀位数据文件。

单击“制造”、“CL 数据”、“输出”、“选取一”、“操作”、“OP012”命令，弹出下一级菜单。单击“轨迹”、“文件”命令，勾选“输出类型”菜单中的“CL 文件”、“MCD 文件”和

“交互”复选框，最后单击“完成”命令，弹出“保存副本”对话框。默认以 OP012.ncl 为文件名进行保存，并单击“确定”按钮，弹出“后置处理选项”菜单。

（5）后置处理。

在“后置处理选项”菜单中，勾选“全部”和“跟踪”复选框，单击“完成”命令。弹出“后置处理列表”菜单，单击菜单中“UNCX01.P20”命令，弹出“后置处理信息”对话框，单击“关闭”按钮。再单击“轨迹”菜单中的“Done Output”命令和“CL 数据”菜单中的“完成 / 返回”命令，完成后置处理。可得下列文件：Op012.ncl（CL 数据文件）、Op012.tap（G 代码）。

4. ϕ30 孔加工

加工图 6.3.6 所示模具零件中的ϕ30 孔，具体创建过程如下。

（1）制造设置。

在菜单管理器中，单击“制造设置”、“操作”选项，打开如图 6.3.8 所示的“操作设置”对话框，在该对话框中仅定义操作名称为 OP013，其他设置不变。

（2）创建 NC 序列。

Step 1　在“加工”菜单中单击“NC 序列”、“新序列”选项，弹出“辅助加工”菜单，其中包括 Pro/E NC 提供的所有加工方法，依次选择“孔加工”、“完成”选项，结束加工方法的选择，在孔加工菜单中，选择“钻孔”、“标准”，并单击“完成”。弹出如图 6.2.12 所示的“序列设置”菜单。

Step 2　在图 6.2.12 所示的菜单中依次选取“刀具”、“参数”、“孔”选项，单击“完成”选项，打开如图 6.3.26 所示的“刀具设定”对话框，在该对话框中进行刀具定义，刀具的具体参数设置如图中所示。

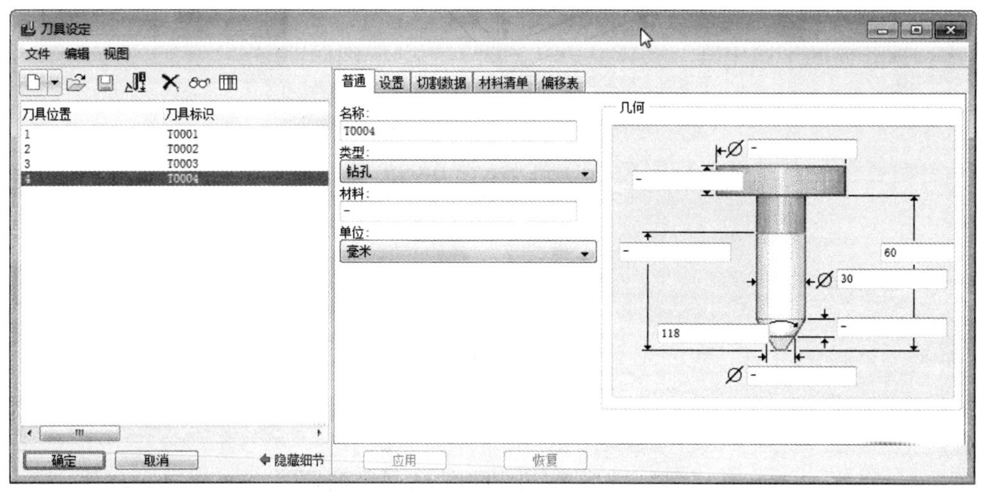

图 6.3.26　“刀具设定”对话框

Step 3　单击图 6.3.26 中的“确定”按钮结束刀具的设置，系统弹出“制造参数”菜单。

Step 4　单击“设置”选项，弹出如图 6.3.27 所示的“参数树”对话框，在该对话框中对轮廓加工工艺参数进行设置。

Step 5　参数设置结束后，在“参数树”对话框中选择“文件”菜单中的“保存”选项，弹出“保存参数”对话框，输入新的文件名 drlprm1，单击“确定”按钮，系统将加工参数文件 drlprm1.mil 以文本格式保存在工作目录下。选择“参数树”对话框中的“文件”菜单，单击“退出”选项，结束加工参数的定义，系统返回“制造参数”菜单。单击“制造参数”菜单中的“完成”命令，完成参数设置。

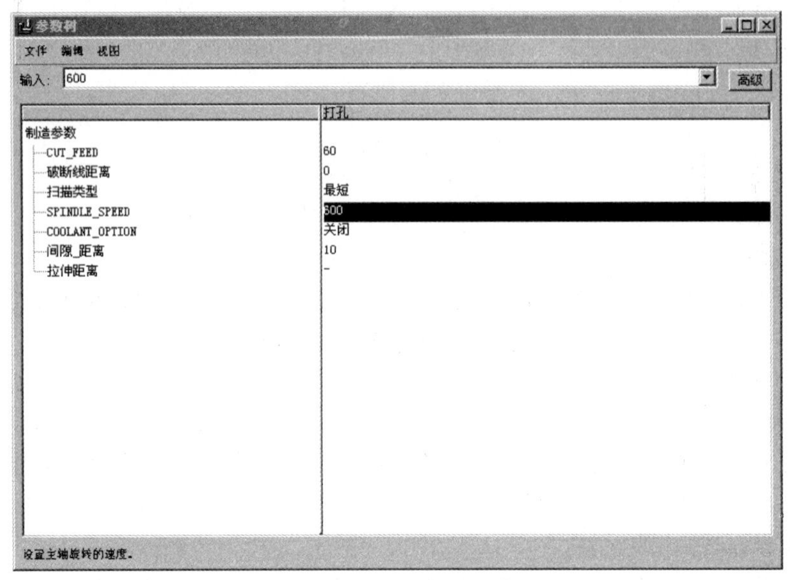

图 6.3.27 “参数树”对话框

Step 6 在如图 6.3.28 所示的“孔集”对话框中，单击“添加”按钮，选择要加工的孔，选择完后单击选择对话框的确定，并单击“确定”按钮，完成加工孔组的选择。至此 NC 加工序列的定义全部完成。

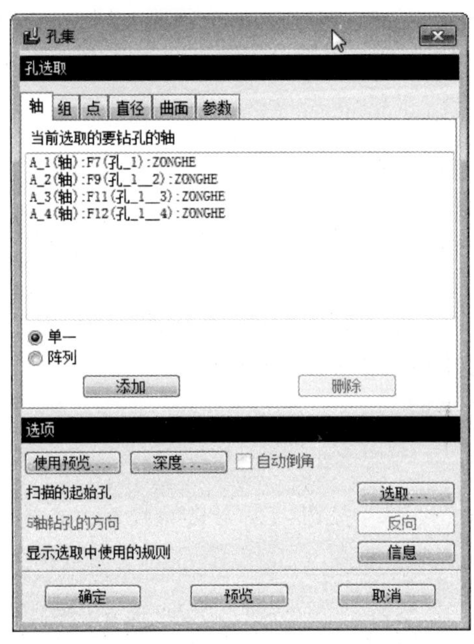

图 6.3.28 “孔集”对话框

（3）加工仿真。

在“NC 序列”菜单中选择“演示轨迹”选项，弹出“演示路径”菜单。选择其中的“屏幕演示”选项，打开“播放路径“对话框。单击▶图标按钮，模拟刀具加工过程，如图 6.3.29 所示。模拟结束后，单击对话框中的“关闭”按钮，结束刀具轨迹的模拟操作。

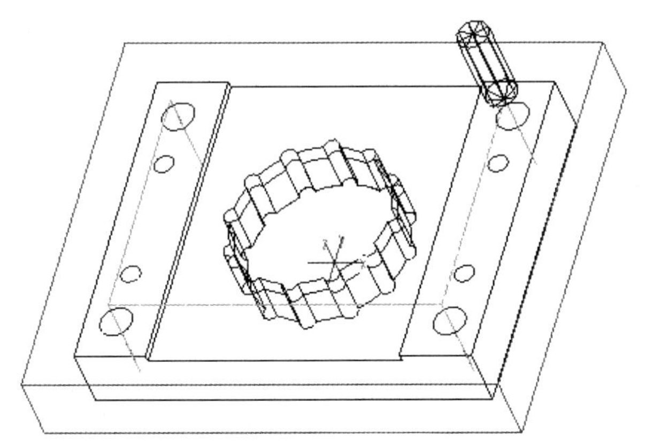

图 6.3.29　刀具轨迹

（4）生成刀位数据文件。

单击“制造”、“CL 数据”、“输出”、“选取一”、“操作”、“OP013”命令，弹出下一级菜单。单击“轨迹”、“文件”命令，勾选“输出类型”菜单中的“CL 文件”、“MCD 文件”和“交互”复选框，最后单击“完成”命令，弹出“保存副本”对话框。默认以 OP013.ncl 为文件名进行保存，并单击“确定”按钮，弹出“后置处理选项”菜单。

（5）后置处理。

在“后置处理选项”菜单中，勾选“全部”和“跟踪”复选框，单击“完成”命令。弹出“后置处理列表”菜单，单击菜单中“UNCX01.P20”命令，弹出“后置处理信息”对话框，单击“关闭”按钮。再单击“轨迹”菜单中的“Done Output”命令和“CL 数据”菜单中的“完成/返回”命令，完成后置处理。可得下列文件：OP013.ncl（CL 数据文件）、OP013.tap（G 代码）。

5. 轮廓铣削加工

对如图 6.3.6 所示的模具零件进行轮廓铣削加工，具体创建过程如下。

（1）制造设置。

在菜单管理器中，单击“制造设置”、“操作”选项，打开如图 6.3.8 所示的“操作设置”对话框，在该对话框中仅定义操作名称为 OP014，其他设置不变。

（2）创建 NC 序列。

Step 1 在“加工”菜单中单击“NC 序列”、“新序列”选项，弹出“辅助加工”菜单，其中包括 Pro/E NC 提供的所有加工方法，依次选择“轮廓铣削”、“完成”选项，结束加工方法的选择，弹出如图 6.2.12 所示的“序列设置”菜单。

Step 2 在图 6.2.12 所示的菜单中依次选取“刀具”、“参数”、“曲面”选项，单击“完成”选项，打开如图 6.3.30 所示的“刀具设定”对话框，在该对话框中进行刀具定义，刀具的具体参数设置如图中所示。

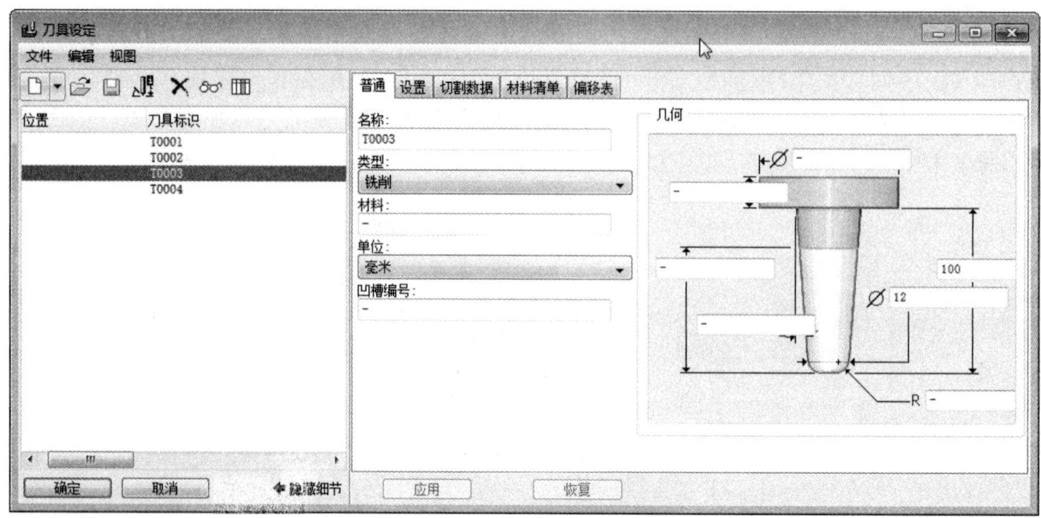

图 6.3.30 “刀具设定”对话框

Step 3 单击图 6.3.30 中的“确定”按钮结束刀具的设置，系统弹出“制造参数”菜单。

Step 4 单击“设置”选项，弹出如图 6.3.31 所示的“参数树”对话框，在该对话框中对轮廓加工工艺参数进行设置。

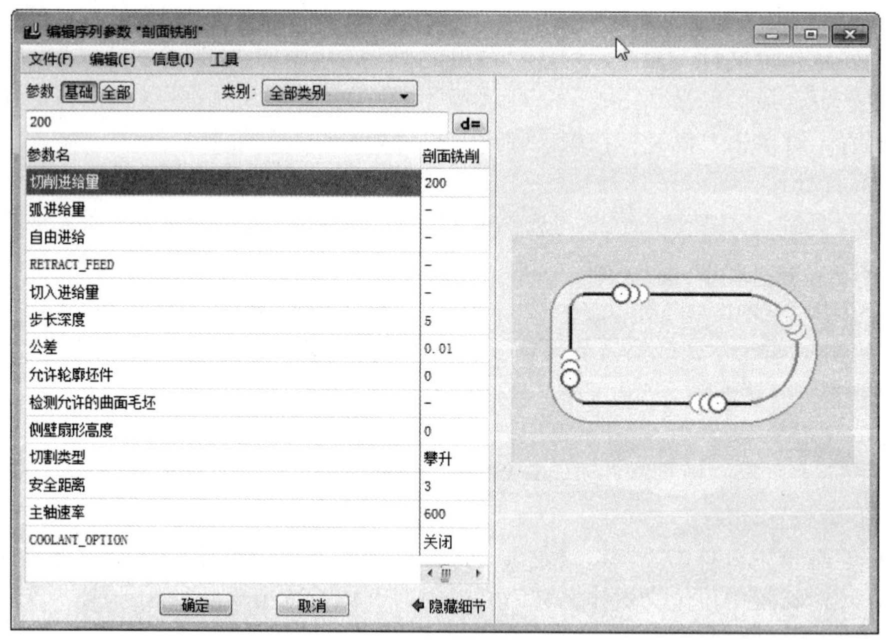

图 6.3.31 “参数树”对话框

Step 5 参数设置结束后，在“参数树”对话框中选择“文件”菜单中的“保存”选项，弹出“保存参数”对话框，输入新的文件名 milprm7，单击“确定”按钮，系统将加工参数文件 milprm7.mil 以文本格式保存在工作目录下。选择“参数树”对话框中的“文件”菜单，单击“退出”选项，结束加工参数的定义，系统返回“制造参数”菜单。单击“制造参数”菜单中的“完成”命令，完成参数设置。

”菜单。选择“模型”选项，单击“完成”选项，弹出“选取曲面”
的上表面为加工表面，如图 6.3.32 所示。单击“完成 / 返回”命令，
，至此 NC 加工序列的定义全部完成。

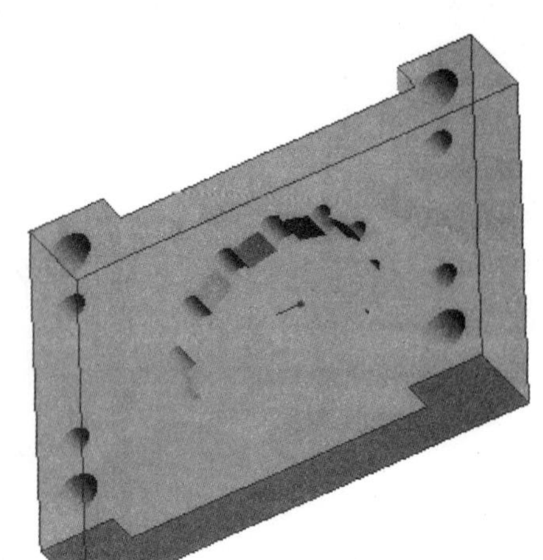

图 6.3.32　零件表面

加工仿真。

NC 序列”菜单中选择“演示轨迹”选项，弹出“演示路径”菜单。选择其中的“屏
选项，打开“播放路径”对话框。单击▶图标按钮，模拟刀具加工过程，如图 6.3.33
模拟结束后，单击对话框中的“关闭”按钮，结束刀具轨迹的模拟操作。

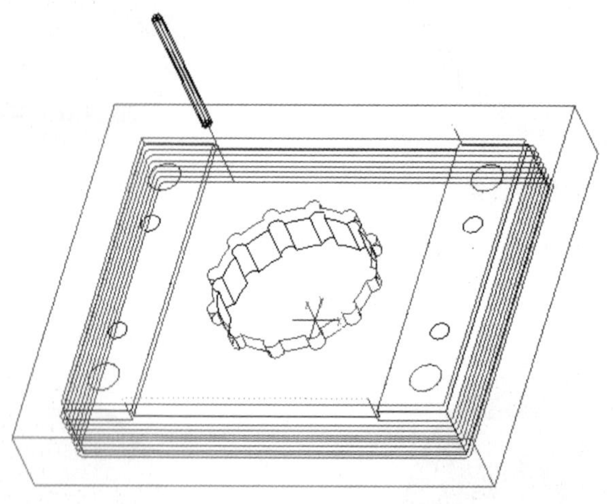

图 6.3.33　刀具轨迹

（4）生成刀位数据文件。

单击“制造”、“CL 数据”、“输出”、“选取一”、“操作”、“OP014”命令，弹出下一级菜单。单击“轨迹”、“文件”命令，勾选“输出类型”菜单中的“CL 文件”、“MCD 文件”和“交互”复选框，最后单击“完成”命令，弹出“保存副本”对话框。默认以 OP014.ncl 为文件名进行保存，并单击“确定”按钮，弹出“后置处理选项”菜单。

（5）后置处理。

在“后置处理选项”菜单中，勾选“全部”和“跟踪”复选框，单击“完成”出“后置处理列表”菜单，单击菜单中“UNCX01.P20”命令，弹出“后置处理信框，单击“关闭”按钮。再单击“轨迹”菜单中的“Done Output”命令和“CL 数中的“完成/返回”命令，完成后置处理。可得下列文件：OP014.ncl（CL 数据文件）、（G 代码）。

六、任务总结

本任务主要利用表面铣削、腔槽铣削、钻孔和轮廓铣削等多种铣削加工方式来加综合了多种加工方式的使用，为学生进一步学习 NC 加工奠定一定的基础。

七、拓展训练

制作轮毂，零件如图 6.3.34 所示。

操作提示：

① 启动 Pro/E 软件；新建零件文件；创建制造模型；轮廓铣削加工，路径演示如图 所示。

图 6.3.34　轮毂零件图

图 6.3.35　加工路径演示

② 表面铣削加工，路径演示如图 6.3.36 所示。

③ 腔槽加工，加工路径演示如图 6.3.37 所示。

图 6.3.36　加工路径演示

图 6.3.37　加工路径演示

④ 孔加工，加工路径演示如图 6.3.38 所示。

图 6.3.38　加工路径演示

主要参考文献

[1] 褚小丽．CAD/CAM 实体造型教程与实训（Pro/ENGINEER 版）．北京：北京大学出版社，2009．

[2] 高汉华．CAD/CAM 应用技术（Pro/ENGINEER 版）．北京：科学出版社，2007．

[3] 邵立新，等．Pro/ENGINEER Wildfire 3.0 中文版标准教程．北京：清华大学出版社，2007．

[4] 黄小龙，等．Pro/ENGINEER Wildfire 3.0 零件设计实例精讲．北京：人民邮电出版社，2008．

[5] 李高峰．Pro/ENGINEER Wildfire 4.0 野火版辅助绘图．北京：中国铁道出版社，2009．

[6] 谭雪松，等．机械工程师——Pro/ENGNEER Wildfire 中文版机械设计．北京：人民邮电出版社，2009．

[7] 钟日铭．Pro/ENGINEER Wildfire 3.0 典型产品造型设计．北京：清华大学出版社，2008．